CAMBRIDGE LIBRARY COLLECTION

Books of enduring scholarly value

Earth Sciences

In the nineteenth century, geology emerged as a distinct academic discipline. It pointed the way towards the theory of evolution, as scientists including Gideon Mantell, Adam Sedgwick, Charles Lyell and Roderick Murchison began to use the evidence of minerals, rock formations and fossils to demonstrate that the earth was older by millions of years than the conventional, Bible-based wisdom had supposed. They argued convincingly that the climate, flora and fauna of the distant past could be deduced from geological evidence. Volcanic activity, the formation of mountains, and the action of glaciers and rivers, tides and ocean currents also became better understood. This series includes landmark publications by pioneers of the modern earth sciences, who advanced the scientific understanding of our planet and the processes by which it is constantly re-shaped.

Naturgeschichte der Vulcane und der Damit in Verbindung Stehenden Erscheinungen

This two-volume natural history of volcanoes and volcanic phenomena was first published in Germany in 1855 by the chemist and mineralogist Georg Landgrebe (1802–1872), and was intended for scientifically literate enthusiasts rather than for specialists. The book begins with a review of contemporary work on volcanoes, explaining the theories of Leopold von Buch and the lively international debates they had generated among scholars including Charles Lyell, George Poulett Scrope and Charles Daubeny (also reissued in this series). Volume 1 lists the world's volcanoes by region. Volume 2 begins with chapters on earthquakes and other phenomena including hot springs, mud volcanoes and oil wells. It then focuses on the minerals found in volcanic regions, giving details of their composition and structure, references to scientific work about them, and information about locations where they occur. The volume ends with a section on basalts and other rocks associated with volcanoes.

Cambridge University Press has long been a pioneer in the reissuing of out-of-print titles from its own backlist, producing digital reprints of books that are still sought after by scholars and students but could not be reprinted economically using traditional technology. The Cambridge Library Collection extends this activity to a wider range of books which are still of importance to researchers and professionals, either for the source material they contain, or as landmarks in the history of their academic discipline.

Drawing from the world-renowned collections in the Cambridge University Library, and guided by the advice of experts in each subject area, Cambridge University Press is using state-of-the-art scanning machines in its own Printing House to capture the content of each book selected for inclusion. The files are processed to give a consistently clear, crisp image, and the books finished to the high quality standard for which the Press is recognised around the world. The latest print-on-demand technology ensures that the books will remain available indefinitely, and that orders for single or multiple copies can quickly be supplied.

The Cambridge Library Collection will bring back to life books of enduring scholarly value (including out-of-copyright works originally issued by other publishers) across a wide range of disciplines in the humanities and social sciences and in science and technology.

Naturgeschichte der Vulcane und der Damit in Verbindung Stehenden Erscheinungen

VOLUME 2

GEORG LANDGREBE

CAMBRIDGE
UNIVERSITY PRESS

CAMBRIDGE UNIVERSITY PRESS

Cambridge, New York, Melbourne, Madrid, Cape Town,
Singapore, São Paolo, Delhi, Tokyo, Mexico City

Published in the United States of America by Cambridge University Press, New York

www.cambridge.org
Information on this title: www.cambridge.org/9781108028615

This edition first published 1855
This digitally printed version 2011

ISBN 978-1-108-02861-5 Paperback

Naturgeschichte

DER VULCANE

und der damit

in Verbindung stehenden Erscheinungen

von

Dr. Georg Landgrebe,
Mitgliede mehrerer gelehrten Gesellschaften.

Zweiter Band.

Gotha: Justus Perthes. 1855.

Inhalt des zweiten Bandes.

Seite

Zweites Hauptstück.

Drittes Hauptstück.

Viertes Hauptstück.

Zweites Hauptstück.

Die Erdbeben.

§. 1.

Unter einem Erdbeben versteht man die Bewegungen einzelner Theile der Festrinde der Erde, welche durch eine von Innen nach Aussen wirkende Kraft, deren Sitz unsern Sinnen verborgen, hervorgebracht werden. Wohl zu unterscheiden sind hiervon diejenigen Erschütterungen und Bewegungen des Erdbodens, welche durch verschiedenartige äussere Einflüsse, namentlich durch Erdfälle und Bergschlipfe, bewirkt werden; denn ein Erdfall entsteht meist dadurch, dass die feste Decke einer mehr oder weniger tiefen Erdhöhle zerbricht und einsinkt, wobei auch allerdings Boden-Erschütterungen vorkommen können, während bei einem Bergschlipf ein Theil eines Berges sich von dem Ganzen trennt und herabstürzt, oder auf einer geneigten Fläche nach einer tiefern Stelle hinabrutscht. Meist ist die Ursache solcher Erscheinungen die, dass die sich abtrennende Masse ihrer vormaligen Stützen, gewöhnlich durch Unterwaschungen, beraubt wird und hinabsinkt. Durch ein wirkliches Erdbeben kann ein solcher Bergschlipf natürlich sehr beschleunigt werden. Das Gleiche findet auch bei einem Bergfall statt.

Art und Weise der Bewegungen des Bodens bei Erdbeben.

§. 2.

In den meisten Fällen ist die Erschütterung des Bodens so schwach und auch so schnell und rasch vorübergehend, dass man sie fast gar nicht bemerkt und nur aufmerksame Beobachter im Stande sind, solche wahrzunehmen; in andern Fällen dagegen — die glücklicherweise jedoch zu den seltnen gehören — können sie äusserst zerstörend einwirken, nicht nur auf die Werke der Menschen, sondern auch auf die äussere Gestalt einzelner Oertlichkeiten, so wie auch ausgedehnter Ländergebiete; sie können hier Senkungen des Bodens, dort Erhebungen desselben hervorbringen; sie können die Fluthen des Meeres sich über Gegenden ergiessen lassen, welche in frühern Zeiten stets vor denselben geschützt waren; sie können Tausenden von Menschen in wenigen Augenblicken das Leben rauben und überhaupt Zerstörungen anrichten, vor denen die Einbildungskraft zurückschaudert.

In denjenigen Ländern, welche vorzugsweise der Sitz der Erdbeben sind, giebt man der Bewegung des Bodens bei letztern verschiedene Namen. So nennt man die eine derselben im südlichen Italien „moto undulatorio". Sie besteht in einer wellenförmigen Bewegung des Bodens, die Erde wogt wie die Oberfläche einer Flüssigkeit oder wie eine auf einer liquiden Masse ausgebreitete, feste, aber biegsame Fläche, so dass die Bewegung als steigend und fallend und einer gewissen Richtung folgend empfunden wird. Man nimmt diese Bewegung entweder nur in einer Richtung wahr, oder sie kehrt auf derselben Linie in entgegengesetzter Richtung zurück.

Eine andere Bewegung führt den Namen „moto succussorio" oder „sussultorio". Bei ihr erfolgt die Bewegung des Bodens in mehr oder weniger verticaler Richtung. Diese wirkt äusserst zerstörend auf die Bauwerke der Menschen, namentlich auf die Thürme der Kirchen und Schlösser. Sie wirkt gleich einer Mine, indem sie die auf ihr liegenden Massen mit grösster Gewalt in die Höhe schleudert, kommt jedoch glücklicherweise nicht bei allen Erdbeben vor.

Die dritte Art der Bewegung — zugleich die furchtbarste unter allen — die jedoch von neuern Geologen, wie *Darwin* und *Mallet,* wieder in Zweifel gezogen wird, ist die unter dem Namen „moto vorticoso" bekannte. Diese wirbelnde oder drehende Bewegung soll dann entsehen, wenn die beiden eben genannten sich miteinander verbinden, oder wenn mehrere gleichzeitige undulatorische Bewegungen in verschiedenen Richtungen sich durchkreuzen, so dass sich die Oberfläche des Bodens wie ein von unregelmässigen Wellenschlägen beunruhigtes Meer darstellt, dessen Bewegungen durch den Rückstoss von verschiedenartig sich einander durchkreuzenden Erschütterungen in wilder Ordnung erfolgen.

Diese drehende Bewegung bei Erdbeben hat man zu verschiedenen Zeiten und in verschiedenen Ländern wahrgenommen. Bei einem Erdbeben, welches Catania gegen das Ende des vorigen Jahrhunderts heimsuchte, sollen sich Bildsäulen umgedreht haben, und eine ähnliche Beobachtung hat man auch im J. 1783 in Calabrien gemacht. Auf einer Facade des St. Bruno-Klosters in der Stadt Stefano del Bosco waren zwei Denksäulen in symmetrischer Ordnung aufgestellt. Nach jenem Erdbeben waren sie noch auf ihrer ursprünglichen Stelle befindlich; die aus einem Steinstück bestehenden Fussgestelle waren unverrückt geblieben, aber die auf ihnen liegenden, aus mehreren Stücken zusammengesetzten Pyramiden hatten eine theilweise, mitunter neun Zoll betragende Umdrehung erlitten, waren jedoch nicht von ihrem Gestelle herabgestürzt.

Eine ähnliche Drehung sollen sogar einige Häuser bei einem Erdbeben zu Valparaiso am 29. Novbr. im J. 1823 erlitten haben; glaublicher jedoch ist die Erscheinung, dass einige in der Nähe dieser Stadt befindliche schlanke und dicht nebeneinander stehende Palmbäume in Folge einer drehenden Bewegung so fest ineinander verschlungen wurden, dass sie auch späterhin ganz in diesem Zustande verblieben.

Von succussorischen Bewegungen des Bodens bei Erdbeben kennt man ebenfalls zahlreiche Beispiele.

Eins der ältesten ist dasjenige, von welchem *Hamilton* erzählt. Bei dem grossen Erdbeben in Calabrien im J. 1783 sollen die höhern Theile der dortigen Granitberge gleichsam auf- und niedergehüpft seyn, auch sollen einzeln stehende Häuser plötzlich in die Höhe geschnellt und, ohne wesentlichen Schaden zu nehmen, an höher gelegenen Stellen wieder niedergesetzt seyn. Nach *Dolomieu*, welcher Calabrien kurze Zeit nach dieser fürchterlichen Katastrophe bereiste, wurden die Fundamente vieler Häuser aus dem Boden herausgeschnellt, ihre Steine voneinander gebrochen, und der Mörtel, welcher sie band, in Pulver verwandelt. Eben so wurde daselbt, und zwar in der Nähe der Stadt Seminara, ein Mann, welcher gerade auf einem Citronenbaume stand, um dessen Früchte zu pflücken, mit diesem und dem Erdreich, worin er wuchs, von den senkrechten Stössen in die Höhe geschleudert, ohne weitere Verletzungen zu erleiden.

Um auch Beispiele aus unserer Zeit von derartigen Stössen anzuführen, möge bemerkt werden, dass bei dem Erdbeben, welches am 21. März im J. 1829 so furchtbare Zerstörungen im Königreiche Murcia in Spanien anrichtete, besonders die Thürme der Kathedrale des bischöflichen Palastes und mehrerer Klöster in der Hauptstadt litten und senkrecht in die Höhe geschleudert wurden. Dasselbe Schicksal erfuhr der Julians-Thurm in der Stadt Orihuela; in der ganzen Provinz wurden auf diese Weise nahe an 3600 Gebäude sehr stark beschädigt. Eben so erzählt *Scacchi* (Zeitschr. d. deutsch. geol. Ges. V, 71), dass bei dem Erdbeben, welches im Februar des J. 1852 in Melfi so arge Verwüstungen anrichtete, die Stösse von unten nach oben gerichtet waren, Säulenschäfte an der Basis oder in den Steinfugen abgebrochen wurden, ohne aus ihrer senkrechten Stellung zu kommen. Auch die Spitzen der Schornsteine flogen in die Höhe und die Tabaksdose des Bischofs, welcher letztere gerade zu Mittag speiste, wurde in die Höhe geschnellt und fiel darauf mit grosser Gewalt wieder auf den Tisch zurück.

Es sind auch Fälle bekannt, wo senkrechte Stösse mit solchen verbunden waren, die aus einer andern Richtung kamen. So z. B. bemerkte man nach *A. von Humboldt* bei dem Erdbeben, welches am 26. März im J. 1812 die Stadt Caracas fast dem Erdboden gleich machte, dass, nachdem ein senkrechter Stoss vorangegangen war, es den Anschein hatte, als ob das Terrain gleichzeitig von zwei aufeinander folgenden, rechtwinkligen Bewegungen (deren eine von N. nach S., die andere von O. nach W. ging) durchkreuzt wurde. Am grässlichsten aber gab sich diese Art von Bewegung bei dem Erdbeben auf Jamaica am 7. Juni im J. 1692 kund. Nach Augenzeugen soll zu Port Royal die Oberfläche des Bodens so ausgesehen haben, als wäre sie flüssig geworden. Die Bewegung erstreckte sich auf Meer und Land; Alles stürzte unregelmässig durcheinander, auch die Menschen wurden von der Bewegung des Bodens ergriffen, niedergeworfen, hin- und hergerollt und schrecklich verstümmelt. Andere wurden mit einer solchen Gewalt in die Höhe geschnellt, dass einige Individuen, welche sich mitten in der Stadt befanden, durch jene Stösse weit hinaus bis in den Hafen geworfen wurden, daselbst in's Wasser fielen und auf diese Weise mit dem Leben davonkamen.

Die undulatorische oder wellenförmige Bewegung des Bodens bei Erdbeben kommt am häufigsten vor, wirkt jedoch weniger schädlich ein und ist deshalb auch weniger gefürchtet. Nichts desto weniger sollen doch in manchen Fällen die Erschütterungen und Bewegungen des festen Bodens schneller aufeinander folgen, als die Wogen des Meeres. An den Küsten von Chili und namentlich auf der Insel Juan Fernandez hat man bei derartigen Erdbeben die Bemerkung gemacht, dass hoch emporragende Waldbäume sich mit ihren Spitzen bis auf die Erde neigten, theilweise auch Bogen von mehr denn zehn Fuss beschrieben. In Beziehung auf diese Art von Bewegung machte man bei dem Erdbeben, welches am 20. Februar im J. 1835 die Stadt Conception in Chili zerstörte, — ein Ereigniss, auf welches wir späterhin noch öfters werden zurückkommen müssen — die äusserst bemerkenswerthe Beobachtung, dass Mauern, welche in der Richtung jener Bewegung aufgebaut waren, meist nicht von der allgemeinen Zerstörung ergriffen wurden und aufrecht stehen blieben, obwohl zerklüftet und gespalten, während die rechtwinklig dagegen liegenden umgestürzt und gänzlich zertrümmert wurden.

Um die Stärke und Richtung der Boden-Bewegungen bei Erdbeben zu erfahren, hat man schon seit längerer Zeit namentlich in Unter-Italien darauf Bedacht genommen, Werkzeuge zu construiren, welche hierbei zum Leitfaden dienen können und denen man den Namen „Sismometer" oder „Sismographen" gegeben. Unter mehreren derartigen Instrumenten scheint dasjenige, welches *Cacciatore* in Palermo erfunden hat und welches von *Fr. Hoffmann* (in *Poggendorff's* Annalen der Physik, Bd. 24. S. 62) beschrieben ist, noch am meisten seinem Zwecke zu entsprechen.

Es besteht der Hauptsache nach in einem hinlänglich grossen, flachen, runden Becken, dessen Seitenwände in gleicher Höhe oder in derselben Horizontal-Ebene und in gleichen Abständen von acht Löchern durchbohrt sind. Ein ringförmiger Wulst umgiebt dasselbe von der Aussenseite, welcher von eben so vielen herabführenden Rinnen, die den Löchern entsprechen, durchfurcht ist. Dies Alles ruht dann mit einem senkrechten Fusse auf einer massiven Scheibe, die zugleich acht kleine Becher trägt, welche man unter die Rinnen stellt.

Hierauf füllt man nun jenes Becken genau bis zum Rande der Löcher mit Quecksilber an, orientirt dasselbe in vollkommen horizontaler Lage nach den Weltgegenden und stellt es, wohl verschlossen, an dem Beobachtungsorte auf, welcher so viel als möglich vor zufälligen Erschütterungen geschützt seyn muss. Dies Instrument soll ziemlich befriedigende Resultate liefern, denn bei allen seit dem Ende des J. 1818 in Sicilien erfolgten Erdbeben konnte man mit ihm eine bestimmte Richtung derselben ermitteln. Von 27 seit jener Zeit wahrgenommenen stärkern Erdstössen zeigte sich nach *Fr. Hoffmann* in 19 Fällen eine von O. nach W. erfolgte Richtung, welche er auf den Heerd des Aetna, der ostwärts etwa 21 geogr. Meilen von Palermo entfernt ist, beziehen zu können glaubte. In vier andern Fällen zeigte sich die Fortpflanzung der Richtungen von S. nach N., ohne ermittelbare Ursache; noch vier andere Stösse erfolgten von SW und NO. und drei derselben rührten von der damals gerade in südwestlicher Richtung von Palermo auftauchenden Insel Ferdinandea her und zeigten also ein Ereigniss an, von welchem man noch gar keine Ahnung an andern Orten hatte.

Ueber die Richtung der Erdbeben.

§. 3.

In den meisten Fällen ist sie concentrisch um ein gemeinschaftliches Centrum herum, zu welcher Erscheinung das Erdbeben in Calabrien im J. 1783 den besten Commentar liefert. Der südlichste Theil dieses Landes, bis zur Verengerung desselben zwischen den beiden Meeresbuchten von Eufemia und Squillace, war der hauptsächlichste Sitz einer furchtbaren Zerstörung, die sich über einen Landstrich von etwa 24 geogr. Meilen Länge und 6—8 geogr. Meilen Breite ausbreitete. Am meisten litt hierbei das Städtchen Oppido, und in einem Umkreise von etwa 5½ geogr. Meilen entging nichts der Verwüstung und dem Untergange. *Hamilton* und *Spallanzani* haben nicht lange nach jener Katastrophe in treuen Farben die Veränderungen der Erdoberfläche geschildert, welche durch dies Erdbeben waren hervorgerufen worden. Nicht nur einzelne Gebäude, sondern ganze Dörfer und Städte stürzten dabei zusammen, begruben die Bewohner unter ihren Trümmern; die

Erde spaltete sich und Berge sanken unter die Oberfläche der Erde hinab. Die Zerstörung beschränkte sich aber nicht auf Calabrien, sie setzte auch nach Sicilien über, richtete fürchterlichen Schaden in Messina an und erstreckte sich zuletzt bis auf die Liparischen Inseln.

Eine centrale Bewegung bemerkte man ebenfalls bei dem grossen Erdbeben bei Lissabon. Es schien unterhalb dieser Stadt seinen Sitz zu haben, und man will in dem an der Mündung des Tajo gelegenen Colares wahrgenommen haben, dass die Erschütterungen des Bodens von Lissabon her erfolgten, und doch besass man am erstgenannten Orte noch keine Kenntniss von dem Schicksal, welches die Hauptstadt betroffen hatte. In England wurde zuerst sehr deutlich und auch am heftigsten der südliche Theil der Küste erschüttert; auf Madeira erfolgte gleichzeitig das Erdbeben von Norden her, während es auf den Antillen und den Küsten des Golfes von Mexico von Nordost her kam.

Am 28. October des J. 1746 wurde bekanntlich Lima und der nur vier Stunden davon entfernte Hafen Callao durch ein Erdbeben zerstört, welches zu den heftigsten gehörte, die man überhaupt jemals in dieser Gegend erlebt hat. Am grässlichsten war die Verwüstung an diesen beiden Orten; die Stösse verbreiteten sich von da aus längs der Meeresküste sowohl nach Norden, als auch nach Süden, und man will hierbei die Bemerkung gemacht haben, dass die Militär-Posten, welche am Strande ihren Stand hatten, die Erschütterungen um so später und auch stets von geringerer Heftigkeit verspürten, je weiter sie von der Hafenstadt aufgestellt waren.

Ungleich häufiger aber pflanzen sich die Erdbeben in linearer Richtung fort, und es scheint das Streichen der Gebirgsketten einen unverkennbaren Einfluss auf sie auszuüben. Sie folgen nämlich fast stets der Richtung der Gebirge, entweder innerhalb derselben, oder auf dieser oder jener Seite oder auf beiden zugleich, und es ist fast kein zuverlässiges Beispiel bekannt, dass Erdbeben in transversaler Richtung sich je über Gebirgsketten fortgepflanzt hätten.

Zuerst und zugleich sehr deutlich machte man diese Beobachtung an dem Erdbeben in Calabrien im J. 1783; man verspürte dasselbe besonders heftig auf der westlichen Seite der dieses Land von SW. nach NO. durchsetzenden hohen Gebirgskette; an dem entgegengesetzten Abhange, also auf der Ostseite, waren die Wirkungen desselben bei weitem schwächer.

Hieran reiht sich eine ähnliche Beobachtung von *Dolomieu*, die er in demselben Lande und bei demselben Erdbeben machte. Am 5. Februar erfolgte nämlich der erste und zugleich der heftigste Stoss, zwei andere, minder zerstörende, am 7. Februar und am 28. März. Von dem ersten litt das unglückliche Oppido am meisten, der zweite dagegen war in nordöstlicher Richtung mehr in die Nähe von Soriano gerückt, den dritten verspürte man am stärksten bei Girifalco im Norden. Dieser letztere wurde gleichzeitig auch sehr stark in Messina empfunden, und merkwürdigerweise richtete er in dem dazwischen liegenden Calabrien nur geringen Schaden an. Verfolgt man nun auf der Karte die Lage der genannten Orte, so ergiebt sich, dass sie fast genau in einer von SW. nach NO. gerichteten Lage liegen, parallel der hohen Gebirgskette von Aspromonte, und dies spricht ganz zu Gunsten der vorhin ausgesprochenen Ansicht, dass Erdbeben gern der Richtung der Gebirge folgen.

Aber nicht blos im südlichen Italien, auch an andern Orten hat man dieselbe Beobachtung gemacht. So z. B. bemerkt *Palassou* (in *Leonhard's* Taschenb. für Min. 1822. S. 90) von den Erdbeben in den Pyrenäen, dass sie in den meisten Fällen der Richtung dieses Gebirges folgen, und zwar am häufigsten auf der Südseite, seltner auf der nördlichen, so wie innerhalb der Kette. Nach *Gray* pflanzte sich das Erdbeben am 18. November im J. 1795, conform mit der Längen-Erstreckung der englischen Gebirgsreihen, von SW. nach NO. fort, und eine ähnliche Richtung nahm man auch bei frühern Erdbeben in diesem Lande wahr.

Dieselbe Erfahrung hat man auch in America gemacht, und die Erdbeben folgen daselbst nicht nur dem Streichen der Cordilleren von S. nach N., sondern auch dem Gebirgszuge von W. nach O., welchem *A. von Humboldt* den Namen der grossen Küstenkette von Venezuela gegeben hat.

Bei dem Erdbeben, welches im J. 1746 Lima und Callao zerstörte, bemerkte man deutlich die Richtung von S. nach

N., und bei demjenigen in Chili am 20. November im J. 1822, bei welchem zugleich auf eine weite Strecke hin die Küste dauernd gehoben wurde, pflanzte es sich ebenfalls in der Richtung der Küsten-Cordillere fort. Dasselbe erfolgte nach *A. von Humboldt* bei dem Erdbeben, welches am 14. December im J. 1797 Cumana, und demjenigen, welches am 26. März im J. 1812 Caracas zerstörte. Dies letztere pflanzte sich vorzüglich innerhalb der Gebirgskette fort und wirkte da besonders zerstörend, wo dieselbe aus Gneis und Glimmerschiefer bestand.

Schon früher ist erwähnt worden, es seyen fast gar keine oder nur sehr wenige Erdbeben bekannt, welche sich quer über Gebirgsketten fortgepflanzt hätten. Kommen solche wirklich vor, so haben sie immer nur zu den weniger bedeutenden gehört.

So z. B. setzte ein solches Erdbeben zwischen dem 8. bis 10. October im J. 1828 quer über die Apenninen in der Richtung von NO. nach SW., von Voghera über die Bocchetta bis nach Genua, fort. Etwas Aehnliches bemerkte man nach *v. Hoff* (in *Poggendorff's* Ann. der Phys. Bd. 18. S. 49) bei einem Erdbeben in Tirol, welches am 23. und 24. Juni im J. 1826 quer auf die Richtung des südlichen Theils der dortigen Alpen in linearer Richtung von Brixen bis Mantua sich erstreckte. Dieselben Erschütterungen will man auch in Zürich verspürt haben. Am 4. November im J. 1801 empfand *A. von Humboldt (Relat. histor.* T. IV. p. 16) zu Cumana ein Erdbeben, dessen Richtung quer über die Küsten-Cordillere von N. nach S. verfolgt werden konnte.

Die bisher erwähnten Boden-Bewegungen bei Erdbeben pflanzten sich entweder longitudinal oder radial fort; man kann aber auch mit *Naumann* (s. dessen Lehrbuch der Geognosie, Bd. 1. S. 223) noch eine dritte Propagations-Form, nämlich die parallele, unterscheiden und die ihr entsprechenden Erdbeben „transversale" nennen. Auf diese Art von Erdbeben ist man erst in neuerer Zeit durch die verdienstlichen Untersuchungen der Gebrüder *Rogers* (in *Silliman's American journ.* T. 45. pag. 341 ff.) aufmerksam gemacht worden. Bei dieser Art von Erderschütterungen beginnen die Bodenbewegungen gleichzeitig längs einer Linie und pflanzen sich dann in transversaler Richtung in Linien fort, welche mit der Ursprungslinie parallel laufen. Diese Bewegungen gleichen daher in hohem Grade dem parallelen, geradlinigen Wellengange einer vom Winde bewegten grössern Wasserfläche, sey es ein mächtiger Fluss, ein Landsee oder das Meer. Ein paralleler Landstrich nach dem andern wird demnach bei diesen transversalen Erdbeben in Bewegung versetzt. Nennt man die Mittellinie des zuerst erschütterten Strichs die Erschütterungsaxe, so werden alle Puncte, welche in einer und derselben Parallele der Erschütterungsaxe liegen, gleichzeitig, dagegen diejenigen Puncte, welche in einer und derselben Normale der Axe liegen, successiv erschüttert.

Diese Art und Weise von Fortpflanzung stellte sich besonders deutlich heraus bei dem Erdbeben, welches am 4. Januar im J. 1843 einen grossen Theil der Vereinigten Staaten von Natchez bis nach Jowa, von Süd-Carolina bis an die Staaten im fernen Westen, also einen Flächenraum von 170 Meilen Länge und von eben so grosser Breite, demnach einen Landstrich erschütterte, der 2½ mal so gross als Deutschland ist. Die Axe dieser Erschütterung konnte man durch eine Linie bestimmen, welche in der Richtung von NNO. nach SSW. von Cincinnati über Nashville nach der westlichen Grenze von Alabama läuft. Die Erschütterung setzte von da aus in lauter parallelen Linien fort, so dass sie in einer jeden mit jener Axe parallelen Zone gleichzeitig, in den nach WNW. oder OSO. hintereinander liegenden Zonen dagegen successiv empfunden wurde.

Ein anderes Beispiel liefert dasjenige Erdbeben, welches am 8. Februar in demselben Jahre die so oft schon heimgesuchte Insel Guadeloupe verwüstete und sich bis nach Cayenne fortpflanzte. Die Erschütterungsaxe war von NW. nach SO gerichtet, fing nach den Gebrüder *Rogers* bei den Bermuden an und erstreckte sich bis nach Cayenne, so dass dies Erdbeben nur die auf der einen Seite dieser Axe sich kund gebenden Undulationen umfasst zu haben scheint.

Dauer der Erdbeben.

§. 4.

Die Zeit, während welcher bei Erdbeben die Erschütterungen des Bodens anhalten, ist in der Regel eine nur sehr geringe; es scheint, als ob die heftigsten Stösse, welche meist die fürchterlichsten Zerstörungen anrichten, zugleich die kürzesten seyen. Sehr deutlich konnte man dies bei dem schrecklichen Erdbeben beobachten, welches am 26. März im J. 1812 die Stadt Caracas fast von Grund aus zerstörte. An diesem Tage war es ausserordentlich heiss, die Luft ruhig und der Himmel unbewölkt; nirgends stellten sich Vorboten des drohenden Unglücks ein. Sieben Minuten nach vier Uhr Abends verspürte man die erste Erschütterung; sie war so stark, dass die Glocken auf den Thürmen ertönten, dauerte jedoch nur 5—6 Secunden. Unmittelbar darauf folgte eine zweite Erschütterung, welche 10—12 Secunden anhielt, während welcher der Erdboden in beständiger Wellenbewegung begriffen war. Nun stellte sich ein heftiges unterirdisches Getöse ein; es glich dem Rollen des Donners, war aber stärker und dauerte länger, als dieses in der Jahreszeit der Gewitter in den Aequatorial-Gegenden der Fall ist. Dem Donner folgte direct eine senkrechte, 3—4 Secunden anhaltende Bewegung des Bodens, welche von einer etwas länger dauernden undulatorischen begleitet war. Die Stösse erfolgten in entgegengesetzten Richtungen von N. nach S. und von O nach W.; nichts konnte diesen Schwingungen widerstehen und innerhalb weniger Augenblicke fanden 9—10,000 Menschen unter den Trümmern der Kirchen und ihrer Wohnungen den Tod.

Auch bei dem grossen Erdbeben auf Jamaica im J. 1692 betrug die Dauer der Erderschütterungen nur drei Minuten, und diese kurze Zeit reichte hin, um die Gestalt der Erdoberfläche dermassen zu verändern, dass sie mit der frühern fast gar keine Aehnlichkeit mehr besass.

Bei dem Erdbeben in Lissabon am 1. November im J. 1755 erfolgte die hauptsächlichste Zerstörung innerhalb fünf Minuten; der erste Stoss hielt etwa nur 5—6 Secunden an; ihm folgten nach einigen Minuten zwei andere mit unglaublicher Schnelligkeit. Durch alle drei wurden besonders die grössern Kirchen zu Boden geworfen, und da gerade wegen des Allerheiligen-Festes ein grosser Theil der Bevölkerung von Lissabon sich in den Kirchen befand, so wurden während der angegebenen Zeit nahe an 30,000 Menschen unter deren Trümmern begraben. Das Schrecklichste dabei war, dass der erste

Hauptstoss ohne alle Vorboten erfolgte; doch hat man bei vielen andern Erdbeben die Beobachtung gemacht, dass dem stärkern Stosse oft kleinere Erderschütterungen vorangehen, und man durch sie auf das nahende Unglück aufmerksam gemacht wird.

Unterirdisches Geräusch bei Erdbeben.

§. 5.

Es wird bei fast allen Erdbeben vernommen und kündigt sie kurz vorher auch an. Bald ist es stärker, bald ist es schwächer. *A. von Humboldt* hat es in mehreren Modificationen im spanischen America vernommen; s. dessen *Relat. hist.* T. 2. p. 275. Bisweilen besteht es in einzelnen, mehr oder weniger schnell aufeinander folgenden Detonationen, ähnlich dem Geschützesdonner oder dem dumpfen Knall einer sich entzündenden Mine. In Peru scheint seine Intensität in geradem Verhältnisse mit der Stärke der darauf folgenden Boden-Erschütterung zu stehen; auch in Calabrien, woselbst man dieses Geräusch „il rombo" nennt, will man dieselbe Beobachtung gemacht haben. Dass es sich unterhalb der Erde und nicht durch die Luft verbreitet, scheint daraus hervorzugehen, dass es mitunter in Bergwerken ganz besonders deutlich und auch von grösserer Stärke als auf der Oberfläche vernommen wird. Zugleich soll es in Süd-America aus den Oeffnungen der Brunnen in auffallender Stärke hervordringen.

Ganz eigenthümlich und merkwürdig ist es, dass man bei manchen Erdbeben das unterirdische Geräusch an weit von einander entfernten Orten in gleicher Stärke vernimmt, was wohl nicht der Fall seyn könnte, wenn es sich durch die Luft fortpflanzte. Als z. B. im J. 1812 nach dem Erdbeben von Caracas der Vulcan auf der Insel St. Vincent im nahen Antillen-Meer auszubrechen begonnen hatte, während gleichzeitig diese Insel durch heftige Erdbeben erschüttert ward, vernahm man am 30. April desselben Jahres in ganz Venezuela auf einer nahe an 2200 □Meilen betragenden Fläche einen unterirdischen Donner und zwar überall von gleicher Stärke. In den Llanos zu Calabozo, so wie zu Caracas — welche beide Orte doch 50 Meilen von einander entfernt sind — hielt man diese Detonationen für den Kanonendonner eines anrückenden

Feindes, und doch beträgt die Entfernung der Insel St. Vincent von jenen Llanos nach *A. von Humboldt* in gerader Richtung etwa 210 Stunden.

Eine ähnliche Beobachtung machte derselbe Naturforscher auf seiner Ueberfahrt von Guayaquil nach Mexico. Fern von der Meeresküste wurde die Schiffsequipage durch ein heftiges, tief aus der See hervordringendes Getöse erschreckt, und erst später erfuhr man, dass dies durch Erdstösse hervorgebracht worden sey, welche einen Ausbruch des Cotopaxi begleitet hatten, und doch war das Schiff von diesem Vulcane damals wenigstens 50 Meilen entfernt gewesen.

Bisweilen wird das unterirdische Geräusch auch in Gegenden verspürt, welche gerade nicht durch Erdbeben heimgesucht werden, eine Erscheinung, die schon im Alterthum bekannt war und von *Aristoteles (Meteorol.* L. II. Cap. VIII) und *Plinius (Nat. hist.* L. II. §. 80. 82) erwähnt wird.

Einen solchen Fall erzählt *A. von Humboldt* in seiner *Relat. histor.* T. II. p. 289, T. V. p. 42, so wie in seinem *Essay polit.* etc. T. I. p. 285.

Im J. 1784 vernahm man zu Guanaxuato einen unterirdischen Donner, welcher, wie es scheint, vom 9. Januar bis zum 12. Februar fast ununterbrochen angehalten hat, und an welchen man sich zuletzt gewöhnte, besonders da er keine Erdbeben zur Folge hatte. Merkwürdigerweise beschränkte er sich nur auf ein kleines Terrain, denn in der Entfernung dreier Meilen von Guanaxuato verspürte man nichts mehr davon. Auf dem durch das vulcanische Feuer emporgetriebenen Boden von Quito kommen diese rollenden Töne *(bramidos)* gar häufig vor, und obgleich wirkliche Erdstösse in ihrem Gefolge sind, so fürchtet man sich doch wenig vor ihnen, weil letztere meist so schwach sind, dass sie keinen Schaden verursachen.

Ein sehr merkwürdiges und interessantes Phänomen dieser Art nahm man vor mehreren Decennien in unserm Welttheile auf der vier Meilen von Ragusa entfernten Insel Meleda wahr. Im März des J. 1822 hörte man zuerst ein Knallen, ähnlich dem von entfernten Kanonenschüssen, und man überzeugte sich späterhin bei grösserer Aufmerksamkeit leicht davon, dass die Insel selbst der Sitz dieser unterirdischen Detonationen seyn müsse. Der Schrecken der Insulaner verstärkte sich um so mehr, als im folgenden Jahre und zwar am 23. August sich mit diesem Getöse zugleich Erdstösse verbanden, von denen einer so heftig war, dass durch ihn ein Stück Fels vom Gipfel eines benachbarten Berges herabgestürzt wurde. Als auch im J. 1824 das unterirdische Geräusch in Verbindung mit Erdstössen sich wiederholte und die ganze Bevölkerung der Insel, von Furcht und Schrecken ergriffen, nach dem Festlande von Dalmatien überzusiedeln im Begriffe stand, veranlasste dies Seitens der Staatsregierung die Absendung der beiden Naturforscher *Riepel* und *Partsch* nach Meleda, um an Ort und Stelle das Phänomen zu beobachten. Während eines einmonatlichen Aufenthaltes auf der Insel verspürte man an sieben Tagen Detonationen, von denen jedoch nur eine mit einer schwachen Erderschütterung verbunden war. Sie wiederholten sich auch noch im J. 1826, ohne jedoch weitern Schaden zu verursachen. Spätere Nachrichten darüber scheinen nicht eingegangen zu seyn.

Wiederkehr der Erdbeben.

§. 6.

Es ist eine fast überall gemachte Beobachtung, dass, wenn Erdbeben sich in irgend einer Gegend erst einmal eingestellt haben, sie auch daselbst so bald nicht wieder verschwinden, vielmehr in längern oder kürzern Zwischenräumen sich wiederholen und dann in ihrer Stärke entweder allmählig abnehmen, oder in mehrfacher Wiederkehr stärker und schwächer auftreten. Die Geschichte der Erdbeben liefert hierzu zahlreiche Beispiele. Als z. B. die Stadt Cumana am 21. October im J. 1766 innerhalb weniger Minuten durch heftige Erdstösse zerstört war, hielten letztere noch 14 Monate ununterbrochen an, und zwar verspürte man sie in der ersten Zeit von Stunde zu Stunde, späterhin aber von Monat zu Monat. Bei dem Erdbeben in Lissabon am 1. November 1755 zählte man bis zum 18. November 22 mehr oder minder heftige Stösse, und noch am 9. December erfolgte ein solcher, welcher hinsichtlich seiner Stärke den frühern in nichts nachstand. Die genauesten Angaben bezüglich der Anzahl der Erdstösse besitzt man von dem grossen Erdbeben, welches im J. 1783 in Calabrien so grenzenlose Verwüstung anstiftete. Nach einem von *Pignataro* zu Monteleone geführten Verzeichnisse erfolgten in dem genannten Jahre allein 949 Stösse, von denen 98 zu den heftigern gehörten. Nach *Vivenzio* zählte man vom 4. Februar bis Ende August desselben Jahres 148 Tage, an welchen Stösse erfolgten, und unter diesen an einem Tage oft sehr viele.

Verbreitung der Erdbeben über die verschiedenen Theile der Erdrinde, je nach der Zusammensetzung der letztern.

§. 7.

So weit vielfältige und in fast allen Welttheilen angestellte Untersuchungen über die Verbreitung der Erdbeben je nach der verschiedenartigen Beschaffenheit der einzelnen Theile, woraus die Erdrinde besteht, reichen, scheint sich zu ergeben, dass, so gross auch die Zahl der Gebirgsarten ist, es unter denselben doch keine giebt, welche zu irgend einer Zeit nicht wäre von Erdbeben afficirt worden. Auch die ehedem sogenannten Urgebirgsarten, welche man für die am frühesten entstandenen, gleichsam für das Gerippe des Erdkörpers ansah, sind nicht davon verschont geblieben, und Alles deutet darauf hin, dass die Erdbeben unterhalb aller uns bekannt gewordenen Felsarten in unerforschter Tiefe ihren Sitz haben.

Da nun die Gebirgsarten aus verschiedenen Mineralgattungen bestehen und bei ihrer Entstehung mehr oder weniger fest miteinander verbunden wurden, so ergiebt sich aus eben dieser Verschiedenartigkeit ihres festen Zustandes, dass die Einwirkung der Erdbeben auf sie nicht bei allen eine und dieselbe seyn und daher in mancherlei Modificationen auftreten wird. Obgleich nun alle festen Körper durch mechanische Einwirkungen in Schwingungen versetzt werden können, so ist es doch leicht begreiflich, dass solche Gebirgsarten, deren einzelne Theilchen unter sich fest zusammenhängen und ein solides Ganzes bilden, weit eher in gleichförmige und weithin sich erstreckende Schwingungen sich werden versetzen lassen, als solche, welche in verschiedener Richtung zerspaltet und zerklüftet sind, oder gar als solche, welche aus nur locker zusammenhängenden Bruchstücken bestehen. Je nachdem nun ein Ländergebiet aus dieser oder jener Art von Felsgebilden besteht, werden sich die Schwingungen des Bodens bei Erdbeben bald leichter und regelmässiger, bald schwieriger und unregelmässiger fortpflanzen, und so kann ein über einen grössern Theil der Erdoberfläche sich ausbreitendes Erdbeben an verschiedenen Stellen sich auf eine sehr verschiedene Weise äussern. Begegnen sich in zwei auf- oder nebeneinander liegenden Felsarten die Schwingungen des Bodens, so können sie, in gegenseitiger Einwirkung, sich leicht neutralisiren und keine wahrnehmbare Wirkung hervorbringen. Es kann also auf dieser Stelle Ruhe herrschen, während auf einer andern die Erde mehr oder weniger erschüttert wird. Es können aber auch Fälle eintreten, wo zwei in gleichförmiger Richtung sich treffende Oscillationen nun um so stärkere Wirkungen hervorbringen. Zuletzt kann aber auch, und namentlich auf grössern Strecken, die Ungleichförmigkeit in der Zusammensetzung des Bodens so gross und die Mächtigkeit der ihn bildenden Felsmassen so beträchtlich seyn, dass die nach allen Richtungen hin sich fortpflanzenden Erschütterungen sich so mannigfach durchkreuzen, dass sie von ihren Wirkungen fast gar keine Spur zurücklassen.

Zu allen diesen Voraussetzungen liefert die Geschichte der Erdbeben zahlreiche, mitunter höchst lehrreiche Beispiele.

Aus mehreren Beobachtungen, die man an den verschiedensten Orten, z. B. auf Sicilien, in den Pyrenäen, auf den Antillen u. s. w., gemacht hat, scheint sich zunächst zu ergeben, dass auf festem Grund und Boden errichtete Gebäude bei Erdbeben weniger leiden, als solche, die auf lockerm Boden aufgebaut sind. Nirgends hat man dies wohl deutlicher wahrgenommen, als bei dem grossen Erdbeben in Calabrien im J. 1783, und *Dolomieu* ist es vorzüglich, welchem wir die hierauf bezüglichen Nachrichten verdanken. Nach seiner Schilderung war es besonders die Gegend von Oppido und Polistena, wo man die ersten und zugleich die hauptsächlichsten Wirkungen desselben verspürte. Dies Terrain bildet ein nach dem Meere hin weit geöffnetes Amphitheater, welches von einer hohen, aus Granit und Thonschiefer bestehenden Gebirgskette in halbkreisförmiger Gestalt umgeben wird. Das davon umschlossene Land, der eigentliche Schauplatz des Erdbebens, bildet eine gegen das Meer hin sanft geneigte Ebene, welche den Namen „la piana" führt. Zusammengesetzt ist sie, und zwar in mannigfachem Wechsel, aus lockern Schichten von groben Sandsteinen, Geröllen und dann hauptsächlich aus einem zähen, plastischen, mit Meeres-Producten reichlich angefüllten Thon. Bei jenem Erdbeben wurde nun zwar die ganze Gegend heftig erschüttert, die Gebirgskette sowohl, als die Ebene, doch litten die auf ersterer befindlichen Ortschaften verhältnissmässig nur wenig, allein in der Ebene erfolgte eine um so grässlichere Zerstörung. Der lockere Boden, unfähig, der Bewegung Widerstand zu leisten, wurde überall durchwühlt und aufgeworfen; Thäler und Schluchten wurden ausgefüllt und Berge, durch das Zusammenhäufen des neuen Materials gebildet, traten an ihre Stelle; der Lauf der Flüsse ward gehemmt oder er bekam eine andere Richtung; theilweise wurden sie in Landseen umgewandelt. Breite Bergmassen erhielten bald scharfe Grate, bald zugespitzte Gipfel, und von Menschenwerken wurde fast Alles dem Erdboden gleich gemacht. All' diese Verwüstung erfolgte da am stärksten, wo der lockere Boden der Ebene direct den granitischen Abhängen auflag; daselbst löste sich die dünne Decke von der festen Unterlage ab und rutschte von den abschüssigen Stellen hernieder. Eine der merkwürdigsten Erscheinungen dabei war eine Erdspalte, welche sich bei Polistena am Rande der Granitberge gebildet hatte, mehrere Fuss breit war und eine Längenerstreckung von 9—10 Stunden besass.

Dies eine so auffällige Beispiel von ungleichförmiger Fortpflanzung und Wirkung bei Erdbeben auf der Oberfläche des Bodens mag genügen; es sind aber auch Fälle bekannt, bei welchen man solche Wahrnehmungen auch unterhalb der Erde gemacht hat.

So z. B. verspürten bei einem Erdbeben zu Marienberg im Erzgebirge im J. 1812 die Bergleute eine sehr starke Erschütterung und suchten die Gruben schnell zu verlassen, aber auf der Oberfläche hatte man zu gleicher Zeit nichts davon bemerkt. Eine entgegengesetzte Beobachtung machte man im J. 1823 in den Gruben von Persberg, Bisperg und Fahlun, wo keiner der darin beschäftigten Bergleute etwas von einer Ererschütterung wahrnahm, die auf der Oberfläche ziemlich stark empfunden wurde.

Bei einem Erdbeben in Neuwied blieb die eine Seite einer Strasse gänzlich verschont, während die andere es verspürte. Eine ähnliche Beobachtung machte *Fr. Hoffmann* (s. dessen hinterlassene Werke, Bd. 2. S. 341) im September des J. 1831 zu Palermo. Auch von dem Erdbeben in Calabrien im J. 1783 wird erzählt, dass der letzte heftige Stoss am 28. März fast ausschliesslich an den beiden Endpuncten der oben erwähnten Linie zu Girifalco und Messina sich fühlbar machte, während das dazwischen liegende Terrain denselben kaum empfand. Auch berichtet *A. von Humboldt* von dem Erdbeben zu Caracas, dass die Erschütterungen, welche dem Laufe der Küsten-Cordillere folgten, besonders stark — wie auch schon früher gelegentlich bemerkt — in der aus Gneis und Glimmerschiefer bestehenden Hauptkette auftraten, während sie am Fusse des Gebirges schon bei weitem schwächer waren.

Aus mehreren auf dem americanischen Festlande gemachten Beobachtungen scheint sich zu ergeben, dass in dieser ungleichförmigen Fortpflanzung der Boden-Erschütterungen etwas Gesetzmässiges, ein unter gleichen Umständen Wiederkehrendes sich bemerklich macht; denn man will in mehreren Provinzen diesseits und jenseits der Landenge von Panama wahrgenommen haben, dass die Erdbeben nicht nur seit Jahrhunderten einer und derselben Richtung folgen, sondern dass sie zugleich auch stets nur an bestimmten Puncten Zerstörung anrichten, während dies an andern nicht der Fall ist. Solche Stellen nennen die Eingeborenen nach dem Zeugniss von *A. von Humboldt* (*Relat. histor.* T. 2. p. 292) „Brücken", unterhalb welcher die Erschütterungen sich fortpflanzen sollen. Doch sind auch Beispiele bekannt, dass Orte, welche lange Zeit hindurch als Brücken gegolten haben, zuletzt doch von Erdbeben heimgesucht worden sind. Die aus Glimmerschiefer bestehende Halbinsel Araya z. B. galt für eine solche Brücke, während die gegenüber liegende Stadt Cumana auf Kalkboden erbaut ist. Auf dieser Halbinsel war man während der wiederholten Erdbeben, welche Cumana verwüsteten, stets in vollkommener Sicherheit, und ein Wasserspiegel von kaum mehr als 18—24,000 Fuss Breite trennte wunderbar genug ein Feld von Ruinen von dem Anblicke einer blühenden und mit Sicherheit bewohnten Landschaft. Doch am 14. December im

J. 1797 ward man auf fürchterliche Weise enttäuscht; denn bei einem heftigen Erdbeben, welches Cumana verwüstete, wurde auch die Halbinsel Araya zum ersten male verheert, und von dieser Zeit an ist sie in ähnlichen Fällen nie wieder verschont geblieben; ja cs ist auch schon vorgekommen, dass nur sie allein erschüttert wurde, während Cumana sich einer ungestörten Ruhe erfreute.

In dem bisher Mitgetheilten ist mehrfach darauf hingewiesen worden, dass die Stösse bei Erdbeben sich weit leichter in einer homogenen und dichten, mehr oder weniger elastischen Masse fortpflanzen, als wenn dieselbe von leeren Zwischenräumen, Spalten und Klüften, unterbrochen ist. Seit langer Zeit schon, im frühen Alterthum, hat dies die Aufmerksamkeit der Beobachter der Natur auf sich gezogen, und *Aristoteles (Meteor.* Lib. II. Cap. 8), *Plinius (Nat. hist.* Lib. II. cap. 82) und *Seneca (Nat. quaest.* Lib. VI. cap. 4 et 31) haben in ihren Schriften ihre Ansichten darüber niedergelegt. Sie hielten dafür, dass Grotten, Steinbrüche, Brunnen, natürliche und künstliche Höhlungen die über ihnen errichteten Gebäude vor Erdbeben entweder bewahrten oder solche doch weniger schädlich machten. Sie erklärten sich dieses — richtig genug — durch das Entweichen der in Spannung gehaltenen Dämpfe, und auch in neuerer Zeit noch hat man im Wesentlichen dieser Ansicht gehuldigt, besonders in Gegenden, woselbst Erdbeben nicht zu den seltenen Erscheinungen gehören. So erzählt *Vivenzio (Istoria e teoria dei tremuoti accad. in Calabria nell' anno* 1783. pag. 146), dass die Römer bei Erbauung des Capitols vorsichtig genug gewesen wären, tiefe Brunnen in dem capitolinischen Hügel zu graben, und dass deshalb dieser Theil von Rom, welcher doch sonst zuweilen sehr stark den Wirkungen der Erdbeben ausgesetzt war, niemals gelitten habe. Auch soll Capua deshalb so selten von Erdbeben heimgesucht werden, weil es sehr reich an tiefen Brunnen ist. Fast dasselbe erzählt *Vivenzio* von seiner Vaterstadt Nola. Bei Erbauung von Prachtgebäuden in der Stadt Neapel hat man hierauf Bedacht genommen und mehrere der ansehnlichsten Paläste über mehr oder minder grossen Höhlungen auf Pfeilern und Wölbungen aufgeführt, und wirklich hat sich dies bis jetzt als ein gutes Schutzmittel erwiesen.

Aehnliche Ansichten über die Nützlichkeit unterirdischer Höhlungen und Zerklüftungen bei Erdbeben sind auch in America ziemlich allgemein verbreitet. In Quito z. B. sollen die Erdbeben minder häufig und zugleich auch weniger schädlich seyn, als in dem 14—15 Meilen südlicher gelegenen Latacugna, und die Ursache davon sollen die zahlreichen und tiefen Schluchten seyn, welche in den Umgebungen jener Hauptstadt den Boden fast nach allen Richtungen durchsetzen. Dass überhaupt dieser Theil der Provinz wahrscheinlich eine blasenförmig aufgetriebene, vielleicht nur von wenigen, aber mächtigen Pfeilern getragene Landschaft sey, darauf ist im Vorhergehenden schon mehrfach hingedeutet worden. Auf den Antillen, namentlich zu St. Domingo betrachtet man tiefe Brunnen als das einzige Sicherungsmittel der Hauptstadt, und es ist gewiss in hohem Grade auffallend, wie *A. von Humboldt* (*Relat. histor.* T. II. p. 288) bemerkt, die unwissenden Indianer dem Reisenden dieselben Ansichten wiederholen zu hören, welche schon vor Jahrtausenden die Philosophen und Naturforscher der Griechen und Römer äusserten.

Bisher haben wir nur von der Verbreitung der Erdbeben über das feste Land gehandelt; sie beschränken sich aber nicht auf dasselbe, sondern sie erstrecken sich auch über die Meeresfläche, nicht nur an den Küsten, sondern auch weit in die offene See. Fast überall, wo Erdbeben über Küstenländer sich verbreiten, dehnen sie sich auch auf das angrenzende Meer aus, und der Schaden, welchen sie auf demselben anrichten, ist bisweilen beträchtlicher, als der auf dem Festlande.

Die alte und die neue Welt geben redende Beweise hierzu ab.

Als bei dem Erdbeben von Lissabon am 1. November im J. 1755 die heftigsten Stösse schon erfolgt waren, erhob sich plötzlich das empörte Meer an der Mündung des Tajo; die Ebbe hatte bereits begonnen, überdies wehete der Wind vom Lande her, und dennoch erhoben sich mit äusserster Schnelligkeit die Wellen 40 Fuss über den Stand der höchsten Fluth. Das Wasser floss alsdann eben so schnell wieder zurück, kehrte noch drei- bis viermal, obwohl mit verminderter Heftigkeit, wieder zurück, und nahm erst späterhin seinen gewöhnlichen Stand wieder an.

Am schrecklichsten jedoch wüthete bei demselben Erdbeben das Meer in der Nähe von Cadiz. Der felsige Grund, auf welchem diese Stadt erbaut ist und der durch eine flache, sandige Landzunge mit dem festen Lande in Verbindung steht, hatte die ersten Erdstösse fast gleichzeitig mit Lissabon empfunden; letztere richteten jedoch gerade keinen besondern Schaden an. Hierauf aber wurde man durch eine furchtbare, von der See her sich nahende Erscheinung im höchsten Grade erschreckt. Das Meer hatte nämlich, ungefähr in der Entfernung von 8 Seemeilen, bis zu einer Höhe von 60 Fuss über seinen mittlern Stand sich emporgethürmt und näherte sich mit überraschender Schnelligkeit der Stadt. Der erste Andrang dieser Welle gegen die Küste erfolgte mit äusserster Heftigkeit; zwar brach sich ein Theil ihrer Kraft an den vorliegenden Klippen, doch zerstörte sie gleich darauf die ihr entgegenstehenden Wälle und Schutzmauern und schleuderte schwere Kanonen von den Bastionen nahe an 100 Fuss weit fort. Ausserhalb der Stadt trat diese Welle über die oben erwähnte Landzunge, zerriss dieselbe und brachte den Menschen, welche sich dorthin geflüchtet hatten, den unvermeidlichen Tod.

Nirgends mögen jedoch wohl die Wirkungen des Meeres furchtbarer und zerstörender gewesen seyn, als bei dem grossen Erdbeben, welches Lima und Callao im J. 1746 zerstörte. Als nämlich am 28. October jenes Jahres der erste und am meisten verheerende Stoss schon erfolgt war, erhob sich in derselben Nacht noch das Meer in dem Hafen von Callao etwa 80 Fuss über seine mittlere Höhe. Schnell stürzte es sich über die Stadt hin und richtete eine derartige Zerstörung in ihr an, dass alle Gebäude niedergeworfen wurden und sogar von den ansehnlichen Festungswerken nur wenige Spuren übrig blieben. Es lagen damals gerade 23 Schiffe im Hafen; vier derselben wurden über die Mauern der Festung hinweg in's Land hineingetrieben und dort auf's Trockne gesetzt. Diese vier waren die einzigen, welche auf diese eigenthümliche Art gerettet wurden, alle andern vermochten nicht ihrer gänzlichen Zerstörung zu entgehen. Einige Menschen wurden von den Wellen ergriffen, zwei Stunden weit fortgetrieben und lebend bei der Insel San Lorenzo an's Land geworfen. Fast die ganze Bevölkerung der Stadt, nahe an 3000 Köpfe, kam bei dieser Katastrophe um, und etwa nur 200 wurden gerettet.

Von Erdbeben, die fern von allen Küsten, weithin im offenen Meere, verspürt wurden, sind ebenfalls mehrere bekannt.

Eins der ältern ist dasjenige, von welchem *Shaw* erzählt. Während einer Fahrt auf dem mittelländischen Meere im J. 1724 empfand er auf seinem Schiffe an einer Stelle, woselbst das Wasser mehr als 200 Fuss tief war, drei sehr heftige Stösse, welche ein Gefühl hervorbrachten, als ob Massen von 20—30 Tonnen Gewicht auf den Ballast des Schiffes herabgeworfen würden.

Einen noch heftigern Stoss verspürte *Le Gentil* während seiner Reise um die Welt im indischen Archipel in der Nähe der Molukken. Dieser Stoss war nach seiner Versicherung so stark, dass er die Kanonen in eine hüpfende Bewegung versetzte und die Strickleitern an den Masten rissen. In eben diesem Meere empfinden nach *Schouten's* Bericht die Schiffe häufig Erdbeben, und zwar an solchen Stellen, wo man mit den gewöhnlichen Mitteln den Meeresgrund nicht zu erreichen vermag. Die Empfindung soll so beschaffen seyn, als ob die Schiffe auf seichten Grund gerathen und gestrandet wären. In neuerer Zeit hat man zu Callao im J. 1828 eine analoge Beobachtung gemacht. Am 30. März dieses Jahres fühlten mehrere ziemlich weit von der Küste entfernte Schiffe, woselbst das Meer nahe an 150 Fuss Tiefe besass, einen Stoss, gerade so, als ob sie an einen Felsen angestossen wären. Lima litt bei diesem Erdbeben ungemein stark, und man konnte von den Schiffen aus den von den einstürzenden Gebäuden herrührenden Staub in die Höhe steigen sehen, und zwar zu einer Zeit, in welcher man den Stoss noch nicht auf den Schiffen verspürt hatte.

Antheil der Atmosphäre an Erdbeben.

§. 8.

Schon seit mehr als zweitausend Jahren spricht man von einem Zusammenhange der Erdbeben mit atmosphärischen Erscheinungen, aber seit fast eben so langer Zeit wird er auch wieder geläugnet. Für den Zusammenhang spricht die Meinung des Volkes in allen solchen Gegenden, woselbst Erdbeben zu den häufigern Erscheinungen gehören. Sogar in der nördlichen Schweiz, einem Ländergebiet, welches doch im Verhältniss zu andern, namentlich südeuropäischen, nicht häufig von Erdbeben heimgesucht wird, redet man von „Erdbeben-Wetter", besonders wenn im Winter durch den Südwest-Wind eine für diese Jahreszeit ungewöhnlich milde Temperatur herbeigeführt wird, und im Allgemeinen ist es eine sehr verbreitete Ansicht, dass die heftigern unter den Erdbeben entweder durch ungewöhnliche und ausgezeichnete Witterungs-Verhältnisse angekündigt, oder von solchen begleitet würden, oder sich in ihrem Gefolge befänden. Indess darf man sich hierbei nicht verschweigen, dass, wenn man alle die hierauf sich beziehenden Angaben einer kritischen Prüfung unterwirft, aus der zahlreichen Verwicklung der Phänomene durchaus kein bestimmtes, auf alle Fälle passendes Resultat sich bis jetzt herausgestellt hat.

In manchen Gegenden will man einem gewissen Zusammenhang der Erdbeben mit der Menge des herabgefallenen Regens wahrgenommen haben. So z. B. sollen die dem Lissaboner Erdbeben vorangegangenen Jahre durch eine ungewöhnliche Dürre ausgezeichnet gewesen seyn. Allein im Sommer des Jahres 1755 fing es in Portugal äusserst heftig zu regnen an; dieser Regen verbreitete sich über einen grossen Theil von Europa und war besonders in solchen Gegenden von überraschender Heftigkeit, die von dem nachfolgenden Erdbeben besonders ergriffen wurden. Man machte diese Bemerkung sogar noch in Norwegen, und es war daher gar nicht zu verwundern, dass man beide Erscheinungen miteinander in einen Zusammenhang, in ein ursächliches Verhältniss zu bringen sich bemühte.

Ein ähnlicher Fall ereignete sich in Calabrien bei dem grossen Erdbeben im J. 1783, nur mit dem Unterschiede, dass hier dem letztern regnerische Witterung voranging und dann erst das trockne Wetter folgte. So sollen auch nach der Versicherung von *Shaw* (s. dessen *Voyage,* pag. 182) die Erdbeben auf der Nordküste von Africa und besonders in Algier fast stets einen oder zwei Tage nach vorherigem starken Regen sich einstellen.

Im spanischen America dagegen und namentlich in Caracas hat man ähnliche Wahrnehmungen wie zu Lissabon gemacht; denn dem Erdbeben, welches erstgenannte Stadt zerstörte, ging eine fast beispiellose Dürre voraus, indem lange Zeit hindurch in ganz Venezuela kein Tropfen Regen fiel. *A. von Humboldt* erzählt (*Relat. histor.* T. II. pag. 281), dass, als Cumana im J. 1766 durch ein fürchterliches Erdbeben litt, sogar eine 15 Monate anhaltende Dürre vorhergegangen war; überhaupt fürchtet man in diesen Gegenden die Erdbeben besonders dann, wenn längere Zeit hindurch sich kein Regen eingestellt hat.

Oft pflegt also in Gegenden, in welchen Erdbeben statt finden, geraume Zeit hindurch, ehe letztere sich einstellen, kein Regen gefallen zu seyn, aber um so reichlicher und häufiger erfolgt solcher nachher, und die durch die Dürre niedergedrückte Vegetation erfreut sich alsdann einer um so kräftigern Entwickelung, und deshalb werden in den spanischen Colonien Jahre der Erdbeben auch für Jahre von besonderer Fruchtbarkeit gehalten. Auch in Europa will man einen solchen Erfolg bemerkt haben; denn nach *Vivenzio's* Zeugniss gewannen die Pflanzen nach einigen heftigen Erdstössen zu London im Februar und März des Jahres 1749 ein so kräftiges, ja üppiges Ansehen, dass sie in den nachfolgenden Jahren erst nach Ablauf zweier Monate zu diesem Grade der Entwickelung gelangten. Eben so sollen nach den Erdbeben, welche den Ausbruch des Vesuv's im J. 1779 begleiteten, der Weinstock und die Obstbäume in Campanien im August noch zum zweiten male geblüht und reife Früchte getragen haben.

Diesem Allem steht jedoch eine, wie es scheint, auf fester Basis ruhende Beobachtung von *Tschudi* entgegen, welcher während seiner in neuester Zeit in Peru gemachten Reise an mehreren Orten bemerkt hat, dass Gegenden, die früherhin durch ihre Fruchtbarkeit sich auszeichneten, nachdem sie von Erdbeben heimgesucht worden waren, in steriles Land sich umgewandelt hatten und auch später nicht wieder den vorigen Grad ihrer Fruchtbarkeit annahmen. Ueberhaupt ist es wohl am gerathensten, in dieser Beziehung *A. von Humboldt* zu folgen und anzunehmen, dass die Schwingungen des Erdbodens im Allgemeinen unabhängig sind von dem vorhergehenden Zustande der Atmosphäre, und dies ist auch die Meinung vieler wohl unterrichteter und vorurtheilsfreier Personen in denjenigen Ländern, welche häufig der Schauplatz von Erdbeben sind.

Erdbeben in ihrem Verhältniss zu den Jahreszeiten.

§. 9.

In dieser Beziehung scheint man schon eher zu genügendern Resultaten gelangt zu seyn; denn ziemlich allgemein will man in fast allen tropischen Ländern die Beobachtung gemacht haben, dass die Erdbeben in einer sehr bestimmten Beziehung zu den Jahreszeiten stehen, indem sie vorzugsweise um die Zeit der Tag- und Nachtgleichen sich einstellen sollen, in welcher die Regenzeit sich in den trocknen Sommer umwandelt, oder umgekehrt, in welcher in den indischen Meeren sich die periodischen Winde umsetzen, und welche überhaupt auf den meteorologischen Charakter des Jahres einen grossen Einfluss ausübt.

Aus den bisher gelegentlich mitgetheilten Nachrichten über die Zeiten, in welchen Erdbeben beobachtet wurden, kann man schon entnehmen, dass die meisten derselben sich entweder im Frühjahr oder im Herbste einstellten, mag dies nun in der alten oder in der neuen Welt gewesen seyn. In Betreff der letztern bemerkt *A. von Humboldt (Relat. histor.* T. 5. pag. 13), dass z. B. in den niedern Gegenden von Peru und an den Küsten von Neu-Andalusien keine Zeit wegen der Erdbeben so sehr gefürchtet ist, als der Beginn der Regenzeit, welche zugleich auch die Zeit der Stürme ist, indem diese letztern gleich nach dem Herbst-Aequinoctium sich einstellen. Nächst dieser Epoche scheint in jenen Gegenden aber auch das Frühlings-Aequinoctium gefahrbringend zu seyn, und wir brauchen wohl kaum zu erinnern, dass die Zerstörung von Caracas (1812) im März, und die von Riobamba (1797) im Februar und März erfolgte.

Gleiche Wahrnehmungen hat man im indischen Archipel gemacht. Nach *Labillardière (Voyage à la recherche de Lapeyrouse* etc. T. 1. pag. 291) bringen die Bewohner der Molucken die Monate der Regenzeit aus Furcht vor den Erdbeben unter leichten Rohrhütten zu, weil diese von den Erdstössen weniger leiden. Auch bemerkt derselbe Reisende, dass dort die Erdbeben besonders gefürchtet seyen um die Zeit, in welcher die Moussons wechseln. Gleiche Erfahrung hat man auf den Antillen gemacht; auch im südlichen Europa scheint diese Ansicht einige Bestätigung zu finden; denn es ist schon öfters bemerkt worden, dass zwei der heftigsten Erdbeben, die man überhaupt je in Europa erlebt, nämlich das in Calabrien (1783) im Februar und März, so wie das von Lissabon (1755) im November erfolgten.

Sogar in hohen Breiten, im fernsten, nordöstlichsten Theile von Asia, auf den kurilischen Inseln, so wie in Kamtschatka, ist diese Meinung von der gewöhnlichen Zeit des Eintrittes der Erdbeben verbreitet. Auch in Sicilien, demjenigen Lande, welches unter allen europäischen Ländergebieten wohl am meisten durch Erdbeben leiden dürfte, glaubt man ziemlich allgemein an den vorwaltenden Einfluss der Aequinoctial-Perioden, und zwar mit der Modification, dass man daselbst besonders das Frühlings-Aequinoctium am meisten fürchtet, während im spanischen Süd-America dies mit dem Herbst-Aequinoctium der Fall ist. Zu diesem Resultate gelangte auch *Fr. Hoffmann* (s. *Poggendorff*'s Ann. der Physik, Bd. 24. S. 54) bei einer vergleichenden Arbeit über die Zeit der Erdbeben, welche von dem Jahre 1792—1831 in Palermo waren beobachtet worden. Von 57 derselben fielen allein 13 in den Monat März, während ausserdem nicht mehr als sechs Erdbeben in einem Monat (August und September) zusammenfielen; die Monate Februar, März und April hatten deren zusammen 22 ($^2/_5$ der ganzen Zahl) aufzuweisen, und die wenigsten unter allen der Mai, nächstdem der September. Dies Resultat, bemerkt *Fr. Hoffmann*, ist schon immer merkwürdig genug, und zwar um so mehr, als es bei einer solchen Arbeit kaum zu vermeiden ist, dass secundäre Fälle mit primären sich mannigfaltig mischen und die reinen Resultate verdunkeln.

Bekanntlich hat *Peter Merian* neuerdings sich einer ähnlichen vergleichenden Untersuchung über die Zeit der nordwärts der Alpen und namentlich der im Canton Basel erfolgten Erdbeben unterzogen; s. dessen Werk: über die in Basel wahrgenommenen Erdbeben, nebst einigen Untersuchungen über die Erdbeben im Allgemeinen. Berlin 1834.

Basel scheint überhaupt ein sehr passender Ort für Erdbeben-Beobachtungen zu seyn; denn wenn solche Erschütterungen in den auf der Nordseite der Alpen gelegenen Ländern verspürt wurden, so haben sie immer die Umgegend dieser Stadt vorzugsweise betroffen. Am 18. October im J. 1356 wurde durch ein fürchterliches, äusserst heftiges Erdbeben in der Stadt Basel eine so grässliche Zerstörung angerichtet, dass sie sich füglich mit der von Lissabon im J. 1755 vergleichen lässt; ja sie war in der Beziehung noch schreeklicher, als auf das Zusammenstürzen fast aller Gebäude zuletzt noch eine Alles verheerende Feuersbrunst folgte. Die nach dem ersten Stosse sich einstellenden Erschütterungen hielten fast noch ein ganzes Jahr lang an, und wenigstens 34 auf den benachbarten Bergen thronende Burgen und Schlösser zerfielen dadurch in Trümmer. In den nachfolgenden Jahrhunderten nahm zwar die Zahl und die Stärke der Erdbeben in diesen Gegenden ziemlich regelmässig ab, doch fand man stets, wenn solche erfolgten, dass sie vorzugsweise in der Umgegend von Basel besonders heftig verspürt wurden und öfters beträchtlichen Schaden verursachten.

Die Zahl aller in Basel bis zu dem Ende des Jahres 1836 beobachteten Erdbeben beträgt nach *Merian* 120. Von diesen haben statt gefunden:

im Winter (Decbr., Januar, Febr.)	41
im Frühling (März, April, Mai)	22
im Sommer (Juni, Juli, August)	18
im Herbste (Septbr., Octbr., Novbr.) . . .	39
	120
oder im Herbst und Winter	80
im Frühling und Sommer	40
	120

Auf den Frühling und Sommer fällt demnach der Zahl nach nur die Hälfte der Erdbeben wie im Herbst und Winter.

v. Hoff hat eine ähnliche Zusammenstellung in Betreff der in den Jahren 1821—1830 im nördlich von den Alpen gelegenen Theile von Europa beobachteten Erdbeben geliefert. Von diesen fanden statt:

im Winter	43
im Frühjahr	17
im Sommer	21
im Herbste	34
	115

Demnach beträgt die Zahl der im Herbst und Winter bemerkten Erdbeben 77, und die der im Frühjahr und Sommer verspürten 38, also wieder nur halb so viel, als in der andern Jahreshälfte.

Es dürfte sich also mit einem gewissen Grade von Wahrscheinlichkeit aus diesen Zusammenstellungen das Resultat ergeben, dass in dem nördlich von den Alpen gelegenen Theile von Europa die Erdbeben im Herbst und Winter in grösserer Häufigkeit sich ereignen, als im Frühjahr und Sommer. Die südlichen Theile von Europa, namentlich Sicilien, scheinen sich in dieser Hinsicht etwas abweichend zu verhalten, wie die Untersuchungen von *Fr. Hoffmann* beweisen.

Beziehung der Erdbeben zu sonstigen atmosphärischen Erscheinungen, namentlich zu Nebeln, Windstössen und elektrischen Meteoren.

§. 10.

Bei vielen der Erdbeben, die sich sowohl durch ihre Heftigkeit, als auch durch ihre weite Verbreitung über grosse Landstriche auszeichneten, hat man trockne Nebel wahrgenommen, die eine auffallende Aehnlichkeit mit dem sogenannten Höhenrauch, Hehrrauch, besassen.

A. von Humboldt (Relat. histor. T. 5. pag. 15) und *Arago (Annuaire du bureau des longitudes.* Année 1832. pag. 244) haben die hierauf bezüglichen Nachrichten gesammelt und kritisch beleuchtet.

Ein solcher trockner Nebel stellte sich z. B. bei dem grossen Erdbeben in Calabrien im J. 1783 ein, und man verspürte einen ähnlichen in demselben Jahre bei heftigen vulcanischen Ausbrüchen, welche auf Island und mehreren japanischen Inseln statt fanden. Dieser Nebel verbreitete sich im Juni jenes Jahres fast über ganz Europa; eben so bedeckte er den nördlichen Theil von Africa, so wie einen kleinen Theil von Asien und Nordamerica, aber in den südlichern Theilen des atlantischen Oceans erstreckte er sich über kaum mehr als

100 Meilen Entfernung von den europäischen und africanischen Küsten. Vorzüglich stark und dicht war er im mittelländischen Meere, besonders in demjenigen Theile, welcher zwischen Spanien und Italien liegt. In Calabrien verursachte er ein gewisses Gefühl von Schwere der Luft; an den südlichen Küsten von Frankreich war er so dick, dass in Languedoc die Sonne erst zum Vorschein kam, nachdem sie am Morgen etwa auf 12^{0} über den Horizont gestiegen war; am übrigen Theile des Tages erschien sie roth gefärbt und mit so mattem Lichte, dass man sie mit dem blossen Auge anzusehen vermochte. Eben so gross als die horizontale Ausbreitung dieses Nebels war auch die verticale; denn Schweizer-Reisende fanden ihn selbst auf den höchsten Bergen der Alpen. Er besass auch noch die ganz merkwürdige Eigenschaft, in der Dunkelheit ein eigenthümliches Licht zu verbreiten, welches um Mitternacht so hell wie das des Vollmondes gewesen seyn soll. Eine ganz ähnliche Erscheinung beobachtete *Fr. Hoffmann* (s. dessen hinterlassene Werke, Bd. 2. S. 363) im Sommer des J. 1831, als an den Küsten von Sicilien der neue Insel-Vulcan den Meeresfluthen entstieg. Der Nebel verbreitete sich von da aus nach und nach über den grössten Theil von Europa und dehnte sich einen Monat später sogar auch ü er Sibirien und Nordamerica aus.

Nach *Kries* (von den Ursachen der Erdbeben, S. 115) nahm man bei dem Erdbeben von Lissabon im J. 1755 ebenfalls einen röthlich gefärbten Nebel wahr; besonders stark und dicht erschien er an der Mündung des Tajo bei Colares.

So sehr nun auch das Mitgetheilte für einen gewissen Zusammenhang der trocknen Nebel mit den Erdbeben zu sprechen scheint, so lässt sich doch solches nicht mit Evidenz nachweisen, und jedenfalls ist es bei dem jetzigen Stand unserer Kenntniss hierüber am gerathensten, mit *A. von Humboldt* (*Relat. histor.* T. 2. pag. 282) in dieser Beziehung vorsichtig zu seyn und dergleichen Nebel weder als untrügliche Vorzeichen, noch als stete Begleiter von Erdbeben anzusehen.

Windstösse und Gewitter will man ebenfalls öfters vor, während oder nach Erdbeben auftretend wahrgenommen haben.

So soll bei dem Erdbeben von Lissabon während der am 1., 20. und 24. November erfolgten heftigen Stösse der Wind sich plötzlich umgesetzt haben; bei dem Erdbeben, welches im J. 1795 England betraf, wurden sogar die aus den höheren Theilen der Atmosphäre sich herabstürzenden Windstösse in den obern Theilen der Bergwerke von Derbyshire verspürt. Bei dem Erdbeben auf der Insel Zante, welches sich am 29. Decbr. im J. 1820 ereignete, herrschten mehrere Tage lang heftige Stürme und drohende Gewitterwolken hingen am Firmament, die sich, nicht lange nach vorausgegangenen Erdstössen, in heftigen Regengüssen entluden.

Aehnlich, jedoch in mancher Beziehung auch wieder eigenthümlich war die Witterung bei dem schon mehrfach erwähnten Erdbeben von Cumana beschaffen. Demselben gingen Nebel voran, die Wärme der Luft betrug 21° R. — eine für die Jahreszeit (November 1799) ganz ungewöhnliche Höhe — und die Schwüle der Luft wurde fast unerträglich, indem der sonst stets eintretende, abkühlende und erfrischende Seewind jetzt sich nicht einstellte. An dem Tage des Erdbebens selbst stieg ein drohendes Gewitter auf, dann erhob sich, wenige Minuten vor dem ersten Stosse, ein heftiger Windstoss; ihm folgte unmittelbar ein starker Regenguss und im Moment der Erschütterung selbst ein weithin tönender Donnerschlag. Als nun am folgenden Tage genau zu derselben Stunde sich diese Himmelszeichen wiederholten, schwebte man in grosser Furcht vor neuen Erdstössen, aber sie blieben aus, auch in den folgenden Tagen, obgleich die Phänomene in der Luft sich in der frühern Regelmässigkeit wiederholten.

Man kennt aber auch mehrere Erdbeben, bei denen, obgleich sie die grössten Zerstörungen anrichteten, man doch keine auffallende Erscheinungen im Zustande der Atmosphäre bemerkte. Schon früher ist angeführt worden, dass bei dem furchtbaren Erdbeben von Caracas im J. 1812 der Himmel hell und heiter war und die Sonne in ihrem gewohnten Glanze die Erde beschien. Auch die dem Tage der Zerstörung folgende Nacht war ausnehmend schön, und die Sterne funkelten am Himmelsgewölbe mit einer Pracht, wie man sie in diesen Gegenden stets an ihnen bewundert. Eben so war bei dem grossartigen Erdbeben in Chili (1822) der Himmel vollkommen heiter und unbewölkt, in der Nacht erglänzten Mond und Sterne wie gewöhnlich, und auch nachher folgte keine Aenderung in dem Wetter.

Erdbeben in ihrem Verhältniss zum Barometerstand.

§. 11.

Das Barometer, welches über die meisten der in der Atmosphäre statt findenden Veränderungen Anzeige zu machen im Stande ist, hat man schon seit geraumer Zeit auch bei Erdbeben zu Rathe zu ziehen sich bemühet. Leider ist die Zahl der gleichzeitig mit Erdbeben gemachten Barometer-Beobachtungen im Allgemeinen noch gering, weil einerseits regelmässige Beobachtungen des Barometerstandes noch nicht gar lange angestellt werden, und anderseits auch gegenwärtig Barometer-Beobachtungen nicht an allen Orten gemacht werden, von welchen man Wahrnehmungen über statt gefundene Erdstösse erhält. Von der Zeit aber an, seit welcher man das Barometer bei Erdbeben mit Aufmerksamkeit beobachtet hat, soll sich herausgestellt haben, dass ein schnelles Sinken dieses Instrumentes als Vorbote und unmittelbarer Begleiter der Erdbeben könne betrachtet werden.

Viele Beobachtungen führt man zu Gunsten dieser Ansicht an. Einige der ältesten hat man sogar schon dem Ende des vorigen Jahrhunderts entnommen; sie bestehen darin, dass im J. 1790 ein zu Oran lebender Apotheker sich, seine Familie und sein Vermögen dadurch vor der Zerstörung eines heftigen Erdbebens sicherte, dass er zufällig einige Zeit vor dem Eintritt des letztern die Quecksilbersäule in seinem Barometer auf eine ganz ungewöhnliche Weise fallen sah und, hierdurch aufmerksam gemacht, die ihm nöthig scheinenden Vorsichtsmaassregeln ergriff. Diese Angabe scheint jedoch nicht zu den zuverlässigen zu gehören, wie *A. von Humboldt* meint; s. dessen *Relat. histor.* T. 2. pag. 248. Nach dem *Journal de physique,* T. 54. pag. 107, hat *Courrejolles* zu Cap Francais auf Hayti im J. 1770 unmittelbar vor einem daselbst statt findenden starken Erdbeben ein Wasserbarometer um 2 Zoll 8 Linien fallen sehen, was etwa 2 Linien Quecksilber entsprechen würde.

Um auch aus unserer Zeit analoge Beispiele anzuführen, so erinnern wir an dasjenige Erdbeben, welches am 23. Februar des J. 1828 sich über die Rheingegenden und die Niederlande verbreitete und welches von zuverlässigen Gelehrten beobachtet worden ist. *Egen* (in *Poggendorff's* Ann. der Physik,

Bd. 13. S. 158) führt in dieser Beziehung die Barometer-Journale von Soest (in Westphalen) bis Paris an, welche die ganze Ausdehnung des Erdbebens umfassen. Es scheint sich hierbei herauszustellen, dass das Barometer an den beiden genannten Orten schon sechs Tage vor dem Erdbeben zu fallen angefangen hatte; es sank endlich bis auf den tiefsten Stand, welchen es überhaupt in diesem Monat erreichte, und dieser traf in Paris zwei Tage vor dem Erdbeben, in Soest aber, welches der Wirkungssphäre dieser Erscheinung näher lag, erst am Abend zuvor ein, und noch am Morgen des Tages, wo das Erdbeben sich ereignete, stand es sieben Linien unter dem Mittel des ganzen Monates. Während der Dauer der Stösse war es aber schon wieder im Steigen begriffen, und es stieg bis zum 25. über das Mittel.

Eine ähnliche Wahrnehmung machte auch *Caldcleugh* (*London Philos. Transact.* 1836. I. 21—26) bei dem überaus heftigen Erdbeben, welches sich am 20. Februar im J. 1835 über einen grossen Theil von Chili verbreitete; denn während der Erschütterungen fiel das Barometer vor jedem beträchtlichen Stosse, hob sich dann aber allmählig wieder auf seinen mittlern Stand. Im Allgemeinen war aber um diese Zeit in dem ganzen Landstriche, welcher von dem Erdbeben ergriffen wurde, der Barometerstand ein ziemlich tiefer; denn er betrug 0,1'' unrer dem gewöhnlichen.

Ganz fest von dem Zusammenhange des Barometerstandes mit Erdbeben scheint *P. Merian* überzeugt zu seyn, und er führt Mehreres zur Stütze dieser Meinung an.

Bei dem localen Erdbeben, welches am 5. November im J. 1835 in Basel und in den nächsten Umgebungen, namentlich im Leimen-Thale und im Sundgau, nur ganz schwach noch in Solothurn verspürt wurde, stand der Barometer Abends vorher um 9 Uhr 2⅔''', zur Zeit des Erdbebens 6''', und denselben Tag um Mittag 7'''. Es war also eine schnelle Verminderung des Luftdruckes vorausgegangen; überhaupt hatte das Barometer während des ganzen Octobers keinen so tiefen Stand erreicht. Ein stürmischer Südwest-Wind hatte sich in der Nacht vom 4. auf den 5. November in Folge der schnellen Minderung des Luftdruckes eingestellt und eine auffallend hohe Luft-Temperatur herbeigeführt. Es war in vollem Maasse sogenanntes „Erdbeben-Wetter" eingetreten.

Merian führt auch noch eine hierher gehörige Beobachtung von *Schübler* an. Dieser Letztere (s. *Schweigger's* Journ. Bd. 65. S. 272) berichtet von einem Erdstosse, welcher am 12. Septbr. im J. 1830 um 10¾ Uhr Vormittags im würtembergischen Oberamte Münsingen verspürt wurde. Das Barometer stand zu Tübingen, fünf geogr. Meilen von Münsingen entfernt, Nachmittags um 2 Uhr 2‴ unter seiner mittlern Höhe und fiel bis Abends 10 Uhr noch 2‴ tiefer. Zwar sagt *v. Hoff* hierbei, dass das Fallen des Barometers, welches auch in Thüringen beobachtet wurde, viel zu weit verbreitet gewesen sey, als dass man es in Beziehung mit den schwachen und localen Erderschütterungen in der Alp zu bringen berechtigt wäre. *Merian* bemerkt aber hierzu, dass, obgleich die Veränderungen des Barometerstandes sich meist, wie bekannt, über weite Gegenden ausbreiten, sie an einzelnen Orten, wo die Localität dazu besonders disponirt ist, oder wo die Schwankungen des Bodens vorzüglich schnell und unregelmässig erfolgen, doch Erderschütterungen veranlassen oder mit denselben in irgend eine Wechselwirkung treten können, ohne dass solches an allen übrigen Orten der Fall zu seyn braucht. Dass überhaupt eine Verminderung des Luftdruckes eine grössere Thätigkeit bei Vulcanen hervorrufe, sey gar nicht zu läugnen; denn seit langer Zeit und in vielen Fällen habe man eine solche Beobachtung am Vulcan von Stromboli gemacht, und auch an einigen Vulcanen im indischen Archipelagus haben sich solche Wahrnehmungen kund gegeben.

Wir dürfen hier aber nicht verschweigen, dass, während das bisher Mitgetheilte für ein Sinken des Barometers zu Zeiten der Erdbeben spricht, man von letztern auch viele und genau beobachtete Fälle kennt, bei denen man keine Veränderungen des Barometerstandes verspürt hat.

Was in dieser Beziehung ältere Beobachtungen aus dem vorigen Jahrhundert unentschieden gelassen haben, das hat sich bei andern aus späterer Zeit ganz klar und deutlich herausgestellt. So erzählt *A. von Humboldt* von dem Erdbeben zu Cumana am 4. Novbr. im J. 1799, dass zwar zur Zeit desselben das Barometer etwas tiefer als gewöhnlich gestanden habe, dass man jedoch die periodischen täglichen Schwankungen desselben, welche in jenen Gegenden bekanntlich äusserst regelmässig statt finden, ganz genau habe wahrnehmen können. Auch an andern Orten, z. B. Lima, Riobamba, Quito, fand er (*Relat. histor.* T. 2. p. 284) diese allgemeine Periodicität des Barometers niemals durch Erdbeben gestört; doch ist er nichts desto weniger geneigt, einen anderweitig beobachteten Zusammenhang dieser Art zwischen Erdbeben und Barometerstand anzunehmen, und er vergleicht diese Erscheinung mit der Beunruhigung der Magnetnadel bei Nordlichtern, welche bei einigen der letztern ganz deutlich, bei andern dagegen gar nicht afficirt wird.

Bei dem von zuverlässigen und aufmerksamen Männern beobachteten Erdbeben im J. 1808 (in der piemontesischen Grafschaft Pinerolo) fand ebenfalls keine Einwirkung auf das Barometer statt. Die starken und zum Theil verheerenden Erdstösse dauerten vom 2. April bis zum 17. Mai, und dennoch fand nach *Vasalli Eandi* (*Journ. de physique*, T. 67. p. 292) keine Veränderung im Gange des Barometers statt. Auch bei den schon früher erwähnten, auf der dalmatinischen Insel Meleda angestellten Untersuchungen, welche sich vom 15. Novbr. im J. 1824 bis zum 28. Febr. im J. 1826 erstreckten, ergab sich ein ähnliches negatives Resultat. Die daselbst verspürten, bisweilen sogar mit Erdstössen verbundenen Detonationen verursachten nicht nur kein Fallen des Barometers, sondern letzteres stand vielmehr bei einigen der bedeutendsten, am 12. und 13. Febr. im J. 1825 erfolgten Stössen ungemein hoch, nämlich auf 28 Zoll und 4 Linien.

Bei den Untersuchungen *Fr. Hoffmann's* über die Zeit der in den letzten 40 Jahren (vor 1838) zu Palermo erfolgten Erdbeben war es ihm vergönnt, ein sorgfältig geführtes meteorologisches Journal zu benutzen, aus welchem sich die zu Palermo vorkommenden regelmässigen und unregelmässigen Schwankungen des Barometers sehr deutlich übersehen liessen. Die Zahl der in dem erwähnten Zeitraum erfolgten Erdbeben betrug 57; bei ihrem Verhalten zum Gange des Barometers konnten begreiflich fünf wesentlich verschiedene Zustände desselben in Betracht kommen: nämlich das Barometer war während der Erdstösse im Steigen oder im Fallen begriffen, es war dabei entweder auf einem Maximum oder auf einem Minimum angelangt, oder endlich der Gang desselben war ohne nachweisbare Regelmässigkeit, daher schwankend.

Die durch diese Vergleichung sich ergebenden Resultate zeigten:

das Barometer sinkend . . . . in 20 Fällen,
— — — steigend . . . . in 16 Fällen,
— — — auf einem Minimum in 7 Fällen,
— — — — — Maximum in 3 Fällen,
— — — unbestimmt . . . in 11 Fällen.

Hier stellt sich also wieder überwiegend der sinkende Zustand des Barometers im Verhältniss von 27 zu 19 heraus; doch meint *Fr. Hoffmann* (hinterlassene Werke, Bd. 2. S. 373), dieses Verhältniss sey nicht so entschieden, dass es nicht ebensowohl für zufällig, als für wesentlich gehalten werden könne. Hierbei war es von besonderm Interesse, zu wissen, ob die Barometerstände bei Erdbeben absolut hoch oder niedrig, oder in verschiedenen Fällen beides, je nach den Umständen, gewesen seyen. Man musste sie deshalb mit den mittlern Ständen des Jahres oder des Monates, in welchem die Erdbeben vorkamen, vergleichen, und da dies bereits durch *Cacciatore* geschehen war, so fand sich, dass die Barometerstände in 31 Fällen bei Erdbeben über dem Mittel des Monates, in welchem sie auftraten, in 24 Fällen aber darunter gewesen waren und in zweien gerade dieses Mittel erreichten. Bezüglich des Jahresmittels verhielt es sich ähnlich; denn in 32 Fällen stand es über dem Mittel, in 25 Fällen unter ihm, und also stand das Barometer beim Eintritt der Erdbeben entschieden häufiger über, als unter dem Mittel, während man das Umgekehrte hätte erwarten sollen.

Was die Grösse der eben erwähnten Maxima und Minima der Barometerstände bei Erdbeben im Verhältniss zum allgemeinen Charakter der Barometerbewegungen anbelangt, so erreichen sie noch lange nicht die Grenzen, welche in Mitteljahren ohne ausserordentliche äussere Einflüsse vorkommen, ja sie bleiben in der Regel noch um mehr als die Hälfte des ganzen Werthes von diesen Grenzen entfernt. Aehnlich verhielt es sich mit der Grösse der Barometer-Oscillationen zur Zeit von Erdbeben, denn sie waren stets so beschaffen, dass sie den in den Mitteljahren ohne Erdbeben beobachteten gar nicht gleich kamen, ja meist sogar nur sehr unbedeutend.

Das Gesammt-Resultat des Mitgetheilten aber ist, dass das Barometer bei Erdbeben zu sinken die Neigung hat, dass aber dabei weder in dem relativen Zustande desselben, noch in der Grösse seiner Schwankungen sich etwas Eigenthümliches oder Ausserordentliches zeigt.

Gas-, Flammen- und Wasser-Ausbrüche bei Erdbeben.

§. 12.

Die hierher gehörigen Erscheinungen sind sowohl in Europa, als auch in America bei Erdbeben wahrgenommen worden.

Bei dem grossen Erdbeben von Lissabon sah man zu Colares während des ersten Hauptstosses an den Seiten der Felsen zu Alvidras hell leuchtende Flammen hervorbrechen, und vom 1. bis zum 3. November stieg daselbst an der Meeresküste eine dicke Rauchsäule auf, deren Volumen in dem Maasse zunahm, als das unterirdische Getöse an Intensität gewann. Man glaubte, es würde an dieser Stelle ein neuer Vulcan zum Vorschein kommen; doch als man nachher das Terrain genauer untersuchte, fand man es in keiner Hinsicht verändert.

Ausser diesen Flammen-Ausbrüchen machte man zu Colares auch noch die Beobachtung, dass das Wasser und der Sand einiger Brunnen bis zu einer Höhe von 19 Fuss aus letztern herausgeschleudert wurde. In den Jahren 1702 und 1703 wütheten in den Abruzzen sehr heftige Erdbeben. In der Nähe der Stadt Aquila riss der Boden an mehreren Stellen auf, und aus den hierdurch entstandenen Oeffnungen wurde durch die Gewalt der aus ihnen hervorbrechenden Gase und Dämpfe nicht nur schmutziges Wasser, sondern auch Erde und Steine in so grosser Menge ausgeworfen, dass es schwer hielt, die angrenzenden Aecker noch fernerhin der Cultur zu unterwerfen. Das aufspritzende Wasser erreichte die Höhe der nächst stehenden Bäume; zugleich brachen aus den benachbarten Bergen Flammen hervor, in Begleitung von dicken Dampfmassen, deren Entbindung fast drei Tage lang ununterbrochen anhielt. Nach *Agatino Longo* (in der *Biblioth. uni-*

verselle, 1818, Novemb.) brachen zu Catania bei einem im J. 1818 erfolgten Erdbeben unmittelbar vor dem ersten Stosse, und zwar mit lautem Getöse, plötzlich 14 Fontainen hervor, deren Wasser eine hohe Temperatur besass und noch mehrere Tage nachher seine Dämpfe weithin verbreitete.

Analoge Erscheinungen hat man auch bei Erdbeben in America wahrgenommen; um ihre nähere Kenntniss hat sich besonders *A. von Humboldt* verdient gemacht. So ereignet es sich nach ihm (*Relat. histor.* T. 2. p. 287) bei Erdbeben in Cumana fast stets, dass aus den dortigen Brunnen Wasser, Schlamm und Sand mit grosser Heftigkeit herausgeschleudert werden, bisweilen zu 20 Fuss Höhe, und fast immer geht solchen Eruptionen ein eigenthümliches Geräusch vorher, welches aus diesen Behältern unheimlich genug herauftönt. Eben so verspürte man während einer Erderschütterung (am 14. Decbr. 1797) bei Cumana in der Nähe des Hügels, worauf das Kloster San Francesco liegt, einen sehr empfindlichen Schwefelgeruch, und zwar besonders heftig an einer Stelle, wo das unterirdische Gepolter am stärksten war. Zugleich sah man während dieses Erdbebens Flammen an den Ufern des Manzanares hervorbrechen; dasselbe fand auch im Meerbusen von Cariaco statt. In den Steppen von Neu-Andalusien sollen solche aus dem Boden hervorbrechende feurige Gasströme gar nicht selten seyn, und nach *A. von Humboldt* sieht man daselbst oft stundenlang Feuergarben sich erheben, welche nach ihrem Erlöschen an der Stelle, wo sie statt gefunden, im Boden nicht die geringste Veränderung hervorgebracht haben; ja in der Regel sind nicht einmal die zarten Pflanzen des Rasens und noch weniger die Sträucher und Bäume angegriffen oder verbrannt, und dies wahrscheinlich deshalb, weil die Gase wegen der Heftigkeit ihres Ausströmens nicht bis zu ihrer Basis brennen. Bei dem schon öfters erwähnten Erdbeben auf Jamaica riss der Boden, namentlich zu Kingston, an mehreren Stellen auf, die Klüfte verschlangen viele Menschen, doch wurden solche in einzelnen Fällen durch die emporschiessenden Wasserstrahlen bis zu ansehnlicher Höhe wieder mit hervorgeschleudert. Mit diesen Auswürfen erhoben sich gleichzeitig dicke, höchst übelriechende Dämpfe, welche in kurzer Zeit die Atmosphäre so verdunkelten, dass sie das Ansehen eines glühenden Ofens erhielt, nachdem sie kurz vorher noch vollkommen heiter gewesen war. Auch im Innern der Insel sah man ähnliche Wassermassen hervorsprudeln.

Die grossartigsten Phänomene dieser Art sind unstreitig in neuerer Zeit (in den Jahren 1811—1813) fast zwei volle Jahre hindurch in den Stromgebieten des Mississippi, Arkansas und Ohio beobachtet worden. Heftige Erdbeben gingen ihnen vorher, und diese wurden besonders stark auf der Westseite der Alleghanys in Kentucky und Tennessee empfunden. In ihrer Begleitung erschien erschreckender unterirdischer Donner, und in der Umgegend von Neu-Madrid öffneten sich zahlreiche Erdspalten, aus denen Rauch und Wasserdampf emporstieg. Von Zeit zu Zeit brachen auch gewaltige Rauchwolken hervor, doch Flammenausbrüche erfolgten nicht, obgleich man sie ängstlich erwartete. Viele Leute hielten diese Erscheinungen für die Wirkungen grosser Waldbrände, doch später überzeugte man sich, dass sie mit vulcanischen Ausbrüchen auf den Antillen und in den Gebirgen von Venezuela in Zusammenhang gestanden hatten.

Eine der merkwürdigsten hierher gehörigen Beobachtungen hat man indess am 30. März des J. 1828 bei einem Erdbeben im Hafen von Callao gemacht. Daselbst lag ein Schiff an zwei eisernen Ketten vor Anker. Um 7 Uhr Morgens empfand man auf dem Fahrzeuge einen heftigen Stoss, demjenigen ähnlich, als wenn man auf einem nicht in Federn hängenden Wagen schnell über holperiges Pflaster fährt. Das Meereswasser, welches an dieser Stelle eine Tiefe von 150 Fuss besass, zischte um das Schiff herum, als hätte man glühendes Eisen in die See getaucht, und die Oberfläche der letztern bedeckte sich mit Blasen, welche beim Zerplatzen einen starken, hepatischen Geruch verbreiteten. Rings umher erblickte man viele todte Fische. Das Fahrzeug gerieth in heftiges Schwanken und gleichzeitig erfolgte auf dem festen Lande ein sehr starker Stoss, welcher einen Theil von Callao zertrümmerte. Als man, um die Flucht zu ergreifen, die Anker gelichtet hatte, fand man, dass eine der Ankerketten, welche, etwa 25 Klafter vom Schiffe entfernt, auf weichem Schlammgrunde gelegen hatte, theilweise geschmolzen war; die Kettenglieder nämlich, welche etwa 2 Zoll im Durchmesser hatten, waren an dieser Stelle in die Länge gezogen, so dass sie 3—4 Zoll lang und viel dünner geworden waren. Man bemerkte auf ihnen viele unregelmässige Vertiefungen, worin Eisenklümpchen hingen, die sich leicht abtrennen liessen. Die zweite Ankerkette dagegen hatte gar nicht gelitten, auch die der andern Schiffe, welche ebenfalls im Hafen lagen, nicht. (S. *Ann. de chimie*, T. 42. p. 416.)

Diese sonderbare und höchst auffallende Erscheinung lässt sich vielleicht durch die Annahme erklären, dass ein Theil des Gases, welches auf dem festen Lande das Erdbeben veranlasste, hier auf dem Meeresgrunde unter Entwickelung eines hohen Hitzegrades entwichen sey; auch mag die Oeffnung, aus welcher es hervortrat, sehr klein gewesen seyn, und zufällig auf ihr die angeschmolzene Kette gelegen haben.

Erdbeben in ihrer Einwirkung auf die Thierwelt.

§. 13.

Die schädlichen und irrespirabeln Gase und Dämpfe, welche, wie wir vorhin erzählt, bei manchen Erdbeben sich entwickeln, mögen wohl die vornehmste Ursache der Beunruhigung seyn, welche man beim Herannahen der Erderschütterungen bei mehreren Thiergeschlechtern bemerkt. Es gilt dies besonders von denjenigen, welche unterhalb der Erde, in Höhlen und Löchern sich aufhalten. Schon *Le Gentil (Nouveau voyage autour du monde,* T. 1. p. 172) machte auf seiner indischen Reise die Bemerkung, dass die Ratten und Mäuse, Maulwürfe, Eidechsen und Schlangen einige Zeit vor dem Eintritte der Erdbeben ihre unterirdischen Wohnungen verlassen und unruhig hin und her laufen. Sogar auf Insecten, welche unterhalb der Erde leben, soll sich dieser Einfluss erstrecken. Auch die stumpfsinnigen Saurier werden dadurch afficirt, und *A. von Humboldt* erwähnt (in seiner *Relat. histor.* T. 5. p. 57 und neuerdings auch im Kosmos), dass in den Llanos von Venezuela die Alligatoren bei herannahenden Erdbeben ihren sumpfigen Aufenthaltsort verlassen und mit lautem Gebrüll dem trocknen Lande zueilen.

Am schönsten hat den Einfluss der Erdbeben auf die Thiere unstreitig *Poli (Memoria sul tremuoto di* 26. *Luglio* 1805) bei der Katastrophe beschrieben, welche um die genannte Zeit in Neapel erfolgte. Auch er bemerkte bei den Insecten, namentlich den Ameisen, dass sie schon mehrere Stunden vor dem Erdbeben ihre Löcher verliessen, und die geflügelten Ameisen flüchteten sich bei dunkler Nacht in die Zimmer der Häuser. Die Heuschrecken bewegten sich, in grossen Schwärmen kriechend, während der Nacht durch Neapel nach der Meeresküste hin. Selbst die Bewohner des Meeres zeigten eine Vorempfindung, denn die Fische schwammen hastig an's Ufer und wurden dort leicht in grosser Menge gefangen.

Auch die Vögel geriethen in Unruhe, insbesondere verursachten Hühner und Gänse durch lautes Geschrei einen grossen Lärm. Eben so sah *Caldcleugh* (a. a. O.) bei dem heftigen Erdbeben in Chili am 20. Februar im J. 1835 grosse Schwärme von Seevögeln, welche, wild durcheinander fliegend, von der Küste nach den Cordilleren zogen.

Am deutlichsten aber verspürten das herannahende Unglück in Neapel die Säugethiere. Die Ziegen und Schaafe blökten und stürzten wild durcheinander; waren letztere in ihre Hürden eingesperrt, so suchten sie solche zu durchbrechen. Stiere und Kühe fingen laut an zu brüllen, die Pferde tobten in ihren Ställen und suchten sich loszureissen, diejenigen aber, welche in den Strassen umherliefen, standen plötzlich still und schnaubten in ungewöhnlicher Weise. Die Hunde heulten fürchterlich, und es sind einzelne Fälle bekannt, dass sie wenige Minuten vor dem Erdbeben ihre Herren gewaltsam weckten, gleichsam als wollten sie dieselben vor der herannahenden Gefahr warnen. Umgekehrt verhielten sich die Hunde an der chilenischen Küste, denn in Talcahuano (bei Concepcion) z. B. waren sie am Morgen vor der Katastrophe alle spurlos verschwunden. Am empfindlichsten für diese Einflüsse sollen jedoch die Schweine seyn, und in Gegenden, die häufig von Erdbeben heimgesucht werden, pflegt man beim Herannahen der letztern das Benehmen dieser Thiere besonders zu beobachten, um danach die nöthig scheinenden Maassregeln zu treffen. Bei einem Erdbeben in Melfi zeigten vor allen andern Thieren die Esel ein besonderes Vorgefühl; sie schrieen ungewöhnlich und viel; dann kamen die Hunde mit ihrem Gebell, hierauf die Schweine und Hühner.

Man hat auch an Menschen die Beobachtung gemacht, dass manche derselben, welche dazu besonders disponirt zu seyn scheinen, vor dem Eintritte der Erdbeben an Uebelkeiten, Schwindel, Kopfweh und ähnlichen Zufällen leiden. Leicht begreiflich ist es, dass während der Dauer der Erschütterungen dieses Unwohlseyn in um so grösserm Maasse statt findet. Bei den Erdbeben zu Cadiz und Gibraltar, welche kurz nach der Zerstörung von Lissabon sich einstellten, wurden mehrere Bewohner dieser Städte schon eine Stunde vorher, ehe man die ersten Erdstösse verspürte, von Unruhe, Angst und Schwindel ergriffen. Einige wurden betäubt und stürzten nïeder, andere, sowohl zu Fuss als zu Pferde, wurden unwohl, obgleich sie keine Erschütterung verspürten.

Erdbeben in ihrem Verhältniss zur Temperatur der Luft.

§. 14.

Im Allgemeinen ist die Ansicht verbreitet, dass vor und nach Erdbeben eine Veränderung im Wärme-Zustande der Luft sich bemerklich mache, und wenn dies auch nicht auf alle Fälle passt, so hat man doch bei einzelnen derartige Beobachtungen gemacht. Es soll dann eine wahre Gewitterschwüle, eine lästige, drückende Hitze vorangegangen und in Litoralgegenden der gewohnte Luftwechsel unterblieben seyn. Ist aber die Katastrophe glücklich überstanden, so stellt sich ein höchst behagliches Gefühl von Leichtigkeit im ganzen Körper ein, die Luft ist frisch und kühl und wird mit wahrer Wohllust eingesogen. Obgleich Vieles hierbei reiner psychologischer Natur seyn mag, so sind doch auch mehrere Fälle bekannt, bei denen die Erdstösse abkühlend auf die Lufttemperatur deutlich eingewirkt haben.

Schon im vorigen Jahrhundert hat man eine solche Beobachtung gemacht; denn bei dem am 18. Novbr. im J. 1795 im südlichen England erfolgten Erdbeben wurde die Luft, und zwar unmittelbar nach demselben, plötzlich so stark abgekühlt, dass das ganze Land über Nacht sich mit Schnee bedeckte. Bei dem schon früher erwähnten Erdbeben, welches besonders hart die piemontesische Grafschaft Pinerolo traf, bemerkte man, dass während der Erdstösse das Thermometer jedesmal fiel, auch wenn man der Tageszeit nach gerade das Gegentheil hätte erwarten können. So erfolgte am 10. April im J. 1808 bei ganz heiterm Himmel des Morgens um 10 Uhr ein sehr heftiger Stoss, während das Thermometer auf 26° C. stand. Die Luft blieb klar und hell; in Folge des Sonnenscheins hätte das Instrument steigen müssen, aber nichts desto weniger fiel es bis um 2 Uhr auf 22°.

Eine solche Temperatur-Erniedrigung bei Erdbeben scheint sich nicht blos auf einzelne Tage, sondern auch auf Monate, ja sogar auf Jahre in einzelnen Fällen erstreckt zu haben. Nach *Cotte* (im *Journal de physique*, T. 65. p. 164) hat das Erdbeben von Lissabon eine solche Wirkung auf die Temperatur-Verhältnisse von Europa hervorgebracht; denn in den auf dieses Ereigniss folgenden Jahren waren heftige Stürme und starke Gewitter viel häufiger als vorher, und auch in Calabrien folgten auf die Jahre 1783 und 1784, welche sich durch viele Nebel und Gewitter auszeichneten, ganz ungewöhnlich strenge Winter, die auf die Vegetation den nachtheiligsten Einfluss hatten.

Auch in America hat man eine solche Beobachtung gemacht; denn nach *A. v. Humboldt* (in *Gilbert's* Ann. der Physik, Bd. 16. S. 463) hat das schreckliche Erdbeben in Quito, welches am 4. Februar im J. 1797 in wenigen Augenblicken nahe an 40,000 Menschen das Leben raubte, die Luft-Temperatur bald darauf so sehr erniedrigt, dass das Thermometer gewöhnlich zwischen 4° und 10° R. steht und nur selten auf 16—17° R. steigt, während *Bouguer* es daselbst stets auf 14° oder 15° R. stehen sah. Die Ursache dieser Erscheinung ist uns bis jetzt ein schwer zu lösendes Räthsel.

Erdbeben in ihrer Beziehung zum elektrischen Zustand der Atmosphäre.

§. 15.

In dieser Beziehung scheint sich aus mehreren Beobachtungen zu ergeben, dass die Luft-Elektricität sich während der Dauer der Erdbeben in hohem Grade steigert.

Als *A. c. Humboldt* während des Erdbebens von Cumana sein Voltaisches Elektrometer beobachtete, entfernten sich die Korkkügelchen um 4 Linien voneinander, auch wechselte jeden Augenblick positive Elektricität mit negativer ab, wie in unsern Gegenden, wenn heftige Gewitter sich ereignen. *Va-*

salli Eandi machte bei dem Erdbeben in der Grafschaft Pinerolo eine ähnliche Bemerkung, indem er fand, dass die Luft-Elektricität bei den Erdstössen sich mitunter so sehr steigerte, dass die Goldblättchen des Elektrometers an die Glaswände anstiessen und die Elektricität also nicht gemessen werden konnte. In einem andern Falle sah er 20 Minuten nach einem Stosse das Elektrometer um 30° divergiren; einige Stunden nachher war die Elektricität schwach positiv; s. *Journal de physique,* T. 67. p. 291.

Erdbeben und electrische Meteore.

§. 16.

In den südlichen Theilen von America nimmt man fast allgemein an, dass die Erdbeben mit der Häufigkeit der elektrischen Entladungen in der Atmosphäre in einem umgekehrten Verhältniss stehen. Nach *A. v. Humboldt (Relat. histor.* T. 5. p. 13) will man in Caracas und Cumana wahrgenommen haben, dass seit dem J. 1792 Gewitter und Stürme bei Regenwetter sich seltner einstellen, und seit dieser Zeit sollen Erdbeben daselbst häufiger seyn als zuvor. In den Jahren 1812 und 1813 hat man in den Stromgebieten des Mississippi und Ohio dieselbe Beobachtung gemacht, und in ganz Louisiana sollen während des vorhergehenden Jahres sich gar keine Gewitterstürme ereignet haben. Auch in Italien ist Aehnliches vorgekommen, und *Poli* (a. a. O.) bemerkt in dieser Beziehung ausdrücklich, dass man bei dem im J. 1805 daselbst erfolgten Erdbeben, welches in der Provinz Molise besonders stark empfunden wurde, im ganzen Laufe des Jahres kein Gewitter, kein Wetterleuchten und auch keinen Hagel wahrnahm, während doch die genannten Phänomene in diesen Gegenden zu gewissen Jahreszeiten ganz gewöhnlich sind.

Fr. Hoffmann (a. a. O. Bd. 2. S. 387) betrachtet, als hierher gehörig, auch noch die leuchtenden Meteore, welche als Sternschnuppen, Feuerkugeln und nordlichtähnliche Erscheinungen als Vorboten oder Begleiter bei fast allen bedeutendern Erdbeben sollen beobachtet worden seyn. In der That ist es auch leicht begreiflich, dass bei einem Erdbeben, als einem Ereigniss, bei welchem das feste Land, das allgemeine Gewässer und der Dunstkreis so stark afficirt und bei welchem in der Atmosphäre, wie wir sahen, eine erhöhte elektrische Spannung hervorgerufen wird, auch starke Entladungen zwischen der atmosphärischen Luft und der Oberfläche der Erde werden statt finden müssen. Denkt man an die ungeheure Reibung, welche die einzelnen Theile der Festrinde der Erde bei Erdbeben erleiden, so sieht man leicht ein, dass hierdurch allein schon ein hoher Grad von elektrischer Spannung müsse erzeugt werden.

An mehreren Orten, die eben von Erdbeben betroffen worden waren, hat man auch ein elektrisches Leuchten wahrgenommen, und dies letztere wohl nirgends deutlicher, als bei der Erderschütterung in Neapel am 26. Juli im J. 1805. Nach *Poli* (a. a. O. S. 37) bemerkte man in der ganzen Umgegend viele leuchtende Meteore, die an verschiedenen Orten ihr Licht verbreiteten. Sie erschienen bald in Gestalt von Feuerballen, bald in der von hüpfenden Flammen. Besonders denkwürdig war hierbei der Umstand, dass man von Neapel her gerade zu derselben Zeit ein helles, magisches Licht erblickte, als die Stadt von der ersten Erschütterung bewegt wurde. Einige Schiffer, welche sich damals gerade bei der Insel Capri befanden, sahen von den Gipfeln einiger der besonders hervorragenden Häuser von Neapel Lichtstrahlen von lebhaftem Glanze hervorschiessen. Auch von andern Stellen in der Umgegend erblickte man ein solches Leuchten.

Besondere Aufmerksamkeit erregte in neuerer Zeit ein Feuermeteor, welches am 29. December im J. 1820 bei Zante 3—4 Minuten vor dem ersten und auch dem stärksten Stosse bei einem Erdbeben auf der See erblickt wurde. Es erschien als eine weithin sichtbare Flamme, welche, etwa zwei Stunden von der südöstlichen Spitze der Insel entfernt, auf der Meeresfläche ruhte, jedoch keine lange Dauer besass, denn nach Verlauf von 5—6 Minuten war das Phänomen schon nicht mehr sichtbar. S. *Gilbert's* Ann. der Physik, Bd. 69. S. 333.

Ob hierher auch das eigenthümliche Leuchten gehört, welches man an mehreren der chilenischen Vulcane bemerkt und worüber wir schon früher berichtet haben, wagen wir nicht zu entscheiden.

Erdbeben und ihre Einwirkung auf die Magnetnadel.

§. 17.

Ohne uns bei derartigen Beobachtungen aus älterer Zeit, in welcher man nur höchst mangelhafte Kenntniss von dem Erdmagnetismus besass, aufzuhalten, wollen wir nur einige neuere Wahrnehmungen anführen, aus denen hervorgeht, dass die magnetischen Verhältnisse eines Ortes durch Erdbeben auf eine deutliche und dauernde Weise gestört werden können.

Am 1. Novbr. im J. 1799 fand *A. von Humboldt (Relat. histor.* T. 4. p. 25) die Inclination der Magnetnadel zu Cumana $43^{0}{,}_{65}$ betragend. Als nach dem am 4. Novbr. daselbst erfolgten Erdbeben die Magnetnadel wieder beobachtet wurde, betrug ihre Neigung nur $42^{0}{,}_{75}$, sie hatte sich also um $0^{0}{,}_{9}$ verringert. Diese Verringerung hielt längere Zeit hindurch an, denn im September des folgenden Jahres betrug die Inclination nur $42^{0}{,}_{80}$ und hatte also die frühere Grösse noch nicht wieder erlangt. Dagegen war die Intensität des Erdmagnetismus vor und nach jenem Erdbeben sich gleich geblieben, auch die Declination schien unverändert.

Eine ähnliche Beobachtung machte *A. von Humboldt* zu Lima. Im October des J. 1802 betrug dort die Inclination $9^{0}{,}_{59}$ 4′, nach einem in den ersten Tagen des Novembers erfolgten Erdbeben war sie auf $9^{0}{,}_{12}$ gesunken; auch schienen Veränderungen in der Intensität eingetreten zu seyn, denn vor dem Erdbeben machte die Nadel 219, nach demselben 213 Schwingungen in 10 Minuten. S. *Poggendorff's* Ann. der Physik, Bd. 25. S. 351.

Bestätigende Beobachtungen in Bezug auf den Einfluss der Erdbeben auf den Gang der Magnetnadel machte *Arago (Ann. de chimie,* T. 19. p. 106) bei der Erderschütterung, welche am 19. Febr. im J. 1822 zu Paris verspürt wurde. Es stellten sich viele Unregelmässigkeiten in Betreff der Declination ein, welche besonders in Oscillationen im Sinne der Länge der Nadel bestanden.

Bei dem Erdbeben, welches im Februar des J. 1828 sich über die Rheingegenden und die Niederlande verbreitete, nahm man beim Markscheiden in den Kohlengruben an der Ruhr, 480 Fuss unter Tage, an der Nadel des Compasses plötzlich eine so grosse Unruhe wahr, dass man sie nicht mehr gebrauchen konnte; sie schwankte selbst bis 180° vom Nord- zum Süd-Pole, auch fanden Schwingungen hinsichtlich der Inclination statt. Gerade zu derselben Zeit hatte man über der Erde die Erschütterungen verspürt, während solche in den Gruben nicht bemerkt wurden.

Dagegen sind aber auch wieder Erdbeben beobachtet worden, die gar keinen Einfluss auf die Magnetnadel ausübten. Dies war z. B. bei mehreren derselben der Fall, welche *A. von Humboldt* in Quito erlebte, und doch waren sie mit den heftigsten Stössen verbunden. Dieselbe Bewandtniss hatte es nach *Vasalli Eandi* mit dem Erdbeben in der Grafschaft Pinerolo; auch bemerkt *Partsch*, dass die Detonations-Phänomene auf der Insel Meleda keine Wirkung auf die Magnetnadel ausgeübt hätten.

Eine sehr zuverlässige Angabe dieser Art rührt von *A. Erman* her. Derselbe (s. *Poggendorff's* Ann. der Phys. Bd. 16. S. 153) empfand während seines Aufenthaltes zu Irkutzk am 8. März des J. 1828 einen ziemlich heftigen Erdstoss, allein derselbe blieb ohne alle Einwirkung auf das Declinatorium, obgleich dies Instrument äusserst empfindlich war. *Erman* bemerkt hierbei, diese Jahreszeit bezeichne man auch zu Irkutzk als eine solche, in welcher sich dort am häufigsten Erdbeben einzustellen pflegten; auch war die Witterung vor diesem Stosse so aussergewöhnlich und abweichend, dass mehrere Personen bereits vier Tage zuvor ein Erdbeben prophezeiet hatten.

Verbreitung der Erdbeben.

§. 18.

Obgleich aus demjenigen, was früherhin über die einzelnen Vulcane, ihre Ausbrüche und die mit ihnen so oft in Verbindung auftretenden Erdbeben bereits mitgetheilt ist, sich die weite Verbreitung der letztern ergiebt, so möge hier doch noch in dieser Beziehung die genauere Beschreibung des Lissaboner Erdbebens folgen, und dies besonders deshalb, weil es nicht nur eins der grossartigsten, sondern auch der am genauesten gekannten ist, welche die Geschichte der Erdbeben aufzuweisen hat.

Aus den darüber in besondern Werken gesammelten Nachrichten kann man entnehmen, dass durch dasselbe nahe an 700,000 geogr. Quadratmeilen, also beinahe der zwölfte Theil von der Oberfläche der ganzen Erdkugel, erschüttert wurden, und die Wirkungen desselben erstreckten sich nicht nur auf Europa, sondern auch auf Africa, ja selbst auf America.

Zunächst verbreitete es sich über das südliche Spanien; auch Madrid, so weit im Innern des Landes gelegen, wurde erschüttert, und man empfand daselbst den ersten Stoss genau um dieselbe Zeit, wie in Lissabon. Die Bewegung theilte sich auch den Pyrenäen mit; im südlichen Frankreich entstand bei Angoulême eine sechs Stunden lange Erdspalte, auf deren Grund sich eine tiefe Wassermasse bewegte; desgleichen wurden mehrere Quellen in der Provence getrübt und zeigten grosse Unregelmässigkeiten in ihren Abflüssen.

Auch in den Schweizer Alpen gaben sich die Erschütterungen kund, besonders in Wallis, weniger in Genf und Neufchâtel. Die italische Halbinsel wurde jedoch besonders stark afficirt, namentlich litt Mailand so sehr, dass man den Untergang der Stadt befürchtete. Von da verbreitete sich das Erdbeben über Mittel- und Unter-Italien nach Neapel. Der Vesuv zeigte hierbei eine ganz eigenthümliche und merkwürdige Erscheinung; nachdem er nämlich am Morgen des ersten Tages in ziemlich heftiger Aufregung gewesen war, wurde er plötzlich, gerade zu derselben Zeit, wo man den ersten Erdstoss verspürte, ruhiger und die aus ihm emporwirbelnde Rauchsäule schlug, wie *J. F. Seyfart* erzählt (s. dessen allgem. Geschichte der Erdbeben. Frankfurt und Leipzig. 1756. S. 189) in den Krater zurück.

In Deutschland empfand man das Erdbeben in Bayern und Thüringen, besonders auffallend aber in Böhmen, woselbst die Teplitzer Quellen sonderbar bewegt erschienen, während der Carlsbader Sprudel sich wie gewöhnlich verhielt. Die erstgenannten Mineralwasser wurden plötzlich trübe und hörten dann etwa eine Minute lang zu fliessen auf, dann aber brachen sie auf einmal wieder mit ganz ungewöhnlicher Heftigkeit hervor und hatten — wahrscheinlich durch mit fortgerissenen Eisenocker — eine röthliche Färbung erhalten. Das Wasser floss so stark, dass innerhalb einer halben Stunde ein Theil der Vorstadt dadurch überschwemmt wurde. Späterhin liess die Trübung der Quellen nach, sie klärten sich zuletzt wieder vollständig, ja man sagt sogar, dass sie reichlicher als zuvor flössen und dass sie heisser und reicher an festen Bestandtheilen geworden seyen.

Auch die Elbegegenden verspürten die Wirkungen dieses Erdbebens. In Hamburg stieg das Wasser 12—18 Zoll über die gewöhnliche Höhe, gleichsam als Rückwirkung von der Aufregung des Meeres an den Küsten von Portugal. Selbst an der Küste von Holland, und zwar bei Leyden, hob sich das Meer, wenige Minuten nach dem ersten zu Lissabon verspürten Stosse, etwa 1 Fuss über den gewöhnlichen Stand.

In geringerm Grade empfand man die Aufregung des Meeres an den Gestaden von Dänemark, doch wurden auch in Norwegen und Schweden gleichzeitig einige der dortigen Landseen, z. B. der Wenern-See, auf eine auffallende Art beunruhigt. Der entfernteste Ort im Nordosten von Europa, bis zu welchem das Erdbeben vordrang, war Åbo in Finnland. Ob es von hier aus sich noch weiter verbreitet habe, ist unbekannt. Aber an den Küsten der britischen Inseln richtete es grosses Unglück an; viele Schiffe wurden losgerissen und zerschellt, weil das Meer sich 8—10 Fuss über seinen gewöhnlichen Stand erhob. Besonders aufgeregt war die See bei Cork, weniger an den schottischen Küsten; doch die bedeutendern Landseen in Schottland traten fast alle 2—3 Fuss über ihre Ufer und verursachten hierdurch den grössten, nachhaltigsten Schaden.

Von der iberischen Halbinsel aus pflanzte sich das Erdbeben durch das Mittelmeer auf die gegenüber liegenden Küsten von Africa fort; im Marokkanischen wurden fast alle grössern Städte zerstört. Ein in der Nähe der Hauptstadt gelegenes ansehnliches, volkreiches Dorf, welches 8—10,000 Einwohner zählte, ging gänzlich zu Grunde; bei Mequinez wurde ein Berg gespalten und aus den Klüften desselben sprang mehrere Tage lang ein röthlich gefärbtes Wasser hervor. Alles dieses ereignete sich am 1. November, dem Tage der Zerstörung von Lissabon.

Die Insel Madeira litt hierbei ebenfalls grossen Schaden; bei Funchal stieg das Meer 4—5mal über seinen gewöhnlichen Stand. Die auf den canarischen und azorischen Inseln angerichtete Verwüstung war nicht minder ansehnlich.

Die Erschütterung verbreitete sich zuletzt sogar durch den atlantischen Ocean, in einer Entfernung von fast 900 geogr. Meilen, bis an die americanischen Küsten. Die kleinen Antillen empfingen am 1. November den ersten Stoss und litten sehr durch das ausserordentliche Steigen der Fluth. Die letztere stieg auf der Insel Barbadoes an diesem Tage stellenweise bis auf 20 Fuss Höhe, während ihr gewöhnlicher Stand daselbst nur 2 Fuss 4 Zoll beträgt. Auf Antigua und Martinique erreichte sie 15 Fuss Höhe. Das Wasser, welches sie mit sich führte, war schwarz wie Dinte gefärbt, welches *A. von Humboldt* dem Aufrühren des Meeresgrundes zuschreibt, welcher in jenen Gegenden mit Erdpech bedeckt seyn soll, wie in der Nähe von Trinidad. Auch auf dem Festlande von America verspürte man die Wirkungen des Erdbebens; denn Boston erlitt am 1. November gegen Mittag mehrere heftige Stösse, desgleichen New-York am 18. November, während die Bewegungen zu Lissabon noch fortdauerten. Der Staat Pensylvanien wurde gleichfalls betroffen; nicht minder waren die Bebungen des Bodens in den Umgebungen der canadischen Seen, namentlich dem von Ontario, schon seit den ersten Tagen des Octobers sehr bedeutend gewesen.

Erdbeben und die durch sie in der Erdoberfläche bewirkten Veränderungen.

§. 19.

Nur die bedeutendern und stärkern unter den Erdbeben sind im Stande, bleibende Spuren von Veränderungen in der Oberflächengestalt der Erde hervorzubringen, und diese bestehen alsdann vorzugsweise in Hebungen und Senkungen einzelner Theile der letztern über oder unter ihr früheres Niveau. Als im Anfange dieses Capitels von den verschiedenen Arten der Erdstösse die Rede war, wurden die wellenförmigen derselben als solche bezeichnet, welche sich am häufigsten zu ereignen pflegten, und da es in der Natur der Sache liegt, dass die Festrinde der Erde sich nicht in wellenförmiger Gestalt biegen kann, ohne sich zu verschieben und ihre Continuität einzubüssen, so ist es leicht zu begreifen, dass bei derartigen Stössen, sofern sie die gehörige Stärke besitzen, sich auch Spalten und Klüfte im Erdboden bilden werden.

Die Richtung der letztern ist verschieden; bald ist sie geradlinig, bald wellenförmig, bald verbreiten sie sich von einem gemeinschaftlichen Centrum aus nach allen Weltgegenden.

Der ausserordentlich langen Spalte, die sich bei dem Erdbeben in Calabrien im J. 1783 bei Polistena am Rande der dortigen Granitkette gebildet hatte, haben wir schon früher gedacht. Ausser ihr traten aber auch noch mehrere andere auf. In dem Gebiete von Sanfili hatte sich eine Spalte gebildet, welche $\frac{1}{2}$ Meile lang, $2\frac{1}{2}$ Fuss breit und 25 Fuss tief war; eben so bemerkte man in den Umgebungen von Plaisano eine, die fast 1 Meile lang, 150 Fuss breit und 30 Fuss tief war. In demselben Gebiete waren zwei Klüfte entstanden, von denen die eine, bei Cerzulli, $\frac{3}{4}$ Meilen lang, 150 Fuss breit und ungefähr 100 Fuss tief war, während die andere eine Tiefe von 225 Fuss, eine Breite von etwa 30 Fuss und $\frac{1}{4}$ Meile Länge besass. Bei dem Erdbeben in Lissabon am 1. Novbr. im J. 1755 waren in Folge der heftigen Stösse in den Mauern mehrerer Häuser Spalten entstanden, und zwar von Oben bis nach Unten, wohl $\frac{1}{4}$ Elle breit; sie schlossen sich aber später wieder und zwar so genau, dass man von dem frühern Riss kaum noch etwas bemerken konnte. Einen interessanten Fall dieser Art erzählt *Scacchi* (a. a. O. S. 74) von dem Erdbeben von Melfi im Februar des J. 1852. In dem Pflaster dieser Stadt hatte sich eine Spalte gebildet; in dieselbe war eine Henne hineingerathen, und als die Kluft späterhin sich wieder schloss, waren die Füsse der Henne so stark in dieselbe eingeklemmt, dass sie trotz aller Anstrengung sich nicht von der Stelle bewegen konnte. Analoge Erscheinungen kamen bei dem Erdbeben in Calabrien (1783) vor. Bei Terranuova stand ein grosser, runder Festungsthurm. Zwar wurde er nicht gänzlich durch die Erderschütterung zertrümmert, doch hatte sich in seinem Mauerwerk eine grosse, senkrechte Spalte gebildet und an der einen Seite war er um etwa 15 Fuss emporgehoben worden. Der Riss in der Mauer hatte sich jedoch späterhin wieder zusammengezogen, aber die Schichten der aufeinander gelegten Mauersteine passten nicht mehr, indem sie ihre frühere horizontale Lage eingebüsst hatten.

Nach *Ulloa's* Zeugniss entstehen Spalten auch bei den Erdbeben in America; er erzählt von einer solchen, die sich bei einem derartigen Ereigniss in Peru im J. 1746 gebildet hatte, deren Länge 2½ Meilen und deren Breite 4—5 Fuss betrug. Bei dem schon oft erwähnten Erdbeben auf Jamaica im J. 1692 entstanden plötzlich viele solcher Spalten (ihre Zahl betrug 2—300), aber eben so schnell, als sie sich geöffnet, schlossen sie sich auch wieder. Noch grösser war die Anzahl derselben bei dem Erdbeben in Calabrien; die Umgegend von Polistena war durch sie fast unzugänglich geworden, und man konnte Tausende solcher Spalten im Boden zählen. Nach *Agatino Longo* rissen bei dem Erdbeben von Catania im J. 1818 mehrere den Erdboden durchsetzende Spalten gleichzeitig die auf ihnen stehenden Häuser auf, die Mauern derselben klafften so weit auseinander, dass auf Augenblicke das Mondeslicht in die innern Räume drang; dann aber schlossen sie sich wieder so fest, dass sie nur schwache Spuren ihrer frühern Existenz hinterliessen.

Die bei Erdbeben im Boden entstehenden Spalten, welche von einem gemeinsamen Mittelpuncte aus excentrisch sich verbreiten, scheinen nicht so häufig als die Längsspalten vorzukommen, doch traten solche bei dem Erdbeben in Calabrien, und zwar in der Ebene von Rosarno, recht deutlich auf. Zuerst entstanden kreisförmige Einsenkungen im Boden, an der Oberfläche mit senkrecht abfallenden Wänden; von diesen aus verbreiteten sich mehr oder weniger ansehnliche und zahlreiche Spalten nach allen Richtungen hin, und zuletzt füllten sich die kesselförmigen Vertiefungen mit Wasser an, welches sich fast bis zum Rande derselben erhob.

In manchen Gegenden, wo Spalten in Folge von Erdbeben entstanden sind, hat man die gewiss höchst auffallende Beobachtung gemacht, dass sie eine gewisse constante Richtung nahmen. Nirgends war dies wohl deutlicher wahrzunehmen, als bei dem schon öfters erwähnten Erdbeben im untern Theile des Mississippi-Thales. Ein Theil derselben hatte sich nach Verlauf von sieben Jahren noch nicht wieder geschlossen; sie alle lagen in der Richtung von SW. nach NO. und strichen demnach parallel mit der nächst liegenden Gebirgskette der Alleghanys. Nach *Fr. Hoffmann* (a. a. O. Bd. 2.

S. 406) ist zu Caltanisetta in Sicilien der Fall vorgekommen, dass die daselbst bei einem frühern Erdbeben entstandenen Spalten, die sich hernach wieder geschlossen hatten, bei einem spätern wieder aufrissen und mit allen kleinen Unregelmässigkeiten den frühern Verlauf nahmen.

So wie bei Erdbeben in Folge der unterirdisch wirkenden vulcanischen Kraft Zerreissungen im Boden entstehen, eben so werden auch durch dieselbe Kraft einzelne Theile der Erdoberfläche über ihr früheres Niveau erhoben. Diese Art von Erscheinungen hat in neuester Zeit in vorzüglich hohem Grade die Aufmerksamkeit der Geologen in Anspruch genommen und bildet jetzt ein mit besonderer Vorliebe cultivirtes Feld in diesem Theile des geologischen Wissens. Doch auch schon gegen das Ende des vorigen Jahrhunderts hat man hierher gehörige Beobachtungen gemacht.

Des Thurmes von Terranuova, der bei dem Erdbeben in Calabrien durch einen Riss in zwei Hälften gespalten und dessen eine Hälfte 15 Fuss gegen die andere in die Höhe gehoben wurde, haben wir schon vorhin gedacht. *Dolomieu* erzählt, dass zu derselben Zeit bei Cossoleto ein Haus mit seinen Umgebungen durch einen Erdstoss einige hundert Fuss weit unbeschädigt aus seiner Lage gerückt und an einer höhern Stelle wieder abgesetzt worden sey.

Die neuere Zeit lieferte eins der grossartigsten und merkwürdigsten Beispiele von Hebungen des Bodens über das frühere Niveau bei dem furchtbaren Erdbeben, welches im November des J. 1822 die chilenische Küste traf. Am 19. und 20. November jenes Jahres erfolgten daselbst die ersten Erdstösse; sie dauerten bis zum September des folgenden Jahres fort und waren bisweilen so häufig, dass mitunter Tage lang die Stösse in Intervallen von nur fünf Minuten sich wiederholten. Sie schienen von Süd nach Nord sich fortzupflanzen, über den ganzen Küstenstrich von Lima bis Concepcion, auf eine Erstreckung von 300 geogr. Meilen, und verbreiteten sich ostwärts bis zu der mit der Küste parallel laufenden Kette der Cordilleren. Man schätzt den Flächeninhalt des Landes, auf welchem dieses Heben des Bodens statt gefunden hat, auf 100,000 geogr. □Meilen. Die Höhe, bis zu welcher das Erdreich emporgehoben wurde, wird verschieden angegeben; so viel ist gewiss, dass sie an der Küste geringer, landeinwärts ansehnlicher war. An ersterer soll sie 2—4, eine Meile nach dem Lande hin 5—7, an manchen Stellen sogar 15—20 Fuss betragen haben.

Glücklicherweise hielten sich damals gerade mehrere sehr unterrichtete und aufmerksame Beobachter in diesen Gegenden auf, unter ihnen Mistress *Mary Graham*, aus deren Bericht sich das Folgende ergiebt; s. *Poggendorff's* Ann. der Phys. Bd. 3. S. 344. Zu Quintero, einem nahe bei Valparaiso gelegenen Orte, so wie in allen benachbarten Thälern war der Boden aufgerissen und zerklüftet und es traten Sand und Wasser in grosser Menge daraus hervor. In einem dieser Thäler, welches den Namen Vinna a la Mar führt, fand man die Oberfläche mit niedrigen, kaum 4 Fuss hohen, kegelförmigen Massen bedeckt, die aus einem schlammigen Sande bestanden und deutlich aus konischen Löchern hervorgetreten waren. Die Bodenfläche rund um den See von Quintero war, gleich einem Schwamme, von unzähligen Löchern durchbohrt; letztere waren höchst wahrscheinlich durch gewaltsames Ausströmen von Gasen und Dämpfen entstanden. Ein besonderes Interesse aber erregten die Granitfelsen, welche daselbst anstehen und die Küste bilden. Dieselben waren nämlich ursprünglich von vielen kleinen, parallelen Quarzgängen durchsetzt, und zwischen diesen hatten sich nach dem Erdbeben viele neue, mit den alten parallel laufende Spalten gebildet, die zum Theil bis auf eine Länge von 1½ Meilen ununterbrochen fortsetzten und vermöge ihres frischen Ansehens leicht erkannt werden konnten. Diese Granitkette, welche sich längs der Küste wohl auf 20 geogr. Meilen hin erstreckt, war — und dies ist wohl das Merkwürdigste bei der ganzen Erscheinung — höchst regelmässig etwa 3—4 Fuss über ihr früheres Niveau emporgehoben worden. Felsen, auf und an denen sich Muscheln angeheftet hatten, ragten jetzt, selbst zur Zeit der Fluth, um die angegebene Höhe über die Meeresfläche empor, und ganze Reihen von Austerbänken, welche früher dicht am Rande des Meeres sich befanden, waren jetzt auf das Trockne gelegt. *M. Graham* machte hierbei zugleich die Beobachtung, dass diese Küste in frühern Zeiten bei Erdbeben schon in ähnlicher Weise mehrfach müsse gehoben worden seyn; sie erblickte nämlich sehr deutlich mehrere alte Uferlinien an den Granitwänden, in horizontalen Streifen fortlaufend und bedeckt mit angehefteten Balanen, Serpulen und anderen Meeresthieren. Einige dieser granitischen Felsen waren nahe an 50 Fuss über den gegenwärtigen Meeresspiegel gehoben worden.

Eine ähnliche Erscheinung bot sich *Darwin* an der peruanischen Küste, auf der Insel San Lorenzo, in der Nähe von Callao, dar; s. dessen naturwissenschaftl. Reise, bearbeitet von *E. Dieffenbach,* Thl. 2. S. 143. Auf diesem Eilande giebt es deutliche Beweise von einer in neuerer Zeit wahrscheinlich durch Erdbeben erfolgten Hebung. Die Seite eines Berges nämlich, welche eine Bucht auf der Insel begrenzt, ist in drei undeutliche Terrassen abgetheilt, welche von vielen Gehäusen solcher Schalthiere bedeckt sind, die noch jetzt an der dortigen Küste leben. An der innern Seite mehrerer einschaliger Conchylien hingen Serpulen und kleine Balanen, zum Beweise, dass sie noch einige Zeit nach dem Tode des Thieres, auf welchem sie sich angeheftet hatten, auf dem Meeresboden verweilt haben mussten. Bei der Untersuchung dieser Muschel-Lagen machte *Darwin* eine sehr interessante Beobachtung hinsichtlich der Art und Weise ihres Erhaltenseyns und ihres hierauf folgenden Zerfallens. Auf San Lorenzo waren die Muscheln in geringer Höhe noch vollkommen erhalten; auf einer Terrasse dagegen, 85 Fuss über der Meeresfläche, fand er sie gänzlich zersetzt und von einer weichen, schuppigen Substanz bedeckt; auf einer noch grössern Höhe konnte auf dem Boden nur eine dünne Schicht von kalkigem Pulver, ohne Spur eines organischen Baues, entdeckt werden. In dieses letztere waren die Muschelgehäuse bei ihrer endlichen Zersetzung umgewandelt worden, und es lässt sich eine solche allmählig fortschreitende Metamorphose wohl nur unter einem so eigenthümlichen Klima wahrnehmen, wo bekanntlich nie so viel Regen fällt, dass er die Muschel-Theilchen in ihrer letzten Zersetzung hinwegzuschwemmen vermag. *Darwin* fand neben Stücken von Fucus-Arten in der Muschelmasse, und zwar in derjenigen Lage, welche 85 Fuss über den Meeresspiegel gehoben war, ein Stück von einem baumwollenen Faden, sodann geflochtene Binsen, ja sogar einen Maiskolben. Aus dieser Thatsache zieht er den Schluss, dass der Küstenstrich, wovon die Rede, 85 Fuss hoch gehoben worden sey, und zwar seit der Zeit, wo Menschen hier leben.

So überraschend diese und ähnliche Beobachtungen, die man jetzt fast in allen Welttheilen gemacht hat, im ersten Augenblick auch scheinen mögen, so lassen sich solche beim heutigen Stande der Wissenschaft nicht wohl anders erklären, als durch ein' in vielen Fällen ruckweises Emporsteigen einzelner Theile des Festlandes über die Oberfläche des Meeres.

Erdbeben und vulcanische Ausbrüche in gegenseitigem Verhältniss zu einander.

§. 20.

Aus dem, was bereits früher an verschiedenen Stellen über Erdbeben gesagt worden ist, wird man leicht haben entnehmen können, dass sie nicht nur häufig, sondern fast immer in Begleitung von vulcanischen Ausbrüchen aufzutreten pflegen, und wenn man letztere auch gerade in der unmittelbaren Nähe der erstern nicht bemerkt, so kommen sie doch in der Ferne vor, und wo man auf Widersprüche zu stossen glaubt, da werden sich solche schon lösen; man combinire und suche nur fleissig und sorgsam nach, und alle Scrupel in dieser Beziehung werden dann schwinden. Zuletzt wird man zu der Ueberzeugung gelangen, dass, je heftiger vulcanische Ausbrüche erscheinen, sie auch von um so stärkern Erdbeben werden begleitet seyn, und wenn man alle Wahrnehmungen zusammenstellt, die man bei beiden Phänomenen bis jetzt gemacht hat, so wird man unwillkührlich darauf hingewiesen, Erdbeben und vulcanische Ausbrüche nur als die Aeusserungen eines und desselben, tief im Erdinnern seinen Sitz habenden Processes zu betrachten.

Diese Ansicht ist auch in allen solchen Ländern, in welchen sich Vulcane befinden, schon seit langer Zeit — man kann wohl sagen — fast allgemein verbreitet.

Ziehen wir in dieser Hinsicht Italien und Sicilien in Betracht und bedenken wir, dass dies diejenigen Ländergebiete sind, aus denen die ältesten, fast zwei Jahrtausende umfassende Nachrichten über Feuerberge, vulcanische Ausbrüche und Erdbeben zu uns gelangt sind, so finden wir, dass diese Meinung sich fast überall geltend gemacht hat. In Neapel sowohl, als auch in Sicilien ist die Furcht vor Erdbeben entweder gemindert oder gänzlich geschwunden, sobald man den Vesuv oder den Aetna in Ausbruch begriffen sieht; ja man glaubt, beide Erscheinungen ständen in einer solchen wechselseitigen Beziehung zu einander, dass auf diesen beiden Bergen jeder einzelne Lava-Erguss, sey er noch so unbeträchtlich, doch stets durch eine mehr oder weniger wahrnehmbare Erderschütterung in den nächsten Umgebungen des Kraters angekündigt werde.

Diese Ansicht ist auch in den vulcanischen Gegenden America's verbreitet, namentlich auf der Hochfläche von Quito, welche, wie wir sahen, so überaus reich an den gewaltigsten Feuerschlünden ist.

Man führt jedoch Gegenden an, welche furchtbare Zerstörungen durch Erdbeben erlitten, in denen aber jetzt keine thätige Vulcane sich zeigen und die auch, zufolge ihrer geognostischen Beschaffenheit, in frühern Erdperioden keine enthalten haben mögen. Dahin zählt man z. B. Calabrien, Caracas und das untere Mississippi-Thal.

Untersuchen wir zunächst das erstgenannte Land, so ist die südwestliche Hälfte desselben, welche durch das grässliche Erdbeben vom J. 1783 eine traurige Berühmtheit erlangt hat, gerade derjenige Theil, welcher gleich weit vom Aetna, so wie vom Vesuv entfernt liegt, und das Erdbeben musste gerade hier um so stärker wüthen, weil es keinen Ableiter, keinen Ausführungs-Canal vorfand.

Aehnliche Verhältnisse mögen bei dem Erdbeben von Caracas obgewaltet haben. Es wüthete mitten inne und wahrscheinlich auf der Verbindungslinie zwischen der Vulcanen-Kette der kleinen Antillen und jener des Plateau's von Quito, und wir erinnern in dieser Beziehung an die schon früher gemachte Mittheilung, dass der nördlichste Feuerberg in der Reihe von Quito der Vulcan am Rio Fragua, nächst ihm der Puracé bei Popayan und der erstere der einzige Vulcan ist, welchem man auf der Ostseite des Magdalenen-Stromes begegnet.

A. von Humboldt hat auf den innigen Zusammenhang und die wechselnde Thätigkeit zwischen den Vulcanen und Erdbeben der genannten Gegenden besonders aufmerksam gemacht und viel zur Aufklärung dieser Erscheinungen beigetragen. Er meint, dass die Insel Sabrina, welche, wie bekannt, am 30. Januar im J. 1811 in der Nähe der Azoren auftauchte, um später wieder zu verschwinden, den Anfang der hierher gehörigen Erscheinungen gemacht habe. Bald nach diesem Ereigniss begannen, wie bereits früher bemerkt, in einer Entfernung von 800 Seemeilen von den Azoren, auf den kleinen Antillen, die heftigsten Erdbeben, welche sich gegen das Ende des Jahres auch auf das Festland von America verbreiteten und besonders in den untern Theilen der Thäler des Mississippi, Arkansas und Ohio wütheten. Fast zu derselben Zeit verspürte man in Caracas den ersten Erdstoss, und während die Erschütterungen in Nord-America noch fortdauerten, erfolgte am 26. März des folgenden Jahres das furchtbare Erdbeben, welches die Hauptstadt Caracas in einen Trümmerhaufen verwandelte Zuletzt, und zwar am 30. April im J. 1812, brach der Vulcan auf der Insel St. Vincent, welcher seit dem J. 1718 keine besonders deutliche Zeichen von Thätigkeit gegeben hatte, mit einer so ausserordentlichen Heftigkeit aus, dass man die Wirkung davon sogar noch an dem Rio Apure in den Steppen von Calabozo empfand, obgleich St. Vincent fast 210 Seemeilen davon entfernt ist.

Noch deutlicher giebt sich der Antagonismus oder das gleichzeitige oder sich aneinander reihende Auftreten von Erdbeben und vulcanischen Ausbrüchen besonders dann zu erkennen, wenn wahre Eruptionen an solchen Stellen erfolgen, wo keine thätige Vulcane sich befinden, und woselbst die Ausbrüche durch Erdbeben angekündigt werden und öfters auch mit ihren Wirkungen aufhören.

Dass bei manchen Erdbeben, sofern sie die gehörige Stärke besitzen, der Boden sich spaltet und aus den eben entstandenen Oeffnungen Wasser, Schlamm und Steine hervorbrechen, oder Gase, Dämpfe, ja selbst Rauch- und Flammensäulen aus ihnen zum Vorschein kommen, davon ist schon öfters Erwähnung geschehen und es braucht hier blos daran erinnert zu werden. Wenn gleich solche Erscheinungen nur vereinzelt auftreten, so bilden sie doch gleichsam einen Uebergang zu den Ausbrüchen wirklicher Vulcane, und noch mehr ist dies der Fall mit Eruptionen wahrer Lavaströme und vulcanischer Tuffmassen, welche bisweilen in Gemeinschaft mit Erdbeben erfolgen und einen redenden Beweis dafür abgeben, dass in dem unterirdischen Sitze, dem tiefen Schoosse der Erde, sich auch dieselben mineralischen Substanzen zu erzeugen vermögen, welche aus den Schlünden der Vulcane hervorgetrieben werden.

Phänomene dieser Art, obgleich sie nicht zu den gewöhnlichern gehören, sind nichts desto weniger schon in sehr früher Zeit beobachtet worden.

Das älteste derartige Ereigniss ist unstreitig dasjenige, welches in Griechenland sich zutrug und wovon *Strabo* (Lib. I. edit. Oxon. 1807. T. 1. pag. 85) erzählt. Das Gebiet von Euböa in seiner ganzen Ausdehnung war geraume Zeit durch heftige Erdbeben in Furcht und Schrecken gesetzt worden, und die Erschütterungen verloren nur dann erst ihren beunruhigenden Charakter, als in der Ebene von Lelantus, nicht weit von Chalcis, eine weite Spalte im Erdboden entstand, aus welcher ein Strom von glühendem Schlamm hervorbrach, welcher letztere wohl für nichts Anderes als für einen Lavastrom zu halten seyn dürfte.

Analoge Beispiele könnten in mehrfacher Zahl aus neuerer Zeit angeführt werden, doch begnügen wir uns mit einem einzigen, welches eins der interessantern und zugleich genauer gekannten ist. Wir meinen das Erdbeben von Riobamba, welches im J. 1797 erfolgte und von dem auch schon früher Erwähnung geschehen. Der Bezirk Pilinlo, als dasjenige Ländergebiet, über welches die Erschütterungen mit ihrer ganzen Wuth sich ausbreiteten, umfasste eine Länge von 170 und eine Breite von 140 Stunden. Klüfte und Spalten von unergründlicher Tiefe und in der grössten Anzahl entstanden an den verschiedensten Stellen; es traten so ungeheure Wassermassen aus ihnen hervor, dass sie Thäler von 1000 Fuss Breite und 600 Fuss Tiefe in verhältnissmässig kurzer Zeit ausfüllten; sie führten einen übelriechenden, theilweise aus vulcanischen Substanzen zusammengesetzten Schlamm mit sich, welcher sich zu ansehnlichen Hügeln aufstauete und eine bräunlich schwarze Farbe besass. Die Eingeborenen nennen ihn, wie wir aus früherer Mittheilung wissen, Moya. Neuere chemische Untersuchungen über ihn fehlen. Nach einer ältern

Analyse von *Klaproth* besteht er aus fein zertheilten Stückchen von glasigem Feldspath und Bimsstein, ausserdem aus Kiesel, Thon und Kalkerde, so wie aus Eisenoxyd. Sehr beträchtlich muss sein Gehalt an organischen, wahrscheinlich mehr oder weniger verkohlten Substanzen seyn. Diese haben ihm vielleicht auch seine dunkle Färbung ertheilt; auch erklärt sich vielleicht daraus der Umstand, dass die Moya zu häuslichen Zwecken und namentlich zum Kochen der Speisen von den Indianern verwendet wird. Die durch sie gebildeten schlammigen Ströme führen im Lande den Namen „Lodagales". Sie erhärten übrigens schnell, sobald sie zur Ruhe gelangt sind.

Von den vulcanischen Ausbrüchen.

§. 21.

Wenn Feuerberge sich, wie man zu sagen pflegt, im Zustande der Ruhe befinden, so ist der in unergründlicher Tiefe unterhalb eines solchen Berges seinen Sitz habende vulcanische Process keineswegs als erloschen zu betrachten, vielmehr giebt sich seine im Innern fortdauernde Thätigkeit durch das in der Regel aus dem Krater erfolgende Aufsteigen von Dämpfen, den sogenannten Fumarolen, mehr oder weniger deutlich zu erkennen. Meist pflegen sich solche zu einer Säule, einer uneigentlich sogenannten Rauchsäule, zu vereinigen, welche sich, schon aus weiter Ferne erkennbar, über dem Gipfel des Vulcans erhebt. Dies ist eine für feuerspeiende Berge äusserst charakteristische Erscheinung. Versucht man sich der Stelle, aus welcher die Dämpfe hervorbrechen, so viel als möglich zu nähern, so sieht man dieselben meist aus dem Boden oder den Einfassungen des Kraters, oder auch wohl aus den Seitenwänden des Berges in vereinzelten Strömen aus kleinen Oeffnungen wirbelnd emportreten und sich dann zu einer grössern Masse vereinigen. Dieses Ausströmen, sobald es mit einiger Heftigkeit erfolgt, ist stets mit einem zischenden Geräusch verknüpft und unterbricht auf diese Art das Monotone des ganzen, anscheinend so einfachen Processes. Wenn dagegen durch eine uns unbekannte Ursache ein Feuerberg zu grösserer Thätigkeit erwacht, wenn namentlich die im Innern seines Kraters befindlichen Massen aufsieden, sich blähen und in die

Höhe steigen, wenn die Menge der dabei sich entbindenden Dämpfe zu gross wird, so dass die bisherigen Räume sie nicht mehr zu fassen vermögen: dann erfolgen die Eruptionen im engern Sinne, und an diesen, so grossartig, gewaltig, betäubend und complicirt sie auch erscheinen mögen, kann man doch, sobald sie von dem gewöhnlichen Gange nicht abweichen, gewisse Hauptmomente unterscheiden, die bei den Paroxysmen fast aller Vulcane mit leichter Mühe erkannt werden können, stets wiederkehren und alle auf einem gemeinschaftlichen Princip beruhen mögen.

Das erste Zeichen eines herannahenden vulcanischen Ausbruchs giebt sich in mehr oder weniger heftigen Erschütterungen des Bodens kund, welche von dem Vulcan aus sich zu verbreiten pflegen, von dem eine Eruption zu erwarten steht. Mehrfältige Beobachtungen dieser Art hat man am Vesuv gemacht, und zwar von den frühesten Zeiten seiner Ausbrüche an. Bevor seine weltberühmte Eruption im J. 79 nach Chr. Geb., unter der Regierung des Kaisers Titus, erfolgte, waren alle ihn rund umher umgebenden Ländermassen zwar häufig wiederkehrenden Erdbeben ausgesetzt gewesen, doch bestanden solche nur in bald vorübergehenden, leichten Schwankungen, welche keinen weitern Schaden verursachten. Allein im J. 63 nach Chr. Geb. stellte sich ein um so zerstörenderes Erdbeben ein, welches Pompeji fast ganz in einen Schutthaufen umgestaltete, ebenso Herculanum zerstörte und auch in Neapel grosse Verwüstung anrichtete. Der Vesuv verhielt sich jedoch bis dahin ganz ruhig und erregte keine Art von Besorgniss. Pompeji wurde daher auf's eifrigste wieder aufgebaut, und noch jetzt erblickt man in der wieder aufgegrabenen und so lange verschütteten Stadt zahlreiche Spuren, dass man mit der Ausbesserung und Wiederaufrichtung solcher Gebäude, welche durch das Erdbeben gelitten hatten, emsig bis zu der Zeit beschäftigt war, wo die schreckliche Katastrophe im J. 79 eintrat, welche der Stadt von Neuem und für immer den Untergang brachte.

Auch Herculanum erhob sich wieder aus seinen Trümmern und erstand schöner und prächtiger als zuvor. Allein der Kampf der unterirdischen Mächte war schon zu lange und zu stark entbrannt, als dass an eine weitere Ruhe zu denken gewesen wäre; die Erde erzitterte von Neuem und noch in der Nacht auf den 24. August, welche dem endlich erfolgenden Ausbruch des Vesuv's voranging, empfand man einen höchst gewaltsamen Stoss, welcher sich selbst bis auf das Vorgebirge von Misenum erstreckte und daselbst mannigfaltige Zerstörung verursachte. Dann erst brach der Vesuv auf, eine ungeheure, dunkele, weithin die Luft verfinsternde Aschenwolke erhob sich über seinem Gipfel und begrub mit ihrem fein zermalmten und wahrscheinlich durch später erfolgende Regengüsse zähflüssig gewordenen Trümmergestein nicht allein Pompeji, Herculanum und Stabiä, sondern auch einen grossen Theil von dem gesegneten Campanien.

Auch bei spätern Eruptionen nahm man am Vesuv ähnliche Erscheinungen wahr; denn als am 15. Juni im J. 1794 durch einen der heftigsten Ausbrüche, die man überhaupt von ihm kennt, Torre del Greco zerstört wurde, war drei Tage zuvor ein sehr starkes Erdbeben vorangegangen. Nach *L. von Buch's* Zeugniss soll dabei der Erdboden, gleich flüssigen Wellen, von Morgen nach Abend geschwankt haben, und die Bewohner von Neapel dadurch so sehr in Furcht und Angst gerathen seyn, dass sie die Stadt verliessen und sich in's Freie flüchteten. Als man indess am Morgen des folgenden Tages den Vesuv in gewohnter Ruhe erblickte, glaubte man, es habe in einer entferntern Gegend ein Erdbeben statt gefunden und sich bis nach Neapel fortgepflanzt; allein bald darauf erfolgte während der Nacht wieder ein äusserst heftiger, kurzer, unregelmässiger Stoss, der alle Gebäude niederwarf und dem Nichts zu widerstehen vermochte. Fast gleichzeitig mit ihm und urplötzlich erglänzten am nächtlichen Himmel hell leuchtende, roth gefärbte Flammen, wahrscheinlich der Widerschein des eben aufbrechenden Vulcans, der nach kaum zweijähriger Ruhe von Neuem zu verderblicher Thätigkeit erwacht war. Bei dieser Eruption konnte man zugleich recht deutlich wahrnehmen, dass die aus dem Vesuv gewaltsam hervortretenden Massen den Boden ringsum zu erschüttern vermochten; denn als die aus dem Krater emportretende Lava unter heftigem Getöse an den Abhängen des Berges herabfloss, wurden alle Gebäude in Neapel in ihren Grundfesten erschüttert, die Fenster klirrten, die Thüren sprangen auf, ja es ging sogar so weit, dass die Glocken auf den Thürmen nicht aufhörten, von selbst anzuschlagen und zu ertönen. Auch bei andern Ausbrüchen des Vesuv's, welche mit Boden-Erschütterungen verbunden waren, konnte man leicht bemerken, dass sie von dem Berge aus excentrisch sich verbreiteten, und ihre Stärke nahm regelmässig ab, je weiter man sich von dem vulcanischen Heerde entfernte. Deshalb litten Neapel, Portici und Torre del Greco hierdurch am meisten, während dies bei weiter abgelegenen Orten, als Nocera, Salerno, Capua und Benevent, bei weitem nicht in dem Grade statt fand; vielmehr wurden die Bewohner dieser Städte durch die Schwankungen des Bodens nur leicht aufgeschreckt.

Ein anderes Phänomen, welches in Folge von vulcanischen Ausbrüchen sich kund zu geben pflegt, ist eine heftige innere Aufregung des Meeres und ein Zurücktreten desselben von den Küsten, oft bis auf weite Strecken hin.

Auch hierzu liefern die Eruptionen des Vesuves zahlreiche Belege durch alle Zeiträume hindurch.

Schon *Plinius* erzählt, dass bei dem ersten bekannten Ausbruche des Vesuv's im J. 79 n. Chr. Geb. sich das Meer gleichsam in sich selbst zurückgezogen, dass es sich weit von der Küste entfernt habe, und dass dabei viele Meeresthiere auf dem trocknen Sande zurückgeblieben wären.

Dass man bei der Entstehung des Monte nuovo eine ähnliche Beobachtung an dem die Küste bespülenden Meere machte, ist bei einer frühern Gelegenheit schon ben erkt worden. Nach *Hamilton* ereignete sich etwas Aehnliches im J. 1775; das Meer gerieth in eine so ausserordentliche Wallung, dass es den Anschein hatte, als würde es durch den heftigsten Sturm bewegt; zugleich zog es sich mit einer so ausnehmenden Schnelligkeit von dem Gestade zurück, dass man hätte glauben sollen, es habe sich in grosse unterirdische Räume hinabgestürzt. Von ähnlichen Ereignissen in dieser Gegend hörten späterhin *L. von Buch* und *Monticelli*. Dass solche Bewegungen des Meeres eine Folge der durch die Eruptionen hervorgebrachten Boden-Erschütterungen sind, ist wohl eher wahrscheinlich, als die Ansicht, dass solches ein Beweis von dem Zusammenhange des vulcanischen Heerdes mit der Tiefe des Meeres sey, und dass ein feuerspeiender Berg, um sich zu entflammen und in Ausbruch zu gerathen, zuvor das Wasser des Meeres einsaugen und verschlucken müsse. Obwohl dies wohl bisweilen der Fall seyn kann, so sieht man hierbei doch leicht ein, dass hierdurch — und sey ein solcher Berg auch mit noch so weiten unterirdischen, hohlen Räumen versehen — das Niveau des Meeres nicht erniedrigt werden kann; denn die Wassermasse des letztern ist viel zu gross im Verhältniss zu solchen supponirten Höhlen. Dass solche Schwankungen des Meeres aber dadurch hervorgebracht werden können, dass der unterminirte und hier und da vielleicht nur auf schwachen Stützen ruhende Meeresboden plötzlich auf weite Strecken hin und zu ansehnlicher Tiefe einsinkt und das Meer ihm alsdann nachstürzt, ist wohl möglich, doch wird eine solche Ansicht durch keine Thatsache unterstützt und es fehlt uns in dieser Beziehung jeder directe Beweis.

Jedenfalls mögen vor oder bei einem vulcanischen Ausbruch im Innern eines solchen Berges tief eingreifende Veränderungen und in Folge derselben auch wohl Bewegungen und Dislocationen seiner festen Theile erfolgen. Dafür sprechen manche Erscheinungen, namentlich das Sinken, Schwächerwerden oder gar das gänzliche Versiegen der an oder in der Nähe von Vulcanen hervorbrechenden Quellen. Am Vesuv z. B. hält man solches für ein sicheres Zeichen einer bevorstehenden Eruption schon seit langen Zeiten her, und *Monticelli* glaubt, dass diese Meinung durch viele Thatsachen bestätigt werde. Auch bei der letzten grossen Eruption des Vesuv's im J. 1822 machte man eine solche Erfahrung. Obwohl es gegen das Ende des vorhergehenden Jahres viel und auch stark geregnet hatte, so flossen doch die Quellen in der Nähe des Berges, namentlich die zu Resina, nicht mehr so stark wie früher; man schloss hieraus auch schon auf einen bevorstehenden Ausbruch, und wirklich erfolgten auch am 7. Januar im J. 1822 heftige Bewegungen im Berge, die später in sehr ansehnliche Eruptionen übergingen.

Aehnliche Wahrnehmungen hat man in Calabrien, auf den Canarischen Inseln, so wie auf Island gemacht. Mit Zuverlässigkeit den Grund dieser Erscheinung anzugeben, hält schwer, doch ist es wohl am gerathensten, mit *Monticelli* anzunehmen, dass dieses Sinken der Quellen die Folge eines anhaltenden Einsaugungs-Processes sey, hervorgebracht durch die im Innern des Berges befindlichen Klüfte und Höhlen; denn wenn im Innern eines Vulcanes die Thätigkeit sich steigert, so muss sich auch seine Temperatur erhöhen und die in den unterirdischen Räumen befindliche Luft durch Erwärmung verdünnt werden. Wegen verminderter Schwere kann sie nun den Quellen nicht mehr das Gleichgewicht halten, ihr Niveau sinkt und ihr Wasserabfluss mindert sich entweder oder er hört gänzlich auf.

Ein weiteres und, wie es scheint, sehr zuverlässiges Kennzeichen eines bevorstehenden vulcanischen Ausbruches besteht nach *L. von Buch* in der verminderten Tiefe des Kraters. Wenn nämlich in der vulcanischen Werkstätte der unterirdische Process von Neuem sein Spiel beginnt, so ist die erste Folge davon, dass die aus dem Innern empordringenden Kräfte sich der auf ihnen ruhenden Last zu entledigen suchen und hierbei den Boden des Kraters zerreissen. Alles, was auf demselben liegt, und er selbst wird allmählig in die Höhe getrieben, und in je grösserm Maasstabe dies erfolgt, desto näher steht die Eruption bevor. Gewiss ist es nicht sehr gewagt, wenn *L. von Buch* (s. dessen geognostische Beobachtungen auf Reisen etc. Thl. 2. S. 118—124) die Behauptung aufstellt, dass die Entfernung des Bodens im Krater die grössere oder geringere Nähe eines Ausbruches anzudeuten im Stande sey.

Ein genaueres Studium der Ausbrüche sowohl des Vesuv's als auch des Aetna's hat zunächst zu dieser Ansicht geführt. Am erstern machte man eine solche Beobachtung schon im J. 1631, wo ein äusserst heftiger Ausbruch aus ihm erfolgte, nachdem er länger als ein Jahrhundert geruhet, das Innere seines Kraters sich verstopft und der Boden desselben im Laufe der Zeit sich mit Buschwerk bedeckt hatte. In unsern Tagen haben *Babbage* und *Fr. Hoffmann* (a. a. O. Bd. 2. S. 492) ähnliche Wahrnehmungen an diesem Berge gemacht. Nach Ersterm betrug die Tiefe des Kraters im J. 1822 nach der mehrfach erwähnten grossen Eruption 880 Par. Fuss unter dem höchsten Puncte und 430 Fuss unter dem niedrigsten seines Randes. In diesem Zustande verharrte der Krater bis zum März im J. 1827; um diese Zeit entstand in Folge erneuerter Thätigkeit im Boden des Kraters eine Oeffnung, aus welcher fortwährend Schlacken ausgeworfen wurden, die zuletzt einen ansehnlichen Kegel bildeten. Im folgenden Jahre begannen Lava-Ergiessungen im Innern des Kessels, welche sichtbar den Boden desselben erhöheten, so dass *Fr. Hoffmann* im August des J. 1830 die grösste Tiefe unter dem Rande nur noch zu 600 Fuss, die kleinste zu 150 Fuss, also um etwa 280 Fuss vermindert fand. Im September des folgenden Jahres fing der kleine Schlackenkegel an sich über die Ränder des alten Kraters zu erheben, so dass er von Neapel aus deutlich erkannt werden konnte. Bald darauf floss auch Lava über die Ränder des Kraters und ergoss sich in mächtigen Strömen an den Abhängen des Berges herab. In diesem Zustande verblieb der letztere bis zum August des J. 1834, um welche Zeit der oberste, im J. 1828 emporgestiegene kleine Kegel des Berges unter fürchterlichem Krachen einstürzte und an seiner Stelle sich zwei neue Schlünde bildeten, welche nur durch einen schmalen Damm voneinander getrennt waren.

Analoge Beobachtungen hat man auch am Aetna gemacht, und sie werden sich auch an allen anderen Vulcanen machen lassen, insofern man sie erst in dieser Beziehung einer nähern Untersuchung unterworfen haben wird.

Nachdem wir die Vorboten der vulcanischen Ausbrüche kennen gelernt haben, wenden wir uns nun zu den bei letztern zum Vorschein kommenden Auswurfsstoffen und zwar zuerst zu den festern derselben. Obgleich vielfältig davon schon im Vorhergehenden die Rede gewesen ist, so müssen sie doch hier im Zusammenhang betrachtet werden.

Bei weitem der grösste Theil der Auswürflinge besteht aus Schlacken oder aus losgerissenen Massen der flüssigen, im Innern des Kraters aufsiedenden Lava, welche, verschieden an Grösse und Gewicht, ruck- oder stossweise, oft innerhalb weniger Secunden mit prasselndem Geräusch als glühende Steinklumpen, in die Höhe geschleudert, gleich Raketen, in der Luft garbenförmig sich ausbreiten und nach erfolgter Abkühlung, den Gesetzen der Schwere folgend, entweder wieder in den Krater zurückfallen, oder, über die Ränder desselben hinaustretend, unter lautem Gepolter an den Abhängen des Berges herabrollen. Je nach dem verschiedenen Zustande der ihnen innewohnenden Temperatur nehmen sie während ihres Verweilens in der Luft auch eine verschiedene Gestalt an. Werden sie in feurig-flüssigem Zustande in die Atmosphäre emporgeschleudert, so gestalten sie sich darin zu mehr oder weniger sphäroidischen Massen, an ihrem untern Ende abgerundet, am obern aber während des Fallens eine lang gezogene, birnförmige Gestalt annehmend und den Namen „vulcanische Bomben, Thränen oder Lavatropfen" führend. Oft sind sie, wenn sie auf die Erde herabfallen, noch so weich, dass sie sich platt drücken und en bas relief die Gestalt derjenigen Substanzen annehmen, auf welchen sie sich abgesetzt haben.

Dem Gewichte und der Grösse nach differiren sie sehr; manche haben einen Fuss im Durchmesser und wiegen vielleicht einen halben Centner oder noch mehr, während die regelmässiger gestalteten nur die Grösse einer Nuss oder einer Faust erreichen. Besitzen aber diese Auswurfsmassen nicht mehr die hohe Temperatur, befinden sie sich schon in einem mehr zäh-flüssigen Zustande, so erscheinen sie nach ihrem Herabfallen nur aufgeblähet und durch den Widerstand des sie umgebenden Mediums und wahrscheinlich auch durch die aus ihnen entweichenden Dämpfe und Gase mannigfach verzerrt, und eine Gestalt, gleich gewundenen Tauen oder stalaktitischen Massen ist für sie dann besonders bezeichnend. Da, wie wir gesehen, nicht alle Schlacken über die Kraterränder hinweggeschleudert werden, vielmehr ein grosser Theil derselben in rigidem Zustande wieder in den Schlund zurückfällt und sie dann oft, ehe sie den Boden erreichen, von andern in die Höhe getriebenen Stoffen wieder mit fortgerissen werden, so ist es natürlich, dass sie durch die hierbei statt findenden Stösse zerkleinert und in mehr oder weniger grosse Stücke umgestaltet werden. Man nennt sie alsdann „Rapilli" oder auch „Lapilli und Ferilli", ein Name, der, zuerst nur in Neapel gebräuchlich, sich jetzt allgemein verbreitet hat und für die zerkleinerten Schlackenstücke aller Vulcane gebraucht wird. Unterliegen sie nun einer noch grössern Zerkleinerung, so dass sie förmlich zermalmt werden und in eine staubartige Masse übergehen, so nennt man sie „vulcanische Asche". Die einzelnen Partikelchen, woraus sie besteht, sind von einer so geringen Grösse, dass man sie kaum mit unbewaffnetem Auge noch erkennen kann. Aeusserlich hat die vulcanische Asche viel Aehnlichkeit mit wirklicher Holzasche; wie diese besitzt sie eine lichte, hellgraue, röthliche oder braungraue Farbe. Ist sie nicht gänzlich zermalmt, lassen sich vielmehr die einzelnen Bestandtheile mit blossem Auge noch leicht unterscheiden, so gebraucht man auch wohl für sie in diesem Zustande den Ausdruck „vulcanischer Sand". Dieser letztere besitzt meist ein dunklere Färbung und besteht vorzugsweise aus krystallinischen Massen oder Körnern von Magneteisen, Titaneisen, Augit, Hornblende, Chrysolith, Feldspath u. dgl. m. Oft aber ist es der Fall, dass sowohl in diesem Sande, als auch in der Asche auch das gröbste Trümmergestein untermengt sich vorfindet; ja es sind bisweilen vulcanische Bomben, die ein Gewicht von mehreren Centnern besassen, darin aufgefunden worden.

In mineralogischer Beziehung ist die vulcanische Asche eben so zusammengesetzt, wie die Laven-Varietäten, und Feldspath, Augit, Olivin, Magnet- und Titaneisen etc., sind ihre vorwaltenden Bestandtheile. Herrscht die eine oder die andere dieser Mineral-Gattungen vor, so erhält die Asche dadurch ein verschiedenartiges Ansehen.

Vulcanische Asche bildet sich nicht nur bei Vulcanen, deren Kratere hoch in die Luft sich erheben, sie erzeugt sich eben so bei untermeerischen vulcanischen Ausbrüchen; denn auch diese sind ohne Ausnahme von Aschenregen begleitet und die Ausbrüche von Aschenwolken bilden einen nothwendigen Theil einer jedweden vulcanischen Thätigkeit. Erfolgt eine Eruption unterhalb der Meeresfläche, so kommt die Asche mit dem Gewässer in Berührung, und es entstehen alsdann die sogenannten Tuffmassen, die in horizontalen Bänken sich ablagern und bisweilen auch Meeresgebilde, sowohl pflanzliche als thierische in wohlerhaltenem Zustande umschliessen. Nächstdem enthalten sie aber auch, gleich dem vulcanischen Sande und der Asche, wohl ausgebildete, grössere oder kleinere Krystalle solcher Mineralien, welche vorzugsweise im vulcanischen Gebirge angetroffen werden. Ueber die Art und Weise, wie diese Krystalle in die genannten Felsarten gelangt sind, darüber waltet noch Streit ob. Manche Mineralogen nehmen nämlich an, dass erstere, die oft in ungeheurer Menge in letztern sich finden, erst in den feurig-flüssigen Auswurfsstoffen auf ihrem Wege durch die Luft sich ausgeschieden hätten, während andere der Ansicht sind, dass diese Krystalle vorher schon im Innern der Vulcane gebildet, dann durch die unterirdischen Mächte emporgeschleudert und so in den vulcanischen Tuff, den Sand und die Asche gelangt wären. Dass letztere bei vulcanischen Eruptionen sowohl durch die unbeschreibliche Energie eines solchen Processes, als auch durch die Gewalt der Winde bisweilen über ungeheure Länderstrecken ausgestreut wird, davon ist schon oft und namentlich bei den americanischen Vulcanen die Rede gewesen; bedürfte es dazu noch eines Beweises aus unsern Tagen, so könnte man den Hecla anführen, welcher bei seinem Ausbruche im J. 1845 seinen Aschenregen über die Färöar, die Shetländischen- und die Orkney-Inseln, zusammen bis zu einer Entfernung von 120 geogr. Meilen, verbreitete.

Von grossem Interesse, aber schwer zu lösen ist die Frage, in welchem Verhältniss die Quantität der von einem Vulcan ausgeworfenen Asche mit der Masse der von ihm hervorgebrachten Lava stehe. Zuvor aber sey bemerkt, dass es keinen Lava-Ausbruch giebt, dem nicht ein Aschenregen vorangegangen wäre; wohl aber bemerkt man bisweilen grosse Eruptionen von Asche, welche von keinen Lava-Ergüssen begleitet sind. Fälle dieser Art hat man öfters am Vesuv, am Aetna, an dem Vulcan auf Stromboli, so wie an einigen isländischen Feuerbergen beobachtet. Bisweilen ist die Masse der zu Tage gekommenen Lava eben so beträchtlich, als die der emporgeschleuderten Asche, mitunter ist sie der letztern überlegen. Tuff-Bildungen erfolgten in frühern Entwickelungs-Perioden der Erde häufiger als jetzt, und zwar aus dem Grunde, weil das damals über die Meeresfläche emporragende Land mehr von inselartiger Beschaffenheit war und sich noch nicht zu continentalen Massen gestaltet hatte, wie heut zu Tage.

Bezüglich der Asche, welche, wie wir gesehen, aus manchen Vulcanen in wahrhaft staunenswerther Menge ausgeworfen wird, haben manche Geologen daran gezweifelt, ob sie in allen Fällen durch Friction und Zerkleinerung der Auswurfsmassen während der Eruptionen erzeugt werde, und *Menard de la Groye*, welchem auch noch andere Physiker gefolgt sind, hat in dieser Beziehung die Ansicht geäussert (im *Journ. de Physique*, T. 80. pag. 400), dass die Entstehung der Asche sich auch vielleicht dadurch erklären lasse, dass feurig-flüssige Lavamassen durch heftige Entwickelungen von Gas und Dampf, wahrscheinlich in Folge des mit der Lava in Berührung gekommenen Meereswassers, auf's feinste zerkleinert, und zerstiebend in die Luft geschleudert würden, eine Erscheinung, derjenigen ähnlich, die man künstlich dadurch hervorbringen kann, dass man flüssiges Metall in hinreichender Menge und entsprechenden Quantitäten von Wasser aufeinander einwirken lässt.

Die in so hohem Grade bezeichnende Dampfwolke, welche säulenförmig, ernst und düster über dem Gipfel eines in Ausbruch begriffenen Feuerberges sich erhebt, durchläuft nun im Verlaufe dieses Processes folgende Phasen.

Diese Säule, in den meisten Fällen wohl nur aus expandirtem Wasserdampf bestehend, der grössere oder geringere Quantitäten von Asche in Suspension enthält und solche gewaltsam mit emporreisst, steigt, je nach dem verschiedenen Grade von Stärke, welche die Eruption begleitet, in verschiedenen Höhen in die Luft aufwärts, sinkt jedock wieder zurück, sobald die sie emportreibende Kraft nachlässt. Hierbei begegnet sie jedoch andern, von Neuem in ihrer ganzen Stärke aufsteigenden Dampfstrahlen und diese veranlassen die zuerst emporgetriebenen Massen, welche eben im Begriffe sind, sich in der Luft herabzusenken, seitwärts auszuweichen. Hierdurch geschieht es, dass das ganze Gewölk, welches anfänglich, gleich einem Säulenschafte, aus dem Krater des Berges hervortrat und später theilweise diese Gestalt auch noch beibehält, sich in seinen obern Theilen allmählig schirmförmig ausbreitet, und so kommt dann zuletzt diejenige Form zum Vorschein, welche die grösste Aehnlichkeit besitzt mit einer schlanken Pinie, diesem stolzen Zapfenträger, einer der grössten Zierden unter den Baumgestalten des südlichen Italiens. Aber nur bei stillem, ruhigem Wetter kommt diese Gestalt zum Vorschein. Wird dagegen die Luft durch Winde bewegt, so nimmt die Rauchsäule die Form eines ungeheuren, mehr oder weniger wagrechten Schweifes an. Während eine solche Erscheinung einen erschütternden und tief ergreifenden Eindruck schon an hellem Tage macht, so steht solcher doch gegen denjenigen bedeutend zurück, welchen das Gemüth zur Nachtzeit empfängt; denn zahllose kleinere und grössere leuchtende Körper werden durch das dunkele Gewölk aufwärts getrieben und wandeln zuletzt das Ganze, falls sie in stets grösser werdender Zahl zum Vorschein kommen, in eine Feuergarbe um, deren Pracht um so mehr hervortritt, je tiefer das Dunkel der Nacht erscheint. Aber es sind nicht blos diese glühenden Körper, welche in unendlicher Zahl die dunkele Dampfwolke durchschwärmen, auch hell leuchtende Flammen bemerkt das spähende Auge darin. In zickzackförmiger Gestalt durchzucken sie die Luft und weithin hörbarer und schnell auf sie folgender Donner ist in ihrem Gefolge. Diese Blitze sind wohl nicht so sehr durch explosive Entzündungen brennbarer Gasarten, als vielmehr durch Neutralisation entgegengesetzter Elektricitäten entstanden. Forschen wir der Entstehungsweise dieser letztern nach, so fällt es nicht schwer, sich solche zu erklären; denn die pinienartige Dampfwolke besteht, wie schon so oft bemerkt worden, vorzugsweise aus Wasserdämpfen und ihre dunkele Färbung erhält sie nur durch ihr beigemengte Lavenspreu, die sogen. vulcanische Asche. Nun wissen wir aber durch die Untersuchungen der Physiker aus neuerer Zeit, namentlich durch die von *Saussure*, dass sich Elektricität entwickelt, sowohl wenn Wasser verdampft, als auch wenn Wasserdampf sich verdichtet. Beide Processe finden bei vulcanischen Ausbrüchen statt, mitunter im grossartigsten Maassstabe, und so ist es nicht zu verwundern, dass reichliche Quantitäten von Elektricität dabei entbunden werden. Besonders die Condensation heisser Wasserdämpfe scheint ein reichlicher Quell von letztern zu seyn; denn die elektrischen Entladungen, die Blitze entstehen vorzugsweise und oft in mehrfacher Zahl an den Rändern der Dampfwolke und fahren von da in die Mitte derselben hinein. An diesen Stellen erfolgt die Verdichtung der Dämpfe am ersten, weil sie hier mit der kältern Luft zunächst in Berührung kommen, und daher ist auch hier das Spiel der elektrischen Entladungen zunächst und am deutlichsten wahrzunehmen. Dass sie, wenn sie in den untern Theilen der Atmosphäre, in der Nähe der Oberfläche der Erde, statt finden, die ihnen im Wege stehenden Gegenstände in manchen Fällen zerstören, davon kennt man mehrere Beispiele. So wurden z. B. Bäume durch sie zersplittert, ja *Olafsen* erzählt (in seiner Reise nach Island, Bd. 2. S. 78), dass bei einem Ausbruche des Katlegia am 17. October im J. 1775 durch einen aus der Dampfwolke dieses Berges herausfahrenden Blitz in einem vorstehenden Felsen cylindrische Löcher gebohrt und 11 Pferde und zwei Menschen getödtet wurden.

Während bei einem im Ausbruch begriffenen Vulcan die eben geschilderten Erscheinungen vorausgegangen sind, sich auch wohl während der Eruption wiederholen, erfolgt, wenn anders die letztere regelmässig verläuft, eine neue und zwar die dritte Art seiner Thätigkeit, und diese besteht in dem Hervorbrechen von Lavaströmen. Die in dem Krater stets höher herauftretende glühend-flüssige Lava kann man unter günstigen Verhältnissen schon geraume Zeit vorher in demselben wahrnehmen; die dunkle Gluth derselben spiegelt sich am nächtlichen Himmel klar und deutlich ab, und zuletzt, wenn der Feuerschlot sie nicht mehr zu fassen im Stande ist, steigt sie über die Ränder desselben empor und fliesst, Furcht und Verwüstung vor sich her verbreitend, an den Abhängen des Berges herunter.

Es liegt in der Natur der Sache, dass, je geringer die Höhe eines feuerspeienden Berges ist, Lava-Ausbrüche aus demselben auch um so öfters und reichlicher erfolgen werden; denn der Widerstand, welchen die im Innern eines solchen Berges eingesperrten erhitzten Dämpfe und Gase zu überwinden haben, ist bei ihnen um so geringer, und er wächst in demselben Maasse, als die Höhe eines Vulcanes sich steigert. Mehrere der europäischen Feuerberge sind ganz dazu geeignet, um die Wahrhaftigkeit dieser Ansicht zu bestätigen. Dies gilt ganz besonders von dem Insel-Vulcan auf Stromboli, welcher, wie allgemein bekannt, von der Zeit an, von welcher die Geschichte von ihm erzählt, also seit mehr als 2000 Jahren, in ununterbrochener Thätigkeit sich befindet und deshalb auch schon von den Alten den Namen „des Leuchtthurms des tyrrhenischen Meeres" erhielt. Es stimmt dies auch ganz gut mit seiner keineswegs ansehnlichen Höhe und dem mässigen Umfang seiner Basis überein; denn die erstere beträgt nach den Messungen von *Fr. Hoffmann*, wie wir bereits früher sahen, nur 2700 Fuss und die letztere kaum zwei Meilen. Auch noch jetzt fliesst beständig ein Lavastrom an den Gehängen des Berges herab, und sein Krater wird nie durch die von ihm ausgeworfenen und über ihm sich anhäufenden Stoffe verstopft; denn in Folge der eigenthümlichen Gestaltung des Feuerschlotes, namentlich seiner ausserordentlichen Steilheit, stürzt sich die flüssige Lava schnell in das die Insel umspülende Meer, wird daselbst bald zerkleinert und von der Strömung rasch hinweggeführt.

Aehnlich verhält sich der Vesuv, gleichsam nur ein Hügel im Verhältniss zu den riesigen Feuerbergen, die man in andern Welttheilen, namentlich auf dem Rücken der Cordilleren, kennen gelernt hat. Im Umfange hat der Vesuv etwa sechs Meilen, seine Höhe betrug, als *Fr. Hoffmann* sie mass, 3600 Fuss. Sie ist also ansehnlicher als die des Vulcans auf Stromboli, und deshalb erfolgen die Eruptionen aus dem Vesuv auch nur in mehr oder weniger langen Zwischenräumen. Gehören die letztern zu den heftigern, hat der Berg längere Zeit hindurch geruht und in seinem Innern eine beträchtliche Masse Lava erzeugt, so ereignet es sich bisweilen, dass die letztere nicht blos aus dem Krater, sondern auch aus den seitlichen Wänden des Berges hervorbricht, und zwar an solchen Stellen, wo sie entweder den geringsten Widerstand zu überwinden hat, oder wo in Folge gewaltsamer Erschütterungen des Berges während des Ausbruches sich Klüfte und Spalten gebildet haben. Diese Lava-Ergüsse aus den Seiten der Feuerberge und namentlich die des Vesuv's sind bei weitem mehr gefürchtet, als die aus dem Krater hervortretenden, theils, weil sie in grössern Massen zum Vorschein kommen, theils, weil sie schnell in Gegenden gelangen, wo das Land der Cultur unterworfen ist und der Mensch sich angesiedelt hat. *L. von Buch*, indem er die aus dem Krater und die aus den Seiten des Vesuv's hervorgebrochenen Lavamassen miteinander hinsichtlich ihres Volumens verglich, glaubt zu dem Resultat gekommen zu seyn, dass beide einander so ziemlich das Gleichgewicht halten und hinsichtlich ihres Umfanges nur wenig differiren.

Untersuchen wir in dieser Beziehung die Ausbrüche des Aetna's, so gestaltet sich das Verhältniss schon wieder etwas anders. Wir wissen aus frühern Mittheilungen, dass die Basis des Berges in ihrem weitern Umfange mehr denn 20 deutsche

Meilen umfasst und seine Höhe über 10,000 Fuss beträgt. Ausbrüche aus ihm erfolgen bei weitem nicht so häufig als aus dem Vesuv, und wenn sie erfolgen, so geschieht dies noch seltner aus dem auf seinem Gipfel befindlichen Krater. Man kennt mehr als dreissig mit Lava-Ergüssen verbundene Eruptionen vom Aetna während der historischen Zeit, und von diesen sollen nach *Gioeni's* Angabe nur zehn aus dem Gipfel des Berges hervorgetreten seyn. Ueberblickt man aber die zahlreichen Lavaströme rundum an den Abhängen des Berges, von denen keine Geschichte erzählt und von denen die meisten in vorhistorischer Zeit emporgequollen seyn mögen, so dürfte es nicht zu gewagt erscheinen, mit *Dolomieu* anzunehmen, dass $^9/_{10}$ derselben aus den seitlichen Oeffnungen des Vulcans hervorgetreten sind.

Ziehen wir nun noch andere Feuerberge in den Bereich unserer Untersuchungen, welche den Aetna an Höhe übertreffen, z. B. den Pic auf Teneriffa, welcher etwa 1000 Fuss höher als der erstere ist, so finden wir, dass diese Zahl schon hinreicht, um zu bewirken, dass Ausbrüche aus dem Gipfel des Pic's nicht erfolgen; denn man hat nie dergleichen aus seiner Spitze hervortreten sehen, und wenn dem Berge Lavaströme entquollen sind, so ist dies stets nur an seinen Seiten geschehen. Betrachten wir nun gar die Riesen-Vulcane der Andeskette, von denen manche das Doppelte der Höhe des Pico de Teyde erreichen, so stellt sich auch bei ihnen auf's deutlichste heraus, dass, je höher ein Vulcan ist, um so seltner auch aus seinem Gipfel Lava-Ausbrüche erfolgen; überhaupt scheint ein sehr langer Zeitraum erforderlich zu seyn, damit ein solcher Berg von Neuem sich entzünde, und *A. von Humboldt* meint, dass es dazu in einzelnen Fällen eines vollen Jahrhunderts bedürfe. Selbst dann kann die Lava nicht ausfliessen, vielmehr wird sie unter den furchtbarsten Kämpfen im Innern des Berges so lange verarbeitet — wobei sie immer mehr erkaltet —, dass sie zuletzt nur in der Gestalt von Asche, Sand und Trümmergestein in ungeheuren Quantitäten ausgeworfen wird. Bandförmige Lavastreifen, welche sich so häufig an den Abhängen der meisten Vulcane herabziehen und ein charakteristisches Zeichen derselben sind, bemerkt man an den americanischen Feuerbergen entweder äusserst selten oder fast nie; ja es wurde noch im J. 1848 einem französischen Geologen, welcher diese Gegenden bereisen wollte, die besondere Aufgabe gestellt, die dortigen Vulcane in dieser Beziehung genau zu untersuchen, da man in Paris der Ansicht war, dass die meisten Vulcane der neuen Welt keine Lava lieferten. Und doch hatte *A. von Humboldt* schon im Anfange dieses Jahrhunderts Lavaströme am Antisana und späterhin *Pöppig* und *Domeyko* dergleichen an dem Vulcane von Antuco beobachtet.

Auf welche Art und Weise die Lava über die Ränder des Kraters hervortritt, ist schon auseinandergesetzt worden; nur über diejenigen Lavaströme, welche den Gehängen der Vulcane entquellen, dürfte noch Einiges zu dem bereits Bemerkten hinzuzufügen seyn.

Bei den furchtbaren Erschütterungen und den convulsivischen Bewegungen, welche bei einem vulcanischen Ausbruche statt finden, ereignet es sich öfters, dass die Wände des Kraters an solchen Stellen, wo sie am dünnsten sind, oder wo sie aus weniger festem Gestein bestehen, zerreissen und Spalten sich bilden, die quer durch den Berg sich erstrecken und so bis zu der aufbrodelnden Lava gelangen. Liegt nun das Niveau dieser letztern über der Aufbruchs-Spalte, so ist es ganz natürlich, dass die Lava aus derselben herausfliesst, und zwar so lange, bis ihr Niveau mit dem obersten Theile der Spalte in eine horizontale Ebene gelangt ist. Alsdann hört der Lava-Erguss auf und erneuert sich erst nur dann, wenn durch die Gewalt neuer aufsteigender Dämpfe die Lava wieder über ihr letztes Niveau emporgetrieben wird. In beiden Fällen erfolgt durch den Druck der im Innern des Kraters befindlichen Lavasäule ein seitliches Ausfliessen der letztern, und zwar um so schneller und gewaltsamer, je höher die Lava in dem Schlote stand und je ansehnlicher ihre Masse war. Hierdurch bildet sich nun an der tiefsten Stelle der Spalte eine Ausbruchs-Oeffnung. Alle die Stoffe, welche früher aus dem Krater zum Vorschein kamen, werden jetzt zum Theil auch aus dieser seitlichen Oeffnung hervorgeschleudert, und wenn dies einige Zeit hindurch anhält, so entsteht zuletzt ein neuer Eruptionskegel, der aber wohl nie die Grösse des Hauptkegels erreicht. Das Hervortreten der Lava aus dieser seitlichen Oeffnung wird und muss alsdann aufhören, sobald ihr Niveau im Innern des Berges bis zu dem Niveau der letztern herabsinkt. In diesem Falle erheben sich aus derselben nur die mehr expandirten und leichtern Auswurfsstoffe, und diese, in Verbindung mit der stets mehr erkaltenden Lava, führen zuletzt ein Verschliessen der Oeffnung herbei. Sobald dies geschehen, der unterirdische Process von Neuem sich regt und wiederum Lava erzeugt, so steigt die letztere auch wieder in die Höhe und sucht auf dem einmal angebahnten Wege wieder hervorzubrechen. Die Spalte zerreisst von Neuem, sie verlängert sich nach Unten, eine neue Ausbruchs-Oeffnung entsteht, Lava tritt aus ihr hervor und es bildet sich wiederum ein Eruptionskegel, welcher mit dem zuerst entstandenen auf einer Linie liegt. Wiederholen sich solche Erscheinungen, und zwar so lange, bis aller Vorrath an geschmolzenen Substanzen im Innern des Berges erschöpft ist, oder bis die Spalte sich bis zum Fusse des Vulcans erstreckt hat, so erblickt man zuletzt eine Reihe kleinerer, linienförmig geordneter, konischer Berge, welche nicht wenig dazu beitragen, die Reize des landschaftlichen Charakters vulcanischer Gegenden zu erhöhen. Diese Spalten und Klüfte, welche in der Regel unter den heftigsten Detonationen entstehen, besitzen noch die Eigenthümlichkeit — worauf zuerst *L. von Buch* die Aufmerksamkeit der Geologen gelenkt hat —, dass sie immer nach der Richtung der Abhänge strahlenförmig vom Centrum des Berges aus sich verbreiten und nie in querer Richtung auf denselben sich erstrecken. Der grössere Widerstand, welchen sie auf dieser letztern zu überwinden haben würden, erklärt diese Erscheinung leicht und befriedigend. Sie erreichen öfters eine sehr ansehnliche Länge; eine Spalte, welche bei einem grossen Aetna-Ausbruch am 11. März im J. 1660 entstand, besass eine Längen-Ausdehnung von 2½ geogr. Meilen; sie fing am Gipfel des Berges an und setzte bis nach Nicolosi fort. Bei der mehrfach erwähnten Eruption des Vesuv's im J. 1794 riss eine Spalte auf, welche nach *L. von Buch* 3000 Fuss lang war und nach *Breislak* an ihrem obern Rande eine Breite von 240 Fuss besass. Mehrere derselben sind bekannt, welche vor unsern Augen sich bildeten. So erwähnt *L. von Buch* fünf solcher kleinerer Berge — unter dem Namen „Bocche nuove" —, welche bei dem eben angeführten Ausbruche des Vesuv's entstanden, späterhin aber, bis auf drei, wieder verschwanden oder unkenntlich wurden.

In einem weit grossartigern Maassstabe aber treten diese Erscheinungen am Aetna auf, welcher, wie wir wissen, so zahlreiche Seitenausbrüche gehabt hat. Von jeher ist das Auge der Reisenden, welche diesen Berg besucht haben, durch die grosse Anzahl dieser Kegel, von denen manche eine Höhe von mehr denn 800 Fuss erreichen, gefesselt worden. Während sie, wenn man sie von der Basis des Berges zu überschauen trachtet, in wilder Unordnung sich erhoben zu haben scheinen, so ist dies doch nicht der Fall, wenn man von dem Gipfel des Berges einen Ueberblick über sie gewinnt; denn dann erscheinen sie in strahlenförmig divergirender Ablagerung. Schon im vorigen Jahrhundert hat *Hamilton* auf diese Art der Ablagerung aufmerksam gemacht. Alle diese Hügel oder kleinen Berge, deren muthmaassliche Zahl wir schon früher angegeben, werden von den Bewohnern der Umgegend mit besondern Namen belegt. Von vielen derselben kennt man die Zeit ihrer Entstehung. So bildeten sich bei einer Eruption, welche im J. 1536 statt fand, zwölf dieser Kegel an der Seite des Berges. Keiner derselben ist aber bekannter und merkwürdiger, als derjenige, welcher bei einem furchtbaren Ausbruche des Aetna im J. 1669 auf der vorhin erwähnten grossen Spalte in der Nähe von Nicolosi entstand. Dieser Berg, dessen Gipfel sich 3007 Fuss über die Meeresfläche erhebt, besitzt nach *Fr. Hoffmann* eine Höhe von 820 Fuss, und zu dieser so ansehnlichen Grösse gelangte er innerhalb weniger Monate. So reichlich, ja ungeheuer war die Menge der ausgeschleuderten Asche und Schlacken. Noch jetzt besitzt er zwei wohl erhaltene, halb miteinander verbundene Kratere, während sein Fuss eine halbe deutsche Meile im Umfang hat. Fast gänzlich besteht er aus röthlich gefärbten Schlacken-Fragmenten und schwarzem vulcanischen Sande, welcher letztere fast nur aus zahllosen, locker aufeinander liegenden Augit-Krystallen und zerkleinertem Feldspath zusammengesetzt ist. Von diesem neu entstehenden Berge aus wurde das angrenzende Land, dessen Flächeninhalt wenigstens eine Quadratmeile beträgt, mehrere Fuss hoch mit schwarzem Sande überschüttet.

Auch noch in unserm Jahrhundert und zwar im J. 1811 bildeten sich nach *Gemmellaro's* Zeugniss in dem berühmten Val del bove nicht weniger denn sieben solcher Berge hintereinander durch Auswurfsstoffe, welche innerhalb verhältnissmässig kurzer Zeit unter den heftigsten Detonationen aus mehreren aufspringenden Oeffnungen in die Höhe emporgetrieben wurden.

Bei kleinern Vulcanen und mässig heftigen Eruptionen pflegt die Lava sich über die Ränder des Kraters zu erheben und an dessen Seiten herabzufliessen; bei grössern Ausbrüchen dagegen, bei denen auch in der Regel neue Schlackenkegel mit Oeffnungen sich bilden, bricht sie fast nie aus der Spitze, sondern stets an der Basis oder den Seitenwänden der letztern hervor. Je tiefer sie zugleich unter dem Niveau der im Schlote auf- und niederwallenden Lavasäule heraustritt, um so deutlicher gewahrt man an ihr die Zeichen des innern, sie hervorpressenden Druckes, und so ist es eine keineswegs seltene Erscheinung, dass bei grossen, tief an den Seitenwänden der Vulcane erfolgenden Ausbrüchen die zuerst hervorgetriebenen Lavamassen mit der Heftigkeit eines feurigen Springquells an die Oberfläche gelangen. Ein derartiges, mächtig ergreifendes Phänomen bemerkte man bei dem grossen Ausbruche des Vesuv's am 15. Juni im J. 1794; denn als daselbst unter dem Dunkel der Nacht an der Basis des Berges, blos 1515 Fuss über der Meeresfläche, die erste Lava hervorbrach, konnte man von Neapel aus die feurig-flüssige Masse auf's deutlichste in parabolischen Bogen hervorspritzen sehen. Eine ähnliche Beobachtung machte *Hamilton* ebenfalls am Vesuv bei einem äusserst heftigen Ausbruche desselben im J. 1764. Erfolgen nun solche Hervortreibungen der Lava, während sie sich in einem zäh-flüssigen Zustande befindet und alsdann schnell erkaltet, so können wohl, unter sonst begünstigenden Verhältnissen, die brückenartigen, aus verschlackten Lavamassen bestehenden Phänomene zum Vorschein kommen, deren wir bei der Beschreibung vulcanischer Erscheinungen auf den Sandwich-Inseln gedacht haben.

Ist nun der erste Erguss der Lava erfolgt, so fliesst sie ruhig und gleichförmig an den Abhängen des Berges hernieder, in der Gestalt eines glühenden Stromes, über welchem sich dicke, grauweisse Dampfstreifen erheben und den Lauf desselben sogar bei Tageshelle bezeichnen, wenn das entschwundene Dunkel der Nacht die Feuergluth des Stromes nicht mehr so deutlich erkennen lässt.

Die übrigen Phänomene, welche ein fliessender Lavastrom gewährt, stimmen im Allgemeinen mit einem Wasserstrome überein; er stellt sich nämlich dar wie ein bandförmiger Streifen, der stets um so breiter wird, je weiter er sich von seiner Quelle entfernt, und sich auch wohl — namentlich, wenn er in grössern Massen auftritt — in mehrere Arme zertheilt, die aber meist im weitern Verlauf sich wieder miteinander zu verbinden pflegen. Gelangt der Strom an steile oder gar an jäh abstürzende Stellen, so bildet er feurige, mit lautem Donner sich herabstürzende Cascaden, sammelt sich jedoch unterhalb derselben wieder und setzt nun seinen Lauf so lange weiter fort, bis entweder eine ansehnliche Vertiefung oder die verminderte Neigung des Bodens ihn daran verhindert und er sich zuletzt in einen weit ausgedehnten glühenden Teich ausbreitet und dann allmählig erstarrt. Oft, und zwar bei nahe am Meere gelegenen Vulcanen, stürzen sich die aus ihnen hervorbrechenden Lavaströme auch in die See, unter den heftigsten convulsivischen Bewegungen der letztern, und drängen sie weit von dem Gestade zurück.

Von dem ersten Momente an, wo die Lava dem Krater entstiegen und an die Oberfläche gelangt ist, strahlt sie einen Theil der ihr innewohnenden Wärme aus und gestaltet sich zu einer zähen, dickflüssigen Masse. Obgleich sie in diesem Zustande noch immer feurig-glühend erscheint, so hat sich ihre Temperatur doch schon so sehr erniedrigt, dass man sich ihr bis auf geringe Entfernung ohne Gefahr nähern und mit ihr Versuche anstellen kann. Wirft man z. B. Steine auf sie, so geben solche einen verschiedenartigen Klang von sich, verursachen auf der Oberfläche der Lava einen nur mässig tiefen Eindruck und schwimmen hierauf mit dem glühenden Strome davon. Dies Fliessen der Lava geht ruhig und gleichförmig, fast ohne alles bemerkbare Geräusch vor sich. Nur dann und wann vernimmt man in Folge der aus dem Laventeiche sich entbindenden Dämpfe und Gasarten ein aufbrodelndes und knisterndes Geräusch, welches jedoch stärker wird und dem

Rauschen eines Wasserstromes gleicht, wenn der Wind mit Heftigkeit in die aufsteigenden Dampfwirbel hineinbläst. Hat sich die Lava jedoch schon auf eine weitere Strecke von ihrer Austrittsstelle ausgedehnt, so erscheint sie, weil sie stets mehr erkaltet, als eine zäh-flüssige Substanz und sie bedeckt sich alsdann auf ihrer Oberfläche mit einer dunkelglühenden Schlackenkruste. Die entweichenden Dämpfe treiben dieselbe auf, die Ränder der hierbei entstehenden Blasen erstarren und dann erzeugen sich kleine konische Erhöhungen, auf der Spitze mit einer oder mehreren Oeffnungen versehen, welche den Dämpfen zum Ausgang dienen. Besitzt jedoch die Lava noch eine höhere Temperatur und ist sie deshalb noch von einer liquidern Beschaffenheit, dann fallen die Ränder der entstehenden Blasen wieder zusammen und statt der Erhöhungen bilden sich nun kleine, trichterförmige Vertiefungen.

Im Verlaufe des weitern Fortfliessens des Lavastromes und der dabei statt findenden Erkaltung desselben entsteht zuletzt auf seiner Oberfläche eine zusammenhängende Kruste, eine förmliche Decke, unterhalb welcher die Lava streckenweise noch fortfliesst, und wenn der Erguss der Lava von ihrer Quelle her aufhört, so bilden sich unter der Gunst der Umstände unterirdische, mehr oder weniger zugerundete Canäle, gleichsam Tunnels, von bisweilen ansehnlicher Länge, innerhalb welcher man aufwärts in den Berg vordringen kann Diese auffallenden Bildungen haben schon seit früher die Aufmerksamkeit der Gebirgsforscher erregt und sind bereits vor geraumer Zeit von *Hamilton* und *Ferber*, als am Vesuv vorkommend, erwähnt worden. Der Erstere beschrieb einen derartigen Canal, welchen die Lava bei einer Eruption im J. 1770 gebildet hatte. Sie floss wochenlang durch denselben hindurch; dadurch wurden seine Wände geebnet, gleichsam abgeschliffen, und nur an einigen Stellen in der Höhe, wohin die Lava wahrscheinlich nicht hatte dringen können, hingen stalaktitische Gebilde von der Decke herab. Als *Ferber* zwei Jahre nachher den Vesuv besuchte, entdeckte er in der Nähe des Kraters einen andern 90 Ellen langen Canal, der bequem befahren werden konnte, obgleich die Temperatur im Innern noch ziemlich beträchtlich war.

Eine ähnliche Beobachtung machte *Fr. Hoffmann* im J. 1819

am Aetna. Er nahm daselbst aber nicht so sehr eine cylindrische Röhre, als vielmehr eine aus Schlacken bestehende Grotte wahr, welche eine Höhe von 6—8, eine Breite von 12 und eine Tiefe von 20 Fuss besass. Die Wände derselben waren von der durch sie hindurchgeflossenen Lava nicht nur polirt, sondern sogar gefrittet und mit einer dünnen Glaskruste überzogen. Stalaktitische Massen von den seltsamsten Formen, schwarz oder braunroth gefärbt und ebenfalls wie Glas glänzend, zierten die Decke der Grotte und hingen in langgezogener Gestalt, mannigfach gewunden und verästelt, von derselben herab.

Bildungen dieser Art können jedoch nur in solchen Fällen erfolgen, wenn der Boden, über welchen die Lava hinwegfliesst, nur eine geringe Neigung gegen den Horizont besitzt, und wenn der Erguss der Lava selbst entweder ein gleichförmiger ist, oder wenn er nur allmählig schwächer und schwächer wird. Ist jedoch die Erdoberfläche uneben, höckerig und zerrissen, ist sie überdies stärker geneigt, so leuchtet es von selbst ein, dass die auf der Oberfläche des Lavastromes sich bildende Kruste bersten und zerreissen muss. In dieser Gestalt wird sie nun von der sie tragenden glühenden Lava durcheinander geschoben, zerkleinert und der fortgleitende Strom gleicht nun einem Haufwerk wild übereinander sich bewegender Schlacken, die, indem sie fortwährend und vielseitig miteinander in Berührung kommen, einen eigenthümlichen Klang von sich geben, wie Glasscherben, welche mit Heftigkeit aneinander gestossen werden. Hin und wieder blickt jedoch die innere Gluth noch durch die Schlacken, bricht auch wohl in grösserer Masse unterhalb derselben hervor, schiebt sie zur Seite oder wirft sie von der Oberfläche des Stromes herab. Diese verschlackten Gebilde bemerkt man indess nicht blos auf der Oberfläche eines Lavastromes, sondern auch auf dem Erdboden, über welchen er hinwegfliesst, und da die Lava daselbst schneller als in ihrer Mitte erkaltet, so entsteht durch die sich absetzenden Schlacken gleichsam eine Art von Pflaster, welches, wenn es nach und nach an Dicke und Mächtigkeit zunimmt, zuletzt die Gestalt eines auf beiden Seiten eingeengten Dammes, wie bei Wasserbauten, annimmt. Solche Wälle oder Dämme erreichen bisweilen eine Höhe von 10—12, ja mitunter von 40—50 Fuss. Ein aus dem Skaptar-Jökul im J. 1783 hervorbrechender Lavastrom bildete einen derartigen Wall, welcher sogar 100 Fuss über seine Umgebungen emporragte.

Sehr bald macht man bei einem auf diese Weise sich fortbewegenden Lavastrome die Bemerkung, dass nicht alle seine Theile eine gleiche Geschwindigkeit besitzen, sondern dass die auf seiner Oberfläche schwimmenden Schlacken am schnellsten sich fortbewegen. Diese Erscheinung erklärt sich aber leicht, wenn man erwägt, dass die im Flusse befindliche Lava in ihren untern Theilen nicht nur ihren eignen Druck, sondern auch den Widerstand, welcher durch die Unebenheiten des Bodens hervorgebracht wird, zu überwinden hat, wodurch die Fortbewegung des Stromes verzögert werden muss. Die obern Theile der Lava gleiten also über die untern hinweg und die Schlacken fallen deshalb am vordern Ende und an den Seiten des Stromes beständig herab. Ausser dieser im Ganzen einfach fortschreitenden Bewegung dürfte bei der Lava auch noch eine wälzende vorkommen, bei welcher sie fortwährend in sich selbst zurückzurollen scheint. Wohin sie auch ihren Weg nehmen mag, so bezeichnet sie doch denselben stets durch die von ihr herabfallenden Schlacken, welche, an der zähflüssigen Masse klebend, sich doch allmählig herabsenken, die Bodenfläche erreichen und zuletzt auf derselben abgesetzt werden. Daher kommt es, dass, wenn zuletzt ein Lavastrom vollständig erkaltet ist, nicht nur seine Oberfläche, sondern auch die mit ihm verschmolzene Schlackenkruste, auf welcher er sich abgelagert hat, stets einen und denselben Anblick gewährt und eine eigenthümliche, seltsam gekräuselte Oberfläche wahrnehmen lässt. Stösst ein in Bewegung begriffener Lavastrom auf ihm im Wege stehende Hindernisse, so verhält er sich, je nach der Beschaffenheit der letztern, jedesmal auch auf eine eigenthümliche Weise. Boden-Vertiefungen z. B. oder Thalgründe werden mit Lava angefüllt, und wenn dies geschehen und der Strom noch hinreichend Material besitzt, um seinen Lauf fortsetzen zu können, so richtet er sich dabei nach der Gestalt des Terrains, über welches er hinwegfliesst. Stösst er jedoch auf hervorragende Gegenstände, so staut er sich vor denselben meist an, ehe er vielleicht einen seitlichen Ausweg gewinnt. Bei einer so zähflüssigen Masse, wie die Lava ist, kann dies Anhäufen der letztern vor Hindernissen nur langsam geschehen, und in Folge dieses Umstandes ist es bei Lava-Ergüssen oft der menschlichen Kraft gelungen, das drohende Unglück entweder ganz abzuwenden oder doch weniger schädlich zu machen. Einen solchen Fall erzählt *Hamilton* bei der Eruption des Vesuv's im J. 1794. Während derselben wälzte sich ein mächtiger Lavastrom an dem Gehänge des Berges herab und nahm seine Richtung nach Portici hin. Da liess der Vicekönig schnell mit Hülfe mehrerer Tausende von Menschen einen tiefen Graben um den Ort ziehen, und so gelang es den vereinten Anstrengungen derselben, den Ort und die darin befindliche kostbare Sammlung von Alterthümern vor der Zerstörung zu schützen.

Weniger glücklich war man bei der grossen Eruption des Aetna's, welche im J. 1669 erfolgte. Ein mächtiger Lavastrom, welcher aus dem eben entstandenen Monte rosso hervorbrach, erreichte innerhalb weniger Tage, während welcher er eine Strecke von etwa 3½ deutschen Meilen zurückgelegt hatte, die aus Quadern erbauten, etwa 50 Fuss hohen Mauern von Catania. Langsam thürmte sich die Lava vor denselben auf und drohte sie zu übersteigen. In dieser Noth liess man durch 40 starke und mit nassen Fellen umhüllte Männer mittelst Brecheisen seitwärts Löcher in die Schlackenkruste des Stromes stossen, und so gelang es auch eine Zeitlang, die glühende Lava längs den Mauern bis zum Meere hinunter fortzuleiten; doch überstieg sie zuletzt an einer tiefern Stelle die letztern und ergoss sich, Tod und Verderben um sich her verbreitend, in die so oft geängstigte, unglückliche Stadt.

Bei dieser Eruption soll auch das folgende, wenn es wahr ist, merkwürdige Ereigniss statt gefunden haben. Unfern der Stadt lag ein den Jesuiten angehöriger Weinberg, und zwar auf dem Wege, welchen der ansehnlichste Arm des Lavastromes nehmen zu wollen schien. Dieser Weinberg mit äusserst fruchtbarem Boden stand auf einem Lavahügel, der vor undenklicher Zeit sich gebildet hatte. Unterhalb seines Bodens müssen jedoch Spalten und Höhlungen vorhanden gewesen seyn, denn in diese ergoss sich bald die herandrängende Lava, füllte die unterirdischen Räume aus und hob auf diese Art, wie man sagt, den Weinberg in die Höhe. Es blieb aber nicht allein bei dieser Hebung, vielmehr soll, zum grössten Erstaunen der Eigenthümer, dieser mit Wein bekränzte Hügel, der indess nur von mässigem Umfang war, sich plötzlich zu bewegen angefangen haben und eine nicht unbeträchtliche Strecke am Gehänge des Berges herabgerutscht seyn.

Bei einem andern Kloster, welches den Benedictinern angehörte, machte man folgende, dem ersten Anschein nach höchst überraschende Wahrnehmung. Die Lava nämlich, welche sich den Klostermauern genähert hatte, erreichte dieselben nicht, sondern blieb unmittelbar vor ihnen stehen und hinterliess einen mehrere Zoll breiten, leeren Zwischenraum zwischen ihrer vorrückenden Fläche und der Mauer. Diese, in der damaligen Zeit gleich einem Wunder angestaunte Erscheinung verliert, wie wir die Sache heut zu Tage betrachten, viel von ihrer Unbegreiflichkeit, wenn man bedenkt, dass die Gewalt der aus der Oberfläche der langsam fortrückenden Lava fortwährend sich entwickelnden, erhitzten und eine grosse Spannung besitzenden Dämpfe dies vorzugsweise bewirkt habe; sie können nämlich, wenn sie in die Nähe des vor ihnen in senkrechter Stellung aufgerichteten Hindernisses gelangen, nicht nach allen Seiten hin entweichen, dadurch erhöhet sich ihre Spannkraft; im vorliegenden Falle können sie nur vor der Mauer in die Höhe steigen, sie hindern die Lava am weitern Vordringen, und so entsteht zwischen dieser und dem Lava-Erguss eine verticale, mehr oder weniger hohe, unausgefüllte Spalte.

Alle organischen Gebilde, wenn sie von einem in feurigem Flusse befindlichen Lavastrom erreicht werden, können ihrer Zerstörung nicht entgehen. Kommt er mit Pflanzen in Berührung, so werden diese zunächst gedörrt und hernach verbrannt; sie blitzen, sofern sie in gehöriger Menge sich vorfinden, in lichten Flammen auf, und letztere hat man alsdann, besonders wenn man dem Schauspiel aus der Ferne zusah, nicht selten, obwohl irrthümlich, für Flammen gehalten, welche aus der Lava selbst aufgestiegen wären. Sind Baumstämme von dem glühenden Strome erreicht, so werden sie an der zunächst getroffenen Stelle nur verkohlt; wenn aber die Lava sie gänzlich umhüllt, so ergreift gewöhnlich die Flamme die über dem Strome hervorragenden Zweige und Gipfel, äschert sie ein und steigt, hell leuchtend, hoch in die Luft empor. Wird ein Baumstamm an seinem untern Ende schnell von der Lava ringsum umhüllt, so kann er nicht verbrennen, weil der Zutritt der Luft abgehalten wird. Er verkohlt daher meist an seiner Oberfläche, während er in seiner Mitte nur vertrocknet, und es ereignet sich daher bisweilen, dass man solches Holz tief im Innern voll Lavamasse und von derselben dicht umschlossen findet. Wenn nun solche Lavaströme im Verlaufe der Zeit durch meteorische Einflüsse allmählig aufgelockert werden und sich zersetzen, so bemerkt man alsdann darin eine Menge cylindrischer Löcher, welche die genauesten Abdrücke der einst von ihnen umschlossenen Baumstämme darstellen.

Obgleich Beispiele zu dem Mitgetheilten aus mehreren Ländern, z. B. dem böhmischen Mittelgebirge, woselbst nicht eigentliche Lava, sondern verschlackter Basalt das Umhüllungsmittel der Holzreste war, ferner aus der italischen Halbinsel sich anführen liessen, so giebt es doch in dieser Beziehung kein Land, welches interessantere Aufschlüsse zu bieten vermöchte, als die Insel Bourbon. Der auf diesem Eilande thronende Vulcan, einer der gewaltigsten und thätigsten, die man überhaupt kennt, erzeugte einst einen grossen und breiten Lavastrom von sehr dünnflüssiger Beschaffenheit, welcher sich über eine Pflanzung von Palmen ergoss. Während nun die obern Theile der letztern verbrannten, umschloss sie nicht nur den Fuss und die untern Theile dieser Stämme, sondern sie drang auch in die im Palmenholze stets bemerkbaren innern Zwischenräume ein, welche durch eine eigenthümliche Anordnung der Faserbündel in demselben entstehen, und füllte sie mit ihrer Masse aus. Auf diese Weise entstand nicht nur ein Abguss von den äussern Umrissen der Palmen, sondern auch ein solcher ihrer innern Structur, und eine lehrreichere Erscheinung als diese hat man bei vulcanischen Processen wohl selten oder nie beobachtet.

Wir haben bisher die Lavaströme betrachtet, insofern sie sich über das trockne Land verbreiten; es müssen nunmehr auch diejenigen Phänomene geschildert werden, welche sie zeigen, wenn sie sich in die tropfbar-flüssige Hülle der

Erde, in das Meer, ergiessen. In frühern Zeiten hat man solche Ereignisse mit zu grellen Farben geschildert, dennoch kann man sich leicht erklären, dass ein heftiges Aufzischen, ein weit verbreitetes und anhaltendes Sieden und eine damit verbundene und weit sich erstreckende Trübung des Wassers stets dabei wahrnehmbar seyn wird. Dass die das Meer bewohnenden Thiere an solchen Stellen, wo der Lava-Erguss erfolgt, hierbei das Leben verlieren, braucht wohl kaum bemerkt zu werden; überdies sind bereits früherhin, bei der Beschreibung von Eruptionen solcher Feuerberge, welche in der Nähe des Meeres liegen, mehrfache Beispiele in dieser Hinsicht angeführt worden.

So erschütternd und ergreifend solche Vorgänge, diese gewaltsamen Kämpfe zweier einander so feindselig gegenüber stehenden Elemente, immerhin auch seyn mögen, so haben neuere Untersuchungen doch bewiesen, dass bei Schilderungen, welche ältere Geologen von solchen Ereignissen gegeben, die Phantasie zu viel mit im Spiel gewesen ist. Am Vesuv z. B. hat man neuerdings mehrmals Gelegenheit gehabt, Lavaströme, welche sich in's Meer ergossen, ganz in der Nähe zu beobachten. Sehr richtig bemerkt *Poulet-Scrope*, dass hierbei zunächst nur das mit der Lava in unmittelbare Berührung kommende Wasser sich in Dampf verwandelt, während durch die mit dieser Dampferzeugung verbundene Erkaltung auf der Lava sogleich eine feste Kruste sich bildet, wodurch der Contact zwischen der glühend-flüssigen Lava und dem Meereswasser aufgehoben wird. Dringt nun der Lavastrom vom Lande her meereinwärts weiter vor, so treibt er in zusammenhängender Masse die Fluthen vor sich her, und wenn er auch hin und wieder berstet, Klüfte und Spaltungen in demselben entstehen, so wird das Wasser von allen Seiten her doch mit einer solchen Vehemenz in Dampf verwandelt, dass es in das Innere dieser neu entstandenen Oeffnungen nicht einzudringen vermag.

Schon im J. 1794 machte *Breislak* am Vesuv eine Beobachtung, welche ganz zu Gunsten der eben vorgetragenen Ansicht spricht. Als zu jener Zeit ein Lavastrom bei Torre del Greco sich in das Meer wälzte, so ging dies so ruhig von Statten, dass *Breislak* das Vorrücken der Lava im Meere in einer Barke ganz in der Nähe beobachten konnte; die See wurde dabei etwa 360 Fuss von der Küste zurückgedrängt, während die Lava einen gegen 15 Fuss über die Meeresfläche hervorragenden Damm bildete, dessen Breite nahe an 1100 Fuss betrug. Im J. 1805 glückte es *L. von Buch*, in derselben Gegend eine ähnliche Erscheinung zu beobachten, welche jedoch hinsichtlich der Grossartigkeit der vorigen bei weitem nachstand; denn der Lavastrom, welcher in das Meer sich ergoss, rückte etwa nur 50 Fuss in demselben vor, auch erhob er sich nur 5 Fuss über den Meeresspiegel. Der Aetna hat bei seinen Eruptionen ebenfalls mehrere derartige Beispiele geliefert, und in keiner Gegend treten solche lehrreicher auf, als in den Umgebungen von Catania. Zu wiederholten malen sind daselbst in der Gestalt der Küste durch Lava-Ausbrüche wesentliche Veränderungen hervorgebracht worden. Die letzte und wahrscheinlich auch die grossartigste derselben erfolgte im J. 1669 bei der schon mehrfach erwähnten furchtbaren Katastrophe. Zu jener Zeit lag das Castell auf einer Insel im Meere; die Lava jedoch, welche fast in der ganzen Breite der Stadt Catania vom Berge sich herabwälzte und darauf in das Meer fiel, verband durch ihre Masse jene Insel mit dem festen Lande und rückte besonders an der Südseite der Stadt so weit vor, dass sie einen schützenden Damm gebildet haben würde, wenn sie nur noch einige hundert Schritt weiter vorwärts gedrungen wäre.

In vorhistorischer Zeit mögen solche Ereignisse öfters statt gefunden haben, namentlich soll der Strand vom Cap Schiso bei Taormina bis nach Catania hin, in einer acht Meilen langen Ausdehnung, fast wie eine ununterbrochene Lavenmauer erscheinen und nur hin und wieder durch einen schmalen Streifen aufgeschwemmten Landes vom Meere getrennt seyn. Die Höhe dieser aus Lava aufgebauten Küste dürfte an manchen Stellen nahe an 400 Fuss betragen.

Die Schnelligkeit, mit welcher die Lava bei ihren Ergüssen sich bewegt, ist eine sehr verschiedene, keineswegs bei allen Vulcanen eine gleichartige, ja es ist nicht unwahrscheinlich, dass sie bei einem und demselben Feuerberge differiren könne, je nach der Ungleichartigkeit der Einflüsse, unter denen seine Eruptionen erfolgen.

Es kommen hierbei drei wesentliche Momente in Betracht, die als verschiedenartig einwirkende Ursachen die grössere oder geringere Geschwindigkeit der ausfliessenden Lavaströme bestimmen. Diese sind: erstens der Grad der Dünnflüssigkeit der Lava, welcher mit der Entfernung von der Ausbruchsstelle abnimmt, sodann die Neigung des Bodens, auf welchem die Lava sich bewegt, und drittens die Stärke des Nachdringens durch den vom Krater her erneuerten Zufluss.

Beispiele schnell fliessender Lavaströme haben besonders der Vesuv und der Aetna geliefert, indem sie diejenigen Vulcane sind, welche man am längsten kennt und die überdies sehr zugänglich sind.

Einen mit grosser Geschwindigkeit sich fortbewegenden Lavastrom beobachtete *Hamilton* im J. 1767. Indem er seinen Lauf nach Portici hin nahm, legte er innerhalb zweier Stunden eine Strecke von mehr als 1200 Ruthen zurück, obgleich er eine ansehnliche Breite besass, welche an seinem Ende 800 Ruthen betrug; neun Jahre später entquoll dem Vesuv ein anderer Strom, welcher in den ersten 14 Minuten sogar einen 600 Ruthen langen Weg zurücklegte, späterhin aber so langsam floss, dass er an seinem äussersten Ende kaum 30 Fuss während einer Stunde zurücklegte. Einer der schnellsten Lava-Ergüsse war derjenige, welcher am 15. August im J. 1804 an der Südseite des Vesuv's sich herabsenkte, nach *L. von Buch's* Zeugniss an dem Abhange des Berges mit der Schnelligkeit des Windes herabstürzte und in den ersten vier Minuten über einen $^3/_4$ Meilen langen Raum hinwegfloss, während die Erdoberfläche nur eine sanfte Neigung besass. Und doch scheint dies nicht der schnellste der aus dem Vesuv hervorgetretenen Ströme gewesen zu seyn, denn *Galiani* erzählt von einem solchen, der am 17. Septbr. im J. 1631 in äusserst ansehnlichen Massen dem Krater des Berges entstieg, hernach in's Meer sich ergoss, drei nicht unbeträchtliche Vorgebirge in demselben bildete und diesen Weg in drei Stunden zurücklegte.

Um nun auch Beispiele von langsam fliessenden Strömen aufzuweisen, möge ein solches angeführt werden, welches *Poulet-Scrope* am Aetna beobachtete. Die Geschwindigkeit der an der Seite des Berges herabfliessenden Lava war eine so geringe, dass sie in 24 Stunden etwa nur 5 Fuss weit vorrückte, und sie erkaltete so langsam, dass sie sogar nach Verlauf von 9 Monaten noch flüssig erschien. Das Minimum von Geschwindigkeit bei einem fliessenden Lavastrome hat aber *Borelli*, wie *Dolomieu* erzählt, an einer Lava wahrgenommen, welche im J. 1614 am Fusse des Aetna's hervorbrach, 10 Jahre lang nach dem Ergusse sich in Bewegung erhielt und während dieser langen Zeit sich nur $1/2$ Meile weit fortbewegte.

Ausser der Frage über die bei Lavaströmen wahrnehmbare Geschwindigkeit ist eine andere, nicht minder interessante die, was für eine Temperatur dieselben wohl besitzen mögen. Obgleich dem ersten Anscheine nach Pyrometer sehr geeignet dazu scheinen und auch mehrfältig dazu vorgeschlagen sind, um dies zu entscheiden, so liegt es doch in der Natur der Sache, dass die Handhabung solcher Werkzeuge bei Lava-Ergüssen nur mit grossen Hindernissen, ja auch mit Gefahren verbunden seyn muss, und daher kommt es, dass diese Frage bis jetzt keineswegs erledigt ist, man vielmehr nur annähernde Werthe zu geben vermocht hat und die Ansichten der Geologen in dieser Hinsicht sehr von einander abweichen, ja zum Theil sich widersprechen. Fast alle Beobachtungen sprechen dafür, dass, wenn Lava aus einem Feuerberge hervortritt, sey es aus dem Krater oder aus seitlichen Oeffnungen desselben, sie sich im Zustande wahrer Schmelzung befinde. Wir haben ja auch schon mehrfach erwähnt, dass bei manchen Eruptionen die Lava in Folge innern Druckes in Strahlen, die eine parabolische Richtung nahmen, gleichsam herausgespritzt wurde; auch ist die grosse Schnelligkeit, mit welcher manche Lavaströme sich fortbewegen, sicherlich ein Beweis von der wahrhaften Schmelzung der Lava vor und während ihres Emporquellens. *Dolomieu* in älterer und *Poulet-Scrope* in neuerer Zeit sind in dieser Beziehung anderer Ansicht; sie meinen, die fliessende Lava erreiche wahrscheinlich nicht einmal diejenigen Hitzegrade, welche wir in unsern Schmelzöfen hervorzubringen vermöchten, sie betrachten sie nur als ein erhitztes, zähflüssiges Magma, dessen einzelne, fein zertheilte Bestandtheile von der Hitze nicht alterirt seyen; auch unterstütze die Langsamkeit bei der Fortbewegung mancher Lavenergüsse sehr ihre Ansicht. Allein wenn man die Veränderungen, ja förmlichen Umwandlungen näher erwägt, welche feurig-flüssige Lava hervorbringt, wenn sie mit Körpern in Berührung kommt, die nur durch hohe Hitzegrade alterirt werden können, so wird man doch unwillkührlich zu einer ganz andern Meinung gelangen. Schon seit mehr als drei Jahrhunderten hat man derartige Beobachtungen gemacht; denn, wie *Fazello* erzählt, so war es ein Lavastrom, der im J. 1536 aus dem Aetna hervorbrach, auf seinem Wege einen Haufen Steine, welche in einer Vertiefung lagen, erreichte, sie umhüllte und nach einiger Zeit förmlich geschmolzen hatte. Nach *Hamilton* soll die Lava, welche im J. 1669 dem Aetna entströmte, ähnliche Wirkungen hervorgebracht haben. Dasselbe haben mehrere Ausbrüche des Vesuv's gelehrt, und darunter besonders einer im J. 1779, welchen *Bottis* beobachtete. Dieser bemerkte an einer Stelle in der Kruste der Lava eine trichterförmige Vertiefung und in dem Grunde derselben erblickte er die glühende Lava in ununterbrochener aufwallender, brodelnder Bewegung. Sie verursachte dabei ein murmelndes Geräusch, wie eine zähe, kochende Flüssigkeit, und wenn er Schlackenstücke in dieselbe hineinwarf, so wurden sie schnell glühend und schmolzen darauf wie Pech zusammen. *Spallanzani* fügt zu dieser Beobachtung hinzu, dass er, um solche Schlackenfragmente in einem Reverberir-Ofen zu schmelzen, eine Hitze habe hervorbringen müssen, welche Eisen zu schmelzen im Stande gewesen wäre. Hierzu muss noch bemerkt werden, dass die Stelle, an welcher *Bottis* seine Beobachtung machte, schon ziemlich weit von der Austrittsstelle der Lava entfernt lag und letztere sich also schon merklich abgekühlt hatte.

Nicht minder belehrend sind die Veränderungen, die man an Kunst-Producten beobachtete, wenn sie mit Lavaströmen in Berührung gekommen waren.

Vor Allem verdient hier ein Fall angeführt zu werden, worauf *Serac* zuerst die Aufmerksamkeit gelenkt hat, während *Spallanzani* ihn publicirte. Als der Vesuv im J. 1737 zu neuer Thätigkeit erwacht war und Lava ausspie, brach letztere auch in das Karmeliter-Kloster bei Torre del Greco ein, stieg zu den im Refectorium auf dem Tische stehenden gläsernen Trinkgeschirren in die Höhe, erreichte sie, schmolz und wandelte dieselben in eine unförmliche Masse um. Im J. 1767 soll die vesuvische Lava sogar in einigen Häusern Gläser geschmolzen haben, die in einer Höhe standen, bis zu welcher die glühende Lava sich nicht erhob.

Als man nach dem grossen Ausbruche des Vesuv's im J. 1794 in dem verschütteten Torre del Greco den festen Lavagrund wieder aufbrach, um den Grund zu einer neuen Stadt zu legen, fand man das Glas in den Fensterscheiben der von der Lava bedeckten Häuser in eine milchicht-durchscheinende, steinartige Masse umgewandelt; desgleichen hatten Kalksteine, welche in die Lava gefallen waren, zwar ihre Kohlensäure behalten (wohl in Folge des hohen, auf ihnen lastenden Druckes), indess ihr Gefüge war sandig-körnig geworden und sie glichen nun ganz manchen geringern Marmor-Varietäten. Feuersteine waren undurchsichtig geworden, wahrscheinlich wegen der vielen in ihnen entstandenen Risse, nachdem die Lavengluth auf sie eingewirkt hatte, und es geht hieraus hervor, dass letztere selbst die Kieselerde zu schmelzen im Stande ist.

Ungleich merkwürdiger und eigenthümlicher erschienen die Veränderungen, welche die Lava an metallischen Substanzen hervorgebracht hatte, mit denen sie in Berührung gekommen war. Geschmiedetes Eisen z. B. hatte das Drei- bis Vierfache seines frühern Volumens angenommen und seine Streckbarkeit verloren. In seinem Innern bemerkte man Körner und Blättchen, ja wohl gar kleine oktaëdrische Krystalle, während die Oberfläche grösserer Eisenmassen vererzt und in krystallinisches Magneteisen, so wie in Eisenglanz umgewandelt worden war, gerade so, als wenn man Eisen längere Zeit hindurch in einem Hochofen in glühendem Flusse erhält. Aus Kupfer angefertigte Gegenstände hatten sich in strahliges Rothkupfererz verwandelt; der Kupfergehalt der Goldmünzen hatte sich auf ihrer Oberfläche als ein dunkler Ueberzug ausgeschieden, und in zusammengeschmolzenen Reliquien-Kästchen erblickte man in den Blasenräumen, welche durch Aufblähen entstanden waren, kleine oktaëdrische Krystalle von gediegenem Silber, die wohl nur in Folge einer statt gefundenen Verflüchtigung oder Sublimation können entstanden seyn. Aus Blei, welches die Lava getroffen, war theils Glätte, theils krystallisirter Bleiglanz entstanden. Messing und Glockenmetall waren in ihre Bestandtheile, Zink und Kupfer, zerlegt; ersteres erschien bald metallisch, bald als Blende in zierlichen Krystallen, während das Kupfer entweder als Rothkupfererz oder als gediegenes Metall auftrat.

Sucht man aus diesen Thatsachen einen Schluss in Betreff der Temperatur der Lava zu ziehen, so dürfte sich wohl ergeben, dass sie dem Schmelzpuncte des Eisens gleich kam, welcher bekanntlich bei 6060° R. erfolgt, und dabei darf nicht vergessen werden, dass diese Lava, bevor sie die erwähnten Wirkungen hervorbrachte, schon einen Weg von $^3/_4$ Meilen zurückgelegt und dabei sehr viel von ihrer Wärme, theils durch Mittheilung an andere Körper, theils durch Ausstrahlung, verloren hatte. Wir dürfen daher wohl annehmen, ohne dabei zu befürchten, zu viel von der Wahrheit abzuweichen, dass die in feurigem Flusse befindliche Lava eine Temperatur besitze, der höchsten entsprechend, welche wir überhaupt auf künstlichem Wege hervorzubringen vermögen.

Dass Lavaströme äusserst langsam erkalten, wenn sie sich auch bereits auf ihrer Oberfläche mit einer Kruste erstarrter Schlacken bedeckt haben, ist eine bekannte Sache und steht mit der ihnen innewohnenden hohen Temperatur im Zusammenhange. Jene Schlackenkruste bildet sich zunächst wohl und vorzugsweise durch die aus ihr entweichenden Dämpfe, und eben diese Erhärtung der Lava auf ihrer Oberfläche hat es in mehreren Fällen möglich gemacht, dass man bei Eruptionen über solche eben entstandene und erhärtete Lavafelder hinweg schreiten und von Stellen sich hinweg begeben konnte, wo gerade die höchste Gefahr drohte und die schnellste Hülfe durch die Macht der Verhältnisse geboten war. Ein solcher Vorfall ereignete sich bei dem Ausbruche des Vesuv's im J. 1794, bei welchem Torre del Greco seiner Zerstörung nicht entgehen konnte. Mehrere Tausende von Menschen wagten es, kaum zwölf Stunden nach dem Einbruche der Lava in diesen Ort, und während letztere in ihrem Laufe noch fortschritt, über die Schlacken-Schollen nach ihren verlassenen Häusern zurückzukehren, um wo möglich noch dasjenige zu retten, was die Lavengluth noch nicht gänzlich zerstört hatte. Auf diese Art glückte es sogar, aus einem Kloster, welches bereits ringsum von der Lava umflossen war, mehrere Personen zu retten, welche geraume Zeit schon den Schrecknissen des nahenden und für unvermeidlich gehaltenen Todes ausgesetzt gewesen waren.

Wir haben also gesehen, dass die Lava sehr schnell erkaltet, nicht nur an ihrer Oberfläche, sondern auch auf dem Boden, über welchen sie fliesst und auf welchem sie aus ihren eigenen Schlacken gleichsam ein Pflaster bildet; es muss hierbei auch noch bemerkt werden, dass diese Schlackenrinde zugleich ein äusserst schlechter Wärmeleiter ist, und diese beiden Eigenschaften miteinander in Verbindung sind die Ursache, dass die Lava innerhalb solcher Räume auffallend lange Zeit hindurch ihre hohe Temperatur beibehalten, fortwährend glühend, ja sogar flüssig bleiben kann. Eine solche überraschende Beobachtung machte einst *Spallanzani* bei einer Ersteigung des Aetna's im J. 1788. Aus diesem Berge war eilf Monate vorher ein Lavastrom hervorgetreten und hatte sich bis an den Fuss des Kegels erstreckt. Als *Spallanzani* sich ihm näherte, sah er ihn fortwährend rauchen, zugleich bemerkte er mehrere Risse darin, aus denen, selbst am hellen Tage, die rothe Gluth hervorleuchtete, und als er einen hölzernen Stock in dieselben hinabstiess, fing dieser sogleich an, mit lichter Flamme zu brennen. Eins der grossartigsten Beispiele von langem Zurückhalten der den Lavaströmen beiwohnenden Hitze hat jedoch der in der Mitte des vorigen Jahrhunderts emporgestiegene und nur wenige Tagereisen von der Stadt Mexico entfernte Jorullo geliefert; da wir indessen schon bei einer frühern Gelegenheit die Entstehung und weitere Geschichte dieses Berges mit einer der Wichtigkeit des Gegenstandes entsprechenden Ausführlichkeit erzählt haben, so glauben wir, hier blos auf das früher Mitgetheilte verweisen zu brauchen.

Wenn nun die Lava erkaltet ist, so stellt sie sich dar als eine harte, klingende, von oben niederwärts mit Blasen erfüllte Masse, und es ist von hohem Interesse, die Lage, Form und Häufigkeit dieser Blasen näher kennen zu lernen. Auf der Oberfläche, so wie in den höhern Theilen der Lavaströme erscheinen sie grösser und von mehr unregelmässiger Gestalt, tiefer hinein aber werden sie stets kleiner, treten zugleich auch mehr vereinzelt auf und verschwinden in den innersten Theilen der Lava zuletzt gänzlich. Diese nimmt alsdann eine dichte Beschaffenheit an und verhält sich demnach gegen das Gefüge in ihren obern Theilen ganz abweichend. Diese Erscheinung erklärt sich leicht; denn wenn im Innern der Lava, während sie fliesst, gasartige Stoffe erzeugt werden, welche zu entweichen streben, wenn ferner durch die Lavagluth die Feuchtigkeit des Bodens, auf welchem sie sich bewegt, in Dampf verwandelt wird, so steigen diese Producte, gleich Luftblasen im Wasser, durch die flüssige Lavamasse aufwärts. Bevor sie jedoch zur Oberfläche der letztern gelangen, hat zugleich wegen der zunehmenden Erkaltung die Zähigkeit der Lava, so zugenommen, dass einem grossen Theile der Dämpfe der Austritt verwehrt wird. Nun nehmen die Wände der Lava die Gestalt einer Gasblase, erstarren und enthalten die Residua der von ihnen am Entweichen gehinderten Gase oder Dämpfe und werden von diesen entweder theilweise oder gänzlich ausgefüllt, je nachdem diese mehr oder weniger reich an festen Bestandtheilen waren. Da aber, wie wir bereits wissen, die Lava in ihrem Innersten am längsten ihre hohe Temperatur beibehält und flüssig bleibt, so treten auch alle Gas- und Dampfentwickelungen durch sie ungehindert durch, ohne eine Spur von sich zurückzulassen. Nach den obern Theilen des Stromes hingegen werden die Blasen durch das Gewicht der über ihnen befindlichen Lavamasse zusammengepresst und können sich daher nicht ausdehnen; da aber ihre Expansion stets zunimmt, je mehr sie sich der Oberfläche nähern, so treten sie doch zuletzt, und zwar stets grösser werdend, aus der Lavamasse heraus, wodurch die letztere ein mehr oder weniger grosslöcheriges, poröses oder gar ein vollkommen schaumartiges Gefüge erhält. Von nicht minderer Bedeutung ist es, die Form der Blasen einer nähern Untersuchung zu unterwerfen. Gleich allen Gas- oder Luftblasen, welche in einer dichtern Flüssigkeit aufsteigen, ist auch ihre Gestalt anfänglich eine birnförmige, der breitere Theil nach Oben, der spitze nach Unten gewendet. Da aber die Lava, während die Blasen in ihr aufsteigen, sich nicht in Ruhe befindet, vielmehr in steter Bewegung begriffen ist, so kann diese normale und symmetrische Gestalt sich nicht erhalten, sie wird sich vielmehr in eine unregelmässig langgezogene verwandeln und die Längenaxe der Blasenräume selbst wird sich in der Richtung des Fliessens der Lava befinden. Wird dies Verhältniss genau erwogen — wie solches durchaus nothwendig ist —, so kann man aus der Lage der Blasenräume in einem Lavastrome auf die ursprüngliche Richtung des Fliessens schliessen, und dies Kennzeichen ist für die Beurtheilung der Austrittsstelle alter Ströme, die nur theilweise sich noch erhalten haben, von nicht unerheblicher Wichtigkeit. Zugleich wird man daraus entnehmen können, ob ein Lavastrom einst über eine geneigte Fläche geflossen ist, wenn er auch späterhin aus seiner ursprünglichen Lage gerückt und in eine dem Wagerechten nahe sollte gebracht worden seyn. Zu einer noch ungleich grössern Wichtigkeit gestaltet sich aber die Sache, wenn man die in frühern Bildungszeiten des Erdballs entstandenen und mit Blasen erfüllten Gebirgsarten, z. B. die Mandelsteine, einer solchen Untersuchung in Bezug auf die Gestalt ihrer blasenförmigen Räume unterwirft und alsdann findet, dass die Verhältnisse, unter denen sie einst auf die Erdoberfläche gelangten, denjenigen ähnlich oder mit ihnen übereinstimmend gewesen seyn mögen, welche noch heut zu Tage das Product der vulcanischen Thätigkeit sind.

Drittes Hauptstück.

Die pseudovulcanischen Erscheinungen.

§. 22.

Wir begreifen hierunter Erscheinungen von verschiedener Natur und Beschaffenheit, weshalb sie sich nicht gut unter eine allgemeine Definition bringen lassen. Der leichtern Uebersicht wegen kann man sie in folgende Abtheilungen bringen.

Die erste enthält die Solfataren, die zweite die Luft- und Schlamm-Vulcane, die dritte die Erdfeuer. Die Solfataren bilden in Gegenden die mehr oder weniger die Spuren von Vulcanismus an sich tragen, meist kraterähnliche oder spaltenförmige Vertiefungen, aus denen durch Poren und Ritze, meist ohne gewaltsame Explosionen, Dämpfe und Gase emporsteigen, die, an die Atmosphäre gelangt, sich theils daselbst verdichten und als Niederschläge absetzen, theils in das Luftmeer entweichen.

Die Schlamm- und Luft-Vulcane, auch Salses, Salazes Volcanitos genannt, werden durch Dämpfe und Gase gebildet, welche strahlenförmig, und meist mit einer salzigen, schlammigen Erde vermengt, aus der Erdoberfläche hervorbrechen und ihr Material in der Nachbarschaft der Oeffnungen und hauptsächlich kreisförmig um sie herum in Gestalt meist niedriger Kegel ablagern und das Ansehen kleiner vulcanischer Kegel gewinnen, jedoch nie Lava oder analoge feurig-flüssige Substanzen auswerfen. Die Erdfeuer kommen oft in Verbindung mit den Schlamm-Vulcanen vor. Sie bestehen in einem fast immerwährenden Aushauchen von mehr oder weniger reinem, oft mit Kohlensäure und Kohlenwasserstoff vermengtem Wasserstoffgas, welches bald entzündet ist und brennt, bald künstlich in diesen Zustand versetzt werden kann.

Pseudovulcanische Erscheinungen in Sicilien.

§. 23.

Gleichwie wir mit dem sicilischen Feuerberge die Beschreibung der eigentlichen Vulcane eröffnet haben, so wollen wir auch mit den auf dieser Insel vorkommenden pseudovulcanischen Phänomenen beginnen, und zwar mit dem „Macalubi", als einer Localität, an welcher man diese Erscheinungen in recht ausgeprägter Gestalt wahrnimmt und die auch schon von den ältesten Zeiten her bekannt ist. Schon *Plato* gedenkt derselben im Phädon und von den Arabern hat die Stelle ihren jetzigen Namen erhalten. Sie liegt 5 ital. Meilen im Norden von Girgenti. Daselbst bemerkt man eine in der Mitte etwas vertiefte, ungefähr $1/2$ ital. Meile im Umfange habende, von einem ebenen Thale umgebene und mit Kreidemergel bedeckte Fläche, auf welcher sich eine nicht unbeträchtliche Anzahl kleiner, kegelförmiger, nur wenige Fuss hoher, aus grauweisser Thonerde bestehender und oft nur 2—3 Fuss von einander entfernter Erhöhungen befindet, auf deren Spitze man eine umgekehrt trichterförmige Vertiefung wahrnimmt. Ans dieser letztern steigt stets ein schlammiger, zähflüssiger Thonerde-Ballen auf, der eine Art Kugel bildet und durch die aus dem Innern des Kegels sich entwickelnden Luftarten in die Höhe getrieben wird, hierauf mit einem dumpfen Geräusche zerplatzt und im Zerplatzen aus dem Trichter die schlammige Erde herauswirft, die dann an den Seiten des Kegels herabfliesst und sich in den tiefern Stellen des Bodens ansammelt. Nachdem die kleine Explosion erfolgt ist, senkt derjenige Schlamm, welcher nicht über den Rand des Trichters hinausgeschleudert worden ist, sich in den letztern wieder hinab, bis auch er, von einer neugebildeten und aufsteigenden Luftblase zuletzt aus dem Trichter weggeschleudert wird. Hin und wieder bleiben auch wohl kleine Wasser- und Schlamm-Tümpfel stehen, aus denen stets Blasen aufsteigen, gleichsam als wenn sie kochten. Fast stets bemerkt man auf diesen Behältern stark riechendes, mehr oder weniger reines Steinöl, welches auf der Oberfläche des Wassers schwimmt und bisweilen sich so reichlich erzeugt, dass es einen Handelsartikel abgiebt und — wie z. B. am Monte Zibio im Modenischen — zu technischen Zwecken benutzt wird. Der ausgeworfene

Schlamm ist, wie schon sein Geschmack verräth, reichlich mit Kochsalz versehen und es blühet dieses letztere an trockenen Stellen besonders bei warmer und trockner Witterung in der Gestalt weisser Rinden aus, wird aber durch jeden Regen wieder gelöst und fortgeführt.

Bisweilen aber ist das Spiel der pseudovulcanischen Kräfte ein ernsteres. So vernahm man am Macalubi am 29. Septbr. des J. 1777 ein weithin hörbares, dumpfes Brüllen, die Erde bebte auf einem Raume, der mehrere ital. Meilen betrug, und in der Mitte der Fläche, wo sich ein grosser Schlund geöffnet hatte, stieg eine mächtige, fast 100 Fuss hohe Schlammsäule empor, untermischt mit Steinen verschiedener Grösse, von denen manche bis zu einer Höhe von 160 Fuss emporgeschleudert wurden. Dieser Ausbruch hielt ungefähr eine halbe Stunde an, dann ruhete er, aber nach einigen Minuten begann er von Neuem, und diese Erscheinung wiederholte sich öfters im Verlaufe des Tages, während zu gleicher Zeit weit umher ein starker Geruch nach Schwefelwasserstoffgas verspürt wurde. Bei dieser Eruption hatte der neu entstandene Schlund grosse Ströme eines kreideartigen Schlammes ausgespieen, der in die Vertiefungen hinabgeflossen war und auch die flachern Stellen mit einer mehrere Fuss hohen Schlammschicht bedeckt hatte. Die ausgeworfenen Steine bestanden grösstentheils aus Kalktuff, Kalkspath, Gyps, Quarzgeschieben und einer grossen Menge von Schwefelkies. Das in den Tümpfeln zurückgebliebene Wasser war warm und behielt auch mehrere Monate lang eine höhere Temperatur, während bei minder heftigen Explosionen der Schlamm-Vulcane das hervorbrechende Wasser in der Regel fast eben so warm ist, als das aus gewöhnlichen Quellen hervortretende. Einige Bewohner der Umgegend wollten eine gewisse Periodicität der heftigern Ausbrüche der Macalubi wahrgenommen haben und gaben an, sie ereigneten sich alle fünf Jahre, allein in neuern Zeiten hat man von einer solchen regelmässigen Wiederkehr nichts bemerkt. Das Phänomen der Schlamm-Vulcane ist jedoch nicht auf diese Gegend beschränkt; denn in der Campagna Bissana, welche acht Miglien von Girgenti entfernt ist, finden sich sehr viele dieser Volcanitos. Einige derselben kommen auch bei Terrapilata unweit Caltanisetta vor. Merkwürdigerweise ist die Umgegend dieses letztern Ortes stets von Erdbeben verschont geblieben, wenn die angrenzenden Theile der Insel auch noch so sehr von letztern heimgesucht wurden. Sollte hieran wohl eine Erdspalte Schuld seyn, welche sich von dem Schlamm-Vulcan bei Terrapilata mehrere Meilen weit bis in die Gegend von Sta. Petronilla erstreckt? Diese Kluft soll bei Erdbeben in andern Theilen der Insel sich stets ein paar Fuss weit öffnen, und es ist leicht möglich, dass die im Erdinnern erzeugten Dämpfe und Gase aus derselben hervortreten und ungehindert entweichen. Bei einem heftigen Schlammausbruche, welcher im März des J. 1823 erfolgte, soll diese Vermuthung sich wirklich bestätigt haben.

In der Gegend von Paterno treffen wir ähnliche Erscheinungen an. Daselbst finden sich an drei verschiedenen Orten Salzquellen, welche unter dem Namen „le Salinelle" bekannt sind. Sie besitzen keine erhöhte Temperatur und unterscheiden sich von den Schlamm-Vulcanen dadurch, dass das aus ihnen hervorbrechende Gas nicht Wasserstoff-, sondern kohlensaures Gas ist. Auch bei ihnen erfolgen nach anhaltendem Regen Ausbrüche von mergeligem Schlamm.

Gegen Ende des vorigen Jahrhunderts und zwar am 18. März 1790 nahm man bei Sta. Maria di Niscemi, einige Meilen von Terranova, eine ausserordentliche Erscheinung wahr, welche sich an die bereits geschilderten anzureihen scheint. Unterhalb des genannten Dorfes liess sich ein starkes unterirdisches Getöse hören, während am folgenden Tage die Erde erbebte. Hierauf fing der Boden in einem Umkreise von drei Miglien zu sinken an, so dass die Vertiefung an einer Stelle sogar 30 Fuss betrug. Da aber das Sinken nicht überall in gleichem Maassstabe erfolgte, so entstanden hier und da Spalten, welche mitunter so breit waren, dass sie nicht übersprungen werden konnten. Dies allmählige Einsinken hielt bis zum Anfang des folgenden Monats an, alsdann aber brach zuletzt eine Oeffnung auf, welche ungefähr drei Fuss im Durchmesser hatte und aus der drei Stunden lang mit grosser Gewalt ein Strom von Schlamm hervorbrach, der eine Länge von 60 Fuss, so wie eine Breite von 30 Fuss erreichte. Er hatte einen salzigen Geschmack und bestand aus einem zähen Thone, der Stücke von Kalkstein enthielt und nach Steinöl roch. In einigen

Spalten, denen Dämpfe entstiegen, verspürte man eine höhere Temperatur.

Das Steinöl ist, wie wir gesehen, fast ein steter Begleiter der Schlamm-Vulcane. Ausser an den genannten Stellen findet es sich auch beim Dorfe Petralie, welches seinen Namen davon erhalten hat, ferner bei Mistretto, Lionforte und Bivona. Dass *Dioscorides* und *Plinius* schon des Steinöls gedenken, welches bei Agrigent vorkommt, ist bekannt. Vor allen andern aber hat der Naphtha-See (Lago-Naftia oder dei Palici) durch *Ferrara's* Beschreibung (s. dessen *Memoria sul Lago di Naftia* etc. Palermo 1805) einem grossen Ruf erlangt. Er liegt bei Palagonia, hat einen Umfang von 480 und eine Tiefe von 14 Fuss, wird nicht aus Quellen gespeist, sondern durch zusammengelaufenes Wasser gebildet. Aus seinem Grunde brechen mehrere Gasquellen hervor, von denen zwei grössere ununterbrochen, einige andere in Zwischenräumen Luftblasen ausstossen. Auf der Oberfläche des schlammigen und kalten Wassers sammelt sich nach einiger Zeit die Naphtha in mehr oder weniger beträchtlichen Massen an. Das sich entbindende Gas besteht fast nur aus Kohlensäure.

Ausser dem Bergöl findet sich bei Ragusa im Val di Noto am Fusse eines mächtigen Lagers von Stinkstein auch noch Erdpech und bei Nissoria zwischen Gugliano und Nicosia Asphalt.

Die ungeheuren Schwefel-Niederlagen bei Girgenti, welche ganz Europa mit Schwefel zu versorgen im Stande sind, kennt Jedermann. Die Entstehungsart dieser Substanz dürfte aber nicht so leicht zu erklären seyn.

Pseudovulcanische Erscheinungen auf der italischen Halbinsel.

§. 24.

In Calabrien finden sich an mehreren Orten, z. B. bei Feroleto und Sta. Eufemia, heisse mineralische Quellen, von denen einige eine Temperatur von 40, andere von 59° R. besitzen; aber mehr zu den hieher gehörigen Phänomenen dürfte der Lacus oder Locus Amsancti zu zählen seyn. Da wir über denselben aber schon bei einer frühern Gelegenheit, als von den vulcanischen Erscheinungen in der Umgegend von Neapel die Rede war, das Nöthigste gesagt haben, so glauben wir, hier nur darauf verweisen zu dürfen. Eben so verhält es sich mit der Solfatara von Pozzuoli.

Auf dem römischen Gebiete kommen Schlamm-Vulcane ebenfalls vor, und auf einen derselben, welcher in der Nähe von Imola sich findet, ist neuerdings durch *Girard* (in *Leonhard's* Jahrb. für Min. Jahrg. 1845. S. 771) die Aufmerksamkeit der Geologen wieder gelenkt worden. Diese Salse ist jedoch schon seit langer Zeit bekannt, und *Luigi Mirri* hat sie bereits in der Mitte des 17. Jahrhunderts beschrieben.

Nach ihm entdeckte man im 14. Jahrhundert in der Nähe von Bergullo, einem im Gebirge liegenden Städtchen, welches zum Gebiete von Imola gehört, auf der linken Seite der Landstrasse, welche zum Castell von Riolo führt, einige Löcher in einer eigenthümlichen Erdart, die auch in der Zeit der grössten Trockniss stets feucht und schlammig ist und immer zu kochen scheint, weil sie von selbst, und ohne bewegt zu werden, Blasen wirft, welche sogleich darauf von selbst zerplatzen. Beim Anfassen ist die Erde warm und brennt wie Kalk. Thiere, welche in dieselbe zufällig hineingerathen, verlieren an der Stelle, wo sie die Erde haben antrocknen lassen, nach kurzer Zeit die Haare u. s. w.

Luigi Angeli, der nach *Mirri* lebte, hat diesen Schlamm-Vulcan ebenfalls beschrieben (s. dessen Abhandlung: *De Bollitori di Bergullo e suoi fanghi).*

Die Salse liegt bei Romagna, nicht weit von Imola, auf einer sanft geneigten Ebene. Auf derselben erheben sich zwei abgestumpfte Kegel, etwa 100 Schritte von einander entfernt, von denen der grössere etwa drei, der andere aber 1½ Fuss im Durchmesser hat. Jeder von ihnen gleicht dem Gipfel eines Vulcans, sagt *Angeli*, und damit nichts fehlt an der Aehnlichkeit, so fliesst ein Strom von Schlamm auf dem Rücken herab, wie Lava. Der Boden, auf welchem diese Kegel stehen, hat eine thonartige Beschaffenheit und bekommt in heissen Sommertagen Spalten, die oft 2—3 Zoll breit sind. Im Umkreise von etwa 50 Schritten ist dieser Boden gänzlich unfruchtbar und nur in einiger Entfernung trifft man wieder einige kümmerliche Gräser. Uebrigens darf man nur mit grosser Vorsicht den Bollitori (Gorgogli) sich nähern. Das Innere ihrer kraterähnlichen Vertiefungen ist stets feucht und es lässt sich darin ein Geräusch vernehmen, welches auf eine innere Bewegung deutet. Es erhebt sich nämlich aus denselben in Intervallen von einigen Minuten ein Gemisch von aschgrauem Thon und Wasser mit convexer Oberfläche. Es steigt manchmal bis über den Rand des Kraters in Gestalt einer blasenförmigen Masse und platzt zuletzt mit einem Geräusch, ähnlich dem, welches der Stöpsel einer Flasche hervorbringt, worin sich eine moussirende Flüssigkeit befindet. Der brodelnde Schlamm wird alsdann aus dem Krater herausgeworfen und fliesst am Abhang des Kegels herab. Ein anderer Theil des Schlammes fällt in den Grund der Vertiefung zurück, um bald darauf wieder aufzusteigen und das Spiel von Neuem zu wiederholen.

Dies ist der Zustand der Bollitori in der Sommers-Zeit. Im Herbst und im Anfang des Winters, besonders nach heftigen Regengüssen, verändert sich die Gestalt der Kegel; sie platten sich alsdann ab, und die sanft geneigte Ebene wird zu einem kleinen Schlunde mit aufwallendem Schlamm. Senkt man während des Sommers, wo die Kegel zugänglicher sind, ein Thermometer in das Innere derselben, so soll es 3° R. weniger zeigen, als ausserhalb derselben (?). Auch soll das sich entbindende Gas nicht so sehr aus Wasserstoffgas als vielmehr aus den beiden gewöhnlichen Kohlenwasserstoff-Gasen bestehen.

Ueber die geognostischen Verhältnisse dieser Gegend hat neuerdings *Toschi* (in *Leonhard's* Jahrb. für Min. Jahrg. 1847. S. 168 etc.) belehrende Aufschlüsse gegeben, und es sind vorzüglich eruptive Gyps-Bildungen, welche sowohl an den östlichen Abhängen der Apenninen, als auch in den Umgebungen von Imola sich ausserordentlich mächtig entwickelt haben. Das ganze Senio-Thal zwischen Casola und Rivola scheint ehemals ein grosser See gewesen zu seyn, dessen Wasser, gegenwärtig durch den Fluss ablaufend, vordem durch die Gypsmassen zurückgehalten, zu ansehnlicher Höhe emporgestiegen war. Was den Durchbruch und die theilweise Zerstörung dieser letztern bewirkt hat, dürfte schwierig zu ermitteln seyn, und es ist sehr wahrscheinlich, dass solches in verschiedenen Zeiten und durch mehrere Ursachen bewerkstelligt worden ist. Ueberall, besonders aber bei dem Dorfe dei Crivellai bemerkt man unter der Gestalt einer mächtigen Ueberrindung eine Schicht concretionirten Quarzes, welche auf dem Gypse aufliegt. Man sieht sie stets begleitet von einem gleichfalls concretionirten Kalke, welcher dem römischen Travertin sehr ähnlich ist. Beide Gebilde, durch blaue Subapenninen-Mergel bedeckt, enthalten Reste von Land- und Süsswasser-, vielleicht auch von Meeres-Muscheln. Hiernach darf man wohl annehmen, dass, nach Erhebung der Gypse, reiche Thermalquellen lange Zeit hindurch dem Erdinnern entstiegen seyn mögen. Vielleicht haben manche dieser Quellen die Fähigkeit besessen, Kieselerde aufzulösen, indess andere mit kohlensaurem Kalk beladen waren. Während diese Stoffe sich niederschlugen, wurden die auf dem Boden des Gewässers lebenden Conchylien von ihnen eingehüllt und umwickelt. Es kann auch wohl seyn, dass eine solche Bildung auf dem Meeresboden statt gefunden hat, da man annimmt, dass Quellen auch unterhalb des Meereswassers manche ihrer erdigen Bestandtheile niederfallen lassen und solche zu einer soliden Masse sich verbinden. In diesem letztern Falle wurden die quarzigen und kalkigen Concretionen auf dem Grunde des Pliocen-Meeres gebildet, welches aller Wahrscheinlichkeit nach damals jene Gegend bedeckte. Indess bleibt es doch immer sehr schwierig, das Alter jener Gebilde zu bestimmen, indem alle apenninischen Gypse jener Classe angehören, welche durch Metamorphismus entstanden sind. Der Kalkstein, aus welchem sie hervorgingen, erscheint oft in allen Phasen des Metamorphismus, von dichtem Kalke an bis zum Gypse. Wegen Uebereinstimmung dieser Schichten mit denen des unmittelbar darauf liegenden Macigno könnte man das metamorphische Gestein wohl als letztes Glied dieser Formation betrachten. Indess dürfte sein allgemeiner Habitus, so wie die überraschende Aehnlichkeit mit den übereinstimmenden Schichten Siciliens vielleicht zu der Ansicht führen, dasselbe als ganz eigenthümliche Stufe tertiärer Ablagerungen zu betrachten.

In den übrigen italienischen Staaten treten die pseudovulcanischen Erscheinungen vorzüglich schön, deutlich entwickelt, so wie in grosser Ausdehnung besonders in Modena und Toscana auf.

Im erstgenannten Staate stehen die Erdfeuer von Barigazzo schon seit langer Zeit in grossem Rufe. *Paul Boccone* scheint der erste Naturforscher zu seyn, welcher über dieselben geschrieben hat; s. dessen *Osservazioni naturali.* Bologna 1684. Ihm nach sollen die Erdfeuer nur während der Nacht sichtbar seyn, aus drei bis vier Oeffnungen, welche den Durchmesser eines Flintenlaufes haben, emporsteigen, bei feuchter, regnerischer und stürmischer Witterung stärker als gewöhnlich leuchten und bisweilen ein Getöse hören lassen, welches dem Donner des Himmels gleicht. Als den Sitz und die Ursache dieser Erdfeuer nahm *Boccone* unterirdische Schwefel-Niederlagen an, welche sich entzündet hätten. Zu dieser Ansicht scheint er durch den Umstand geführt worden zu seyn, dass er an den Rändern der Oeffnungen Schwefel bemerkt haben will, welchen aber spätere und genauere Beobachter daselbst nicht wahrnahmen. Kurz nach *Boccone* gedenkt auch *Bernard Romazzini* dieses Phänomens und leitet dessen Ursprung ebenfalls von schwefeligen, so wie von bituminösen Substanzen ab.

Ihm folgte *Galeazzi (Atti dell' academia di Bologna,* T. 1), welcher gründlicher als seine Vorgänger beobachtete, jedoch als das Substrat der Erdfeuer ebenfalls den Schwefel annahm.

Unter den ältern französischen Physikern hat *Bondoroy* einige, wenn gleich nur dürftige Notizen mitgetheilt; s. *Mémoires de l'académie des sciences.* Paris 1770. Auch ihm war schon zu Ohren gekommen, oder er hatte vielleicht selbst die Beobachtung angestellt, dass diese Erdfeuer von heftigen Windstürmen ausgelöscht würden, dass man sie aber durch Annäherung eines brennenden Körpers wieder entzünden könne. Uebrigens scheint er ihre Entstehung denselben Ursachen zuschreiben zu wollen, wie den noch jetzt wirksamen Vulcanen, und will auf den Apenninen im Modenesischen unzweideutige Spuren alter, erloschener Vulcane wahrgenommen haben, eine Ansicht, welche aber in späteren Zeiten sich durchaus nicht bestätigt hat.

Unstreitig war es gegen Ende des vorigen Jahrhunderts vorzüglich *Spallanzani,* welcher diese Erscheinungen am besten beobachtet und beschrieben und eine für die damalige Zeit classische Arbeit über dieselben hinterlassen hat; s. dessen Reisen in beide Sicilien etc., in der deutschen Uebersetzung. Leipzig 1798. Thl. 5.

Was zunächst die geognostischen Verhältnisse des Bodens anbelangt, aus dem die Erdfeuer von Barigazzo hervorbrechen, so scheint es ein Macigno-Sandstein, ein Analogon des deutschen Grünsandes, zu seyn, voller Poren und kleiner Klüfte, aus denen die Gase aufsteigen. Diese Oeffnungen sind jedoch keineswegs bleibend, sondern werden öfters durch heftige Regenströme zugeschlemmt; die Luftarten brechen sich dann eine neue Bahn und kommen an andern Stellen wieder zum Vorschein. Stets aber erblickt man sie an der abhängigen Stelle eines in der Nähe von Barigazzo gelegenen Berges.

Als *Spallanzani* zum ersten male diese Gegend besuchte, waren die Erdfeuer in der Nacht vorher durch ein heftiges Gewitter, welches mit einem fürchterlichen Sturm verbunden gewesen war, ausgelöscht worden. Allein sie entzündeten sich am folgenden Morgen wieder und es stieg eine anfänglich kleine Flamme auf, die aber augenblicklich sich zertheilte und auf der ganzen Ebene dergestalt verbreitete, als wenn Schiesspulver über dieselbe gestreut wäre und das letztere sich entflammt hätte. Das Feuer bildete eine Gruppe von Flammen, die an ihrer Basis noch nicht zwei Fuss im Umfange hatte. Die höchsten erreichten eine Höhe von 1½ Fuss, die niedrigsten die von wenigen Zollen. Jene waren auf dem Boden blau und gegen die Spitze zu weissröthlich, diese aber durchaus blau gefärbt. Der Geruch, welchen das Feuer von sich gab, war der des brennenden Wasserstoffgases. Aus einer in der Nähe befindlichen, mit trübem Wasser angefüllten Pfütze stieg unaufhörlich eine grosse Menge Luftblasen auf. Als *Spallanzani* sie auffing und näher untersuchte, fand er, dass sie ebenfalls, gleich dem aus dem Boden entweichenden Gas, aus fast reinem Wasserstoffgas bestanden. Mittelst eines brennenden Lichtes liessen sich beide leicht entzünden und trugen auch alle sonstigen Kennzeichen des letztgenannten Gases an sich.

Durch grosse Mengen aufgegossenen Wassers oder durch einen künstlich hervorgebrachten Luftzug konnte man sie an den Stellen, wo sie aus dem Boden hervortraten, eine Zeitlang ersticken. Daselbst aber fand man das Erdreich auffallend verändert; denn während es in einiger Entfernung von den Feuern seine ursprüngliche gelbbraune oder bleigraue Farbe beibehalten hatte, war es da, wo es unmittelbar mit den Erdfeuern in Berührung gekommen, ziegelroth gefärbt. Eine solche theilweise Umänderung der physikalischen Eigenschaften des Bodens soll bei den Schlamm-Vulcanen nie vorkommen.

Die Erdfeuer liessen sich auch durch künstliche Mittel verstärken; denn als *Spallanzani* auf der brennenden Stelle ein mässig tiefes Loch hatte graben lassen, so stiegen daraus die Flammen sogleich zu grösserer Höhe empor, sie rauschten mehr und nahmen einen fast doppelt so grossen Raum als einen Augenblick zuvor ein, und der Brand blieb alsdann gleich stark. Die Flammen gaben keinen merklichen Rauch und die Steine, die frei auf dem Platze lagen und von dem Feuer berührt wurden, behielten ihre Farbe und es setzte sich keine russartige Substanz auf ihnen ab. Wenn man den Boden jedoch noch tiefer, etwa 6—8 Fuss tief, ausgrub, so erreichten die Flammen eine Höhe von ungefähr 8 Fuss und an ihrer Basis eine Breite von 5 Fuss; alsdann roch auch das empordringende Gas so stark und unangenehm, dass man es in seiner Nähe nicht aushalten konnte, was also auf eine nicht unbedeutende Verunreinigung hindeutete. Nichts desto weniger zeigte das Thermometer, wenn man es an verschiedenen Stellen in die Vertiefung hinabsenkte, keine Spur von innerer Wärme. Aber die so verstärkten Flammen übten jetzt auf das mit ihnen in Berührung kommende Gestein einen deutlichern Einfluss aus, und Sandsteine z. B. bedeckten sich nicht nur mit Russ, sondern auch Kalksteine, besonders wenn sie mehr von spathartiger Beschaffenheit waren, wurden förmlich gebrannt und in Aetzkalk umgewandelt. In Folge dieser Wahrnehmung machte man von dieser Eigenschaft der Erdfeuer späterhin eine technische Anwendung.

In der Nähe von Barigazzo, und zwar in östlicher Richtung, 1½ ital. Meilen davon entfernt, findet sich ein anderes Erdfeuer an einer Stelle, welche der Höllengarten heisst. Dieser liegt in der Tiefe und ist von hohen und steilen Sandsteinwänden umgeben. Ist er ausgetrocknet und nähert man sich ihm mit einem brennenden Lichte, so entzünden sich die dem Boden entströmenden Gase. Ehe sie in Brand gerathen, kann man sie schon in einer Entfernung von 35 Schritten riechen; so stark ist der Geruch, welchen sie um sich her verbreiten. Wenn es eine längere Zeit hindurch geregnet hat, so sammeln sich an dieser Stelle Wasserpfützen an, von denen einige ganz hell, farb- und geruchlos erscheinen und auch keine Gasentwickelungen wahrnehmen lassen; aus andern aber entwickeln sich Luftarten. Das Wasser dieser letztern ist getrübt, auch besitzt es einen widrigen Geruch und Geschmack. Von Wasserthieren oder Pflanzen fand sich darin nicht die geringste Spur. Untersuchte man ihre Temperatur, so ergab sich, dass solche zwei Grad weniger als die der atmosphärischen Luft betrug. In denjenigen Pfützen, worin keine Gasentwickelung statt fand, lebten dagegen grüne Conferven und mehrere kleine Wasserinsecten.

In ihren sonstigen Eigenschaften stimmen diese Feuer ganz mit denen von Barigazzo überein.

Fünf ital. Meilen von eben diesem Orte und zwei von Sestola bemerkt man auf einer bebauten Ebene ein anderes kleines Erdfeuer, welches, gleich dem des Höllengartens, ehe *Spallanzani* diese Gegenden näher untersuchte, blos den dasigen Einwohnern bekannt war. Der Ort heisst Sponda del Gatto (Katzenschanze). Das Feuer kommt aus einer Grube hervor, deren eine Seite sechs kleine Löcher hat, wo, wenn man sich ihnen nähert, die Hand ein leises Wehen und das Ohr ein Zischen wahrnimmt. Ein brennendes Licht, über die Löcher gehalten, entscheidet sogleich über das Vorhandenseyn des Wasserstoffgases. Dann kommen sogleich sechs kleine, bläulich brennende Flammen zum Vorschein, die ohne Geräusch sich entwickeln. Diese Löcher haben unterhalb der Erde Gemeinschaft miteinander; denn wenn man z. B. zwei derselben verstopft, so treten die Flammen aus den vier andern um so stärker hervor und das Blau verwandelt sich grösstentheils in Blassroth. Die Flammen leuchteten ungefähr eine halbe Stunde, dann verschwanden sie von selbst.

In der Nähe, und zwar im Bezirke von Frassinoro, beim Dorfe Vetta, befinden sich ebenfalls zwei Erdfeuer, die schon *Boccone* gekannt hat. Beide liegen nicht weit voneinander entfernt. Der Boden, aus dem sie hervortreten, ist staubig, schwärzer als anderwärts und giebt einen Wasserstoffgas-Geruch von sich. Der Umfang des einen Feuerplatzes beträgt $6\frac{1}{4}$, der des andern $5\frac{1}{2}$ Fuss. Das Auge nimmt da, wo das

Gas hervorbricht, nicht die geringste Oeffnung wahr; hält man aber das Gesicht oder die Hand über die Stelle, so verspürt man ein leises Wehen. Ein auf den Platz gestelltes Thermometer steigt nicht im mindesten und zeigt also keine Temperatur-Erhöhung an. Zündet man die Erdfeuer an, so vernimmt man ein ähnliches Geräusch, wie bei denen von Barigazzo. Die Flammen erreichen ungefähr eine Höhe von 1½ Fuss. In der Mitte waren sie röthlich, am Rande bläulich gefärbt. Durch zwei ausgebreitete und aneinander befestigte Hüte von Tuch war man im Stande, die Feuer gänzlich auszulöschen. Grub man eine Grube auf dem Feuerplatze, so konnte man die Feuer beträchtlich verstärken.

Durch Landleute, welche in dieser Gegend wohnen, wurde *Spallanzani* noch auf drei andere Erdfeuer aufmerksam gemacht, die in der Nähe von Vetta sich finden und welche man vorher nicht gekannt hatte. Es sind dies die Feuer der Raïna. Sie liegen auf dem Rücken des nämlichen Berges, wie die vorigen. Zur Zeit ihrer Entdeckung brannten sie jedoch nicht, wurden aber schon in einiger Entfernung an ihrem Geruche erkannt. Sie brachen ebenfalls aus einem Sandstein-Gebirge hervor und hatten die ursprüngliche graue Farbe des Sandsteins schon 70 Fuss vom Feuerplatze an in eine ziegelrothe umgewandelt. Die erste dieser Feuerstellen hatte 11 Fuss im Umfange und sie gerieth ganz in Brand, als ihr ein brennendes Holzspänchen genähert wurde. Das prasselnde Geräusch, welches man dabei wahrnahm, war so, als wenn 3—4 Stücke Reisholz auf einmal angezündet würden. Der Umfang der Flammen betrug 11, ihre Höhe 4½ Fuss, so dass sie die Feuer der Vetta in dieser Hinsicht übertrafen. Ihr Geräusch hörte man 60, ihren Geruch verspürte man 100 Fuss weit von ihrem Ursprung. Sie brannten mit lebhaft rother Farbe. Eine etwas höhere Lage hatten die beiden andern Feuer, sie brannten aber nicht mit der Intensität, wie das eben erwähnte. Man nennt diese Feuer in der dasigen Gegend Solfanare, und die Hirten wärmen sich im Winter dabei.

Diese Feuer, die, wie wir gesehen, sämmtlich nicht weit voneinander entfernt liegen, haben höchst wahrscheinlich einen und denselben Sitz und Ursprung unterhalb des beschriebenen Sandstein-Gebirges, aus dessen Spalten und Klüften sie sich entwickeln. Allgemein findet man in dieser Gegend den Glauben unter den Landleuten verbreitet, dass Regenwetter die Stärke der Erdfeuer vermehre, und nach *Spallanzani's* Erkundigungen scheint diese Ansicht auch nicht unwahrscheinlich zu seyn.

Ein anderes, nicht minder interessantes Erdfeuer findet sich im Bolognesischen bei Trignano, in einer Gegend, welche Serra dei Grilli (Grillen-Pass) heisst und von Fanano drei ital. Meilen entfernt ist. Das Gas steigt aus einem thonigen, von aller Vegetation entblössten Boden hervor, auf welchem man viele kleine, stehende Wasser bemerkt. Es entbindet sich so reichlich, dass es die Feuer von Barigazzo, Vetta und Raïna bei weitem in dieser Hinsicht übertrifft. Dieser Ort führt bei den Hirten und Landleuten der Umgegend den Namen: „Luogo che belle e che soffia". Keiner von ihnen hatte ihn indess jemals im brennenden Zustande gesehen. Entzündet nahm das Feuer 19 Fuss im Umfang ein, indem es von den trocknen Stellen zu den sumpfigen lief und so einen einzigen Flammenkörper bildete. Die grössten Flammen waren jedoch nicht über 1½ Fuss hoch. In ihren sonstigen Eigenschaften unterschieden sich diese Erdfeuer durchaus nicht von den bereits geschilderten.

Auf einem Hügel bei Velleja, in der Nähe von Piacenza, findet sich ebenfalls ein Erdfeuer, welches schon von *Volta* (*Lettere sull' Aria inflammabile, nativa delle paludi*) beschrieben ist, jedoch hinsichtlich seiner Stärke die bereits geschilderten nicht zu übertreffen scheint. Die Entstehung desselben leitet *Volta* vom sogen. Sumpfgas ab und bemerkt, dass der Geruch des sich bei Velleja entbindenden Gases von dem der Sumpfluft nicht verschieden sey, dass es jedoch etwas Russ absetze, wenn es verbrenne. Man bemerke dabei eine bläuliche Flamme, die aber etwas heller und grösser erscheine, als bei dem in stehenden Gewässern sich erzeugenden Gas. Besonders charakterisirt aber werde es dadurch, dass es durch den elektrischen Funken sich nicht entzünden lasse, wofern es nicht mit atmosphärischer Luft, deren Volumen wenigstens achtmal so viel als das des Gases von Velleja betragen müsse, vermischt wäre.

Unter den bereits geschilderten Erdfeuern sind jedoch die

von Pietra mala, denen man auf dem Wege von Bologna nach Florenz begegnet, die bekanntesten. Man schreibt ihnen auch eine grössere Intensität zu, als allen übrigen — ob mit Recht, dies mag dahin gestellt seyn. *Volta* besuchte sie im J. 1780, besonders um zu ermitteln, ob es wahr sey, dass sie aus entzündeten schwefelhaltigen oder bituminösen Substanzen ihren Ursprung nähmen, wie man vor ihm annahm.

Seine Untersuchungen schienen aber zu ergeben, dass ihre Entstehungsweise dieselbe wie die der Feuer von Velleja sey. Dieselbe Ansicht theilte auch *Razoumowsky* (s. *Journal de Physique*, T. 19. Année 1786). Hinsichtlich der Intensität der Feuer von Pietra mala wollte letztgenannter Physiker wahrgenommen haben, dass sie nicht allein gewöhnlichen kohlensauren Kalk in Aetzkalk zu verwandeln, sondern auch bisweilen zu verglasen vermöchten. Er fand nämlich, dass Kalkstücke, welche der Wirkung dieser Feuer geraume Zeit ausgesetzt gewesen waren, eine schwarze Farbe angenommen hatten, an vielen Stellen verglast waren und fast überall von blasiger und löcheriger Beschaffenheit erschienen.

Es ist wohl nicht nöthig, diesen Feuern eine stärkere Wirkung zuzuschreiben, als den bereits erwähnten, und es lässt sich die statt gefundene Verglasung der Kalkstücke wohl einfacher und natürlicher durch die Annahme erklären, dass letztere nicht rein, sondern wahrscheinlich mehr oder weniger stark mit Kieselerde inprägnirt gewesen seyen, und dass in Folge dieses letztern Umstandes diejenige Erscheinung statt gefunden habe, welche man heut zu Tage das Todtbrennen des Kalkes nennt, das bekanntlich darin besteht, dass die Kieselerde mit einem Theil der Kalkerde eine chemische Verbindung eingeht und kieselsauren Kalk bildet, welcher in Wasser unlöslich ist.

Dass die Feuer von Pietra mala im Allgemeinen keine stärkere Wirkungen auszuüben vermögen, als andere, scheint sich aus den Beschreibungen mehrerer Physiker zu ergeben, welche sie einer nähern Untersuchung unterwarfen.

Volta giebt an, sie seyen so schwach, dass sie bei hellem Sonnenschein gar nicht sichtbar wären, und dass sie die Schuhe nur wenig zu verbrennen vermöchten. *Ferber* fand, dass, wenn man Mergelstücke auf die Feuerstätte legte, sie nur erhärteten, reine Kalksteine jedoch mürbe wurden und an der Luft zerfielen. *Bianchini* erzählt, dass, wenn man trocknes Gesträuch auf diese Feuer wirft, es eben so brennt, wie auf gewöhnlichem Feuer, und dass sie die auf dem Platze liegenden Erdschollen und Steine erhärten und ihnen eine stärkere Farbe von etwas Angebranntem ertheilen, als sie gewöhnlich besitzen. Und dennoch stiegen diese Feuer zur Zeit, als *Bianchini* sie besuchte, an mehr als 20 Stellen aus dem Boden empor und nahmen einen Flächenraum von beinahe 130 Quadratfuss ein.

Das Modenesische Gebiet ist, wie wir gesehen haben, nicht allein reich an Erdfeuern, sondern es enthält auch drei ausgezeichnete Schlamm-Vulcane, welche dem Macalubi auf Sicilien würdig zur Seite stehen. Auch um die nähere Kenntniss dieser Salsen hat sich *Spallanzani* (a. a. O.) wesentliche Verdienste erworben. Es sind deren besonders drei, welche angeführt zu werden verdienen, nämlich die Salsen von Maïna, Sassuolo und Querzuola.

Der erstgenannte liegt ungefähr 15 ital. Meilen von Modena entfernt, auf einer Wiese, die wohl 300 Fuss im Umfange halten kann. Den auf ihr befindlichen, aus weisser Erde bestehenden Kegel, woraus die Luft- und Schlammentwickelungen erfolgen, nimmt man schon in der Entfernung einer ital. Meile wahr. Ist man 100 Fuss weit vom Kegel entfernt, so verspürt man schon den steinölartigen Geruch der aus erstern entweichenden Gasarten.

Der Umfang der Salse beträgt an der Basis ungefähr 80 Fuss und die Höhe 11—12 Fuss. Die Spitze des Kegels ist abgestumpft und hat im Umkreise 3½ Fuss. Die trichterförmige Vertiefung im Kegel beträgt 3 Fuss. Ihre Wände bestehen, wie gewöhnlich, aus einem zarten, zäh-flüssigen, thonartigen Schlamme. Die Eruptions-Erscheinungen sind dieselben, wie bei den bereits geschilderten Salsen. Nicht weit hinter dem Hauptkegel der Salse bemerkte *Spallanzani* noch 11 andere sehr kleine Kegel, die an der Spitze ebenfalls einem umgekehrten Trichter glichen, aus demselben halbflüssigen Schlamme bestanden und aus denen nicht minder kleine Gasblasen hervortraten, jedoch mit dem Unterschiede, dass einige ununterbrochen, andere aber in Zwischenräumen sich entwickelten. Das Gas liess sich leicht entzünden und roch dabei stark nach Steinöl.

Von Landleuten, welche in der Nähe dieser Salsen wohnten, erhielt *Spallanzani* die Nachricht, dass die aus dem Hauptkegel hervortretenden Schlammblasen in frühern Zeiten nicht, wie in der Regel, die Grösse eines Straussen-Eies, sondern die eines grossen Kochkessels erreicht, den Schlamm mannshoch und noch höher emporgeschleudert und dabei ein Geräusch verursacht hätten, welches man rund herum 1½ ital. Meilen habe hören können. Und dieses Toben trage sich, wo nicht immer, doch zuweilen dann zu, wenn Regen bevorsteht oder wirklich fällt. Unter diesen Umständen vergrössere sich auch der Umfang der Salse um das Drei- bis Vierfache und die Höhe um das Anderthalbfache, obgleich in Folge der mehr oder weniger heftigen Regengüsse der Kegel theilweise zerstört werde.

Als die Landleute — so erzählten sie — den Trichter des Kegels mit darauf geworfenen Steinen verstopft hätten, wäre einige Tage darauf eine Viertelmeile nördlich eine neue Salse entstanden. Sobald sie aber die Steine von dem Hauptkegel weggenommen, wäre die neu entstandene Salse verschwunden und der grosse Kegel habe sein früheres Spiel wieder begonnen.

Der Schlamm-Vulcan der Maïna war vor der Zeit, ehe *Spallanzani* denselben näher kennen lehrte, fast nur den Bewohnern der Umgegend bekannt; eines grössern Rufes aber erfreute sich damals schon die Salsa von Sassuolo, denn von dieser letztern ertheilt schon *Plinius (Nat. hist.* L. II. cap. 83 (85)) Nachricht, er schildert sie aber in so düstern und fürchterlichen Farben, dass die Beschreibung der Salse durchaus nicht mehr auf ihren heutigen Zustand passt. Er sagt nämlich, dass unter dem Consulate des *L. Martius* und des *Sext. Julius* im Mutinensischen (Modenesischen) Gebiete sich eine erstaunenswerthe Naturbegebenheit zugetragen habe. Es stürzten nämlich zwei Berge zusammen, indem sie mit grossem Krachen sich einander näherten und dann sich wieder voneinander entfernten. Zwischen ihnen stiegen Rauch und Flammen auf. Dem Schauspiele sahen von der Emilischen Strasse aus eine Menge römischer Ritter, Sclaven und Vorbeireisende zu. Durch das Einstürzen jener Berge wurden alle bewohnten Ortschaften verschüttet und sehr viele Thiere, die sich in den letztern befanden, kamen um.

Im weitern Verlauf seiner Erzählung bemerkt *Plinius* noch: der Vulcan im Modenesischen — für einen solchen hielt er ihn nämlich — hat seine Tage, wo er Feuer auswirft.

Sogar noch Schriftsteller, die gegen das Ende des 17. Jahrhunderts lebten, wissen manches Abentheuerliche von den Erscheinungen dieser Salse zu berichten, z. B. *Frassoni*, *Ramazzini* und *Vallisneri*; doch mag der Hang der damaligen Zeit zum Fabelhaften und Uebernatürlichen wohl das Meiste dazu beigetragen haben.

Nach *Spallanzani* (a. a. O. Thl. 5. S. 284) liegt diese Salse eine ital. Meile von Sassuolo auf einem Hügel und erhebt sich in Gestalt eines zwei Fuss hohen Erdkegels, der an seiner, einem umgekehrten Trichter gleichenden Spitze einen Durchmesser von einem Fuss hat, woraus ununterbrochen 4 bis 5 Zoll dicke Schlammstrahlen emporsteigen, die, sobald sie erschienen sind, wieder verschwinden. Auch hier besteht der Kegel aus grauer, mit Wasser durchtränkter Thonerde. Diese wird durch die aufsteigenden Blasen in die Höhe getrieben, ergiesst sich aus dem Trichter und fliesst an den Seiten des Kegels herunter. Steht man gebückt, so hört man das dumpfe Rauschen der aufsteigenden Blasen, und stampft man mit den Füssen auf die Erde, so kommen diese geschwinder und zahlreicher zum Vorschein, eine Erscheinung, die auch schon *Vallisneri* bemerkte. Auf die nämliche Weise lassen sich auch die Feuer von Barigazzo verstärken.

Die Thätigkeit dieser Salse war also um jene Zeit eine nur unbedeutende und unansehnliche; es fiel jedoch gleich in die Augen, dass ihre Ausbrüche in frühern Zeiten in weit grösserm Massstabe erfolgt seyn mussten, denn der ausgeworfene Schlamm hatte sich in einem Umfang von $^3/_4$ ital. Meilen ausgebreitet und seinen Lauf in westlicher Richtung auf eine abwärts gelegene Ebene genommen.

In der geringen Entfernung einer halben ital. Meile liegen die Steinölquellen des Monte Zibio, die schon seit langer Zeit in grossem Rufe stehen, eben so lange ausgebeutet werden und welche schon *Francesco Ariosti* im J. 1460 in einer handschriftlichen Abhandlung beschrieben hat. Letztere wurde im J. 1690 von *Oligero Jacobeo* herausgegeben und von *Ramazzini* im J. 1698 von Neuem zum Druck befördert unter dem Titel: *Francisci Ariosti de oleo montis Zibinii seu petrolio agri Mutinensis commentatio.*

Die an jener Stelle hervorbrechenden Quellen, auf deren Gewässer sich das Steinöl ansammelt, wenn man es eine Zeitlang der Ruhe überlässt, sind weder zahlreich, noch liefern sie bedeutende Quantitäten davon. Die Hauptquelle gab früherhin im Winter täglich nur ein halbes, im Sommer ein ganzes Pfund Oel. Bekannt ist in der Umgegend die Erscheinung, dass, wenn die Salse von Sassuolo in grosser Thätigkeit begriffen ist, die Quellen auf dem Berge Zibio entweder gar kein Steinöl mehr liefern, oder doch nur in sehr geringer Quantität. Dies ist ein überzeugender Beweis von der Verbindung, worin die Salse mit dem Petroleum steht, und dass sie ihre Nahrungstheile vom letztern erhält; denn das mehr oder weniger reine Wasserstoffgas oder die beiden gewöhnlichen Kohlenwasserstoffgase dürften durch den im Innern der Erde statt findenden vulcanischen Process wohl nur durch trockne Destillation und Zerlegung des Steinöls entstehen.

Der letzte Schlamm-Vulcan, welchem wir auf diesem pseudovulcanischen Gebiete begegnen, ist der von Querzuola; unter allen bisher betrachteten ist er zugleich der interessanteste. Er liegt zwischen Scandiano und Reggio, fünf ital. Meilen von jenem und acht vom letztgenannten Orte entfernt, am Abhang einer sanften Anhöhe, auf welcher man schon aus der Ferne 17 weisse Erdkegel bemerkt, deren Spitzen mehr oder weniger abgestumpft sind, und aus deren abgestumpftem Theile kleine Schlammströme herabfliessen. Aus einigen dieser Kegel erhebt sich der Schlamm kaum über die Ränder der trichterförmigen Vertiefung, andere werfen ihn 2—5 Fuss in die Höhe, stets mit einigem Geräusch und überhaupt unter allen den übrigen Erscheinungen, die wir schon bei den andern Schlamm-Vulcanen wiederholt beschrieben haben.

Der grösste dieser Kegel hatte an seiner Basis einen Umfang von 19½ und eine Höhe von 7 Fuss; beim kleinsten betrug der Umfang 4 und die Höhe 2 Fuss. Bei den übrigen 15 fanden Mittelzahlen statt. Alle diese Kegel bildeten fast einen regelmässigen Kreis. In ihrer Mitte befanden sich zwei

Gruben, mit trübem Wasser erfüllt, aus welchem heftige Entwickelungen von Wasserstoffgas statt fanden, das nach *Spallanzani's* Untersuchungen stark mit Kohlensäure vermischt war. Aus diesen letztern entband sich das Gas so reichlich, dass man in einer Minute 424 Kubikzoll erhalten konnte.

Gegen die Mitte des vorigen Jahrhunderts soll die Salse von Querzuola so heftige Ausbrüche gehabt haben, dass die jetzigen nur als schwache Andeutungen zu betrachten sind. Am 14. Mai 1754 wurden die in der Nähe der Salse wohnenden Landleute des Morgens durch ein heftiges Krachen aus dem Schlafe geweckt, ähnlich dem, als wenn eine grosse Felsmasse aus der Höhe auf eine Ebene herabfällt. Bald darauf wurde man gewahr, dass die Salse in heftigem Ausbruch begriffen war. Man bemerkte auf derselben eine grosse, kuppelförmige Erhöhung, aber kaum hatte sie sich gebildet, als sie auch schon wieder verschwand. An ihrer Stelle erblickte man einen Haufen unzusammenhängender, erdiger Materien, welche aufwallten und kochten und plötzlich mit einem heftigen Geräusch so hoch in die Luft emporgeschleudert wurden, dass sie über die höchsten Bäume emporstiegen und dann wieder dahin zurückfielen, wo sie sich losgerissen hatten. Einige Augenblicke darauf erfolgte eine neue, der ersten ähnliche Explosion, und auf diese folgten den ganzen Tag und die nächste Nacht noch mehrere, aber alle wurden von längern oder kürzern Pausen unterbrochen. Während dess erzitterte rings herum die Erde und die auf ihr befindlichen Gegenstände. Nach Verlauf einiger Tage kehrte jedoch die Salse wieder in ihren gewöhnlichen Zustand zurück. Der Ausbruch war bei heiterm, klarem Himmel erfolgt; Flammenausbrüche hatte man nicht dabei bemerkt. Zwanzig Jahre später erfolgte eine andere, nicht minder heftige Explosion, und zwar ebenfalls wieder bei schönem Wetter. Anfangs hörte man unter der Erde einen Knall, ähnlich dem einer kleinen Kanone. Hierauf wurden die Schlammmassen aus sämmtlichen Kegeln so hoch in die Luft geschleudert, dass man sie kaum mit dem Auge erreichen konnte. Dann folgte eine Pause von wenigen Augenblicken und auf diese eine zweite Explosion, die wieder mit einem neuen Auswurf von Schlamm begleitet war, und so ging es mit der dritten, vierten u. s. w. Das Krachen dabei war so heftig, dass man es in dem 8 ital. Meilen von der Salse entfernten Reggio hören konnte. Nach Verlauf einiger Tage hörten indess die Ausbrüche gänzlich auf. Auch bei dieser zweiten Eruption bemerkte man weder Flammen, noch Rauch.

Ausser den drei beschriebenen Schlamm-Vulcanen fand *Spallanzani* noch einen vierten, aber kleinern, ebenfalls auf den Hügeln bei Reggio, nach Canossa hin. Auch *Vallisneri* erwähnt denselben, jedoch zeigt er ganz dieselben Erscheinungen, wie die andern Salsen.

In Toscana, so wie überhaupt in ganz Mittel-Italien sind wohl die sogenannten „Lagoni" die interessantesten Erscheinungen, die wir hier zu betrachten haben, hinsichtlich deren man aber nicht mit Zuverlässigkeit anzugeben vermag, ob sie den eigentlich vulcanischen oder den pseudovulcanischen Phänomenen zuzutheilen sind. Man versteht darunter heftige Ausströmungen heisser, mit Schwefelwasserstoff und namentlich mit Borsäure beladener Dämpfe, welche aus Spalten und ähnlichen Oeffnungen des Bodens hervorbrechen. Diese Dämpfe treten meist aus Sümpfen hervor, welche letztere theils durch herabgefallenen Regen, theils durch das von den umgebenden Höhen herablaufende Wasser sich gebildet haben. Der Inhalt dieser Wasserbehälter wird nicht allein vermehrt, sondern auch erhitzt durch die aus ihnen aufsteigenden Gase und Dämpfe. Da hierdurch die Temperatur des in den Sümpfen befindlichen Wassers fast bis zum Kochpuncte gesteigert wird, so pflegen aus den Lagunen schlanke Rauchsäulen aufzusteigen, welche im Munde des Volkes als Fumacchie, Bulicami, auch Soffioni bezeichnet und schon in der Ferne bemerkt werden. Nach der Ansicht mancher Geologen haben sie ihres Gleichen, besonders wegen ihres Gehaltes an Borsäure, in der ganzen bekannten Welt nicht; sie verdienen daher die grösste Aufmerksamkeit des Physikers, nicht nur an und für sich, sondern auch des materiellen Nutzens wegen, den man ihnen neuerdings abzugewinnen verstanden hat Nach *Russegger* (in *Leonhard's* Jahrb. für Min. 1840. S. 563) ist die Stelle, wo die Fumacchie zum Vorschein kommen, öde, nackt, wild und von aller Vegetation entblösst. Umhüllt von dichtem Dampfe, am Rande mehrerer Bassins, in denen das Wasser eine trübe, schmutzige Beschaffenheit hat und dabei mit solcher Gewalt kocht, dass es von den empordringenden Dämpfen in der Mitte mehrere Fuss hoch aufwärts geschleudert wird und wieder zurückfällt, macht die Erscheinung in der That einen tief ergreifenden, schauerlichen Eindruck. Die Gewalt, womit die heissen Dämpfe entweichen, veranlasst wahre Schlamm-Ausbrüche, wenn man zum Behuf der Boraxsäure-Gewinnung einen der Sümpfe — der sogenannten Borax-Seen — trocken legt, um das Wasser in einen andern zu leiten. Der Schlamm wird alsdann emporgeworfen, wie feste Massen von wirklichen Vulcanen, und im Grunde des Sees entstehen zahllose, kleine Eruptionskegel. Ihre Temperatur wechselt von 120—145° C. Die über den Lagoni sich verbreitenden und aus ihnen entstehenden Wolken dienen als sichere Wetter-Propheten; grössere oder geringere Dichtheit derselben gewährt ein Mittel für Vorhersagungen des Wetters und täuscht nur in seltnen Fällen.

Die nächste Stadt, wo die Lagoni sich finden, ist Volterra; sie sind jedoch nicht auf diese Stelle beschränkt, vielmehr nehmen die mit ihnen verbundenen Erscheinungen einen Raum von 10—12 (ital.?) Meilen ein. Die ihrer Stärke wegen merkwürdigsten sind jene vom Monte Cerboli und von Castel Nuovo im Cecina-Thale, so wie die vom Sasso, vom Monte Rotondo, vom Lago del Edificio, von Lustignano und Serrazzano im Cornia-Thale.

Ueber die geognostischen Verhältnisse dieser Gegenden giebt *Russegger* folgenden Aufschluss:

Die unterste Stelle der neptunischen Gebirgsarten nimmt Grünsandstein ein. Dieser tritt z. B. an der Sterdtza, einem Seitenthale des Arno, auf. Alsdann kommt Kreidekalk und Kreidemergel (Macigno, Alberese in der Landessprache). Dieser findet sich namentlich am Monte Catini und Monte Cerboli. Nun kommt tertiärer Gyps und Thon, begleitet von Schwefel, Kochsalz und Braunkohlen. Er ist besonders entwickelt bei Pomeranze, im Thale der Cecina, am Monte Cerboli und Monte Catini. Dann kommen tertiäre Sandsteine und Conglomerate, welche Braunkohlen führen und besonders am Monte Catini sich finden. Das letzte Gebilde ist das Diluvium; es kommt vor in der Ebene von Livorno und erstreckt sich bis an die Sterdtza. Die Thone des Plateau am Catini, so wie das Schuttland am Cerboli gehören ebenfalls hierher.

Alle diese Formationen sind an vielen Stellen durchsetzt und in ihren ursprünglichen Lagerungs-Verhältnissen gestört durch aus der Tiefe aufgestiegene abnorme Massen, namentlich durch Euphotide und Serpentine, von welchen letzteren einige ein basaltartiges Ansehen bekommen haben.

Die ersten Spuren des unterirdischen vulcanischen Processes bemerkt man dicht an der Strasse nach Larderello, beim Dorfe Cerboli. Dabei gewahrt man in anstehendem Serpentine eine kleine Solfatare. Die Felsart ist zersetzt und umgewandelt durch die aus ihr hervorbrechenden schwefeligsauren Dämpfe, doch hat sich in Larderello selbst die vulcanische Thätigkeit am stärksten und deutlichsten entwickelt. Daselbst bemerkt man in den in grosser Mächtigkeit auftretenden Thon- und Schutt-Massen eine von S. nach N. streichende Spalte, begleitet von einer Reihe von Fumarolen, die sich längs des Bergabhanges durch den Schutt eine Oeffnung brachen und dies auch noch heut zu Tage an verschiedenen Stellen thun. Aus diesen Fumarolen dringen Wasserdämpfe von der schon früher angegebenen Temperatur, welche, wenn sie hoch gespannt sind, alle ihnen im Wege liegenden Substanzen mit grosser Vehemenz weithin fortschleudern und so ihre Austrittsstellen stets offen erhalten. Die Dämpfe bestehen hauptsächlich aus Wasser, so wie nach *Coquand* (im *Bullet. géol.* VI, 147) aus Schwefelwasserstoff, nach *Russegger* (a. a. O. S. 563) aus Wasser, schwefeliger Säure und Borsäure, nach *Daubeny* (über die Vulcane u. s. w., deutsch von *Gust. Leonhard,* Bd. 1. S. 99) aus Schwefelwasserstoff, Kohlensäure, Borsäure und einem eigenthümlichen Gemenge von Stickstoff und Sauerstoff. Die Borsäure ist theils frei, theils mit Ammonium verbunden. Wahrscheinlich wird sie im Zustande einer mechanischen Suspension von den Dämpfen aus der Tiefe mit emporgerissen. In welchem Zustande sie im Erdinnern vorkommt, ist so leicht nicht zu ermitteln. *Dumas* glaubt, sie fände sich daselbst als Schwefel-Boron und würde später durch das Wasser zersetzt, so dass sich Borsäure und Schwefelwasserstoff bilden könnten.

Der die Fumarolen umgebende Boden ist bedeckt mit mancherlei salinischen Ausblühungen, die hauptsächlich aus Borsäure bestehen, aber auch, obwohl in geringerer Menge, gewisse Ammoniacsalze, schwefelsaure Thonerde und auch Schwefelkiese enthalten.

Um die Borsäure zu gewinnen, versieht man die stärksten Fumarolen mit niedrigen Mauern, wodurch sich Bassins bilden. Da sich ein Bach in der Nähe befindet, so leitet man das Wasser desselben in diese Bassins, die so angebracht sind, dass man dasselbe aus einem in das andere ableiten kann. Die hervorschiessenden Dämpfe bringen das Wasser in diesen Reservoirs sogleich zum Kochen, und solches wird dann durch das stete Verdampfen so concentrirt, dass man es zuletzt nur in bleiernen Pfannen abzudampfen braucht, um 0,5 Procent Borsäure zu gewinnen.

Die Gegenwart dieser letztern in den Lagunen von Volterra wurde bekanntlich zuerst im J. 1776 durch *Hoefer* entdeckt, und bald darauf gründete *Mascagni* daselbst eine Anstalt, um die Borsäure zu gewinnen. Im J. 1817 kam *Larderelle* auf die glückliche Idee, die heissen Dämpfe selbst zur Verdampfung des Wassers zu benutzen, und jetzt werden jährlich 20,000 Centner dieser Säure gewonnen, ohne eine Kohle oder ein Stück Holz zu verbrennen, indem 160 Millionen Pfund Wasser abgedampft werden, die eine so reichliche Menge Borsäure liefern, dass damit der Bedarf von ganz Europa bestritten wird.

Das Terrain, worin die Lagoni sich finden, ist durch die heftige Einwirkung der Fumarolen nicht nur ganz zerrissen und von den sonderbarsten Formen, sondern auch zersetzt und umgewandelt. Besonders interessant und belehrend sind die Erscheinungen, welche das Schwefelwasserstoffgas auf die blaugrauen, thonig-kalkigen, von Kalkspath-Adern durchzogenen Schichten des Alberese, einer Unterabtheilung der Kreideformation, hervorgebracht hat. Das genannte Gas wirkt nicht blos auf die Wände der Bodenspalten ein, sondern es dringt auch in das Innere der Felsen und endigt damit, dass ganze Umkreise in Gyps umgewandelt werden, deren Halbmesser gewöhnlich jener der Lagoni selbst ist. Reine Kalke werden auf diese Weise in blätterig-körnigen Gyps verwandelt; die den Thonen untergeordneten behalten nach der Metamorphose ihr ursprüngliches Lagerungs-Verhältniss: Gyps-Lager wechseln mit Thon-Lagern. Gleichzeitig mit der Umwandlung der Kalke zu Gyps beim Zusammentreffen mit den schwefelhaltigen Substanzen ändern sich auch mehr oder weniger grosse Bruchstücke des Alberese, welche durch Wasser oder auf andere Weise in die Mitte der schlammigen und kochenden Seen geführt werden, um; sie werden zu Gyps und bilden mit den Thonen, in welche sie eindringen, thonig-gypsige, breccienartige Massen.

Ausserdem bemerkt man auch in der Nähe der Lagoni eine Menge von Salzbildungen, z. B. Alaun, Kochsalz, Kupfersalze, Eisensalze u. s. w. Zugleich trifft man daselbst nicht nur viele kalte, sondern auch sehr heisse Mineralquellen an, welche als heilsame Bäder benutzt werden.

Die Wirksamkeit des unterirdischen Feuers giebt sich in Toscana, ausser an den beschriebenen Orten, auch noch durch mehrere Solfataren kund, unter denen die von Pereta und Selvena die interessantesten sind. Die erstgenannte liegt in der Provinz Grosseto, die andere im Fiora. Nach *Coquand* (im *Bullet. géol.* VI, 94 ff.) ist das Gestein, woraus sie hervorbrechen, ein Macigno, und in diesem letztern brechen auf Gänge Antimonerze, welche hauptsächlich nebst gediegenem Schwefel die Ursache gewesen sind, dass man die geognostischen Verhältnisse dieser so höchst interessanten Gegend genauer kennen gelernt hat. Die Solfatare selbst ist dort unter dem Namen „Mofeta" bekannt. Das Gestein, woraus sie hervortritt, ist auch hier wieder Alberese und die Umwandlung desselben durch die letztere höchst augenfällig. Der Alberese ist meist zu Gyps geworden und die mergeligen Schichten, nachdem solche ausgelaugt worden, wandelten sich zu teigigem Thon oder zu Alaunfels um. Ein behufs der Schwefelgewinnung niedergebrachter Schacht gewährte die denkwürdige Beobachtung, dass der Alberese an der Berührungsgrenze nicht nur seine Textur geändert, sondern auch mit Antimonerz sich ganz inprägnirt hatte. Die Antimonglanz-Krystalle in demselben fand man strahlenartig gruppirt. Ueberhaupt zeigt die Mofeta viel Uebereinstimmendes mit ähnlichen Erscheinungen in andern Gegenden, namentlich mit den Fumarolen in den phlegräischen Feldern. Diese, begleitet von mitunter ziemlich heftigen Dampfausbrüchen, treten mit Säuren beladen an den Tag, wirken auf die von ihnen durchzogenen Felsgebilde ein und bedingen das Entstehen neuer Substanzen. Aehnliche Erscheinungen nimmt man in den Lagoni wahr. Die Alaunwerke von Montioni, Campiglia, Monte Rotondo und von der Tolfa lassen eigenthümliche Ablagerungen wahrnehmen inmitten eines von zahlreichen Eruptiv-Gängen sehr neuen Ursprungs durchsetzten Gebirges, und unter Umständen auf nahe gegenseitige Beziehungen hinweisend; nirgends ist dies aber klarer und deutlicher wahrzunehmen, als in den Schwefelgruben von Pereta und Selvena. Am erstgenannten Orte zieht sich die Solfatare genau dem Streichen der vorhin erwähnten, auf einem Gange abgelagerten Antimonerze hin; in dieser Richtung wurden früherhin sämmtliche Schachte zur Schwefelgewinnung abgeteuft.

Sucht man sich die Frage zu beantworten, auf welche Art und Weise der Schwefel inmitten des Kreidegebirges sich erzeugt habe, so könnte dies vielleicht durch die Annahme erklärt werden, dass das so reichlich hervortretende Schwefelwasserstoffgas unter Zutritt der atmosphärischen Luft zersetzt worden sey und der abgeschiedene Schwefel sich niedergeschlagen habe. Noch jetzt erfüllt es alle unterirdischen Räume im Gebirge, verkündigt sich durch den bekannten Geruch, durch die Wärme, welche es entwickelt, und durch seine Eigenschaft, brennende Körper auszulöschen. Ausser dem Schwefelwasserstoffgas enthält die Mofeta auch noch Spuren von Kohlensäure.

Der Schwefel kommt in diesem Terrain theils derb, theils krystallisirt vor. Die derben Massen rühren wohl von der Verdichtung des Schwefels in früher vorhanden gewesenen leeren Räumen her. Sie sind meist durch Thon verunreinigt und finden sich inmitten der Felsmassen als Haufwerke, in Nestern oder Adern ohne alle Ordnung zerstreut.

Die vorhin berührte Zersetzung des Schwefelwasserstoffes soll nach *Breislak's* Erfahrungen, die er an der Solfatara zu Puzzuoli machte, jedoch nur dann erfolgen, wenn das hervortretende Gas eine hohe Temperatur besitzt. Ist dies nicht der Fall, so erzeugt sich weder Wasser, noch Schwefel, wohl aber schwefelige Säure, die sich späterhin zu Schwefelsäure oxydirt und da, wo die Ausströmungen erfolgen, den Boden mit salinischen Ausblühungen von Alaun, Eisenvitriol und Gyps bedeckt. Wird in der Mofeta der Alberese in Gyps umgewandelt, so bleibt die ursprüngliche Schichtung desselben dabei unverletzt; die bläuliche Farbe des Gesteins geht in Weiss über, ist jedoch hin und wieder mit röthlichen, von Eisenoxyd herrührenden Flecken bedeckt; am merkwürdigsten aber ist die Umwandlung, welche das Gefüge erleidet und die nach concentrischen Zonen vorschreitet. Ausser der Bildung von Gyps bemerkt man auch die von Anhydrit, und in mehreren unterirdischen hohlen Räumen, worin die empordringenden Gase sich sammeln und längere Zeit verweilen, wird die fortdauernde Gypsbildung von so vielem Anhydrit begleitet, dass man ihn an der Oberfläche des Bodens sammelt, worauf er sich ohne Unterbrechung von Neuem erzeugt. Ein anderes Mineral, welches den Gyps begleitet und gleich diesem durch Einwirkung der Schwefelsäure entsteht, ist Alaunfels; hin und wieder treten in mehrmals wiederholtem Wechsel verkieselte Schiefer, Alaunfels, weisslicher Thon und Gyps auf. Der Schwefelkies, welcher in dem umgewandelten Macigno und Alberese sich mitunter häufig findet, geht in Folge der atmosphärischen Einflüsse nach und nach in Eisenvitriol über.

Die Schwefelgrube von Selvena liegt ungefähr fünf Meilen von Santa Fiora entfernt, zwischen dieser Gemeinde und jener von Sorano, auf dem linken Abhange des Fiora-Thales. Die geognostischen Verhältnisse sind fast eben so wie bei Pereta beschaffen. Die Schwefelgruben finden sich in der Nähe des Schlosses von Selvena. Schon in der Ferne verkündigen sie sich durch ihren Geruch nach Schwefelwasserstoffgas und in der Nähe durch die Gyps-Lager, welche dem von Mofeta-Strömungen durchzogenen Boden untergeordnet sind. Weit umher sieht man das Erdreich mit salinischen Ausblühungen, so wie mit einer dichten Schwefelrinde bedeckt. Die Thone des Alberese sind reich an Eisenvitriol; jedenfalls gehört aber die Umwandlung des Kalkes in Gyps zu den wichtigsten Erscheinungen. Gleichwie bei Pereta, so bemerkt man auch bei Selvena einen Antimonerze führenden Gang, welcher, im Verbande mit quarzigen und andern Eruptiv-Massen, mannigfache Störungen in der Lagerung des Macigno und Alberese hervorgebracht hat. In der Nähe, und zwar bei Canale, steigen noch andere Quarzgänge mauerartig über die Erdoberfläche auf und umschliessen hin und wieder Eisen- und Kupferkiese. Da, wo die Mofeta den Quarz durchzieht, wird er zersetzt und wandelt sich in röthlichen Sand um; doch kommen inmitten desselben auch Blöcke dieses Gesteins vor, welche der Zersetzung entgangen sind.

Pseudovulcanische Erscheinungen in Frankreich.

§. 25.

Frankreich scheint arm an hierher gehörigen Erscheinungen zu seyn und von neuern Schriftstellern findet man diese Phänomene kaum erwähnt. Nur im südlichen Theile dieses Landes hat man vereinzelte Spuren davon angetroffen. *Montigny*, *Guettard* und *Volta* scheinen die einzigen Physiker aus dem vorigen Jahrhundert zu seyn, welche ihrer gedenken. *Montiguy* nennt die Stelle, woselbst entzündbare Gase aus dem Erdboden hervortreten, blos „die brennende Quelle in Dauphiné". Es sey nur ein kleiner Platz, wo man die Erscheinung wahrnehme, und wenn man ein brennendes Licht über dieselbe hälte, so verbreite sich augenblicklich eine Flamme, besonders über denjenigen Theil des Bodens, welchen man ausgegraben habe. Jeder Stich, der in die Erde gemacht wurde, bewirkte, dass eine röthliche Flamme heraussprang, ähnlich derjenigen, welche entsteht, wenn man in einer theilweise mit Wasser angefüllten Flasche auf regulinisches Eisen verdünnte Schwefelsäure giesst. Wahrscheinlich ist dies dieselbe Quelle, welche auch *Ménard de la Grosse* (im *Journ. de Physique*, T. 85. p. 253 et 297) anführt. Sie liegt beim Dorfe St. Barthélemy im Arrondissement von Grenoble. Diese Erdfeuer sollen mit denen von Pietra mala viel Aehnlichkeit besitzen. Auch im Departement des basses Alpes hat man am Mont Brazier ähnliche Erscheinungen wahrgenommen, worüber neuerdings *Dubois Aymé* (in den *Ann. de Chimie* etc. T. 18. pag. 158) einige Nachrichten mitgetheilt hat. Nach ihm vernimmt man an jenem Berge häufig unterirdische Detonationen, auch sieht man bisweilen Flammen aus demselben hervorbrechen. Ein Theil des Berges heisst Brama-boeuf, d. h. Ochsengebrüll; dort sind die Detonationen am stärksten und nur dort hat man auch in neuerer Zeit noch Flammen-Ausbrüche bemerkt. Die Detonationen sollen die grösste Aehnlichkeit mit starken Flintenschüssen besitzen. Auf der Spitze des Berges soll sich eine Oeffnung von fünf Fuss im Durchmesser befinden, aus welcher zuweilen lebhafte Flammen hervorbrechen. Die Bewohner der Umgegend behaupten, dass die Detonationen am häufigsten erfolgen, wenn der Wind heftig aus Nordosten bläst. Inwiefern dies gegründet ist, werden zukünftige Untersuchungen ergeben.

Pseudovulcanische Erscheinungen in der Schweiz.

§. 26.

Man kennt bis jetzt blos eine Stelle im Schweizer-Lande, wo Erdfeuer, denen von Pietramala gleichend, vorkommen und welche überdies erst seit dem J. 1840 bekannt geworden ist. Die erste Nachricht darüber verdanken wir *Studer* (in *Leonhard's* Jahrb. für Min. Jahrg. 1840. S. 462). Gleich den Erdfeuern von Pietramala, scheinen auch die schweizerischen im Macigno oder Gurnigel-Sandstein hervorzutreten, und zwar an den sogenannten Käse-Bergen im Canton Freiburg. Hier bemerkten mehrere daselbst beschäftigte Arbeiter einen mit gewisser Heftigkeit aus Felsspalten ausströmenden Wind, und als sie demselben ein brennendes Stück Holz näherten, entstand eine hell leuchtende, lange anhaltende Flamme. Sie erstreckte sich über einen Raum von 3—4 Fuss, besass 3—5 Fuss Höhe und hatte 1 Fuss im Durchmesser. Ihre Hitze ist sehr bedeutend; sie soll nach *Brunner* aus brennendem Kohlenwasserstoffgas bestehen und einen schwachen schwefeligen Geruch besitzen, wahrscheinlich in Folge der Calcination des an sie grenzenden Gypses.

Pseudovulcanische Erscheinungen in Siebenbürgen.

§. 27.

Die bekannte Schwefelhöhle in dem trachytischen Gebirgszuge des Büdöshegy nimmt hier vor allem Andern unsere ganze Aufmerksamkeit in Anspruch. Sie kommt auch unter dem Namen „Büdöskö" oder „Balvangos" vor. Schon *J. Chr. v. Fichtel* hat sie beschrieben, jedoch in ultravulcanischen Ausdrücken; s. dessen Beiträge zur Mineralgeschichte von Siebenbürgen, Thl. 1. S. 122, und dessen mineralog. Bemerkungen von den Karpathen, Thl. 1. S. 160. Neuerdings ist sie von *F. Sartori* (die Naturwunder des österreichischen Kaiserstaates, Bd. III. S. 91—101), von *Beudant (Voyage min. et géol. en Hongrie.* T. 2. pag. 310), von *Aimé Boué* (in *Lyell's* Lehrb. der Geologie, deutsche Uebersetzung, Bd. 3. S. 163), so wie von *J. Grimm* (von letzterm am treffendsten in *Leonhard's* Jahrb. für Min. 1837. S. 10 etc.) geschildert.

Der Büdöshegy gehört seiner Lage nach zu dem trachytischen Gebirgszuge, welcher sich von der Grenze der Bukowina in südlicher Richtung herabzieht, nach Osten hin von der Maros und der Alt begrenzt wird, gegen Westen aber in sanftere Berge sich verliert. Er gehört zu den letzten Ausläufern der dortigen Trachytberge. In einiger Entfernung von seinem Fusse, so wie von dem Gebirgssattel, welcher ihn mit den südlichern, aus Sandstein bestehenden Bergen verbindet, tritt der Karpathen-Sandstein auf, aber an seinem unmittelbaren Fusse bemerkt man lockere trachytische Massen von meist unbedeutender Grösse, aus welchen man schon auf die Beschaffenheit des Berges schliessen kann, da sie diesem ihre Entstehung verdanken.

Bemerkenswerth ist es, dass man an dem Karpathen-Sandsteine, welcher in der Nähe der dortigen Trachyte vorkommt, bis jetzt weder eine Veränderung oder Umwandlung seiner innern Masse, noch eine auffallende Störung seiner Lagerungs-Verhältnisse wahrgenommen hat; doch ist damit nicht gesagt, dass derartige Erscheinungen in der Zukunft sich nicht noch würden beobachten lassen.

Am Fusse der Berges, sowohl an seiner westlichen als an seiner östlichen Seite, fällt zunächst die grosse Menge von Mineralquellen und Gasentbindungen auf, deren Zahl *Fichtel* auf 15 angiebt. Die merkwürdigsten derselben finden sich an der Westseite des Berges, in den Thälern von Feketepatak und Büdöspatak. Daselbst quillt aus einem moorigen, schwarzen Boden eine unzählige Menge kleiner Wasser aus einem Raume von mehr als 100 □Klaftern hervor, mit einem so heftigen Gebrause, dass man glauben sollte, die Quantität des aufsteigenden Wassers sey eine sehr beträchtliche. Wenn man die Quellen jedoch genauer untersucht, so findet man, dass der Wasserabfluss kaum zu bemerken ist, und dass es nur die vielen und heftigen Gasausströmungen sind, welche bei ihrem

Hervorbrechen aus dem Moorboden das auf demselben stehende Wasser in die wallende und brodelnde Bewegung versetzen. Nach *Grimm's* Ansicht entsteigen diese Quellen dem Boden jedoch nicht als eigentliche Mineralwasser, sondern das auf dem Boden sich ansammelnde Wasser, welches wohl grösstentheils von Regengüssen oder verdichteten Nebeln herrühren dürfte, scheint erst durch die Absorption der hervortretenden Gasarten sich in ein Mineralwasser umzugestalten. Leider fehlen bis jetzt Analysen sowohl der Gase, als der Quellen.

Der Geschmack dieser Wasser ist sehr stark sauer und schwefelig, eben so der in ihrer Nähe wahrnehmbare Geruch, besonders in den tiefern Luftschichten, gleich oberhalb der Erdoberfläche. Die Temperatur dieser Quellen ist 11 ° R.; sie entspringen alle aus dem Karpathen-Sandsteine. Auf der östlichen und südlichen Seite des Büdöshegy, namentlich in dem Thale des Torjaer Baches kommen verschiedene Sauerbrunnen zum Vorschein. Sie ziehen sich bis an den Gebirgssattel hinan, welcher den Büdös mit den südlichern Bergen verbindet. Ihr Geschmack ist sehr verschieden, bald sauer, bald bituminös, bald salzig u. s. w. Einige sind trinkbar, andere nicht. Die ausgezeichnetste und zugleich die wasserreichste derselben, welche *Fichtel* die incrustirende nannte, trifft man am südlichen Bergabhange; eine andere trinkbare und stark benutzte Sauerquelle liegt höher hinauf, fast am Gebirgssattel. Beide setzen viel Eisenoxyd ab und erstere auch Kalktuff. Auch diese entspringen aus Karpathen-Sandsteine. Ihre Temperatur ist nicht höher als die der vorhin erwähnten. Bei ihnen zeigt sich jedoch keine so heftige Gasentwickelung. Sie scheinen als fertig gebildete Mineralwasser tief aus dem Innern der Erde hervorzutreten.

Was nun den Büdöshegy selbst anbelangt, so hat er, von Südost aus betrachtet, die Gestalt eines isolirten, spitzigen Kegels. An seinem südlichen Gehänge bemerkt man gleich unterhalb der Dammerde die früher erwähnten lockern, in Bimsstein übergehenden Trachytstücke. Sie sind oft so weich, dass man sie mit den Fingern zerreiben kann, und gleichen einem porösen Schwamme, dessen Löcher nach einer Richtung hin ausgedehnt sind. Nur selten kommen einzelne Glimmerschuppen darin vor. Ihre Grösse wechselt von der einer welschen Nuss bis zu der einer Faust. Höher hinauf findet man kleine Trachytplatten, die theils lose umherliegen, theils von einer trachytischen, weissgrauen Erde umhüllt sind. Hier empfindet man wiederum an mehreren Stellen einen scharfen, schwefeligen Geruch, welchen man verstärken kann, wenn man Löcher in die Erde stösst.

Nach der Kuppe des Berges hin nimmt man mehrere Trachyt-Varietäten wahr, die bald eine weisse, bald eine lichtgraue, bald eine röthlichgraue Farbe zeigen, jedoch alle ineinander übergehen. Alle sind von einer rauhen, zelligen Beschaffenheit, ziemlich schwer und hängen stark an der Zunge. Hinsichtlich ihrer räumlichen Ablagerung nehmen die rothen Trachyte den ersten Platz ein; sie setzen die ganze Kuppe des Berges zusammen, während die weissen mehr untergeordnet erscheinen und auf einzelne Puncte beschränkt sind. Wenn man zu der Stelle gelangt, wo an der schroff abfallenden, südlichen Kuppe des Berges die Trachyte anstehen, so empfindet man wiederum den sauren, schwefeligen Geruch, jedoch viel stärker als früher, und man ist nun wirklich in dem Bereiche der Solfatara. Der schwefelige Geruch kommt aus einer Höhle, die am Fusse eines fast senkrechten Felsens sich öffnet und 1½ Klafter lang und 4½ Fuss hoch ist. Ihre Wände sind fast eben so beschaffen, wie man sie in der Regel in Kalkstein-Höhlen antrifft. Nur an ihren tiefsten Stellen bemerkt man einen schwachen Schwefel-Anflug, höher hinauf sind sie mit einzelnen Alaun-Krystallen beschlagen.

Von dieser kleinen, horizontalen Höhle, in einer Entfernung von etwa 25—30 Klaftern, aber etwas höher, gelangt man nun in die eigentliche Schwefelhöhle, welche dem Berge den Namen „Büdöshegy", d. h. stinkender Berg oder Schwefelberg, gegeben hat. Das Gestein ist derselbe Trachyt, wie bei der eben erwähnten Höhle, nur mehr zerspalten und zerklüftet. Die Höhle hat mehr das Ansehen einer mächtigen Gebirgsspalte. Am Eingange ist sie zwei Klaftern weit und 2—3 Klaftern hoch, ihre Länge beträgt 3—4 Klaftern; an ihrem Ende ist sie jedoch nur 3 Fuss weit und 8—9 Fuss hoch. Ihr Boden liegt daselbst 6—7 Fuss tiefer, als die Sohle des Eingangs. Sie streicht nach Norden; in ihrem Innern ist sie vollkommen hell. Tritt man in dieselbe hinein, so bemerkt man nur an den tiefsten Stellen der Seitenwände einen Schwefelabsatz. Das Athmen ist daselbst leicht und frei; so wie man nur vier Schritt weiter vorwärts geht, so verspürt man gleich einen sauren Geschmack, das Athmen hört augenblicklich auf, in den Augen empfindet man einen brennenden Schmerz, und man eilt zurück, um in einer bessern Atmosphäre Erholung zu suchen. Tritt man aber mit Vorsicht in die Höhle und verweilt man nur kurze Zeit in derselben, so theilt sich den untern Theilen des Körpers allmählig eine Wärme mit, die sich bis zu einem sanften Brennen steigert, ohne jedoch den Körper in Schweiss zu bringen. Das Athmen bleibt frei und ungestört und wird nur augenblicklich gehemmt, wenn man tiefer hineintritt, so dass der Mund unter das Niveau des Eingangs gelangt. Das in den tiefern Stellen der Höhle stagnirende Gas ist schwerer als die atmosphärische Luft, wird aber durch Luftzug mit letzterer vermengt. Scheint das Sonnenlicht in die Höhle, so bemerkt man ein stetes Vibriren des Gases, und man kann dessen Ausströmen bei ruhigem Wetter sehr gut wahrnehmen. Seine Irrespirabilität ist eben so gewiss, als seine Unfähigkeit, das Brennen zu befördern, indem jeder glühende oder flammende Körper augenblicklich darin erlischt. Der Stahl giebt in demselben keine Funken; Feuergewehre vermag man in ihm nicht zu entzünden.

Die Temperatur der Höhle beträgt durchschnittlich 9—10^0 R., wenn ausserhalb derselben das Thermometer im Schatten 18—19^0 R. anzeigt.

Der Schwefel in den innern Räumen setzt sich nur so weit an, als die Höhe der Gasschicht reicht. Er ist von schöner Farbe und völlig rein; die Krusten, welche er bildet, sind jedoch höchstens nur 2—3''' dick.

Mehr östlich von dieser Solfatara soll in frühern Zeiten noch eine andere vorhanden gewesen seyn, welche aber späterhin zusammengestürzt ist. Eine dritte, noch jetzt offene und zugängliche Höhle liegt in derselben Richtung an einem steilen Abhange; sie führt den Namen der „Salzhöhle". Sie zeigt dieselben Erscheinungen wie die andern, nur sind die Wände über dem Schwefel-Ansatz reichlicher mit Alaun beschlagen.

Was es eigentlich für eine Gasart sey, welche die erwähnten Erscheinungen hervorbringt, ist bis jetzt nicht ermittelt.

Dass Kohlensäure der Hauptbestandtheil davon sey, unterliegt wohl keinem Zweifel; aber welche andern Gase noch mit ihr verbunden sind, aus denen sich der Schwefel ausscheidet — dies hat sich bis jetzt noch nicht herausgestellt.

Pseudovulcanische Erscheinungen in Mähren.

§. 28.

Ehe wir den deutschen Grund und Boden verlassen, müssen wir noch einer hierher gehörigen Erscheinung gedenken, welche um so interessanter ist, als derartige Phänomene in unserm Gesammt-Vaterlande bisher noch nicht beobachtet sind. Wir verdanken *Glocker* (in *Poggendorff's* Ann. der Physik, Bd. 54. S. 157 etc.) die nähere Kenntniss derselben.

Hiernach erhebt sich östlich von dem in der Nähe von Mährisch-Trübau gelegenen Dorfe Reichenau ein länglicher, ziemlich ansehnlicher Berg, dessen Längenausdehnung in die Streichungslinie der grossen Quadersandsteinkette des nordwestlichen Mährens und des angrenzenden Theils von Böhmen fällt. Am Fusse dieses Berges bemerkt man einige aus Roth-Todtliegendem bestehende Hügel, deren Schichten an den gegen Reichenau zugekehrten Abhängen nach Nordwesten einfallen. Auf dieser Formation ruht ein feinkörniger, gelblichweisser Quadersandstein, woraus auch der Reichenauer Berg zusammengesetzt ist. Ueberall schroff und steil aufgesetzt, erscheint er wie eine emporragende Mauer und ist oben nur von einer schwachen Dammerdeschicht bedeckt.

Der Quadersandstein ist sehr stark zerklüftet, die Klüfte selbst sind 1—1½ Fuss breit und, senkrecht niedergehend, schneiden sie die fast horizontal liegenden Schichten rechtwinklig, wodurch parallelepipedische Absonderungen entstehen, wie man sie im Quadersandsteine überhaupt so häufig antrifft.

Auf der obersten Fläche des Reichenauer Berges befinden sich nun drei mit Wasser angefüllte Bassins, welche ungefähr in der Ebene in gerader Linie sich aneinander reihen. Mitten in jetzt stets lichter werdender Waldung gelegen, sollen sie in frühern Zeiten grösser und wasserreicher gewesen seyn. Auch spricht man noch jetzt in der Gegend allgemein von einem grossen und sehr tiefen See, welcher früher den grössten Theil der Hochebene dieses Berges eingenommen haben soll.

Glocker fand das erste dieser Bassins 3½ Klaftern lang (d. h. nach der Längenrichtung des Berges) und 2 Klaftern breit. Das zweite, mittlere ist kaum 24 Schritt vom ersten entfernt und ungefähr 6½ Klaftern lang, so wie fast eben so breit. Das dritte, dicht mit Gebüsch umgürtete Bassin konnte nicht näher untersucht werden. Alle sind spärlich mit Wasser- und Sumpf-Pflanzen bedeckt. Das Wasser im ersten Bassin befindet sich meist in einem ruhigen Zustande, allein im Sommer, besonders bei trockner Witterung, steigen Luftblasen aus demselben auf und bedecken seine ganze Oberfläche. Ist dieses Letztere der Fall, so entsteht oft zugleich im Innern des Berges ein dumpfes, aber weithin hörbares Geräusch, einem fernen Kanonendonner ähnlich, das oft meilenweit gehört wird. Besonders zeigt sich dasselbe vor einem herannahenden Gewitter, und diese Erscheinung gilt bei den Bewohnern der Umgegend als eine ausgemachte Thatsache. Unwillkührlich wird man hier an ähnliche Phänomene bei den modenesischen Schlamm-Vulcanen erinnert; auch dort glaubt man — wie wir gesehen — an eine grössere Thätigkeit dieser Salsen, wenn ein Gewitter bevorsteht.

Die Erscheinung auf dem Reichenauer Berge besitzt offenbar die grösste Aehnlichkeit mit einem sogenannten Schlamm- oder Luft-Vulcan, nur dass hier in dem Sumpfe oder Bassin keine kegelförmige Erhöhung sichtbar ist, wie bei den meisten übrigen Gasvulcanen. Vielleicht kommt letztere deshalb hier nicht zum Vorschein, weil die Umgebung um die mit Wasser angefüllte Oeffnung ganz sumpfig ist, die sich bei den Gasexhalationen etwa erhebende Erdmasse immer wieder schnell in den Schlamm hinabsinkt und daher stets wieder in gleiches Niveau mit der umgebenden Fläche tritt. *Glocker* hält es für bemerkenswerth und vielleicht für das bis jetzt einzige Beispiel, dass die Gebirgsart, auf welcher die Erscheinung statt findet, Quadersandstein, also ein neptunisches Gebilde, ist; allein wir haben schon früher gesehen, dass auch die modenesischen Gasvulcane aus einem Sandstein-Gebirge, und zwar aus Macigno-Sandstein hervorbrechen.

Das donnerähnliche Getöse, welches der Berg von Zeit

zu Zeit hören lässt, soll einige Aehnlichkeit mit den Detonationen auf der Insel Meleda bei Ragusa besitzen, welche bekanntlich *Partsch* neuerdings beschrieben hat; s. dessen Bericht über das Detonations-Phänomen auf der Insel Meleda bei Ragusa, nebst geognost., statist. und histor. Notizen über diese Insel und einer geognost. Skizze von Dalmatien. Wien 1826. 8. mit einer Karte.

Pseudovulcanische Erscheinungen in der Türkei und in Griechenland.

§. 29.

Es ist sehr wahrscheinlich, dass, wenn die genannten Länder, in denen nach neuern Untersuchungen so häufig und an sehr verschiedenen Stellen vulcanische Gebirgsarten, namentlich Trachyte auftreten, einst genauer bekannt seyn werden, sich auch die Zahl der hierher gehörigen Erscheinungen vermehren wird. Bis jetzt kennt man solche nur aus dem albanesischen Gebiete, dieselben, welche auch schon im Alterthume bekannt waren und welche *Strabo* (L. 7. T. 2. p. 425) *Plinius* (*Nat. hist.* L. 2. Cap. 106), *Plutarch* (im Sylla, Cap. 51) und *Dio Cassius* (*Hist.* L. 41) erwähnen. Sie finden sich bei Polina, dem alten Apollonia, woselbst auch in einem Bezirke von 4 engl. Meilen im Umkreise sehr bedeutende Asphalt-Lager bemerkt werden, von denen einige zu Tage ausgehen, während man andere nur von einer leichten und dünnen Decke von Kalk- und Thonschichten bedeckt sieht. Die Mächtigkeit der Asphalt-Lager beträgt an einigen Stellen mehr denn 40 Fuss. Daselbst steigt auch bisweilen entzündliches Gas aus dem Boden auf. Noch jetzt giebt sich der vulcanische Process durch eine höhere Temperatur der Erdoberfläche kund. Letztere ist ganz kahl und von aller Vegetation entblösst. *Boué* hat diese Erdfeuer neuerdings besucht und an ihnen eine auffallende Aehnlichkeit mit denen von Pietramala gefunden. Die Gebirgsformation, welche die Asphalt-Lager umschliesst, und aus welcher auch die Erdfeuer hervorbrechen, ist *Boué* dem Hippuriten-Kalke zuzuschreiben geneigt.

Ob das heilige Feuer, welches einst dem Parnassus entstieg, ähnlichen Ursprungs gewesen, wie noch jetzt die albanesischen Erdfeuer, dürfte schwer zu ermitteln seyn. Der Berg ist nach *Clarke's* Untersuchungen nämlich nicht aus vulcanischen Felsarten zusammengesetzt, sondern er besteht aus einem dichten Flötzkalksteine, der reich an Entrochiten und andern organischen Einschlüssen ist.

Auch bei Megalopolis in Arkadien hat man schon vor mehr als 2000 Jahren Erdfeuer bemerkt, und die Beschreibung, welche *Plinius (Nat. hist.* Lib. 2. Cap. 106) von denselben giebt, passt fast ganz genau auf die analogen, in Mittel-Italien vorkommenden, schon früher geschilderten Erscheinungen.

Verlassen wir das griechische Festland und setzen wir zu den dazu gehörigen Inseln über, so finden wir auf Samos Lava von *Riedesel* (in *Büsching's* Erdbeschreibung, 3. Ausgabe, Thl. 11. Abth. 1. S. 149) und Erdfeuer von *E. D. Clarke (Travels in various countries of Europa, Asia and Africa.* 4. edit. P. 2. Vol. 3. pag. 342) erwähnt.

In der asiatischen Türkei stossen wir auf analoge Phänomene bei Beliktash in Caramanien, welche wir neuerdings durch *Beaufort* (Karamania, S. 44, und *Ann. de chimie,* T. 22. pag. 110) näher kennen gelernt haben.

Die Erdfeuer kommen daselbst in einer sehr fruchtbaren Ebene zum Vorschein und scheinen schon in frühern Zeiten ein Gegenstand religiöser Verehrung gewesen zu seyn. Man findet nämlich daselbst ein altes, jetzt aber fast ganz zerstörtes Gebäude und im Innern desselben eine Oeffnung von drei Fuss im Durchmesser, wie ein Ofenloch. Aus demselben steigt die Flamme empor, von intensiver Wärme, aber ohne Rauch. Schon in geringer Entfernung wachsen mancherlei Pflanzen am Rande dieser Oeffnung, indem die unterirdische Wärme sich nur wenige Fuss um dieselbe verbreitet.

Das Terrain besteht aus kleinen Serpentin-Fragmenten, unter denen hin und wieder einzelne Kalksteine vorkommen; in der ganzen Nachbarschaft bemerkt man aber kein einziges wirklich vulcanisches Product. In einiger Entfernung, nur etwas tiefer, erblickt man eine andere Oeffnung, aus welcher in früherer Zeit eine ähnliche Flamme hervorgebrochen seyn soll. Wenn an der erstgenannten Stelle die Flamme zum Vorschein hommt, was aber jetzt nur äusserst selten geschieht, so ist sie nie von einem Geräusch oder gar von Erdbeben begleitet. Nie entstiegen ihr irrespirabele Gase; nie warf sie

Steine oder erdige Substanzen aus. Wenn man Wasser in die Oeffnung goss, so blieb sich die Flamme stets gleich. Die Schäfer, welche hier ihre Heerden hüten, kochen sich oft ihr Mahl an derselben; sie behaupten mit vollem Ernste, dass man nicht solche Speisen an ihr kochen könne, welche gestohlen seyen.

Beliktash ist bekanntlich nach den Untersuchungen neuerer Geographen das alte Olympos von *Strabo*.

Pseudovulcanische Erscheinungen am schwarzen, so wie am caspischen Meere.

§. 30.

So wie sich *Pallas* die grössten Verdienste um die nähere Kenntniss des unermesslichen russischen Reiches, namentlich der östlicher gelegenen Theile desselben, besonders in zoologischer und botanischer Hinsicht erworben hat, so ist ihm ein ähnliches Verdienst auch in geographischer Beziehung nicht abzusprechen, und namentlich über die eben genannten Gegenden, welche er wiederholt bereist und zum Gegenstande sorgfältiger Untersuchungen gemacht, hat er die belehrendsten Aufschlüsse gegeben und für seine Nachfolger die Bahn gebrochen.

Die pseudovulcanischen Erscheinungen in jenen südlichen Theilen des Reiches treten in einer Grossartigkeit auf, wie man sie vielleicht an keiner andern Stelle der Erde wieder antrifft, sowohl an dem östlichen, als auch an dem westlichen Abhange der mächtigen Gebirgskette des Caucasus, und so wie am südöstlichen Endpuncte dieses Alpenkammes, auf der Halbinsel Abscheron und an der ganzen Meeresküste von Baku nach Ssallian und auf mehreren Inseln des caspischen Meeres Schlammvulcane, Erdfeuer und unzählige Naphthaquellen angetroffen werden, so wiederholen sich am nordwestlichen Endpuncte desselben Gebirges die nämlichen Erscheinungen auf der Halbinsel Kertsch und der Insel Taman im asowschen Meere, dem mäotischen See der Alten. Zufolge des physikalisch-topographischen Gemäldes, welches *Pallas* (in den neuen nordischen Beiträgen, Thl. 7. S. 398) von Taurien entwirft, hat die Insel Taman ein flaches Ansehen und enthält nicht viele über die Meeresfläche aufsteigende Hügel und

Anhöhen, in welcher Beziehung sie dem Boden der Halbinsel Kertsch vollkommen gleicht. Nächstdem bemerkt man zahlreiche und starke Naphthaquellen, welche bald weisse, bald schwarze Naphtha liefern, und mehr oder weniger beträchtliche Schlünde oder Strudel, aus denen die hervorbrechenden Gase einen salzig schmeckenden, dünnflüssigen, thonartigen Schlamm ausstossen. Von diesen Schlünden zählte *Pallas* auf der Halbinsel Kertsch drei, die sich theils in der Ebene, theils auf der Spitze der Hügel fanden, so wie auf der Insel Taman acht, sowohl kleine als grosse, einige beinahe verstopft oder gänzlich vertrocknet, andere in voller Thätigkeit, von denen einer wegen der mit grosser Vehemenz hervorbrechenden Dämpfe ein weithin vernehmbares Brausen verursachte. Ausser diesem Schlunde, der sich auf einem Abhange dieses Hügels auf der Seite des Temrukschen Liman befindet, zeigte der Gipfel eben desselben Hügels noch drei andere, nicht unbeträchtliche Anhöhen, die höchst wahrscheinlich aus dem durch die drei ähnlichen, ehemals offen gewesenen Schlünde ausgeworfenen Schlamme entstanden seyn mögen. An dem Fusse zweier dieser Anhöhen erblickt man kleine, hemisphärische Seen, deren Wasser einen salzigen Geschmack besitzt und stark nach Naphtha riecht, eine Eigenschaft, welche fast allen Quellen diesseits und jenseits des Caucasus zukommt. Die Bewohner dieser Gegend erinnerten sich eines auf diesem Hügel erfolgten Ausbruchs von Feuer, und von eben den Erscheinungen begleitet, wie wir solche schon öfters geschildert haben. Nach der Aussage der Eingeborenen haben alle auf der Halbinsel Kertsch und der Insel Taman vorhandenen Schlammvulcane bei ihrer Entstehung sich durch Feuerbündel und Rauch und durch stärkere oder weniger heftige Explosionen angekündigt. Im Februar des Jahres 1794 erfolgte auf Taman ein Ausbruch aus dem unter dem Namen Obu oder Prekla (d. h. Hölle) bekannten, sehr regelmässig gebildeten und zu 250 Fuss Höhe aufsteigenden Schlamm-Vulcane, begleitet von einem donnerähnlichen Getöse, wobei eine Feuergarbe emporstieg, die ungefähr ½ Stunde sichtbar blieb und von dickem Rauche begleitet war. Dieser Rauch und das stärkere Sprudeln, welches einen Theil des Schlammes weithin fortschleuderte, hielt bis zum andern Tage an, worauf der flüssige

Schlamm sich langsam zu ergiessen anfing und sechs Ströme erzeugte, die von dem Gipfel des Hügels in die Ebene herabflossen. Die Masse des Schlammes in diesen 3—5 Arschinen dicken Strömen kann man auf mehr als 100,000 Kubikfaden rechnen. Im Juli desselben Jahres waren alle diese Ströme auf ihrer Oberfläche bereits erhärtet, ausserordentlich höckerig und voller Risse und Spalten. Die im Mittelpuncte befindliche Oeffnung, aus welcher der Schlamm hervorgetreten, war durch den gleichfalls eingetrockneten Schlamm verstopft, so dass man ohne Gefahr darüber hinweggehen konnte. Nichts desto weniger hörte man im Innern des Hügels noch stets ein fürchterliches Brausen und dies bewies deutlich, dass der unterirdische Process noch keineswegs erloschen sey. Während der Eruption verspürte man auch ein Erdbeben, welches selbst in Ekaterinodor wahrgenommen wurde, obgleich dieser Ort doch 55 Stunden von dem Schlamm-Vulcan entfernt ist. Der ausgeworfene Schlamm bestand aus einem mürben, homogenen, blaugrauen, mit Glimmerschüppchen vermengten Thone. Die demselben in geringer Anzahl beigemischten Brocken von Mergel-, Kalk- und Sandschiefer schienen von den über dem Brennpuncte der Explosion gelegenen Schichten abgerissen zu seyn und waren durch das Feuer gebrannt, hin und wieder sogar gefrittet. Der hervortretende Schlamm besass jedoch keine hohe Temperatur und schien nur lauwarm zu seyn.

In unsern Tagen hat *Verneuil* diese Gegenden bereist, die so zahlreich daselbst auftretenden Schlamm-Vulcane genau untersucht und besonders die geognostischen Verhältnisse nicht allein von Kertsch und Taman, sondern überhaupt der ganzen Krim und der angrenzenden Länder genauer als bisher erforscht. Hinsichtlich der Schlamm-Vulcane hat er so viele neue Thatsachen angeführt und so viele Aufklärungen gegeben — indem sie einen grossen Theil ihrer Erscheinungen mit denen der wirklichen Vulcane gemein zu haben scheinen —, dass man in der That zweifelhaft bleibt, welcher Abtheilung dieser Phänomene man sie zuschreiben soll.

Ausser der Insel Taman finden sich Schlamm-Vulcane in der Krim besonders auf derjenigen Küstenstrecke, welche westlich nach Yenikalé und Kertsch auf dem Halse der Halbinsel fortsetzt, jedoch nicht tiefer als etwa sieben Stunden in dieselbe eindringt. Schon in der Entfernung von kaum einer Stunde von der Stadt Taman erblickt man in südöstlicher Richtung die ersten dieser Kegel auf einem 200 Fuss hohen Bergzuge sich erheben. Dieser letztere besteht, fast seiner ganzen Masse nach, aus einem schwarzgrauen Thone, untermischt mit zahlreichem Trümmer-Gestein und von zahlreichen und tiefen Rinnen durchfurcht, welche wohl heftigen Regengüssen ihre Entstehung verdanken. An seinem Abhange treten mehrere kleinere Seen auf, welche die Stelle früherer Kratere anzudeuten scheinen. Einer dieser Kegel, kaum 40 bis 50 Schritte von der Feste Phanagorie gelegen, hatte im April 1835 eine Eruption, welche von der Besatzung ganz in der Nähe beobachtet werden konnte. Drei Tage lang vorher hatte man in jenem Fort ein unterirdisches Getöse vernommen, welches man anfänglich den Salven aus der Festung Anapa zuschrieb. Als man sich aber näher an Ort und Stelle begab, wankte der Boden unter den Füssen; aus der Mitte des Kegels erhoben sich von Zeit zu Zeit Stücke schwarzer Erde bis zu 30—40 Fuss Höhe; nach Bitumen und Schwefel riechende Gase entwickelten sich fortwährend; zuletzt war nur ein Schlammkegel übrig geblieben, der sich allmählig gesenkt hatte, dessen vollkommen kreisrunder Krater einen Durchmesser von 180 Fuss hatte, sich ganz wagrecht ausbreitete und nur wenige Fuss über die Erdoberfläche erhob. In Folge der austrocknenden Witterung hatten sich rings um ihn her concentrische Risse gebildet. Wie gewöhnlich, so war auch er von aller Vegetation entblösst und daraus schon in der Ferne leicht erkenntlich.

In seiner Nähe hat sich ein anderer, aber etwas grösserer Krater etwa vor 15—16 Jahren gebildet und seine Thätigkeit einen Monat lang fortgesetzt. Mittelst eines grossen Spaltes steht er mit einem andern kleinen Kegel in Verbindung, welcher neuerer Entstehung ist und dessen Schlammströme etwa 20 Schritt von der Ausbruchsstelle zu der Zeit, als *Verneuil* die Gegend besuchte, noch so weich waren, dass man sie nicht betreten konnte. Der Schlamm war fettig anzufühlen und geschmacklos, aber ein bituminöser Geruch verbreitete sich umher, und salzige Efflorescenzen, denen man überhaupt auf diesem ganzen Bergzuge begegnet, hatten auch schon die etwas erhärteten Spalten überzogen.

Die von diesen Schlamm-Vulcanen ausgeworfenen Steine schienen nicht $0{,}002$ der ganzen Auswurfsmasse zu betragen; es waren meist eisenschüssige, harte, wie gebrannt aussehende, thonige Gesteine, bisweilen dem Feuersteine ähnlich, wofür sie auch von *Pallas* gehalten wurden. Weiterhin fand man auch graubraune Thon- und Mergelschiefer mit undeutlichen Pflanzen-Abdrücken, so wie Sphärosiderit-Nieren, meist sehr harte und rauch anzufühlende Sandsteine, Quarzite und zartere Sandsteine mit Kalk-Cäment.

Oestlich von Taman sieht man der Schlamm-Vulcane viele; einige davon liegen isolirt mitten in der Ebene, andere erheben sich ziemlich steil, so dass ihre obere Hälfte 15—20° Neigung besass. Einer derselben, welcher ungefähr 5½ Stunde von Taman entfernt seyn mochte, besass 150 Fuss Höhe und hatte an seiner Basis nahe an 300 Fuss im Durchmesser. Auf seinem schlammigen Gipfel bemerkte man viele runde Löcher, denen Gas und schlammiges Wasser entquoll. Nach dem schon früher erwähnten Temruk hin, etwa acht Stunden von Taman, zog ein besonders regelmässig gestalteter Kegel dadurch vorzugsweise die Aufmerksamkeit auf sich, dass man die zweierlei Neigung der übereinander gelegenen Abhänge sehr deutlich erkennen konnte. Der obere derselben hatte sich noch nicht mit Vegetation bedeckt.

Nahe an dem Gestade des asowschen Meeres, 10 Stunden von Taman, gewahrt man einen minder regelmässigen, aber viel grössern Hügel, auf dessen halber Höhe eine ziemlich beträchtliche Ebene sich ausbreitet, worauf man viele, etwa 10—12 Fuss tiefe Brunnen gegraben hat, um Steinöl zu sammeln, welches man von Zeit zu Zeit ausschöpft. Es ist sehr flüssig, von meist gelblich-weisser Farbe und zur Beleuchtung sehr dienlich. Die unreinern, mit Erde vermischten Sorten dienen als Feuermaterial, hier sowohl, als bei Baku und in den benachbarten Gegenden.

Nach dem Gipfel des Hügels hin verschwand die Vegetation, und ganz oben sah man zwei 3—4 Fuss hohe Kegel, aus deren Spitze ein schlammiges Wasser hervorquoll.

Im J. 1799 erschien nach *Pallas*, wahrscheinlich durch

dieselbe Kraft emporgetrieben, eine Insel im asowschen Meere, 15 Stunden von Taman und 900 Fuss von der Küste entfernt. Sie besass nur eine geringe Oberfläche und verschwand auch bald darauf wieder.

Was die geognostische Structur dieser Gegenden anbelangt, so fand *Verneuil (Mémoires de la soc. géol.* 1838. T. III. pag. 1—36) von neptunischen Gebirgsarten tertiäre, nummulitische, kreideartige und oolithische Felsmassen, welche zu wiederholten malen von plutonischen Gebilden durchsetzt und verworfen sind.

Die tertiären Massen bringt *Verneuil* in drei Abtheilungen, von denen er die erste das Escharen-Gebilde, die zweite das Steppengebilde nennt, während er in die dritte die tiefere tertiäre Bildung bringt.

Das Escharen-Gebilde findet sich nur in der Umgegend von Kertsch und Taman und bildet dort mannigfaltig gestaltete Hügel von 40—80 Fuss Höhe und rauher, unebener Oberfläche, ohne alle Spur von Schichtung und in ihrer ganzen Höhe nur aus einem Pflanzenthier zusammengesetzt, welches *Pallas* Eschara lapidosa nannte. Von den gewöhnlichen felsbauenden Polypen findet sich darin keine Spur und als Ausnahme nur hin und wieder äusserst kleine paludinenähnliche Conchylien. Meist liegen diese Hügel nicht hoch über der Meeresfläche, sie scheinen alle nur auf andern jugendlichen Bildungen zu ruhen und nicht aus ihnen hervorzuragen.

Das Steppengebilde bedeckt den ganzen ebenen Theil der Krim und um Taman sowohl, als die ganze Nordküste des schwarzen Meeres bis zum Caspi-See, und die südlichen Ebenen Bessarabiens wie die Umgegend von Odessa mit einer grossen Beständigkeit des Aussehens und ohne alle Spuren erlittener Störungen, woraus sich eben die grosse Einförmigkeit der Steppen selbst erklärt. Dies Gebilde besteht aus regelmässig abgesetzten Schichten von Thon, Thon- und Kalkmergel, Muschelsand und einem weissen, petrefactenreichen Kalkstein, der, mehr oder weniger gebunden, an der Luft bald erhärtet und weit und breit als Baustein benutzt wird. Seine merkwürdigste Eigenschaft besteht aber darin, dass alle in ihm vorkommenden Muscheln nur solchen Arten entsprechen, welche in Süsswasser-Seen gelebt zu haben scheinen, und dass die Schnecken gänzlich gegen die Muscheln zurückstehen. Von letztern findet man fast nur Congerien und Cardium-Arten, und diese scheinen einer besondern Gruppe anzugehören, welche, nach ihrer Gesellschaft zu schliessen, in süssem oder nur brakischem Wasser gelebt haben müssen, ja deren beiderlei generischen Repräsentanten noch gegenwärtig im See von Akjerman, welcher von den Süsswassern des Dniesters einige Stunden oberhalb seiner Mündung gebildet wird, keineswegs aber im schwarzen Meere vorkommen. Die Schnecken dagegen bestehen alle aus den Süsswasser-Geschlechtern Paludina, Neritina, Melanopsis, Limnaea und einem den Ampullarien nahe stehenden Genus.

Ein Meer süssen oder brakischen Wassers muss daher ehedem alle Steppen des südlichen Russlands und der benachbarten Gegenden bis zum Caucasus und selbst einen Theil des Grundes des jetzigen schwarzen Meeres bedeckt und diese Schichten abgesetzt haben, welche mit den Erzeugnissen des letztern nichts gemein haben. Auf Taman hat man auch einen Zahn von Mastodon angustidens, so wie einen Schwanzwirbel einer Balaena oder eines Ziphius gefunden.

Die dritte Abtheilung, die tiefere, untere tertiäre Bildung bemerkt man unterhalb dem Steppengebilde bei Yenikalé, Kertsch und Simpheropol, jedoch durch eine etwas abweichende Lagerung der Schichten und ausschliessend marine Conchylien-Reste scharf davon getrennt. Dies ist dieselbe Formation, welche *Dubois de Montperreux* und *Pusch* in Podolien und Volhynien in so grosser Ausdehnung angetroffen haben. Hier aber besitzt sie eine nur geringe Entwickelung und besteht aus Sandstein und einem harten Kalkstein. In Betreff der von ihr umschlossenen Fossilreste muss bemerkt werden, dass sie mit dem Steppengebilde auch nicht eine Art gemein hat, was sich nur aus einer gänzlichen Veränderung der Natur der Gewässer, woraus sich beide abgesetzt haben, erklären lässt.

Hinsichtlich des nun folgenden Nummuliten-Gebirges, welches unter dem vorigen liegt, könnte man zweifelhaft bleiben, ob man es nicht noch dem Tertiär-Gebirge zuzuzählen habe, da es mit den im Westen Europa's vorkommenden tertiären Massen einige Muschelarten gemein hat; indess verbinden es andere Verhältnisse wieder mit der Kreide.

Von der steil abfallenden Südspitze der Krim an bis nordwärts nach Karassubazar oder Simpheropol besteht das Kalkgebirge aus einer Reihe parallel übereinander liegender, mit der Oberfläche in gleicher Weise streichender und fallender Wechsel-Schichten von kalkmergeliger oder von mehr thoniger oder sandiger Zusammensetzung, welche alle ausserordentlich reich an Nummuliten sind. Dies ganze Gebirge hat etwa 60—70 Fuss Mächtigkeit; es ruhet bald in minder abweichender Lagerung auf der weissen Kreide, bald aber mit sehr stark abweichender auf steil aufgerichteten Schichten eines aus weissen Quarz-Geschieben bestehenden Puddings, welcher eins der ältesten Gesteine in der Krim seyn dürfte. Da diese Nummuliten-Wände von den Hebungs-Phänomenen der südlichen Gebirgskette an den Küsten der Krim mit betroffen worden sind, so folgen sie auch in paralleler Richtung deren Verlauf. Man beobachtet diese Gebirgs-Abtheilung von Theodosia an nördlich bis Karassubazar, Simpheropol, Baghtsché-Sarai und Sebastopol. Es kommen 5—6 Nummuliten-Arten darin vor, welche man in den westeuropäischen Grobkalk-Schichten noch nicht wahrgenommen hat.

Ausser an den eben genannten Stellen kommen diese nummulitischen Gesteine nach *Texier* auch an den Abhängen des Taurus und nach *Dubois* in Georgien und Armenien bis zum Ararat vor.

Hinsichtlich ihres geologischen Alters verdient noch angeführt zu werden, dass *Deschayes* wegen einiger von ihnen umschlossenen Thier-Versteinerungen, z. B. des Galerites conoideus *Lamck.* = Echinolampas conoideus *Ag.* und eines Cerithium-Kernes, wahrscheinlich C. giganteum angehörig, diese Gesteine noch den untersten Grobkalk-Schichten zuzuzählen geneigt ist.

Unterhalb dieser Felsgebilde findet sich die weisse Kreide, welche gegen die auf ihr liegenden Nummuliten-Schichten unter einem Winkel von 15—20° ansteigt, ohne jedoch senkrechte Wände zu bilden, was wahrscheinlich ihre weiche und erdige Beschaffenheit verhindert hat. Sie ist massiger, undeutlicher geschichtet, homogen, feinkörnig, staubig, ganz wie im nordwestlichen Europa. An Versteinerungen enthält sie vorzugsweise Belemnites mucronatus, eine Exogyra und ein Pecten.

Sie nimmt in der Krim nur einen schmalen Strich zwischen dem Nummuliten- und dem Oolithen-Gebilde ein. Dieses letztere hat nächst den obern Tertiär-Bildungen die grösste Verbreitung und setzt die hohe Gebirgskette zusammen, welche nach Süden hin steil ansteigt, um dann plötzlich mit 1000 Fuss hohen Wänden in's schwarze Meer abzufallen, welches an deren Fuss eine sehr ansehnliche Tiefe besitzt. Der höchste Theil der Kette, nahe an 5000 Fuss ansteigend, läuft längs des südwestlichen Theiles der Halbinsel von Theodosia mit den Krümmungen der Küste bis Balaclava, auf einer Strecke von 40—45 Stunden, und hat 7—8 Stunden Breite. Die Höhen des Gebirges setzt ein grauer oder gelblichweisser Marmor mit Jurakalk-Versteinerungen zusammen. In den tiefern, dunkel gefärbten Schichten finden sich viele Korallen; noch tiefer treten Schiefer, Sandsteine und Puddinge auf, welche ihren Versteinerungen zufolge dem Unter-Oolith oder dem Lias angehören dürften. Diese Sandsteine und Schiefer unterliegen vielen Störungen, da unter ihnen, zwischen ihnen und dem Meere, plutonische Gesteine, aus Feldspath und Augit bestehend, hervorgebrochen sind, welche offenbar diese beträchtliche Emporhebung veranlasst haben. Besonders schön entwickelt treten sie am Ayu-dagh (Bärberg), zwischen Yalta und Aluchta, auf, woselbst sie hoch übereinander gehäufte Blöcke bilden. Auch giebt es Melaphyr-Ausbrüche zwischen der Kreide und dem Jurakalke, z. B. bei Sabli, am Wege von Baghtsché-Sarai, an welcher Stelle sie in prismatischen Säulen auftreten.

Ungleich berühmter und auch seit längerer Zeit bekannt — es mögen mehr als neun Jahrhunderte darüber verstrichen seyn — sind die am südwestlichen Gestade des Caspi-Sees auftretenden pseudovulcanischen Erscheinungen, wir meinen die auf der Halbinsel Abscheron, in der Nähe der Stadt Baku, wahrnehmbaren Schlamm-Vulcane und Erdfeuer.

Nach *Eichwald* (Reise auf dem caspischen Meere und in den Caucasus, Thl. 1. S. 176) liegen sie 12 Werst von der Stadt entfernt, in nördlicher Richtung, zwischen den Dörfern Ssarachani und Emir Hadshan, an einer Stelle, welche den Namen Atesch-gah, d. h. der Feuerort, führt. Daselbst findet sich auch ein Tempel, von feueranbetenden Indiern successive erbaut, die aus dem fernen Osten hierher wallfahrten, um dem Feuer göttliche Verehrung zu erweisen.

Wenn man am Abend oder in der Nacht hierher kommt, so gewahrt man ein seltenes und zugleich ergreifendes Schauspiel. Im nächtlichen Dunkel erblickt man vier durch ihre Grösse sich auszeichnende, hoch emporlodernde Flammen, und je näher man kommt, desto zahlreichere, aber kleinere Flammen sieht man dem Schoosse der Erde in mildem Lichte entsteigen. Die vier grössern Flammen steigen hoch in die Lüfte hinauf und erhellen mit ihrem magischen Scheine die nächtliche Gegend, die, fast aller Vegetation beraubt und im Hintergrunde von einer kahlen Bergreihe begrenzt, in schauerlicher Einsamkeit da liegt. Endlich unterscheidet man die hohe, weiss schimmernde Mauer des tempelartigen Gebäudes und vier über sie emporragende, aus Stein angefertigte Röhren, aus denen jene grossen Flammen hervorbrechen; von der Mauer selbst erheben sich aus mehreren kleinern Röhren ähnliche Flammen, und neben ihr, nach Aussen hin, auf der Fläche, worauf der Tempel steht, steigen andere Feuer direct aus dem Boden empor. Man glaubt, in der Nähe eines Feenschlosses zu seyn.

In der Mitte des stark erhellten und geräumigen Hofraums innerhalb des Gebäudes erhebt sich eine viereckige Halle mit vier Röhrenpfeilern, aus denen die grossen Flammen hervorbrechen; an dem aus Kalkstein bestehenden Boden brennt eine ähnliche Flamme und ringsumher eine Menge derartiger Feuer. Sie mögen, unwesentliche Beimengungen abgerechnet, wohl grösstentheils aus Kohlenwasserstoffgas bestehen. Bei Annäherung einer Flamme entzünden sie sich sogleich und brennen dann unaufhörlich fort. Nach *Eichwald* (a. a. O. S. 185) entzünden sie sich nie von selbst oder etwa bei Annäherung einer glühenden Kohle, selbst dann nicht, wenn diese vorher stark angeblasen wird. Das Gas ist geruchlos, wenn es dem Boden entsteigt, ohne fühlbare Wärme, erregt keine besonders merkliche Beschwerden beim Einathmen, ist leichter als die atmosphärische Luft; denn es sammelt sich an der Decke in den Zellen der Indier, und mischt sich nicht mit Wasser, weshalb man es unter letzterm sehr wohl auffangen kann; es theilt demselben auch keinen eigenthümlichen Geschmack mit. Die Hitze, welche es nach dem Anzünden entwickelt, ist bedeutend; denn nicht nur kochen die Feueranbeter ihre Speisen an demselben, sondern die Bewohner von Baku verwenden es auch technisch, z. B. zum Kalkbrennen, wie wir solches auch schon von den Erdfeuern in Mittel-Italien bemerkten. Beim Hervordringen aus den Erdritzen ist seine Temperatur gleich der der atmosphärischen Luft. Es brennt mit gelblichweisser Farbe und verursacht keine Rauchwolke, wenn man es auslöscht. Mit atmosphärischer Luft in entsprechendem Maasse gemengt, bildet es Knallluft, und diese Eigenschaft ist auch den Indiern bekannt. In der Nähe ihres Tempels befindet sich nämlich ein etwa 20 Faden tiefer Brunnen, aus welchem sie ihr Wasser holen. Deckt man den Brunnen zu, so sammelt sich in einer halben Stunde viel Gas, welches immer mehr in die Höhe steigt. Darauf wird der Brunnen schnell aufgedeckt. Wirft man nun einen angezündeten Strohbündel hinein, so entzündet sich das mit der Luft vermischte Gas und verursacht eine weithin hörbare Explosion. Ehe man diese Eigenschaft des Gases kannte, machten die Indier die traurige Erfahrung, einen Theil ihres Klostergebäudes dadurch einstürzen zu sehen. Es kam nämlich einer von ihnen mit einer Flamme zu nahe an die Decke seiner Zelle und die daselbst angehäufte Knallluft entzündete sich plötzlich und schlug die Mauern des Zimmers ein.

Bezüglich der Frage, welchem Substrat das Gas seinen Ursprung verdanke, kann wohl die Antwort am einfachsten und natürlichsten dahin gegeben werden, dass an solchen Stellen, wo die Erdfeuer zum Vorschein kommen, tief unterhalb der Erdoberfläche Kohlenflötze, mehr oder weniger rein, vorkommen mögen und diese durch den vulcanischen, im Erdinnern seinen Sitz habenden Process einer Art trocknen Destillation unterliegen, und dadurch neben andern Producten auch die beiden gewöhnlichen Kohlenwasserstoffgase entstehen. Sind die Kohlen unrein, z. B. mit Bitumen oder Harzen inprägnirt, so kann durch eben diesen Process, ausser den genannten Gasen, auch Erdharz, Asphalt, Naphtha u. dergl. m. entstehen, und es wäre damit auch das so häufige und reichliche Vorkommen der letztgenannten Substanz in diesen Gegenden erklärt.

Dass das Gas einer Wasserzersetzung seinen Ursprung verdanke, wie *Eichwald* anzunehmen geneigt scheint, kommt uns unwahrscheinlich vor. Zur Stütze seiner Ansicht führt er die von den Indiern häufig gemachte Beobachtung an, dass die Erdfeuer beim Nordwinde verlöschen, beim Südwinde dagegen am besten brennen. Der Nordwind, meint *Eichwald*, welcher vom Lande bläst, treibt das Wasser aus dem Golfe von Baku fort; dieses kann daher nicht in etwa vorhandene unterirdische Canäle fliessen, worin das Wasserstoffgas ausgeschieden wird, und die Flammen müssen also kleiner werden oder ganz verlöschen, wenn der Wind anhaltend aus Norden weht. Der Südwind dagegen treibt das Seewasser in den Golf hinein, es dringt mithin in jene unterirdischen Räume ein und kann dort zur Ausscheidung des Wasserstoffgases beitragen. Gerade dasselbe gilt auch von der Naphtha, die in zahlreichen Brunnen dieser Gegend sich ansammelt. Beim Nordwinde dringt sie weniger zur Oberfläche empor; beim Südwinde dagegen, und besonders in heissen Sommern, füllen sich die Brunnen mit vieler Naphtha. Wärme scheint also die Ausscheidung der Naphtha sowohl, als auch des Wasserstoffgases zu begünstigen; diese Naphtha verflüchtigt sich durch Wärme, das Wasser wird durch die bedeutende, im Erdinnern herrschende Temperatur zersetzt, und in beiden Fällen entsteht eine Entwickelung von gasförmigen Substanzen, als deren Educt das Wasserstoffgas anzusehen ist.

Die Schwierigkeiten, welche mit dieser Theorie verknüpft sind, zuletzt selbst einsehend, bemerkt *Eichwald* am Ende richtiger, vielleicht deute aber diese mit dem Wehen des Nord- und Südwindes verbundene Erscheinung wohl nur mehr auf eine mechanische Hervortreibung des schon vorhandenen Gases und der Naphtha, und nicht auf die Art und Weise ihrer Entstehung.

Spätere Untersuchungen, z. B. die von *Göbel* (Reise in die Steppen des südlichen Russlands. II, 144), haben unsere vorhin ausgesprochene Ansicht über die Zusammensetzung der Gas-Exhalationen der Schlamm-Vulcane bestätigt; denn *Göbel* fand 100 Volumen derselben, welche er auf Taman gesammelt, folgendermassen zusammengesetzt: $5{,}_{08}$ Kohlenoxydgas, $13{,}_{76}$ Proto-Kohlenhydrogengas, $79{,}_{16}$ Deutero-Kohlenhydrogengas,

$2{,}_{00}$ atmosphärische Luft. Letztere ist wahrscheinlich nur zufällig beim Auffangen zu diesen Gasen gelangt.

Diese Exhalationen stellen also ein Gemenge von Gasen dar, wie wir sie auch bei der trocknen Destillation organischer Substanzen erhalten.

Die Zeit, in welcher die Erdfeuer von Baku zuerst beobachtet und beschrieben worden sind, ist schwer zu bestimmen; weder *Herodot*, noch *Plinius*, noch *Ammianus Marcellinus* wissen etwas davon zu erzählen. Die arabischen Schriftsteller, und unter diesen *Masudi*, welcher in der Mitte des zehnten Jahrhunderts nach Chr. Geb., und *Al-Uardi*, der gegen das J. 1350 lebte, scheinen die erste Kenntniss davon besessen zu haben.

Nach *Ritter* (s. dessen Erdkunde, Thl. 2. S. 880) berichtet *Masudi* von Baki (Baku), dass daselbst eine Mine von weisser Naphtha sich finde, aus ihr breche eine Feuersäule hervor, die sich sehr hoch erhebe und von allen Seiten auf 100 Farsangen weit bemerkt werden könne. Man höre sehr weit das damit verbundene Getöse, welches dem Donner vergleichbar sey; dann werfe dieser Vulcan Feuerstücke aus, weiter, als man sie mit den Augen verfolgen könne.

Was den Vulcan betrifft, welchen *Masudi* erwähnt, so ist vielleicht das Feuer von Baku darunter zu verstehen, oder, wie *Eichwald* (a. a. O. S. 194) meint, eine in der Nähe von Baku, am Ausflusse des Kur befindliche Insel, welche pseudovulcanische Erscheinungen zeigt. Vielleicht ist es aber auch ein anderes Eiland, an der Westküste vor dem Golfe gelegen, in welchen sich der Pirssagat ergiesst. Die Baku'schen Parsen nennen sie Ssanki Mugan. Auf ihr wird fast in jedem Jahre Rauch bemerkt, welcher aus zahlreichen Spalten dem stark zerklüfteten Boden entsteigt. Vielleicht ist dies dieselbe Insel, welche die Russen Sswinoi, d. h. Schweinsinsel, nennen und die nach *Wazenko* (bei *Eichwald* S. 195) voller kleiner Schlamm-Vulcane ist. Diese letztern zeigen die schon oft beschriebenen Erscheinungen, nur mit dem kleinen, aber unwesentlichen Unterschiede, dass an der Stelle, woselbst schon einmal ein Kegel bestand, nie ein zweiter entsteht, wohl aber nahe daran und so fort, so dass dadurch die Insel das Ansehen erhält, als sey sie von Schweinen aufgewühlt worden; daher ihr Name. Zwischen diesen kleinen kegelförmigen Erhöhungen hat sich Naphtha überall Rinnen und Canäle gebildet, aus denen sie hervorquillt.

Der Boden der Insel ist wie ein Schwamm porös und zieht das Wasser stark in sich, und daher kommt es, dass er nach Regengüssen so sehr erweicht ist, dass man nicht auf demselben gehen kann, ohne einzusinken. Die Insel ist etwa zwei Werst vom Ufer entfernt; sie soll nicht aus Kalk-, sondern nur aus Lehmschichten bestehen, woraus auch die Schlamm-Vulcane zusammengesetzt sind.

Auch auf der Insel Bulla, welche in nördlicher Richtung von letztgenannter liegt, hat *Kolotkin* ähnliche Schlamm-Vulcane bemerkt. Vorzugsweise entwickelt treten sie aber auf dem festen Lande und namentlich auf der Halbinsel Abscheron auf. Unter den deutschen Schriftstellern und Reisenden scheint *Kämpfer* der erste gewesen zu seyn, welcher sie besucht und beschrieben hat. Er nennt sie (s. dessen *Amoenitatt. exotic.* p. 282—285) Okesra oder Okoressa Mediens und beschreibt besonders einen derselben, welcher den Namen Juchtopa führte, eine Höhe von acht Faden besass und in der Nähe der grossen Salzseen gelegen war. Er warf mit heftigem Geräusch Schlamm, letztern bisweilen mit Steinen vermengt, mit solcher Kraft aus, dass sie bis zu einem ¼ Stunde davon gelegenen Dorfe ausgeschleudert wurden und dem Orte fast den Untergang drohten, so dass die Einwohner sich genöthigt sahen, diese gefahrvolle Stätte zu verlassen.

Nach *Kämpfer* hat auch *Lerche* (s. dessen Lebens- und Reisebeschreibung, herausgegeben von *Büsching* u. s. w. S. 67) mehrere Schlamm-Vulcane in dieser Gegend besucht. Einer derselben war blos ½ Werst von Baku entfernt; auf seinem Gipfel befand sich eine grosse Quelle, fünf Klaftern im Durchmesser, ganz voll von einem dicken, aschfarbigen Schlamm, der stark mit Naphtha inprägnirt war. Alle 2—3 Minuten brodelte der Schlamm auf, floss aber selten über. Die trichterförmige Vertiefung auf der Spitze soll nach einigen Angaben 8, nach andern 90 Faden betragen haben.

Sechs Werst von da, in nordwestlicher Richtung von Baku, auf einer Ebene bei Uchani, fand sich ein anderer Kegel von 300 Schritten im Umfang; er stieg sehr steil in die Höhe und warf alle Minuten einen dicken, grauen, salzigen Schlamm aus.

Aehnliche Schlamm-Vulcane traf *Lerche* auf dem ganzen Wege von Baku nach Navagi, unfern der Meeresküste, an. Einige befanden sich damals nicht in Thätigkeit, waren vielmehr ausgetrocknet, z. B. einer in der Nähe von Ssallian. Das Erdreich, worauf er sich erhob, besass eine schwarzgraue Farbe; die Höhe des Kegels betrug 5—6 Fuss und neben ihm bemerkte man noch viele andere, aber kleinere Kegel. Es lagen hin und wieder in ihrer Nähe rothe, mürbe Steine, die aussahen, als wären sie gebrannt; etliche waren gelb gefärbt und wie mit Schwefel angeflogen. In geringer Entfernung von Navagi, am Pirssagat, rechts nach dem Meere hin, zog ein ziemlich hoher Berg dadurch die Aufmerksamkeit besonders auf sich, dass er oben zwei Spitzen hatte. Von demselben hatte *Lerche* schon in Baku gehört, dass er vor drei Jahren in zwei Theile sich gespalten und Feuer ausgeworfen habe. Während dieses Vorganges verspürte man zugleich ein Erdbeben. Nachher hat er einen schwarzen, salzigen Schlamm ausgespieen, und zwar so reichlich, dass *Lerche* ihn schon aus der Ferne erkennen konnte.

Zu der Zeit, als *Kämpfer* und *Lerche* diese Schlamm-Vulcane besuchten, scheinen letztere gerade keine heftigen Ausbrüche, namentlich keine Feuer-Eruptionen gehabt zu haben; denn von diesen hörten sie blos erzählen. In späterer Zeit, und sogar noch in unsern Tagen, sind aber auch wieder feurige Phänomene bei ihren Ausbrüchen bemerkt worden.

So z. B. erhob sich gegen Ende des J. 1827 (nach der nordischen Biene vom 28. Januar 1828, bei *Eichwald* a. a. O. S. 200) in der Provinz Baku beim Dorfe Gokmali, nordwärts in der Entfernung von vier Werst, unter einem sehr starken und lauten Knall eine sehr breite Feuersäule zu ungewöhnlicher Höhe, welche fünf Stunden lang ihr strahlendes Licht verbreitete, dann aber allmählig bis zu der Höhe einer Arschine herabsank und so 27 Stunden lang fortbrannte. Das Feuer nahm eine Fläche von mehr als 200 Faden Länge und 150 Faden Breite ein. Beim ersten Ausbruche, der mit starken, dem Donner vergleichbaren Erderschütterungen verbunden war, wurden Steintrümmer verschiedener Art ausgeworfen; auch erhoben sich Wassersäulen und diese letztern erhielten sich längere Zeit hindurch, obwohl in kleinerm Maassstabe.

Bemerkenswerth erscheint es, dass am Tage vorher ein äusserst starker Sturm aus NW. her blies. Die Stelle, woselbst die Eruption statt fand, hatte 1½—2 Werst im Umkreis; sie flacht sich gegen die südlichen, ·westlichen und nördlichen Berge ab, aber von Norden nach Osten fällt sie nach dem caspischen Meere hin ein und nimmt einen Raum von etwa 20 Werst ein. Bei näherer Untersuchung fand sich auf jener brennenden Fläche durchaus keine Oeffnung, wohl aber hatte sie sich gegen ihren frühern Horizont erhöhet. In der Tiefe einer Arschine glich sie einer künstlich umgegrabenen Fläche und bestand aus gebrannten Steinen, einem ziemlich dicken Schlamm und ähnlichen Substanzen. Einige Monate darauf drangen an einzelnen Stellen noch kleinere Flammen aus dem Boden empor. Man konnte ihn nur mit der grössten Vorsicht betreten. Diese Stelle ist ungefähr 30 Werst vom sogen ewigen Feuer von Baku entfernt. Südwärts davon bemerkt man eine schlammige Quelle, aus der sich unaufhörlich Blasen von 1½ Fuss im Umfange und ½ Fuss hoch erheben; bisweilen werden Säulen von diesem Schlamme eine Arschine hoch und darüber in die Höhe geworfen. Die mit emporgeschleuderten Steine bestanden aus Kalk, von Talkblättchen durchzogen und mit Naphtha geschwängert.

Einer der neuesten und zugleich heftigsten Ausbrüche, die man überhaupt aus dieser Gegend kennt, erfolgte nach *Eichwald* (s. *Leonhard's* Jahrb. für Min. u. s. w. Jahrg. 1840. S. 93) am 26. und 27. Jan. a. St. im J. 1839 15 Werst von Baku beim Dorfe Baklichli und war mit einem so heftigen Getöse begleitet, dass es 30 Werst weit gehört werden konnte. Es brach so viel Feuer aus der Erde hervor, dass es die Umgegend bis auf 40 Werst hin erleuchtete, was die ganze Nacht hindurch anhielt. Der dicke, schwarze Rauch stieg in Gestalt einer hohen Säule empor und hinterliess in einem Umkreise von 40 Werst eine grosse Menge kleiner, inwendig hohler Kügelchen, gleich Schrotkugeln, die sich aus der verbrannten Erde gebildet hatten. Hin und wieder hatten sich kleine Spalten im Boden erzeugt, aus denen eine der Lava ähnliche Masse hervorquoll. Drei Werst weit ward die Gegend ringsumher mit ausgeworfenen Erdstücken bedeckt. Nach jenem Ausbruche war die Luft weit und breit mit einem Schwefelgeruche erfüllt, der beim Athmen sehr lästig fiel.

Unsere Kenntniss von der geognostischen Beschaffenheit dieser Gegenden ist nicht so genügend, als die von der Krim; *Eichwald* bemerkt nur (a. a. O. S. 220), dass der Boden, aus welchem das ewige Feuer von Baku hervorbricht, aus einem tertiären, an Conchylien äusserst reichen Kalkstein besteht, die aber so stark zerkleinert sind, dass man die Gattungen derselben nicht zu bestimmen vermag. Nur ein Cardium liess sich deutlich erkennen. Alle Schalentrümmer liegen dicht im Kalkstein und sind durch ein kalkiges Cement verbunden. Das Gestein besitzt eine schwärzliche Farbe, welche vielleicht von der es durchdringenden Naphtha herrührt, was sich auch schon aus dem Geruche zu ergeben scheint. Stets ist der Kalkstein horizontal gelagert und mit Poren zwischen den zerkleinerten Muschelschalen versehen. Erstere sind braun von Farbe und durchsetzen bisweilen die ganze Felsmasse. Diese ist manchmal auch blau gefärbt und mit ähnlichen Löchern versehen. An andern Stellen ist der Kalkstein compact, von feinmuscheligem Bruch und gelbgrauer Farbe.

Je weiter man dagegen nordwärts zu den Naphtha-Quellen vordringt, desto mehr verschwindet der Kalkstein, und dann herrscht ein schwärzlicher Thon vor, welcher ganz von Naphtha durchdrungen ist und bisweilen zu einer festen, schieferigen Masse sich umgestaltet hat, so dass er zum Häuserdecken benutzt wird.

Eichwald (a. a. O. S. 188) erfuhr von *Kolotkin*, dass es westwärts von Baku, auf den Bergen, welche etwa 7—9 Werst von der Stadt entfernt liegen, eine Stelle gebe, an welcher sogleich Feuer hervorbricht, wenn man nur ein Loch in die Erde stösst und ein brennendes Licht daran hält. Diese Berge ziehen sich nordwestwärts von den sogen. Baku'schen Ohren (vorragenden Klippen) weg und sind oft 150 Klaftern hoch. *Steven* gedenkt noch eines andern, viel weiter vom caspischen Meere entfernten Feuerortes. Er machte eine Reise nach dem Babadagh, einem hohen, mit Schnee bedeckten Berge an der Grenze Schirvan's, und nahm dort mehrere warme Quellen wahr. Von da ging er in westlicher Richtung durch ein sehr bergiges, von mehreren Gebirgsströmen durchschnittenes Land bis nach Chinalug, einem grossen Flecken am Fusse der Alpe Tyfendagh, nahe an der Quelle des Chodjal-tschai. In der Nähe dieses Ortes befindet sich ein hoher Berg, woselbst ein ewiges Feuer brennt, wie bei Baku, und dabei ein senkrechter, mit Schnee bedeckter Felsenkamm; s. *Jul. Klaproth*, Beschreibung der russischen Provinzen zwischen dem schwarzen und caspischen Meere, S. 164.

Neuerdings hat *Abich* (s. *Poggendorff's* Ann. der Physik, Bd. 76. S. 149 ff.) sogen. ewige Feuer auch im östlichen Theile des Caucasus entdeckt. Sie finden sich in der Nähe des Bergcolosses von Schagdag, welcher höher als der Pic von Teneriffa seyn soll und für den höchsten Berg im ganzen östlichen Caucasus gehalten wird. An seinem Nordabhange bemerkt man in einer Meereshöhe von 6738 Par. Fuss tertiäre Schichten, welche aus fast ganz unveränderten Schalen einer Mactra bestehen, deren Analoga noch jetzt im caspischen Meere leben. Zwischen dem Schagdag und einem andern Bergkamme zieht sich ein Längenthal hin, in welchem das Dorf Kinalughi liegt, 6690 Par. Fuss hoch. In einem nahen Querthale findet sich das ewige Feuer von Schagdag, in einer Meereshöhe von 7834 Fuss, chemisch ganz so wie das von Baku zusammengesetzt. Das Gas tritt unmittelbar aus Klüften eines mit Schiefern wechselnden Sandsteins. Man kennt kein Beispiel, dass es je durch meteorische Einflüsse erstickt worden wäre. Bemerkenswerth erscheint es, dass eine Linie von diesem ewigen Feuer gegen SO. in 60 Werst Entfernung die heissen Quellen von Kunakent (39° R.) trifft und in 175 Werst die Naphtha-Quellen auf Abscheron, so wie die Gas-Quelle des ewigen Feuers von Cyragani. Nach *Abich* treten die Naphtha-Quellen bei Baku aus einem Sandschiefer hervor, jenem ganz gleich, der unter dem Schagdag sich fortzieht und zu einer sehr alten Formation zu gehören scheint. Die Temperatur dieser Quellen ist etwas höher, als die des dortigen Bodens; denn während letztere auf Abscheron 12°,6 R. beträgt, war die einer braunen Naphtha, welche in einem 60 bis 90 Fuss tiefen Brunnen quoll, 13°,6 R.

Pseudovulcanische Erscheinungen in Turkestan.

§. 31.

Die ersten Nachrichten darüber verdanken wir ebenfalls wieder arabischen Schriftstellern, und zwar *Ebn Haukal* (s. dessen *Oriental geographie by W. Ouseley*. London 1800. 4. p. 264), welcher um dieselbe Zeit lebte und schrieb wie *Masudi*, dem wir die erste Kenntniss der Erdfeuer von Baku verdanken. Die Stelle, wo jene Phänomene sich zeigen, heisst Oshrushna. Daselbst wird durch den unterirdischen vulcanischen Process aus dem zerklüfteten Boden Salmiac in dampfförmiger Gestalt emporgetrieben, der sich hernach an den kältern Stellen als krystallinischer Anflug ansetzt und in der dortigen Sprache Noushader oder Melah Ermanya genannt wird. Nach *Ebn Haukal* ist in dieser Beziehung eine Höhle besonders merkwürdig, in welcher viele heisse Dämpfe hervorbrechen, die nicht bei Tage, wohl aber des Nachts in feuriger Gestalt erscheinen. An andern Stellen hat man oberhalb der Oeffnungen und Klüfte im Boden, aus denen die Dämpfe sich entwickeln, Hütten errichtet, deren Fugen alle dicht mit Cement verstrichen sind. Die Hitze in diesen Räumen soll so stark seyn, dass die Personen, welche den Salmiac aus ihnen herausholen, wenn sie zu lange in denselben verweilen, Gefahr laufen, zu verbrennen; deshalb suchen sie den Salmiac so schnell als möglich von der Decke und den Wänden der Hütten abzukratzen.

Sind keine natürlichen Oeffnungen im Boden vorhanden, so macht man künstliche, baut dichte Hütten über denselben auf und gelangt so zur Salmiac-Gewinnung.

Nach *Abul Hasen* (s. *Notices et extraits de la biblioth. Paris*. T. 8. p. 499) finden sich in dem Gebirge zwischen Samarkand und Farghana mehrere Stellen, auf denen Salmiac (Sal Armeniac) gewonnen wird. Auf den dortigen Bergen soll man hin und wieder feuchten Rasen antreffen, den man anbrennt. Während des Tages dampft er blos, aber des Nachts leuchtet er, und doch bemerkt man kein Feuer, wenn man sich in der Nähe befindet. Ueber solchen Stellen erbauen die Bewohner dieser Gegend jene oben erwähnten Hütten und hängen, um sich gegen die Hitze zu schützen, beim Abkratzen des Salzes mit Wasser angefeuchtete Filzmäntel um.

Auch in Uzkend erfolgt die Gewinnung des Salmiac's auf dieselbe Weise. S. *Ritter's* Erdkunde, Thl. 2. S. 560 ff.

Pseudovulcanische Erscheinungen in China.

§. 32.

Es scheint in China keine eigentlich thätigen Vulcane zu geben, solche, welchen Lavaströme entquellen, welche Steine und Asche bei ihren Ausbrüchen emporschleudern, oder aus denen Dämpfe und Gase sich erheben; wohl aber hat man in die em immensen Lande, vorzüglich durch die Untersuchungen und Berichte des französischen Missionärs *Imbert*, analoge Erscheinungen kennen gelernt, welche hier näher auseinandergesetzt zu werden verdienen.

Man kann sie füglich unter zwei Rubriken bringen, wovon die eine die Feuerbrunnen, Ho-tsing, die andere aber die leuchtenden Berge, Ho-schan, umfasst. Letztere liegen an weit von einander entfernten Stellen in den Provinzen Yun-nan, Sutschuan, Kung-si und Schansi. Die beiden erstern sind in weiter Ferne vom Meere, an der tibetanischen Grenze, also sehr westlich gelegen.

Unter den Feuerbrunnen sind die von Su-tschuan die berühmtesten. Sie liegen im Kreise Kia-ting-fu, einer Stadt unter 101° 28′ östl. L. und 29° 27′ n. Br. von Paris. Sie kommen stets in der Nähe von Steinsalz-Lagern vor, denen man in dieser Provinz sehr häufig begegnet. Nach *Imbert* (s. *A. von Humboldt's* Fragmente einer Geologie und Klimatologie Asiens, deutsch von *Jul. Löwenberg*. Berlin 1832. 8. S. 90) giebt es in einem Umfange von 10 Meilen Länge und 4—5 Meilen Breite mehr als 20,000 solcher Brunnen. Sie haben meist eine Tiefe von 1500—1800 franz. Fuss und nur 5—6 Zoll Weite. Da die Chinesen nicht die Kunst verstehen, die Felsen durch Minen zu sprengen, so werden diese Brunnen durch Seilbohren mit unsäglicher Mühe und einer staunenswerthen Ausdauer gegraben, und es ist ein gar nicht seltner Fall, dass ein Zeitraum von drei Jahren erforderlich ist, um einen solchen Brunnen zu Ende zu bringen. Um das Wasser in die Höhe zu leiten, lässt man eine 24 Fuss lange, mit einem Ventil versehene Bambusröhre in den Brunnen hinab, und wenn diese auf dem Boden des Brunnens steht, so setzt sich ein starker Mensch neben das Seil und zieht dasselbe abwechselnd an. Jeder Zug öffnet das Ventil und hebt das Wasser; wenn sonach die Bambusröhre voll ist, so wird sie mittelst einer cylinderförmigen Winde von 50 Fuss im Umfang, um welche das Zugseil geschlagen ist und die von drei oder vier Büffeln gedreht wird, in die Höhe gezogen. Das zu Tage geförderte Wasser giebt nach der Verdampfung $^1/_5$ oder $^1/_4$ Kochsalz, welches sehr scharf ist und viel Salpeter enthalten soll.

Die aus diesen Brunnen ausströmende Luft entzündet sich sehr leicht. Bringt man eine Fackel an die Mündung, so entzündet sie sich in Gestalt einer grossen, 20—30 Fuss hohen Feuergarbe mit der Gewalt und Explosionskraft des Pulvers.

Es giebt aber auch Brunnen, aus denen man gar kein Salz, sondern nur Feuer gewinnt. In diesen schliesst eine kleine, biegsame Bambusröhre die Mündung; wegen der Elasticität der Röhre kann man sie hinleiten, wohin man will. Zündet man die ihr entströmende Luft mittelst einer Kerze an, so brennt sie mit einer blauen Flamme, welche 3—4 Zoll Höhe und einen Zoll im Durchmesser hat; einmal entzündet, verlöscht das Feuer nur, wenn man einen Thonzapfen in die Mündung der Röhre steckt, oder durch einen starken und plötzlichen Windstoss. Das Gas ist bitumenhaltig, riecht daher stark und verbreitet einen schwarzen und dicken Rauch; sein Feuer wirkt viel heftiger als das gewöhnliche. Diese Art (kleinerer) Feuerbrunnen trifft man vorzüglich zu U-thung-khiao, einem unter 102° 11′ östl. L. und 29° 33′ n. Br. von Paris gelegenen Orte; ungleich grössere aber finden sich zu Tsee-lieu-tsing, einem ansehnlichen Marktflecken im Gebirge (unter 102° 29′ östl. L. und 29° 27′ n. Br. von Paris). Nach *A. v. Humboldt* (a. a. O. S. 92) bedeutet dieser Namen Brunnen, welche von selbst laufen. Sie sind übrigens auf dieselbe Art gebohrt, wie die zu U thung-khiao. Dieser Ort, von einem ziemlich ansehnlichen Umfange, so dass er mit einem Marktflecken verglichen werden kann, liegt vier Meilen westlich von der Stadt Yung-hian, am Fusse des grossen Berges U-thung-schan, der eine so beträchtliche Gebirgsmasse bildet, dass er das ganze an dem Laufe des Jung-khi und Fu-kia-ho liegende

Land verdeckt. Der Flecken Tsee-lieu-tsing liegt etwa eine Meile unter der Mündung des zweiten Flusses in den ersten. Dieser letztere wird wegen des schwefeligen Geruches, welchen er längs seines Laufes verbreitet, das schwefelhaltige Wasser genannt. Zwei Meilen von diesem Flecken, in nordöstlicher Richtung, ist der grösste dieser Feuerbrunnen gelegen.

Ein nicht minder berühmter und weithin gekannter, aber jetzt erloschener Ho-tsing war einst in Su-tschuan, 80 Li (6 Meilen) südlich von der jetzigen Stadt Kiung-tscheu (unter 101° 6′ östl. L. und 30° 27′ n. Br.), vorhanden. Er hatte 5 chines. Fuss Weite und eine Tiefe von 12—18 Fuss. Unter donnerähnlichem Krachen stieg die Flamme ununterbrochen so hoch in die Luft empor, dass sie des Nachts die ganze Gegend 10 Li weit erleuchtete. Zwei Salzquellen entströmen noch jetzt diesem Brunnen, die so reichliche Quantitäten von Kochsalz liefern, dass man nach dem Abdampfen 30 Procent daraus gewinnt. Dieser Feuerbrunnen soll vom zweiten bis zum zwölften Jahrhundert gebrannt haben. In eben dieser Provinz beobachtete man auch eine eigenthümliche und räthselhafte Erscheinung auf dem Berge Py-kia-schan, der seinen Namen von den ausgezackten Felsen erhalten hat, die sich auf seinem Rücken erheben. Dieser Berg heisst auch Kieu-tsu-lung-wo oder das Nest der neun Drachenkinder, auch Yu-schan, der Berg des bekannten, häufig zu uns aus China gebrachten Steines Yu (Jade der Orientalen). Er ist nur drei Li von der Stadt Paokian entfernt und liegt unter 101° 7′ östl. L. und 31° 40′ n. Br. Während der Nacht erblickt man an der östlichen Seite des Berges eine Lichterscheinung, welche sich mit der der Morgendämmerung vergleichen lässt. Diese Licht-Emanation erfolgt ohne Geräusch, verleiht aber nicht nur den umherliegenden Felsparthien, sondern auch dem Himmel eine lebhaft rothe Farbe und verbreitet über die Wälder eine tageshelle Klarheit, welche jedoch mit dem Anbruche des Tages verschwindet. Nach *A. von Humboldt's* Meinung rührt dieser ausserordentliche Glanz wahrscheinlich von einem vulcanischen Feuer her, das vielleicht in einer tiefen, unzugänglichen Schlucht brennt. Diese Gegend ist überhaupt höchst unwirthbar, hoch und meist mit unvergänglichem Schnee bedeckt. Sie wird von einem rauhen, uncultivirten Menschenstamme tibetischen Ursprungs bewohnt, der nur unter lockerer chinesischer Herrschaft steht.

Das eben erwähnte Phänomen bildet den Uebergang zu den Ho-schan, d. h. den leuchtenden Bergen, deren man ebenfalls mehrere kennt.

Den südlichsten derselben gewahrt man in dem Kreise U-tscheu-fu, in der Provinz Kuang-si; er liegt südlich zwei Li von der Stadt U-tscheu-fu und dem Flusse Ke-kiang, unter 108° 25′ östl. L. und 23° 27′ n. Br. von Paris, nicht weit von der Grenze der Provinz Kuang-tung oder Canton. Gegenwärtig führt er den Namen Tschhung-siao-schan, d. h. Gebirge, welches sich in die Wolkenregion erhebt; vor Alters nannte man ihn Ho-schan. Jede dritte oder fünfte Nacht steigt eine über 10 Toisen hohe Flamme über seinem Gipfel empor und nimmt stufenweise ab, bis sie zuletzt gänzlich verschwindet. Die Früchte der hier wachsenden Bäume sollen in kürzerer Zeit zur Reife gelangen, als in grösserer Entfernung von diesem Berge, weil der Erdboden eine höhere Temperatur besitzen soll. Der Tschhung-siao-schan ist 40 Seemeilen von der Meeresküste entfernt.

Einige andere Feuerberge finden sich im nördlichen Theile der Provinz Schan-si, welche im Norden von der bekannten grossen Mauer und dem Lande der Tsakhar-Mongolen begrenzt wird. Unter diesen ist einer der bekanntesten der in dem Kreise Pao-te-tscheu, fünf Li westlich von der Stadt Ho-khiu-tscheu, unter 108° östl. L. und 39° 14′ n. Br. von Paris gelegene, an dessen westlichem Fusse der Hoang-ho (gelbe Fluss) in wiederholten Krümmungen dahin fliesst. Auf dem gewölbten Rücken dieses Berges erblickt man mehrere Löcher und Höhlungen, aus denen dicker Rauch und leuchtende Flammen sich erheben, sobald man nur einen entzündeten Heubündel hineinwirft. In den Löchern und Klüften des Bodens setzt sich viel Salmiac ab, den man zu technischen Zwecken eifrig sammelt. Die ausströmende Hitze ist so stark, dass Wasser, welches man in einem Topfe in die Oeffnungen hineinsetzt, binnen kurzer Zeit zum Kochen gebracht wird. Aus eben diesem Grunde ist auch das ganze Terrain von aller Vegetation entblösst.

Ein anderer Feuerberg liegt in derselben Provinz, aber

mehr nach Nordosten hin, westlich von Ta-thung-fu, dem Hauptorte des Kreises, unter 110° 50′ östl. L. und 40° 42′ n. Br. von Paris. Auf dem Gipfel des Berges bemerkt man einen Feuerbrunnen in der Gestalt einer langen Spalte, die von N. nach S. sich erstreckt, 70 Schritt lang und 6 Fuss breit ist. Ihre Tiefe ist bis jetzt noch nicht gemessen. In ihrem Innern ertönt ein dumpfes, dem Donner gleichendes Gebrüll; zugleich strömt eine sehr starke Hitze aus ihr empor. Nähert man ihr ein brennendes Licht, so stösst sie Rauch und Flamme aus. Oestlich von dieser Spalte, in einer Entfernung von 30 bis 36 Fuss, gewahrt man eine kochend-heisse Quelle. Nördlich von diesem Feuerbrunnen erblickt man eine von O. nach W. streichende Schlucht, welche 100 Schritt lang und 10 Schritt breit ist. An dem Fusse ihres steilen Südrandes befindet sich die sogen. Windhöhle von unbekannter Tiefe, aus der unaufhörlich ein eiskalter Wind hervordringt.

Zuletzt verdient noch ein in Schan-si, im Kreise Fen-tscheu-fu, 70 Li östlich von der Stadt Lin-hian, unter 108° 31′ östl. L. und 38° 12′ n. Br. von Paris gelegener Ho-schan erwähnt zu werden, welcher 20 Li im Umfang hat und viele Steinkohlen-Lager enthält, die theilweise entzündet seyn sollen. Im Allgemeinen sind die Gebirge von Schan-si, so wie die der Westseite von Tschy-li sehr reich an Steinkohlen.

Pseudovulcanische Erscheinungen in Japan.

§. 33.

Sie scheinen nicht so häufig in diesem Lande vorzukommen wie in China, wenigstens erwähnt *Jul. Klaproth* in *A. v. Humboldt's* Fragmenten einer Geologie Asiens u. s. w. S. 103 nur einer derartigen Localität, woselbst man solchen Erscheinungen begegnet. Diese findet sich auf der Insel Nifon, in dem Districte Gasi-vara. Der dortige Boden ist von steiniger Beschaffenheit und voller Spalten und Klüfte, aus denen ein brennbares Gas sich entwickelt, wie an mehreren Stellen auf der Halbinsel Abscheron. Die Bewohner der Umgegend machen denselben Gebrauch von dieser entzündeten Luft wie die Chinesen, indem sie eine Röhre in den Boden stecken und das aus ihr hervortretende Gas wie eine Fackel anzünden.

Auf derselben Insel, und zwar in der Provinz Yetsingo,

welche in nördlicher Richtung von der von Sinano liegt, findet sich in der Nähe des Dorfes Kuru-gava-mura ein besonders ergiebiger Brunnen von Naphtha, welche die Einwohner in ihren Lampen brennen.

Pseudovulcanische Erscheinungen auf Java.

§. 34.

Sie finden sich besonders auf der östlichen Hälfte der Insel und unter ihnen verdienen vorzugsweise zwei Schlamm-Vulcane genannt zu werden, welche etwa 10 Paale von Surabaya in einer horizontalen, mit Reisfeldern bedeckten Ebene, in der Nähe der Dörfer Kalang-anjer und Pulungang gelegen sind. Wir verdankan *Junghuhn* (a. a. O. S. 352) ihre nähere Kenntniss.

Der östlichste derselben, welcher dem von Süd nach Nord sich erstreckenden Meeresstrande am nächsten liegt und drei englische Meilen von ihm entfernt ist, führt den Namen Kalang-anjer. Er ist fast von allen Seiten von Sümpfen umgeben, die mit dem Meere, bis zu welchem sie sich hinziehen, in Verbindung stehen und daher gesalzenes Wasser enthalten. Der Berg bildet eine flach gewölbte Masse, welche sich bei einem Durchmesser von wenigstens 1000 Fuss nur zu der geringen Höhe von 35—40 Fuss erhebt. Auf seinen Abhängen erglänzen, besonders bei trockner Witterung, hellglänzende Salzanflüge, so dass die Oberfläche des Bodens wie mit Reif bedeckt erscheint. Der flache Scheitel ist mit einer Salsola-Art wie überzogen, und über dieselbe ragen einzelne stachelige Acazien empor. Die grösste Convexität des Scheitels aber wird durch das Niveau eines Schlammteiches gebildet, der etwa 20 Fuss im Durchmesser und einen ziemlich runden Umfang hat. Er besteht aus einem grauen, schweren, höchst feinen, in Wasser suspendirten Schlamm, aus welchem in äusserst kurzen, kaum secundenlangen Zwischenräumen kleine, 3 bis 6 Zoll im Durchmesser haltende Luftblasen sich erheben, die mit sehr schwachem Geräusche zerplatzen, ohne dass die geringste Spur eines besondern Geruches wahrgenommen wird. Wahrscheinlich durch diese geringe, von den aufsteigenden Gasblasen mitgetheilte Bewegung veranlasst, fliesst der Schlamm bald an dieser, bald an einer andern Stelle über und bildet kleine Strömc, die, langsam herablaufend, bei der hohen, dort fast stets herrschenden Temperatur schnell austrocknen und sich in zolldicke, aufgesprungene Krusten verwandeln. Wenn nun wieder neuer Schlamm ausgespieen wird und über die alten Krusten hinwegfliesst, so trocknet auch dieser bald wieder ein, und auf diese Weise vergrössert sich der Hügel von Tag zu Tage, bis er zuletzt durch die tropischen Regengüsse wieder zerstört wird. Die chemische Beschaffenheit der sich entbindenden Gasarten konnte leider wegen Unzugänglichkeit des Terrains nicht ermittelt werden. Die Javanen behaupten, dass mit den Springfluthen des Meeres der Schlamm auch stärker ausströme. *Junghuhn* meint, dass diese Gasentwickelungen in früheren Zeiten untermeerisch gewesen seyen, denn der Hügel habe sich durch das Ueberströmen des Schlammes sehr wahrscheinlich erst gebildet; die ganze Fläche, worauf er sich erhebt, sey neuern Ursprungs, das Wasser der Sümpfe schmecke salzig und der Boden wäre überall mit Salztheilen geschwängert.

Etwas westlicher von diesem Schlamm-Vulcan, der grossen Strasse von Surabaya nach Passuruan näher, bemerkt man noch einen andern, dem vorigen ähnlichen Hügel in der Nähe des Dorfes Pulangang, auf dem sich jedoch nur schwache Spuren von Gasentwickelungen und Schlamm-Ausbrüchen wahrnehmen lassen. Merkwürdigerweise ist sein Scheitel mit zahlreichen Brocken und Trümmern rother, gebrannter Steine bedeckt, deren viele durch das Meerwasser zerfressen und ausgehöhlt sind. Die Entstehung derselben ist zweifelhaft. *Junghuhn* neigt sich zu der Ansicht hin, dass, da es sehr unwahrscheinlich sey, dass man auf einem so unsichern Boden jemals Gebäude von Backsteinen aufgeführt habe, man wohl eher annehmen müsse, dass die strömende Gewalt des Kali-Kediri und anderer benachbarter Flüsse es war, welche diese Steine aus dem Reiche Madjapahit, welches noch jetzt meilenlange Fundamente derselben enthält, abwärts auf den Meeresgrund trieb, von wo sie der Schlamm, welcher den Hügel bildet, zugleich mit emporgehoben habe. Vielleicht lässt sich die Erscheinung aber auch durch die Annahme erklären, dass dieser Schlamm-Vulcan in frühern Zeiten eine grössere Thätigkeit entwickelt und die Steine, welche ein gebranntes Ansehen haben, metamorphosirt und dann ausgeworfen habe, gerade wie wir solche

Wirkungen an den bisher geschilderten Schlamm-Vulcanen schon öfters wahrgenommen.

Ein anderes derartiges Phänomen beobachtete *Junghuhn*, ebenfalls im östlichen Theile der Insel bei Pati, in der Nähe des Berges Japara, welcher, in hoher, kegelförmiger Gestalt aus einer sehr tief gelegenen, mit Sümpfen bedeckten Ebene sich erhebend, wahrscheinlich vordem eine besondere Insel gebildet haben und durch einen Meeresarm von Java getrennt gewesen seyn mag. Alle ihre Sümpfe und Bäche, so wie der Fluss von Joana, welcher sie durchströmt, haben einen salzigen Geschmack und nöthigen die Bewohner von Joana, ihr Trinkwasser von den östlichen Abhängen des Berges Japara, mehrere Paale weit (drei derselben bilden eine deutsche Stunde), auf Kähnen herbei zu holen. Auf dieser Ebene nun, und zwar beim Dorfe Growogan, befindet sich der vorhin erwähnte Schlamm-Vulcan, der in äusserst regelmässigen Pausen den unterirdisch entwickelten Luftarten zum Austritt dient. Auch ist der Schlamm, welchen er zu gleicher Zeit ausstösst, von so beträchtlichem Salzgehalte, dass die Bewohner der Umgegend wirklich mit Vortheil daraus Kochsalz bereiten. Unweit dieser Stelle soll nach der Aussage der Eingeborenen auch ein Erdfeuer wahrzunehmen seyn, welches näher zu untersuchen *Junghuhn* jedoch keine Gelegenheit fand.

Pseudovulcanische Erscheinungen auf Sumatra.

§. 35.

Die dürftigen Nachrichten, die wir darüber besitzen, haben wir ebenfalls *Junghuhn* zu verdanken; überdies erstrecken sie sich nur auf die Batta-Länder, da die übrigen Theile dieser Insel noch fast gar nicht oder nur höchst mangelhaft bekannt sind. Nicht Schlamm-Vulcane sind es, denen man hier begegnet, sondern Solfataren, von welchen *Junghuhn* (s. dessen Battaländer auf Sumatra. Berlin 1847. 8. S. 181 etc.) mehrere beschrieben hat. Sie treten jedoch auf dieser Insel keineswegs in so grossartigem Maassstabe auf, wie auf Java.

Die grössten derselben kommen in der Provinz Siepierok, am östlichen Abhange des Siboulaboalie-Gebirges, nämlich am Ostabhange der mehr vom Lubu-Radja entfernten nordwestlichen Gegend dieses Berges vor und liegen 3—4000 Fuss über der Oberfläche des Meeres. Die mehr nördlich gelegene von beiden ist die kleinere, welche ein offenes Fleckchen in einer dichten Waldung bildet, mit einem breiartig erweichten, schlammigen Boden, der mit in einen Thonbrei umgewandelten vulcanischen Gesteinen bedeckt ist, zwischen denen an einigen Stellen schwache Dämpfe hervorbrechen. Diese bestehen grösstentheils aus Wasserdämpfen, aus welchen sich jedoch kein Schwefel absetzt. Letzteren sucht man daher hier in reinem Zustande vergebens; ein Bach aber, welcher diese Stelle durchströmt, löst eine grosse Quantität von den Bestandtheilen des Schlammbodens auf und erhält dadurch eine lehmige, dicke, trübe Beschaffenheit, die er erst in der Mitte des Plateau's Siepierok, woselbst er den Namen Eik Mandurana führt, verliert, nachdem er sich mit dem reinen Wasser anderer Bäche vermischt hat. Durch die südlichere von diesen beiden Solfataren aber rieseln mehrere Wasser, welche, obgleich von den vorigen nur durch einen unbedeutenden Längsrücken getrennt, denjenigen Bächen angehören, welche, südlich an den Grenzbergen von Siepierok vorbei, in die Ostfläche hinab, dem Kali Biela zuströmen.

Um zu diesen Solfataren zu gelangen, verlässt man den Saligundi-Siepierokschen Weg da, wo er den Eik Mandurana übersetzt, steigt hierauf am westlichen Abhange des Saligundi-Berges hinan und sucht alsdann auf einen Rücken zu gelangen, der zwischen dem höhern Sibulaboalie-Gebirge im Westen und dem niedrigern Saligundi-Berge im Osten liegt, sich in der Mitte flach ausbreitet und daselbst eine Höhe von 3350 Fuss besitzt. Von hier steigt man westwärts zur ersten Solfatara hinan. Am südlichen Abhange dieses Rückens gewahrt man eine tiefe, malerische Gebirgsspalte, von einem ansehnlichen Bache, dem Eik Situmba (oder Tjitumba) durchströmt, der in des Waldes düsterm Grün über zahllose Geschiebe und Blöcke von Trachyt in malerischen Cascaden sich herabstürzt. In dem Bette dieses Stromes muss man einige Stunden lang westnordwestwärts aufwärts klettern, um zu der Solfatara zu gelangen. Zuletzt erreicht man eine Stelle, wo ein kleinerer Bach in den Situmba fällt. Oberhalb dieser Stelle hat der letztere noch eine Temperatur von 67° F., der andere aber eine von 87° F., zugleich schmeckt er alaunartig, adstringirend, giebt allem Gestein, welches in seinem Bette liegt, eine rothbraune Farbe und theilt diese Eigenschaft, nebst seinem alaunartigen Geschmacke, auch noch auf eine beträchtliche Strecke dem Situmba mit. Das Lackmus-Papier färbt er roth; es scheint, dass die rothe Färbung der Gesteine, welche dieses Wasser bespült, dessen freier Schwefelsäure zugeschrieben werden muss, welches sich mit der Alaunerde der Geschiebe und Felstrümmer, die alle aus Trachyt bestehen, verbindet, wobei die Färbung von einem Antheil Eisen herrühren mag, welches zugleich oxydirt wird.

Steigt man in dem Bette des Baches aufwärts, so gelangt man in eine immer flacher werdende Gegend, von zwei kleinen Bächen durchrieselt, von denen der eine 86°, der andere 105° F. Temperatur besass. Dieser letztere ist es, welcher die Solfatare durchströmt. Sie erscheint als ein mehr offener, baumentblösster Platz, auf einer abschüssigen Stelle des Waldes gelegen, überall von Dämpfen durchwühlt. Die obern Theile der Solfatare haben eine schwach nach Osten geneigte Lage, die untern dagegen sind flach. Der weissgraue Boden ist überall von einer breiartigen Beschaffenheit; in der obern Gegend steigen aus Hunderten von mit sublimirtem Schwefel bedeckten Ritzen und Löchern heisse Schwefeldämpfe empor, während die untern, flachern Stellen eine Menge kleiner, brodelnder und kochender Wasserpfützen entfalten, welche deutlich nach Schwefelwasserstoffgas riechen. Aus einigen derselben wird das Wasser mit vieler Gewalt in die Höhe geschleudert. Die Dämpfe haben die dieser Erhebung über dem Meere entsprechende Siedhitze des Wassers, sind dicht oberhalb der Spalten, aus denen sie zischend und brausend hervordringen, durchsichtig und gestalten sich später zu weisslichen Dampfwolken.

Die Vegetation, welche die Solfatare umgiebt, besteht auch hier wieder aus jenen eigenthümlichen Bäumchen, die man auch auf Java vorzugsweise nur in und an den Krateren der Feuerberge bemerkt, und welche man im Schatten der Wälder vergebens sucht. Hier sind es besonders Thibaudia vulgaris Jungh. und Vireya retusa Bl., Bäumchen von zierlichem Wuchse, die hier und da auch noch auf dem dampfumzischten Boden der Solfatare eines üppigen Wuchses sich erfreuen.

Auch an den Westabhängen der zum Dolok Dsaut gehörigen Bergzüge sollen noch dampfende Solfataren vorkommen oder wenigstens Stellen, woselbst die Eingeborenen unreinen Schwefel sammeln, den sie auf dem Markte von Silindong verkaufen, allein diese Gegenden hat *Junghuhn* nicht besucht. Dagegen führt er noch eine andere Solfatare aus dem Districte von Palembang an, und zwar aus derjenigen Gegend, wo sich derjenige (namenlose) Vulcan finden soll, dessen wir bei der Aufzählung der Vulcane auf Sumatra unter Nro. 2 gedacht haben. In dieser Gegend war es, wo der englische Lieut. *Dare* im J. 1804 von Ipu und Moco-moco aus, in der Landschaft an der Südwestküste, welche Serampei genannt wird, die Bergketten überstieg, welche sich in mehreren parallel streichenden Ketten daselbst erheben. Hier fand er an der Küste von Ipu nicht nur mehrere heisse Quellen, sondern auch eine Solfatare mit unverkennbaren Zügen. Alles sprach für die vulcanische Natur dieses ausgedehnten Landstriches.

Pseudovulcanische Erscheinungen im Golfe von Bengalen.

§. 36.

Durch die verdienstlichen Untersuchungen der britischen Seeofficiere *Halsted* und *Mac-Volloth* haben wir im J. 1840 oberhalb der Andamanen an der Küste von Arracan ein neues vulcanisches Hebungsgebiet, welches auf der Insel Reguain sich besonders deutlich ausspricht, kennen gelernt, auf welchem auch pseudovulcanische Phänomene vorkommen, über welche jedoch schon früher *Mac-Clelland* und *Baird Smith* (im *Journ. of the asiat. soc. of Bengal.* 1843) einige Nachrichten mitgetheilt haben.

Nach dem Berichte der erstgenannten Seefahrer liegt die Küste von Arracan, so wie die an ihr auftauchenden Inseln und Klippen, innerhalb einer sich theils plötzlich, theils langsam erhebenden Strecke von den bekannten Felsen-Inseln an, welche den Namen „Terribles" führen, bis zum Fould Island, ja sehr wahrscheinlich auch auf der ganzen Linie zwischen Akyab und dem Cap Negrais, woselbst die Küste naeh *Berghaus* (physikal. Atlas. 2. Aufl. S. 5), ähnlich wie auf der scandinavischen Halbinsel, von unzähligen tiefen und schmalen Meeresarmen zerschnitten seyn soll.

Auf der Insel Tscheduba, welche in der Nähe der Küste

fast in der Mitte zwischen Akyab und Cap Negrais, gelegen ist, finden sich mehrere Schlamm-Vulcane, unter ihnen vier grössere, die sich von 100 bis zu 1000 Fuss über die Oberfläche des Meeres erheben und die man früher wegen ihrer mitunter wahrnehmbaren Licht-Emanationen für wirkliche Vulcane gehalten hat. Letztere sollen sich auf der Insel Ramri, welche ganz in der Nähe liegt, vorfinden und bei einem Erdbeben, welches im J. 1830 erfolgte, aus ihren Krateren Rauch und Flammen mehrere Fuss hoch ausgestossen haben. Die Spuren vulcanischer Thätigkeit geben sich weiter nach Norden hin kund; man begegnet ihnen noch im Hintergrunde des bengalischen Golfes, bei Islamabad, und es lässt sich demnach der grosse vulcanische Gürtel von den Sunda-Inseln bis hierher ganz unzweideutig verfolgen.

Die Hebungslinie, welche *Halsted* und *Mac-Volloth* untersucht haben, ist ungefähr 25 deutsche Meilen lang und fünf Meilen breit. Am grössten ist die Hebung auf der Axe der Linie gewesen, doch hat sie nirgends die Höhe von 22 Fuss überschritten. Sie erfolgte vor etwa 100 Jahren, während eines sehr heftigen Erdbebens, wobei die stark bewegte See mehrmals die Küsten überfluthete. Das Festland bekam dabei jedoch weder Spalten noch Klüfte; auch warfen die Schlamm-Vulcane auf Tscheduba kein Feuer aus. Ein anderes Erdbeben ereignete sich 100 Jahre früher, und die mit diesen Ereignissen zugleich statt findenden Emporhebungen des festen Bodens betrachten die Eingeborenen als periodische Phänomene, welche nach ihrer Ansicht alle 100 Jahre sich wiederholen sollen.

Pseudovulcanische Erscheinungen mögen auf dem Festlande von Indien wohl noch an mehreren Orten vorkommen; man besitzt von ihnen jedoch nur höchst dürftige Nachrichten. Nach *Eichwald* (a. a. O. S. 189) soll es im Königreich Ava an 500 Naphtha-Brunnen geben und im nördlichen Indien, in der Provinz Kangra, ein Atesch-gah auf dem Berge Tallach-Moki existiren. Dieser letztere scheint aus vulcanischen Gebirgsarten zusammengesetzt zu seyn; die Einwohner aus Pensiaba sollen in grossen Zügen dorthin wallfahrten, um daselbst ihre Andacht zu verrichten.

Schlammvulcane in Verbindung von Bergöl- und Salzquellen sollen nach *Férussac* (im *Bullet. de géol.* T. 8. pag. 6) im Birmanenlande bei Dembo vorkommen. Daselbst finden sich auch die Spuren eines ausgelöschten Kraters, ein beträchtlich tiefer Naphtha-See von 35 Fuss im Durchmesser, und in der Nähe, südwestlich davon, zwölf kleine Schlamm-Vulcane, die einen bläulichen Thonbrei auswerfen. Sie haben meist 20 bis 25 Fuss Höhe und einen Krater von 8—10 Fuss im Durchmesser. Ausser dem Schlamme entströmte diesen Krateren sechsmal innerhalb vier Minuten ein dunkel gefärbtes Gas und einer jeden derartigen Eruption ging ein dumpfes Geräusch und eine Erschütterung des Kegels voran. Alle thätige Kratere sah man bis zum Rande mit einer flüssigen Substanz erfüllt, welche mitunter zu einem tiefern Niveau herabsank. Die nicht thätigen Kratere waren 10—12 Fuss tief und unten nur einige Zoll weit. In 20 Ruthen Entfernung vom nördlichsten dieser Vulcane bemerkt man mehrere Salzquellen, auch ist der Erdboden weit umher mit Salztheilen geschwängert.

Pseudovulcanische Erscheinungen auf Neuholland.

§. 37.

Mit Zuverlässigkeit sind derartige Erscheinungen von dorther nicht bekannt, doch will man in Neu-Südwales zu Segembe am Page-Flusse in nordöstlicher Richtung, 25 englische Meilen von der Besitzung eines Hrn. *M'Intyre,* einen Vulcan entdeckt haben, aus welchem am Tage ein dicker Rauch sich erhob, während zur Nachzeit schwefelblaue Flammen ihm entstiegen. Die Mündung soll zwischen zwei Bergspitzen befindlich seyn, welche in der Sprache der Eingeborenen den Namen „Wingen" führen und unter dem 31° 34' s. Br. und 150° 56' w. L. von Greenw. liegen. Der Krater ist 12 Fuss breit, 30 Fuss lang, doch hat man weder an dem Abhange, noch am Fusse des Berges etwas von vulcanischen Gebirgsarten und noch weniger von Lava-Massen wahrgenommen; s. *Froriep's* Notizen für Natur- und Heilkunde, Bd. 24. S. 215. Spätern Beobachtungen von *Milton* zufolge (im Ausland. 1831. Nro. 231. S. 923) soll ein eigentlicher Krater gar nicht, sondern nur Spalten in einem Sandsteine vorhanden seyn, welcher letztere sich stets mehr und mehr zerklüftet, je weiter das Feuer unter der Oberfläche des Bodens an Umfang gewinnt. Die ganze Erscheinung scheint sich auf einen Steinkohlen-Brand zu reduciren.

Dass übrigens sowohl auf Van-Diemens-Land, als auch in Australien vulcanische Massen auftreten, ist bekannt. *Darwin* sah z. B. auf der Westseite der Storm-Bai die Schichten eines Sandstein-Gebildes deutlich von Gängen einer basaltischen, olivinreichen Lava durchsetzt; auch fanden sich in der Nähe wahrhafte Schlacken. *Strzelecki* will auch Grünsteine und Basalte in der Gegend von Sidney beobachtet haben; eben so soll auch der Hay-Berg, welcher eine Höhe von 2400 Fuss erreicht, auf seinem Gipfel von Basalt bedeckt seyn. Auch hat *Russel* unfern Brisbane die Mündungen erloschener Kratere aufgefunden. Nach *Juckes*, der überhaupt die geognostischen Verhältnisse Australiens am ausführlichsten (im *l'Institut.* 1847. T. XV. pag. 181) geschildert hat, ist die ganze Ostküste von Australien auf eine Strecke von nahe an 2000 Meilen mit Bimsstein-Fragmenten bedeckt, welche aber nie zu bedeutender Höhe aufsteigen; sie sollen bisweilen sogar in Kohle eingeschlossen seyn. Lava in horizontal abgelagerten Schichten dürfte in der Nähe von Port Philip vorkommen; nach *Melvill* liegt ungefähr 30 Meilen von der eben genannten Stelle der sogenannte Macedon-Berg oder Krater-Berg, welcher sich auf einer mit lockerm, vulcanischen Material bedeckten Ebene erhebt und aus zersetzten Schlacken-Massen besteht. Der Durchmesser des Kraters soll 600 Fuss, seine Tiefe an der Nordseite 700 Fuss betragen; s. *Daubeny* a. a. O. S. 233.

Pseudovulcanische Erscheinungen in Süd- und Mittel-America.

§. 38.

Nehmen wir in diesem Welttheile unsere Richtung von Süden nach Norden, so stossen wir auf Phänomene, welche in diese Kategorie gehören, zuerst in dem Freistaate von Chili, woselbst wir, etwa im 35° s. Br., ganz neuerdings durch Domeyko (in *Leonhard's* Jahrb. für Min. etc. 1852. H. 6. S. 662) eine pseudovulcanische Erscheinung, eine Solfatare, kennen gelernt haben, welche sowohl hinsichtlich ihrer Grossartigkeit, als auch der höchst eigenthümlichen Verhältnisse, unter denen sie aufgetreten, mit zu den interessantesten Phänomenen gehört, welche überhaupt bekannt sind.

Es ist dies die Solfatara von Cerro Azul, welche im J. 1847 in der Cordillera von Talca ohne alle vorhergegangene

Zeichen einer bevorstehenden vulcanischen Eruption, ohne unterirdisches Getöse, ja sogar ohne alle Erschütterung des Bodens, ganz ruhig zum Vorschein gekommen ist. Sie liegt gar nicht weit entfernt von dem erloschenen oder jetzt ruhenden Feuerberge Descabezado.

Noch vor zwei Jahren befand sich an der Stelle, auf welcher man jetzt die Solfatare bemerkt, ein fruchtbares, zahlreichen Viehheerden reichliche Nahrung spendendes Gefilde, bekannt unter dem Namen „Vegas de San Juan", und von einem Passe (Portezuelo) durchschnitten, der zwischen dem Cerro Azul und dem Descabezado hindurchführt. Jetzt aber erblickt man hier einen ungeheuren Haufen wild durcheinander geworfener Felsmassen, gleichsam als wären sie die Trümmer eines kürzlich eingestürzten, mächtigen Berges. Sie erreichen eine Höhe von 300 Fuss, bedecken nahe an 190 Acker Oberfläche im ebenen Theile des Thales und besitzen im Allgemeinen die Form eines gigantischen Bollwerkes oder einer Halde von einem Bergwerke, welches Jahrhunderte hindurch im stärksten Betriebe gestanden haben mag.

Die Abhänge dieses ungeheuren Trümmer-Haufens sind mit zerkleinertem Gestein bedeckt, während sein oberer Grat beinahe wagrecht verläuft, aber mit spitzen Felsnadeln geziert, zum Theil wie Thürme sich erhebend, mit grünen, gelben und rothen Farben geschmückt und fast ununterbrochen rauchend ist, indem sie einen erstickenden Schwefelgeruch verbreiten. Alle Augenblicke löst sich ein nicht fest aufliegender Stein von den Rändern des Haufens ab, und indem er beim Herabrollen eine grosse Staubwolke erregt, bleibt er zuletzt in einem am Fusse des Absturzes vorbeifliessenden Bache liegen. Zuweilen treten aus dem Innern des höchsten Theiles dieses Bollwerkes hohe Rauchsäulen mit schnaubendem Geräusche hervor und kleine Wolken-Kegel erheben sich in die Lüfte, ähnlich denen, welche die Klappen einer Dampf-Maschine erzeugen.

Bei genauerer Untersuchung dieses unheimlichen Ortes entdeckt man noch eine andere Masse von Trümmern, welche in der Fortsetzung der erstern durch denjenigen Theil des Thales aufsteigt, wo die beiden benachbarten Berge sich einander nähern. Diese Masse ist ihrer Länge nach von Streifen durchfurcht, welche von Weitem wie die Spuren der ungeheuren, von oben herabgefallenen Felsen aussehen, und erhebt sich bis zu dem oben genannten Portezuelo de S. Juan, verliert sich jedoch, bevor sie denselben erreicht, in der Schlucht zwischen den Bergen, indem sie durch einen dichtern und massigern Rauch verdunkelt wird, als der unten beobachtete.

Dieser sogenannte „Neue Vulcan am Cerro Azul", wie man ihn jetzt gewöhnlich nennt, liegt 5000 Par. Fuss über der Oberfläche des Meeres.

Unterwirft man die Fels-Trümmer, aus denen er zusammengesetzt ist, einer nähern Betrachtung, so findet man, dass sie nur locker aufeinander liegen und ein weites Feld erhöhter und vertiefter Felsen bilden. Die Grösse der einzelnen Steine erreicht bisweilen den Umfang mittel-grosser Häuser von 1000 und mehr Kubik-Ellen. Viele dieser Blöcke sind von Schwefel-Adern durchzogen, deren hellgelbe Farbe auffallend mit dem schwarzen Gestein contrastirt; andere, vom Feuer berührt und dadurch mannigfaltig zerklüftet, sind mit einer verschiedenartig gefärbten, glänzenden Rinde bedeckt, welche aus Alaun, Vitriol und gebrannten Thon-Arten besteht.

Zwischen diesen Felsblöcken treten an einigen Stellen, und zwar mit grösserer Häufigkeit, Stösse von Wasserdampf und reichliche Massen vom Rauche des verbrannten Schwefels gewaltsam hervor. Die Blöcke besitzen meist eine aschgraue Farbe, sind erweicht und in kleine Stücke oder in einen kaolinartigen Thon zerfallen, auch wohl in einen feinen, röthlichen Staub umgewandelt, welcher alle Löcher und Unebenheiten des Bodens bedeckt. Diese Felsen, unterhalb welcher sich eine grössere vulcanische Thätigkeit entwickelt, sind ohne alle Ordnung und Symmetrie vertheilt; sie bilden keine kraterförmige Vertiefung und schleudern keine geschmolzenen Massen empor; nur an den äussern Rändern derjenigen, zwischen denen sich der Rauch erhebt, bemerkt man Schwefel-Anflüge, aber nicht in den Löchern und Vertiefungen der Haufen. Tritt man auf irgend eine Stelle eines solchen unterirdischen und verborgenen Brandes, welche durch ihre meist ebene Oberfläche einen bessern Weg darzubieten scheint, so sinkt der Fuss ein, wird in brennendem Sande begraben, und indem das Gezimmer der Fragmente, welche die erhizte Masse des Felsens bilden, zusammenbricht, stürzen die Trümmer zusammen, es erhebt sich Staub, und indem ein etwa verborgener Luft-Canal geöffnet wird, steigen zugleich Stösse von Dampf in die Luft, welche den Himmel verfinstern.

Was die mineralogische Beschaffenheit des Gesteins anbelangt, so besteht es in der Regel aus einer glasigen, dem Obsidian ähnlichen Masse, mit zahlreichen Einschlüssen von Feldspath, wie man solchen auch in den Laven des Descabezado antrifft.

Eine andere, fast eben so häufige Felsart ist ein trachytischer Porphyr, dessen Grundmasse aber ohne Glanz und beinahe erdig ist; es giebt auch Stücke von einer schwarzen, compacten Masse, die wenig Glanz hat und im Innern voller Löcher ist, die mit einer erdigen, grauen, feldspathartigen Substanz angefüllt sind, welche Kerne oder kleine Kugeln von 1—2 Zoll im Durchmesser bildet.

Einige Blöcke bestehen aus einer Breccie neuerer Entstehung oder zeigen auf ihrer Oberfläche schlackige Rinden, die selten mehr als zolldick sind. Nie bemerkte *Domeyko* Spuren von Hornblende, Augit, Olivin oder Zeolith darin. Eben so wenig finden sich in allen diesen Steinhaufen frisch erzeugte Laven oder Obsidiane oder Bimssteine oder sonstige Erzeugnisse noch jetzt thätiger Vulcane. Alle diese Steine zeigen wohl erhaltene, scharfe Kanten, als wären sie erst vor Kurzem zertrümmert. Einige sehen auf ihrer Oberfläche so aus, als hätten sie sich gegeneinander gerieben oder wären schnell und gewaltsam aneinander vorbeigeglitten, wodurch Rutschflächen entstanden. Bei den meisten aber bemerkt man Spuren von Zersetzung, die sich ½ Zoll tief in ihr Inneres erstreckt, höchst wahrscheinlich eine Folge der heissen Wasserdämpfe, so wie der gasförmigen Säuren, welche auf sie eingewirkt haben. Von den zahllosen Vertiefungen, die sich überall in der Mitte jener Steinhaufen vorfinden, haben einige 250 Fuss Länge und 100—130 Fuss Breite. In ihrem tiefsten Grunde erblickt man wohl erhaltene Steine; niemals erhebt sich aus ihnen Rauch oder Dampf, nie spürt man eine grössere Hitze als auf den erhabensten Theilen und ihren hervorragenden Kämmen. Letztere erheben sich ungefähr 1250 Fuss hoch über die Fläche des Thales, und hat man auf ihnen festen Fuss gefasst, so übersieht man mit einem einzigen Blick nicht nur den untern Theil dieses sogenannten neuen Vulcans bis zum Rio de la Invernada, sondern auch den obern Theil bis zum Gipfel des Cerro Azul

Zunächst fallen alsdann ganz eigenthümlich gebildete Haufen in die Augen, welche durch die gedachte Schlucht herabsteigen und die obern Solfataren mit denen der Invernada verbinden. Es theilen sich diese Haufen in dem abschüssigsten Theile der Schlucht in 7—9 Streifen, die gleichsam eben so viele Gräben und Wälle sind. Der breiteste Streifen, welcher der mittlere ist, besteht aus ungeheuren Einsenkungen, deren Tiefe 170—200 Fuss beträgt. Auf beiden Seiten dieser Vertiefungen verlaufen zwei grosse, in der Richtung der Schlucht sich verlängernde Vorgebirge, welche in dem Maasse sich voneinander entfernen, als sie sich dem Thale nähern; dieselben bestehen aus grossen, wild übereinander gethürmten Felsblöcken, aus denen Rauch und von Zeit zu Zeit in einzelnen Stössen sich auch Wasserdampf erhebt. An den Abhängen dieser beiden Rücken verlängern sich zwei andere Wälle, welche von den vorigen durch mässig tiefe Gräben getrennt sind, aus Erde und kleinen Steinen bestehen, aber jetzt keinen sichtbaren Dampf entwickeln, und, wie es scheint, die Ueberreste eines schon erloschenen Brandes sind. In dieser Ordnung steigen die vier Wälle von Felsblöcken mit ihren Vertiefungen bis zu dem weiten Felde von Trümmer-Gestein herab, welches die Vegas von S. Juan bedeckt, und in derselben Ordnung steigen sie in Terrassen herauf, indem sie in dem obern Theile der Schlucht ähnliche Bollwerke wie unten bilden, bis zum Portezuelo de S. Juan. Hinter jeder Stufe oder jedem neuen Absatze, welchen diese Steinhaufen bilden, erheben sich Rauchmassen in die Lüfte, die sich aber nirgends zu einem Centrum vereinigen, auch nicht Auswurfskegel bilden, wie sie ein jeder vulcanische Krater hervorbringt.

In dem centralen und erhabensten Theile der Solfatare stieg zwischen den Steinen dann und wann eine so heisse und mit schwefeliger Säure geschwängerte Luft hervor, dass sie in einem Moment ein hineingehaltenes Stück Papier verkohlte.

Nicht minder interessant, als die eben geschilderten Solfataren, ist eine andere, die sich an einer Stelle findet, welche den Namen „Placilla de S. Juan" führt. Hier, wo früher durch die sanften Abhänge zweier Berge eine kleine, etwa 1000 Fuss breite Ebene gebildet wurde, erhebt sich jetzt ein Haufen unregelmässig zertrümmerter Felsen, ganz ähnlich denjenigen, wie wir sie im Thale der Invernada gesehen haben. Auch hier sind die Seiten des Haufens stark geneigt, mit kleinem Gestein bedeckt, während die obere Fläche mit grün, roth und gelb gefärbten und scharf ausgezackten Felsen bedeckt ist. Die am höchsten aufgethürmten Stellen des Randes rauchten beständig; es traten dann und wann Stösse von Dampf aus ihnen hervor, zugleich besass die Luft einen sehr starken Geruch nach schwefeliger Säure, welcher auch etwas Salzsäure beigemengt zu seyn schien. Gerade, als *Domeyko* an dieser Stelle verweilte, wurde auf einer Seite ein so heftiger und dichter Kegel von Wasserdampf hervorgestossen, dass er eine grosse Bewegung in dem Steinhaufen hervorbrachte, in Folge welcher grosse Blöcke desselben unter Verbreitung von vielem Geräusch und ansehnlichen Staubwolken herabrollten.

Den schönsten Ueberblick nicht nur über den centralen und höchsten Theil der Solfataren, sondern auch über deren westlichen Arm auf den Abhängen des Cerro Azul hat man jedoch unstreitig auf dem Portezuelo del Descabezado, welcher, auf seinem Scheitel mit mächtigen Eismassen bedeckt, 8876 Par. Fuss hoch über das Niveau des Meeres sich erhebt. Etwa 490 Fuss vom Gipfel des Cerro Azul erblickt man den ganzen Abhang dieses ungeheuren Berges gleichsam in eine nackte halbe Kuppel aufgetrieben, welche, auf schwarzer Grundfarbe, mit gelben, grünen und röthlichen Adern geziert ist. Weiter abwärts vor dieser weiten Rundung sieht man eine andere, aber kleinere Kuppe, mit gelben mineralischen Anflügen bedeckt. Hinter dieser letztern steigt unaufhörlich Rauch auf, in grossen Massen, ohne alles Geräusch und ohne irgend etwas in die Luft zu schleudern, ähnlich einer eben gelöschten Brandstätte. Bald unterhalb dieses gelben Hügels, der sich dann und wann ganz mit Rauch bedeckt, fangen die grossen Haufen von Felstrümmern an, theils schwarz wie Kohle, theils grau und gelblich gefärbt. Diese Massen, obgleich von ungeheurer Ausdehnung, scheinen jedoch die Steinhaufen, welche man tiefer unten im Thale antrifft, an Länge nicht zu übertreffen, und das Gestein, welches sie zusammensetzt, hat nicht die Hälfte der Vertiefung des Bodens zwischen den beiden Bergen ausgefüllt, und eben so wenig die Schluchten, welche zwischen ihnen herabsteigen. Im ganzen Umfange dieses Felsen-Gebildes erheben sich von Zeit zu Zeit Rauchwolken, verbunden mit Dampf-Ausströmungen und einem Geräusch, demjenigen ähnlich, welches die Klappen grosser Dampfkessel beim Oeffnen hervorbringen. Aber in keinem Theile zeigt sich die geringste Spur eines wirklichen Kraters, noch irgend etwas, was ihm ähnlich sieht, und eben so wenig bemerkt man Erscheinungen, welche auf irgend eine Weise die Concentrirung der unterirdischen Kräfte in einem Mittelpuncte anzeigten. *Domeyko* hat sogar bemerkt, dass in der ganzen Zeit von etwa zwei Stunden, welche er in dieser Höhe zubrachte, sich aus den untern Steinhaufen und den entferntern Solfataren weit beträchtlichere Rauchmassen und mit grösserer Heftigkeit entwickelten, als aus dem centralen oder höchsten Theile des Cerro Azul. Von dieser Stelle fängt der zweite Ast des sogen. „Neuen Vulcans" an, sich längs des westlichen Abhanges des Cerro Azul zu erstrecken, und gelangt so bis zur Schlucht des alten Weges von Blanquillo. Dieses Thal von Blanquillo hatte früher einen sehr ebenen, mit Sand bedeckten Grund und stieg mit einem sehr sanften Abhange bis zum erhabensten Theil zwischen dem Cerro Azul und dem Descabezado hinauf. Die vielen Felsblöcke, welche jetzt diese Schlucht ausfüllen, lassen nur einen sehr schmalen Weg auf der Seite des Descabezado übrig, welcher dem beständigen Herabstürzen von Steinblöcken ausgesetzt ist. Diese locker aufeinander liegenden Massen reichen heute bis zu den Wiesen herab, welche Vegas del Blanquillo heissen und etwa eine Legua vom centralen Theile der Solfataren im Cerro Azul entfernt sind. Wenn man nun bedenkt, dass der erwähnte centrale und am höchsten gelegene Theil des ganzen, durch diesen vulcanischen Ausbruch zerstörten Erdreichs beinahe 9000 Fuss über dem Meere und die vorhin angeführten Weidegründe auf beiden Seiten des Cerro Azul 5000—5200 Fuss über demselben liegen, so ergiebt sich, dass die ganze Reihe aufgehäufter Felsblöcke, welche das weite Gebiet dieser Solfataren bilden, heutigen Tages eine Region einnimmt, welche mehr als 3600 Fuss senkrechter Distanz, mehr als zwei Leguas Länge von einem Ende bis zum andern, eine Breite von 770—858 Fuss und an einigen Stellen selbst mehr als 3000 Fuss Breite zwischen den benachbarten Bergabhängen besitzt.

Die Bewohner jener Gegend, unter deren Augen diese grossartige Erscheinung sich zutrug, berichten, dass solche am 26. Novbr. im J. 1847 erfolgt sey. Es ging ihr ein ausserordentliches Getöse voraus und vorzüglich liess sich ein erschreckendes Geräusch beim ersten Ausbruch in einem Umfange von 12 Leguas hören. Seinen Ursprung hatte es im Cerro Azul, und in einer Entfernung von 26 Leguas spürte man noch den Schwefelgeruch, welchen es bei seinen Ausbrüchen entwickelte.

Die Einwohner von Cumpeo und vom Thale des Rio Claro behaupteten einstimmig, dass der Vulcan sich an dem genannten Tage des Abends öffnete, dass es an diesem Tage viel regnete, dass man donnern hörte und dass der Berg ein ununterbrochenes Gebrüll von sich gab. Alle stimmten darin überein, dass dies Phänomen von keinem Erdbeben begleitet war.

Die Nacht, welche darauf folgte, war sehr dunkel; es regnete in Strömen; jeden Augenblick sahen die Bewohner der Ebene hell leuchtende Blitze in der Cordillere, und diejenigen Personen, welche sich damals gerade im höchsten Theile des Rio Claro befanden, sagten aus, die ganze Bergkette habe in Feuer gestanden. Ein Hirt versicherte, dass die Bergabhänge auf der Seite des Descabezado erleuchtet waren und brüllten, als ob Schüsse fielen, und dass man grosse Felsen herabstürzen hörte, als ob der ganze Berg in Stücke gehen wollte; aber man fühlte kein Erdbeben und keine Erschütterung des Bodens. Die Luft war so sehr mit dem Geruche von verbranntem Schwefel erfüllt, dass er nicht blos die Leute, welche am Rio Claro wohnten, sehr belästigte, sondern auch die in Cumpeo und am ganzen Fusse der Andes.

Der folgende Tag fing mit Regen an; das Geräusch wiederholte sich von einem Augenblick zum andern, und die Luft war fortwährend mit einem unerträglichen Schwefelgeruch erfüllt. Aber am dritten Tage fing der Vulcan an, etwas ruhiger zu werden, das Geräusch verstummte allmählig und die Luft begann reiner zu werden; bald darauf verbreitete sich das Gerücht, es habe sich ein neuer Vulcan auf dem Cerro Azul gebildet.

Vierzehn Tage später fanden Hirten die Schlucht und den Portezuelo del Viento fast verschüttet; der ganze Abhang des Cerro Azul rauchte; grosse Massen frisch gefallener und aufeinander gehäufter Steine gaben einen dichten, übel riechenden Rauch von sich, und es stiegen auch hier und da einzelne Flammen empor; allein die Trümmerhaufen sollen damals noch weit von den Vegas del Blanquillo entfernt gewesen seyn.

Als dieselben Männer und mehrere andere um jene Zeit genöthigt waren, in das Thal der Invernada einzudringen, fanden sie, dass dieselben Felshaufen schon in die Vegas de San Juan sich erstreckt hatten, die man jetzt darin erblickt, und konnten sich wegen der ungeheuren Menge von Rauch und Schwefeldampf, welche sie um sich verbreiteten, denselben nicht nähern. Diese Haufen nahmen folglich schon zu jener Zeit denselben Raum ein, in welchem sie sich gegenwärtig finden, wzhrend die des westlichen Abhanges der Andes seitdem weiter nach dem Blanquillo herab vorgedrungen zu seyn scheinen.

Dass die bisher geschilderten Phänomene weder mit denen eines Ausbruchs-, noch mit denen eines Erhebungs-Kraters identificirt werden können, leuchtet von selbst ein; *Domeyko*, indem er ihr ursächliches Verhältniss zu erklären versucht, bemerkt, dass sowohl der Descabezado, als auch sein Nachbar, der Cerro Azul, als vulcanische Bildungen von einem weit jüngern Alter wie die Erhebung der Andes zu betrachten seyen. Diese letztern, mit ihren zum Theil jetzt erloschenen Feuerbergen, hatten sich einen Weg durch die granitischen Felsarten gebahnt, welche die erhebenden Massen der Anden sind, und nachdem sie die auf ihnen ruhenden, ältern Gebirge durchbrochen, zur Seite geschoben, theilweise auch mit in die Höhe emporgehoben hatten, verbreiteten sie eine ungeheure Menge trachytischer und glasiger Mineral-Substanzen, unter denen obsidianartige Conglomerate, so wie Porphyre in säulenförmigen Absonderungen sich über grosse Räume erstrecken. Nachdem nun durch diese in grosser Mächtigkeit zu Tage gekommenen Gebirgsmassen die hauptsächlichsten, mit der Erdoberfläche und der Atmosphäre communicirenden Canäle verstopft oder auch wohl gänzlich verschlossen waren, fing die vulcanische Kraft, welche sie herausgeschleudert hatte, an, sich im Innern der Erde zu concentriren; mit der Zeit erfolgten Explosionen in grösserer Heftigkeit, welche, indem sie gegen die schwächsten Stellen der Erdrinde reagirten, die locale Erhebung theils geschmolzener, theils durch das Feuer erweichter Massen bewirkten und auf diese Art, wenn auch vielleicht in verschiedenen Zeiträumen, den Descabezado und den Cerro Azul bildeten, welche sich jetzt auf dieser Gebirgskette erheben. Darauf wurden durch die auf dem Gipfel offen bleibenden Mündungen Bimssteine und ähnliche lockere Massen ausgeschleudert, und es ergossen sich Lavaströme, von denen die einen bis in das Thal der Invernada auf der Ostseite, die andern bis zu den Vegas del Blanquillo auf der Westseite sich erstreckten. Es schlossen sich hierauf die Kratere wieder, aber darum ist der in dem tiefen Erdinnern seinen Sitz habende vulcanische Process nicht erstickt, er wirkt noch immer fort und entladet seine Kraft gegen die festen Massen, die ihn eingekerkert halten, und sucht sich einen Ausweg an denjenigen Stellen zu verschaffen, woselbst er den geringsten Widerstand findet.

Nun existirte in dieser letzten Zeitperiode zwischen den beiden vulcanischen Colossen, dem Descabezado und dem Cerro Azul, die schon mehrfach erwähnte Einsenkung, eine lange, diese beiden Berge trennende Schlucht, vielleicht einer der alten, bei der Erhebung der Cordilleren entstandenen Risse und Sprünge, bedeckt und verstopft mit trachytischen und glasigen Felsarten, die ihr Daseyn ältern Eruptionen verdanken. Diese Massen mussten an dem bezeichneten Orte mehr als an irgend einem andern der directen Wirkung der innern Kräfte ausgesetzt seyn, vielleicht deshalb, weil sie sich näher am unterirdischen Feuer befanden, oder weil sie bessere Leiter der Wärme waren, kurz, diese Gebirgsmassen, seit Jahrhunderten geschwächt, mussten zuletzt nachgeben und wurden zertrümmert, und so war die Nothwendigkeit nicht vorhanden, dass dabei eine jener grossen Erschütterungen in dem ganzen Systeme der Andes entstand, welche zu entstehen pflegt, wenn ein Berg emporgetrieben wird, oder ein Krater auf seinem Gipfel sich öffnet. Es erschlossen sich also die schwächsten Seiten auf beiden Bergen zu gleicher Zeit, und da die Ursache dieses Vorganges nicht tief unter der Erdoberfläche ihren Sitz hatte, so begnügte sie sich, die trachytische Rinde, welche ihrer Wirkung am meisten ausgesetzt war, zu zerbrechen, und indem die Gase und Dämpfe, welche unterhalb derselben gespannt waren, endlich sich frei machten, erhoben sie den ganz zertrümmerten Theil an Ort und Stelle, um sich einen Weg durch ihn zu bahnen. Nun entzündete sich — nach der Ansicht der Eingeborenen — diese grosse Schwefelmine in den Eingeweiden des Berges, und tausend Fumarolen fingen an zu rauchen auf der weiten Strecke vom Gipfel des Cerro Azul bis zu seiner Basis und auf seinen beiden entgegengesetzten Abhängen. In dem Maasse nun, als die Verbrennung weiter fortschritt, fielen die zerklüfteten Theile des Berges in tausendfältige Stücke und bedeckten sich mit Schwefelanflügen und Krusten mineralischer Salze, bis endlich die unterirdische vulcanische Thätigkeit allmählig schwächer wurde und zuletzt erloschen schien.

Eine natürliche Folge dieses Processes war, dass das zerbrochene und zerklüftete Gestein durch die corrodirende Wirkung der Säuren und der erhitzten Wasserdämpfe nach und nach in kleine Stücke und zuletzt in Staub zerfiel, so dass sie an Volumen bedeutend abnahmen und hierauf in den Abgrund sanken, welchen die gewaltsam hervorbrechenden Dämpfe bei ihrem ersten Ausbruch gebildet hatten. Wahrscheinlich auf diese Weise entstanden die früher erwähnten Vertiefungen und trichterförmigen Gruben, welche man auf der Oberfläche der Trümmerhaufen wahrnimmt, und man sieht nun auch ein, warum sich diese Vertiefungen gerade über der grossen Spalte befinden, durch welche die zertrümmerten Felsen herausgepresst wurden, und nicht im Umfange und an den Rändern der gedachten Haufen. Zugleich erhellt auch, dass, wenn mit diesen Erden und zerkleinerten Gesteinen die Zwischenräume der grössern Blöcke verstopft werden, der Rauch und die Wasserdämpfe von Zeit zu Zeit stoss- und schussweise hervorbrechen müssen, jedesmal, sobald die letztern hinreichende Kraft erlangt haben, um dieses Hinderniss zu überwinden, und dass diese Schüsse die Felstrümmer in ihrer Lage erschüttern und zum Herabrollen bringen können.

In südlicher Richtung vom Cerro Azul, etwa unter 36° s. Br., finden sich Schwefelbäder, so wie ein Schwefelberg, der Cerro de Azufre, ebenfalls in der Cordillere. Auch diese hat *Domeyko* in den Bereich seiner Untersuchungen gezogen. Die Schwefelquellen liegen in einer Höhe von 5737 Fuss über dem Spiegel des Meeres, und von hier aus gelangt man in südöstlicher Richtung durch die am Südabhange der Sierra Nevada de Chillan liegenden Berge zum Cerro de Azufre, welcher selbst am südlichen Abhange dieses weit über den Kamm der Cordilleren hervorragenden Gipfels liegt. Auf dem Wege dahin brechen an mehreren Stellen nicht nur Schwefeldämpfe, sondern auch heisse Quellen hervor, allein keineswegs auf solchen über einer Spalte aufgethürmten Felshaufen, sondern unter weniger auffallenden geognostischen Verhältnissen. Der Cerro de Azufre, aus der Ferne betrachtet, sieht so aus, als bestände er gänzlich aus Schwefel; überall von vulcanischen Massen umgeben, entwickelt er einen beständigen Rauch, welcher aus Wasserdämpfen, vermengt mit schwefeliger Säure, besteht. Er erscheint in der Gestalt einer halbkugeligen Masse von hellgelber Farbe, welche erst von einem schwarzen oder doch sehr dunkeln Mantel umgeben ist, den ein anderer weisser, glänzender Saum einfasst und ein leichter Nebel krönt, über welchen der höchste Theil des alten Vulcans hervorragt. Nach *Philippi* (in den zusätzlichen Bemerkungen zu *Domeyko's* Aufsatz a. a. O. S. 684) besteht der gelb gefärbte Theil des Berges aus einer erdigen Substanz, die eine Mischung von Gyps, Schwefel und Thon ist, und in derselben finden sich theils Concretionen, theils poröse Theile, so wie andere, welche, ziemlich compact, mehr als die Hälfte ihres Gewichts an Schwefel enthalten; selten findet man Massen reinen Schwefels, welche 2—3 Zoll im Durchmesser halten. Inmitten dieser Masse, welche die Rinde des Schwefelberges bildet und einen starken Geruch nach schwefeliger Säure verbreitet, sieht man eine Unzahl von Löchern, die 8—12 Zoll im Durchmesser haben und schwefelige Säure und Wasserdampf aushauchen. Der Verbrennungsprocess unterhalb der Erdrinde mag langsam erfolgen, denn der Rauch breitet sich frei aus in Gestalt eines kaum sichtbaren Nebels, und man bemerkt kein stossweises Hervorbrechen von Dämpfen. Die Mündung eines jeden Loches ist mit kleinen, nadelförmigen, durchscheinenden Schwefel-Krystallen geziert, welche, wenn man sie berührt, zu Pulver zerfallen. Senkt man eine metallische Substanz, etwa einen Hammer, in diese Löcher hinab, so beschlägt sich dieser gleich mit reichlichen Tropfen eines säuerlichen Wassers, aber man verspürt keinen Geruch nach Schwefelwasserstoffgas. Hin und wieder besitzt der Erdboden noch eine erhöhte Temperatur, seine Oberfläche ist porös, weich, zerreiblich, theilweise blasig; sie bricht unter den Fusstritten ein, und es entbindet sich alsdann zugleich eine reichliche Menge schwefeliger Säure. Auf der Oberfläche des Berges liegen ansehnliche Obsidian-Stücke zerstreut, welche, wie die im Krater von Vulcano (auf den Liparischen Inseln), mit sublimirtem Schwefel theils überzogen, theils von ihm durchdrungen sind. Diese Stücke stammen von den Laven, welche über dem Gipfel und an den Seiten des Schwefelberges anstehend gefunden werden. Obgleich sie in vielen Varietäten vorkommen, so prädominirt doch eine glasige Obsidian-Masse, welche aber sehr leicht ihre schöne schwarze Farbe, ihren Glasglanz verliert und alsdann ein mattes Ansehen erhält.

Der Ort, wo die Verbrennung am stärksten zu erfolgen scheint, woselbst auch der meiste Schwefel sublimirt wird, und wo die Fumarolen am zahlreichsten auftreten, findet sich am Rande eines sehr steilen Abhanges, welcher in das Thal der Aguas Caliente sich hinabsenkt und etwa 1200 Fuss in senkrechtem Abstande unter dem Gipfel des Cerro de Azufre liegt. An dem Abhange dieses Rückens steigt eine mächtige Eisbank, wie es scheint, ein Gletscher, fast bis zu demselben Thale hinab, und am Ende dieser Bank, fast unmittelbar unter dem Eise, entspringt aus einer Grotte, welche im Abhange des Berges ausgehöhlt ist, eine Thermal-Quelle, welche 1500 Fuss von ihrem Ursprung noch eine Temperatur von 57° C. besitzt. In diesem Thale, welches beinahe im Osten des Cerro Nevado entspringt und ihn an seinem südlichen Abhange umgiebt, sprudeln fast überall sowohl Schwefelwasser, als auch andere heisse Wasser hervor, aber dessen ungeachtet fliesst durch die Mitte desselben Thales ein Bergstrom mit krystallhellem Wasser, dessen Ufer mit einem dichten Wiesenteppich eingefasst sind.

Pseudovulcanische Erscheinungen an der Küste der Tierra-Firme und auf Trinidad.

§. 39.

Während in dem vorigen Abschnitte vorzugsweise Solfataren unsere Aufmerksamkeit in Anspruch nahmen, sind es jetzt wieder Schlamm-Vulcane, denen wir uns zuzuwenden haben. In frühern Zeiten nur den Eingeborenen bekannt, verdanken wir ihre erste Kenntniss einzig und allein *A. von Humboldt*, welcher während seiner Reise in diesem Theile des ehemaligen spanischen America's sie kennen lernte. Es sind dies die Schlamm-Vulcane von Turbaco, in der Nähe von Carthagena, die wir zunächst zu betrachten haben.

Nach *A. v. Humboldt* (s. dessen Reise in die Aequinoctial-Gegenden, Bd. 6. Zweite Hälfte. S. 103) liegen sie in der Nähe des eben genannten Ortes, in einem vorzüglich an Palmen reichen Walde, auf einer lichten Stelle, die etwa 800 □Fuss Ausdehnung haben mag. Die Oberfläche des Bodens besteht aus Lagen eines grauschwarzen Thones, welcher durch Austrocknung in fünf- bis siebenseitige Prismen sich gespalten hat. Auf dieser Fläche bemerkt man etwa 15—20 kleine, abgestumpfte Kegel, welche nur 3—4 Toisen hoch sind und von den Bewohnern dieser Gegend „Volcanitos" genannt werden. Die höchsten derselben mochten etwa einen Umfang von 240 Fuss haben; auf ihrer Spitze befand sich eine trichterförmige Vertiefung von 15—28 Zoll im Durchmesser. Ein erhöhter Rand umgab diesen kleinen Krater, der mit Wasser angefüllt war, aus welchem in ziemlich regelmässigen Zwischenräumen Luftblasen von beträchtlichem Umfange sich entwickelten. Innerhalb zweier Minuten erfolgten etwa fünf solcher Gasentbindungen. Von Zeit zu Zeit hörte man ein dumpfes Getöse, welches 15—18 Secunden dem Heraustreten der Luftblasen voranging. Letztere erreichen eine so ansehnliche Grösse, dass eine einzige derselben oft 10—12 Kubikzoll Gas enthält; das Emportreten des letztern erfolgt bisweilen so heftig, dass das Wasser aus dem Trichter herausgeschleudert wird und am Abhange des Kegels herunterfliesst. *A. v. Humboldt* bemerkte auch einige Oeffnungen im Boden, die nicht gewölbt waren und aus denen ebenfalls Gas hervortrat; es schien ihm, dass sie, die nur mit einer kleinen, 10—12 Zoll hohen, aus Thon bestehenden

Erhöhung gebildet sind und auch beinahe aneinander stossen, nicht gleichzeitige Ausbrüche haben. Es scheint, dass jeder Krater das Gas durch einen verschiedenen Leiter empfängt, und dass diese Leiter, die sich in einen und den nämlichen Behälter von zurückgepresstem Gas verlieren, mehr oder weniger Hinderniss dem Ausströmen des luftförmigen Fluidums entgegensetzen. Sicherlich ist es auch nur wohl dieses letztere, welches den Thonboden kegelförmig erhoben hat, und das dumpfe, hohle Geräusch, welches dem Hervortreten der Gase vorangeht, deutet darauf hin, dass man sich hier auf einem hohlen Boden befindet. Solche Stellen sind im südlichen America selbst da sehr häufig, wo man thätige Vulcane nicht bemerkt. Die Eingeborenen versichern, dass die Zahl und Form dieser Volcanitos während eines Zeitraums von 20 Jahren sich nicht merklich geändert habe, und dass die kleinen Kratere auf ihrem Gipfel selbst während der heissen Sommermonate mit Wasser angefüllt seyen. Die Temperatur dieses letztern ist nicht höher als die der Atmosphäre. Das hunderttheilige Thermometer zeigte in einem nahen Bache $23^{0},_{7}$, in der freien Luft an den Volcanitos, ohne jedoch den Sonnenstrahlen ausgesetzt zu seyn, $27^{0},_{5}$, dagegen in dem Wasser auf dem Gipfel der Kegel 27^{0} — $27^{0},_{2}$. Bemerkenswerth ist es, dass man auf diesem Terrain nie leuchtende Phänomene wahrgenommen hat, während wir solche bei den bisher geschilderten Schlamm-Vulcanen so häufig auftreten sahen.

Vermittelst langer Stangen konnte man ohne besondere Anstrengung 6 — 7 Fuss tief in die Oeffnungen der Kratere eindringen; letztere haben meist nur eine Tiefe von 25 — 30 Zoll. Schöpft man das in ihnen stehende Wasser aus und lässt es in einem Gefässe ruhig stehen, so wird es bald klar und besitzt alsdann einen schwachen Geschmack nach Alaun, ohne dass sonstige Niederschläge in ihm sich bilden.

Aus dem bisher Mitgetheilten ergiebt sich, dass diese Volcanitos von den früher geschilderten Schlamm-Vulcanen im Wesentlichen sich nicht unterscheiden, aber eine wesentliche Verschiedenheit scheint hinsichtlich der aus ihnen hervortretenden Luftarten obzuwalten. Die Gase nämlich, welche bei Turbaco sich entbinden, sollen nach *A. von Humboldt's* ausdrücklicher Versicherung nur aus fast ganz reinem Stickgas bestehen, während bei den früher erwähnten Gebilden zuverlässige Chemiker sie aus den beiden gewöhnlichen Kohlenwasserstoffgas-Arten zusammengesetzt fanden. In den Gasen von Turbaco fand *A. von Humboldt* keine Beimengung, weder von Sauerstoffgas, noch von Kohlensäure, doch lässt er die Frage unbeantwortet, ob das Stickgas nicht mit einem geringen Antheil von Wasserstoff vermischt sey. Die Quantität des entwickelten Stickgases ist übrigens so ausserordentlich gross, dass man sie an einem Tage auf mehr als 3000 Kubikfuss anschlagen kann.

Dies war der Stand unserer Kenntniss von jenen Erscheinungen bis zum Jahre 1848, um welche Zeit *Herm. Karsten* während einer Reise nach Süd-America dieselbe Gegend besuchte und sie einer sorgfältigen Untersuchung, namentlich hinsichtlich ihrer geognostischen Beschaffenheit und der chemischen Natur der aus den Volcanitos entweichenden Gase, unterwarf, dabei aber zu Resultaten gelangte, welche zum Theil mit denen von *A. von Humboldt* nicht übereinstimmen.

In Beziehung auf den Felsbau dieses Küstenstriches bemerkt *Karsten* (in der Zeitschrift der deutschen geologischen Gesellschaft, Bd. 4. S. 580) zunächst, dass die Küste bei Carthagena gänzlich aus den jüngsten tertiären Gebilden besteht. Kalkschichten, welche eine Mächtigkeit von 1—6 Fuss erreichen, sind zum Theil aus Korallen- und Muschel-Anhäufungen zusammengesetzt, wechsellagern mit Sand- und Mergel-Schichten und bilden in den von Osten nach Westen streichenden Hügeln und Bergen das Hangende von Schichten lockerer Sandsteine und dünner, Muscheln umschliessender Mergelstraten, welche Bänke eines dichten thonigen und sandigen Kalkes enthalten.

Alle diese Gebilde streichen fast von Süd nach Nord und sind an der Nordküste zum Theil unter einem grössern Winkel gegen Westen aufgerichtet; im Allgemeinen ist ihr Einfallen jedoch ein nur sehr geringes. Zur Kreideformation gehörige Massen scheinen nirgends aufzutreten, dagegen wird das Meeresufer durch die jüngsten Ablagerungen gebildet und ansehnliche Felsschichten, grösstentheils aus Muscheln und Korallen zusammengesetzt, bilden hier jetzt den Boden eines kräftig vegetirenden Waldes.

Diese Formation ist es, auf welcher, südlich von Carthagena, die Volcanitos von Turbaco in einer Meereshöhe von 1000—1500 Fuss sich nur wenig über die Oberfläche erheben. Es finden sich diese letztern in grösserer Anzahl beisammen und sie erscheinen dermalen nur in der Gestalt von Quellen, die aus einem erweichten Thonboden hervortreten. Dieser wird durch das fortwährend entweichende Gas in einen dünnen Brei umgewandelt, in die Höhe getrieben. und am Rande der meistens einen Fuss im Durchmesser haltenden Mündungen der Quellen abgesetzt, woselbst er binnen kurzer Zeit zu einem Ringe von einem oder einigen Zollen Höhe erhärtet. In der Regel sind die Quellen, welche an andern Orten auch nur vereinzelt auftreten, während der Regenzeit reicher an Wasser; es wird zum Theil mit dem Schlamme allseitig von den mit Gewalt hervorbrechenden Gasblasen über den Rand des Ringes hinweg getrieben, wobei der erstere allmählig mit fortgerissen wird; meist aber fliesst es in kleinen Rinnen in diesem abgesetzten und erhärteten Thone ab, so dass die Erhebung der auf einem Raume von einigen hundert □Fuss vereinigten Quellen bei Turbaco über die allgemeine Oberfläche des Bodens nur wenige Fuss beträgt und die der isolirt im Walde vorkommenden beinahe unmerklich ist.

Die durch die hervorbrechenden Gasblasen in dem Wasser hervorgebrachte Bewegung ist der des kochenden Wassers ähnlich, aber demungeachtet besitzt es keine höhere Temperatur; der Schlamm, welcher zu gleicher Zeit mit an die Oberfläche gelangt, ist nicht, wie der Mergel des Bodens, aus welchem die Quellen hervorbrechen, gelb, sondern blaugrau gefärbt, und dies wahrscheinlich deshalb, weil er durch die aus der Tiefe kommenden flüssigen Stoffe diese Färbung erhält. Er zeigte bei einer im Schatten des Waldes bei Cannaverales befindlichen Quelle im September eine Temperatur von 22° R., dieselbe, welche die gegen 50 Fuss tiefen Brunnen in Baranquilla und Carthagena besassen; die der Sonne ausgesetzten Volcanitos bei Turbaco zeigten Mittags 23½ ° R. Der Geschmack des Wassers ist stark salzig und der grosse Salzgehalt ist auch wahrscheinlich die Ursache, dass der die Umgebung der Quelle bedeckende Schlamm keine Pflanzen zu ernähren im Stande ist. Das Wasser hat im Allgemeinen einen ziemlich reinen Geruch und scheint eben so wenig wie das aus ihm hervorbrechende Gas Schwefelwasserstoff, noch Empyreuma zu enthalten. Nach *Karsten* besteht das Gas allein aus einer Mischung von atmosphärischer Luft mit Kohlenwasserstoffgas; von Kohlensäure sind nur schwache Spuren darin enthalten. Die Menge des Kohlenwasserstoffgases ist in den verschiedenen Quellen verschieden, jedoch noch nicht quantitativ ermittelt.

Wie lässt sich dieser Widerspruch mit der Untersuchung von *A. von Humboldt* erklären? Sollte vielleicht im Laufe der Zeit sich die Natur des zu Tage tretenden Gases so gänzlich verändert haben?

Ausser diesen südlich von Carthagena gelegenen Quellen kommen noch ihnen ähnliche in der Nähe der Küste, ostwärts von der genannten Stadt, bei Guaigepe, Boca de Manzaguapo, Salina de Zamba, auf der Insel Cascajo, und alle mit salzigem Wasser vor, aus denen die vorhin genannten Gase sich entbinden. Die Quelle von Totume bricht aus einem Sandboden hervor, die Mündung ist daher stets mit Sand verschlossen und das Gas treibt keinen Schlamm hervor.

Eine andere ähnliche, in einer Thonschicht auftretende Quelle befand sich früher auf dem Plateau des Hügels einer erhabenen Landzunge, auf der sogen. Galera de Zamba; es ist dies der berühmte Volcan de Zamba, über welchen uns neuerdings nicht nur durch *Karsten* (a. a. O. S. 582), sondern auch durch *Acosta* (s. *l'Institut.* 1849. No. 828. p. 362) äusserst interessante und belehrende Nachrichten zugekommen sind.

Nach Letzterm erstreckte die Galera de Zamba sich ehedem ohne Unterbrechung weit in das Meer hinaus, bis zur Insel Enea, in welcher die erstere endigte. Von der Küste konnte man 3—4 Stunden vordringen bis zu einem nackten, kegelförmigen Hügel, welcher mit einem Krater versehen war und das Ansehen eines wirklichen Vulcans hatte. Es entströmten ihm Gase und Dämpfe mit einer solchen Heftigkeit, dass, wenn man Holzstücke und Bretter in seinen Schlund warf, solche hoch aufwärts fortgeschleudert wurden. Von Zeit zu Zeit soll der Kegel auch Rauch ausgestossen haben. Etwa um das J. 1838, nach einer Eruption, wobei man auch Flammen bemerkte, senkte sich indess die Oberfläche des Bodens nach und nach und die Halbinsel Galera de Zamba wurde in eine Insel umgewandelt. Nun konnten die Schiffe ungehindert von la Madalena auslaufen und nach Carthagena durch die Oeffnung gelangen, welche in Folge des Verschwindens des Vulcans entstanden war und in der das Senkblei eine Meerestiefe von 25—30 Fuss angab.

So verhielt sich der Stand der Dinge bis zu den ersten Tagen des Octobers im J. 1848, als man am 7. desselben Monates ein Getöse vernahm, welches äusserst schnell stärker und stärker wurde und sich auf einmal aus dem Grunde des Meeres, da, wo früher der verschwundene Vulcan gestanden hatte, eine mächtige Feuergarbe erhob, welche beinahe die ganze Provinz Carthagena, so wie einen Theil jener von Santa Martha erleuchtete. Von Aschenregen wurde während dieses Ausbruchs, welcher mit allmählig abnehmender Heftigkeit mehrere Tage hindurch anhielt, nichts wahrgenommen. Eben so wenig verspürte man etwas von einer Emportreibung oder einer Erhöhung des Bodens. Auf den benachbarten Küsten offenbarte sich die unterirdische Thätigkeit nur durch zahlreiche Luftlöcher, welche Ströme von Gas ausstiessen und kleinen Erdkegeln die Entstehung gaben. Sie alle — man zählt deren um den untermeerischen Vulcan von Zamba mehr als 50 auf einem Terrain von 10 Stunden — sind aus einem mit Salz beladenen Thon gebildet und erfüllt mit Wasser, dessen Temperatur die gewöhnliche ist; aus dem Wasser bricht das Gas hervor. Einige Tage nach der Eruption bemerkte man, genau an der Stelle des alten Vulcans, eine mit Sand bedeckte Insel.

Nach *Karsten* erfolgte diese Katastrophe nach einer ungewöhnlich lange anhaltenden Dürre während der Nacht, aber gleichzeitig mit der jetzt eintretenden Regenzeit. Vielleicht wurde in Folge der bedeutend erhöhten elektrischen Spannung der Atmosphäre das Gas entzündet; zugleich war das Wasser der Quellen der Halbinsel wegen der Dürre versiegt. Das Gas brannte 11 Tage lang unaufhörlich fort, erleuchtete die Umgegend 20 Meilen weit, trieb erhitzte Massen von Erde hervor und schleuderte sie, gleich Leuchtkugeln, weithin ins Meer, so wie auf das benachbarte Land.

Die vorhin erwähnte Insel verschwand jedoch bald wieder,

und auch derjenige Theil der Halbinsel, welcher der hauptsächliche Schauplatz der unterirdischen Thätigkeit gewesen war, fing an zu sinken und verschwand endlich gänzlich unter die Meeresoberfläche, auf welcher sich die Stelle des ehemaligen Vulcans von Zamba nur noch durch hervorbrechende Gasblasen zu erkennen giebt.

Sucht man dieser Erscheinung auf den Grund zu kommen; berücksichtigt man dabei vorzugsweise die geognostischen Verhältnisse dieser Gegend; kennt man die mächtigen Asphalt-Lager in der untern Kreide, welche in dem Gebirge von Ocanna und des Quindiu zu Tage kommt, so wie die Kohlen- und Steinsalz-Lager, welche letztere einen grossen Theil von Neu-Granada mit Salz versehen: so darf man wohl annehmen, dass ähnliche Salzlager und ähnliche Flötze brennbarer Stoffe sowohl die Ursache des Salzgehaltes des Wassers, als auch des ausströmenden Kohlenwasserstoffgases sind, dessen Entzündung sich vielleicht auf die tiefer liegenden Flötze selbst fortpflanzte und durch eine theilweise Verbrennung dieser das Sinken des hangenden Gesteines veranlasste.

Von ähnlichen an der Küste der Terra firma vorkommenden Erscheinungen gehört hierher noch der Luftvulcan von Cumacatar, südwärts von San Jose und Corupano, zwischen der Montana de Paria und der Stadt Coracio. Man vernimmt hier fast stets unterhalb eines thonigen und schwefelhaltigen Bodens weit hörbare Detonationen, und warme Schwefelquellen entströmen der Erde mit solcher Heftigkeit, dass letztere durch den Stoss merklich erschüttert wird. Man behauptet auch, seit dem grossen Erdbeben im J. 1797 öfters das Aufsteigen von Flammen gesehen zu haben. An dem Ufer des Sees von Maracaybo bemerkt man den Asphaltschlund von Mena; er speit Bergtheer aus und es entwickeln sich aus ihm Dämpfe und Gase, welche sich oft von selbst entzünden und weithin sichtbar seyn sollen.

Setzen wir von der Küste der Tierra Firme, und namentlich der von Venezuela, zu der östlich davon gelegenen Insel Trinidad über, so stossen wir daselbst auf pseudovulcanische Erscheinungen eigenthümlicher Art, nämlich auf Schlamm-Vulcane in Verbindung mit Ausbrüchen von Bergtheer und Asphalt, welche letztere Stoffe an mehreren Stellen auf der Insel in frühern, wahrscheinlich vorhistorischen Zeiten in einem äusserst grossartigen Massstabe sich gebildet haben müssen.

Die Schlamm-Vulcane, vorzugsweise deutlich entwickelt, befinden sich auf der südwestlichen Spitze der Insel, in der Nähe des Caps von Icacos (Point du Cac), und zwar zwischen ihm und dem Rio Erin; der grösste derselben soll 150 Fuss im Durchmesser haben. Sie liegen in einer Ebene und erheben sich kaum vier Fuss über dieselbe, obschon beständig kochender Schlamm in deren Krateren unter der Gestalt grosser Blasen sich erhebt. Von Zeit zu Zeit treten neue Kratere neben den alten auf, und diese letztern gelangen dann mehr in den Zustand der Ruhe.

Vierzig englische Meilen davon aufwärts gelangt man alsdann zu dem berühmten Asphalt- oder Pech-See, welcher 36 englische Meilen südlich vom spanischen Hafen entfernt ist. Nach *J. E. Alexander* (in *Jameson's Edinb. N. philos. Journ.* 1833. XXVII. pag. 94 ff.), welcher diesen See neuerdings besucht hat, ist die Westküste der Insel auf einer Strecke von 20 Meilen Breite flach, aber bewaldet und von mehreren Flüssen durchschnitten. Schon an der Landspitze La Braye (la Breea) erblickt man ansehnliche Pechmassen, welche, gleich schwarzen Felsen, im Walde sich erheben und in die See hervortreten. Einige von ihnen liegen auf einem sandigen Boden, andere aber werden in kleinern Massen, gleichsam als Geschiebe, von den Meereswellen hin und her getrieben und landen an verschiedenen Stellen. Beim Weiler La Braye ist die Gegend auf eine grosse Strecke hin fast ganz mit Pech bedeckt, welches in Form einer Bank weit in die See hineinragt. Anderwärts geht und fährt man auf Pech, das jedoch im Allgemeinen nur einen dünnen und oft unterbrochenen Ueberzug über den Boden bildet. Aecker und Gärten hat man auf demselben angelegt und die Pflanzen gedeihen wohl auf denselben, doch kommt auch an vielen Stellen das darunter befindliche Erdreich zum Vorschein. Der Pech-See liegt an der Seite eines Hügels, etwa 80 Fuss über der Meeresfläche, von welcher er etwa eine Meile entfernt seyn mag. Er ist ganz von hohen Waldbäumen eingeschlossen, etwa $1/2$ engl. Meile lang und $1/16$ Meile breit. Er hat in der That das Ansehen eines Sees, ist jedoch von vielen tiefen Spalten durchzogen, erfüllt mit gutem und frischem Wasser, welches sich stellenweise über die Oberfläche ausbreitet und Fischen und Amphibien zum Aufenthalte dient, wie *Webster* (in *Jameson's Edinb. N. philos. Journ.* 1835. XXVIII. pag. 331 etc.) berichtet. Nach *Alexander* (a. a. O.) hat der See 1½ Meile im Umfang und in ihm zählte er 8—12 kleine Inseln, auf denen Bäume ganz in der Nähe des aufwallenden Peches wuchsen. An den Seiten des Sees ist das Pech ganz hart und kalt; geht man aber darauf nach der Mitte hin, so nimmt die Wärme des Bodens allmählig zu, das Pech wird immer weicher, bis man es zuletzt im flüssigen Zustande aufkochen sieht und die Bodenwärme unerträglich wird. Auch die Sonne erwärmt es bisweilen so stark, dass, wenn man sich auf dasselbe stellt, man bis über den Kopf einzusinken befürchten muss. Die Luft über und neben dem See ist mit Bitumen- und Schwefel-Dämpfen erfüllt. In der kältern Regenzeit kann man jedoch den See ganz überschreiten. Bei verschiedenen Versuchen, die Mächtigkeit des Peches zu ergründen, ist man auf keinen Boden gekommen. Es bildet eine matte, schwarze, feste Substanz mit ebenem Bruche, lässt sich mit dem Messer schaben, riecht wie Kohlentheer, sinkt in Salzwasser schnell unter und färbt Papier matt braun. Bei 155° C. schmilzt es unvollkommen zu einer weichen Masse, ohne auseinander zu laufen. Auf Trinidad dient es zur Verbesserung der Wege und zum Verkitten der Steine unter Wasser; auch wird es mit Vortheil zur Gasbeleuchtung verwendet.

Der Erguss des Peches aus diesem See muss früherhin unermesslich gewesen seyn, da die ganze Gegend umher, ausser der Bai von Grapo, damit bedeckt erscheint. Seit Menschengedenken ist jedoch kein Ausbruch erfolgt, obschon die Bewegung in der Mitte des Sees nicht aufhörte. Der Seespiegel hat das Ansehen, als ob er, in vielen Blasen aufwallend, plötzlich erkaltet wäre; wo aber der Asphalt noch nicht erkaltet ist und seine flüssige Beschaffenheit beibehalten hat, da erscheint seine Oberfläche eben und glatt. Auch noch an andern Stellen der Insel finden sich Asphalt-Massen, z. B. zwischen Point Breea und Point Naparima, woselbst sie eine Bank bilden, über welcher das Wasser 10—12 Fuss hoch steht und worin die Fische sich gern aufhalten. Die Schiffer ankern auch bisweilen daselbst.

Bei einer Oertlichkeit, welche den Namen „Serpents Mouth" führt, befinden sich mehrere Pech-Riffe, welche bald wachsen bald verschwinden und mit einem in der Nähe befindlichen Schlamm-Vulcan in Verbindung stehen sollen.

Der letzte Asphalt-Schlund, welchen man kennt, ist der von Guataro; er liegt nahe an der östlichen Küste der Insel, in der Bucht von Mayaro. Dieser Schlund ist auch bekannt unter dem Namen der Mine von Chapaxote. In den Monaten März und Juni sollen die Auswürfe des Asphaltes häufig von starken Detonationen, von Rauch und Flammen begleitet seyn.

Pseudovulcanische Erscheinungen auf den Antillen.

§. 40.

Sie kommen sowohl auf den kleinen, als auch auf den grossen Antillen vor. Bei der Beschreibung der Vulcane auf den erstern ist dieser Erscheinungen beiläufig schon gedacht worden; aber auch auf den grossen Antillen hat man deren wahrgenommen, und zwar besonders auf Hayti, über welche wir die erste Nachricht *J. Lhotsky* verdanken; s. *Baumgartner's* und *Ettingshausens* Zeitschr. für Phys. und Mathem. 1830. Bd. 7. S. 283—286.

Das Phänomen giebt sich besonders kund in nördlicher Richtung von der Stadt Gonaïves, woselbst sich ein mächtiges Kalkgebirge fast einen ganzen Breitengrad westwärts hinziehet und eine ansehnliche Landzunge bildet. Anfangs erhebt es sich zwar nur allmählig, weiterhin aber wird es von senkrecht abstürzenden Felswänden begrenzt. Die Höhe desselben mag 800 Fuss betragen. Der Kamm des Bergzuges hat ein nacktes, kahles Ansehen, seine Abhänge aber sind mit einem so dichten Gestrüppe von Buschwerk und Saftpflanzen versehen, dass man sich kaum hindurch arbeiten kann. Während der trocknen Jahreszeit (im Februar 1821) bemerkte man an zehn verschiedenen Stellen auf der Höhe des Berges Rauch- und Dampfsäulen, welche senkrecht in die Luft sich erhoben. In der darauf folgenden sternhellen Nacht erschienen jene Dampfsäulen als eben so viele Flammen, welche mehrere Klaftern hoch wurden, eine röthliche Farbe besassen, auf der Erde hin zu laufen schienen, dann erloschen, bald darauf aber wieder erschienen. Nach der Aussage der Neger soll man diese Erscheinung jährlich einmal wahrnehmen, aber jedesmal nur in der trockensten Jahreszeit, indem dann die bereits schon verdorrenden Pflanzen vollends verbrennten. Welche Gasarten es sind, die dem erwähnten Phänomen zum Grunde liegen, darüber findet man keine nähere Nachricht; überhaupt schei nen spätere Naturforscher diese Gegend nicht bereist zu haben, woran vielleicht die Unzugänglichkeit des Terrains mit Schuld ist.

Pseudovulcanische Erscheinungen in Nordamerica.

§. 41.

Die weiten, unermesslichen-Räume dieses Ländergebietes scheinen verhältnissmässig arm an derartigen Erscheinungen zu seyn, doch kennt man deren aus dem Staate New-York, woselbst sie und zwar im südwestlichen Theile desselben, in der Gegend von Canandaigua, der Hauptstadt der Ontario-Grafschaft, häufig vorzukommen scheinen. Zu Bristol, welches in südwestlicher Richtung 10 Meilen von Canandaigua entfernt ist, finden sie sich in einer Schlucht, welche das aus Thonschiefer bestehende Gebirge durchsetzt. Das Gas steigt daselbst aus den Spalten und Klüften des Gesteins am Ufer eines Baches, ja sogar aus dessen Bette empor und bildet zahlreiche Blasen, wenn es sich über die Oberfläche des Wassers erhebt. Sobald man mit einem brennenden Lichte sich demselben nähert, entzündet es sich; an solchen Stellen jedoch, wo das Gas unmittelbar den Felsmassen entsteigt, brennt dasselbe stets mit einer schönen, hell leuchtenden Flamme, welche aber durch heftige Stürme oder durch absichtliches Ersticken zeitweise ausgelöscht werden kann.

Eine andere Stelle, wo man solche Gasquellen angetroffen, ist Middlesex, welcher Ort südwärts 12 Meilen von Canandaigua entfernt ist. Das Gas bricht hier aus dem Boden eines Thales hervor, bekannt unter dem Namen „Federal Hollow", zum Theil in einer Höhe von 40—50 Fuss an dessen Südseite. Der Mündungen sind sehr viele. Sie werden bezeichnet durch kleine Erhöhungen von wenigen Fussen im Durchmesser, die jedoch nur einige Zolle hoch sind und aus einer schwarzen, bituminösen Masse bestehen, welche als ein Niederschlag oder Absatz der Quellen zu betrachten seyn dürfte. Die Gasströme lassen sich leicht entzünden und brennen selbst mit Schnee bedeckt fort, ja, wie behauptet wird, so sollen sich bei strenger Kälte Röhren aus Eis bilden, durch welche das Gas hervorströmt.

Ursache der vulcanischen Erscheinungen.

§. 42.

Aus frühern Beschreibungen der Eruptionen solcher Vulcane, die durch einen hohen Grad von Energie sich auszeichneten, bei der Schilderung von Erdbeben, die über grosse Strecken der Erdoberfläche sich verbreiteten, so wie von Hebungen und Senkungen des Bodens, die ebenfalls über weite Räume hin sich verfolgen liessen, wird man, ohne dass es dazu besonderer Bemerkungen bedurfte, leicht haben entnehmen können, dass der Sitz, der Heerd derselben tief im Innern der Erde zu suchen sey, obgleich wir nicht anzugeben vermögen, bis zu welchem Grade der Tiefe sich derselbe hinabsenkt. Eben so mangelhaft und ungenügend ist unsere Kenntniss über die Ursache dieser Erscheinungen. Ohne die vielen Theorien auseinanderzusetzen, welche man in frühern Zeiten in dieser Beziehung aufstellte und von denen einige fast eben so schnell wieder aufgegeben wurden, als sie aufgetaucht waren, scheint es am gerathensten, mit wenigen Worten auseinanderzusetzen, welche Theorie beim dermaligen Stande der Wissenschaft die plausibelste zu seyn scheint, und wir glauben uns in dieser Hinsicht um so kürzer fassen zu können, als es den Anschein hat, als seyen wir noch weit davon entfernt, sagen zu können, die heutige Erklärungsweise genüge allen Anforderungen, welche die Wissenschaft an sie zu machen berechtigt ist.

Man sagt dermalen, die vulcanischen Phänomene lassen sich aus dem Erdvulcanismus erklären, und versteht unter letzterm den Inbegriff aller der aus dem Innern der Erde nach ihrer Oberfläche hin sich kund gebenden Kräfte, welche in einer Wechselwirkung zwischen dem wahrscheinlich feurigflüssigen Erdkerne, der erstarrten Erdkruste und der sie umgebenden Wasserhülle begründet sind. Kurz gesagt, der Erdvulcanismus ist nach *A. von Humboldt* (s. dessen Kosmos, Thl. 1. S. 257) der Inbegriff aller Reactionen des Innern unseres Planeten gegen seine Rinde und Oberfläche.

Bei dieser Hypothese nimmt man demnach an, dass der Kern der Erde aus einer feurigflüssigen Masse bestehe, und dass derselbe an der Stelle, wo er die Festrinde des Planeten begrenzt, ununterbrochen, jedoch allmählig erstarre, so dass die bereits fest gewordene Schale der Erde stets dicker werde. Der Umstand, dass die meisten flüssigen Körper — denn nur wenige machen davon eine Ausnahme — wenn sie erstarren, eine Verminderung und nicht eine Vergrösserung ihres Volumens erleiden, scheint für den ersten Augenblick hier hindernd im Wege zu stehen; allein man muss hierbei erwägen, dass die bei der Dichtigkeits-Veränderung der Körper obwaltenden physikalischen Gesetze im tiefsten Innern der Erde, wohin wir den Vulcanismus setzen, sich anders manifestiren werden, als an der Erd-Oberfläche. Es ist daher wohl mehr als wahrscheinlich, dass die im Schoosse der Erde befindlichen Stoffe wegen des ungeheuren Druckes der auf ihnen lastenden Gebirgsmassen eine ansehnliche Verdichtung erleiden werden, und es kann daher sich leicht ereignen, dass all das feurigflüssige Material, welches an der innern Seite der Erdkruste allmählig in den starren Zustand übergeht, während dieses Vorganges einer Vergrösserung seiner Masse unterworfen ist. Findet dies aber wirklich statt, so muss während dieser langsam erfolgenden Erstarrung eine Capacitäts-Verminderung der Festrinde der Erde erfolgen, d. h. der von ihr umhüllte und mit dem feurigflüssigen Kern erfüllte Raum wird sich verkleinern. Hierdurch erleidet aber der flüssige Inhalt eine Verstärkung des Druckes und daraus resultirt wieder eine Gegenwirkung gegen die Erdrinde. Die nächste Folge davon ist, dass der durch die Wirkung der Schwerkraft und der Rotation hervorgebrachte Gleichgewichtszustand eine Störung erleidet, und wenn die Gebirgsmassen, welche die Hülle des Erdballs bilden, überall gleich nachgiebig, gleich dick und dabei vollkommen geschlossen wären, so würde sich hierdurch ein Streben kund geben, die Abplattung der Erde an den Polen zu mindern; allein da dieselbe, wie allgemein bekannt, aus sehr verschiedenen Gebirgsarten zusammengesetzt ist, dieselben eine sehr wechselnde Mächtigkeit, dabei auch verschiedene Grade von Widerstandsfähigkeit besitzen, sie auch an vielen Stellen von den Schlöten der Vulcane bereits durchbohrt sind, so wird ein Theil des im vulcanischen Heerde angehäuften flüssigen Materials als Lava bald in diesem, bald in jenem Eruptions-Canale nach der Oberfläche hin emporgepresst, und zwar so lange, bis der Druck der Lavasäule dem im Innern wirkenden Drucke das Gleichgewicht hält. Auf diese Art kann man sich den Ursprung der vulcanischen Eruptionen sehr gut verdeutlichen.

Was die Erdbeben und namentlich die über weite Räume sich verbreitenden und mit vulcanischen Eruptionen nicht in Verbindung stehenden betrifft, so lassen sich auch solche aus der Annahme einer im Innern der Erde befindlichen feurigflüssigen Masse, des sogen. Pyriphlegethon, und der Einwirkung anderer Substanzen und Kräfte auf dasselbe erklären. Die Hypothesen von *Angelot* und *G. Bischof* gehören mit zu denjenigen, welche bislang den meisten Beifall gefunden haben.

Schon vor *Angelot* suchte *Mitchell* die Erdbeben aus einer Fortbewegung reichlicher Maasse unterirdischer Gase und Dämpfe zu erklären, welche Theorie *Angelot* weiter auszubilden sich bemühte; s. *Bull. de la soc. géol.* T. 11. pag. 136. T. 13. pag. 178. T. 14. pag. 43. *Sec. Série.* T. 1. pag. 23.

Er meinte, das feurigflüssige Material, welches wir, als den Kern der Erde bildend, voraussetzen, enthalte eine grosse Menge von Dämpfen und Gasen im gebundenen Zustande, diese würden im weitern Verlaufe des Erstarrungs-Processes des Pyriphlegethon frei, häuften sich an gewissen Puncten oder längs gewisser Striche an und verursachten daselbst entweder durch ihre Spannung, die oft in's Ungeheure gehen kann, oder dadurch, dass sie ihre Stelle ändern, bald hierhin, bald dorthin streben, so lange ein Fluctuiren des feurigflüssigen Erdkernes, bis es ihnen endlich gelänge, an Stellen, die etwa nicht von homogener Beschaffenheit, vielleicht schon mehr oder weniger zerklüftet oder auch nicht so mächtig wären, als die angrenzenden Gebirgsmassen, sich eine Bahn zu brechen und auf diese Weise an die Oberfläche der Erde zu gelangen. Ferner meinte *Angelot* (a. a. O. T. 13. S. 186) — und darin stimmt ihm auch *G. Bischof* (Wärmelehre des Innern unseres

Erdkörpers, S. 268) bei —, es könnten die Fluthen des Oceans auf Klüften und Spalten, welche die Erdrinde durchsetzten, bis zum Pyriphlegethon gelangen und hier in Dämpfe von der höchsten Tension verwandelt werden, ja sie könnten vielleicht auch daselbst, in Folge der hier herrschenden Gluth, eine Zersetzung erleiden und dadurch die gewaltsamsten Explosionen, Emportreibungen und Zertrümmerungen der Erdfeste verursachen.

Andere Geologen, z. B. *Boussingault*, *Necker de Saussure*, *Darwin*, *Virlet*, sind geneigt, die Erdbeben durch Einstürze und Zertrümmerungen im Innern der Gebirgsketten entstehen zu lassen, eine Ansicht, welche besonders von *Boussingault* für die grössern Erdbeben in der Andeskette und an den Seiten derselben geltend gemacht ist; s. *Ann. de chim. et de phys.* T. 58. p. 81. *Necker* hat versucht, diese Theorie in mehr allgemeiner Weise für sehr viele Erdbeben in Anwendung zu bringen; s. *Lond. and Edinb. philos. magaz.* C. XIV. p. 370—374).

Er meint, diese Einstürze könnten hervorgebracht werden durch Auswaschungen von Gyps, Steinsalz, Kalkstein, Thon oder Sand. Erdbeben, welche auf diese Art entständen, liessen sich leicht erkennen, theils aus der Abwesenheit aller vulcanischen Erscheinungen überhaupt und aus der Zeit, in welcher man sie wahrnimmt, theils auch aus den geognostischen Verhältnissen des Bodens, unter welchem man sie verspürt. Wenn nun durch Auswaschungen ansehnliche Höhlungen im Innern der Erde entstanden und diese ihrer Stützpuncte beraubt werden, so muss ein Einsturz erfolgen und es werden die Felsmassen nicht blos in horizontaler und verticaler Richtung hierdurch in eine Erschütterung, in ein Schwanken und Beben versetzt, sondern auch die durch den Einsturz zusammengepresste Luft kann und muss dabei mit einwirken, und schon vielfältig wollen in Bergwerken beschäftigte Arbeiter eine auffallende Aehnlichkeit der Erschütterung, so wie des Geräusches beobachtet haben, welche der Einsturz solcher Höhlen mit denen bei Erdbeben besitzt. Die letztern aber selbst hier zu erwähnen, welche *Necker* auf diese Weise sich entstanden denkt, liegt ausserhalb des Bereiches dieser Blätter. So viel scheint übrigens gewiss zu seyn, dass diese Ansicht nicht unbedingt zu verwerfen ist, und dass manche im Gefolge der Erdbeben auftretenden Boden-Erschütterungen sich auf diese Weise leicht dürften erklären lassen. Die Gebrüder *Rogers*, welche sich mit vielem Scharfsinn und Erfolg Untersuchungen dieser Art zugewendet haben, nehmen ebenfalls zur Erklärung der Erdbeben Pulsationen und ähnliche Bewegungen des Pyriphlegethon, nicht aber ein Freiwerden gebundener Gase und Dämpfe aus demselben an, sie lassen vielmehr die hierher gehörigen Erscheinungen auch durch lineare Dislocationen grösserer Theile der Festrinde der Erde entstehen; s. *the American Journ. of science*, T. 45. p. 345. In der That scheinen auch die grössern Erdbeben, die sich, in weiter Ferne von thätigen Vulcanen, über bisweilen ungeheure Flächen verbreiten, kaum anders erklärt werden zu können, und die Ansicht, dass eine solche, von einem Puncte oder von einer Linie ausgehende, nach den Gesetzen der Wellenbewegung fortschreitende Fluctuation der Oberfläche des flüssigen Erdkernes als die wahrscheinlichste Ursache der grössern Erderschütterungen anzusehen sey, möchte keineswegs ungereimt erscheinen. Wirklich dürften auch mehrere bereits früher erwähnte Beobachtungen an Erdbeben, die in der Nähe von Vulcanen sich ereigneten, für die Plausibilität dieser Theorie sprechen. Wir erinnern hierbei nur an das auffallende Phänomen des Zurückschlagens und Verschwindens der Rauchsäule näherer oder entfernterer Vulcane in den Krater derselben bei Erdbeben, die in mehr oder weniger ansehnlicher Entfernung von letztern sich zutrugen. Der Vulcan von Pasto in Columbien liefert hierzu wohl das denkwürdigste Beispiel. Leicht begreiflich ist es, dass, wenn der feurig-flüssige Erdkern in den Schlöten der Vulcane durch lange Zeit hindurch anhaltende Compression in einem gewissen Niveau erhalten wird, die auf- und niedergehende Bewegung des Pyriphlegethon, während sie unter einem Vulcane fortgeht, ein plötzliches Sinken der Lavasäule verursachen muss, welches ein Zurückschlagen und Verschwinden der Rauchsäule zur Folge haben wird.

Was nun zuletzt die vulcanischen Eruptionen und die in ihrer Begleitung auftretenden Erdbeben anbelangt, so lassen sich solche wohl am einfachsten aus der gegenseitigen Einwirkung der im Innern eines Vulcans aufgestauten Lavamasse und des Wassers, mag dieses nun gesalzenes oder süsses seyn, am einfachsten und naturgemässesten erklären. Dass das Wasser hierbei eine sehr wichtige Rolle spiele, ist eine schon sehr alte Ansicht, die auch von neuern Geologen adoptirt ist. Da, wie wir gesehen, die meisten Vulcane auf Inseln oder weithin ausgedehnten Küstenstrecken angetroffen werden, so mag sehr oft das Meereswasser hierbei seine Einwirkung ausüben, jedoch kann dies auch bisweilen mit süssem Wasser der Fall seyn, da wir ja auch Vulcane, welche mehr im Innern der Continente liegen, kennen gelernt haben. Geräth nun das Wasser mit der auf dem vulcanischen Heerde kochenden Lava in Conflict, so wird es im Momente des Zusammentreffens plötzlich in Dampf verwandelt, dessen Spannung eine sehr hohe seyn wird, so dass es die obersten Theile der im vulcanischen Schlote auf- und niedergehenden Lavasäule gewaltsam herauszupressen und in der Gestalt lockerer Auswürflinge weit umher emporzuschleudern im Stande seyn wird.

Möglich ist es und auch sogar wahrscheinlich, dass bei solchen Vorgängen das Wasser nicht blos in Dampf verwandelt, sondern dass es auch in seine Bestandtheile zerlegt werden kann. Zwar war man in neuerer Zeit nicht mehr geneigt, an eine solche Wasser-Zersetzung zu glauben, weil man freies Wasserstoffgas in der Nähe thätiger Vulcane nicht aufzufinden vermochte, indessen hat *Bunsen* auf Island kürzlich dieses Gas, und zwar in nicht unbeträchtlicher Menge, sogar noch bei solchen Vulcanen entdeckt, an denen nur noch eine Fumarolen-Thätigkeit wahrzunehmen stand.

Viertes Hauptstück.

Mineralogie und Geognosie der Vulcane.

A. Mineralogie der Vulcane.

Die folgenden Mineralien sind diejenigen, welche man bis jetzt in vulcanischen Gebirgsmassen angetroffen hat.

Abrazit,

Syn. Harmotom, Gismondin, Aricit.

Eine von *Breislak (Instit. géol.* T. 3. p. 198) aufgestellte Zeolith-Gattung, welcher in der Nähe des Harmotom's eine Stelle anzuweisen seyn dürfte, die aber bis jetzt nur sehr ungenügend gekannt ist, sowohl hinsichtlich ihrer Krystallform, als auch hinsichtlich ihrer chemischen Mischung. Nach *Gismondi* (in *Leonhard's* Taschenb. für Min. XI, 164), welcher den Abrazit mit dem Zeagonit identificirt, ist die Krystallform der erstern tesseral, während sie nach *Hausmann* (Handb. der Mineral. Bd. 2. S. 796) dem tetragonalen oder rhombischen System anzugehören scheint. Manche Mineralogen zählen auch den Gismondin hierher. Nach so widersprechenden Angaben ist es unmöglich, eine genügende Charakteristik des Fossils zu geben.

Den Abrazit fand man zuerst auf Klüften und in den blasenförmigen Räumen einer Lava am Capo di Bove, unfern Rom's. Später wurde ein ihm sehr ähnliches Fossil in den Höhlungen einer braungrauen Lava am Vesuv entdeckt, worin die Krystalle aber kaum die Grösse einer halben Linie erreichen, den Habitus des Kalk-Harmotom's besitzen und besonders gern als Zwillinge und Drillinge auftreten. Auch in den Blasenräumen leuzitophyrischer oder augitophyrischer Mandelsteine, die von der Somma ausgeschleudert wurden, findet sich der Abrazit.

Acadiolith.

Eine ebenfalls zur Zeolith-Familie gehörige und von *Thomson* (im *Philos. magaz.* 1843. March. p. 192) aufgestellte Gattung, welche wohl nur als eine Abänderung des Chabasits zu betrachten seyn dürfte, eine gelbe Farbe besitzt, in den vulcanischen Gebilden von Neu-Schottland vorkommt und in hundert Theilen $52_{,4}$ Kieselerde, $12_{,4}$ Thonerde, $2_{,4}$ Eisenoxyd, $11_{,6}$ Kalk und $21_{,6}$ Wasser enthält. Hiernach giebt *Rammelsberg* (1. Suppl. S. 3) folgende Formel: $\dot{\mathrm{Ca}}^3\,\dddot{\mathrm{Si}}^4 + 2\dddot{\bar{\mathrm{Al}}}\,\dddot{\mathrm{Si}}^2 + 18\,\bar{\mathrm{H}}$.

Das Mineral kommt gern in derjenigen Krystallform vor, welche *Dufrénoy (Traité de minéralogie.* Paris 1847. Pl. 183. Fig. 228) abgebildet hat.

Adular.

Eine Feldspath-Gattung, die vorzugsweise im sogen. Urgebirge zu Hause ist und ausnahmsweise nur einmal im porösen Basalte von Guautla in Mexico aufgefunden worden ist.

Alaun.

Man unterscheidet mehrere Arten davon, die aber nicht alle im vulcanischen Gebirge vorkommen, und nur mit den folgenden ist dies der Fall.

a. Kali-Alaun. Seine primitive Gestalt ist der Würfel, doch kommt er meist in Octaëdern vor. In chemischer Beziehung ist er als ein vierundzwanzig-wasserhaltiges Doppelsalz von 3 At. Aluminiasulphat auf 1 At. Kalisulphat anzusehen, welchem folgende Formel zukommt: $\dot{\mathrm{K}}\,\dddot{\mathrm{S}} + \dddot{\bar{\mathrm{Al}}}\,\dddot{\mathrm{S}}^3 + 24\,\dot{\bar{\mathrm{H}}}$. In Klüften, Spalten und Höhlungen vulcanischer Gesteine, ältern sowohl als neuern, findet er sich in verschiedenen Gegenden, besonders häufig und schön in der Nähe von Neapel, z. B. am Vesuv, an der Solfatara, am Monte nuovo und in der Grotta di Alume. Auf der Insel Volcano (Liparen) kommt er in besonders deutlichen octaëdrischen Krystallen vor; auch auf Stromboli und Lipari hat man ihn aufgefunden, so wie auf Sicilien am Monte Rosso und einigen andern benachbarten Bergen in Efflorescenzen auf Laven und ähnlichen Gesteinen. In besonderer Häufigkeit und Schönheit tritt er unter den griechischen Inseln auf den Cycladen auf. Namentlich Milo ist in dieser Hinsicht ausgezeichnet; denn an der Meeresküste bei Calamo findet sich eine etwa fünf Fuss hohe, von Lava bedeckte Grotte, deren Wände ganz mit Alaun überzogen sind. Im Thale das Furnas auf der azorischen Insel Santo Miguel fand er sich vor geraumer Zeit in Krystallen, so wie als Ausblühung in den Höhlungen eines eigenthümlichen Trümmergesteins, welches aus Bruchstücken von Kieseltuff, Obsidian und Bimsstein zusammengesetzt und durch Kieselguhr gebunden war. Die americanischen Vulcane sind ebenfalls eine Fundstätte von ihm, und so findet er sich z. B. im Krater des Vulcans von Pasto in Begleitung von Gyps, der ebenfalls wohl von eruptiver Natur seyn dürfte.

b. Natron-Alaun. Syn. Solfatarit. Von weisser Farbe, aus Längsfasern zusammengesetzt, die ziemlich dick und breit sind, einen seidenartigen Glanz besitzen und in frischem Zustande mehr oder weniger durchscheinend sind. Ihr spec. Gew. ist $1{,}_{88}$, ihre Härte übertrifft die des Gypses ein wenig. Meist erscheinen sie in nieren- oder krustenförmiger Gestalt. Die chemische Formel des Natron-Alauns ist: $\dot{N}a\,\ddot{\ddot{S}} + \ddot{\bar{A}l}\,\ddot{\ddot{S}}^3 + 24\,\dot{\bar{H}}$.

Der Natron-Alaun wurde zuerst von Dr. *Gillies* nördlich von Mendoza, in der Provinz S. Juan, am östlichen Abhange der Cordilleren, unter 30° s. Br. entdeckt; später fand ihn *Sheppard (Sillim. Journ.* T. 16. p. 203) auf der Insel Milo. Auch an der Solfatara bei Neapel kommt er vor.

c. Ammoniac-Alaun. Seine Krystallform ist kubisch, die Farbe weiss, der Bruch muschelig. In reinem Zustande ist er durchsichtig oder durchscheinend und besitzt alsdann Glasglanz. Hinsichtlich seines spec. Gew. und seiner Härte steht er dem vorigen nahe. Die chemische Formel für ihn ist: $\bar{N}\dot{H}^4\,\ddot{\ddot{S}} + \ddot{\bar{A}l}\,\ddot{\ddot{S}}^3 + 24\,\dot{\bar{H}}$.

Zuerst entdeckte man ihn auf einem Braunkohlen-Lager bei Tschermig in Böhmen; man hielt ihn längere Zeit auf diesen Ort beschränkt, bis man ihn neuerdings auch an der Solfatara bei Neapel auffand, woselbst er, mit einem leichten Schwefel-Anfluge bedeckt, in zwei Varietäten vorkommt, entweder als compacte, graue Masse von splitterigem Bruche, die auf der Oberfläche oder in innern, hohlen Räumen undeutlich krystallinisch ist, oder als weisse, opake Substanz, die durch den Nagel Eindrücke annimmt.

Alaunstein.

Die Alaunfelsen von Tolfa im Kirchenstaate, welche wegen des trefflichen Alaun's, der aus ihnen schon seit langer Zeit bereitet wird, in grossem Rufe stehen, sind auch zugleich diejenigen, in welchen man zuerst den Alaunstein kennen gelernt hat. Diese Gebirgsarten, welche späterhin von *Beudant* auch in Ungarn und von *Cordier* am Mont Dore im südlichen Frankreich aufgefunden worden sind und aus trachytischen Felsmassen durch Einwirkung schwefeligsaurer Dämpfe entstanden zu seyn scheinen, besitzen eine weisse Farbe, einen dichten oder erdigen Bruch, sind bald so hart wie manche Quarzgesteine, bald auch von lockerer Beschaffenheit. Ihre Härte wird durch Sandkörner von sehr verschiedener Grösse, welche durch das Gestein zerstreut sind, bisweilen noch gesteigert.

Der Alaunfels ist bisweilen von poröser Beschaffenheit, und in diesen Zellen und Drusen hat zuerst *Mohs* kleine rhomboëdrische Krystalle entdeckt, welche sich bei genauerer Untersuchung als reiner Alaunstein ergaben. Diese Krystalle besitzen eine weisse oder grauweisse, bisweilen aber auch eine graue, gelbe oder rothe Farbe, einen muscheligen, in's Splitterige übergehenden Bruch, Glasglanz und ein spec. Gew. von $2{,}_6$. Bald sind sie durchsichtig, bald blos durchscheinend. Ihre Mischung ergiebt sich aus folgender Formel: $\dot{K}^3 \dddot{S} + 12\, \dddot{\bar{Al}}\, \dddot{S} + 24\, \dot{\bar{H}}$.

Der Alaunstein findet sich vorzugsweise im vulcanischen Gebirge, besonders da, wo die den Solfataren entsteigenden schwefeligsauren Dämpfe trachytische Gesteine oder solche Felsmassen durchziehen, welche reich an Feldspath sind. So findet er sich an der Solfatara bei Neapel und an denen auf der Insel Guadeloupe. Alaunstein kann sich aber auch da erzeugen, wo Schwefelkies feldspathhaltigen Gebirgsarten eingesprengt ist und dieser sich auf die Weise zersetzt, dass freie Schwefelsäure und Eisenvitriol entsteht. Ausser dem schwefelsauren Eisenoxydul entstehen bei diesem Processe in manchen Fällen auch schwefelsaure Eisenoxydsalze. Auch durch die Einwirkung schwefeligsaurer Dämpfe auf Thon und Mergel scheint sich eine dem Alaunstein verwandte Masse bilden zu können, so wie auch durch Zersetzung von Schwefelkies, der im Alaunschiefer enthalten ist und wobei auf der Oberfläche eine Rinde von weisser Farbe sich absondert, deren Mischung mit der des Alaunsteins übereinstimmen soll.

Der Alaunstein besitzt in dem europäischen vulcanischen Gebirge eine ziemlich weite Verbreitung. Aus dem Kirchenstaate kennt man ihn, wie bereits bemerkt, schon seit langer Zeit. Sein hauptsächlichstes Vorkommen daselbst ist Tolfa bei Civita Vecchia, woselbst er auf Gängen und in Drusenräumen des Alaunfelsens krystallisirt und auch als Ueberzug auf demselben angetroffen wird. *Cordier* entdeckte ihn im Dep. du Puy de Dôme am Fusse des Pic de Sancy, in der Nähe der Quellen der Dordogne, in einzelnen, auf dem vulcanischen Boden zerstreut umherliegenden Blöcken. Vorzüglich entwickelt tritt er aber nach *Beudant* in Ungarn, im Beregher Comitat bei Beregszaz und Muzsay, in Drusenräumen krystallisirt, sodann auch derb in einem mit Perlstein- und Bimsstein-Fragmenten gemengten Porphyr auf. Im Zempliner Comitat findet er sich zu Bodrog-Keresztur, und zwar mit Krystallen von Gyps- und Feldspath verwachsen. Auch von der an vulcanischen Producten so überreichen Insel Milo kennt man ihn, so wie er auch auf der Insel Argentiera vorkommen soll.

Albin.

Ein im Zustande der Zersetzung sich befindender Apophyllit, welcher vorzugsweise in den Phonolithen des böhmischen Mittelgebirges bei Aussig sich findet; s. Apophyllit.

Albit.

Syn. Tetartin, Periklin, Clevelandit.

Eine in die Abtheilung der Natron-Feldspathe gehörige Gattung, deren Natron-Gehalt bisweilen 16% beträgt. Ihre primitive Krystallform ist ein Prisma mit schiefer, unsymmetrischer Basis, wodurch sich der Albit von dem gemeinen Feldspath, dem Orthoklas, unterscheidet, dessen Prisma eine symmetrische Basis besitzt. Obgleich der Albit in geringerer Verbreitung als der letztere in der Natur auftritt, so ist er doch von ungemeiner Wichtigkeit, indem er einen wesentlichen Bestandtheil mehrerer Gebirgsarten bildet, die eine Hauptrolle unter den ältern plutonischen Felsmassen spielen, und so z. B. in den Dioriten, Graniten, Syeniten, Gneisen, Porphyren u. dgl.

als ein eben so wichtiger Theil auftritt, als die übrigen Mineral-Gattungen, welche die genannten Felsarten bilden helfen. Er findet sich auch, obwohl gerade nicht sehr häufig, in vulcanischen Gebirgsmassen, z. B. im Trachyt, und so hat man ihn auch im Siebengebirge in dem Trachyte des Drachenfelsens in Begleitung von glasigem Feldspath und bisweilen die Spalten und Klüfte des letztern bekleidend oder erfüllend angetroffen. Unter ähnlichen Verhältnissen entdeckte man ihn in America, an dem obersten Kegel des Vulcans von Arequipa in Columbia. Neuerdings hat ihn *Scacchi* als zu den Erzeugnissen des Vesuv's gehörig kennen gelernt, indem er, obgleich nur in seltnern Fällen, unter den Auswürflingen des Somma-Berges, in Stücken von granitoidischem Gefüge und gewöhnlich von Hornblende, Granat und Glimmer begleitet, aufgefunden wurde.

Alotrochin.

Von *Scacchi* zuerst in den Fumarolen der Solfatara bei Neapel aufgefunden, woselbst das Mineral gar nicht selten aufzutreten scheint. Es erscheint in der Gestalt weisser, seidenglänzender Fäden, welche sich mit gelber Farbe leicht in Wasser lösen, in demselben jedoch keine Krystallform annehmen, sondern darin eine warzige, faserige Kruste bilden. Wird der Alotrochin der Luft ausgesetzt, so nimmt er zum Theil eine Rostfarbe an. Beim Erhitzen färbt sich die Substanz roth und entwickelt Dämpfe von Wasser und Schwefelsäure. Enthält sie keine fremdartigen Beimischungen, so giebt sie mit Ammoniac einen grünlichen und mit Kaliumeisencyanür einen blauen Niederschlag, woraus *Scacchi* folgert, dass das Eisen darin als Oxydul vorhanden sey; zugleich stellt er die nachfolgende Formel für dies Mineral auf: $2\,\dot{\mathrm{Fe}}\,\dddot{\mathrm{S}} + 2\,\dddot{\bar{\mathrm{A}}\mathrm{l}}\,\dddot{\mathrm{S}} + 54\,\dot{\bar{\mathrm{H}}}$.

Ausser an der Solfatara findet es sich auch in der Form gelblicher Fasern in Rocca lumera auf Sicilien, so wie bei den Bädern von San Germano in der Acqua dei pisciarelli auf der Insel Ischia.

Alunogen.

Syn. Halotrichit, Keramohalit, Solfatarit, Haarsalz, Haarvitriol, Davyt.

Er scheint auf verschiedene Weise entstehen zu können, bald durch Einwirkung schwefeligsaurer Dämpfe auf solche Gebirgsmassen, welche Thonerde und Alkalien enthalten, bald durch Zersetzung des Schwefel- und Wasserkieses im Braun- und Steinkohlen-Gebirge. Theils kommt er in zarten, haarförmigen Krystallen, theils in durchscheinenden, seidenartig glänzenden, parallel oder auseinander laufenden Fasern, theils auch derb und in Trümmern vor. Seine Farbe ist weiss, geht aber auch in's Graue und Gelbe über. Der Alunogen besteht aus neutraler schwefelsaurer Thonerde mit Wasser; die chemische Formel für ihn ist: $\ddot{Al}\,\dddot{S}^{3} + 18\,\dot{H}$. Derjenige Alunogen, welcher an der Solfatara auf Guadeloupe vorkommt, soll nach *Beudant* eine geringere Quantität Wasser enthalten und bildet vielleicht eine besondere Art. Im Stein- und Braunkohlen-Gebirge, in Alaunschiefer-Brüchen, in kieshaltigen Thon- und Mergelschiefern findet er sich an sehr vielen Orten; auch im vulcanischen Gebirge ist er keine seltene Erscheinung. In der Umgegend von Neapel kommt er sowohl an der Solfatara, als auch in der Grotta dello zolfo am Hafen von Miseno, und zwar stets in Verbindung mit Alaun, bald als körnige, faserige, blätterige Masse, bald in der Gestalt locker zusammenhängender Schuppen vor. Der ihn begleitende Alaun ist Kali-Alaun. Löst man den Alunogen in Wasser auf, so bilden sich nach einiger Zeit Alaun-Krystalle, während im Rückstande sich späterhin weisser, faseriger Alunogen erzeugt. Auch auf der Insel Milo hat man den Alunogen aufgefunden, und zwar ausgezeichnet schön bei Pyromeni. In Quito hat man ihn an den Kraterwänden des Vulcans von Pasto entdeckt.

Amethyst.

Eine violblaue Varietät des Bergkrystalls, von verschiedener Intensität und Reinheit der Farbe. In chemischer Beziehung ist der Amethyst fast nur als reine Kieselerde anzusehen, von welcher er 97—99 % enthält. Das Uebrige besteht aus äusserst geringen Quantitäten von Thonerde, Eisen- und Mangan-Oxyd. Aeltern Ansichten zufolge sollte das letztere das färbende Princip dieses Minerals seyn, *H. Rose* hat es jedoch wahrscheinlich gemacht, dass die Eisensäure die Ursache davon sey.

Der Amethyst ist ein in der Natur häufig vorkommendes Mineral, welches besonders in den ältern krystallinischen Gebirgsmassen auftritt, aber auch in den plutonischen und vulcanischen Gebilden keine seltene Erscheinung ist. Unter solchen Verhältnissen tritt er in Deutschland wohl am schönsten und ausgezeichnetsten in den Nahe-Gegenden, im Birkenfeldischen bei Oberstein, in Blasenräumen von Mandelstein auf, von denen es nicht mit Sicherheit bekannt zu seyn scheint, ob sie den dortigen Diorit- oder Porphyr-Gebilden angehören. Er findet sich daselbst in mehr oder weniger grossen Achat-Kugeln, begleitet von Kalkspath, Chabasie und Harmotom, in Krystallen von ausnehmender Schönheit in hellblauer und dunkel-violblauer Farbe, welche letztere in seltnern Fällen auch in's schwärzliche übergeht. Bisweilen kommt er hier auch in losen Stücken in geringer Tiefe unter der Oberfläche der Erde vor. Auf den Färöar hat man ihn, obwohl gerade nicht häufig, in den Blasenräumen der dortigen Mandelsteine angetroffen, aber auf Island findet er sich an vielen Orten, vorzüglich in den Höhlungen und auf den Kluftflächen einer dunkelbraunen Wacke und auch im festen Gestein in Verbindung mit Chalcedon und Cascholong, worüber das Nähere bei diesen Mineralien späterhin angeführt werden wird. Auf der Wolfsinsel im Onega-See, die durch den Reichthum und die Schönheit solcher Mineralien, welche besonders in plutonischen und vulcanischen Gebirgsmassen vorzukommen pflegen, wahrhaft berühmt ist, findet sich der Amethyst in prachtvollen Krystallen von blauer, brauner, schwarzer, ja auch von ziegelrother Farbe, strahlige Massen von Nadel-Eisenerz umschliessend, oder mit Eisenglanz, Kupferkies und Schwefelkies bedeckt, in den Blasenräumen eines Mandelsteines. In den vulcanischen Gebirgsmassen von Neu-Schottland tritt er in nicht geringerer Schönheit auf; in solchen Felsarten scheint er überhaupt eine sehr weite Verbreitung zu besitzen und keinem Theile der Erde fremd zu seyn.

Analzim.

Syn. Kuboit.

Eine der schönsten und interessantesten unter den zur Zeolith-Familie gehörigen Gattungen. Sie wurde zuerst von

Dolomieu auf den Cyclopischen Inseln entdeckt. Das Mineral scheint nur in Krystallen vorzukommen. Die Kernform derselben ist der Würfel, in welcher es jedoch selten auftritt. Meist ist derselbe dreifach enteckt, auch kommt das Trapezoëder und das Hëxatetraëder vor. Sehr reine Krystalle sind vollkommen wasserhell, unreine nur durchscheinend; in diesem Falle geht ihre Farbe in's Graue, Blaue, Gelbe und Rothe über. Lauchgrüne Krystalle sind selten. Sie zeichnen sich durch eine ansehnliche Härte aus, eine bei Zeolithen seltene Erscheinung; sie stehen in dieser Beziehung dem Adular gleich und ritzen mit Leichtigkeit das Glas. Ihr spec. Gew. ist $2,_{06}$, die chemische Formel für sie: $\dot{Na}^3\,Si^2 + 3\,\ddot{Al}\,\ddot{Si}^2 + 6\,\dot{H}$. Da, wo man den Analzim zuerst entdeckte, auf den Cyclopischen Inseln, scheint er auch am schönsten aufzutreten; der dortige Dolerit ist so reich an dieser Substanz, dass er fast $^2/_3$ der Gebirgsmasse ausmacht und deshalb auch von manchen Mineralogen Analzim-Dolerit oder Analzimit genannt worden ist. Nach der Höhe zu nimmt der letztere eine poröse, zellige Beschaffenheit an und die Analzim-Masse scheidet sich dann in diesen hohlen Räumen in grossen, regelrecht ausgebildeten, durchsichtigen, mitunter wahrhaft prachtvollen Krystallen aus. Dieser Dolerit wird von einem tertiären, kieseligen Thon oder Thonmergel bedeckt, welcher von Klüften und Spalten durchzogen wird, deren Wände man ebenfalls wieder von Analzim-Krystallen bekleidet findet.

Am Aetna wird der Analzim ebenfalls angetroffen, und zwar am Monte Finocchio, auch in der Nähe von Palagonia, im Val di Noto, hat man ihn aufgefunden. Die ausgeschleuderten Lava-Blöcke des Vesuv's enthalten ihn auch bisweilen, er wird daselbst von Comptonit und Harmotom begleitet. Aus dem Kirchenstaate kennt man ihn von Viterbo, die Krystalle sind hier aber weniger deutlich ausgeprägt und scheinen etwas zersetzt zu seyn.

Die Mandelsteine des Vicentinischen sind reich an schönen und deutlichen Analzimen; bei Castel Gomberto kommt er mit Apophyllit und bei Montecchio Maggiore mit Mesotyp, Grünerde und schwefelsaurem Strontian in den Blasenräumen einer basaltischen Lava vor.

Die eigenthümlichen Trapp-Gebilde im südlichen Tirol,

besonders auf der Seisser Alp, welche dem Melaphyr anzugehören scheinen, umschliessen wohl die grössten Analzim-Krystalle, die man überhaupt kennt. Sie sind entweder, mitunter nach allen Dimensionen hin, vollkommen ausgebildet, in dem Teige der Felsart eingebettet, oder sie füllen die Blasenräume desselben aus. Die ansehnlichsten Krystalle, welche bisweilen eine Grösse von mehreren Zollen erreichen, sollen am Berge Cipit angetroffen werden. Die meisten derselben haben ein mattes Ansehen und eine weisse, in's Fleischrothe übergehende Farbe; ihre Oberfläche ist verwittert, während der Kern frisch erscheint und eine lebhafte, rothe Farbe besitzt. In manchen Höhlungen der Gebirgsart sind Analzim und Grünerde innig miteinander gemengt.

In Deutschland findet sich das Mineral an mehreren Stellen, z. B. an den Alschbergen auf der Rhön, in den hohlen Räumen eines trachytischen Gesteins, begleitet von Braunspath und gelblich gefärbtem Chabasit. Am Breitenberg bei Oberötzingen im Nassauischen findet man ihn in den Blasenräumen einer basaltischen Wacke, so wie zu Härtlingen zwischen Hornblende-Krystallen, die sich nicht mehr in ihrem ursprünglichen Zustande zu befinden scheinen, indem ihre Umrisse abgerundet sind und eine oberflächliche Schmelzung erlitten haben dürften. Mitunter ist auch die Hornblende gänzlich verschwunden und der von ihr hinterlassene Raum erscheint mit Analzim ausgefüllt. Die Analzime, welche in Böhmen, z. B. bei Aussig und Wessela, in den Drusenräumen eines Phonolith-Tuffes auftreten, gehören sowohl hinsichtlich ihrer Grösse, als auch hinsichtlich ihrer Durchsichtigkeit zu den ausgezeichnetern, welche in Deutschland vorkommen. Hinsichtlich ihrer besondern Klarheit sind aber die Analzime der Färöar vor allen andern berühmt, namentlich diejenigen, welche auf Sandöe bei Dalsnypen in einem doleritischen Gesteine sich finden, während die isländischen in der Regel kleiner sind und auch nicht so durchsichtig erscheinen. Die schottischen Analzime werden ebenfalls sehr gerühmt, besonders die von Dumbarton, deren Krystallform das Trapezoëder ist, auch derb in einem basaltischen Gesteine auftreten und eine röthlich-weisse Farbe besitzen. Die auf der Insel Skye sich findenden sind eben so gefärbt. Ihre hauptsächlichste Fundstätte ist der Basalt bei Talisker, woselbst sie meist in grossen Drusenräumen auskrystallisirt sind und nur in seltenern Fällen in den Blasenräumen des Gesteins in einzelnen Krystallen sich finden.

Auch die vulcanischen Gebilde im südlichen Frankreich sind reich an Analzimen. Der Puy de Marman, aus basaltischem Gestein bestehend, welcher in seinen Drusenräumen Mesotype umschliesst, die zu den schönsten in der ganzen Welt gehören, enthält auch Analzime, die ausgezeichnet sind. Die in der Gegend von Gueyrières im Dép. de la haute Loire ebenfalls in Basalt sich findenden erreichen dagegen eine geringere Grösse.

Anauxit.

Eine von *Breithaupt* aufgestellte, zur Glimmer-Familie gehörige Gattung, welche eine grosse Aehnlichkeit mit dem Pyrophyllit, auch eine diesem nahe stehende chemische Mischung besitzt, jedoch nicht wie dieser im mindesten vor dem Löthrohr sich aufblättert, worauf auch der Name hindeutet.

Das Fossil erscheint derb, aus klein-körnig zusammengesetzten Stücken bestehend, welche Blätter-Gefüge mit einer Spaltungs-Richtung zeigen. Selten kommt es in undeutlichen Krystallen vor. Es besitzt schwachen Perlmutterglanz, eine dunkele, grünweisse Farbe, ein spec. Gew. von $2,_{26}$ und eine Härte von $2,_{5}$—$3,_{0}$. Selbst in einzelnen Blättchen ist es nicht elastisch biegsam, an den Kanten durchscheinend. Nach *Plattner* besteht es aus $55,_{7}$ Kieselerde, viel Thonerde, etwas Magnesia, wenig Eisenoxydul und $11,_{5}$ Wasser. Das Mineral besitzt also Aehnlichkeit mit dem Talk, dem Pyrophyllit und dem Magnesia-Hydrat, soll aber davon nach *Breithaupt* wesentlich verschieden seyn.

Vorkommen: Hradischt bei Bilin, kleine Gänge und Höhlungen in einem Basalt-Conglomerate ausfüllend.

Andesin.

Eine von *Abich* aufgestellte Feldspath-Gattung, welche früher Pseudo-Albit genannt wurde, weil sie in krystallisirter Gestalt den Zwillings-Krystallen des Albits sehr ähnlich ist. Sie bildet in Verbindung mit Hornblende eine anfänglich für Diorit-Porphyr gehaltene Gebirgsart, welche *A. von Humboldt* während seiner Reise in America zuerst kennen gelernt hat, die in den Condilleren, besonders bei Marmato und Popayan, eine höchst wichtige Rolle spielt, das Grundgestein vieler der dortigen Feuerberge bildet und späterhin den Namen „Andesit" erhalten hat. Der Andesin besitzt mit dem Albit ein und dasselbe Krystallisations-System, aber ein grösseres spec. Gew. als dieser, indem es bei ihm $2,_{7328}$ beträgt. Hinsichtlich seiner Schmelzbarkeit steht er dem Oligoklas am nächsten, schmilzt in dünnen Splittern vor dem Löthrohr und sintert in Körnern zu einer mit Blasen erfüllten Schlacke. Der Andesin besteht in 100 Theilen aus: Kieselerde $59,_{60}$, Thonerde $24,_{28}$, Natron $6,_{53}$, Kali $1,_{08}$, Kalk $5,_{77}$, Talkerde $1,_{08}$, Eisenoxyd $1,_{58}$. Das Mineral gehört demnach in die Natron-Gruppe der Feldspath-Familie. *Abich* hat folgende Formel dafür aufgestellt: $\dot{R}^3 \ddot{Si}^2 + 3 \overline{R} \ddot{Si}^2$.

Anfänglich glaubte man, der Andesin käme nur in den americanischen vulcanischen Gebirgsarten vor; dass ihn späterhin *A. Erman* auch an den Feuerbergen auf Kamtschatka entdeckt hat, haben wir bereits früher bemerkt, eben so, dass man ihn auch am Ararat, so wie einigen andern (erloschenen) Vulcanen des armenischen Hochlandes aufgefunden. Kürzlich hat ihn *Delesse* auch im Elsass wahrgenommen, woselbst er, ausser Orthoklas und Hornblende, die Syenite der Ballons von Servance und Coravillers bilden hilft. Er tritt hier verschieden gefärbt auf. Frei von atmosphärischer Einwirkung ist derselbe oft durchscheinend, weiss, in's Gelbliche und Grüne ziehend und etwas fettglänzend. Meist hat er jedoch sein Durchscheinendes verloren, ist milchweiss oder röthlich geworden und geht bei weiterer Zersetzung endlich in Kaolin über. Bei vollkommen erhaltenen Krystallen ist die Härte etwas geringer als 6.

Bemerkenswerth ist, dass der Andesin im Syenit nach *Delesse* eine gewisse Menge Wasser enthält, die in einem Falle $1,_{30}$% betrug, und welches chemisch gebunden gewesen seyn soll.

Anhydrit.

Syn. Karstenit, Würfelspath, Vulpinit, Phengit, Bardiglione.

Kernform nach der Annahme der meisten Mineralogen die gerade, rectanguläre Säule. Er besteht in 100 Th. aus $58,_{75}$ Kalk und $41,_{25}$ Schwefelsäure; seine chemische Formel ist demnach $\dot{C}a\ \ddot{S}$, während dem Gyps die nachfolgende zukommt: $\dot{C}a\ \ddot{S} + 2\ \dot{\bar{H}}$. Mit diesem letztern besitzt der Anhydrit manche Aehnlichkeit, unterscheidet sich aber von ihm durch sein höheres spec. Gewicht und seine grössere Härte. Man glaubte bisher, er sey dem vulcanischen Gebirge fremd, vor Kurzem hat ihn aber *Scacchi* unter den Producten der Monte di Somma nachgewiesen. Er findet sich daselbst krystallisirt in kleinen, zelligen Weitungen einiger Felsarten, welche der Einwirkung der Fumarolen ausgesetzt gewesen zu seyn scheinen. Die blättrige Varietät hat *Scacchi* nur in Kalkgebilden wahrgenommen, worin er darmförmig gewundene Lagen bildet.

Anorthit.

Syn. Christianit, Biotin, Indianit.

Eine Feldspath-Gattung, welche von *G. Rose* aufgestellt worden ist, zu der Natron-Gruppe gehört und deren primitive Krystallform ein schiefes, unsymmetrisches Prisma ist. Die chemische Zusammensetzung ergiebt sich aus folgender Formel: $Ca^3\ \ddot{S}i + 3\ \ddot{\bar{A}}l\ \ddot{S}i$ oder $\dot{R}^3\ \ddot{S}i + 3\ \bar{R}.\ \ddot{S}i$.

Sein hauptsächlichstes Vorkommen ist die Somma. Hier wurde er schon vor geraumer Zeit von *Monticelli* und *Covelli* in ausgeschleuderten Dolomit-Blöcken aufgefunden und zu Ehren des nachherigen Königs Christian's VIII. von Dänemark „Christianit" genannt. Mit der genauern Art und Weise seines Auftretens, so wie mit seiner chemischen Constitution hat uns *Abich* näher bekannt gemacht. Jene Dolomit-Blöcke hält er für umgewandelten kohlensauren Apenninen-Kalk, und da die die Somma bildende Gebirgsart, wie uns schon bekannt ist, ausserordentlich reich an Leuzit ist, letzterer sogar einen wesentlichen Theil ihrer Zusammensetzung bildet, er überdies mit kohlensaurem Kalk leicht zusammenschmilzt und die Kieselerde zugleich die Fähigkeit besitzt, unter allen Verhältnissen sich mit dem Kalke zu verbinden, so konnte sich unter diesen Verhältnissen leicht eine grosse Anzahl von Mineralkörpern bilden, deren wesentliche Bestandtheile Thonerde, Kalk und Talkerde, so wie auch Kali sind.

Der Anorthit findet sich entweder in frei aufsitzenden Krystallen in den Höhlungen solcher Dolomite, oder er erscheint theils eingewachsen, theils eingeschlossen in die Weitungen eines Gesteines, welches hauptsächlich aus einem innigen Gemenge von grünem Augit und Glimmer besteht. Meist erscheint er in wohl ausgebildeten Krystallen und diese bisweilen in Gruppen, welche nach bestimmten Gesetzen innig verwachsen sind. In der Regel besitzen sie Glasglanz und sind ganz wasserklar, doch kommen sie auch mitunter undurchsichtig vor und zeigen alsdann einen Perlmutterglanz, welcher wie beim Albit schillert. Die unmittelbar in den Höhlungen des Dolomits eingeschlossenen Krystalle findet man bisweilen mit einem dünnen, weissen Anfluge bedeckt, wodurch sie ein opakes Ansehen erhalten, gleich dem der Albine in den Phonolithen des böhmischen Mittelgebirges. Als zufällige Gemengtheile finden sich fast ausschliesslich nur solche Mineralien, an deren chemischer Mischung Kalk- oder Talkerde, oder beide zugleich sich vorzugsweise betheiligen. Besonders gern tritt der Anorthit in Begleitung von Mejonit auf, doch kommen auch Glimmer, Augit, Vesuvian, Tremolith, Pleonast, in seltnern Fällen auch Hauyn mit ihm vor, die auf das innigste miteinander gemengt sind und, meist von mikroskopischer Kleinheit, den dolomitischen Kalk durchziehen, bisweilen aber auch in deutlichen Krystallen vorkommen, dann aber nur in Drusenräumen und auf den Spalten des Gesteins sich finden.

Nach *Forchhammer* hat man den Anorthit auch auf Island in grossen und deutlichen Krystallen in einem Tuffe entdeckt, welcher zu Selfjall bei Lamba unter Kaldadal auf Husafjell sich findet. Sowohl die Zusammensetzung als auch die Krystallform stimmen völlig mit dem Anorthit vom Vesuv überein. Auch zu Paras in Columbien will man ihn in Begleitung von Augit und Olivin beobachtet haben, wie ihn denn auch die Laven auf Java enthalten sollen.

Antimoneisen.

Dieses seltene Mineral wollen *Monticelli* und *Covelli* unter denjenigen Substanzen aufgefunden haben, welche vom Vesuv bei dem grossen Ausbruche im October des J. 1822 ausgeworfen wurden; s. *Bibl. univers.* T. 25. p. 42.

Antimonglanz.

Nach *Pulszky* (in *Haidinger's* Berichten und naturwissenschaftl. Abhandl. u. s. w. T. III. S. 213) sollen sternförmig gruppirte Antimonglanz-Krystalle inmitten eines edlen Opals in der Josephsgrube bei Czerwenitza in Ungarn vorgekommen seyn.

Anthophyllith.

Kommt gewöhnlich in geschoben vierseitigen oder irregulär sechsseitigen, an den Enden nicht ausgebildeten Prismen vor. Nach einer Analyse von *Vopelius* und den krystallonomischen Untersuchungen von *G. Rose* ist der Anthophyllith nichts weiter als eine Hornblende-Varietät, welche keine Kalkerde in ihrer Mischung enthält; der einzige Unterschied scheint darin zu bestehen, dass das Mineral einen schwachen metallischen Glanz besitzt, welcher der Hornblende abgeht. Auf dem flach-muscheligen Bruche ist der Anthophyllith entweder wachsartig schimmernd oder matt; entweder ist er mehr oder weniger durchscheinend oder es findet dies nur an den Kanten statt. Meist ist er von nelkenbrauner, in's Haarbraune, Schmutzig-Lauchgrüne und in's Gelbbraune übergehender Farbe. Er ritzt stark den flusssauren Kalk, bisweilen sogar das Glas. Die chemische Formel für ihn ist:

$$\left.\begin{matrix}\dot{F}e\\ Mn\end{matrix}\right\} \dddot{S}i + \dot{M}g^3\, \dddot{S}i^2.$$

Nach *Nöggerath* (s. Gebirge in Rheinland-Westphalen. III, 255) soll er in einer blätterigen Varietät (als sogen. Bronzit?) in dem Basalte des Unkeler Steinbruches in inniger Verbindung mit Olivin in körniger Absonderung vorgekommen seyn.

Antrimolith.

Eine von *Thomson* aufgestellte, wie es scheint, unzuverlässige Zeolith-Art, welche vielleicht nur eine Varietät des Kalk-Mesotypes ist. Sie findet sich nicht in Krystallen, sondern nur in auseinanderlaufenden Fasern, die unter der Loupe eine quadranguläre Gestalt erkennen lassen, ist matt, undurchsichtig, weiss wie Kreide, besitzt ein spec. Gew. von $2,_{096}$ und eine Härte von $3,_{75}$. Die chemische Formel für den Antrimolith is nach *Kobell* $3\left\{\begin{matrix}\dot{C}a\\ \dot{K}\end{matrix}\right\}\dddot{S}i + 5\,\dddot{\overline{A}}l\,\dddot{S}i + 15\,\dot{\overline{H}}$.
Kommt an der Nordküste der Grafschaft Antrim in Ireland in den Blasenräumen eines Mandelsteines vor.

Apatit.

Syn. Spargelstein, Phosphorit, Moroxit, Osteolith.

Eine Mineral-Gattung, über deren chemischen Bestand in früherer Zeit viele unrichtige Ansichten herrschten, bis endlich *G. Rose* (in *Poggendorff's* Ann. der Physik. Bd. 9. S. 185) nachwies, dass der Apatit nicht, wie man bisher annahm, blos aus phosphorsaurer Kalkerde bestehe, sondern auch geringere Antheile von Fluorcalcium und Chlorcalcium enthalte, und die nachfolgende chemische Formel für denselben aufstellte:

$$\text{Ca}\left\{\begin{matrix}\overline{\text{Cl}}\\ \overline{\text{Fl}}\end{matrix}\right. + 3\,\dot{\text{Ca}}^{3}\,\dddot{\overline{\text{P}}}.$$

Dies Mineral findet sich fast stets krystallisirt oder krystallinisch, doch kommt es auch in Concretionen und dicht vor. Die gewöhnlichste Krystallform, in welcher der Apatit auftritt, ist das reguläre sechsseitige Prisma, doch kommen auch noch viele andere Gestalten vor und es ist ihm überhaupt ein Flächen-Reichthum eigen, wie wenigen andern Mineralien. Sein Bruch ist muschelig, in's Unebene übergehend; meist besitzt er einen in Fettglanz übergehenden Glasglanz. Bald ist der Apatit durchsichtig, bald blos durchscheinend, bald farblos, bald in den verschiedensten Farben prangend. Sein spec. Gew. beträgt $3,_{0}$—$3,_{24}$. Unter den kalkartigen Substanzen besitzt er die grösste Härte; er ritzt leicht das Glas und wird von Feldspath geritzt. In der Natur ist er weit verbreitet, doch tritt er nirgends in grössern Massen auf, so dass er technisch verwendet werden könnte. Vorzugsweise ist er in den ältern krystallinischen Gebirgsarten, als Granit, Gneis, Glimmerschiefer, Talk- und Chlorit-Schiefer, so wie auch in Hornblende-Gesteinen zu Hause, doch findet er sich auch an vielen Orten in vulcanischen Gebilden. Eins der interessantesten und schönsten Vorkommen ist das bei Jumilla in Murcia, woselbst gelbe und spargelgrüne Apatit-Krystalle, die sich besonders dadurch auszeichnen, dass sie an ihren Endflächen mit einer sechsflächigen Zuspitzung versehen sind, in einem blasigen, wie es scheint, vulcanischen Gestein in Verbindung mit Eisenglanz vorkommen. In Deutschland findet er sich auf dem Vogelsgebirge unweit Lauterbach beim Dorfe Maiches, im Nephelinfels, kleine, weisse Nadeln in den Höhlungen dieses Gesteins bildend. Ein ähnliches, bisher nicht gekanntes Vorkommen ist das auf dem Hamberg bei Bühne unweit Warburg in Westphalen, wo der Apatit ebenfalls in Gesellschaft von Nephelin und Augit in den Weitungen eines doleritischen Basaltes auftritt. Auf der blauen Kuppe bei Eschwege findet er sich auf zweifache Weise; bald sitzt er unmittelbar dem Basalte auf, in ziemlich ansehnlichen sechsseitigen Säulen von mattem Ansehen, bald ist er einer krystallinischen Kalkmasse eingesprengt, welche daselbst kleine Lager im Basalte bildet. In diesem letztern Falle besitzen die Krystalle einen äusserst lebhaften Glanz, eine gerade angesetzte Endfläche, sind aber äusserst rissig und sondern sich leicht nach der Quere hin ab. Die dichte Varietät des Apatits, welche *Bromeis* unter dem Namen „Osteolith" beschrieben hat, findet sich in den doleritischen Wacken der Grafschaft Hanau und scheint daselbst in nicht geringer Menge aufzutreten. Auch am Horberigberg bei Oberbergen im Kaiserstuhl-Gebirge hat man den Apatit entdeckt; er findet sich hier in einem Dolerit in kleinen, grünen Krystallen, begleitet von Augit, Hornblende und Ittnerit. Auch am Laacher-See hat man ihn beobachtet. Nach *Fridol. Sandberger* kommt er daselbst in sechsseitigen Säulen mit sehr verlängerter Längenaxe in krystallinischen Hornblende-Auswürflingen vor.

Ein weiteres aber fremdländisches Vorkommen ist Albano bei Rom. Hier bricht er mit Hauyn und Glimmer in der Gestalt zarter, haarförmiger Krystalle ebenfalls in einem vulcanischen Gestein. In gleicher Gestalt kommt er im Basalte am Capo di Bove mit Augit, Nephelin und Melilith vor.

Am Monte Vulture ostwärts von Neapel hat ihn kürzlich *Scacchi* sowohl in den daselbst liegenden losen Blöcken, als auch in der Melfi-Lava aufgefunden. Dort sind seine langen, schwarzen oder rothbraunen sechsseitigen Prismen gewöhnlich in Hauyn-Krystalle eingeschlossen.

Nach *Faujas St. Fond* findet er sich in Frankreich im Dép. de la haute Vienne zu Chanteloube bei Limoges in Glimmer eingewachsen, welchen der Basalt daselbst umschliesst. Später hat ihn *Bertrand de Lom* im Dép. Haute-Loire an der Durande und Durandelle zwischen Brissac und Limaigne an einem vulcanischen Berge in grauweissen und meist oberflächlich geschmolzenen Krystallen aufgefunden, welche fast stets in kleinen Nestern von Titaneisen oder von Hornblende vorkommen.

Apophyllit.

Syn. Ichthyophthalm, Albin, Tesselit, Leucocyclit, Oxhaverit.

Diese im vulcanischen Gebirge weit verbreitete Zeolith-Gattung lernte man zuerst zu Hällestad in Schweden kennen; darauf wurde der Apophyllit bei Utön, woselbst er in einem Hornblendegestein auftritt, durch *d'Andrada* entdeckt. Hier besitzen seine Krystalle einen eigenthümlichen Lichtschein, welcher mit dem Glanze der Fischaugen einige Aehnlichkeit besitzt, weshalb das Mineral den Namen „Ichthyophthalm" erhielt. Ein eigenthümliches Verhalten in Beziehung auf Lichtbrechung hat *Brewster* an Apophyllit-Krystallen von Naalsöe und Faröe bemerkt, welche eine doppelte Strahlenbrechung zu besitzen schienen, weshalb er sie als eine besondere Mineralspecies ansah und ihnen den Namen „Tesselit" gab. Unter dem Einflusse des polarisirten Lichtes kommen bei ihnen Zeichnungen zum Vorschein, welche Aehnlichkeit mit denen wie bei musivischen Arbeiten haben. Die Kernform des Apophyllits ist das Quadrat-Octaëder, seine Härte gleich $4,_5$, d. h. er ritzt den Flussspath und wird von Feldspath geritzt, das spec. Gew. = $2,_3$, die Farbe weiss, grauweiss, gelblich, rosenroth, fleischroth, selten spargelgrün, mitunter in's Blaue sich neigend; der Bruch uneben oder unvollkommen muschelig. Seine Mischung ergiebt sich aus der Formel: $\dot{K}\,\ddot{Si} + 8\,\dot{Ca}\,\ddot{Si} + 16\,\dot{\bar{H}}$.

Bisweilen findet sich der Apophyllit auf Erzgängen im Uebergangsschiefer-Gebirge, hin und wieder auch auf Lagern in krystallinischen Schiefern, vorzugsweise ist er aber in den vulcanischen Felsarten, vorzüglich in deren Drusenräumen zu Hause, und hier tritt er an so vielen Stellen auf, dass nur die besonders ausgezeichneten derselben genannt werden können.

Als ein solches ist zunächst anzuführen das aus dem Dép. du Puy de Dôme. Unfern Clermont am Puy de Piquette findet sich nämlich ein Lager von Süsswasserkalk, welcher die cylindrischen Gehäuse von Phryganeen umschliesst, deren Wände ausser von Mesotyp auch mit sehr zierlichen Apophyllit-Krystallen bekleidet sind, deren Form die quadratische Säule mit zugeschärften Seitenkanten ist. Solche haben sich demnach hier erst nach dem Niederschlage dieses Süsswasserkalkes gebildet und ihre Entstehung ist vielleicht mit dem Auftreten von Basaltgängen in Verbindung zu bringen, welche jenen Kalk in vielen Gängen durchsetzen.

Auf der Insel Skye findet sich der Apophyllit bei Dunvegan in den Blasenräumen eines Basaltes, begleitet von Stilbit und Mesotyp, in Ireland zu Dunseverie in der Nähe des Riesendammes. Der Apophyllite von den Färöar haben wir schon gedacht; hier sind sie namentlich auf Naalsöe schön rosenroth gefärbt, gleichwie auf Videröe. Auf Island kommt er nicht so häufig vor, doch kennt man ihn von Berufiord auf der Ostküste der Insel in schönen, wasserhellen Krystallen, welche nebst Quarzkrystallen die Blasenräume eines feinkörnigen Dolerites erfüllen.

Am Kaiserstuhl findet er sich nach *Blum* (in *Leonhard's* Jahrb. 1837. S. 35) in den Blasenräumen des Dolerit-Mandelsteins am Lützelberg bei Sasbach, begleitet von Harmotom, Bitterspath, vielleicht auch von Faujasit, in reinen quadratischen Octaëdern und deren Verbindung zu Zwillings-Gestalten. Die Krystalle sind zum Theil einzeln aufgewachsen, häufiger aber zu Drusen verbunden, $\frac{1}{2}$—2''' gross, glas- oder perlmutterglänzend, wasserhell, weiss, braun, sogar schwärzlich. Bisweilen sind sie mit Harmotom überzogen, so dass nur einzelne Theile der Flächen erkennbar sind. *Schill* (in *Leonhard's* Jahrb. 1845. S. 266) hat den Apophyllit auch zu Oberschaffhausen in Phonolith aufgefunden, welcher sich hier in zerklüfteten und oft in grosse Massen abgesonderten Blöcken findet.

Gleich den Analzimen erscheinen auch die Apophyllite der Seisser Alp in hohem Grade ausgezeichnet. In der Nähe von Frombach finden sie sich in Drusenräumen von Prehnit; am Berge Split besitzen sie eine röthliche Färbung, bilden blättrige Massen, sind theils in Analzim-Krystalle eingewachsen oder auf denselben angeheftet und kommen in Begleitung von Kalkspath in einem Mandelstein, so wie am Berge Cipit in den Weitungen eines Augit-Porphyrs vor. In Böhmen findet er sich zu Wostray bei Schreckenstein und Daubitz in Basalt, zu Marienberg bei Aussig in Phonolith. Hier sind die Krystalle von Natrolith begleitet, weiss von Farbe, und haben ein mattes Ansehen. Ihnen hat man den Namen „Albin" gegeben; sie sind bisweilen auf eigenthümliche Art von Natrolith-Nadeln durchwachsen. Zu Castel Gomberto, unweit Vicenza, trifft man ihn krystallisirt in den Höhlungen eines Mandelsteins an, auch bildet er hier bisweilen den Kern von basaltischen Kugeln.

Die aussereuropäischen Fundorte, welche, wie Nova-Scotia, mitunter die ausgezeichnetsten Krystalle liefern, glauben wir übergehen zu können.

Aragonit.

Syn. Eisenblüthe.

Ein äusserst interessantes Mineral, welches sowohl hinsichtlich seiner Krystallform, als auch seiner Mischung mehrere denkwürdige Eigenthümlichkeiten besitzt. Der Hauptsache nach aus kohlensaurem Kalke bestehend, der bei einigen Abänderungen mehr als 99 % beträgt, hätte man denken sollen, dass der Aragonit auch in der rhomboëdrischen Gestalt des Kalkspathes auftreten würde, während seine primitive Form doch die gerade rectanguläre Säule ist, somit einem ganz andern Krystallisations-Systeme angehört.

Die schon im J. 1794 von *Kirwan* gemachte Entdeckung, welche im J. 1813 von *Stromeyer* bestätigt wurde, dass der Aragonit geringe Antheile von kohlensaurem Strontian enthalte, wurde von *Hauy* und seiner Schule dazu benutzt, um die Ansicht aufzustellen, dass dieser, wenn gleich in manchen Fällen sehr geringe Gehalt an kohlensaurer Strontianerde die Ursache der auffallenden Verschiedenheiten in Beziehung auf Krystallisation, Structur und sonstige physikalische Eigenschaften von Aragonit und Kalkspath sey. Späterhin stellte sich jedoch die Erfahrung insofern hindernd in den Weg, dass man Aragonite auffand, welche selbst bei der sorgfältigsten Untersuchung keine Spur von kohlensaurem Strontian ergaben, und man blieb in diesem Dilemma so lange, bis die Lehre vom Dimorphismus und dem Isomorphismus der Mineralkörper auftrat.

Eine hieher gehörige Beobachtung scheint zuerst *Haidinger* (s. *Poggendorff's* Ann. der Physik. Bd. 11. S. 177) gemacht zu haben, indem er fand, dass, wenn man Stücke von Aragonit-Krystallen einer schwachen Rothglühhitze aussetzt, sie in ein weisses, undurchsichtiges, grobes Pulver zerfallen, welches nun nicht mehr aus Aragonit besteht, sondern sich in Kalkspath umgewandelt hat. Unterwirft man kleinere Krystalle oder faserige Massen von Aragonit einer ähnlichen Procedur, so verlieren sie, unter Beibehaltung ihrer Gestalt, blos ihre Durchscheinenheit. Zur Unterstützung dieser Ansicht dient eine Wahrnehmung *Mitscherlich's* (s. *Poggendorff's* Ann. Bd. 21. S. 157), welcher einen Aragonit-Krystall, der in vesuvische Lava gefallen und darin hohen Temperatur-Graden ausgesetzt gewesen war, an seiner Oberfläche in Kalkspath umgewandelt fand, während die innern Theile noch aus Aragonit bestanden. Ebenfalls hierher gehörig ist eine von *Haidinger* (s. *Poggendorff's* Ann. Bd. 45. S. 179) gemachte Beobachtung, welcher einen Kalkspath untersuchte, der in Braunkohlenholz eingewachsen war, welches im Basalttuff von Schlackenwerth vorkommt, und wobei die Structur-Verhältnisse des Kalkspathes ergaben, dass derselbe früherhin Aragonit gewesen seyn müsse.

Anders gestalten sich jedoch nach *G. Rose* (in *Poggendorff's* Ann. Bd. 42. S. 353), die Erscheinungen, wenn man kohlensauren Kalk auf trockenem Wege einer sehr hohen Temperatur aussetzt, ihn zum Schmelzen bringt und dies zugleich unter hohem Drucke erfolgt. In diesem Falle bildet sich stets nur Kalkspath und hiermit scheint die in vielen Gegenden im vulcanischen Gebirge gemachte Wahrnehmung in Einklang zu stehen, dass ursprünglich dichter Kalkstein sich nicht selten durch die Einwirkung einer hohen Temperatur, während des Contacts mit Gebirgsmassen, welche in feurig-flüssigem Zustande dem Erdinnern entstiegen, in krystallinisch-körnigen Kalk, d. h. in Marmor, sich umgewandelt hat.

Dagegen wurde von *G. Rose* die Entdeckung gemacht, dass, wenn man ein Kalksalz in der Kälte mit einem kohlensauren Alkali präcipitirt, der Niederschlag unter der Loupe in rhomboëdrischer Gestalt, mithin als Kalkspath erscheint, während er dagegen, wenn die Fällung bei Siedhitze erfolgte, als Aragonit sich erwies. Da nun der letztere so häufig in Spalten, Weitungen und Drusenräumen solcher Gebirgsarten sich findet, von denen man beim jetzigen Stande der Geologie annehmen darf, dass sie einst in geschmolzenem Zustande sich befunden haben mögen, so ist die Meinung wohl nicht zu gewagt, dass der Aragonit an solchen Stellen durch Infiltration einer Auflösung von kohlensaurem Kalk entstanden sey, was zu einer Zeit erfolgt seyn kann, wo sie durch die noch heissen Gesteine in eine höhere Temperatur versetzt wurde.

Somit wäre die Theorie in vollkommenem Einklang mit den Erscheinungen in der Natur, wenn es nicht Stellen gäbe, woselbst in den Höhlungen vulcanischer Gesteine Aragonit und Kalkspath zusammen vorkommen. Dies ist z. B. nach *Hausmann* (Handbuch der Mineralogie. II, 1239) in dem Basalte der blauen Kuppe bei Eschwege und dem des Höllengrundes bei Münden beobachtet worden. In diesem Falle könnte man sich vielleicht durch die Annahme helfen, dass beide Mineralsubstanzen zu verschiedenen Zeiten sich gebildet hätten, oder dass der Kalkspath früher Aragonit gewesen sey. Schwieriger aber ist der Umstand zu erklären, dass den Beobachtungen von *Grandjean* zufolge (s. *Leonhard's* Jahrb. für Min. 1852. S. 294) auf der Grube Alexandria bei Marienberg auf dem Westerwalde Kalkspath und Aragonit in so inniger Verwachsung miteinander angetroffen sind, dass es schwer hält, hier eine successive Bildung beider anzunehmen. Unter gleichen Verhältnissen sollen hier auch Augit und Hornblende auftreten.

Auch die Entstehung der sogenannten Eisenblüthe, welche besonders ausgezeichnet auf den Kluftflächen eines zersetzten Eisenspathes am Erzberge bei Eisenerz in Steiermark und fast eben so schön zu Braubach am Rheine sich findet, ist schwer zu erklären, indem ihre Bildung von der des gewöhnlichen Tropfsteins abweicht und ihre Verzweigungen nach allen Seiten hin, sogar in die Höhe sich ausbreiten, ohne den Gesetzen der Schwere zu folgen.

Der Aragonit tritt eben so gern in Krystallen als in faserigen Massen auf, seine Farbe ist milchweiss, bald auch gelb und grau; manche Varietäten sind durch eine geringe Quantität Kupfer blau gefärbt. Seine Härte, so wie sein spec. Gew. übertreffen die des Kalkspathes ein wenig.

Er tritt in den verschiedensten Gebirgsbildungen auf, bildet jedoch nie so ansehnliche Massen als der kohlensaure Kalk.

Meist findet er sich nur in einzelnen Krystallen oder in Drusen, kommt jedoch auch in derben Massen vor, z. B. in den Absätzen einzelner heisser, kalkhaltiger Quellen. Nach den Untersuchungen von *Berzelius* kommt er auf diese Weise in den Carlsbader Thermen vor und bildet als Sprudel- oder Erbsenstein den grössten Theil des in demselben sich abscheidenden Niederschlags. Bald ist er gleichzeitiger Entstehung mit den Massen, in denen er sich findet, bald hat er sich erst nachher in ihnen erzeugt, bald scheint er noch jetzt entstehen zu können. Am häufigsten kommt er in den ältern vulcanischen Felsarten vor, namentlich im Basalt und dessen Conglomeraten, theils in Gesellschaft mit Kalkspath, theils mit verschiedenen Silicaten. Im Basaltconglomerat zeigt er sich bisweilen mit Braunkohlenholz auf die Art verwachsen, dass er entweder die Zwischenräume der Holzfasern erfüllt, oder in den Weitungen derselben Krystalle bildet, die von einem gemeinschaftlichen Mittelpuncte aus divergirend sich verbreiten.

Auf diese Weise kam der Aragonit ehedem am Papenberge bei Grebenstein in Niederhessen vor. In ausgezeichneten Krystallen, die jedenfalls mit zu den schönsten gehören, die man aus Deutschland kennt, tritt er an der blauen Kuppe bei Eschwege in dem daselbst anstehenden Basalte auf, in Zwillingen, welche eine weisse oder weingelbe Farbe besitzen und sechsseitige Prismen bilden, die eine Grösse von mehreren Zollen erlangen. Die grössten Krystalle haben jedoch wohl die böhmischen Basalte geliefert; ihr hauptsächlichster Fundort ist der Horschenzer Berg (Cziczow) bei Liebshausen im Leitmeritzer Kreise. Nach *Zippe* (in den Verhandl. der Ges. des vaterländ. Museums zu Prag. Jahrg. 1837. S. 41) finden sich die Krystalle daselbst zu Drusen verwachsen, welche beim Herausnehmen aus der Lagerstätte jedoch meist zerbrechen; nichts desto weniger kommen dabei doch noch Individuen zum Vorschein, welche eine Grösse von vier Zollen besitzen. Die kleinern sind am deutlichsten ausgebildet und lassen die meisten Combinationen wahrnehmen. Auch grössere Massen von dickstengliger Zusammensetzung, mitunter spargelgrün und honiggelb gefärbt, finden sich auf dieser Lagerstätte. Ausser diesen bei Horschenz vorkommenden Varietäten trifft man den Aragonit in dickstengligen Massen, so wie büschelförmig auseinanderlaufend bei Tschogau in der Nähe von Aussig, so wie bei Walsch, wo er in blass violblauer Farbe erscheint; ferner in plattenförmigen Gestalten von gleichlaufend stengliger Zusammensetzung, bisweilen an den Enden in spiessige Krystalle auslaufend, bei Wisterschau und andern Orten in der Umgegend von Teplitz.

Auch die vulcanischen Gebilde der Auvergne sind reich an schönen Aragoniten und finden sich in den Drusenräumen der erstern. Dies ist z. B. bei Pont du Chateau Vertaison und Gergovia der Fall. Ein merkwürdiges Vorkommen ist das bei St. Nectaire; hier erscheint der Aragonit als neueres Erzeugniss auf den Brettern einer Wasserleitung. Zu Montecchio-Maggiore im Vicentinischen sitzt er in Krystallen auf den Wänden der Geoden in trappischem Gestein und ist daselbst von Strontian begleitet. Am Vesuv findet er sich in der Fossa grande in nadelförmigen Krystallen in einer porösen Lava, begleitet von Leuzit, Harmotom und Glimmer. Neuerdings hat ihn auch *Scacchi* in der Gegend des Monte Vulture und zwar in den in Termantid umgewandelten Thonen des Hauyn-Trachyts von le Braidi, so wie in den Spalten der Lava zwischen Rapolla und Barile aufgefunden, woselbst er als dünner, weisser Ueberzug erscheint. Undeutliche Krystalle kommen auch in den metamorphischen Conglomeraten im Innern des grossen Vultur-Kraters vor.

Aricit.

Ist nur eine gewisse Varietät des Harmotom's; s. Harmotom.

Asphalt.

Syn. Judenharz, Judenpech.

Obgleich das Vorkommen des Asphaltes in den meisten Fällen wohl nicht mit vulcanischen Erscheinungen in Verbindung steht, so kennt man ihn doch von mehreren Orten da, wo letztere zum Vorschein kommen. Besonders gilt dies von denjenigen Gegenden, wo pseudovulcanische Erscheinungen sich kund geben. Im grossartigsten Maassstabe tritt der Asphalt unstreitig auf der Insel Trinidad auf, worüber in frühern Abschnitten bereits das Nöthigste gesagt ist. Schon im frühesten Alterthume wurde er an den Ufern des todten Meeres aufgefunden; dieses letztere erhielt dadurch auch seinen Namen

(Lacus Asphaltites). Bei Baku am Caspi-See kommt er in Verbindung mit Erdöl in so reichlicher Menge vor, dass letzteres jetzt sogar einen bedeutenden Handelsartikel abgiebt. Gleiche Bewandniss hat es mit dem Asphalt auf der Halbinsel Taman. In Frankreich hat man ihn im Dép. du Puy de Dôme bei Pont du Chateau in einem Basalt-Tuff aufgefunden, in Verbindung mit Chalcedon und Quarz. Dass er in dem vulcanischen Terrain an der Südwest-Küste von Africa ebenfalls in grossen Quantitäten gefunden wird, ist bereits früher bemerkt worden.

Atacamit.

Syn. Smaragdochalcit. Salzsaures Kupfer.

Dies zu der Familie der Kupfersalze gehörige Mineral wurde zuerst in der Gestalt eines grünen Pulvers aus dem westlichen Südamerica zu uns gebracht; hier sollte es sich namentlich in einem Flusse der Sandwüste Atacama, zwischen Peru und Chili, an der Erdoberfläche finden, was sich aber später als unrichtig erwies. Die Eingeborenen zermahlen nämlich das auf Gängen mit Eisen und Silber-Erzen zu Tarapaca in Peru vorkommende Mineral zu Sand (Arenilla), um es zum Bestreuen von Briefen zu gebrauchen.

Es kommt auch in geraden rhombischen Säulen krystallisirt vor, besitzt eine tief smaragdgrüne Farbe, ein spec. Gew. von $4—4_{,3}$ und eine Härte von $3—3_{,5}$, ritzt demnach den Gyps und wird von Flussspath geritzt. Es besteht aus Chlorkupfer, Kupferoxyd und Wasser nach der Formel: $Cu\,\overline{Cl} + 3\,\dot{Cu} + 4\,\dot{\overline{H}}$.

Als Seltenheit findet es sich im vulcanischen Gebirge, z. B. am Vesuv auf den Wänden der Lavaspalten aus den Jahren 1779, 1804, 1805, 1820, 1822, bisweilen mit Rothkupfer-Erz und Steinsalz in haar- und nadelförmiger Gestalt. In früherer Zeit waren die Laven bei della Scala, unfern Portici, ziemlich reich an Atacamit. Auch auf den Laven der Monti rossi am Aetna hat man ihn bemerkt, und zwar in traubigen und tropfsteinartigen Gestalten.

Augit.

Syn. Pyroxen.

Eine in Beziehung auf ihr Auftreten im vulcanischen Gebirge höchst wichtige Mineral-Gattung, die in vielen pyrogenen Felsarten sich findet und einen wesentlichen Bestandtheil des Basaltes, Dolerites, Augitporphyrs, Melaphyrs und mancher Laven bildet, auch in Wacken und Mandelsteinen porphyrartig eingesprengt ist, so wie in mehreren plutonischen Gebirgsarten, z. B. den Dioriten, Diabasen, Aphaniten u. dgl., eine bedeutende Rolle spielt.

Ohne die vielen Varietäten oder Arten, in welche man in neuerer Zeit den Augit gespalten hat, hier weiter zu charakterisiren — indem sie unter andern geognostischen Verhältnissen sich finden —, betrachten wir hier vorzugsweise denjenigen Augit (Pyroxen), welcher für die vulcanischen Gebilde so bezeichnend ist. Dieser hat eine schiefe rhombische Säule zur Grundform, zeigt inwendig einen Glanz, der das Mittel zwischen Glas- und Fett-Glanz hält, besitzt ein spec. Gew. von $3{,}3 - 3{,}4$, eine Härte von 6, ist meist undurchsichtig, bisweilen jedoch auch durchscheinend, und kommt in der Regel in schwarzer Farbe vor, welche aber auch in's Dunkel-Olivengrüne, in's Lauchgrüne, seltner jedoch in's Braune übergeht. In Beziehung auf die Farben-Abänderung nimmt man bei den am Vesuv vorkommenden Augiten die Eigenthümlichkeit wahr, dass die in den Somma-Laven sich findenden schwarz gefärbt sind, während die bei Torre dell' Annunciata, bei Torre del Greco, überhaupt die an den Vorbergen des Vesuv's auftretenden eine grüne Farbe besitzen und durchscheinend sind, dabei aber dieselbe Krystallform wie die Augite der Somma wahrnehmen lassen.

Für den in Rede stehenden Augit gilt die Formel: $\left.\begin{matrix}\dot{Ca}^3\\ \dot{Mg}^3\\ \dot{Fe}^3\end{matrix}\right\}\left\{\begin{matrix}\dddot{Si}^2\\ \dddot{Al}^2\end{matrix}\right.$

In neuerer Zeit hat *G. Rose* (s. *Poggendorff's* Ann. der Physik, Bd. 20. S. 322. Bd. 27. S. 97. Bd. 31. S. 619, dann auch in der Reise nach dem Ural, Bd. 2. S. 347) auf ein denkwürdiges gegenseitiges Verhältniss zwischen Augit und Hornblende aufmerksam gemacht, welches sich besonders auf gewisse Modificationen der äussern Krystallform und die krystallinische Structur dieser beiden Mineralien bezieht. Im Allgemeinen glaubt er annehmen zu können, dass Augit und Hornblende in eine Gattung zu vereinigen seyen, denn ihre Winkel liessen sich ungezwungen aufeinander reduciren; auch der

Unterschied in ihrem specifischen Gewichte gebe kein Hinderniss ab, denn sie variirten zwischen denselben Extremen, obgleich nicht zu läugnen sey, dass man Hornblende kenne, die leichter als irgend ein Augit wäre. Beide hätten auch so ziemlich gleiche Zusammensetzung, denn den unbedeutend grössern Kieselerde-Gehalt, der in der Hornblende sich vorfände, könne man als unwesentlich betrachten. Als Hauptstütze seiner Ansicht führt aber *G. Rose* den Umstand an, dass er an mehreren Orten in den Grünsteinen des Urals Krystalle, denen er späterhin den Namen „Uralit" gab, auffand, welche die Spaltungsfläche der Hornblende und äusserlich die Form des Augits besitzen; auch kommen Hornblende und Augit in regelmässiger Gruppirung vor, in welcher die Krystalle parallele Axen haben und die stumpfern Seitenkanten der Hornblende parallel sind den schärfern des Augits. Solche Zusammen-Gruppirungen finden sich nicht allein bei eingewachsenen Krystallen, wie bei den eben erwähnten Uraliten, sondern auch bei aufgewachsenen, und dies vorzüglich deutlich und schön bei den Sahliten von Arendal. Was die Unterschiede in der Form zwischen Hornblende und Augit betrifft, so werden sie durch die verschiedenen Umstände erklärt, unter denen diese Mineralien sich bildeten, indem die erstere bei langsamer, der Augit dagegen bei rascher Abkühlung der geschmolzenen Masse entstehen soll.

Folgende Wahrnehmungen werden zu Gunsten dieser Theorie angeführt. Schmilzt man Hornblende im Platin- oder Kohlen-Tiegel, so erhält man Krystalle, welche die Form des Augits besitzen; wenn man dagegen die Bestandtheile von Augit und Hornblende zusammenschmilzt, so erzeugen sich Krystalle von der Augitform; auch sollen unter den krystallisirten Schlacken- und Hütten-Producten bislang stets nur Augit- und keine Hornblende-Krystalle wahrgenommen worden seyn. Wenn Hornblende mit andern Mineralien vorkommt, so sind letztere nur solche, von denen man annehmen darf, dass sie durch langsames Erkalten der geschmolzenen Masse sich gebildet haben; den Augit dagegen trifft man am häufigsten mit Olivin an, welcher beim schnellern Erkalten entstehen soll. Wenn dagegen Hornblende und Augit miteinander vorkommen, was gar nicht selten ist und besonders an den

Tuffen des Rhöngebirges sich beobachten lässt, so soll dies nach *Rose* davon herrühren, dass die Massen, welche die beiden Mineralien enthalten, eine verschiedene Zusammensetzung und daher auch eine verschiedene Schmelzbarkeit besitzen; die schwerer schmelzbare giebt Augit, die leichter schmelzbare Hornblende und letztere hat sich um erstere gebildet. Indess ist nicht zu läugnen, dass unter allen Argumenten, welche *G. Rose* zu Gunsten seiner Theorie aufstellt, dieses letztere auf den schwächsten Füssen zu stehen scheint, und zwar deshalb, weil Augit und Hornblende zusammen in Gebilden auftreten, welche auch nicht die entfernteste Spur einer einstigen Schmelzung an sich tragen. Jene zuerst erwähnten Uralit-Krystalle finden sich nicht nur in den Dioriten des Urals, sondern auch, wie spätere Beobachtungen ergaben, in den Augit-Porphyren des südlichen Tirols, am ausgezeichnetsten bei Predazzo, woselbst sie eine lichtgrüne Farbe und ein auffallendes faseriges Gefüge, verbunden mit einem seidenartigen Schimmer, besitzen. Auch die Grünsteine von Mysore in Ostindien enthalten Uralit; zu Arendal kommt er mit Epidot, Titanit, Zirkon und Kalkspath verwachsen vor. Neuerdings hat auch *G. Rose* die Beobachtung gemacht, dass der sogenannte Smaragdit aus Corsica, welcher in Krystallen oder krystallinischen Körnern in Saussurit eingewachsen vorkommt und damit die bekannte schöne, häufig zu Schmuck-Gegenständen verwendete Felsart bildet, welche den Namen „Verde di Corsica" führt, nichts Anderes als Uralit ist. Denkwürdig erscheint ferner der Umstand, dass, wenn der Uralit in Dioriten auftritt, dies nur solche sind, in denen Albit oder Feldspath entweder gar nicht oder wenigstens nicht deutlich sich ausgeschieden haben, so dass mit der Bildung dieser Mineralien die Genesis des Uralits aufgehört und Hornblende an seine Stelle getreten zu seyn scheint.

Der Augit findet sich im vulcanischen Gebirge an so vielen Stellen, dass wir, um nicht zu weitläufig zu werden, von letztern nur die vorzüglichern anführen wollen. Zu diesen nun gehört in Deutschland ohne Widerrede das böhmische Mittelgebirge. Hier kommt er bald in der Grösse einiger Linien, bald in der von mehr als drei Zollen vor. Eingewachsen in Basalt trifft man ihn am Wolfsberge bei Czernoschin im Pilsner Kreise, ferner bei Warth an der Eger, in den Bergen bei Podersam und Schab im Saazer Kreise, am Ziegenberge bei Wessela an der Elbe, am Zieberlinger Berge bei Aussig, in basaltischer Wacke bei Losdorf, unfern Tetschen, bei Welmine und Boreslau an der Paskopole. Auch der Habichtswald bei Cassel ist reich an Augit; vollkommen ausgebildete Krystalle sind im dichten Basalte gerade nicht sehr häufig, dagegen trifft man in dem Basalt-Conglomerate um so öfters krystallinische Parthien, welche mitunter die Grösse eines Kinderkopfes erreichen. Eine Eigenthümlichkeit derselben ist, dass der Augit auf seinen Bruchflächen so innig mit schwarzem Glimmer verwachsen ist, dass der letztere fast $1/3$ der ganzen Masse bildet. Ueberdies besitzen diese Gebilde fast stets eine mehr oder weniger abgerundete Gestalt und sind bisweilen mit einer fest angewachsenen Schale von dichtem Basalt versehen, so dass man geneigt seyn dürfte, sie für ausgeschleuderte vulcanische Bomben zu halten, wie solche neuerdings auch aus Böhmen bekannt geworden sind.

Auf dem Rhöngebirge erreichen die Augite bei weitem nicht die Grösse wie auf dem Habichtswalde, besitzen aber an manchen Stellen, wie z. B. auf der Pferdekuppe bei Gersfeld, die früher schon berührte Eigenthümlichkeit, mit wohl ausgebildeten Hornblende-Krystallen in einem vulcanischen Tuffe vorzukommen.

Im Nassauischen findet sich der Augit auf dem Westerwald an mehreren Orten in Krystallen, welche hinsichtlich ihrer Grösse den böhmischen nicht nachstehen, so z. B. zu Schönberg bei Walmerod in Verbindung mit Hornblende und Analzim. Am Kaiserstuhl ist er der Begleiter der meisten daselbst vorkommenden Mineralien, namentlich von Bitterspath, Aragon, Chrysolith, Hyalosiderit, Glimmer, Melanit u. dgl. m. In den sogen. Augit-Laven der Eifel und des Niederrheines bildet er, wie auch schon der Name andeutet, einen fast nie fehlenden Gemengtheil; am Laacher-See und in den sogen. Mühlstein-Laven erscheint er in den Weitungen der letztern in hellgrünen, gleichsam durcheinander verfilzten Fasern. Dieser Augit-Varietät hat man den Namen „Porricin" gegeben.

Um auch des Auslandes mit einigen Worten zu gedenken, so sey bemerkt, dass der Augit im Kirchenstaate in besonders schönen und grossen Krystallen in einem vulcanischen Tuffe bei Frascati auftritt. In der Umgegend von Neapel begegnet man ihm an den meisten Stellen; bei der Eruption im J. 1822 wurde er in zahllosen Krystallen von dem Berge ausgeschleudert, welche noch jetzt einen Bestandtheil des dortigen vulcanischen Sandes bilden. Nach *Scacchi* finden sich in den krystallinischen Massen des Somma-Berges ausser den gewöhnlichen schwarzen und grünen Abänderungen auch gelb gefärbte Augite, welche von *Monticelli* und dem Grafen *von Bournon* ehedem zu den Topasen gezählt wurden. Auch hellgrüne kommen vor, so wie in langen Nadeln auskrystallisirte; erstere hielt *Monticelli* für Prehnit, die andern für Turmalin. *Scacchi* hat den Augit auch am Monte Vulture aufgefunden, sowohl in dessen Laven, als auch in krystallinischen Blöcken und in losen Krystallen. Diese letztern haben bisweilen 16 Millimeter im Durchmesser und irisiren auf den Bruchflächen, eine Erscheinung, welche man auch an deutschen Augiten wahrnimmt und die sich namentlich an denen im Basalte des Habichtswaldes zeigt. In dem Hauynophyr von Melfi tritt der Augit seltner auf; hier sind seine Krystalle lang gestreckt, schmal, in Gruppen angehäuft und braun von Farbe. Die Laven des Aetna, besonders die der Monti rossi, sind reich an Augit; auf Stromboli wird er bisweilen in sehr deutlichen Krystallen von dem unaufhörlich thätigen Vulcan in Menge ausgeschleudert.

Die sibirischen Uralite trifft man besonders schön in den Dioriten bei Muldakajewa und Blagodat, so wie zu Kowelinskoi bei Miask und Mostowaja bei Jekaterinenburg an.

Auripigment.

Syn. Operment, Rauschgelb.

Diese Schwefelungsstufe des Arseniks, welcher die Formel $\overset{'''}{\underline{A}}$ zukommt, findet sich nur selten in Krystallen, deren Grundform ein gerades rhombisches Prisma ist. Meist kommt das Operment von blätteriger Textur vor, in Blättchen, welche biegsam sind und auf den Spaltungsflächen einen lebhaften, metallähnlichen Perlmutterglanz zeigen. Ihre Farbe ist citrongelb, ihre Härte = $1,_5$, ihr spec. Gew. = $3,_{48}$. Es kommt auch im verschlackten und erdigen Zustande vor.

Als Seltenheit hat man es unter den Sublimations-Producten in Begleitung von Realgar auf den in den Jahren 1794 und 1822 ergossenen Laven des Vesuv's aufgefunden. Auch am Aetna, an der Solfatara bei Neapel und der auf der Insel Guadeloupe trifft man es an.

Axinit.

Syn. Thumerstein.

Dies in der Natur nur sparsam auftretende Mineral ist in mehrfacher Hinsicht ausgezeichnet: in krystallonomischer, insofern seine Grundform das nur selten sich findende unsymmetrische schiefe Prisma ist; in physikalischer, insofern es einen ganz merkwürdigen Trichroismus zeigt und durch Erwärmung oft terminal-polarische Elektricität annimmt; so wie in chemischer, insofern es in die Abtheilung der Silico-Borate gehört, zu welcher ausser ihm nur noch Turmalin und Datolith gehören.

Die Krystalle des Axinits zeigen meist einen Glasglanz, der auf dem Bruche in's Fettartige überzugehen pflegt. Bald sind sie durchsichtig, bald nur an den Kanten durchscheinend; ihre Farbe ist meist nelkenbraun, sie geht jedoch oft in das Pflaumen- und Violblaue, andererseits aber auch in das Perl- und Aschgraue, in's Grauschwarze und Grüne über. Das spec. Gew. $= 3-3{,}_3$, die Härte $= 6{,}_5$. Ihre chemische Mischung ist noch nicht genau ermittelt; *Rammelsberg* giebt dafür folgende Formel: $\left.\begin{matrix}\dot{C}a^3\\ \dot{M}g^3\end{matrix}\right\}\left\{\begin{matrix}\dddot{S}i^2\\ \dddot{B}^2\end{matrix}\right. + 2\left\{\begin{matrix}\overset{\cdots}{\overline{Al}}\\ \overset{\cdots}{\overline{Fe}}\\ \overset{\cdots}{\overline{Mn}}\end{matrix}\right\}\left\{\begin{matrix}\dddot{S}i\\ \dddot{B}\end{matrix}\right.$.

Der Axinit findet sich vorzugsweise in den ältern Gebirgsmassen, meist plutonischen, selten im Thonschiefer, gewöhnlich auf Klüften, Gängen und Lagern; im vulcanischen Gebirge will man ihn bis jetzt nur an einer Stelle wahrgenommen haben, nämlich auf der Wolfsinsel im Onega-See, woselbst er krystallisirt in den dortigen Mandelsteinen auftreten soll.

Baryt.

Syn. Schwerspath.

Der Baryt ist eins von denjenigen Mineralien, welche eine ausserordentlich weite Verbreitung besitzen; dabei ist seine Krystallreihe eine der reichhaltigsten und entwickeltsten, mit Ausnahme der des Kalkspathes. Die gerade rhombische Säule bildet seine Grundform, die wesentlichen Bestandtheile sind Baryterde und Schwefelsäure, die Formel ist: $\dot{Ba}\,\ddot{S}$. Meist erscheint er farblos oder weiss, doch finden sich auch graue, gelbe, rothe, braune und blaue Farben. Er zeichnet sich durch ein hohes specifisches Gewicht aus, welches = $4-4,_{58}$ ist. Die Härte = $3,_{5}$ und bisweilen noch etwas darunter. Ungeachtet seiner weiten Verbreitung ist der Baryt im vulcanischen Gebirge doch eine seltene Erscheinung, was ihn sehr charakterisirt. In Deutschland hat man ihn nur einmal, und zwar in der Nähe von Darmstadt, auf schmalen Gängen und in Blasenräumen einer Gebirgsart aufgefunden, welche entweder einem Diorit- oder einem Melaphyr-Mandelstein beizuzählen seyn dürfte. In Böhmen hat man ihn ebenfalls nur einmal beobachtet, und dies nach *Zippe* bei Pratzkow am Kosakower Gebirgszuge, zwischen Semil und Tatobit im Bunzlauer Kreise, in körnig und stängelig zusammengesetzten Massen und Knollen von Quarz. In Tirol tritt er an der Forca rossa bei Predazzo in Dolerit auf, in Schottland am Kinnoul-Hügel in Pertshire in einem basaltischen Mandelstein, so wie zu Kincaid mit Kalkspath auf Gängen in Mandelstein. Zu Southington in den Vereinigten Staaten soll er in Trapp vorkommen.

Bergkrystall.

Der Bergkrystall, welcher in seiner reinsten Gestalt nur aus Kieselsäure besteht und zur Grundform das Bipyramidal-Dodekaëder hat, ist so bekannt, dass er wohl keiner weitern Schilderung bedarf. Obgleich man ihn in fast allen Gebirgsformationen der Erdrinde verbreitet findet, so tritt er doch im vulcanischen Gebirge im Allgemeinen nur selten auf und zwar an folgenden Orten: Im Dép. du Puy de Dôme bei Pont du Chateau auf den Klüften eines vulcanischen Tuffes in wohl ausgebildeten Krystallen, begleitet von Chalcedon und Erdpech, und zwar sind die Krystalle daselbst noch dadurch besonders bezeichnet, dass man sie mit einer Hülle von Chalcedon umgeben findet. Das Gebirge Scourmore der schottischen Insel Rum enthält ihn in ausgezeichneten Krystallen, welche zusammen mit Heliotrop und Chalcedon von einem zersetzten Mandelsteine umschlossen werden. In demselben Gestein findet er sich in Tirol zu Molignon, mit der Eigenthümlichkeit, dass die Krystalle durch Stilbit oder Analzim eine röthliche Färbung erhalten haben. Aus Böhmen kennt man ihn von mehreren Orten, z. B. von Raschen und Jaberlich am Jeschken im Kosakower Gebirgszuge, so wie vom Morzinower Berge bei Lomnitz; hier bedecken die Krystalle die Wände der Achatkugeln, oder sie überziehen die innern Räume von Geoden im dortigen Mandelsteine. Auch in Neu-Schottland hat man ihn aufgefunden, und zwar zu Mink-Cove in den Drusenräumen eines Mandelsteines.

Bergöl.

Syn. Asphalt, Erdöl, Bitumen, Bergtheer. Es findet keine scharfe Grenze zwischen diesen Substanzen statt, vielmehr bemerkt man allmählige Uebergänge ineinander, welche durch Temperatur-Differenzen, mehr oder weniger langes Verweilen an der Luft und ähnliche Umstände hervorgerufen werden.

Bernstein.

Nach *Hörnes* (in *Leonhard's* Jahrb. für Min. Jahrg. 1846. S. 786) wurde einst ein dunkel-honiggelbes, im Innern wachsgelbes Fragment von Bernstein in einem tertiären Mandelstein zu Lemberg in Galizien aufgefunden.

Berzeline.

Unter diesem Namen findet man in den mineralogischen Lehrbüchern zwei Mineral-Gattungen erwähnt, von denen die eine von *Necker de Saussure*, die andere von *Beudant* aufgestellt ist. Diese letztere soll Selenkupfer (Cu^2 Se) seyn und sich zu Skrickerum in Småland gefunden haben. Nur die erstere scheint hierher zu gehören. *Necker de Saussure (Biblioth. univers. Janvier* 1831. p. 52) entdeckte sie zu Galloro bei la Ricia, unfern Rom's; sie kommt daselbst in äusserst kleinen Krystallen in den Blasenräumen eines augitischen Gesteines mit schwarzem Granat und hexagonalem, tombakbraunen Glimmer vor. Das Mineral ist weiss, schwach durchscheinend, matt, auf dem Bruche uneben, muschelig und glasglänzend. Nach *Baruffi* soll es Glas ritzen. Dies wird insofern von *Kenngott* (in *Haidinger's* Berichten. VII, 190) bestätigt, als derselbe angiebt, das Mineral sey härter als Apatit. Das spec.

Gew. soll = $2{,}72$ bis $2{,}48$ seyn. Es krystallisirt in regulären Octaëdern, die Krystalle bilden auch Zwillinge nach dem Spinell-Gesetze, doch ist ihre Form oft uneben und abgerundet. Sie sind ziemlich deutlich spaltbar parallel den Flächen des Würfels, kommen jedoch auch körnig, kugelig, derb und eingesprengt vor. Sie sind spröde und leicht zersprengbar, bald schnee-, bald grauweiss, glasglänzend bis matt, durchsichtig bis durchscheinend und oft mit einer weissen Rinde überzogen.

Nach *Kenngott* finden sie sich als Gemengtheil älterer vulcanischer Auswürflinge mit Augit, Hauyn und Glimmer am Albaner See. Auch in dem Basalte am Capo di Bove kommen sie vor in Gesellschaft von Aragon und Humboldtilith.

Beudantin.

Nicht zu verwechseln mit Beudantit, welcher nach *Lévy* synonym ist mit Würfelerz. Der Beudantin gehört nach *Mitscherlich* zum Nephelin. S. Nephelin.

Bimsstein.

Er steht in vielen Fällen in naher Beziehung zum Obsidian und dürfte mit diesem wohl auch aus gleichen Substanzen entstanden seyn. Bekanntlich bildet der Bimsstein eine leichte, schwammige, mit runden oder verlängerten Zellen erfüllte Masse, welche, obgleich sie leicht zerbricht, dennoch den Stahl und das härteste Glas ritzt. Er besitzt eine fadige Beschaffenheit; die Fäden, welche nach allen Richtungen hin sich verbreiten, glänzen wie Glas, wenn sie dick sind, wie der Bimsstein von der Insel Pantellaria, haben aber einen seidenartigen Schimmer, sobald sie fein ausgesponnen sind. Ihre Farbe ist meist weiss oder grau, geht aber auch in's Gelbe, Braune und Schwarze über. Das spec. Gew. des gepülverten Bimssteins beträgt $2{,}19$—$2{,}2$; in schwammig aufgetriebenen, mit vielen Zellen und Blasen erfüllten Stücken ist er bisweilen so leicht, dass er auf dem Wasser schwimmt. Es kommen mehrere Varietäten von ihm vor, und zwar auf der Insel Lipari eine, wo Bimsstein-Streifen mit Obsidian-Lagen abwechseln. Auf den Ponza-Inseln hat man eine Stelle bemerkt, woselbst schwarzer Obsidian durch Aufnahme vieler kleiner, lufterfüllter Blasen allmählig in einen leichten, fadigen Bimsstein überging. Auch bei Villanova auf der Insel Terceira kommt ein ausgezeichneter Bimsstein vor, besonders charakterisirt durch seine schwarze Farbe, durch äusserst zarte, fadenförmige Bildungen in seinen Zellen und durch zahlreiche Einschlüsse von Krystallen glasigen Feldspaths. Enthält der gewöhnliche Bimsstein, wie dies nicht selten der Fall ist, viele Einschlüsse von glasigem Feldspath, so bekommt er den Namen Bimsstein-Porphyr. Da, wo er als lavenartiges Gebilde auftritt, ist er fast stets mit Obsidian vergesellschaftet und bildet dann den obern, lockern Theil dieser Ströme vulcanischen Glases. Häufig findet sich der Bimsstein aber auch auf secundärer Lagerstätte in der Gestalt horizontal abgelagerter, locker zusammenhängender Schichten, die sogar bisweilen fossile Muscheln umschliessen und fern von vulcanischen Massen auftreten. In diesem Falle darf man wohl annehmen, dass er durch mehr oder weniger heftig bewegtes Gewässer von seiner ursprünglichen Lagerstätte weggeführt sey und sich erst später, nach eingetretener Ruhe, aus demselben niedergeschlagen habe. Auf diese Weise scheinen die Bimsstein-Lagen im Neuwieder Becken entstanden zu seyn. Bekanntlich lassen sich solche weiter westwärts bis in die Lahn-Gegenden verfolgen. Uebrigens sind Bimsstein-Ausbrüche bei der Beschreibung der einzelnen Vulcane im früher Mitgetheilten so oft erwähnt worden, dass wir hier weitere Fundorte wohl nicht mehr anzugeben brauchen.

Biotin.

Ist identisch mit Anorthit; s. Anorthit.

Bittersalz.

Syn. Haarsalz, Haarvitriol, Gletschersalz, Federalaun z. Th.

Dies aus schwefelsaurer Bittererde und Wasser bestehende Salz, welchem die chemische Formel $\dot{Mg}\,\ddot{S} + 7\,\dot{\bar{H}}$ zukommt, gehört dem orthorhombischen System an, hat zur Grundform ein Rhomben-Octaëder, besitzt eine weisse, in's Graue, Grüne, Gelbe, Rothe, zuweilen in's Rosenrothe übergehende Farbe, einen salzig-bittern Geschmack, ein spec. Gew. von $1,_7$ — $1,_8$, so wie eine Härte von 2 — $2,_5$. Es kommt im blätterigen, haarförmigen und mehligen Zustande in der Natur vor, findet sich an vielen Orten als Ausblühung auf dem Boden, z. B.

auf dem Alaunschiefer in den Quecksilber-Gruben zu Idria, kommt in grösster Menge in den Bitterwassern vor, namentlich in denen von Seidlitz, Saidschitz und Epsom, und bedeckt als eine schneeweisse Kruste auf meilenweiten Strecken den Boden der russischen Steppen, wenn während des Sommers das Wasser derselben verdunstet. Auch dem vulcanischen Gebirge ist es nicht fremd, es erzeugt sich noch jetzt in demselben, wenn in den Fumarolen schwefeligsaure Dämpfe mit Gebirgsarten in Berührung kommen, welche Bittererde enthalten. Schon *Tournefort (Voyage* etc. T. 1. p. 63) bemerkte auf der Insel Milo Bittersalz, welches auf diese Art entstanden seyn mag. *Breislak* entdeckte es, in Gesellschaft von Glaubersalz, in den Grotten an der Nordseite der Solfatara bei Neapel. Hier bildet es einen aus weissen Fäden bestehenden Ueberzug auf den Kluftflächen der Lava. *Scacchi* hat es jedoch nie hier gefunden.

Bitterspath.

Syn. Magnesitspath, Breunerit, Talkspath, Giobertit.

Wir verstehen hierunter dasjenige Mineral, welches in seiner reinsten Form fast nur aus kohlensaurer Bittererde (in 100 Theilen aus $47{,}_6$ Bittererde und $52{,}_4$ Kohlensäure) besteht, bei welchem jedoch fast in allen seinen Varietäten auch einige Procente Eisenoxydul, aber in stets schwankenden Verhältnissen, nachgewiesen wurden. *Haidinger's* Breunerit und *Stromeyer's* Magnesitspath gehören hierher. Den Braunspath und Dolomit schliessen wir aus. Die reine kohlensaure Bittererde krystallisirt in Rhomboëdern von 107° 25′, während solches beim reinen kohlensauren Kalk 105° 5′ hat. Ihr spec. Gew. $= 2{,}_{85} - 3{,}_2$, die Härte $= 3 - 5$.

In kugel- und nierenförmigen Gestalten findet sich der Bitterspath in den vulcanischen Massen des Kaiserstuhles bei Sasbach auf Klüften und Weitungen eines Dolerites, obwohl er an andern Orten fast immer nur in Talk- und Chloritschiefer eingewachsen vorkommt.

Blei.

Es werden mehrere Stellen angegeben, woselbst sich Blei in gediegenem Zustande gefunden haben soll. Bei einem Besuche der Insel Madera hat der dänische Naturforscher *Rathke* solches in einer leicht zerreiblichen Lava in ziemlich ansehnlicher Menge entdeckt. Nach *Hauy's* Zeugniss darf man dies Blei als natürlich gediegenes ansehen, obgleich *Dufrénoy (Traité de min.* III. p. 1) in dieser Hinsicht noch einige Scrupel hegt und meint, das Blei könne vielleicht durch die feurig-flüssige Lava reducirt und nicht durch den vulcanischen Process an die Erdoberfläche gelangt seyn. Dagegen sieht er das zu Alston-Moore in Cumberland in einem quarzigen Gesteine, in Verbindung mit Bleiglanz, aufgefundene Blei als entschieden gediegenes an. S. *Haidinger* in *Treat. of min. by Fr. Mohs.* T. III. p. 129.

Bleiglanz.

Der Bleiglanz, $\overset{\prime}{P}b$, die einzige Schwefelungsstufe, welche man vom Blei kennt, hat zur Grundform den Würfel, eine bleigraue Farbe, ein spec. Gew. von $7{,}_{2}$—$7{,}_{6}$, eine Härte von $2{,}_{5}$ und wird demnach vom Kalkspath geritzt. Er ist nicht hämmerbar und giebt ein grauschwarzes Pulver.

Unter allen Erzen ist er eins der verbreitetsten, kommt aber im vulcanischen Gebirge selten und zwar nur an folgenden Orten vor. Am Vesuv will man ihn in Gemengen aus Glimmer und Augit, so wie auch in blätterigen Partikeln, in einen feinkörnigen, wahrscheinlich dolomitischen Kalk eingesprengt, gefunden haben. Auch zu Bolanos in Mexico soll er auf einem den Dolerit durchsetzenden Gange, in Gesellschaft von Weissbleierz, Flussspath und Fahlerz, vorgekommen seyn.

Bleiglätte.

S. Mennig.

Bleihornerz.

Syn. Phosgenit.

Ist eine Verbindung von Chlorblei mit kohlensaurem Bleioxyd und hat die Formel: $Pb\,\text{Cl} + \dot{P}b\,\ddot{C}$. Seine Grundform ist das Quadratoctaëder, sein Bruch ist muschelig. Gleich den meisten Bleisalzen besitzt es einen demantartigen Glanz, der in Fettglanz übergeht; dabei ist es entweder durchsichtig oder durchscheinend. Sein spec. Gew. = $6{,}_{05}$, seine Härte = 3. Die weisse Farbe, in welcher es meist auftritt, zeigt Uebergänge in's Graue, Gelbe, Grüne und Braune.

Es ist ein seltenes Mineral, sein Hauptvorkommen Matlock in Derbyshire, woselbst es mit Blei- und Schwerspath bricht. Als der Vesuv im J. 1822 den bekannten Ausbruch hatte, fand es sich, begleitet von Atacamit, auf einem vulcanischen Sande, der in der Nähe des Kegels lag.

Blei, kohlensaures.

Syn. Weissbleierz, Bleispath, Cerussit.

Eins der am häufigsten vorkommenden Bleisalze, welches aus $16{,}_{54}$ Kohlensäure und $83{,}_{46}$ Bleioxyd besteht und die Formel $\dot{P}b\ \ddot{C}$ besitzt. Es scheint in den meisten Fällen aus der Zersetzung von Bleiglanz entstanden zu seyn, bei welchem Processe die erforderliche Menge von Kohlensäure wahrscheinlich sich aus umgewandeltem Kalkspath entwickelte, der wiederum durch Schwefelsäure die Umwandlung erlitt, indem Schwefelkies, der so häufig in Kalkstein sich findet, vitriolescirte und so zur Entstehung der Schwefelsäure Veranlassung gab.

Der Bleispath, dessen primitive Form das Rhombenoctaëder ist, besitzt ebenfalls demantartigen Glanz mit einem Uebergang in's Wachsartige, ist durchsichtig oder durchscheinend, meist von weisser, in's Graue, Gelbe und Braune übergehender Farbe, die durch beigemischtes Kupfer bisweilen einen Stich in's Grüne und Blaue erhält. Der Bruch ist muschelig und geht in's Unebene über. Das spec. Gew. $= 6-6{,}_{6}$, die Härte $= 3{,}_{5}$.

Auf demselben Gange, welcher zu Bolanos in Mexico den Dolerit durchsetzt und Bleiglanz führt, soll auch der Bleispath vorgekommen seyn. Hier findet sich in seiner Begleitung auch noch Fahlerz, Bleiglanz und Flussspath.

Blende.

Syn. Marmatit, Eisenzinkblende.

Das geschwefelte Zink oder die Zinkblende ($\dot{Z}n$) gehört dem regulären Krystallisations-System an, besitzt einen ausgezeichneten Blätterdurchgang nach den Flächen des Rhombendodecaëders und erscheint in mannigfaltigen, meist schwarzen, braunen, rothen, gelben und grünen Farben, die vielfach ineinander übergehen. Die Krystalle sind bald durchsichtig, bald undurchsichtig und besitzen keinen metallischen Glanz; ihr spec. Gew. $= 3{,}_{8}-4{,}_{2}$, ihre Härte $= 3{,}_{5}-4$. Diejenige

Varietät der Blende, welche *Boussingault* (s. *Poggendorffs* Ann. der Physik, Bd. 17. S. 401) „Marmatit" genannt hat, zu Candado bei Marmato, in der Provinz Popayan, vorkommt und bisweilen 22 % Schwefeleisen enthält, scheint doch keine besondere Species bilden zu dürfen.

Obgleich die Zinkblende zu den sehr weit verbreiteten Erzen gehört, so kennt man doch blos zwei Stellen, wo sie sich im vulcanischen Terrain gefunden hat. Diese sind die Gerswiese im Siebengebirge, woselbst der Basalt kleine Krystalle von ihr umschliesst, sodann der Monte Somma. *Scacchi* hat sie daselbst, aber nicht häufig, in Begleitung von Bleiglanz in kalkigen Massen wahrgenommen, welche einst von diesem Berge müssen ausgeschleudert worden seyn.

Bol.

Ist höchst wahrscheinlich aus zertrümmerten, zermalmten und durch Wasser zusammengeschwemmten vulcanischen Gebirgsarten, namentlich von Basalt, Basaltconglomerat, Wacke u. dgl. entstanden. Daher hat man ihn, gleich den verschiedenen Thonarten, nur als ein Gemenge und nicht als eine rein chemische Verbindung anzusehen. Nach einer Analyse des Bols durch *Wackenroder* (in *Kastner's* Archiv u. s. w. Bd. 11. S. 466) hat *Berzelius* die Formel $\dddot{Al}\,\dddot{Si}^2 + 6\,\dot{\bar{H}}$ mit einem geringen Antheil von $\dddot{\bar{F}e}^2\,\dot{\bar{H}}^3$ für den Bol aufgestellt. Der Bruch ist bei den reinern Varietäten vollkommen muschelig und geht bei den unreinern mehr in's Ebene und Erdige über. Die erstern schimmern etwas, werden aber durch den Strich wachsartig glänzend; sie sind an den Kanten durchscheinend, während die andern undurchsichtig erscheinen. Der Bol kommt in sehr verschiedenen Farben vor, in weissgrauen, grauen, braunen, leber-, umbra-, holz-, kastanien- und schwarzbraunen, auch in grünen, gelben, isabellgelben, morgenrothen und hellblauen, letztere vorzüglich da, wo er von festem Basalt umschlossen und gebrannt ist. Spec. Gew. = $1{,}6 - 2$, Härte = $1{,}5 - 2{,}5$. Der Bol ist fettig anzufühlen, hängt stark an der Zunge und zerspringt, in's Wasser geworfen, in kleine Stücke, ohne zu erweichen.

Im vulcanischen Gebirge ist er so sehr verbreitet, dass hier nur die vorzüglichern Fundstätten angegeben werden können. Vorzüglich entwickelt tritt er in basaltischen Massen, vulcanischen Tuffen, Wacken, besonders auf den Kluft- und Absonderungs-Flächen dieser Felsarten auf, bisweilen aber auch in lagerartigem Wechsel mit denselben und nesterweise darin eingewachsen. Oefters erscheint er auch da, wo basaltische Gebilde andere Gebirgsarten, krystallinische sowohl als sedimentäre, durchsetzen.

Vorzüglich reich an sämmtlichen Bol-Varietäten sind die beiden Hessen, die Rhön, das Vogelsgebirge, der Westerwald. Auf dem Habichtswalde, namentlich in der Taubenkaute, erscheint er morgenroth gefärbt und findet sich daselbst sowohl auf den Absonderungsflächen des Basalt-Conglomerates, als auch in den Blasenräumen eines sehr zellichten Basaltes, welcher von ersterm umschlossen wird; er durchdringt hier sogar die Zwischenräume zersetzter und aufgelockerter primitiver Felsarten, besonders von Gneis, welche in grosser Menge in dem basaltischen Trümmergestein aufgefunden werden. An einer andern Stelle, dem sogen. Hünrodsberg, kommt er nesterweise im Basalt-Conglomerat vor, zeigt einen Uebergang in Polirschiefer und umschliesst Blätterabdrücke von Laubhölzern. Besonders lehrreich aber ist sein Auftreten in den Basalt-Tuffen des Dörnberges; hier kann seine Entstehung aus Holzfragmenten, welche in dem Tuffe nicht selten sich finden, in allen Stadien seiner Metamorphose auf's deutlichste wahrgenommen werden. Die Fasertextur des Holzes verschwindet nämlich allmählig und zuletzt bleibt eine weisse, amorphe Substanz übrig, welche alle Kennzeichen des ächten Boles trägt. Auf dem Vogelsgebirge kam er früherhin sehr schön und deutlich beim Dorfe Ettingshausen, unfern Laubach, vor, auf und zwischen einem plastischen Thon, der durch Einwirkung von Basalt eine säulenförmige Gestalt angenommen hat. Auch das Vorkommen am Wilderstein bei Büdingen ist ausgezeichnet. Hier erscheint der Bol als Contact-Product von Basalt und buntem Sandstein in einzelnen, geringmächtigen Schichten zwischen dem Sandstein, der ebenfalls durch vulcanische Gluth in bisweilen mehrere Fuss lange Prismen sich abgesondert hat.

Um auch eine Stelle anzuführen, wo Bol vorkommt, da, wo Granit und Basalt zusammen auftreten und woselbst er durch gegenseitige Einwirkung beider Felsarten aufeinander und wahrscheinlich unter Beihülfe des Wassers entstanden zu seyn scheint, so sey das Cap Prudelles, unfern Clermont, im Dép. du Puy du Dôme genannt. Hier findet er sich in ansehnlichen Massen, vermengt mit granitischem Sande und grössern Fragmenten dieser Gebirgsart.

Borsäure.

Syn. Sassolin, natürliches Sedativsalz.

Die Borsäure, deren chemische Formel $\dddot{B} + 3\,\dot{H}$ ist, kennt man bis jetzt noch nicht in deutlichen Krystallen, meist findet sie sich nur in zarten, ein lockeres Haufwerk bildenden, krystallinischen Schuppen, welche unvollkommene stalaktitische oder rindenförmige Massen bilden. Diese sind durchscheinend, perlmutterglänzend, weiss, grau, gelb, schwach säuerlich und hernach bitter schmeckend, besitzen ein spec. Gew. von $1{,}_5$ und eine Härte = 1. Der ausgezeichnetste Fundort derselben in fester Gestalt ist die Insel Volcano, woselbst sie *Lucas* zuerst entdeckt zu haben scheint. Sie kommt daselbst, in Verbindung mit Schwefel, in einer Felshöhle an der Decke und den Wänden derselben als ein mehrere Zoll starker Ueberzug vor und scheint sich daselbst unter Vermittelung heisser Wasserdämpfe, worin sie gelöst war, sublimirt zu haben. Von ihrem Auftreten in den Lagoni's von Toscana, woselbst sie sich am Rande und auf dem Boden der dortigen heissen Quellen nebst Schwefel und Gyps absetzt, ist in einem frühern Abschnitt weitläufig die Rede gewesen. Neuerdings ist sie auch von *Filhol* und *Bouis* aufgelöst in den warmen Schwefelquellen von Olette in den West-Pyrenäen und von *Fresenius* in den Thermalquellen von Wiesbaden aufgefunden worden. An der Solfatara bei Neapel kommt sie mit Realgar in zarten, durchscheinenden Blättchen vor, füllt auch bisweilen dünne Gebirgsspalten aus.

Botryogen.

Syn. Néoplase, rother Eisenvitriol.

Er scheint aus der Zersetzung von Schwefelkies entstanden zu seyn und besitzt nach *Berzelius* die Formel $\dot{F}e^3\,\dddot{S}^2 + 3\,\dddot{F}e\,\dddot{S}^2 + 36\,\dot{H}$, gemengt mit $\dot{M}g\,\dddot{S}$. Seine Grundform ist ein schiefes rhombisches Prisma. Die Krystalle besitzen

Glasglanz, einen muscheligen, in's Unebene übergehenden Bruch, eine dunkel-hyazinthrothe, auch wohl ockergelbe Farbe, ein spec. Gew. = $2,_{039}$ und eine Härte = $2—2,_5$. Sie sind milde, durchscheinend und erscheinen meist in nierenförmigen oder schönen traubigen Gestalten.

Das ausgezeichnetste Vorkommen derselben ist die grosse Kupfergrube von Fahlun, woselbst sie im Gemenge mit Gyps, basisch-schwefelsaurem Eisenoxyd und Bittersalz auftreten; doch will man auch in seltenen Fällen den Botryogen in Gesellschaft von Atacamit am Vesuv gefunden haben.

Bouteillenstein.

Syn. Pseudo-Chrysolith, Wasser-Chrysolith, Moldawit.

Gehört zu den vulcanischen Gläsern und ist wohl nur als eine Abänderung des Obsidians zu betrachten. Das Fossil kannte man bisher nur in geschiebeähnlichen Stücken, doch auch in grössern Körnern mit rauher, viele unregelmässige Eindrücke zeigender Oberfläche. Es besitzt eine pistaziengrüne Farbe, einen flachmuscheligen Bruch, ist halb-durchsichtig und glasglänzend. Seine einzige Fundstätte waren die Moldau-Ufer bei Moldauthein unweit Budweis im südlichen Böhmen. Man glaubte, dass sie aus dem Basalte abstammten, bis neuerdings *Glocker* (s. *Poggendorff's* Ann. der Physik, Bd. 75. S. 458) ein neues Vorkommen entdeckte. Es fand sich nämlich das Mineral beim Dorfe Jackschenau, etwa zwei Stunden von Jordansmühle in Niederschlesien, in vollkommener Kugelform und beinahe 6 Par. Linien im Durchmesser haltend inmitten eines gneisartigen Gesteins, das als loses Stück in der Dammerde lag und vielleicht von einem skandinavischen erratischen Felsblocke herrührte. Dieser Pseudo-Chrysolith war vollkommen durchsichtig, von glasartiger Beschaffenheit, zwischen Lauch- und Pistazien-Grün, auf der Oberfläche voller kleiner Vertiefungen und Erhöhungen. *Glocker* wirft hierbei die Frage auf, ob das böhmische Fossil nicht vielleicht auch seinen Sitz im Gneis-Gebiete habe? Unfern Iglau in Mähren soll sich ein grünes, glasartiges Mineral im Gneise finden, das vielleicht ebenfalls hierher gehört. Alle diese Gebilde haben das miteinander gemein, dass sie in kugelähnlichen oder in flachen, geschiebeähnlichen Gestalten vorkommen.

Braunspath.

Syn. Braunkalk, Bitterkalk, Rautenspath, Miemit, Tharandit, Gurhofian, Dolomit, Kalktalkspath.

Wir verstehen hierunter dasjenige Mineral, welches in seiner reinsten Gestalt aus 1 Aeq. kohlensaurem Kalk und 1 Aeq. kohlensaurem Talk besteht, d. h. in 100 Thl. von erstern $54,_3$, von dem zweiten $45,_7$ enthält. Einige Procente dieser Mischung werden in der Regel durch die isomorphen Carbonate von Eisenoxydul und Manganoxydul vertreten, und hieraus erklärt sich die verschiedenartige Färbung, die mehr oder weniger deutliche Verwitterbarkeit und die bei dieser sich einstellende Farbenwandlung des Minerals. Lange Zeit hindurch hat man den Braunspath mit dem Kalkspath verwechselt, sogar *Hauy* vermochte erstern von letzterm noch nicht deutlich zu unterscheiden. Späterhin liessen aber genauere chemische Analysen die abweichende Mischung zwischen beiden erkennen, wobei man auch fand, dass der Braunspath sich bei weitem schwieriger in verdünter Salpetersäure auflöst, als der Kalkspath. Ueberdies hat er auch einen mehr perlmutterartigen Glanz, der besonders bei derjenigen Varietät deutlich hervortritt, welcher man den Namen „Perlspath" gegeben.

Aber auch in krystallographischer Beziehung unterscheiden sie sich voneinander; denn obgleich auch der Braunspath in stumpfen Rhomboëdern krystallisirt, so beträgt doch der Winkel bei letzterm 106° 15', beim Kalkspath dagegen nur 105° 5'.

Den Braunspath findet man öfters in einiger Verbindung mit plutonischen und vulcanischen Gebirgsmassen, z. B. mit Euphotid, Serpentin, Melaphyr, Phonolith, Basalt, Mandelstein, deren Blasenräume er bisweilen erfüllt. Auf diese Weise begegnet man ihm in dem Mandelsteine bei Zwickau, in dem doleritischen Basalte zu Steinheim bei Hanau, ferner zu Kolosoruk in Böhmen, woselbst die Flächen seiner Rhomboëder theils einwärts gebogen sind, theils gewölbt erscheinen. Hier findet er sich auch in eigenthümlichen nierenförmigen Gestalten, welche durch Zusammenhäufung der Krystalle mit gewölbten Flächen entstehen. Am Vesuv tritt er in einer ganz ausgezeichneten und sehr gesuchten Varietät auf, welche sich durch ihre blaue Farbe auszeichnet; ausserdem trifft man ihn auch in den Blasenräumen der dortigen Laven an mit Aragon und Harmotom, so wie auch in Verbindung mit Glimmer und Augit.

Breislakit.

Dies seltene und noch nicht hinreichend genau gekannte Fossil dürfte in die Hornblende-Familie gehören. Es erscheint in der Gestalt zarter, metallisch glänzender, röthlichbrauner, wollähnlicher Krystalle in den Höhlungen gewisser Laven am Monte di Somma in der Gesellschaft von Nephelin, Mejonit und Augit und besitzt viel Aehnlichkeit mit manchen dunkelbraunen Rutil-Varietäten, wie solche an mehreren Orten in den Alpen vorkommen. Neuerdings hat sich der Breislakit in den Weitungen eines an glasigen Feldspath-Krystallen reichen Trachytes an der Solfatara gefunden. Auch in der Lava des Capo di Bove kommt er vor. Er soll aus Kieselerde, Thonerde, Eisenoxyd und einer ansehnlichen Menge Kupferoxyd bestehen. Man kann ihn leicht zu einer schwarzen Schlacke schmelzen, welche auf die Magnetnadel einwirkt. Mit Borax schmilzt er leicht zu einer blutrothen oder einer grünen Perle, je nachdem man die oxydirende oder die reducirende Flamme anwendet.

Brevicit.

Eine von *Berzelius* (s. dessen Jahresbericht u. s. w. Jahrg. 14. S. 176) anfgestellte Zeolith-Gattung, welche dem Prehnit am nächsten zu stehen scheint. Der Brevicit fand sich in den Höhlungen einer trachytischen (?) Gebirgsart bei Brevig in Norwegen in der Gestalt einer weissen, blättrig-strahligen Masse, nach dem Innern der Höhlung zu mit zunehmender Durchsichtigkeit regelmässigere prismatische Krystalle bildend. Dabei ist er mit breiten, dunkelrothen Streifen eingefasst und erscheint selbst bisweilen von schmutzig graurother Farbe. Nach *Sondèn* besitzt er folgende chemische Formel:

$$\left.\begin{matrix}\dot{Na}\\ \dot{Ca}\end{matrix}\right\} \dddot{Si}^{2} + 3\,\ddot{\bar{Al}}\,\dddot{Si} + 6\,\dot{\bar{H}}.$$

Brewsterit.

Syn. Diagonit.

Eine von *Brooke* zu Ehren *Brewster's* aufgestellte Zeolith-Gattung, welche von *C. Retzius*, dem Entdecker, derselben zuerst „prehnitartiger Stilbit" wegen seines Glanzes und der

Abrundung an den Endflächen genannt wurde. Die Grundform desselben ist ein schiefes rhombisches Prisma unter einem Winkel von 136°. Auf den Flächen des Blätterdurchganges besitzt er Perlmutterglanz, auf den andern Glasglanz. Der Bruch ist uneben, die Farbe weiss, grau, gelb, braun und grün. Bald ist er durchsichtig, bald blos durchscheinend. Das spec. Gew. = $2,_{12}$—$2,_{2}$, die Härte = 5, nach *Dufrénoy* (a. a. O. III, 443) blos $4,_{5}$ also etwas höher als die des Heulandits. *Rammelsberg* hat folgende Formel für ihn aufgestellt:

$$5\left\{\begin{matrix}\dot{Sr}\\ \dot{Ba}\\ \dot{Ca}\end{matrix}\right\}\dddot{Si} + 3\,\dddot{Al}^2\,\dddot{Si}^2 + 25\,\dot{H}.$$

Retzius fand das Mineral zuerst in den Blasenräumen eines Mandelsteines auf Dalsnypen, einer der Färöar. Unter ähnlichen Verhältnissen soll er am Riesendamme in Ireland und auch in der Gegend von Freiburg im Breisgau vorkommen. Auf Gängen in Begleitung von Kalkspath findet er sich am Cap Strontian in Schottland; später will man ihn auch in der Dauphiné, in den Blei-Minen von St. Turpet, so wie am Col du bon Homme in den Alpen wahrgenommen haben.

Durch seinen Gehalt an Baryt und Strontianerde ist das Mineral jedenfalls recht charakterisirt.

Bronzit.

Ist bis jetzt in deutlichen Krystallen noch nicht, sondern nur in krystallinischen Parthien vorgekommen, besitzt einen unebenen, in das Splittrige übergehenden Bruch auf den Hauptspaltungsflächen, welche meist etwas gebogen sind und ein faseriges Ansehen haben, einen schillernden, metallartigen Perlenmutterglanz, der in das Seidenartige übergehet. Meist ist der Bronzit nur an den Kanten durchscheinend, seine Farbe nelkenbraun, haarbraun, in das Tombakbraune, zuweilen in's Grüne übergehend. Sein spec. Gew. = $3,_{2}$—$3,_{6}$, die Härte = 5—6. Vor dem Löthrohr schmilzt er für sich sehr schwer zu einer dunkelbraunen Kugel. Die Mischung ergiebt sich aus der Formel:

$$\left.\begin{matrix}\dot{Mg}^3\\ \dot{Fe}^3\end{matrix}\right\}\begin{matrix}\dddot{Si}^2\\ \dddot{Al}^2.\end{matrix}$$

Seine hauptsächlichste Lagerstätte ist der Serpentinfels, in welchen er in Verbindung mit Hornblende eingesprengt sich findet. So hauptsächlich an der Gulsen bei Kraubat in Steyermark und bei Kupferberg im Baireuthschen. Im Hessischen trifft man ihn, obwohl nicht häufig, in dichtem Basalte theils für sich allein, theils auch in inniger Verbindung mit Olivin und bisweilen von ihm umschlossen an mehreren Orten z. B. auf dem Habichtswalde und am Stempel bei Marburg an. Auf Island fand man ihn in augitreichen Doleriten, bei Unkel am Rhein in dichtem Basalt mit Olivin, an der Seefeldalpe im Ultenthale in Tirol in Rollstücken eines Minerals, welches viel Aehnlichkeit mit Olivin besass und näher gekannt zu werden verdient.

Brucit.

Syn. Chondrodit.

Bucklandit.

Syn. Skotin, Breith.

Ist vielleicht eine Abänderung des Epidots, von welchem er sich wahrscheinlich nur durch seinen grössern Eisengehalt unterscheidet. Nach *G. Rose* ist die Formel für den Bucklandit $\dot{Fe}^3 \dddot{Si} + 2 \dddot{\overline{Fe}} \dddot{Si}$. Diese Gattung ist von *Lévy* für gewisse kleine braunschwarze Krystalle aufgestellt, welche zu Arendal in Norwegen Hornblende und Paranthin begleiten und ein schiefes rhombisches Prisma zur Grundform haben sollen. Der Blätterdurchgang ist undeutlich, der Bruch uneben, das spec. Gew. $= 2{,}_{672}—3{,}_{945}$, die Härte grösser als bei Augit, so dass das Glas leicht vom Bucklandit geritzt wird. Die Krystalle besitzen Glasglanz, eine dunkelbraune bis schwarze Farbe und sind undurchsichtig. Sie sollen sehr leicht in Salzsäure sich auflösen. Der Bucklandit fand sich auf der Neskil-Grube bei Arendal, späterhin entdeckte man ihn auch am Laacher-See, woselbst er nach *Fr. Sandberger* (in *Leonhard's* Jahrb. für Min. 1847. S. 818) in einem glasigen Feldspath-Gestein stets in Verbindung mit Hyacinth auftritt. *R. Hermann* (in *Erdmann's* und *Marchand's* Journ. für prakt. Chemie, Bd. 43, 35 und 81) sah am Ural Bucklandit-Krystalle von grüner und schwarzer Farbe.

Buntkupfererz.

Syn. Bornit.

Eins der wenigen Erze, die im Basalte sich finden. Nur selten in deutlichen Krystallen auftretend, welche dem regulären System angehören und einen kleinmuscheligen, in's Unebene übergehenden Bruch, ein spec. Gew. von $4,_9$—$5,_1$ und eine Härte = 3 besitzen. Sie sind undurchsichtig, metallglänzend und milde in geringem Grade. Ihre Farbe steht in der Mitte zwischen Kupferroth und Tombakbraun und ist sehr dadurch charakterisirt, dass sie sehr leicht bunt, besonders colombinroth, viol- und lasurblau, auch wohl grün anläuft. Ueber die chemische Zusammensetzung des Buntkufererzes sind die Ansichten der Chemiker noch getheilt; *Rammelsberg* (Handwörterbuch u. s. w. Thl. 1. S. 139) stellt die Formel $\text{Ɇu}^3 \dddot{\text{Fe}}$ für dasselbe auf und meint, dass die abweichenden Angaben anderer Analytiker von beigemengtem Kupferglanz oder Kupferkies herrühren möchten. Obwohl dies Erz am häufigsten auf Lagern und Gängen im krystallinischen Schiefergebirge, im Uebergangs- und Flötzgebirge, besonders im Kupferschiefer vorkommt, so hat es sich doch auch im Basalt von Naurod in der Nähe von Wiesbaden gefunden. *Fr. Sandberger* (in *Leonhard's* Jahrb. für Min. 1847. S. 818) meint, dies rühre vielleicht von einem Contacte des Basaltes mit einem kleinen Gange dieses Erzes her, den man in geringer Entfernung von dem Hauptdurchbruche des Basaltes bemerkt.

Cacholong.

Syn. Kascholong.

Gehört zur Quarzfamilie und besteht der Hauptsache nach aus amorpher Kieselsäure, deren Wassergehalt einer Untersuchung von *Forchhammer* zufolge (in *Poggendorff's* Ann. der Physik, Bd. 35. S. 331) $3,_{47}$% beträgt. Der Cacholong ist undurchsichtig, matt schimmernd oder perlmutterglänzend, von milch-, gelb- und röthlichweisser Farbe. Häufig ist er mit dendritischen Zeichnungen, zuweilen mit röthlichen Adern versehen. Er kommt in stumpfeckigen Stücken, derb, eingesprengt, nierenförmig, auch als Ueberzug und in Gangtrümmern vor. Am schönsten, ausser in der Bucharei, findet er sich wohl auf den Färöar und auf Island. An beiden Stellen ist er fast stets von Chalcedon begleitet. Nach *Krug von Nidda* (in *Karsten's* Archiv u. s. w. Bd. 7. S. 507) trifft man die beiden Mineralien in dunkelbraunen, eisenreichen Wacken des Trapp-Gebirges und zwar in grossen, unregelmässigen Höhlen und auf Klüften an, die theilweise zusammengebrochen und durch Quarzmasse wieder zusammengekittet sind. Der Chalcedon dürfte ursprünglich eine gallertartige Masse gewesen seyn, welche in diesem Zustande lagenweise auf dem Boden der Weitungen sich ausbreitete. Man sieht viele derselben, welche mit abwechselnden horizontalen Schnüren von Chalcedon und Cacholong angefüllt sind. Die verschiedenen Chalcedon-Lagen unterscheiden sich durch Farbe und Glanz, jede derselben wird nach oben hin durch einen dünnen Ueberzug von Cacholong begrenzt, an welchen sich wieder eine neue Schicht von Chalcedon anschliesst, alle in vollkommen wagerechter, paralleler Ausbreitung. Nach Oben werden die Chalcedon-Lagen immer dünner und die Scheidungen durch Cacholong stets häufiger. Dieser bildet auch stets die letzte und oberste Schicht und scheint nichts weiter als die leichtere, schwimmende Masse des Chalcedons gewesen zu seyn. In andern Fällen ist die gallertartige Chalcedon-Masse an den Wänden der Höhlen herabgeflossen, oder sie bildet Stalaktiten, welche sich auch auf dem Boden in der Gestalt von Stalagmiten absetzten. In diesen getropften Chalcedonen fehlt der Cacholong fast stets. Nach Innen ist der Chalcedon noch meist mit auskrystallisirtem, stängligem Amethyst bekleidet, niemals aber kommt Amethyst zwischen zwei Chalcedon-Lagen vor, er bildet vielmehr den jüngsten Absatz der Quarzdrusen.

Auffallend ist es, dass diese Kieselgebilde nur die Wände grösserer Höhlungen überziehen; denn in den kleinern Blasenräumen der Dolerite kommen sie niemals vor.

Eine andere Fundstätte von schönem Cacholong in Europa ist die Insel Pantellaria; hier überzieht er die Wände der zerklüfteten Lava. Auch in Neuholland hat man ihn wahrgenommen, als Ueberzug auf Quarzadern in Mandelstein. In Neu-Schottland findet er sich am Cap Split, so wie zu Parsborough, an beiden Orten in Mandelstein. Auch auf St. Helena soll er vorkommen. In der Bucharei oder vielmehr im Lande der bucharischen Kalmukei trifft man ihn in losen Stücken, vermengt mit dem Sande der Flüsse, an.

Candit.

S. Spinell, Pleonast und Ceylanit.

Caporcianit.

Ein in die Zeolith-Familie gehöriges, von *Paolo Savi* (s. dessen *Memorie per servire allo studio della constituzione fisica della Toscana*, T. 2. pag. 53) in Caporciano nahe bei Bourg de Monti Catini im Cecina-Thale entdecktes Fossil, welches dem Analzim nahe steht. Es bildet eine in's Grauröthliche sich ziehende, krummstrahlige Masse. Nach *Anderson* (s. *Berzelius'* Jahresbericht. 22. Jahrg. S. 195) kommt ihm folgende mineralogische Formel zu: $\left.\begin{matrix}C\\K\\N\end{matrix}\right\} Si^2 + 3\ AS^2 + 3\ Aq.$ Das Mineral besitzt also denselben Sättigungsgrad, wie Leuzit, Analzim, Chabasie etc. und unterscheidet sich von diesen besonders durch den Wassergehalt, welcher nur halb so gross ist wie in der Formel des Chabasie's und $1\frac{1}{2}$mal so gross, wie der des Analzim's.

Carneol.

Ein schon im hohen Altherthume gekanntes und seiner mitunter sehr intensiven Farben wegen geschätztes Kiesel-Fossil, welches an vielen Orten als Einschluss in vulcanischen Gebirgsmassen, besonders den mandelsteinartigen, vorkommt. Es besteht aus krystallinischer Kieselsäure in Verbindung mit amorpher und verdankt seine Färbung grösstentheils einem geringen Antheile von Eisenoxyd. Der Carneol hat einen mehr muscheligen als splittrigen Bruch und ist auf demselben schwach wachsartig glänzend oder stark schimmernd; seine Farben sind mannigfaltig, bisweilen blutroth, oder gleich verglimmenden Kohlen leuchtend (wie die Carneole in den abyssinischen und westafricanischen Mandelsteinen), aus diesen in das Gelbe, Braune, bisweilen auch in das Schwarze übergehend. Das Fossil findet sich getropft, nierenförmig, oft krummschalig abgesondert, auch derb, doch meist in rundlichen Stücken, wie solche aus den Mandelsteinen herausfallen. Fälschlich hat man noch vor Kurzem geglaubt, dass das färbende Princip im Carneol organischer Beschaffenheit sey; s. *Göppert* in *Karsten's* Archiv, Bd. 23. S. 73.

In Deutschland findet er sich wohl am ausgezeichnetsten zu Oberstein, in Achatkugeln des Mandelsteins, begleitet von Amethyst und Chalcedon, sodann auch im Dolerit bei Steinheim, mit Chalcedon und der Wacke von Büdesheim unfern Hanau. Er ist jedoch nicht auf das vulcanische Gebirge beschränkt, findet sich vielmehr anderwärts auch in neptunischen Gebirgsarten und in losen Stücken als Geschiebe und im Sande der Flüsse.

Cavolinit.

Von *Monticelli* und *Covelli* aufgestellt, bildet aber keine besondere Gattung, gehört vielmehr zum Nephelin; s. Nephelin.

Ceylanit.

S. Spinell, Pleonast, Candit.

Chabasie.

Syn. Levyn, Gmelinit, Hydrolith, Phakolith, Sarcolite, Ledererit, Acadiolith, Herschelit, Würfelzeolith, Kubizit, Cuboizit, Chabasit.

Eine schon seit geraumer Zeit gekannte, von *Bosc d'Antic* aufgestellte und weit verbreitete Zeolith-Gattung, deren primitive Form ein stumpfes Rhomboëder von $94^0\ 46'$ ist und an welchem man einen mehr oder weniger deutlichen Blätterdurchgang nach den primären Flächen, bisweilen auch nach den Flächen secundärer Rhomboëder wahrnimmt. Der Bruch ist undeutlich muschelig oder uneben, der Glanz glasartig, das spec. Gew. $= 2-2,_2$, die Härte $= 4-4,_5$.' Die Krystalle erscheinen entweder durchsichtig oder blos durchscheinend und sind meist farblos, doch kommen auch graue, gelbliche, röthliche und fleischrothe Abänderungen vor.

Berzelius stellt für den Chabasie folgende chemische Formel auf:

$$\left.\begin{matrix}\dot{C}a^3\\ \dot{N}a^3\\ \dot{K}^3\end{matrix}\right\}\dddot{S}i^2 + 3\ \dddot{\bar{A}}l\ \dddot{S}i^2 + 18\ \dot{\bar{H}}.$$

Da er so sehr weit verbreitet ist, besonders in den Blasenräumen von Mandelstein, Basalt, Dolerit, Phonolith, in Laven, bisweilen auch in plutonischen Felsarten, als Syenit, Diorit, in krystallinischen Schiefern, z. B. Gneis, Glimmerschiefer, dann auch auf Erzlagern und Erzgängen, so können wir nur die ausgezeichnetern oder die weniger bekannten Fundstätten desselben anführen. Als solche sind für Deutschland zu nennen die Nahe-Gegenden, besonders Oberstein. Hier kommt er in den Höhlungen des Mandelsteines theils mit Kalkspath und

Harmotom, gediegnem Kupfer und Kupfergrün, theils in Drusen auf Gangtrümmern von Kalkspath mit Quarz, Amethyst, Chalcedon und Achat, auch im Innern von Achatkugeln vor, bisweilen in Begleitung von Amethyst, Kalkspath, Harmotom und Nadeleisenerz. Auf der Rhön findet er sich an vielen Orten, besonders an den Alschbergen (hier mit gelber Farbe) in den Weitungen von Trachyt, so wie an der Pferdekuppe in Basalt; auf dem Habichtswalde im primitiven Rhomboëder in Drusenräumen des dichten Basaltes mit Harmotom, besonders am hohen Gras. Das schönste Vorkommen auf dem Vogelsgebirge ist wohl das bei Dirlammen in der Nähe von Ulrichstein, in den Geoden von dichtem Basalt. Auch bei Gelnhaar, Laubach und Steinheim begegnet man ihm. Nicht minder häufig ist er auf dem Westerwald, namentlich bei Härtlingen, in den Höhlungen eines zersetzten Basaltes auftretend (hier besonders häufig in Zwillingen), mit Augit und Analzim. Auch in einem zersetzten Basalte bei Marienberg findet er sich in kleinen, aber sehr deutlichen Krystallen, besonders häufig aber bei Westerburg, woselbst er bisweilen den hauptsächlichsten Bestandtheil der Gebirgsmasse, worin er vorkommt, ausmacht. Die Krystalle sind hier jedoch oft von sehr geringer Grösse. Auf dem Siebengebirge trifft man ihn an der Gerswiese bei Oberkassel, so wie bei Unkel in Basalt, am Stenzelberg dagegen in Trachyt. Die schönsten Chabasie-Krystalle jedoch, die man überhaupt kennt, mögen die von Rübendörfel bei Aussig im böhmischen Mittelgebirge seyn, sowohl hinsichtlich ihrer Grösse, als auch hinsichtlich ihrer scharfen Umrisse. Hier findet er sich in Krystallen, an denen die Axenkanten des Rhomboëders bisweilen über einen Zoll lang sind, auf hohlen Räumen von Phonolith, begleitet von Harmotom, Comptonit, Feldspath, Hornblende und Kalkspath. In Tirol ist der Monzoni-Berg bei Vigo deshalb hier zu nennen, weil der Chabasie daselbst häufig auf Kluftflächen von Syenit angetroffen wird. Auf der Seisser Alp findet er sich in Gesellschaft von Faser-Prehnit in Mandelstein. Bei Klausen soll er, wie bei Oberstein, im Innern von Achatkugeln vorkommen. Eben so ist er häufig im Vicentinischen; bei Castel Gomberto z. B. kommt er mit Apophyllit und Analzim im Mandelstein vor. Ein höchst ausgezeichnetes Vorkommen ist Binnenthal im Canton Wallis; hier hat man neuerdings einen Bergkrystall aufgefunden, dessen Inneres einen deutlichen Chabasie-Krystall umschloss. In den vulcanischen Gebilden des südlichen Frankreichs ist er verhältnissmässig selten, desto häufiger aber in Schottland und auf den an den Küsten gelegenen Inseln, namentlich auf Sky. In den Mandelstein-Massen bei Talisker ist er in solcher Menge enthalten, dass oft der dritte Theil der Felsart aus Chabasie besteht; sehr oft ist er hier von Analzim begleitet, auch bemerkt man kleine Analzime in den hohlen Räumen grösserer Chabasie-Krystalle. Merkwürdig ist es, dass man sowohl hier, als an andern Orten den Chabasie nie in Gesellschaft von Mesotyp angetroffen hat, so dass diese beiden Zeolith-Gattungen sich gleichsam zu fliehen und abzustossen scheinen. Doch führt *Glocker* an, im Basalte von Dembie bei Oppeln in Schlesien kämen Chabasie und Mesotyp zusammen vor; dasselbe soll nach *Zippe* auch bei Böhmisch-Leipa der Fall seyn, doch dürfte diese Angabe noch manchem Zweifel unterliegen, da die Krystalle nur haarförmig und überhaupt zu klein sind, um hierüber Gewissheit erhalten zu können.

Auf den Färöar ist der Chabasie keine seltene Erscheinung. Reich daran ist die Umgegend von Dalsnypen auf Sandoe; hier findet er sich in Dolerit, woselbst die Krystalle die Eigenthümlichkeit zeigen, dass ihre Flächen mit Chalcedon-Masse überzogen sind. Die isländischen Chabasite zeichnen sich gerade nicht durch besondere Grösse aus, doch treten sie um so häufiger auf und manche Felsen sind ganz von ihnen durchdrungen. Sie finden sich hier besonders in augitreichen Doleriten.

Hinsichtlich der Farben des Chabasits verdient nachträglich noch bemerkt zu werden, dass, ungeachtet der vorherrschenden weissen Farbe, bei Parsborough in Neu-Schottland rothe, bei Kilmalcolm röthliche, bei Löwenberg in Schlesien auch gelbe Krystalle vorkommen, welche Färbung, eben so wie bei den erwähnten auf der Rhön, wahrscheinlich von Eisenoxyd herrührt. Auf einer der Färöar (Naalsoe) giebt es grüne, im Val di Noto blaue Chabasite, indess ist diese Färbung nur scheinbar; denn im erstern Falle sitzen die Krystalle in den Höhlungen eines basaltischen Mandelsteines auf einer

Unterlage von Grünerde, im andern Falle auf Blaueisenerde, und die Krystalle erscheinen farblos, sobald man sie von dieser Unterlage entfernt.

Was nun die unter der Synonymie aufgeführten Varietäten des Chabasits anbelangt, die von manchen Mineralogen als besondere Arten beschrieben werden, namentlich der Levyn, Gmelinit und Phakolith, so scheinen diese nach *Tamnau* (in *Leonhard's* Jahrb. für Min. Jahrg. 1836. S. 653 ff.) doch zum Chabasit zu gehören; denn bei Levyn und Gmelinit weichen Härte und specifisches Gewicht nicht mehr voneinander ab, als bei den einzelnen Varietäten des Chabasits selbst, auch stimmen sie hinsichtlich ihrer chemischen Zusammensetzung überein (s. *Berzelius'* Jahresbericht 14, 189 und 15, 221), ungeachtet der (keine Berücksichtigung verdienenden) Gegenreden von *Connel* (in *London and Edinbourgh phil. journ.* V, 40) und *Thomson* (in *Poggendorff's* Ann. d. Phys. Bd. 38. S. 418). Auch die Krystallform stimmt bei ihnen überein, denn sie alle gehören zum rhomboëdrischen System; doch ist es merkwürdig, dass man am Levyn und Gmelinit stets die gerade angesetzte Endfläche des sechsseitigen Prisma's antrifft, während man solche beim Chabasit bisher noch nicht beobachtet hat. Doch scheint nach *Tamnau* diese Fläche keine wirklich glatte Krystallfläche, sondern dadurch entstanden zu seyn, dass die Spitzen sehr vieler kleiner Rhomboëder genau in derselben Ebene aufhören, vielleicht eben so wie manche angeblich gerade angesetzte Endflächen bei den Quarz-Pyramiden.

Brewster hat bekanntlich den Gmelinit als besondere Gattung aufgestellt, indem man ihn früher zum Sarkolith (Hydrolith von *de Dree)* rechnete, weil er andere optische Eigenschaften als der Sarkolith besitzen soll. Er hat eine röthlichgelbe Farbe, doch kommen auch weisse vor. Die gefärbten finden sich zu Montecchio maggiore und Glenarm in Ireland. Ihre Form ist eine gleichschenkelige sechsseitige Pyramide, durch Zwillings-Verwachsung zweier Rhomboëder entstanden.

Nach krystallographischen Verhältnissen scheint der von *Breithaupt* aufgestellte Phakolith ebenfalls zu diesen Zwillings-Gestalten zu gehören; doch soll dieser nach *Rammelsberg* (a. a. O. 1. Supplem. S. 112) eine vom Chabasit etwas abweichende Mischung besitzen.

Der Levyn, auch Levyine, ist von *Brewster* in die Mineralogie eingeführt; er findet sich auf den Färöar, auf Island, Grönland und zu Glenarm in der Grafschaft Antrim in Ireland. Nach *Berzelius* (s. dessen Jahresbericht, Jahrg. 5. S. 216) besitzt er die mineralogische Formel: $\left.\begin{matrix}C\\N\\K\end{matrix}\right\} S^2 + 3\,A\,S^2 + 6\,Aq$, stimmt also möglichst mit dem Chabasit überein.

Die chemische Formel für den Phakolith ist nach *Anderson:* $3\left\{\begin{matrix}\dot{C}a\\\dot{M}g\\\dot{N}a\\\dot{K}\end{matrix}\right\}\ddot{S}i + 2\,\dddot{Al}\,\ddot{S}i + 9\,\dot{H}$, nach *Rammelsberg:* $2\,\dot{R}\,\ddot{S}i + \dddot{Al}^2\,\ddot{S}i^3 + 10\,\dot{H}$.

Den Ledererit hat *Jackson (Lond. and Edinb. phil. journ.* 1834. T. IV. p. 393) aufgestellt. Dieser erscheint in stark glänzenden, farblosen, durchsichtigen sechsseitigen Säulen mit sechsflächiger Zuspitzung an den Enden. Zufolge einer Analyse von *Hayes* (in *Silliman's American journ.* T. 25. p. 78) stellt *Berzelius* folgende chemische Formel für denselben auf: $\left.\begin{matrix}\dot{C}a\\\dot{N}a\end{matrix}\right\}\ddot{S}i^2 + 3\,\dddot{Al}\,\ddot{S}i^2 + 6\,\dot{H}$. Hiernach erscheint der Ledererit als ein Kalk Analzim, allein dagegen spricht seine Krystallform. Nach *Hayes* enthält er jedoch auch eine bestimmte Quantität phosphorsauren Kalk, welche *Berzelius* für beigemengten Apatit hielt, späterhin aber von derselben annahm, dass sie mit zur chemischen Constitution des Fossils gehöre.

Die Fundstätte des Ledererits ist das Cap Blomidon in Neu-Schottland.

Was *Thomson's* Acadiolith betrifft, so stammt dieser ebenfalls aus Neu-Schottland, besitzt eine gelbe Farbe, viel Aehnlichkeit mit dem Chabasit, wird aber von *Thomson (Philos. magaz.* 1843. March. 192) doch für ein davon verschiedenes Mineral gehalten. Er theilt auch eine Analyse davon mit, aus welcher *Rammelsberg* die nachstehende chemische Formel herleitet: $\dot{C}a^3\,\ddot{S}i^4 + 2\,\dddot{Al}\,\ddot{S}i^2 + 18\,\dot{H}$ (s. dessen 1. Suppl. S. 3).

Den „Herschelit" endlich hat zuerst *Lévy* beschrieben (s. *Annals of philos.* T. 10. p. 361). Er kommt zu Härtlingen im Nassauischen und bei Aci-Reale auf Sicilien vor in Krystallen, welche in der Regel nach der Weise wie beim Prehnit, d. h. fächerförmig, miteinander verbunden sind. Diese Krystalle sitzen auf einem Gesteine, welches fast nur aus sehr kleinen, krystallinischen Olivin-Körnern besteht. Der Herschelit krystallisirt in Bipyramidal-Dodekaëdern mit Seitenkanten von 124° 45′, welche an den Enden sehr stark abgestumpft sind, so dass sie ein ganz flaches Ansehen erhalten. Die Endflächen erscheinen stets rauh und gekrümmt. Sie sind farblos, durchsichtig, glänzen wie Glas, erscheinen bisweilen aber auch opak, haben einen muscheligen Bruch und ein spec. Gew. = $2_{,06}$. Ihre Härte übertrifft die des Glases ein wenig.

Damour hält den Herschelit für identisch mit dem Hydrolith, obgleich nach *Dufrénoy* (a. a. O. III, 471) doch eine ziemliche Differenz hinsichtlich der Winkel beider obwalten soll. Der Erstere hat den Herschelit auch analysirt und stellt (*Ann. de chim. et de phys.* 3 Ser. T. 14. p. 97) folgende Formel für denselben auf: 3 Al Si^2 + (Na, K, Ca) Si^2 + 5 Aq.

Chalcedon.

Besteht der Hauptsache nach aus krystallinischer Kieselsäure in Verbindung mit amorpher und enthält ausserdem bisweilen geringe Antheile an Thonerde, Kalk, Eisenoxyd und Eisenoxydul, kommt in den verschiedensten Gestalten vor, kugelig, traubig, nierenförmig, stalaktitisch, als Versteinerungsmittel von Petrefacten, auch derb, in Platten, so wie in stumpfeckigen Stücken. Eben so mannigfaltig als die Formen sind auch die Farben des Chalcedons. Vorherrschend ist die weisse; diese geht in's Lichtgraue, in's Smalte- und Violblaue, in's Lauchgrüne (Heliotrop), in's Wachs- und Honiggelbe, sodann in's Hyacinth-, Fleisch-, Blut- und Bräunlichrothe (Carneol) und aus diesem in's Braune und Pechschwarze über. Diese Farben treten entweder blos einfach in dem Gesteine auf, oder sie durchziehen dasselbe in gefleckten, gewölkten und gestreiften Zeichnungen und bilden im letztern Falle den Onyx und Sardonyx. Kommt gemeiner Chalcedon in Verbindung mit Carneol und andern Kieselfossilien vor, so entstehen die Achate, welche verschiedene Namen erhalten, je nach den Zeichnungen, welche auf ihren angeschliffenen Flächen zum Vorschein kommen. Auf diese Weise unterscheidet man Festungsachat, Bandachat, Kreisachat, Landschaftsachat, Röhrenachat, Trümmerachat, Punctachat, Wolkenachat, Korallenachat u. dgl. Bisweilen entstehen im gewöhnlichen Chalcedon durch Mangan- und Eisenoxyd-Hydrat dendritische Zeichnungen; derartige Gebilde heissen Moosachat, Dendrachat, Mochhastein (Mokkastein). Sie besitzen mitunter eine grosse Aehnlichkeit mit vegetabilischen Resten, und obgleich *Göppert*, wie bereits früher bemerkt, der Ansicht ist, dass solche Zeichnungen nicht von wirklichen Pflanzen herrühren, so glauben wir doch, in einem isländischen durchscheinenden Chalcedone kryptogamische Gewächse bemerkt zu haben, welche eine frappante Aehnlichkeit mit Algen besitzen und an denen sich noch ihre ursprüngliche grüne Farbe erhalten hat. Andere sehr merkwürdige Einschlüsse sind in den vicentinischen Chalcedonen beobachtet worden. Die Höhlungen derselben sind bald mit äusserst kleinen, fast mikroskopischen Quarz-Krystallen, bald mit beweglichen Tropfen einer nicht näher untersuchten Flüssigkeit erfüllt. Diese Chalcedone führen bei den französischen Mineralogen den Namen „Hydrocalcédoine" und bei den ältern „Enhydrae" oder „Enhydriten". Sie kommen in einem Dolerite vor, der auf Nummuliten-Kalk sich abgelagert hat. Ihre Fundstätte ist das Thal dell' Oo und namentlich die darin liegenden Bragonze-Berge. Auch im Thale von St. Floriano finden sie sich bei Marostica.

Wie wir bereits sahen, so kommt der Chalcedon öfters in Begleitung von Cacholong vor. Am ausgezeichnetsten und häufigsten treten sie in den hohlen Räumen der vulcanischen Gebirgsmassen auf und erscheinen als Ausfüllungsmasse der Blasenräume verschiedener Mandelsteine. In diesen bemerkt man den Chalcedon theils für sich, theils auch in Verbindung mit andern Kieselfossilien, Silicat-Gesteinen, Salzen, so wie mit mehreren Metalloxyden. Ausser auf Island tritt er auch auf den Färöar mitunter in wahrhaft erstaunlicher Menge auf. In der Gegend von Ridevig auf Oesteroe bildet er grosse Platten, gleichsam eine Art Pflastersteine, welche das Bett der Bergströme bilden und in dem diese, auf weite Strecken hin, ihre Wellen treiben. Hier ist der Chalcedon von Grünerde begleitet, die leicht ausgewaschen wird, und von Lagen gemeinen Opals durchzogen. Ausser in diesen plattenförmigen

Massen findet er sich auf dieser Insel auch in wahrhaft ausgezeichneten stalaktitischen Gestalten.

Unter den deutschen Fundstätten des Chalcedons wollen wir, ausser den Nahe-Gegenden (Oberstein, Idar), besonders Böhmen erwähnen. Hier findet er sich in grosser Menge und Mannigfaltigkeit am südlichen Abhange des Jeschken, bei Friedstein, am Kosakower Gebirgszuge, am Tabor-Gebirge und am Morzinower Berge bei Lomniz, am Lewiner Gebirge bei Neu-Pakka. Er erscheint hier in länglich-runden, auch in knolligen Gestalten, welche bald nur die Grösse einer Haselnuss oder Mandel, bald die eines Kinderkopfes erlangen. Im letztern Falle sind sie bisweilen hohl und in ihrem Innern bemerkt man alsdann nierenförmige Massen oder Krystall-Drusen von Quarz. Sehr häufig findet sich der Chalcedon in der Dammerde dieser Gegenden, aus welcher er alsdann öfters durch die Gewässer in die Ebenen am Fusse der genannten Gebirge, auch in Flüssen weiter fortgeführt und mehr oder weniger zu Geschieben abgerundet wird.

Chalilith.

Eine von *Thomson (Outl.* I, 325) aufgestellte, nicht näher bekannte Mineral-Gattung, welche von einigen Mineralogen zum Comptonit, von andern zum Bol und Steinmark gezählt wird. Sie findet sich auf den Donegorn-Bergen bei Sandy-Brae in der Grafschaft Antrim.

Chelmsfordit.

Dieser Name wurde von *Dana (Outlines of mineralogy and geology of the vicinity of Boston)* einem Mineral gegeben, welches in der Gestalt weisser, blätteriger Massen zu Chelmsford in Massachusets vorkommt und viel Aehnlichkeit mit dem Wollastonit besitzt. Nach *Alger* (s. dessen Mineralogie, S. 68) findet es sich daselbst auch in schiefen rhombischen Prismen krystallisirt. Einer vorläufigen Untersuchung zufolge soll der Chelmsfordit aus 75 Th. Kieselsäure und 25 Th. Kalkerde bestehen.

Chlorkalium.

Syn. Sylvinsalz, salzsaures Kali, Sal digestivum Sylvii, Kaliumchlorur.

Gehört dem regulären Krystallisations-System an, besitzt

einen den Würfelflächen entsprechenden Blätterdurchgang und einen in's Wachsartige übergehenden Glasglanz. Es ist meist weiss, durchsichtig oder durchscheinend, hat einen salzigen, bittern Geschmack und ein spec. Gew. = $1{,}_9$—2. Seine Formel ist Cl K. Neuern Untersuchungen zufolge soll es auch Chlornatrium enthalten.

Am Vesuv erscheint es als Sublimations-Product auf Lava in der Gestalt zarter, faseriger Massen, bisweilen mit einem grünen Anflug versehen, wie bei der Eruption im Februar des J. 1850.

Chlorophaeit.

Diese Mineral-Gattung hat *Mac Culloch* aufgestellt (s. dessen *Western Islands of Scotland.* T. 1. p. 504). In deutlichen Krystallen hat man sie bis jetzt noch nicht, sondern nur in krystallinischen, stalaktitischen, nierenförmigen, auch derben Massen aufgefunden, welche einen muscheligen oder splitterigen, in's Erdige übergehenden Bruch besitzen. *Mac Culloch* entdeckte dies Mineral zuerst in den Höhlungen eines grünen, basaltartigen Mandelsteins und auch in kleinen Körnern in denselben eingesprengt auf der Insel Rum und in Fifeshire in Schottland. Dieses hielt *Berzelius* für ein $^2/_3$ Eisenoxydul-Silicat; neuerdings hat aber *Forchhammer* auf den Färöar, und zwar bei Qualboe auf Suderoe, ein ähnliches, von ihm für Chlorophaeit gehaltenes Mineral aufgefunden, welches sich von dem schottischen durch einen Wassergehalt unterscheidet, und wofür er folgende Formel aufstellt: $\left.\begin{matrix}\dot{F}e\\ \dot{M}g\end{matrix}\right\}\dddot{S}i^3 + 6\,\dot{H}$. Es kommt hier in einem festen Dolerit vor, dessen blasenförmige Höhlungen damit ausgefüllt erscheinen. Im frischen Zustande hat es eine pistaziengrüne, olivengrüne, seltner eine blutrothe Farbe, einen glasartigen Glanz, ein spec. Gew. = $1{,}_{809}$—$2{,}_{020}$ und eine geringere Härte als Kalkspath. Schlägt man es aber aus dem Gestein heraus, so oxydirt es sich innerhalb 24 Stunden so sehr, dass es ganz schwarz und undurchsichtig wird, dabei auch seine krystallinische Textur verliert. In diesem umgewandelten Zustande erscheint es sogar zerreiblich.

Der Chlorophaeit scheint in die Augit- und Hornblende-Familie zu gehören.

Chondrodit.

Syn. Maclureit, Brucit, Humit(?).

Ein Mineral, über welches, wie es scheint, *d'Ohsson* die erste Kenntniss (in *Kongl. Vet. Acad. Handl.* 1817. p. 206) verbreitet hat, welches jedoch hinsichtlich seiner Krystallform noch näher gekannt zu werden verdient und für dessen Grundform von *Hauy* ein schiefes rechteckiges Prisma angenommen wurde. Es besteht aus kieselsaurer Bittererde und Fluor-Magnesium zufolge der Formel: $Mg\ Fl + 2\ \dot{M}g^3\ \ddot{S}i$. Von einem Blätterdurchgang ist kaum bei ihm etwas zu bemerken, der Bruch ist unvollkommen muschelig, in's Unebene, sein Glasglanz in's Fettartige übergehend. Das Mineral ist durchsichtig oder nur durchscheinend, seine Farbe mannigfaltig, stroh-, pomeranz-, honiggelb, hyacinthroth, braun, oliven- und apfelgrün, selten grau und schwarz. Spec. Gew. = $3{,}_1 - 3{,}_2$, die Härte = $6{,}_5$.

Zuerst fand man den Chondrodit zu Pargas in Finnland in Begleitung der edeln Hornblende, so wie zu Åker und Gullsjö in Schweden, an beiden Orten in körnigen Kalk eingewachsen, auf. Wenn anders *Monticelli's* und *Covelli's* Angabe wahr ist, dass *Bournon's* „Humit" identisch ist mit Chondrodit, so findet er sich auch am Vesuv und der Somma in körnigem Kalk mit Glimmer, in sogen. Auswürflingen. Doch scheint Manches dagegen zu sprechen, denn der Humit soll einen ziemlich deutlichen Blätterdurchgang und hinsichtlich seiner Krystallform viel Aehnlichkeit mit Chrysolith, nach *Scacchi* (in *Poggendorff's* Ann. der Phys., Ergänzungsbd. III, 161) wahrscheinlich auch dieselbe Zusammensetzung besitzen.

Chrysolith.

Syn. Peridot, Hyalosiderit, Limbilite, Chusite, Forsterit(?), Monticellit(?), Olivin.

Diese Mineral Gattung kommt in dem vulcanischen Gebirge, namentlich in den basaltischen Massen, sehr häufig vor und erscheint in demselben von solcher Bedeutung wie wenige andere Fossilien. Hinsichtlich der Grundform ihrer Krystalle sind die Ansichten der Mineralogen noch getheilt; denn während *Hauy* das gerade rectanguläre Prisma dafür ansah, sind *Lévy* und *Bertrand de Lom* geneigt, nach Beobachtungen an

Krystallen, die in dem vulcanischen Sande von Puy en Velay aufgefunden wurden, das schiefe rhombische Prisma für die primitive Form zu halten. *Wallerius* war der Erste, welcher unser Fossil als besondere Mineral-Species aufstellte. Es besteht der Hauptsache nach aus kieselsaurer Talkerde, wobei ein Theil der letztern öfters durch Eisenoxydul ersetzt ist. Die chemische Formel für dasselbe ist $\dot{M}g^3\ \dddot{S}i$. Es besitzt einen ziemlich deutlichen Blätterdurchgang, einen muscheligen Bruch und auf den Endflächen des geraden rectangulären Prisma's lebhaften Glasglanz. Im reinen Zustande ist es durchsichtig oder durchscheinend bei einer meist grünen Farbe, die aus Pistaziengrün in's Oliven-, Spargel- und Licht-Grasgrüne übergeht. Am Vesuv finden sich auch farblose Chrysolithe, obwohl nicht häufig. Wenn der Chrysolith sich zersetzt, was sehr oft vorkommt, so gehen die genannten Farben in das Isabell-, Pomeranz-, Ockergelbe, zuletzt in's Gelbbraune über. Die Härte des Fossils ist $6{,}_5 - 7$, es ritzt schwierig das Glas, das spec. Gew. $= 3{,}_2 - 3{,}_5$.

Die Krystalle finden sich meist eingewachsen in das Muttergestein, doch kommen sie auch auf secundärer Lagerstätte in losen Krystallen und Körnern bisweilen, namentlich auf der Insel Bourbon, so häufig vor, dass sie, fortgeschwemmt von den Gebirgsgewässern, dem Meeressande eine grüne Farbe verleihen. Tritt der Chrysolith in kugeligen Massen von körniger Zusammensetzung auf, so erhält er den Namen „Olivin". Als solcher erreicht er in dem dichten Basalte, mehr aber noch in dessen Conglomeraten bisweilen die Grösse eines Kinderkopfes und ein Gewicht von mehr als 30 Pfund.

Am häufigsten kommt der Chrysolith in dem Basalte vor und in diesem Gesteine ist er beinahe über alle Theile der Erde verbreitet. Ausserdem findet er sich aber auch in den mit dem Basalte verwandten Felsarten, als Basalt-Conglomeraten und Tuffen, Doleriten und basaltischen Mandelsteinen. Auch basaltische und doleritische Laven umschliessen ihn bisweilen, so wie Leuzitophyr-Laven, Obsidiane (so besonders der des Cerro de los Navajas in Mexico), vulcanische Auswürflinge, der Hypersthenfels, Aphanit u. m. a.

Von den grossen, aber mehr oder weniger abgerundeten Chrysolithen, welche aus den nordöstlichen vulcanischen Gebirgsmassen in Africa herstammen und die von den Fluthen des Nils weiter geführt werden, haben wir schon früher gesprochen. Die grössten und zugleich die deutlichsten Krystalle dürften wohl die seyn, welche zu Guimar auf Teneriffa sich finden und die oft die Grösse eines Zolles erreichen. Uebrigens kommen sowohl auf dem Habichtswalde, als auch in einem Basaltgange, welcher den Muschelkalk des Kratzenberges bei Cassel durchsetzt, wohl ausgebildete Krystalle vor, welche mehr als ¼ Zoll Länge erreichen. Deutliche Krystalle sind überhaupt eine Seltenheit und ausser an den beiden eben angegebenen Stellen vom Verf. in Hessen nur noch einmal bei Marburg im Basalte der sogen. Hunenburg bemerkt worden. Ihre Form ist stets die von *Haidinger* (Handb. der bestimm. Mineralogie, S. 543. Fig. 135) abgebildete. Auf dem benachbarten Vogelsgebirge soll der Basalt des Altenbergs bei Lauterbach Krystalle der Kernform umschliessen. Auch in dem Basalte von Berka an der Werra, unfern Eisenach, sollen Krystalle dieser Art enthalten seyn. Der Basalt des Hambergs bei Bühne, in der Nähe von Warburg in Westphalen, ist dadurch ausgezeichnet, dass er bisweilen mehrere Zoll grosse und ganz compacte Stücke eines rauchgrauen Quarzes umschliesst, welche in ihrem Innern rundum eingeschlossene Olivine von der Grösse einer Erbse oder einer Bohne enthalten.

Auch in dem basaltischen Dolerite des Kaiserstuhles sollen schöne Chrysolith-Krystalle sich finden, jedoch in der Regel schon etwas zersetzt seyn und nicht mehr ihre ursprüngliche Frische besitzen. Auf dem Westerwalde finden deutliche Krystalle sich nur selten, in Sachsen aber die schönsten am Hutberge bei Herrnhut und am Geysingberge bei Altenberg.

Höchst merkwürdig und interessant ist endlich das Vorkommen des Chrysoliths in den meteorischen Eisen- und Steinmassen. Das Meteoreisen, welches *Pallas* entdeckte und auch nach ihm genannt wird, scheint dasjenige gewesen zu seyn, in welchem man das Fossil zuerst bemerkte. Aber auch das Meteoreisen von Atacama, das von Otumpa in Südamerica, so wie das von Brachin in Russland enthält Chrysolith, sowohl in runden und abgeplatteten Körnern, als auch in Krystallen, die sich durch einen grossen Reichthum an Flächen auszeichnen, von *G. Rose* beschrieben und abgebildet und von *Berze-*

lius analysirt sind. Dieser wies, ausser den gewöhnlichen Bestandtheilen, auch einen geringen Gehalt an Zinnoxyd darin nach, welches, nebst etwas Kupferoxyd, auch in einem böhmischen Olivin, so wie in einem andern aus der Auvergne aufgefunden wurde. Nach *Rumler* (in *Poggendorff's* Ann. der Physik, Bd. 49. S. 391) enthält der Olivin des Meteoreisens von Atacama, so wie des von *Pallas* aufgefundenen auch eine geringe Menge arseniger Säure, welche in terrestrischem Olivine nicht wahrgenommen werden konnte.

Der „Limbilit", welcher von *Saussure*, und der „Chusit", welcher von *Werner* aufgestellt worden, scheinen weiter nichts, als mehr oder weniger umgewandelter Olivin zu seyn.

Cimolit.

Diese von *Klaproth* aufgestellte Mineral-Species gehört in die Familie der Thone. Nach einer ältern Analyse von *Klaproth* stellt *Rammelsberg* (a. a. O. I, 169) folgende Formel dafür auf: $\ddot{A}l\,\ddot{S}i^3 + 3\,\dot{H}$. Es soll auch ein geringer Antheil von Kali und Eisen darin enthalten seyn. Der Cimolit hat einen erdigen, in's Schieferige übergehenden Bruch, wird durch den Strich wachsartig glänzend, besitzt eine grauweisse oder röthliche Farbe, ein spec. Gew. $= 2{,}218$, hängt stark an der Zunge und saugt begierig fettige und ölige Substanzen ein. Auf dieser Eigenschaft beruht seine schon in frühem Alterthum gekannte Anwendung zum Reinigen schmutziger Zeuge. Mit Wasser zusammengerieben, bildet er eine breiartige Masse.

Sein Hauptvorkommen ist auf der Insel Argentiera oder Kimoli auf Lagern am Cap Ennea, die mitunter auch kleine Krystalle und Körner von Quarz enthalten. Im vulcanischen Gebirge findet er sich zu Hradischt bei Bilin in After-Krystallen nach Augit-Formen in einem basaltischen Conglomerat.

Cleavelandit.

S. Albit.

Cluthalit.

Eine von *Thomson (Outl.* I, 339) aufgestellte, bisher noch nicht in deutlichen Krystallen beobachtete Zeolith-Species, welche vielleicht zu Mesolith gehört. Findet sich im Thale des Clyde vor, welcher in früherer Zeit Clutha hiess, daher der Name Cluthalit.

Das Mineral kommt in rundlichen Massen vor, welche aus Fasern bestehen, die rechtwinkelige Prismen bilden sollen. Diese haben eine fleischrothe Farbe, ein spec. Gew. = $2_{,16}$ und eine Härte = $3_{,5}$. *v. Kobell* (Grundz. u. s. w. S. 216) ist geneigt, folgende Formel für den Cluthalit aufzustellen:

$$\left.\begin{matrix}\dot{F}e^3\\ \dot{N}a^3\\ \dot{M}g^3\end{matrix}\right\} \dddot{S}i^2 + 3\,\dddot{A}l\,\dddot{S}i^2 + 9\,\dot{H}.$$

Das Fossil hat man in den nördlich von Kilpatrick, in der Nähe von Dumbarton, gelegenen Bergen, welche aus Mandelstein bestehen, angetroffen.

Cölestin.

Syn. Strontspath, Schützit.

Die gerade rhombische Säule bildet die Grundform; aus der Formel $\dot{S}r\,\dddot{S}$ ergiebt sich die Zusammensetzung des Cölestins. Von den vorherrschend blauen Farben hat er seinen Namen. Diese gehen aus dem Blauen in das Weisse, Graue, Gelbe, Rothe und Grüne über. Das spec. Gew. = $3_{,6}$—4, die Härte = 3—$3_{,5}$. In seiner reinsten Gestalt erscheint der Cölestin wasserhell. Oft ist er vermengt mit kohlensaurem Kalk und Gyps, so wie mit kohlensaurem und schwefelsaurem Baryt. Diese Beimengungen sind oft ziemlich beträchtlich, scheinen jedoch die äussern Charaktere des Fossils gerade nicht zu modificiren, und seine wesentlichen Bestandtheile bleiben in allen diesen Varietäten stets dieselben; an den schönen Cölestin-Krystallen von Girgenti aber bemerkt man einen Stich in das Milchweisse, wenn sie eine gewisse Quantität von Gyps enthalten. Die blauen Farben sollen von Bitumen herrühren, welches dem Cölestin beigemengt ist. Derselbe gehört keineswegs zu den verbreiteten Mineralien, und obwohl er vorzugsweise in jüngern normalen Gebilden zu Hause ist, so findet er sich doch auch im abnormen Gebirge, obgleich nur an wenigen Stellen, so z. B. am Calton-Hill bei Edinburg, als Ausfüllung von Blasenräumen in Mandelstein, so wie unter ähnlichen Verhältnissen zu Bechely in Gloucestershire. In den basaltischen Massen des Vicentinischen tritt er wohl am häufigsten auf, z. B. zu Montecchio maggiore bei Vicenza in Mandelstein, begleitet von Analzim, Mesotyp und Kalkspath, sodann auch zu Castel Gomberto, ebenfalls in den Blasenräumen eines basaltischen Mandelsteins.

Comptonit.

Syn. Thomsonit.

Hauy rechnete ihn noch zu seinem „Zeolithe en aiguilles", *Brooke* trennte ihn davon und charakterisirte ihn näher. Hinsichtlich seines Krystallisations-Systems herrschen noch manche Zweifel; französische Mineralogen sind geneigt, das gerade rhombische Prisma als die primitive Form anzusehen. *Brewster* benannte das Fossil zu Ehren des Grafen *von Compton*, welcher solches in einer mandelsteinartigen Gebirgsart am Vesuv aufgefunden hatte. Dasselbe besitzt Glasglanz und einen undeutlich muscheligen oder unebenen Bruch. Auf den Spaltungsflächen geht der Glasglanz in Perlmutterglanz über. Die Krystalle sind entweder durchsichtig oder durchscheinend, meist farblos, doch bisweilen auch grau, gelb und röthlich gefärbt. Ihr spec. Gew. $= 2{,}_3 - 2{,}_4$, ihre Härte $= 5$, den Flussspath ritzend. Hinsichtlich ihrer Zusammensetzung giebt *Rammelsberg* folgende Formel an:

$$\left.\begin{array}{l}\dot{C}a^3\\ \dot{N}a^3\\ \dot{K}^3\end{array}\right\}\dddot{Si} + 3\,\dddot{\bar{Al}}\,\dddot{Si} + 7\,\dot{\bar{H}}.$$

Der Comptonit gehört zu denjenigen Zeolith-Fossilien, die gerade keine sehr weite Verbreitung haben. In Deutschland findet er sich nach *Fridol. Sandberger* (Uebersicht der geolog. Verhältnisse des Herzogthums Nassau, S. 77) in dem Dolerite des Hornköppels bei Limburg in Begleitung von Phillipsit und Mesotyp, jedoch nur in kleinen Krystallen; grösser sind die in Böhmen, namentlich die im Phonolithe des Seeberges bei Kaaden, am Schreckensteine an der Elbe, so wie am Kelchberge bei Triebsch, sodann auch bei Aussig und Bilin vorkommenden. In früherer Zeit soll er sich auch im Basalte der Pflasterkaute bei Marksuhl gefunden haben. Die schönsten Krystalle sollen die Färöar, namentlich Dalsnypen, liefern. Hier sowohl, als auch auf Island trifft man ihn in den Höhlungen eines doleritischen Gesteines an. Dass er bisweilen auch in den Auswürflingen des Vesuv's angetroffen wird, haben wir vorhin schon erwähnt. In den Blasenräumen des Basaltes auf Isola della Trezza, unweit der sicilischen Gestade, trifft man ihn an in der Gesellschaft von Kalkspath und Analzim. In Schottland findet er sich zu Lochwinnoch und zu Kilpatrick bei Dumbarton. Auch das Fassa-Thal in Tirol gehört mit zu seinen Fundstätten.

Coquimbit.

Dieses Eisensalz wurde zuerst von *Meyen* in der Provinz Coquimbo als ein mächtiges Lager in einem Feldspath-Gestein, welches wahrscheinlich dem Granit angehört, entdeckt. Nach *H. Rose* ist es neutrales schwefelsaures Eisenoxyd, während der mit dem Coquimbit zugleich vorkommende Copiapit basisch-schwefelsaures Eisenoxyd mit Krystallisations-Wasser ist. Der erstere enthält in 100 Th. Schwefelsäure $43{,}_{028}$, Eisenoxyd $28{,}_{001}$, Wasser $28{,}_{971}$. Hiernach ist die chemische Formel: $\ddot{\overline{F}}e\,\dddot{S}^3 + 9\,\dot{\overline{H}}$. Er kommt sowohl in Körnern, als auch in Krystallen vor; die Grundform der letztern ist nach *G. Rose* das Bipyramidal-Dodekaëder. Der Bruch ist muschelig, in's Unebene übergehend, die Farbe weiss, blau, grün. Die Krystalle sind durchscheinend und besitzen einen perlmutterartigen Glanz.

Vom Vesuv kennt man den Coquimbit schon seit geraumer Zeit; auf den Lavaspalten bei der Eruption im J. 1822 hatte er sich an mehreren Orten abgesetzt. Neuerdings hat ihn auch *Scacchi* an der Solfatara entdeckt; hier findet er sich, mitten im Alotrochin, besonders in der faserigen Abänderung, in weissen oder gelben, schwach glänzenden Körnern, die selten mehr als fünf Millimeter im Durchmesser haben. Bisweilen kommt er auch in blauen, sechsseitigen Prismen krystallisirt vor, oder auch in zimmetbraunen, rindenförmigen Ueberzügen. Die blaue Farbe rührt nach *Scacchi* nicht von einem Gehalte an Mangan her.

Cordierit.

Syn. Iolith, Dichroit, Peliom, Steinheilit, harter Fahlunit, Wassersapphir, Luchssapphir.

Dies durch seinen Trichroismus höchst ausgezeichnete Mineral fand man zuerst am Cabo de Gata in Spanien auf, woselbst es in einem vulcanischen Trümmergestein zu Granatillo bei Nijar, der Rhede von S. Pedro, als sogen. Iolith in einem Gemenge von Quarz, Granat, Glimmer und Feldspath vorkommen soll. Wegen seiner blauen Farbe nannte man es damals „Iolite", welchen Namen *Hauy* in „Cordierite" umtaufte, weil *Cordier* die ersten genauern krystallonomischen Untersuchungen über das Fossil anstellte und auch auf die optischen Erscheinungen desselben aufmerksam machte.

Der Cordierit hat ein gerades rhombisches Prisma zur Grundform, besitzt einen muscheligen Bruch, Glasglanz, der in's Fettartige übergeht, ein spec. Gew. = $2{,}_5$—$2{,}_7$, eine Härte = 7, ritzt das Glas stark und den Quarz leicht, ist durchsichtig, bisweilen auch nur durchscheinend. Was ihn besonders charakterisirt, ist der Umstand, dass er drei verschiedene Axenfarben besitzt; denn die Längsdiagonale erscheint dunkelblau, die Querdiagonale bläulichweiss und die Axe gelbweiss mit einem Stich in's Braune. In seiner reinsten Gestalt erscheint der Cordierit farblos, jedoch ist er meist gefärbt und zwar gelb- und blaugrau, violett, indig- und schwarzblau. Die letztgenannte Farbe besitzen vorzugsweise die Bodenmaiser Krystalle. Seine Zusammensetzung ergiebt sich aus folgender Formel: $2\left\{\begin{matrix}\dot{M}g^3\\ \dot{F}e^3\end{matrix}\right\}\dddot{Si}^2 + 5\,\dddot{\bar{A}l}\,\dddot{Si}$.

Vorzugsweise findet sich der Cordierit in den ältern krystallinischen Gebirgsmassen und nur einmal hat man ihn im vulcanischen Gebirge wahrgenommen. *Fridol. Sandberger* bemerkt nämlich (in *Leonhard's* Jahrb. für Min. Jahrg. 1845. S. 144), dass man ihn in blaugrauen Körnern, die aber nur selten das dem Mineral eigenthümliche Farbenspiel zeigen, eingewachsen in ein gneisartiges Gestein, angetroffen habe. Dieses letztere ist wahrscheinlich beim Durchbruch der vulcanischen Massen an die Oberfläche der Erde gelangt.

Corund.

Syn. Sapphir, Demantspath, Smirgel, Rubin, Soimonit, Salamstein, Télésie.

Grundform ein spitzes Rhomboëder von 86° 6', 93° 54' nach *Mohs*. Bruch vollkommen muschelig bis uneben. Nächst dem Diamant der härteste Mineralkörper (Härte = 9), der sich ausserdem noch durch sein hohes specifisches Gewicht auszeichnet, welches $3{,}_9$—4 ist. Chemischer Bestand in reinster Form: Thonerde ($\dddot{\bar{A}l}$), welche jedoch bisweilen auch einige

Procente Kieselerde und Eisenoxyd enthält. Die Farben sehr mannigfaltig, selten wasserhell, meist gefärbt, zumal blau (Sapphir), roth (Rubin), grau, braun. Die reinen Krystalle besitzen Glasglanz, Durchsichtigkeit, die unreinen sind blos an den Kanten durchscheinend. Manche zeigen im Innern einen sechsstrahlig-sternförmigen Lichtschein (Sternsapphir).

Der Corund findet sich am häufigsten auf secundärer Lagerstätte, lose im Sande oder im Schuttlande mit andern Edelsteinen. So besonders in Indien. Bisweilen kommt er jedoch auch in verschiedenen krystallinischen Gebirgsarten, am seltensten von Basalt und basaltischer Lava eingeschlossen vor. Auf diese letzte Weise hat man ihn in neuerer Zeit, zum Theil in sehr deutlichen Krystallen, in der sogen. Mühlstein-Lava bei Nieder-Mendig, in dem Basalte des Siebengebirges, so wie bei Unkel aufgefunden. Ein ähnliches Vorkommen ist das bei Croustet im Dép. de la haute Loire, woselbst man den Corund ebenfalls in Basalt und basaltischer Lava antrifft. In demselben Département, am erloschenen Feuerberge von Denise, hat *Bertrand de Lom* vor einigen Jahren mehrere Blöcke von Peperin und Schriftgranit entdeckt, welche durch vulcanische verschlackte Massen dem Innern der Erde entrissen und zu Tage gekommen waren. Der eine derselben wog 25 Kilogr. und enthielt blauen Corund und rothen Granit; der andere wog etwa 40 Kilogr. und bestand dem grössten Theile nach aus Corund. Er lag nordwärts von dem erlóschenen Vulcane von Denise, in der Gemeinde Polignac. Diese Entdeckung ist insofern interessant, als sie das Vorkommen des Corunds in einem Peperin beweist, der jetzt dort nicht mehr anstehend gefunden wird, und Corund in den vulcanischen Massen des Berges von Denise nicht angetroffen wird.

Cotunnit.

Syn. Cotunnia.

Eine von *Monticelli* und *Covelli* (im *Prodromo della mineralogia Vesuviana*, p. 47) aufgestellte und zu Ehren des ausgezeichneten Arztes *Cotunni* in Neapel „Cotunnia" genannte Gattung.

Hat sich bis jetzt noch nicht in deutlichen, sondern nur in haarförmigen Krystallen, krystallinischen Blättchen und halb geschmolzenen Massen gefunden. Der Cotunnit ist neutrales Chlorblei, gemäss der Formel Pb Ɵl. Er besitzt einen lebhaften, demantartigen, in's Perlmutter- und Seidenartige übergehenden Glanz, ist durchsichtig, farblos, wird vom Stahl stark geritzt und hat ein spec. Gew. = $5_{,238}$.

Fand sich im Krater des Vesuv's nach der Eruption im J. 1822 in Begleitung von Steinsalz, Smaragdochalcit und Kupfervitriol.

Covellin.

Syn. Kupferindig, Schwefelkupfer.

Diese von *Beudant (Traité de min.* T. II. p. 409) aufgestellte Gattung findet sich sowohl krystallisirt, als auch in blätteriger, dichter und lockerer Gestalt. Im erstgenannten Zustande tritt der Kupferindig in regulären sechsseitigen Prismen auf, welche eine indigblaue, in's Schwarze übergehende Farbe, einen glänzenden, schwarzen Strich, ein spec. Gew. = $3_{,80}$ bis $3_{,82}$ und eine Härte = $1_{,5}$ — 2 besitzen. Ihr Glanz geht aus Fettglanz in einen unvollkommenen Metallglanz über. Erscheinen sie in der Gestalt von Blättchen, so sind diese so dünn und biegsam, dass sie fortgeblasen werden können. Sie sind weich, zerreiblich und beschmutzen beim Anfühlen die Finger. Sie bestehen aus Schwefelkupfer zufolge der Formel Cu.

In lockerer Gestalt fand sie *Covelli (Ann. de chim. et de phys.* T. 35. p. 105) in den Blasenräumen vesuvischer Laven, woselbst sie nach seiner Ansicht durch Einwirkung von Schwefelwasserstoffgas auf Chlorkupfer entstanden seyn sollen. Auf der Insel Volcano finden sie sich als Ueberzug auf einem Feldspath-Gestein in Verbindung mit krystallisirtem Schwefel. In neuerer Zeit hat *Forchhammer* (s. *Berzelius'* Jahresber. Jahrg. 23 S. 265) den Kupferindig auch bei Krisuvig auf Island entdeckt in Gesellschaft von Krisuvigit, welcher letztere basischschwefelsaures Kupferoxyd-Hydrat ist. Schwefelwasserstoffgas scheint hier auf diese Salze seinen zersetzenden Einfluss auszuüben und dürfte so als Hauptursache der Entstehung dieses Kupfersulphurets zu betrachten seyn.

Crichtonit.

S. Titaneisen.

Cuprit.

S. Rothkupfererz.

Cyclopit.

Ein nur höchst unvollständig gekanntes Mineral, welches in der Gestalt weisser Faserbündel erscheint, die hinsichtlich ihrer Anordnung und ihres Glanzes viel Aehnlichkeit mit zarten Gypsnadeln besitzen und auf einer Lava am Capo di Bove vorgekommen sind, die ausserdem auch noch Melilith und Breislakit enthielt.

Datolith.

Syn. Humboldtit *Lévy (Ann. of phil. N. S.* V, 130).

Dies Mineral wurde zuerst von *Esmark* auf den Magneteisen-Lagerstätten im Gneise bei Arendal aufgefunden, hernach hat man es noch an mehreren andern Orten entdeckt. Die Grundgestalt desselben ist nach neuern Untersuchungen die schiefe rhombische Säule, obwohl manche Mineralogen noch die gerade rhombische Säule dafür ansehen. Es hat einen unvollkommen muscheligen, in's Unebene und Splitterige übergehenden Bruch und auf demselben einen das Mittel zwischen dem Glas- und Fettartigen haltenden Glanz, während die Krystallflächen einen lebhaften Glasglanz besitzen. Der splitterige Bruch ist jedoch nur matt von Ansehen. Die Krystalle sind bald wasserhell, bald durchscheinend, werden aber leicht matt, indem sie der Verwitterung stark unterworfen sind. Daher kommt es, dass der Datolith am Ausgehenden der Gänge, auf denen er bricht, fast stets seinen Glanz und seine Durchsichtigkeit verloren hat, gebleicht erscheint, seinen Zusammenhang verliert und zuletzt auseinanderfällt. Die Farben desselben sind stets hell, milch-, grau-, gelblich-, grünlich-weiss, bisweilen rauchgrau, seladongrün, selten honiggelb. Das spec. Gew. = 3—3,5, die Härte = 5,5, fast dieselbe wie die des Apatits.

Der Datolith ist theils krystallisirt, die Krystalle aufgewachsen und zu Drusen verbunden, theils findet er sich auch in körnigen, kleintraubigen und nierenförmigen Gestalten von faserigem Gefüge. In dieser letztern Form erscheint der zum Datolith gehörige Botryolith. Nachdem man den erstern zu Arendal aufgefunden, bemerkte man ihn anderwärts auch noch auf andern Lagerstätten. Vorzüglich gern scheint er in dioritischen Gebirgsmassen aufzutreten. So z. B. in Nord-America (New-Jersey und Connecticut), bei uns in Rhein-Bayern, im Nassauischen, besonders aber auf dem Harze bei Andreasberg, wo in der Nähe des Oderhauses die schönsten Krystalle vorgekommen seyn mögen, die man überhaupt kennt. Diese fanden sich daselbst auf Gängen in Diorit, begleitet von Prehnit, Quarz und Kalkspath. Aber auch die abnormen Gebirgsmassen des südlichen Tirols haben ausgezeichnet schöne Datolithe geliefert, obwohl nicht häufig. So die Seisser Alp, wo in den Blasenräumen des Mandelsteins Datolith in Gesellschaft von Apophyllit und Kalkspath auftritt, so wie Theiss bei Klausen, woselbst er die dortigen Chalcedon-Kugeln zum Theil ganz ausfüllt, zum Theil aber blos in einzelnen Krystallen auf den Amethysten aufsitzt, welche die Wände dieser Kugeln bekleiden. Ein analoges Vorkommen ist das zu Kewena-Point am südlichen Ufer des Lake superior. Hier findet sich ein Trapp-Mandelstein, der in mächtigen Gängen die Schichten des old red Sandstone durchsetzt und dessen Blasenräume mit gediegnem Kupfer erfüllt sind. In Begleitung des letztern treten die schönsten Zeolith-Fossilien auf, z. B. Analzim, Laumontit und Datolith, letzterer auf 3 Fuss mächtigen Gängen, in grossen Krystallen, die öfters Blättchen von gediegnem Kupfer einschliessen.

Auf die eigenthümliche chemische Zusammensetzung des Datoliths haben wir schon früher aufmerksam gemacht, als von dem Axinit die Rede war. Gleich diesem ist auch der Datolith durch einen Gehalt an Borsäure ausgezeichnet, der bei ihm mehr als 20 Procent beträgt. Auch enthält er, wie es scheint, Krystallisations-Wasser. Obgleich die Mischung noch nicht ganz genau festgestellt ist, so kann man sich doch von derselben durch die nachfolgende Formel einen ungefähren Begriff machen: $\dot{C}a^3 \ddot{S}i^4 + 3 \dot{C}a \ddot{B} + 3 \dot{\bar{H}}$.

Davyn.

Syn. Cancrinit (?), Nephelin (?).

Mit dem Namen „Davyn" haben *Monticelli* und *Covelli* ein Mineral belegt, welches seinen äussern Eigenschaften nach dem glasigen Nephelin sehr ähnlich sieht, auch hinsichtlich seiner Krystallform mit demselben bis auf die Winkel übereinstimmt und wohl schwerlich eine eigne Species bilden dürfte. Nach *Breithaupt* (in *Poggendorff's* Ann. der Physik, Bd. 53. S. 145) ist das spec. Gew. = $2{,}_{429}$. Zufolge einer Analyse von *Mitscherlich* (s. *G. Rose*, Element. d. Kryst. S. 160) enthält der Davyn dieselben Bestandtheile wie der Nephelin, nur mit dem Unterschiede, dass der Natron-Gehalt fast ganz durch Kali ersetzt ist, so dass man etwa folgende mineralogische Formel aufstellen könnte: 3 Al Si + K Si. Freilich geben *Monticelli* und *Covelli* eine hiervon sehr abweichende Mischung an, und zwar: Kieselsäure $42{,}_{91}$, Thonerde $33{,}_{28}$, Kalk $12{,}_{02}$, Eisenoxyd $1{,}_{25}$, Wasser $7{,}_{43}$. Man muss aber beinahe befürchten, dass hier ein Irrthum obgewaltet hat. *Breithaupt* (a. a. O.) ist geneigt, *G. Rose's* „Cancrinit" für identisch mit dem Davyn anzusehen.

Der Davyn fand sich unter den ältern Auswürflingen des Vesuv's in Begleitung von Granat, Wollastonit, Kalkspath, schwarzem Spinell und Glimmer.

Desmin.

S. Stilbit.

Dimorphin.

Eine neue, von *Scacchi (Memorie geologiche sulla Campania.* Napoli 1849) aufgefundene Schwefelungsstufe des Arseniks, welche ihren Namen von der Eigenschaft erhalten hat, dass ihre Krystalle in zwei verschiedenen Formen auftreten, so dass sie nicht einer und derselben Mineral-Species anzugehören scheinen. Die Krystalle gehören zum System des rectangulären Prisma's und das Axen-Verhältniss ist a : b : c = 1 : $1{,}_{287}$: $1{,}_{153}$, oder wie 1 : $1{,}_{658}$: $1{,}_{503}$. Der Dimorphin ist nicht das einzige Mineral, dessen regelrechte Gestalten in zwei oder mehreren Typen auftreten, wo die Flächen des einen Typus grösstentheils verschieden sind von denen des andern Typus, und was noch auffallender ist, dass zwei gleichnamige Axen der verschiedenen Typen ein ziemlich complicirtes Verhältniss zeigen. Noch an einem andern vesuvischen Erzeugniss machte *Scacchi* diese Beobachtung, und zwar am Humit oder Chondrodit des Monte di Somma; s. *Poggendorff's* Ann. der Physik, Ergänzungsband 3. S. 161.

Des Dimorphin's spec. Gew. ist annähernd $3{,}_{58}$, die chemische Zusammensetzung ist noch nicht genau ermittelt, es scheint aus Schwefel-Arsenik zu bestehen, und zwar aus 24,55 des erstern und 75,45 % des letztern. Die Formel wäre demnach für denselben: $As^2 S^3$. Er ist pomeranzgelb, sehr glänzend, durchscheinend bis durchsichtig, sehr spröde, ohne entschiedenen Blätterdurchgang. Zwar tritt er stets krystallisirt auf, aber die Krystalle haben höchstens ½ Millimeter im Durchmesser, so dass ihre Messung sehr schwierig ist.

Der Dimorphin kommt unter denselben Verhältnissen vor, wie der Realgar; oft sitzt er auf den Krystallen des letztern. Bisweilen überzieht er in der Tiefe die feinen Gesteinsspalten in der grossen Fumarole der Solfatara, meist bildet er Krystall-Gruppen, in denen die gleichnamigen Axen parallel sind.

Diopsid.

Syn. Alalite, Mussite.

Eine Augit-Varietät, welche sich durch ihre durchscheinenden, hellen, meist lauchgrün gefärbten Krystalle von dem gemeinen Augit unterscheidet und sich bisweilen in den Auswürflingen des Vesuv's findet; s. Augit.

Doppelspath.

S. Kalkspath.

Dysclasit.

S. Okenit.

Edelopal.

Der Edelopal, der sich durch ein unendlich schönes, in optischer Beziehung aber noch keineswegs genügend erklärtes Farbenspiel auszeichnet und nach *Klaproth* (s. dessen Beiträge u. s. w. Bd. 2. S. 152) in 100 Th. aus 90 Th. Kieselsäure und 10 Th. Wasser besteht, ist entweder halb durchsichtig oder stark durchscheinend, mehr oder weniger stark glänzend, aus dem Glasglanze in's Wachsartige übergehend, seine Farbe meist milch- oder gelblich-weiss. Das spec. Gew. = 2—2,2, die Härte = 5,6—6. Er findet sich entweder in Adern oder derb und eingesprengt, gehört keineswegs zu den weit verbreiteten Mineralien, kommt vielmehr nur an wenigen Stellen vor. Am ausgezeichnetsten findet er sich bei Czerwenitza zwischen Kaschau und Eperies in Ungarn. Ueber dies Vorkommen hat neuerdings *von Pulszky* (in *Haidinger's* Berichten u. s. w. Thl. 3. S. 213) nähere Aufklärung gegeben. Die Berge zwischen den eben genannten Orten, in denen die Opal-Gruben sich finden, bestehen aus trachytischen Massen, welche das grosse Steinsalz-Lager bei Sovar durchbrochen haben. Der Berg Simonka an der Grenze des Saroser Comitats ist die Hauptfundstätte des edeln Opals; auch am Berge Libanka findet er sich. An beiden Orten tritt er in Begleitung von gemeinem Opal auf. Sie füllen hier die Höhlungen der im Trachyte befindlichen Adern aus, und viele Erscheinungen machen es wahrscheinlich, dass sie ursprünglich dies in flüssigem Zustande gethan haben. Hierauf, so wie auf einen allmählig erfolgten Absatz deuten die im Opal vorhandenen horizontalen Linien und Schichtungsflächen hin; sodann bemerkt man auch bisweilen, dass die Opalmasse nicht hingereicht hat, um die Höhlung im Trachyte ganz auszufüllen, und in diesem Falle erscheint die Oberfläche der erstern stets horizontal. Besonders häufig ist der Edelopal vergesellschaftet mit dem sogen. Milchopal, und da beide so ziemlich dasselbe specifische Gewicht besitzen, so findet er sich in den Weitungen des Gesteins bald über, bald unter demselben, meist jedoch durch eine wagerechte Linie von ihm geschieden. Auch Hyalith kommt häufig mit dem Edelopal vor, bald an der Grenze desselben, bald ihn in kleinen Ramificationen durchbrechend. Mit dem ihn einschliessenden Trachyt ist der Opal meist fest verbunden, bisweilen liegt er jedoch auch lose in dessen Höhlen. In diesem Falle soll er weniger zerbrechlich seyn. Schon wenn man ihn gewinnt, ist er mit Sprüngen versehen, oder er erhält solche nach einigen Tagen, vorzüglich, wenn er nicht milchweiss, sondern von glasartiger Beschaffenheit ist. Dass man in der Josephsgrube inmitten des Opals sternförmig gruppirte Antimonglanz-Krystalle entdeckt hat, haben wir schon früher bemerkt. Der grösste Edelopal, den Ungarn je geliefert, überhaupt der schönste und kostbarste, den man kennt, welcher das schönste Feuer zeigt, sich dermalen im Hof-Mineralien-Kabinet in Wien befindet und 1 Pfund 2 Loth wiegt, soll einen Werth von 2 Millionen Gulden besitzen.

Auch in Deutschland ist der Edelopal vorgekommen, und zwar im Dolerite in der Nähe von Frankfurt, aber nur in wenigen und auch gerade nicht ausgezeichneten Exemplaren.

Zu Sandy Brae in Ireland findet er sich in Porphyr, auf den Färöar in Mandelstein, besonders zu Vervig auf Videröe mit Halbopal und Chalcedon. Auf secundärer Lagerstätte kommt er daselbst auch im Sand und Gerölle vor. Zu den aussereuropäischen Fundorten gehören die Insel Flores und Honduras in Guatemala. Hier trifft man den Edelopal zu Gracias a Dios auf Gängen in einem trachytischen Trümmergestein an.

Edingtonit.

Eine grosse mineralogische Seltenheit, die bis vor einigen Jahren nur in wenigen Exemplaren bekannt und bis dahin mit dem Comptonit verwechselt war. *Haidinger* (im *Edinb. Journ. of sc.* T. 3. p. 316) sah den Edingtonit zum ersten male in der Sammlung des Dr. *Eaington* in Glasgow und erkannte darin eine eigne Mineral-Gattung. Derselbe hat zur Grundform ein Quadrat-Octaëder von 121° 40', 87° 19', und einen deutlichen Blätterdurchgang nach den Flächen des Prisma's. Der Bruch ist unvollkommen muschelig oder uneben. Die Krystalle sind halb durchsichtig oder durchscheinend, besitzen Glasglanz und eine grauweisse Farbe. Ihr spec. Gew. = $2{,}_{71}$ bis $2{,}_{75}$, ihre Härte = 4—$4{,}_{5}$. Mit Salzsäure behandelt, geben sie eine Gallerte, lösen sich aber darin nicht vollständig auf. Aus diesem Verhalten folgert *Rammelsberg*, dass der Edingtonit ein Gemenge zweier Mineralien und keine besondere Species sey. *Turner* hat ihn analysirt, erhielt aber einen Verlust von mehr als 11 %, was er einem Gehalt an Natron zuschreibt. *Gerhard* hat folgende mineralogische Formel für den Edingtonit aufgestellt: 2 Al Si + (Ca, Na) Si + 2 Aq.

Man hat ihn bis jetzt nur in dem Mandelstein der Kilpatrick-Hügel bei Dumbarton in Schottland in Begleitung von Comptonit, Harmotom und Kalkspath aufgefunden.

Eisenblau.

Syn. Vivianit, Blaueisenerde, Mullicit, Anglarit (?).

Das Eisenblau, welches ein nicht selten vorkommendes Mineral ist und in den meisten Fällen von ziemlich neuer Entstehung zu seyn scheint, hat ein schiefes rhombisches Prisma zur Grundform und besteht nach *Rammelsberg* (a. a. O. 2. Suppl. S. 27) in 100 Th. aus $29{,}_{10}$ Phosphorsäure, $33{,}_{00}$ Eisenoxydul,

12,$_{22}$ Eisenoxyd und 25,$_{68}$ Wasser. Hieraus ergiebt sich die Formel: $6\,(\dot{F}e^3\,\overset{\cdot\cdot\cdot}{\ddot{\bar{P}}} + 8\,\dot{\bar{H}}) + (\dddot{\bar{F}}e^3\,\overset{\cdot\cdot\cdot}{\ddot{\bar{P}}}{}^2 + 8\,\dot{\bar{H}})$.

Im krystallisirten Zustande erscheint es entweder in blätteriger (Vivianit) oder haarförmiger Gestalt. Das erdige Eisenblau ist, ehe es mit der Luft in Berührung kommt, weiss von Ansehen und nimmt erst durch längere Einwirkung der erstern eine blaue Farbe an. Im erstgenannten Zustande besteht es aus $\dot{F}e^3\,\overset{\cdot\cdot\cdot}{\ddot{\bar{P}}} + 8\,\dot{\bar{H}}$ und geht theilweise durch Austausch von Wasser gegen Sauerstoff in $\dddot{\bar{F}}e^3\,\overset{\cdot\cdot\cdot}{\ddot{\bar{P}}}{}^2 + 8\,\dot{\bar{H}}$ über. Eben so mag auch das blätterige Eisenblau ursprünglich weiss gewesen seyn. Bei diesem ist der Bruch nicht wahrnehmbar, der Glanz auf manchen Flächen perlmutter-, auf andern blos glasartig. Die Blättchen sind bald durchsichtig, bald durchscheinend; ihre Farbe ist nach *Haidinger* beim Hindurchsehen nach der Hauptaxe und in orthodiagonaler Richtung hell-olivengrün, welches in der erstern Richtung schwach bräunlich ist, in klinodiagonaler Richtung dunkel-berlinerblau erscheint. Bemerkenswerth ist noch, dass der Strich anfänglich bläulichweiss, hernach aber successiv blau wird.

Der Vivianit ist milde, in dünnen Blättchen nach gewissen Richtungen biegsam. Die Härte = 1,$_5$—2, das spec. Gew. = 2,$_6$—2,$_7$.

Das Eisenblau findet sich in verschiedenen Gebirgsarten, in ältern auf Lagerstätten, welche Erze führen; besonders heimisch ist es aber in den jüngern Massen, namentlich dem Torf, worin es jedoch mehr von erdiger Beschaffenheit ist. In gewissen Fällen scheint es sich auch noch jetzt erzeugen zu können, denn man hat es hin und wieder in den hohlen Räumen der Knochen verunglückter Bergleute angetroffen. Auch in vulcanischen Felsarten ist es an mehreren Orten beobachtet worden, z. B. auf Isle de France in krystallinischen, strahligen Parthien auf basaltischer Lava. In einer nadel- oder haarförmigen Varietät soll es in einem basaltischen Mandelstein in der Nähe von Giessen sich gefunden haben. In spätigem Zustande kommt es auch noch zu Luxeuil im Dép. de la haute Saône auf einem basaltischen Gebilde vor. Häufiger findet es sich als erdiges Eisenblau. So auf Isle de France, woselbst krystallinische Parthien von Eisenblau von ihm umschlossen werden. Auch am Puy de la Vache im Dép. Puy de Dôme hat man das erdige Eisenblau beobachtet.

Eisenblüthe.

S. Faser-Aragonit.

Eisenchlorid.

Syn. Pyrodmalith.

Da das Eisenchlorid an der Luft nicht beständig ist, so kennt man auch sein Krystallisations-System nicht. Es zerfliesst an derselben durch Aufnahme von Wasser und trocknet hernach bei warmer Witterung aus. In diesem Zustande erscheint es matt und erdig und von bald lichter, bald mehr gesättigter braunrother Farbe.

Als Ueberzug und Beschlag auf vulcanischen Massen, so wie in deren Spalten findet es sich häufig unter den Sublimations-Producten am Vesuv. Hier beobachteten *Monticelli* und *Covelli* auch Eisenchlorür in den aus dem Berge sich erhebenden Rauchsäulen, deren Temperatur etwas unter der Rothglühhitze war; denn als sie Glasglocken und ähnliche Recipienten über diese Säulen hielten, so überzogen sich dieselben inwendig mit einem weissen Salze, welches sich bald darauf unter Bildung von Eisenoxyd und Eisenchlorid zersetzte. Wenn Eisenchlorid in Verbindung mit Salmiac auftritt, so geht die braunrothe Farbe des erstern nach und nach in eine pomeranz- und schwefelgelbe über, was von einem ungleichen Gehalte an Eisenchlorid herrühren dürfte und bei Ungeübtern schon öfters Veranlassung zu einer Verwechselung mit Schwefel gegeben hat.

Eisenglanz.

Syn. Hämatit, Blutstein, Rotheisenstein, rother Glaskopf, Martit, Crucit, Eisenrose.

Ist in seiner reinsten Gestalt Eisenoxyd, und zwar in 100 Th. $69{,}_{34}$ Eisen und $30{,}_{66}$ Sauerstoff, mit der Formel $\dddot{\text{F}}\text{e}$, welchem bisweilen eine geringe Menge Titanoxyd beigemischt ist. Hat zur Grundform ein spitzes Rhomboëder von 85^0 58′, 94^0 2′, ist undurchsichtig oder in sehr dünnen Blättchen durchscheinend, welche ein schwarzes oder rothes Pulver geben, ein spec. Gew. = $5{,}_3$, so wie eine Härte = $6{,}_5$ besitzen. Ihre

Farbe ist eisenschwarz, stahlgrau, bräunlich-roth und daraus in das Kirsch- und Blutrothe übergehend.

Eins von denjenigen Mineralien, welche am allgemeinsten verbreitet und vom grössten Einfluss auf die Gewerbthätigkeit und Wohlfahrt weit ausgedehnter Gegenden und deren Bewohner sind.

Der Eisenglanz ist vorzüglich in ältern krystallinischen Gebirgsarten, z. B. Granit, Porphyr, zu Hause, findet sich jedoch auch in plutonischen und vulcanischen Gebirgsarten theils eingewachsen und eingesprengt, theils in deren Blasenräumen oder auf Gesteinsklüften, bisweilen auch in ausgebildeten Krystallen, die hinsichtlich ihrer Grösse und der Eleganz ihrer Formen nichts zu wünschen übrig lassen.

Zu den Fundstätten dieser Art gehört der Puy de la Tache im Dép. du Puy de Dôme, wo der Eisenglanz die Klüfte eines trachytischen Gesteines überzieht, so wie Volvic am Mont d'or, besonders bei der Cascade de la Dogne, oberhalb des Dorfes des Bains. Auch in den innern Räumen der Laven des Aetna's finden sich solche Krystalle an mehreren Stellen, namentlich an den im J. 1755 ergossenen Strömen; die schönsten mögen aber doch wohl auf den Liparischen Inseln vorkommen, namentlich auf Stromboli und Lipari. Auf ersterer sitzen die Krystalle in den Weitungen einer zersetzten und gebleichten Lava, und obgleich selbige keine bedeutende Dicke erlangen, so beträgt doch ihre Länge und Breite bisweilen mehrere Zolle, und dabei sind die spiegelnden Flächen oft mit dem lebhaftesten Glanze versehen. Auf der Wolfsinsel im Onega-See hat man ausgezeichnet schöne Krystalle auf Amethyst-Krystallen, begleitet von Goethit, in den Blasenräumen des dortigen Mandelsteins bemerkt. Auf ähnliche Weise findet sich Eisenglanz, obwohl nur in der Gestalt kleiner und zarter Blättchen, welche auf Quarz-Krystallen aufgewachsen sind, in den Mandelsteinen der Taratarskischen Berge bei Slatoust. In der Umgegend von Neapel kommt er an mehreren Orten vor, in den phlegräischen Feldern ist er jedoch im Allgemeinen eine seltene Erscheinung, doch findet er sich, obwohl gerade nicht häufig, auf Ischia in der Lava des Arso und im Lago del bagno, so wie an der gegenüber liegenden Küste am Monte Barbaro und Monte Spina, nahe beim See von Agnano. An den hervorragenden Kämmen und Enden vesuvischer Laven, besonders der im J. 1813 ergossenen, welche die deutlichsten Kennzeichen von einem frühern Geflossenseyn an sich tragen und dem verschlackten Basalte von Bertrich in der Eifel täuschend ähnlich sehen, kann man ihn bisweilen in kleinen, aber sehr deutlichen und lebhaft glänzenden Krystallen wahrnehmen, weniger deutlich aber erscheint er an der Fossa di Cancrone; hier tritt er fast immer nur in der Gestalt grösserer oder kleinerer Platten auf, die indess meist eine Anlage zu regelmässiger Bildung zeigen und an den Kanten einzelne Krystallflächen wahrnehmen lassen. Zuweilen bemerkt man auf der Oberfläche eine wellenförmige Streifung, oder auch regelmässige Eindrücke. Diese Platten erreichen oft, bei sehr geringer Dicke, eine Grösse von mehreren Zollen. Unerwähnt darf nicht bleiben, dass der Eisenglanz am Vesuv sich auch jetzt noch unter begünstigenden Verhältnissen zu erzeugen scheint; denn *Spallanzani* erzählt, dass man nach der Eruption, welche (wahrscheinlich im J. 1794) Torre dell' Anunciata unter ihren Auswurfsmassen begrub, bei spätern Aufgrabungen die Mauern, ja selbst die Thore und Eingänge eines verschütteten Klosters mit wohl ausgebildeten Eisenglanz-Krystallen bedeckt gefunden habe.

Ueberall, wo er auf diese Weise vorkommt, scheint der Eisenglanz auf dem Wege der Sublimation entstanden zu seyn, hinsichtlich welcher Entstehungsweise wir an die Beobachtung von *Covelli* (in den *Ann. de chim. et de phys.* T. 26. p. 419) zu erinnern haben, zufolge welcher er, sowohl am Vesuv, als auch auf den Liparischen Inseln, mitunter Eisenoxyd, bisweilen in ausgezeichneten Krystallen, durch Einwirkung von Wasserdämpfen auf Chloreisen sich bilden sah. Dass *Mitscherlich* (s. *Poggendorff's* Ann. der Physik, Bd. 15. S. 630) späterhin eine analoge Entstehung von Eisenglanz-Krystallen in einem Töpferofen bei Oranienburg wahrnahm, ist allgemein bekannt.

Eisenglimmer.

Ist nur als eine schuppige Varietät des Eisenglanzes anzusehen und findet sich fast unter denselben Verhältnissen wie dieser.

Eisenkiesel.

Er kommt in zwei verschiedenen Arten vor und zwar a) als Kieselsäure mit einem ungleichen Gehalte von Eisenoxydhydrat, b) als Kieselsäure mit einem ungleichen Gehalte von Eisenoxyd.

In a. ist seine Farbe braun, ockergelb und giebt auch ein solches Pulver. Der Bruch muschelig, uneben, zuweilen splittrig, inwendig schwach glänzend oder schimmernd, von einem in's Glasartige übergehenden Wachsglanz. Das spec. Gew. = $2,_{62}$—$2,_{65}$, die Härte = 7.

In b. ist der Bruch und der Glanz eben so beschaffen wie in a., dagegen ist die Farbe blutroth oder röthlichbraun und das Pulver ebenfalls roth. Die Härte eben so wie bei a., das spec. Gew. etwas grösser und zwar = $2,_{71}$—$2,_{74}$. Beide Arten sind vollkommen undurchsichtig. Sie finden sich besonders auf Lagerstätten von Eisenglanz, Roth- und Brauneisenstein in den ältesten Schiefergebilden und dem sogenannten Uebergangs-Gebirge. In vulcanischen Felsarten kommen sie nur ausnahmsweise vor, doch hat man Eisenkiesel auf Island in der Nähe von Rödefiord beobachtet, wo er von jaspisartiger Beschaffenheit erscheint, bandartig gestreift ist und die Saalbänder eines aus Dolerit bestehenden Ganges bildet. Als Einschluss in den Mandelstein des südlichen Tirols hat er sich auf dem Gebirge Giumella gefunden. In den Höhlungen derselben Gebirgsart, und zwar von Amethyst begleitet, ist er auf der Wolfsinsel im Onega-See angetroffen worden.

Eisenperidot.

S. Fayalit.

Eisenrahm.

Ist eine schaumige Varietät von Rotheisenstein, welche in der Regel in locker zusammengehäuften, unvollkommen metallisch schimmernden oder schwach glänzenden Schuppen vorkommt, deren Farbe meist kirsch- oder blutroth ist. Sie fühlen sich fettig an, färben stark ab und finden sich bisweilen als Ueberzug auf Klüften vulcanischer Gesteine, z. B. auf denen des Basaltes bei Rothwesten in östlicher Richtung von Kassel.

Eisenspath.

S. Sphärosiderit.

Eisenvitriol.

Syn. Melanterit, grüner Vitriol.

Hat zur Grundform ein klinorhombisches Octaëder und ist in chemischer Beziehung als wasserhaltiges schwefelsaures Eisenoxydul zu betrachten, gemäss der Formel: $\dot{F}e\ \dddot{S} + 7\ \dot{H}$. Die grüne Farbe des Minerals geht oft in's Weisse über, auch zeigt es einen weissen Strich. Das spec. Gew. = $1,_8$—$1,_9$, die Härte = 2. Die Krystalle zeigen einen muscheligen, in's Unebene übergehenden Bruch, besitzen Glasglanz und sind gewöhnlich nur halb durchsichtig oder durchscheinend. Sie verwittern gern an der Luft und hinterlassen alsdann einen gelben Beschlag.

Als Seltenheit hat sich der Eisenvitriol in den Klüften vesuvischer Lavaströme gefunden, welche im J. 1822 dem Berge entquollen; doch hat schon *Dolomieu* ihn an der Solfatara bei Puzzuoli, auf der Insel Stromboli, so wie in einer Grotte auf der Insel Vulcano wahrgenommen.

Eisspath.

S. Ryakolith und glasiger Feldspath.

Elaeolith.

S. Nephelin.

Epidot.

Syn. Pistazit, Zoisit, Arendalit, Thulit, Thallit, Delphinit, Commingtonit, Akantikone, Puschkinit, Withamit, Skorza, Manganepidot, Carinthin.

Hinsichtlich der Grundform des Epidot's sind die Ansichten der Mineralogen noch getheilt; denn während z. B. *Lévy* das schiefe rhomboïdische Prisma dafür annimmt, sehen *Hauy* und *Dufrénoy* das irreguläre rechtwinklige Prisma dafür an. In Betreff der chemischen Mischung der genannten Varietäten oder Arten herrscht grosse, aber, wie es scheint, keine wesentliche Verschiedenheit. Im Allgemeinen kann man den Epidot wohl als aus 2 At. kieselsaurer Thonerde und 1 At. kieselsaurer Kalkerde zusammengesetzt ansehen; allein die isomorphen Elemente der Kalk- und Thonerde kommen öfters in unbestimmten Verhältnissen vor, auch scheinen die Oxyde des Eisens, so wie des Mangan's von besonderm Einflusse auf die physikalischen Eigenschaften des Epidots zu seyn. Deshalb hat man sich auch wohl veranlasst gesehen, in chemischer Beziehung drei verschiedene Abtheilungen bei ihm zu machen und Kalk-, Eisen- und Mangan-Epidote aufzustellen. Zu den erstern hat man den Zoisit gezählt; in ihm sind nur wenige Procente, im zweiten, dem Pistazit, ist die Hälfte der Kalkerde durch Eisenoxydul vertreten, im dritten, dem sogenannten piemontesischen Braunstein, ist gleichfalls die halbe Kalkerde durch Mangan-Oxydul, die halbe Thonerde dagegen durch Eisenoxyd vertreten. Die allgemeine mineralogische Formel für diese drei Abtheilungen würde etwa folgende seyn:

$$\left.\begin{matrix}Ca\\fe\\mn\end{matrix}\right\} Si + \left.\begin{matrix}Al\\Fe\end{matrix}\right\} 2\,Si.$$

Was die übrigen Eigenschaften des Epidot's betrifft, so ist sein Bruch uneben und splittrig, seine Härte $= 6{,}_5$, das Glas mit Leichtigkeit ritzend, das spec. Gew. $= 3{,}_{26}—3{,}_{45}$. Im reinsten Zustande erscheint er farblos, aber fast stets ist er grau, grün, blau oder röthlich-schwarz gefärbt; auf den vollkommenen Spaltungsflächen zeigt er lebhaften Glasglanz. Mitunter ist er durchsichtig, meist aber nur halb durchsichtig oder nur an den Kanten durchscheinend.

Die drei vorhin genannten chemischen Abtheilungen lassen sich öfters auch an ihrer Farbe erkennen; denn der Thallit (der eigentliche Epidot) ist pistaziengrün, der Zoisit graugrün, der Mangan-Epidot violett gefärbt, doch gehen diese Farben bisweilen auch in einander über.

Was das Vorkommen der verschiedenen Arten unseres Minerals anbelangt, so ist der Thallit von der weitesten Verbreitung. Obgleich er keinen integrirenden Bestandtheil irgend einer Gebirgsart bildet, so findet er sich doch häufig in mehreren ältern krystallinischen Gebirgsarten, z. B. Granit, Syenit, Gabbro, Diabas; vorzugsweise gern scheint er aber in dioritischen Gesteinen aufzutreten, auf deren Klüften die Krystalle oft Zoll-Grösse erlangen. Ausgezeichnet schön findet er sich auch bisweilen auf Gängen und Lagern im krystallinischen Schiefergebirge: auf erstern am ausgezeichnetsten zu Allemont im Dauphiné, auf der Mussa-Alp in Piemont, in Begleitung von Quarz, Adular, Albit, Axinit, Asbest und Chlorit; auf den andern besonders da, wo Magneteisenerz sich angehäuft findet und wo er meist mit Augit, Hornblende und Granat vergesellschaftet ist. Die sandige Varietät (nnter dem Namen „Skorza" bekannt), deren Körner eine grüne Farbe besitzen und das Glas ritzen, kommen in dem Sande der Goldseifen an den Ufern des Flusses Aranios bei Muska in Siebenbürgen vor.

Aber die Drusenräume in den vulcanischen Gebirgsarten enthalten mitunter sehr deutliche und schöne Epidot-Krystalle. So trifft man ihn im Mandelstein bei Glamisch und Garsven auf der schottischen Insel Sky an. In den Weitungen und Höhlen des melaphyrartigen Mandelsteins im Fassa-Thal hat er sich ebenfalls gefunden. Häufig wird auch der Vesuv als eine Fundstätte des Epidots angeführt und dabei bemerkt, dass er daselbt mit Augit, Glimmer, Leuzit, Idokras, Kalkspath, Granat, Spinell, Nephelin und Eisspath vorkomme; allein nach neuern Untersuchungen von *Scacchi* ist das, was *Monticelli* für Epidot hielt, entweder nur braun gefärbte Hornblende oder Augit. Gleiche Bewandniss hat es auch mit demjenigen Fossil, welches *Marignac* für vesuvischen Epidot hielt; davon scheint *Scacchi* fest überzeugt zu seyn.

Epistilbit.

Eine nur selten vorkommende Mineral-Gattung, welche früher mit dem Stilbit verwechselt wurde und auch noch jetzt von einigen Mineralogen, z. B. *Lévy* (s. *Philos. Magaz.* Vol. 1. S. 6), demselben zugezählt wird. Nach *G. Rose* (s. *Poggendorff's* Ann. der Physik, Bd. 6. S. 183) besitzt jedoch der Epistilbit ein vom Stilbit abweichendes Krystallisations-System und seine Grundform soll ein Rhomben-Octaëder seyn. Hinsichtlich ihrer Mischung besitzen sie jedoch eine auffallende Aehnlichkeit, nur enthält der Epistilbit einen schwachen Natron-Gehalt, der sich nach *C. Retzius* jedoch auch in dem Stilbit von Naalsöe findet. Die chemische Formel des erstern ist:

$$\left.\begin{matrix}\dot{Ca}\\ \dot{Na}\end{matrix}\right\} \ddot{Si} + 3\,\overline{Al}\cdot\dddot{Si}^3 + 5\,\dot{\overline{H}}.$$

Die Krystalle sind in der Richtung der Hauptaxe verlängert und erscheinen meist in der Gestalt sechsseitiger Prismen, an ihren Enden von mehreren Flächen zugeschärft. Diese letztern zeigen Perlmutterglanz, die andern Flächen blos Glasglanz. Die Farbe des Epistilbits ist weiss oder gelblich-weiss; in reiner Gestalt ist er durchsichtig und giebt einen weissen Strich. Das spec. Gew. $= 2{,}_{24}—2{,}_{25}$, die Härte $= 4{,}_{5}$. Er findet sich in Irland im Basalte zu Rathlin und Portrusch, in der Begleitung von Stilbit, in den Blasenräumen des Mandelsteins auf den Färöar, in einer stark zersetzten Wacke an der Ostküste von Island. Als eine grosse Seltenheit hat man ihn auch in dem Basalte der Gerswiese im Siebengebirge angetroffen.

Erdöl.

S. Asphalt und Bergöl.

Fahlerz.

Eins der wenigen edlen Erze, welche hin und wieder im vulcanischen Gebirge angetroffen werden. Es zeichnet sich bekanntlich eben so sehr durch die Mannigfaltigkeit seiner Bestandtheile, als auch durch das wechselnde quantitative Verhältniss derselben aus. Nachdem uns *H. Rose* eine lichtvolle Uebersicht über dies bisherige chemische Chaos gegeben, kann man mit *Frankenheim* (s. dessen System der Krystalle, S. 497) folgende allgemeine Formel über den chemischen Bestand des Fahlerzes aufstellen:

$$\left.\begin{matrix}\overset{,}{\mathrm{Cu}}^4\\ \overset{,}{\mathrm{Ag}}^4\\ \overset{,}{\mathrm{Fe}}^4\\ \overset{,}{\mathrm{Zn}}^4\\ \overset{,}{\mathrm{Hy}}^4\end{matrix}\right\}\left\{\begin{matrix}\overset{,,,}{\mathrm{Sb}}\\ \overset{,,,}{\mathrm{As}}\end{matrix}\right.$$

Bekannt ist es, dass bei seinen Krystallen der tetraëdrische Typus vorherrscht, und dass man einen undeutlichen Blätterdurchgang bei denselben nach den Octaëder-Flächen, selten nach denen des Rhomben-Dodecaëders wahrnimmt. Ihre Farbe geht aus dem Stahlgrauen in's Eisenschwarze und Bleigraue über. Sie geben entweder ein schwarzes oder ein dunkelrothes Pulver. Mit Undurchsichtigkeit verbinden sie lebhaften Metallglanz; ihr spec. Gew. $= 4{,}_{3}—5{,}_{2}$, die Härte $=$ 3—4. Nur an wenigen Orten hat das Fahlerz sich bisher in vulcanischen Felsarten gefunden, in Deutschland blos in den Nahe-Gegenden, zu Fischbach bei Oberstein, woselbst man es in Verbindung mit Kupferkies und Malachit auf kleinen Gängen im Mandelstein beobachtet hat. In Mexico findet es sich zu Bolanos auf Gängen eines Dolerites, begleitet von gediegenem Silber, Bleiglanz, Weissbleierz und Flussspath. Diejenige Abänderung oder Art, welche man „Graugiltigerz", so wie die, welche man „Schwarzgiltigerz" genannt hat, kommt nach *Hausmann* (Handbuch der Min. Bd. 1. S. 178. 179) auch im trachytischen Gebirge vor.

Faujasit.

Die Entdeckung dieser schönen Zeolith-Gattung verdanken wir dem Marquis *de Drée*, die erste genauere Beschreibung *Damour* (s. *Ann. des mines*, 4. Ser. T. 1. p. 395).

Auffallend ist es, dass hinsichtlich der Krystallform des Faujasites noch so viel Widerspruch herrscht; denn das Octaëder, in welchem er auftritt, ist nach einigen Mineralogen regulär, nach *de Drée* und *Descloizeaux* quadratisch, nach *Dufrénoy* sogar rhombisch.

In reinster Gestalt ist das Mineral vollkommen wasserhell und durchsichtig; hat es einen Stich in's Gelbe oder Bräunliche, so ist es nur an den Kanten durchscheinend. Im erstern Falle zeigt es lebhaften, fast diamantartigen Glasglanz, sein Bruch ist uneben. Es ist spröde, sein spec. Gew. = $1,_{923}$. Für eine zeolitische Substanz besitzt es einen auffallend hohen Härtegrad, denn es soll das Glas ritzen, obwohl schwierig.

Der Faujasit wurde zuerst in den Blasenräumen eines sehr augitreichen Dolerites bei Sasbach am Kaiserstuhl-Gebirge aufgefunden; nachher hat man ihn auch in der Nähe von Giessen in einem blasigen Basalte entdeckt. Die hier vorkommenden Krystalle sind aber nicht so deutlich, als die badischen, weiss gefärbt und undurchsichtig.

Fayalith.

Syn. Eisenchrysolith, Eisenperidot.

Findet wohl am besten seine Stelle bei Chrysolith und Hyalosiderit und besteht der Hauptsache nach aus kieselsaurem Eisenoxydul, gemäss der Formel: $\dot{F}e^3 \ddot{S}i$, nebst geringen Mengen von Mangan-Oxydul, Thonerde und Schwefeleisen. Der

Fayalith ist mehr oder weniger blättrig, auch bemerkt man an ihm Spuren von Theilbarkeit nach zwei Richtungen, welche einen sehr stumpfen Winkel bilden. Der Bruch ist undeutlich muschelig, in's Unebene übergehend, der Glanz unvollkommen metallisch, auf dem Bruche fettartig erscheinend. Bei vollkommener Undurchsichtigkeit besitzt er eine dem Grünen oder Braunen sich nähernde eisenschwarze Farbe, die in das Pechschwarze und Schwärzlichbraune verläuft. Bisweilen ist er tombakbraun, messinggelb gefärbt oder mit bunten Stahlfarben angelaufen. Das spec. Gew. = $3,_{88}$—$4,_{14}$, die Härte = 5—6, giebt am Stahl schwach Feuer. Das Fossil ist dem Magnete sehr folgsam, es findet sich bald in krystallinischen Körnern, bald in stänglig abgesonderten, bald in eckigen und blasigen Stücken, bald auch in Knollen, die bisweilen einen Fuss im Durchmesser haben, auf der Insel Fayal am Meeresstrande unter trachytischem Trümmer-Gestein, in der Nähe hoher Trachytfelsen; s. *C. G. Gmelin* und *Fellenberg* in *Poggendorff's* Ann. Bd. 51. S. 160. 261.

Feldspath.

Eine Mineral-Gattung oder vielmehr eine Familie, welche hinsichtlich ihrer Wichtigkeit wohl von keiner andern übertroffen wird, aber auch mit zu den schwierigsten gehört, zu deren näherer Kenntniss wir erst in der neuesten Zeit gelangt sind. Obgleich schon von *Wallerius* aufgestellt, ist unser Wissen über sie lange Zeit hindurch, selbst nicht von *Hauy*, wesentlich erweitert worden, und so blieb das Verhältniss bis auf *G. Rose* und *Lévy*, welche vor etwa drei Decennien die interessante Entdeckung machten, dass der Feldspath wahrscheinlich in mehrere Arten zerfallen müsse, und dass diese zwei vielleicht drei verschiedenen Krystallisations-Systemen angehören dürften, indem ein Theil der Krystalle derselben zur Grundform ein schiefes rhomboidales, der andere Theil aber ein schiefes unsymmetrisches Prisma zur Grundform hätte.

In Folge dieser Untersuchungen stellte *Lévy* ausser dem gemeinen Feldspath mehrere neue Arten auf, z. B. den „Cleavelandite", und bald darauf den „Murchisonite" (s. *Philos. Magaz.* T. 1. p. 448). *G. Rose*, welcher nicht allein die Krystallform, sondern auch den chemischen Bestand bei seinen

Forschungen zur Hülfe nahm und besonders berücksichtigte, sah sich veranlasst, den Feldspath in Gruppen zu theilen und vier Arten derselben besondere Namen zu geben. Auf diese Weise wurde der Orthoklas, der Albit, der Labrador und der Anorthit in die Mineralogie eingeführt. Die Arbeiten *Abich's*, *Deville's* und *Dufrénoy's* erfolgten in späterer Zeit.

Von denen des Erstern ist das Wesentlichste in *Poggendorff's* Ann. der Physik, Bd. 50. S. 125. 341, in *Berzelius'* Jahresbericht u. s. w. Jahrg. 21. S. 189 und *Annales des mines.* 1841. T. 1. pag. 648 mitgetheilt.

Abich zieht bei der Classification der Feldspath-Arten zunächst ihr Krystallisations-System in Betracht und bringt sie in zwei Abtheilungen, je nachdem sie in das ein- und eingliedrige oder in das zwei- und eingliedrige Krystall-System (nach *Weiss*) gehören, hernach nimmt er aber auch ihr specifisches Gewicht zu Hülfe und bringt sie in eine Reihe von absteigendem Werthe, eine Abtheilungsweise, zu welcher schon früher *Breithaupt* den Vorschlag gemacht hatte.

Das folgende Schema dient zur nähern Erläuterung.

I. Feldspathe des ein- und eingliedrigen Krystall-Systems.

		Spec. Gew.	Formel.
1.	Anorthit	$2{,}_{763}$	$\dot{R}^3\,\dddot{Si} + 3\,\dddot{\bar{R}}\,\dddot{Si}$.
2.	Labrador vom Aetna . . .	$2{,}_{714}$	$\dot{R}\,\dddot{Si} + \dddot{\bar{R}}\,\dddot{Si}$.
	Oligoklas		$\dot{R}\,\dddot{Si} + \dddot{\bar{R}}\,\dddot{Si}^2$.
3.	Periklin *(Gmelin)*	$2{,}_{641}$	
4.	Albit vom Drachenfels mit Kali und Kalkerde	$2{,}_{622}$	$\dot{R}\,\dddot{Si} + \dddot{\bar{R}}\,\dddot{Si}^3$.
5.	Reiner Natron-Albit	$2{,}_{614}$	

II. Feldspathe des zwei- und eingliedrigen Krystall-Systems.

		Spec. Gew.	Formel.
6.	Ryakolith der Somma . . .	$2{,}_{618}$	$\dot{R}\,\dddot{Si} + \dddot{\bar{R}}\,\dddot{Si}$.
7.	Glasiger Feldspath vom Arso	$2{,}_{601}$	
8.	Glasiger Feldspath vom Epomeo	$2{,}_{597}$	
9.	Glasiger Feldspath von der Somma	$2{,}_{553}$	$\dot{R}\,\dddot{Si} + \dddot{\bar{R}}\,\dddot{Si}^3$.
10.	Reiner Kali-Feldspath . . .	$2{,}_{496}$	

Schon beim ersten Blicke auf diese Zusammenstellung findet man, dass die genaue Bestimmung des spec. Gewichts sich äusserst brauchbar erweist, um die verschiedenen Feldspath-Arten zu erkennen, so wie auch annähernde Schlüsse in Beziehung auf ihre chemische Constitution zu machen.

Es ergiebt sich ferner, dass das Atomen-Verhältniss von 1:3 zwischen den Sauerstoff-Mengen, welche in den Basen $\dot{R}$ und $\dddot{R}$ enthalten sind, das einzige constante Element in allen Gliedern der Reihe ist und als charakteristisch für die ganze Gattung angesehen werden kann. Weiter hat *Abich* bei seinen mit der grössten Sorgfalt angestellten Analysen, wobei er sich auch eines neuen Mittels, des kohlensauren Barytes, bediente, um den Feldspath aufzuschliessen, gefunden, dass das Kali bei solchen Feldspath-Arten vorwaltet, welche die meiste Kieselsäure enthalten und in den sogenannten plutonischen Gebirgsarten sich finden, während das Kali in den weniger kieselsäurereichen Feldspathen, welche vorzugsweise in den vulcanischen Gebirgsmassen zu Hause sind, durch Natron und Kalk vertreten wird.

Eine nicht weniger denkwürdige Erscheinung ist es, dass das spec. Gewicht nebst dem Gehalte an Kalk- und Thonerde sich in dem Maasse höher herausstellt, als der Gehalt an Kieselerde abnimmt.

Deville (s. *Comptes rendus de l'académie des sciences*, T. 20. pag. 179 etc.) hat bei seinen Untersuchungen über die Feldspathe nicht nur diese, sondern auch einige ihnen nahe stehende Mineralien einer genauern Prüfung unterworfen, welche ebenfalls in Felsarten vulcanischen Ursprungs sich finden und eine den erstern ganz analoge Rolle zu spielen scheinen. Dahin rechnet er besonders den Anorthit, den Leuzit und den Andesin *Abich's.* Sodann untersuchte und analysirte er auch Krystalle, welche manche Aehnlichkeit mit Feldspath besassen, und welche er von einer Reise nach den Antillen mitgebracht hatte. Er fand sie daselbst auf der Insel St. Eustache, wo sie in einem Porphyr von erdiger Grundmasse und von unrein violblauer Farbe vorkommen. Ihre Grösse ist nicht beträchtlich, ihr spec. Gewicht = $2,_{733}$; sie besitzen keinen Glanz, erscheinen vielmehr matt. In 100 Theilen bestehen sie aus $45,_{35}$ Kieselerde, $36,_{16}$ Thonerde und $18,_{17}$ Kalkerde. Verlust $0,_{32}$. Daraus berechnet *Deville* die Formel: $\dot{C}^3 \dddot{Si} + 3 \dddot{Al} \dddot{Si}$, welche genau mit jener des Paranthin's (Wernerit's) übereinstimmt und sich auch auf den Anorthit anwenden lässt, wenn man dieselbe verallgemeinert. Das Gestein von St. Eustache wäre demnach als eine Felsart mit Anorthit-Basis anzusehen. *Deville* ist geneigt, dem analysirten Mineral eine sehr zu berücksichtigende Wichtigkeit beizulegen, und bedient sich desselben zur Charakterisirung einer ziemlich weit verbreiteten Classe vulcanischer Erzeugnisse; denn es soll sich auch noch auf mehreren andern der Antillen finden. Er stellt dafür folgende Formel auf: $\dot{R}\,\dddot{Si} + 3\,\dddot{\bar{R}}\,\dddot{Si}$, worin die relative Sauerstoff-Menge der drei die Zusammensetzung bildenden Elemente sich verhält wie 1 : 3 : 4. Im Leuzit, so wie im Andesin von Marmato ist das Verhältniss wie 1 : 3 : 8 und die gemeinsame Formel wäre $\dot{R}^3\,\dddot{Si}^2 + 3\,\dddot{\bar{R}}\,\dddot{Si}^2$. Man könnte demnach für diese Mineralien eine besondere Familie bilden, welche derjenigen, welche die Feldspathe vereinigte, ganz nahe stände und deren chemischer Charakter aus den relativen Mengen des Sauerstoffs der drei Elemente 1 : 3 : n 4 wäre, woraus zugleich erhellt, dass die eigentlich sogenannten Feldspathe, die Orthoklase und Albite, deren Verhältnisse = 1 : 3 : 12 sind, einer dritten Abtheilung untergeordnet werden könnten, deren Formel wäre: $\dot{R}^3\,\dddot{Si}^3 + 3\,\dddot{\bar{R}}\,\dddot{Si}^3$. In Folge der Analyse der neuen Feldspath-Familie, welcher *Deville* auch schon länger bekannte Mineralien beigesellt und welcher er den Namen „Famille des Amphigenides" gegeben hat, glaubt er einen Uebergang und ein vermittelndes Band zwischen den andern Familien gefunden zu haben und giebt schliesslich folgende Uebersicht über die in Rede stehenden Mineralien, welche er in folgende Abtheilungen bringt.

1. Familie.	2. Familie.
Feldspathige Substanzen.	Leuzitische Substanzen.
(Feldspathides.)	(Amphigenides.)
1 : 3 : n 3.	1 : 3 : n 4.
1. Geschlecht 1 : 3 : 6 $\dot{R}\,\dddot{Si} + \dddot{\bar{R}}\,\dddot{Si}$.	1. Geschlecht 1 : 3 : 4 $\dot{R}^3\,\dddot{Si} + 3\,\dddot{\bar{R}}\,\dddot{Si}$.
1. Art . . . . . Ryakolith.	1. Art . . . . . . Anorthit.
2. Art . . . . . Labrador.	2. Art . . . . . . Nephelin.
2. Geschlecht 1 : 3 : 9 $\dot{R}\,\dddot{Si} + \dddot{\bar{R}}\,\dddot{Si}^2$.	2. Geschlecht 1 : 3 : 8 $\dot{R}^3\,\dddot{Si}^2 + 3\,\dddot{\bar{R}}\,\dddot{Si}$.
1. Art . . . . . . Oligoklas.	1. Art . . . . . . Leuzit.
2. Art . . . . . . Triphan.	2. Art . . . . . . Andesin.
3. Geschlecht 1 : 3 : 12 $\dot{R}\,\dddot{Si} + \dddot{\bar{R}}\,\dddot{Si}^3$.	3. Geschlecht 1 : 3 : 12 $\dot{R}^3 + \dddot{\bar{R}}\,\dddot{Si}^3$.

1. Art . . . . Orthose.
2. Art . . . . Albit.
3. Art . . . . Petalit

Dieses dritte Geschlecht findet sich sowohl in der Familie der feldspathigen, als auch der leuzitischen Substanzen und bildet zwischen beiden ein chemisches Verbindungsglied.

Dufrénoy (Traité de Min. T. III. pag. 337) berücksichtigt bei seiner Classification der Feldspathe ausser den krystallonomischen Verhältnissen besonders die chemischen. In dieser letztern Beziehung bringt er sie in vier Abtheilungen, je nachdem sie besonders reich sind an Kali, Natron, Lithion oder Kalk. Er giebt zu, dass diese Eintheilung sich nicht streng durchführen lässt, indem die meisten Feldspathe zwei Alkalien zugleich enthalten, wie z. B. die glasigen Feldspathe des Mont d'or und die aus der Umgegend von Neapel, auch ist mitunter eine geringe Quantität des einen Alkali's durch die correspondirende eines andern ersetzt; auch ist es bekannt, dass diejenigen Feldspathe, welche Kalkerde in ihrer Mischung enthalten, beinahe stets auch einen Gehalt an Natron besitzen; nichts desto weniger hält *Dufrénoy* diese Classification für geeignet, um sich in den meisten Fällen helfen zu können.

Aus der folgenden Uebersicht ergiebt sich das Nähere.

1. Kalihaltige Feldspathe.

a. Feldspath oder Orthose (Orthoklas) . $3\,Al\,Si^3 + K\,Si^3$, kommt vor am St. Gotthardt, zu Baveno, Arendal, in den Graniten der Bretagne, so wie in den Bergen von Central Frankreich. Hiezu wird gerechnet:

Adular, Eisspath, Pierre de lune.

Glasiger Feldspath, Ryakolith von der Somma } $3\,Al\,Si^3 + (K, Na)\,Si^3$.

Murchisonit . . . . $3\,Al\,Si^3 + K\,Si^3$.

2. Natronhaltige Feldspathe.

b. Albit . . . . $3\,Al\,Si^3 + Na\,Si^3$, findet sich in den Gebirgen von Oisans, des St. Gotthardt's, am Col du Bonhomme, zu Arendal, Barèges, in den Pyrenäen, in Salzburg, zu Karabinsk in Sibirien, in den Graniten der Bretagne, so wie in Central-Frankreich.

Periklin, Tetartin.

Carnatit . . . . . . $3\,Al\,Si^3 + (Na, Ca, Mg)\,Si^3$.

c. Oligoklas (Natron-Spodumen) $3\,Al\,Si^3 + (Na, K, Ca)\,Si^3$, findet sich in Schweden, Norwegen, Finnland, auf Spitzbergen, in manchen Dioriten, Trachydoleriten, Trachyten, z. B. auf Teneriffa.

3. Lithionhaltige Feldspathe.

d. Petalit . . . . $3 Al Si^3 + L Si^3$.

e. Triphan, Spodumen . . . . $3 Al Si^3 + L Si^3$.

4. Kalkhaltige Feldspathe.

f. Labradorit . . . . $3 Al Si^3 + (Ca, Na, f) Si^3$.

Vorkommen: An der Küste von Labrador, auf Ingermanland, im vulcanischen Gebirge der Auvergne. Hierher wird auch der Andesin gerechnet.

g. Anorthit . . . . $3 Al Si + (Ca, Mg, Na, K) Si$.

Hieraus ergiebt sich, dass *Dufrénoy* sieben Feldspath-Arten annimmt, die sich sowohl durch ihre Krystallform, als auch durch ihre Mischung streng von einander unterscheiden sollen; zugleich wird man aber auch aus dem, was überhaupt über diese Familie mitgetheilt worden ist, entnehmen können, dass wir noch weit davon entfernt sind, unsere Kenntniss über dieselbe eine genügende nennen zu können.

Feueropal.

Syn. Zeasit.

Steht dem Edelopal nahe und unterscheidet sich von demselben fast nur durch den Mangel des Farbenspieles, obwohl auch dieses mitunter beim Feueropal vorkommt. Bei Durchsichtigkeit und einem glasartigen Glanze ist die Farbe meist hyazinthroth, die durch das Honiggelbe in das Weingelbe übergeht. *Forchhammer* (s. *Poggendorff's* Ann. der Physik, Bd. 35. S. 331) fand einen Feueropal von den Färöar zusammensetzt in 100 Thl. aus $88,_{729}$ Kieselsäure, $0,_{994}$ Thonerde, $1,_{470}$ Talkerde, $0,_{491}$ Kalkerde, $0,_{338}$ Kali und Natron, $7,_{960}$ Wasser.

Der Feueropal findet sich nur an wenigen Orten. Sein Hauptvorkommen ist Villa Seca, unfern Zimapan in Mexico, woselbst er in kleinen Nestern in einem Trachytporphyr angetroffen wird. Auch hat man ihn auf Eide, einer der Färöar bemerkt. Irren wir nicht, so kommt er auch in den Eruptiv-Gesteinen auf der Halbinsel Kamtschatka vor.

Feuerstein.

Der Feuerstein besteht bekanntlich der Hauptsache nach aus krystallinischer Kieselsäure mit amorpher und enthält ausserdem noch geringe Antheile von Thonerde, Kalk, Kali, Eisenoxyd und einem organischen Stoff, welcher theilweise das färbende Princip ist. Auch Wasser ist in ihm enthalten.

Dass er vorzugsweise in der Kreideformation zu Hause ist und, aus dieser herausgespült, an vielen Orten im aufgeschwemmten Lande auf secundärer Lagerstätte in knolligen und ähnlichen Gestalten angetroffen wird, daran braucht wohl kaum erinnert zu werden. Weniger bekannt ist es aber, dass er auch in vulcanischen Gebirgsmassen auftritt, sowohl auf Gängen, als auch als Ausfüllung in den Blasenräumen derselben. *Monticelli* und *Covelli* geben an (in der *Biblioth. univers.* T. 25. pag. 42), dass bei der Eruption des Vesuv's im J. 1822 sie unter den bei dieser Gelegenheit ausgeworfenen Massen auch Feuerstein vorgefunden hätten. Auch soll derselbe zu Cornejo in Mexico in einem trachytischen Conglomerat angetroffen werden.

Fiorit.

S. Kieselsinter, Kieseltuff.

Flussspath.

Syn. Chlorophan, Ratoffkit, Pyrosmaragd.

Unter allen Mineral-Gattungen eine der schönsten, die eben so sehr durch die Eleganz ihrer regelrechten Gestalten, als auch durch die an diesen wahrnehmbare Farbenpracht sich auszeichnet. Dem regulären System angehörig und im Wesentlichen aus Fluor-Calcium (Ca $\overline{F}$) bestehend, bemerkt man am Flussspath einen ausgezeichnet deutlichen Blätterdurchgang nach den Octaëder-Flächen, einen weniger deutlichen nach den Flächen des Rhomben-Dodekaëders. Der nur in den wenigsten Fällen wahrnehmbare muschelige Bruch geht in das Unebene und Splittrige über. Auf den Spaltungsflächen bemerkt man einen dem perlmutterartigen sich hinneigenden Glasglanz. Die Krystalle sind bald durchsichtig, bald blos durchscheinend, erscheinen selten ganz farblos, vielmehr in der Regel gefärbt und geschmückt mit den mannigfaltigsten und schönsten Farben, von denen Violblau, Wein- und Honiggelb, Lauch-, Span- und Smaragd-Grün am häufigsten vorkommen. Zuweilen finden sich 2—3 verschiedene Farben an einem und demselben Krystall, indem z. B. ein dunkler Krystall von einem hellern oder anders gefärbten umschlossen wird. Mitunter bemerkt man auch verschiedene Farben bei durch- und auffallendem Lichte, und ein Krystall ist z. B. bei durchfallendem Lichte smaragdgrün gefärbt, während bei auffallendem Lichte in gewissen Richtungen Sapphirblau bei ihm zum Vorschein kommt. Die Härte des Flussspathes = 4, sein spec. Gew. = $3,_1$—$3,_2$. Dass er als Pulver oder auch in Stücken bei höherer Temperatur, z. B. auf glühende Kohlen gestreut, mit grünem Lichte phosphorescirt, ist eine bekannte Erscheinung.

Obwohl die späthige Varietät des Flussspathes nicht zu den seltenen Mineralkörpern gehört, so kommt er doch nicht in bedeutenden Massen in der Gebirgswelt vor; denn er bildet eben so wenig Felsmassen für sich, als er einen wesentlichen Gemengtheil von irgend einer Formation abgiebt. Er kommt sowohl in Granit, Porphyr und analogen Gebilden, als auch in sedimentären, ja selbst in tertiären Gebirgsarten vor, doch am häufigsten erscheint er auf Lagern und Gängen im krystallinischen Schiefergebirge und ist daselbst in der Regel von Erzen und vielen andern Mineralien begleitet. Im vulcanischen Gebirge ist er eine verhältnissmässig seltene Erscheinung; in Deutschland scheint er auf diese Weise blos an einer Stelle beobachtet zu seyn. *Schill* (s. *Leonhard's* Jahrb. für Min. 1845. S. 267) fand ihn nämlich in einem in grosse Blöcke zertheilten Phonolith zu Oberschaffhausen am Kaiserstuhle auf. Er kommt daselbst in Begleitung von Apophyllit und Kalkspath in den Weitungen dieses Gesteins in der Gestalt kleiner braungelber Würfel vor. Analog ist sein Auftreten zu Herdygio auf der schottischen Insel Papastour in den Blasenräumen eines Mandelsteines, vergesellschaftet mit Grünerde, Chalcedon, Baryt, Quarz und Kalkspath. Er soll auch bisweilen in den Auswürflingen des Vesuv's sich finden, in Verbindung mit Idokras, Hornblende, Augit, Glimmer und Nephelin; bisweilen soll er daselbst auch mit Sodalith verwachsen seyn. Diese Angabe wird von *Scacchi* insofern bestätigt, als er bemerkt, an den Abhängen der Monte di Somma Flussspath-Octaëder, meist in Gesellschaft von Feldspath, angetroffen zu haben. Auch zu Bolanos in Mexico hat man ihn beobachtet; hier bildet er mit Quarz und Kalkspath die Gangmasse auf den schon mehrfach erwähnten Erzgängen.

Forsterit.

Eine nur sehr mangelhaft gekannte Mineral-Gattung, welche von *Lévy (Ann. of philos.* 2. Ser. T. 7. pag. 61) aufgestellt ist, in die Nähe des Chrysoliths zu gehören und ein Talkerde-Silicat zu seyn scheint. Im krystallisirten Zustande hat man den Forsterit aufgefunden in den Auswürflingen des Vesuv's; die Krystalle sind klein, glänzend, durchsichtig und braungelb. Ihre Härte soll = $7,_0$ seyn, so dass sie das Glas leicht ritzen. Ihre Form wird von einem geraden Prisma mit rhombischer Basis abgeleitet. Pleonast und olivengrüner Augit finden sich mit ihnen in denselben Auswürflingen.

Galadstit.

Ein Mineral, welches man nur in wenigen Handbüchern der Mineralogie erwähnt findet, wahrscheinlich auch keine besondere Art bildet und wohl nur als eine Abänderung des Mesotyps zu betrachten seyn dürfte. Es findet sich in einer eruptiven Gebirgsart zu Bishoptown in Schottland in der Gestalt weisser, opaker, krystallinischer Nadeln, welche mit einem schwachen Perlmutterglanz versehen sind in der Gesellschaft von faserigem Prehnit und Kalkspath.

Gismondin.

S. Abrazit, Harmotom, Zeagonit.

Glaserit.

Syn. Arcanit (Arcanum duplicatum), Aphthalose, schwefelsaures Kali, Aphthitalite, Sal polychrestum Glaseri, Tartarus vitriolatus, prismatisches Pikrochylin-Salz.

Dies in der Natur ziemlich selten vorkommende, aus schwefelsaurem Kali ($\dot{K}\ \dddot{S}$) bestehende Salz hat ein gerades, rectanguläres Prisma zur Grundform, seine Krystalle besitzen viel Aehnlichkeit mit denen des kohlensauren Baryts, finden sich aber auch bisweilen in Bipyramidal-Dodekaëdern, welche durch eine Fläche der Basis abgestumpft sind. Den wenig deutlichen Blätterdurchgang nimmt man parallel den Flächen der Grundgestalt wahr. Die Krystalle besitzen Glasglanz und einen muscheligen, in's Unebene verlaufenden Bruch. Ihre Farbe ist entweder weiss, oder grau und gelb; sie sind spröde, von einem bittern Geschmack und an der Luft beständig. Ihr spec. Gew. = $1,_{731}$, die Härte = $2,_5$—3.

In krystallinisch-derben, stalaktitischen, rindenartigen oder pulverförmigen Massen kommen sie bisweilen auf und in den vesuvischen Laven vor. Namentlich war dies nach *Scacchi* (*Ann. des mines. d.* T. 17. pag. 323) mit den im J. 1848 ergossenen der Fall.

Glaubersalz.

Syn. Exanthalose, Sal mirabile Glauberi, Wundersalz, Mirabilit.

Das Glaubersalz ($\dot{N}a \ddot{S} + 10 \dot{H}$) findet sich in der Natur fast nie in deutlichen, messbaren, sondern nur in nadelförmigen und spiessigen Krystallen, die sich auf ein schiefes rhombisches Prisma zurückführen lassen, welches sich leicht ergiebt, wenn man die natürlichen Krystalle in Wasser löst und die Solution zum Krystallisiren hinstellt. Die in der Richtung der Hauptaxe meist verlängerten Krystalle besitzen Glasglanz und einen muscheligen Bruch, in frischem Zustande sind sie durchsichtig oder durchscheinend, meist weiss, doch auch grau oder gelb gefärbt. Ihr spec. Gew. = $1,_{481}$—$1,_{562}$, ihre Härte = $1,_{5}$—2. Sie haben einen kühlend bittern Geschmack und verwittern leicht an der Luft.

Als mehliger Beschlag oder als krustenartiger Ueberzug finden sie sich auf verschiedenen Gesteinen, besonders auf Steinsalz-Lagerstätten, so wie auf Gyps, Kalk, Mergel, als Ausblühung in den russischen Steppen, als Absatz bei manchen Salzseen. Auf den Laven des Vesuv's, der Phegräischen Felder, so wie auf den zersetzten Trachyten der Solfatara bei Neapel sollen sie nach *Breislak* ebenfalls vorkommen, sie sind aber daselbst keineswegs so häufig, als man früher angenommen hat.

Glimmer.

Syn. Mica, Biotit, Rubellan, Fuchsit.

Eine Mineral-Gattung von ausserordentlicher Wichtigkeit sowohl in der Mineralogie als auch in der Geognosie, weil sie einen wesentlichen Antheil an der Bildung vieler, weit verbreiteter und mächtig entwickelter Gebirgsarten nimmt, aber ungeachtet mannigfacher, in neuerer Zeit angestellter, verdienstvoller Untersuchungen noch weit davon entfernt ist, in krystallonomischer und chemischer Beziehung in dem Grade genau gekannt zu seyn, als sie es verdient.

Nur wenige Mineralien dürften sich so leicht erkennen lassen, als der Glimmer, wozu besonders seine ausnehmend blättrige Structur und sein halbmetallischer Glanz beitragen. Der Blätterdurchgang ist parallel der Basis der Krystalle, die Lamellen lassen sich hier leicht in solcher Zartheit absondern, dass ihre Dicke bisweilen blos $0^{m},_{002}$ beträgt; dennoch sind sie in diesem Falle so biegsam und elastisch, dass man sie nach allen Richtungen hin beugen kann, ohne dass sie brechen. Vom Bruch ist beim Glimmer kaum etwas wahrnehmbar; auf den Spaltungsflächen, so wie auf den entsprechenden Krystallflächen besitzt er einen metallähnlichen Perlmutterglanz, auf den andern Flächen blos Glasglanz, der zum Theil in's Wachsartige übergeht. Dünnere Blättchen sind durchsichtig oder blos durchscheinend, stärkere Stücke dagegen undurchsichtig. Dunkelgrüne oder braune oder schwärzliche Farben sind vorherrschend, doch finden sich auch weisse, graue, rothe (rosenrothe und violette) und selbst tiefschwarze. Das spec. Gew. $= 2,_{78}—2,_{95}$, die Härte $= 2,_{5}$, steht also noch unter dem des Kalkspathes.

Untersucht man die einzelnen Glimmer-Varietäten weiter, so verhalten sie sich sehr verschieden; denn diejenigen z. B., welche Fluor enthalten, verlieren ihren Glanz und werden matt, wenn man sie in verschlossenen Gefässen der Calcination unterwirft; andere, welche durchscheinend waren, bekommen einen halbmetallischen, in's Silber- oder Goldartige übergehenden Glanz. Prüft man sie vor dem Löthrohr, so schmelzen einige vor demselben, indess andere unschmelzbar sind; in Borax lösen sich manche derselben unter Aufschäumen, andere lösen sich ganz ruhig darin auf.

Dieses verschiedenartige Verhalten scheint in einer verschiedenen chemischen Zusammensetzung begründet zu seyn, und aus den in neuerer Zeit angestellten Analysen hat sich ergeben, dass der Glimmer in seiner Zusammensetzung eine merkliche Differenz wahrnehmen lässt, und dass man diejenigen Stücke, an denen man eine solche beobachtet, nicht als blosse Varietäten ansehen darf, welche sich voneinander durch das Vorherrschen etwa des einen isomorphen Elements über das andere unterscheiden, wie man dergleichen Fälle bei einer grossen Anzahl von Silicaten, z. B. beim Augit, Granat, der Hornblende u. dgl. m., beobachtet hat.

Dies eigenthümliche und abweichende Verhalten hatte bei *Biot* schon vor geraumer Zeit, als er die optischen Eigenschaften des Glimmers näher untersuchte, die Vermuthung erweckt, dass der Glimmer sehr wahrscheinlich nicht aus einer einzigen Art, sondern aus zweien bestehen dürfte, von denen die eine blos eine Axe von doppelter Strahlenbrechung besitze und also dem rhomboëdrischen Krystallsysteme angehöre, während die andere zwei Axen von doppelter Strahlenbrechung wahrnehmen lasse und in weniger regelmässigen Krystallformen auftrete. Ausserdem fand er (s. dessen Abhandl. *sur l'utilité des lois de la polarisation de la lumière pour reconnaitre l'état de cristallisation et de combinaison dans un grand nombre de cas où le système cristallin n'est pas immédiatement observable. Mémoires de l'acad. royale des sciences.* 1816. pag. 273), dass der einaxige Glimmer bald attractiv, bald repulsiv gegen das Licht sich verhalte, so dass also seine rhomboëdrischen Krystallformen wenigstens zwei Arten bilden dürften.

Bei dem zweiaxigen Glimmer variirt der Winkel der beiden Axen von 60° bis 76°. Solche Stücke bringt *Biot* in vier Gruppen, bei denen die Winkel 50°, 63°, 66° und 74—76° betragen. Sie sind aber nicht scharf von einander unterschieden, vielmehr giebt es intermediäre unter ihnen; zugleich ergiebt sich hieraus, dass beim zweiaxigen Glimmer noch mehr Abtheilungen zulässig sind als beim einaxigen.

a. Einaxiger Glimmer.

Dieser zeichnet sich durch seinen grossen Talkerde-Gehalt aus, der in manchen Fällen mehr als 25% beträgt. Als Mittel aus den vorhandenen Analysen hat *v. Kobell* folgende Formel für denselben aufgestellt:

$$\left.\begin{matrix}\dot{Mg}^3\\ \dot{K}^3\\ \dot{Fe}^3\end{matrix}\right\}\ddot{Si}+\left.\begin{matrix}\dddot{Al}\\ \dddot{Fe}\end{matrix}\right\}\ddot{Si}\ (?).$$

Seine Grundform ist ein Bipyramidal-Dodekaëder von 123° 57′, 140°. Die Krystalle erscheinen meist in der Richtung der Hauptaxe verkürzt; ihre Seitenflächen sowohl als die Flächen der Bipyramidal-Dodekaëder sind meist unvollkommen ausgebildet. Bei weniger deutlich-krystallinischer Structur erscheinen sie als schuppig- oder blättrig-körnige oder auch als grossblättrige Massen, welche von Absonderungsflächen, die gewissen Bipyramidalflächen entsprechen, schiefwinklig durchsetzt zu seyn pflegen.

Der einaxige Glimmer scheint bei weitem nicht so häufig vorzukommen, als der zweiaxige, überhaupt nicht einen wesentlichen Antheil an der Bildung glimmerreicher Felsarten genommen zu haben; doch soll er nach *G. Rose* als ein wesentlicher Gemengtheil des Miascit's (eines körnigen Gemenges aus weissem Feldspath, grauem Eläolith und schwarzem Glimmer) im Ilmen-Gebirge auftreten, auch sich in demjenigen Granite finden, welcher diesen Miascit gangförmig durchsetzt. Auch in dem Chloritschiefer des Urals hat man ihn beobachtet. Nach der Ansicht einiger Geognosten soll aller in den vulcanischen Felsmassen sich findende Glimmer einaxig seyn, was aber wohl zu weit gegangen seyn dürfte; denn selbst die grünen Glimmer-Varietäten des Vesuv's, die man in optischer Beziehung näher untersuchte, haben sich nicht immer als einaxige erwiesen.

Hierher scheint auch *Breithaupt's* „Rubellan" zu gehören, der in röthlichbraunen sechsseitigen Tafeln in der böhmischen Wacke an mehreren Orten, z. B. Schima, Pasolkopale und Boreslau bei Teplitz, auch in den verschlackten Basalten und Tuffen des Niederrheins, besonders am Laacher See, so wie auch in dem Porphyre und dem Mandelsteine bei Zwickau in Sachsen vorkommt.

b. Zweiaxiger Glimmer.

Dieser scheint einem andern Krystallsysteme anzugehören und zur Grundform ein schiefes rhombisches Prisma zu haben, welches jedoch nicht näher bekannt ist. Die gewöhnlichste Gestalt, in welcher der zweiaxige Glimmer auftritt, ist ein schiefes rhombisches Prisma mit Seitenkanten von 120° 46′ und 59° 14′; die Endflächen sind gegen die Seitenflächen unter 98° 40′ und 81° 20′ geneigt. Die Spaltbarkeit ist basisch und sehr deutlich zu beobachten. Der Bruch muschelig, aber nur selten wahrnehmbar. Auf den Spaltungsflächen giebt sich ein metallähnlicher Perlmutterglanz, auf andern glatten Flächen blos ein Glasglanz kund, welcher in's Diamantartige übergeht. Dünne Lamellen sind durchsichtig oder durchscheinend, dickere entweder nur an den Kanten durchscheinend oder undurchsichtig. Die Blättchen zeigen zweiaxige und, wie es scheint, stets repulsive doppelte Strahlenbrechung, so dass sie im rechtwinklig durchgehenden Lichte bei einmaliger Umdrehung viermal wiederkehrende Phasen bemerken lassen. Sie zeigen auch oft verschiedene Farben, je nachdem sie das Licht reflectiren oder solches durchgehen lassen. Spec. Gewicht, Härte, Milde und Biegsamkeit fast wie beim einaxigen Glimmer, nur das Verhalten vor dem Löthrohr und gegen die üblichen Säuren ist etwas abweichend; denn vor ersterm schmilzt der zweiaxige Glimmer bald leichter, bald schwieriger zu einer verschieden gefärbten Perle, auch wird er weder durch Salzsäure, noch durch Schwefelsäure zersetzt, während der einaxige Glimmer von ersterer zwar auch nur wenig angegriffen, durch die andere dagegen vollständig zersetzt wird, wobei nach *v. Kobell* die Kieselsäure in der Form der Blättchen weiss und perlmutterglänzend zurückbleibt.

Für diese Glimmerart hat *H. Rose* folgende Formel aufgestellt:

$$\dot{K}\,\dddot{Si} + 4 \left\{ \begin{matrix} \dddot{\overline{Al}} \\ \dddot{\overline{Fe}} \end{matrix} \right\} \dddot{Si}\ (?).$$

Es kommt hier aber auch oft ein ansehnlicher Gehalt an Fluor, der manchmal 8%, so wie ein Lithion-Antheil vor, welcher bisweilen 4—5% beträgt. Durch die Gegenwart beider Stoffe werden besonders die Lithion-Glimmer charakterisirt, welche, wenn sie ausserdem auch noch Kali enthalten, vor dem Löthrohr ausserordentlich leicht schmelzen und der Flamme eine purpurrothe Färbung ertheilen. Manche Glimmer-Varietäten enthalten überdies auch Wasser.

Die Krystalle besitzen auch hier meist eine tafelartige Gestalt, die Lamellen, aus denen sie zusammengesetzt sind, erscheinen bald eben, bald wellenförmig oder auf verschiedene Weise gebogen, bisweilen werden sie von geradflächigen Absonderungen unter einem schiefen Winkel durchsetzt. Erlangen die Blättchen nur eine geringe Grösse, so nehmen sie ein schuppenförmiges Ansehen an und sind dann bisweilen zu Kugeln oder Sphäroiden zusammengehäuft.

Kaum braucht wohl daran erinnert zu werden, dass der Glimmer, besonders aber der zweiaxige, in den meisten Felsarten des sogen. Urgebirges als ein wesentlicher Gemengtheil auftritt. Besonders häufig findet er sich im Granit, Gneis, Glimmer- und Thonschiefer; manche dieser beiden letztern sind beinahe nur als schieferige Aggregate von fast reinem Glimmer anzusehen, dessen einzelne Partikeln als kleine Schuppen erscheinen. Im Thonschiefer findet er sich überdies in inniger Verbindung mit Quarz. Nicht minder häufig kommt er auch in Sandsteinen, im Grauwackenschiefer und ähnlichen Gebilden vor. Auch im vulcanischen Gebirge tritt er häufig auf, besonders in Basalt und Trachyt, weniger häufig in Phonolith, und zwar an so vielen Stellen, dass es schwer fällt, auch nur die vorzüglichern Fundstätten anzuführen.

Gmelinit.

S. Chabasie.

Goethit.

Syn. Pyrosiderit, Pyrrhosiderit, Rubinglimmer, Nadeleisenstein.

Ist Eisenoxyd-Hydrat ($\ddot{\overline{F}}e\ \dot{\overline{H}}$), besteht in 100 Th. aus $89_{,69}$ Eisenoxyd und $10_{,31}$ Wasser, hat zur Grundform ein Rhombenoctaëder, kommt aber meist in haar- oder nadelförmigen Krystallen oder büschelförmigen Gebilden vor, die einen seidenartigen Schimmer besitzen. Sie sind weich und haben eine ockerbraune Farbe, die durch das Dunkelockerbraune in das Nelken- und Kastanienbraune übergeht. Ihr spec. Gew $=$ $3_{,5}$—$4_{,2}$, ihre Härte $= 5$.

Als Seltenheit findet sich diese Varietät des Eisenoxyd-Hydrats in dem Basalte zu Oberkassel im Siebengebirge in haarförmigen, kugelig zusammengehäuften Massen, ganz denjenigen ähnlich, welche auf den Gängen zu Przibram vorkommen und daselbst unter dem Namen der „Sammetblende" bekannt sind. Auch hat man sie bemerkt als Einschluss in Bergkrystallen des Mandelstein-Gebirges zu Oberstein, so wie unter ähnlichen Verhältnissen auf der Wolfsinsel im Onega-See.

Gold

soll sich in dem Trachyt-Conglomerat von Telkebanya, in der Nähe von Tokay, gefunden haben und sich auch noch jetzt daselbst finden. Es sollte auch in der Asche enthalten seyn, welche bei der im J. 1822 erfolgten Eruption des Vesuv's ausgeschleudert wurde; dies hat sich jedoch, den Untersuchungen von *H. Rose* zufolge, als unrichtig erwiesen.

Grammatit.

S. Hornblende.

Granat.

Syn. Almandin, Aplom, Rothoffit, Polyadelphit, Kaneelstein, Melanit, Grossular, Allochroit, Romanzowit, Pyrop, Spessartin, Kolophonit, Uwarowit, Hessonit, Wiluit, Topazolit, Succinit.

Aus der grossen Anzahl der mitgetheilten Namen ergiebt sich, dass man diese Mineral-Gattung in viele Abtheilungen gebracht und sie mannigfach zerspalten hat, wobei man besonders Rücksicht nahm auf die Verschiedenartigkeit ihrer Farben und die ihres specifischen Gewichtes, welches letztere mit der Färbung in naher Beziehung zu stehen scheint. Wenn man jedoch die chemische Mischung der verschiedenen Granaten in Betracht zieht, so gelangt man bald zu der Ansicht, dass solche stets auf ein und dasselbe Mineral sich anwenden lässt, welches verschieden gefärbt erscheint, je nachdem eins der isomorphen Elemente vorherrscht; überdies besitzen alle Granate stets eine und dieselbe Krystallform und stets waltet bei ihnen das Granat-Dodekaëder oder das Trapezoëder vor. Ihre chemische Zusammensetzung wird immer durch die Formel B Si + b Si repräsentirt, bei welcher B die Basen mit 3 Atomen Sauerstoff und b die mit 1 Atom Sauerstoff bezeichnet. Einige Granaten, z. B. der Grossular, scheinen eine constante Mischung zu haben, entsprechend der Formel Al Si + Ca Si, so dass hierdurch wohl eine bestimmte Art angedeutet zu seyn scheint; allein es kommt im Allgemeinen doch selten vor, dass nicht eine kleine Quantität Eisenoxyd durch eine entsprechende Menge von Thonerde oder Bittererde durch Kalk ersetzt ist. Zieht man dies in Betracht, so dürfte es wohl am räthlichsten seyn, alle Granat-Varietäten zu einer und derselben Art zu zählen; damit ist jedoch nicht gesagt, dass, wenn man Abtheilungen beim Granate macht, diese — obgleich sie nicht unbedingt nothwendig sind — sich nicht als nützlich erweisen könnten; man kann sie vielmehr als natürliche Gruppen beibehalten und dabei ihre Farbe, ihr specifisches Gewicht und eine analoge chemische Zusammensetzung besonders berücksichtigen. Ausserdem scheint man eine solche Classification auch nach dem Vorkommen der Granaten in den verschiedenen Gebirgsarten machen zu können, und man glaubt in dieser Beziehung als Regel gefunden zu haben, dass diejenigen, welche als Basen Kalk- und Thonerde enthalten, sich auf solchen Lagerstätten finden, welche Kalkerde enthalten, während der Melanit am häufigsten in vulcanischen Gebirgsmassen und nur ausnahmsweise in andern Formationen angetroffen wird. Unter den in neuerer Zeit von den Mineralogen bei der Granat-Familie gemachten Abtheilungen sind besonders folgende zu nennen.

G. Rose stellt acht Arten bei derselben auf:

1. Grossular, entsprechend der Formel (Al Fe) Si + Ca, Si,
2. Hessonit, — — — — — Al Si + (Ca, f) Si,
3. Rothoffit, — — — — — Fe Si + (Ca, mn) Si,
4. Almandin, — — — — — Al Si + (f, mn) Si,
5. Melanit, — — — — — Al Si + (Ca, f, mn) Si,
6. Mangangranat, — — — — Al Si + (mn, f) Si,
7. Gemeiner Granat, — — — (Al, Fe) Si + (Ca, f, mn) Si,
8. Pyrop, — — — — — — F, f, mn, mg, Ce, Si Cr.

Hausmann nimmt ebenfalls acht Arten auf, als:

1. Kalkgranat, $\dot{C}a^3 \dddot{S}i + \dddot{A}l \dddot{S}i$. Neben $\dot{C}a$ zuweilen $\dot{M}g$, $\dot{M}n$, $\dot{F}e$; neben $\dddot{A}l$ meist etwas $\dddot{\bar{F}}e$.
2. Talkgranat, vorwaltend $\dot{M}g^3 \dddot{S}i + \dddot{A}l \dddot{S}i$, mit einem Gehalt von $\dot{C}a$, $\dot{F}e$, $\dot{M}n$.
3. Almandin, vorwaltend $\dot{F}e^3 \dddot{S}i + \dddot{A}l \dddot{S}i$; neben $\dot{F}e$ gewöhnlich etwas $\dot{M}n$, oft auch $\dot{C}a$, $\dot{M}g$; neben $\dddot{A}l$ bisweilen ein Gehalt von $\dddot{\bar{F}}e$.
4. Mangangranat, vorwaltend $\dot{M}n^3 \dddot{S}i + \dddot{A}l \dddot{S}i$; neben $\dot{M}n$ meist ein ansehnlicher Gehalt an $\dot{F}e$.
5. Kolophonit, entsprechend der Formel: $\left.\begin{matrix}\dot{C}a\\ \dot{M}g\\ \dot{M}n\end{matrix}\right\} \dddot{S}i + \left.\begin{matrix}\dddot{A}l\\ \dddot{\bar{F}}e\end{matrix}\right\} \dddot{S}i.$
6. Eisengranat (Melanit), vorwaltend $\dot{C}a^3 \dddot{S}i + \dddot{\bar{F}}e \dddot{S}i$.
7. Uwarowit, $\dot{C}a^3 \dddot{S}i + \left.\begin{matrix}\dddot{\bar{C}}r\\ \dddot{A}l\end{matrix}\right\} \dddot{S}i.$
8. Pyrop, $\left.\begin{matrix}\dot{M}g^3\\ \dot{F}e^3\\ \dot{C}a^3\end{matrix}\right\} \dddot{S}i + \left.\begin{matrix}\dddot{A}l\\ \dddot{\bar{C}}r\end{matrix}\right\} \dddot{S}i.$

Beudant nimmt blos vier Gruppen an, als: Grossular, Almandin, Melanit und Spessartin. Unter dem Grossular fasst er die drei erstgenannten Arten von *G. Rose* zusammen; seine drei andern Gruppen entsprechen genau dem Almandin, Melanit und Mangangranat von *G. Rose*, nur giebt er diesem letztern einen andern Namen und nennt ihn „Spessartin", wegen des Vorkommens im Granite des Spessartes bei Aschaffenburg, woselbst der Mangangranat zuerst vom Fürsten *Dimitri von Gallitzin* aufgefunden wurde.

Als eine fünfte Gruppe glaubt *Dufrénoy* noch den „Uwarowit" aufstellen zu können, welcher zu der Zeit, als die Arbeiten *Beudant's* und *G. Rose's* über den Granat erschienen, noch nicht entdeckt war.

Was die sonstigen physikalischen Eigenschaften der Granat-Varietäten betrifft, so haben sie mehr oder weniger deutliche Blätterdurchgänge nach den Flächen des Rhomben-Dodekaëders, einen muscheligen oder unebenen Bruch, eine Härte, welche die des Quarzes meist etwas übertrifft — doch kommen auch Varietäten vor, welche ihn nicht ritzen — und ein spec. Gewicht, welches von $3,_{1}$ — $4,_{3}$ variirt. Mit Ausnahme einer Varietät sind sie alle vor dem Löthrohr schmelzbar zu einer braunschwarzen, oft magnetischen Kugel. Mit Flüssen reagiren sie auf Eisen, mit Natron auf Mangan. Zufolge einer Beobachtung von *v. Kobell* werden sie entweder unmittelbar oder nach vorheriger Schmelzung von Salzsäure aufgelöst.

Zu den besonders nennenswerthen Fundorten des Granates in vulcanischen Gebirgsmassen gehört im Westen Europa's Bellos bei Lissabon, wo er in Basalt vorkommen soll, so wie in Spanien am Capo de Gates in Perlstein. Im südlichen Frankreich findet er sich im Dép. Puy de Dôme am Puy de Poujet und Puy de la Croix Morand im Trachyt, so wie nach *Burat* und *Scrope* im Basalte von Croustet bei Expailly zugleich mit Sapphir und Hyacinth, in Deutschland am Laacher See, mit Cordierit in glasigen Feldspath eingewachsen; im Nassauischen traf man rothen Granat in kleinen Körnern eingesprengt in einem blasigen Dolerit zu Neunkirchen auf dem Westerwalde, und schwarzen Granat (Melanit) in schlackigem Basalt bei Rennerod an, eben so dunkel-rothbraunen Granat in kleinen, aber deutlichen Krystallen auf einem zersetzten

Dolerit am Eichelberg bei Rothweil am Kaiserstuhl. Daselbst, so wie am Kapellenberg bei Rothweil und bei Endingen findet sich auch Melanit in Dolerit, so wie bei Bischoffingen und Oberbergen in Trachyt, nach *Steininger* am Mosenberge und an der Strohner Mühle unweit Gillenfeld in der Eifel in verschlacktem Basalt. Ziemlich häufig begegnet man ihm in den krystallinisch-körnigen Auswürflingen der Somma, weniger oft in Höhlungen solcher Gesteine, welche von gleichartiger Beschaffenheit sind. Diejenigen Granaten, welche als Einschlüsse in den vom Vesuv ausgeschleuderten Massen enthalten sind, dürften nach *Scacchi* alle der Einwirkung von Fumarolen ausgesetzt gewesen seyn. In den päpstlichen Staaten scheint er gar nicht selten zu Albano bei Rom in einem aus Leuzit, Augit, Granat und Glimmer zusammengesetzten Gestein vorzukommen. Auch bei Frascati findet er sich und zwar in losen und vorzüglich schönen Krystallen, die in vorhistorischer Zeit von den hier vorkommenden, jetzt aber erloschenen Vulcanen ausgeschleudert worden seyn mögen.

Graphit.

Er besteht fast nur aus Kohlenstoff, findet sich jedoch in verschiedenen Graden der Reinheit. Obgleich das Bipyramidal-Dodekaëder seine Grundform ist, so trifft man den Graphit doch selten in dieser Gestalt und gewöhnlich nur in der von dünnen sechsseitigen Tafeln an, welche die bekannte eisenschwarze, in's Stahlgraue übergehende Farbe, verbunden mit einem metallischen Glanze, besitzen. Ihr spec. Gew. $= 1{,}_8$ bis $2{,}_5$, die Härte $= 1 - 2$. Aus ihrer schreibenden und abfärbenden Eigenschaft resultirt ihre technische Anwendung. Sie kommen sowohl im blätterigen, als auch im schuppigen und dichten Zustande als Gemengtheil verschiedener Gebirgsarten, z. B. Gneis, Glimmerschiefer, Porphyr, Thonschiefer, Marmor, jedoch auch nesterartig eingewachsen, oder auf Lagern im sogen. Uebergangsgebirge an verschiedenen Orten vor. Eine Seltenheit sind sie in den abnormen Felsmassen, doch hat man sie angetroffen zu Fraisen und Niederalben in der Nähe von Oberstein im dortigen Mandelstein, nach *A. Rose* (*Report of the british association.* 1851. p. 102) auf der Insel Mull auf der Nordwest-Seite des Loch Seriden, umschlossen von einem vulcanischen, aber nicht näher bezeichneten Gestein, in einzelnen Massen vom Durchmesser einiger Zolle bis zu dem eines Fusses. *Scacchi* fand Graphit, obwohl nur äusserst sparsam, in Auswürflingen von kalkiger Beschaffenheit am Monte di Somma, meist begleitet von Flussspath.

Greenockit.

Wurde zuerst von Lord *Greenock* entdeckt und später von *Brooke* und *Connel* (in *Jameson's* Journ. Bd. 28. S. 390) genauer beschrieben.

Der Greenockit ist Schwefel-Cadmium (Cd), seine Grundform das Bipyramidal-Dodekaëder, doch erscheinen die Krystalle meist in der Gestalt kurzer, regulär sechsseitiger Prismen mit den Flächen verschiedener Bipyramidal Dodekaëder und besitzen alsdann hinsichtlich der Form viel Aehnlichkeit mit denen des Corundes. Ihre Farbe ist honig- oder oraniengelb, selten in's Braune sich neigend; sie besitzen einen lebhaften, in's Diamantartige übergehenden Firnissglanz. In dünnen Blättchen sind sie durchsichtig, in grössern Stücken blos durchscheinend. Ihre Härte ist gleich der des Kalkspathes, das spec. Gew. = $4,_8$.

Dies eben so schöne als seltene Mineral findet sich in sehr kleinen Krystallen in einem mandelsteinartigen Trapp bei Bishopton in Renfrewshire in Schottland. In ihrer Begleitung finden sich Feldspath-Krystalle, so wie mandelsteinartige Stücke von Kalkspath. Auch Grünerde und Prehnit kommt mit vor und der Greenockit sitzt entweder auf der traubenartigen Oberfläche dieses letztern Minerals auf, oder er ist zerstreut innerhalb der faserigen Masse desselben.

Grünerde.

Syn. Talk zographique *Hauy*, Baldogée *Saussure*.

Besitzt eine schöne seladongrüne Farbe, weshalb das Mineral häufig in der Malerei angewendet wird. Es lässt sich leicht mit dem Messer schneiden und fühlt sich fettig an. Spec. Gew. = $2,_{907}$. In's Wasser gebracht, giebt es den bekannten, dem Thone eigenthümlichen Geruch. Die schöne grüne Farbe rührt, zufolge der Untersuchungen von *Delesse* (in *Leonhard's* Jahrb. für Min. 1848. S. 545), nicht von einem Chrom-Gehalt her, derselbe fand vielmehr die Grünerde von

Bentosco folgendermassen zusammengesetzt: Kieselerde $51,_{25}$, Thonerde $7,_{25}$, Eisen-Protoxyd $20,_{72}$, Talkerde $5,_{98}$, Kali $6,_{21}$, Natron $1,_{02}$, Wasser $6,_{67}$; doch besitzt die Grünerde von andern Fundorten nicht stets eine mit dieser übereinstimmende Zusammensetzung, was sich einfach dadurch erklärt, dass sie mehr als ein Gemenge und nicht als ein einfaches Mineral anzusehen ist. *Delesse* betrachtet sie als ein Hydro-Silicat mit einer Basis von Eisen und von Alkalien, welche Thonerde und Talkerde enthalten. Für das analysirte Mineral von Bentosco (im Norden des Monte Baldo) glaubt er folgende Formel aufstellen zu können: $8\ \ddot{Si}\ \dot{R} + \ddot{Si}\ \ddot{Al} + \dot{H}\ 6$.

Die Grünerde findet sich an so vielen Stellen und zwar vorzugsweise im vulcanischen Gebirge, dass wir hier nur die vorzüglichern Fundstätten nennen können. Fast stets kommt sie als Ausfüllungsmasse der Blasenräume des Mandelsteins vor. So zu Oberstein bei Kreuznach, ferner bei Zwickau und mehreren andern Orten in Sachsen, zu Büdesheim unfern Hanau in Wacke, sodann am Kaiserstuhl an verschiedenen Stellen, besonders am Lützelberg bei Sasbach in einem verwitterten doleritischen Mandelstein, hier auch in schönen Pseudomorphosen nach Augit-Formen. Noch ausgezeichneter ist das Vorkommen auf den Färöar; hier kommt die Grünerde in den Höhlungen des Mandelsteins in Begleitung von Chabasie, Stilbit, Mesotyp, Kalkspath, Chalcedon vor; auch überzieht sie oft die nierenförmigen Gebilde von Zeolith, Chalcedon und Achat, erfüllt auch wohl die hohlen Stalaktiten derselben. Unter ähnlichen Verhältnissen tritt sie auf Island, am entwickeltsten und in der grössten Menge jedoch wohl im südlichen Tirol und dem lombardischen Königreich auf. Hier ist der Monte Baldo ihr hauptsächlichster Sitz, woselbst sie sowohl nesterweise, als auch in dünnen Lagen, so wie als Ausfüllung der Blasenräume des Mandelsteins in oft mehr als zollgrossen Stücken in Begleitung von halb zersetzter Hornblende, schwarzem Glimmer und Quarz sich findet. Im Fassa-Thale kommt sie ziemlich häufig vor, besonders auf den Bergen Ombrette, Cipit und Pozza, oft gemengt mit Analzim und Kalkspath, auf schmalen Gängen, so wie in kleinen Nestern. Aus dieser Gegend stammen auch die in Grünerde umgewandelten Augit-Krystalle, die eben so bekannt als schön und neuerdings von *Rammelsberg* (in *Poggendorff's* Ann. der Physik, Bd. 49. S. 387) untersucht worden sind.

Gyps.

Syn. Selenit, Fraueneis, Alabaster.

Der Gyps, wasserhaltiger schwefelsaurer Kalk ($\dot{Ca}\,\ddot{S} + 2\,\dot{H}$), ist unter allen Mineralkörpern einer der am meisten verbreitetsten und entsteht auch jetzt noch unter der Gunst der Umstände auf verschiedenartige Weise. Ueber seine primitive Gestalt sind die Ansichten der Mineralogen getheilt; *Hauy* und *Beudant* sehen das gerade.rhombische Prisma, *Soret*, *Hessel*, *Lévy* u. A. das schiefe rhombische Prisma als solche an. Im späthigen Zustande ist er von ausgezeichnet blätteriger Textur und einem flachmuscheligen Bruch, der indess nur selten sich erkennen lässt. Ausser einem sehr deutlichen Blätterdurchgang besitzt er noch zwei andere undeutlichere, durch zwei Systeme von Strichen angedeutet, welche senkrecht zum ersten Blätterdurchgang sich verhalten und ein gerades rectanguläres Prisma umschreiben, das *Hauy* zur primitiven Form nahm. Auf den vollkommenen Spaltungsflächen bemerkt man einen ausgezeichneten Perlmutterglanz, auf andern Flächen blos Glasglanz. In reiner Gestalt ist der Gyps durchsichtig oder blos durchscheinend, farblos, jedoch in der Regel mannigfach gefärbt und in grauen, braunen, gelbbraunen, gelben, rothen, selten in grünen und blauen Farben auftretend. Er irisirt zuweilen, ist milde, in dünnen Blättchen biegsam, besitzt eine Härte $= 1,_5$—2, so wie ein spec. Gew. $= 2,_2$—$2,_4$.

Obgleich er sehr häufig und namentlich in jüngern Formationen sich findet, bisweilen sogar ansehnliche Gebirgsmassen bildet, so sind doch die Fälle, dass man ihm in den vulcanischen Massen begegnet, nur unter die seltnern zu zählen. In Deutschland möchte nach den bisherigen Untersuchungen das Vorkommen des Gypses sowohl in deutlichen Krystallen, als auch in mitunter zollgrossen, schönen, durchscheinenden, späthigen Massen in dem Basalte des Westberges bei Hofgeismar in Niederhessen am instructivsten seyn. In den Weitungen dieses Gesteins findet er sich, obwohl als seltene Erscheinung, stets umschlossen von einer dünnen Hülle von Faser-Mesotyp oder einer hellgrünen augitischen Substanz. Auch

Dysclasit, Chalcedon, faserigen und verschlackten Augit trifft man bisweilen in seiner Nähe an. Dass der Gypsspath bei dem Empordringen des Basaltes im feurig-flüssigen Zustande aus der Tiefe der Erde seinen Wassergehalt nicht eingebüsst hat, lässt sich wohl nur durch den ungeheuren Druck erklären, welchem er bei diesem Processe unterworfen war. Ausser an dieser Stelle hat sich der Gyps in deutschen vulcanischen Felsmassen wohl nur noch in dem verschlackten Basalte bei Mayen und der basaltischen Lava bei Niedermendig gefunden. Hier tritt er in den Höhlungen dieser Gesteine in der Gestalt zarter krystallinischer Nadeln auf, und *Fridol. Sandberger* hält es nicht für unwahrscheinlich, dass er daselbst durch Einwirkung wässerig-schwefelsaurer Dämpfe auf Kalkstücke entstanden sey, denen man mitunter in diesen basaltischen Gebilden begegne (s. *Leonhard's* Jahrb. für Min. Jahrg. 1845. S. 147). In Unter-Italien trifft man den Gyps in und auf vulcanischen Gebilden am Vesuv und auf den Liparischen Inseln. Am erstern fand man ihn schon gegen das Ende des vorigen Jahrhunderts in zarten, kleinen Krystallen als rindenförmigen Ueberzug auf einem Lavastrome, welcher sich im J. 1779 ergossen hatte. *Scacchi* entdeckte ihn, aber nicht häufig, in den Höhlungen eines Gesteins, demjenigen ähnlich, welches den Abrazit enthält, in bisweilen wohl ausgebildeten Krystallen. Häufiger trifft man das Mineral unter den Erzeugnissen des vesuvischen Kraters, zuweilen erscheint es auch auf den von ihm ausgeschleuderten Massen. Auf der Insel Lipari wird es in den Höhlungen mehrerer der dortigen Feuergebilde angetroffen.

Halbopal.

Besteht aus amorpher Kieselsäure und enthält ausserdem auch noch Wasser, dessen Betrag selten über 12 % hinausgeht. Ist durchscheinend oder undurchsichtig, glänzend oder blos schimmernd, in der Regel jedoch mit einem Wachsglanze versehen, welcher dem Glasglanze sich nähert. Ist mit verschiedenen Farben geziert, die mit Weiss, Grau, Gelb beginnen und daraus in das Braune, Rothe und Schwarze übergehen. Oft bemerkt man wolkige, gefleckte, gebänderte, gestreifte und dendritische Zeichnungen an dem Halbopal. Er findet sich derb, eingesprengt, knollenförmig, seltner in stalaktitischen Gestalten, sehr oft als sogen. Holzopal (Lithoxylon) mit mehr oder weniger deutlicher Form und Textur des Holzes. Er kommt vorzugsweise gern vor in tertiären Massen, besonders dem Braunkohlen-Gebirge, sodann aber auch in vulcanischen Felsarten, namentlich in zersetzten Doleriten. Eine der bekanntesten und ausgezeichnetsten Fundstätten des Halbopals in dieser Felsart innerhalb der deutschen Grenzen ist Steinheim unfern Hanau. Hier tritt er, in Begleitung von Hornstein und Chalcedon, in ziemlich ansehnlichen Gängen auf, welche einen feinkörnigen Dolerit durchsetzen. Aehnlich ist sein Vorkommen zu Felsberg in Niederhessen; daselbst ist er vergesellschaftet mit Holzopal, und es fällt nicht schwer, Stufen zu schlagen, welche halb aus Holzopal und halb aus Halbopal bestehen. Ausserhalb Deutschlands findet sich der letztere wohl am schönsten in Ungarn, und zwar zu Libethen im Sohler Comitat, wo man ihn, ebenfalls in Begleitung von Holzopal, in einem trachytischen Conglomerate antrifft und die Textur und das innere Gefüge der verkieselten Hölzer sich darin so wunderbar schön erhalten hat, dass man kaum ein zweites derartiges Vorkommen kennt und die ungarischen Kieselhölzer an Schönheit nur von denen auf der Insel Antigoa übertroffen werden.

Halloysit.

Syn. Lenzin, Lenzinit, Severit, Gummit, Galapektit.

Ist bisher nur in amorphem Zustande aufgefunden worden und dürfte im Wesentlichen als wasserhaltiges Thonerde-Silicat mit Thonerde-Hydrat zu betrachten seyn. Der Bruch ist bald muschelig, bald in's Erdige übergehend; im erstern Falle ist der Halloysit wachsartig glänzend, im andern Falle dagegen matt, dabei an den Kanten durchscheinend oder undurchsichtig. Er prangt in schönen Farben, die aus dem Weissen, welches vorherrscht, Uebergänge zeigen in das Blaue, Grüne und Gelbe und oft recht intensiv erscheinen. Das spec. Gew. $= 1_{,92} - 2_{,12}$, die Härte $= 1_{,5} - 2_{,5}$.

Den Halloysit kannte man bisher nicht in vulcanischen Gebirgsarten, doch hat ihn kürzlich *Scacchi* am Monte Vulture aufgefunden, und zwar in den Zellen grosser Blöcke von Augitophyr, welche am Ponte del passo herum liegen. Das Mineral erscheint auch hier amorph, von weisser Farbe und einem spec. Gew. = $2_{,21}$. *Scacchi* fand es zusammengesetzt aus $53_{,69}$ Kieselsäure, $28_{,81}$ Thonerde mit etwas Eisen und $17_{,02}$ % Wasser, entsprechend der Formel: $\dddot{Al}\ \dddot{Si}^2 + 3\ \dot{H}$. Wahrscheinlich gehören hierher auch die weissen Flecke in einigen Vultur-Laven, besonders in denen, welchen man zwischen Rapolla und Melfi begegnet.

Harmotom.

Syn. Abrazit, Arizit, Gismondin, Morvenit, Phillipsit z. Th., Kreuzstein.

Diese Mineral-Gattung bedarf hinsichtlich ihrer krystallonomischen Verhältnisse und ihrer Zusammensetzung noch einer weitern Aufklärung. Beim jetzigen Stand unserer Kenntnisse über dieselbe scheint es am gerathensten, sie in zwei Abtheilungen zu bringen, in die erste derselben den schon seit längerer Zeit gekannten Kreuzstein, den Harmotom, als Baryt-Harmotom, und in die andere den Phillipsit als Kalk-Harmotom zu stellen. Nur den erstern ziehen wir hier in Betracht und werden den Kalk-Harmotom beim Phillipsit näher erörtern.

Die Mehrzahl der Mineralogen nimmt als Grundform für denselben ein Rhomben-Octaëder von 121° 27′, 120° 1′, 88° 50′ an. *Köhler* (in *Poggendorff's* Ann. der Physik, Bd. 37. S. 571) stellt folgende chemische Formel für denselben auf:

$$2 \left\{ \begin{matrix} \dot{Ba}^3 \\ \dot{K}^3 \\ \dot{Ca}^3 \end{matrix} \right\} \dddot{Si}^4 + 7\ \dddot{Al}\ \dddot{Si}^2 + 36\ \dot{H}.$$

Spaltbarkeit ziemlich deutlich nach zwei verschiedenen Flächen, von denen die eine parallel der rhombisch gestreiften Seitenfläche q (bei *Köhler*, Fig. 1), die andere, weniger deutliche, parallel der Seitenfläche o liegt. Bruch unvollkommen muschelig oder uneben. Reine Krystalle besitzen Glasglanz und sind entweder durchsichtig oder durchscheinend; sie sind meist farblos, mitunter grau, gelb, braun und roth gefärbt. Ihr spec. Gew. = $2_{,3} - 2_{,4}$, ihre Härte = $4_{,5}$. Vor dem Löthrohr schmelzen sie ruhig zu einer klaren Perle; von Salzsäure werden sie nur schwierig angegriffen und ihre Solution wird durch Schwefelsäure sogleich getrübt. In dieser Beziehung verhält sich der Baryt-Harmotom abweichend vom Kalk-Harmotom.

Der erstere kommt besonders gern auf Erzgängen vor und wurde auf solchen auch zuerst zu Andreasberg am Harze aufgefunden. Man trifft ihn aber auch sowohl für sich, als auch in Begleitung anderer zeolithischer Fossilien in den Blasenräumen des Basaltes, des Mandelsteins und ähnlicher Gebilde an. In solchen hat man ihn entdeckt zu Oberstein im Nahe-Thal, im Basalte der blauen Kuppe bei Eschwege, so wie in einem zersetzten, mandelsteinartigen Basalte des Schiffenbergs bei Giessen. Neuerdings fand er sich auch sowohl in sehr deutlichen Octaëdern, als auch in prismatischen Gestalten, welche mit denen des Schiffenberges übereinstimmen, im Basalte des Hambergs bei Bühne im Paderborn'schen.

Harringtonit.

Eine von *Thomson (Outl.* I, 328) aufgestellte Mineral-Species, die wahrscheinlich wieder eingehen wird, da sie nicht gehörig begründet und nichts weiter als dichter Comptonit oder Natrolith zu seyn scheint. Das Mineral ist dicht, erdig, undurchsichtig, schneeweiss, zähe, besitzt ein spec. Gew. = $2,_{217}$, eine Härte = $5,_{25}$ und soll in 100 Th. bestehen aus $44,_{840}$ Kieselsäure, $28,_{484}$ Thonerde, $10,_{684}$ Kalk, $5,_{560}$ Natron und $10,_{280}$ Wasser nebst einer Spur von Salzsäure, wonach *v. Kobell* (Grundzüge u. s. w. S. 211) folgende Formel aufstellt:

$$\left.\begin{matrix}\dot{C}a^3\\ \dot{N}a^3\end{matrix}\right\} \ddot{S}i^2 + 3\,\dddot{A}l\,\ddot{S}i + 6\,\dot{H}.$$

Vorkommen: Zu Portrush in Ireland in den Blasenräumen eines Mandelsteins.

Hauyn.

Syn. Latialite.

Wurde zuerst von *Gismondi* in den vulcanischen Gesteinen Latium's in der Umgegend des Nemi-Sees entdeckt und von *Bruun Neergard* (im Journ. d. Min. Nr. 125. S. 365) „Hauyne" genannt, zu Ehren des grossen französischen Krystallographen

Der Hauyn gehört dem regulären Krystallsystem an und das Rhomben-Dodekaëder ist diejenige Gestalt, in welcher er fast stets auftritt, doch will man auch das Octaëder an ihm beobachtet haben. Das wahre Verhältniss seiner Mischung ist aber, ungeachtet vieler Bemühungen, noch keineswegs genügend aufgeklärt. Die neueste Untersuchung eines Hauyns (vom Albaner Gebirge) ergab nach *Whitney* (in *Poggendorff's* Ann. der Physik, Bd. 70. S. 443) folgende Zusammensetzung: Kieselsäure $32{,}_{47}$, Thonerde $27{,}_{00}$, Kalk $9{,}_{80}$, Natron $16{,}_{44}$, Schwefelsäure $34{,}_{00}$, entsprechend der Formel: $\dot{\mathrm{Na}}^3\,\ddot{\mathrm{Si}} + 3\,\ddot{\overline{\mathrm{Al}}}\,\ddot{\mathrm{Si}} + 2\,\dot{\mathrm{Ca}}\,\ddot{\mathrm{S}}$.

Der Bruch des Hauyns ist muschelig, in's Unebene übergehend. Er besitzt Glasglanz und ist in reinern Stücken durchsichtig, in unreinern blos durchscheinend. Blaue Farben sind bei ihm vorherrschend, diese verlaufen sich aber auch in's Grüne, Rothe und Schwarze. Sein spec. Gew. = $2{,}_{68}$—$3{,}_{33}$, die Härte = 6.

Mit Ausnahme eines einzigen Falles — der übrigens noch näher constatirt zu werden verdient — hat man den Hauyn bisher nur in vulcanischen Gebirgsmassen angetroffen.. In Deutschland findet er sich wohl am häufigsten und schönsten in der Umgegend des Laacher Sees, woselbst man nach *Frid. Sandberger* (in *Leonhard's* Jahrb. für Min. 1845. S. 145) Uebergänge aus ihm in den Nosean bemerkt und bisweilen Stücke auffindet, welche an einem Ende die schwarzgraue Farbe und den eigenthümlichen Sammetglanz des Noseans, am andern die hellblaue Farbe des Hauyns wahrnehmen lassen. Das Dunkellasurblau desselben geht fast bis zum Wasserblau über; die dunklern Varietäten finden sich besonders in den Laven, die hellern in den Rhyakolith-Gesteinen, in welcher Beziehung dasjenige Gestein besonders schön ist, welches aus wasserblauen Hauyn-Körnern und fast schneeweissem Rhyakolith besteht. Bei Mayen und Niedermendig findet er sich mit Augit, Olivin und Körnern von glasigem Feldspath in verschlacktem Basalte, bei Andernach und Tönnistein im Trass, bei Pleith im Bimsstein. Kürzlich hat ihn auch *Gutberlet* (s. *Leonhard's* Jahrb. für Min. 1853. S. 681) im Trachyte des Calvarienberges bei Poppenhausen auf der Rhön in kleinen Körnern angetroffen. In Frankreich findet er sich im Dép. du Puy de Dôme am Roche Sanadoire, im Dép. du Cantal zu Falgoux, an beiden Orten im Phonolith, am Mont Dore dagegen im Dolerit. Die schottische Insel Tyree ist nach *Necker de Saussure* diejenige

Localität, wo sich der Hauyn in Nestern, zusammengesetzt aus Feldspath, Glimmer und Malakolith, in körnigem Kalk an der Küste westwärts vom Meierhofe Balaphaitrich vorgefunden hat. Dieser Kalk soll daselbst Gänge im Gneise bilden.

Im Kirchenstaate ist der Hauyn eine ziemlich häufige Erscheinung im Peperin bei Albano und Marino, begleitet von Magneteisen, Glimmer und Augit. Am Denkmal der Cäcilia Metella unfern des Capo di Bove und bei Tavolato trifft man ihn in Lava mit Leuzit und bisweilen von letzterm umschlossen an, in Gesellschaft von Augit, Nephelin, Melilith und salzsaurem Kupfer. In den vesuvischen Auswürflingen findet er sich nebst Glimmer, Leuzit, Augit, Olivin, Idokras, theils auch in einem höchst feinkörnigen Gemenge, welches aus Olivin, Spinell und Magneteisen besteht. Nirgends aber kommt der Hauyn wohl in grösserer Menge vor, als in der neapolitanischen Provinz Basilicata (Apulien) am Monte Vulture. In allen Laven dieser Region, so wie in den lose umherliegenden Blöcken ist er äusserst gemein. Die erstern sind so reich daran, dass *Abich* sich sogar veranlasst gesehen hat, daraus eine besondere Felsart zu machen, welcher er den Namen „Hauynophyr" gegeben. Die Laven, auf denen die Stadt Melfi erbaut ist, enthalten verschieden gefärbte Hauyne, welche bald schwarz, bald grün, bald roth, bald blau erscheinen. Am Fusse des Castells sind blaue, innen rothe Hauyne sehr häufig. Von der schwarzen Varietät finden sich bisweilen sehr grosse, 50 Millimeter dicke Krystalle, die in der Richtung von zwei gegenüberliegenden dreiflächigen Winkeln verlängert sind; bisweilen kommen grössere Aggregate vor, welche aus Hunderten kleiner Krystalle bestehen, welche aber nicht grösser als 3—4 Millimeter sind. Sie alle treten in der Gestalt des Rhomben-Dodekaëders auf, besitzen Glas- oder Email-Glanz und entwickeln, mit Salzsäure behandelt, etwas Schwefelwasserstoffgas.

Heliotrop.

Er besteht aus einem Gemenge von Chalcedon mit erdigem Chlorit oder sogen. Grünerde. Auf dem Bruche ist er muschelig, mit einem Schimmer oder schwachem, wachsartigen Glanze versehen und an den Kanten durchscheinend. Die lauchgrüne Farbe herrscht vor und geht in's Seladon- und Grasgrüne über; oft ist die Grundmasse mit rothen, gelben, weissen Flecken und Puncten geziert. Dies schon im Alterthume gekannte und geschätzte Fossil kommt nur derb vor und ist vorzüglich in den vulcanischen Gebirgsmassen zu Hause. In Böhmen findet es sich am Kosakow und am Lewiner Berge mit Jaspis und Hornstein auf regellosen Klüften in Mandelstein. Aehnlich ist sein Vorkommen auf den Färöar und den schottischen Inseln. Die schönsten Stücke hat man auf der Insel Rum im Gebirge Scouirmore aufgefunden, woselbst der Heliotrop mit krystallisirtem Quarz und Chalcedon kleine Gänge im Mandelstein bildet. Auf der Insel Elba kommt er im Serpentin und an mehreren andern Orten auf secundärer Lagerstätte in Geschieben vor.

Hercynit.

Dies durch *Zippe* (Verhandl. der Gesellsch. des vaterländischen Museums in Böhmen v. J. 1839) bekannt gewordene Mineral findet sich bei den Dörfern Natschetin und Hoslau am östlichen Fusse des Böhmerwaldes, unweit der Stadt Ronsperg im Klattauer Kreise, gerade nicht selten, aber bis jetzt blos in losen, scharfkantigen Blöcken fast bis zur Grösse eines Kubikfusses oder in kleinen Körnern in der Dammerde oder unter derselben und bisweilen in einer derben Masse von feinkörniger Zusammensetzung. Nur hin und wieder hat man Spuren von Krystallflächen an ihnen bemerkt, welche einem Octaëder anzugehören scheinen. Theilbarkeit ist an ihnen nicht wahrnehmbar. Der Bruch ist muschelig, die Oberfläche der Körnchen matt, die Bruchflächen zeigen einen lebhaften Glasglanz, der sich einem Metallglanz hinneigt. Die Farbe ist schwarz, das Pulver des fein zerriebenen Minerals dunkelgraugrün, fast lauchgrün. Es ist undurchsichtig, nur bei starker Vergrösserung zeigt das gepülverte Mineral einige Durchscheinenheit und eine schwärzlichgrüne Farbe. Es wirkt nicht auf die Magnetnadel, ist spröde, hat ein spec. Gew. $= 3,_{833}$ und eine Härte $= 7,_{5} - 8$. Zufolge der Untersuchung von *B. Quadrat* (in *Liebig's* und *Wöhler's* Ann. d. Pharm. Bd. 55. S. 357) besteht der Hercynit aus $61,_{17}$ Thonerde, $35,_{67}$ Eisenoxydul und $2,_{92}$ Bittererde. Er ist demnach ein neues korundartiges Mineral, dem Pleonast und Gahnit am nächsten stehend und gleich diesen ein Aluminat. Gahnit ist nämlich das Zink-Aluminat, Pleonast das Magnesia-Aluminat, Hercynit das Eisenoxydul-Aluminat. Bei allen dreien kommen dieselben isomorphen Beimengungen vor. Das Mineral findet sich in dem Trappgebirge, welches in der Gegend von Ronsperg den Fuss des Böhmerwaldes bildet. Am Rothenberge kommt es an den Rändern der Hügel und in Wasserrissen hauptsächlich zum Vorschein.

Herschelit.

S. Chabasie.

Heulandit.

S. Stilbit.

Hornblei.

Syn. Blei-Hornerz, Phosgenit, Kerasin, Mendipit.

Besteht aus Chlorblei und kohlensaurem Bleioxyd, gemäss der Formel: $Pb\,Cl + \dot{P}b\,\ddot{C}$, hat ein Quadrat-Octaëder von 107° 22′, 113° 48′ zur Grundform, besitzt einen in's Wachsartige übergehenden Demantglanz und einen muscheligen Bruch, ist durchsichtig oder durchscheinend, farblos, doch meist graugelb, strohgelb, weingelb, spargelgrün oder braun gefärbt. Das spec. Gew. = $6{,}_{056}$, die Härte = $2{,}_5 - 3$, geringer als beim Weissbleierz. Ausser in Krystallen kommt es auch in sphäroidischen Gestalten vor.

Es ist ein überaus seltenes Erz, kommt zu Matlock in Derbyshire, zu Badenweiler im Badenschen, zu Southampton in Massachusets vor und ist auch, obgleich nur in wenigen Exemplaren, unter den Producten des Vesuv's aufgefunden worden.

Hornblende.

Syn. Amphibol, Karinthin, Kalamit, Tremolit, Grammatit, Pargasit, Actinot, Strahlstein z. Th., Byssolith, Smaragdit, Keratophyllit.

Von dieser neuerdings in viele Abtheilungen zerspaltenen Mineral-Gattung interessiren uns zunächst diejenigen am meisten, welche vorzugsweise im vulcanischen Gebirge zu Hause sind und hier von grosser Wichtigkeit erscheinen. Es sind dies die gemeine und die sogenannte basaltische Hornblende, welche, gleich den übrigen Arten, ein schiefes rhombisches Prisma zur Grundform haben. Die letztere ist besonders durch ihre sammet- oder pechschwarze Farbe ausgezeichnet. Beide besitzen eine besonders deutliche blätterige Textur, auf den Spaltungsflächen starken Glasglanz, geben einen grauen oder braunen Strich, sind undurchsichtig, haben ein spec. Gew. = 3—3,4 und eine Härte = 5,5. Ihre Mischung ergiebt sich aus folgender Formel: $Ca \left\{ \begin{matrix} \ddot{S}i \\ \ddot{\bar{A}}l \end{matrix} \right. + \begin{matrix} \dot{M}g^3 \\ \dot{F}e^3 \end{matrix} \left\{ \begin{matrix} \ddot{S}i^2 \\ \ddot{\bar{A}}l^2 \end{matrix} \right.$.

Ausser in vulcanischen Massen erscheint die gemeine Hornblende auch als wesentlicher Bestandtheil mehrerer anderer, sehr wichtiger und weit verbreiteter Felsarten, indem sie z. B. in Verbindung mit Feldspath den Syenit und mit Albit den Diorit (Grünstein) zusammensetzt. Ohne mit andern Mineralsubstanzen verbunden zu seyn, bildet sie auch, einzig und für sich allein, indem sie eine schieferige Textur annimmt, eine eigenthümliche Gebirgsart, welche unter dem Namen des Hornblendeschiefers bekannt ist und in mehreren Ländern in einer bedeutenden Entwickelung auftritt. Ausserdem kommt sie auch vor, aber mehr als zufälliger Gemengtheil, in Granit, Gneis, Glimmerschiefer, Chloritschiefer, manchen Porphyren und ähnlichen Gesteinen. Bei weitem nicht so verbreitet erscheint die basaltische Hornblende. Sie kommt besonders in Basalt und basaltischen Wacken, weniger häufig in Trachyt, Leuzitophyr und andern Eruptiv-Massen vor, giebt auch nie einen wesentlichen Bestandtheil derselben ab. Ihre Krystalle erlangen öfters eine ansehnliche Grösse, finden sich theils eingewachsen in den erwähnten Felsarten, theils aber auch ausgewaschen aus den Wacken, Tuffen und andern vulcanischen Trümmergesteinen auf secundärer Lagerstätte an mehreren Orten, besonders im böhmischen Mittelgebirge, namentlich am Wolfsberg bei Czernoschin, so wie in der Gegend von Bilin, am Klosterberg, bei Kostenblatt, Lukow, Mukow, Mückenhübel bei Proboscht und Gameyerberg. Am tollen Graben bei Wessela, unfern Bilin, findet sich die basaltische Hornblende in einem basaltischen Conglomerat. Unter ähnlichen Verhältnissen wie in Böhmen trifft man sie auch in der Eifel und auf dem Rhöngebirge an sehr vielen Stellen, besonders deutlich und in Gesellschaft von Augit in einer roth gefärbten Wacke an der Pferdekuppe an. Im Nassauischen findet sich die gemeine Hornblende im Phonolith bei Oberötzingen, im Trachyt bei Helferskirchen, Dahlen, Niederahr, Selters und Weidenhahn. An diesem letztern Orte sind die Krystalle theils in den Trachyt porphyrartig eingesprengt, theils in den glasigen Feldspath eingewachsen, oder um diesen herum auskrystallisirt und sehr in die Länge gezogen. Bei Schönberg trifft man Hornblende in Trachyt-Conglomerat an. In den Basalten des Westerwaldes ist sie fast überall verbreitet. Am Laacher See trifft man sie häufig an in den ausgeworfenen Hornblendeschiefern, als Gemengtheil in den Syenit-Auswürflingen, so wie in den dortigen Laven. Dass sich die Hornblende bisweilen auf eine eigenthümliche Art und zwar so mit Augit verwachsen findet, dass die dadurch entstehenden Gebilde die Structur und das innere Gefüge der erstern und die äussern Umrisse des letztern erhalten, ist bereits früher erwähnt und dabei bemerkt worden, dass dergleichen Verwachsungen von *G. Rose* zu einer besondern Mineral-Species erhoben worden sind, welcher er den Namen „Uralit" gegeben hat.

Hornstein.

Besteht fast nur aus Kieselsäure, welche mit etwas Thonerde und Eisenoxyd verbunden ist. Hat einen bald ebenen, splitterigen oder muscheligen Bruch, ist matt, an den Kanten und in dünnen Splittern durchscheinend und verschieden gefärbt. Weisse, graue, gelbe, braune und grüne Farben sind vorherrschend, bisweilen mit dendritischen Zeichnungen geziert, wie namentlich der am Altai vorkommende Hornstein. Spec. Gew. $= 2{,}_{38} - 2{,}_{62}$, Härte $= 7$.

Vorzugsweise entwickelt tritt er in dem sogen. Hornstein-Porphyr auf, dessen Grundmasse er bilden soll; man findet ihn aber auch in mehreren neptunischen Felsarten, als Holzstein häufig im rothen Todtliegenden, so namentlich am Kyffhäuser. Dagegen ist er in den vulcanischen Gebirgsmassen ziemlich selten und etwa nur an folgenden Orten bemerkt: bei Steinheim unfern Hanau mit Halbopal und Chalcedon auf Gängen im Dolerit; bei Zwickau in Achatkugeln, welche in den Mandelsteinen daselbst vorkommen; in Böhmen am Kosakower und Lewiner Berge mit Jaspis und Chalcedon auf unregelmässigen Klüften in Mandelstein; in Ungarn zu Borfö im Honther Comitat als sogen. Holzstein, nebst Jaspopal in einem basaltischen Gestein; in Schwaben in den Höhlungen des Phonolith-Tuffes am Hohentwyl. Der fremdländischen Fundstätten in Eruptiv-Gesteinen sind nur wenige.

Humboldtilith.

Syn. Melilite, Sommervillit, Zurlit (?).

Die drei genannten Mineralien bilden mit Ausnahme des Zurlit wohl nur eine Species, haben auch eine und dieselbe Primitiv-Form, nämlich ein Quadrat-Octaëder von 135^0 1', 65^0 30, und wahrscheinlich auch dieselbe Mischung, welche durch folgende Formel repräsentirt wird:

$$2\left\{\begin{matrix}\dot{Ca}^3\\ \dot{Mg}^3\\ \dot{Fe}^3\\ \dot{Na}^3\\ \dot{K}^3\end{matrix}\right\}\dddot{Si} + \left.\begin{matrix}\ddot{\bar{Al}}\\ \ddot{\bar{Fe}}\end{matrix}\right\}\dddot{Si}.$$

Der Bruch geht aus dem Muscheligen in's Unebene über, zeigt Glasglanz mit einer Neigung zum Fettartigen. Die Krystalle sind halbdurchsichtig bis undurchsichtig, grün, gelb, namentlich honiggelb, auch wohl braun. Sie geben einen weissen Strich, haben ein spec. Gew. = $2{,}_9$—$3{,}_1$, eine Härte = 5. Der Melilith kommt meist in seiner Grundgestalt vor, ohne weitere Modificationen; der Humboldtilith erscheint meist in Prismen, welche 16 Seitenflächen haben und eine vierflächige Zuspitzung zeigen. Er findet sich vorzüglich in krystallinischen Massen in erratischen Blöcken an der Monte di Somma und ist meist mit einer erdigen Kalkrinde überzogen; wenn man dieselbe aber mittelst einer schwachen Säure entfernt, so kommt die eigenthümliche hellgelbe Farbe zum Vorschein.

Der Melilith dagegen ist mehr am Capo di Bove zu Hause und sitzt in kleinen honiggelben oder gelbbraunen Krystallen einer Lava auf, ist halbdurchsichtig und ohne Spur eines Blätterdurchganges. Beide lösen sich in Salzsäure leicht zu einer Gallerte auf.

Beim Sommervillit dagegen finden sich Spuren eines Blätterdurchganges parallel der Basis der quadratischen Säule. In Begleitung von Kalkspath und schwarzem Glimmer kommt er in den alten Laven der Somma vor. In Deutschland soll er sich zu Herchenbach, unfern des Laacher Sees, krystallisirt in Drusenräumen eines doleritischen Gesteins gefunden haben.

Ramondini's Zurlit ist nach *Scacchi* kein besonderes Mineral, sondern Melilith in innigem Gemenge mit Augit.

Humit.

S. Chondrodit.

Huronit.

Eine von *Thomson* (*Outl.* I. pag. 384) creirte Mineral-Species, welche von *Hausmann* (a. a. O. Bd. 1. S. 806) beim Prehnit angeführt wird, nach *Dufrénoy* (a. a. O. T. 3. S. 765) eine gewisse Aehnlichkeit sowohl hinsichtlich der physikalischen Eigenschaften als auch der Zusammensetzung mit dem Granat besitzen soll.

Das Fossil findet sich in kugeligen, unvollkommen blättrigen oder körnigen Massen von wachsartigem Glanze, der auf den Spaltungsflächen zum Perlmutterartigen hinneigt, ist an den Kanten durchscheinend, gelblichgrün gefärbt und giebt einen grauweissen Strich. Das spec. Gew. = $2,_{86}$, die Härte = $3,_{25}$, lässt sich demnach leicht mit dem Stahle ritzen. Erhitzt verliert es 4% seines Gewichts, ist aber vor dem Löthrohr unschmelzbar. Nach *Thomson* (in *Brewster's* Journ. T. 9. S. 360) besteht es in 100 Thl. aus Kieselsäure $45,_{80}$, Thonerde $33,_{92}$, Eisenoxydul $4,_{32}$, Kalk $8,_{04}$, Talkerde $1,_{72}$, Wasser $4,_{16}$, woraus man folgende Formel berechnet hat:

$$\left.\begin{array}{l}\dot{C}a^3\\ \dot{F}e^3\\ \dot{M}g^3\end{array}\right\} \ddot{S}i^2 + 4\,\ddot{\bar{A}}l\,\ddot{S}i + 3\,\dot{H}.$$

Die Huronit kommt vor in einem schwarzen, hornblendeartigem Gestein in der Nähe des Huron-Sees in Nord-America.

Hversalt.

Syn. Hversalz.

Eine von *Forchhammer* (s. dessen *Oversigt over det K. Danske Vidensk. Selskab's Forhandl.* 1842. pag. 43, auch in *Erdmann's* und *Marchand's* Journ. für pr. Chem. Bd. 30. S. 385) auf Island entdeckte Alaunart, welche daselbst durch Einwirkung der schwefeligen Säure (resp. Schwefelsäure) auf den in der sogen. Klyftlava (Klöftlava, d. h. Gang-Lava) unter

Mitwirkung des Wassers und der Luft enthaltenen Kalk-Feldspath, Augit, Hornblende und Titaneisen entsteht. Die schwefelige Säure, welche aus dem vulcanischen Heerde emporsteigt, oxydirt sich an der Luft zu Schwefelsäure, löst das Ganze auf, verbindet sich mit dem Kalke zu Gyps, welcher in grossen Massen herauskrystallisirt; es scheidet sich dabei ein weisses, schwach zusammenhängendes Kieselerde-Hydrat und das Hversalz aus in zarten, durchscheinenden, seidenartig schimmernden, nadelförmigen Krystallen, welche eine grüne oder gelbweisse Farbe besitzen, vor dem Löthrohr sich röthen und auf Eisen reagiren. Ihre Zusammensetzung ergiebt sich aus folgender Formel:

$$\left.\begin{matrix}\dot{Fe}\\ \dot{Mg}\end{matrix}\right\}\dddot{Si} + \left.\begin{matrix}\dddot{Al}\\ \dddot{Fe}\end{matrix}\right\}\dddot{Si}^{3} + 24\,\dot{H}.$$

Sie bilden hiernach eine besondere Alaun-Art, in welcher Eisenoxydul und Talkerde das Kali ersetzen, und worin ein geringer Theil Thonerde durch Eisenoxyd ersetzt ist. Bisweilen enthält dieselbe auch blos 18 Atome Wasser.

Krisuvig ist die hauptsächlichste Fundstätte des Hversalzes, woselbst es an der Oberfläche der genannten Lava auswittert. Diese durchsetzt den ältern, geschichteten Trapp, welcher sowohl auf Island, als auch auf den Färöar diejenige Gebirgsart ist, welche den hauptsächlichsten und grössten Theil dieser Insel in geognostischer Beziehung zusammensetzt.

Hyalith.

Syn. Glasopal, Müllersches Glas.

Gehört unter die Kieselhydrate und besteht in der Regel aus 90—92 Th. Kieselsäure, einer Spur von Thonerde und 6—9 Th. Wasser. Er ist meist durchsichtig oder halbdurchsichtig, stark glasartig glänzend und in der Regel farblos. Als rindenförmiger Ueberzug findet er sich in getropften, nierenförmigen und traubigen Gestalten vorzugsweise auf basaltischen, trachytischen und phonolithischen, ausnahmsweise auch auf andern Gesteinen, namentlich auf Porphyr, Serpentin, Quarzfels, so wie bisweilen auch auf Erzgängen.

In Deutschland finden sich die schönsten Hyalithe wohl zu Waltsch in Böhmen, in traubigen Gestalten auf einem porösen Basalte vorkommend. Einzelne Trauben erreichen hier öfters die Grösse einer Wallnuss. Aber die Hyalithe, welche bei Rüdigheim und Marköbel bei Hanau auf demselben Gesteine sich finden, stehen denen von Waltsch keineswegs nach. Bei Lich auf dem Vogelsgebirge überzieht er blasigen, doleritischen Basalt in Flächen, die 10—12□'' gross sind. Auch die Hyalithe von Nordeck bei Marburg, so wie die des Kaiserstuhles sind schön. Am Schlossberge bei Breisach sitzen sie in Gestalt wasserheller, mehr oder weniger grosser Tropfen auf Dolerit, dessen Blasenräume und Klüfte öfters mit Bitterspath überzogen sind. Zu Steinheim bei Hanau trifft man den Hyalith an in den Weitungen des dortigen feinkörnigen Dolerites und er ist hier bisweilen mit Sphärosiderit überzogen, so dass der letztere hier als jüngere Bildung erscheint. Zu Rothau bei Bilin findet er sich als Ueberzug auf Halbopal in einem braunen Thone, zu Meronitz ebenfalls auf Halbopal auf der bekannten Pyrop-Fundstätte in einem thonigen Conglomerat. In Ungarn kommt er zu Betler im Gömörer Comitat tropfsteinartig auf Thonschiefer vor zu Jaraba mit Brauneisenstein auf Erzlagerstätten in Glimmerschiefer, zu Dreiwasser bei Libethen auf Brauneisenstein, welcher mit andern Erzen daselbst auf Gängen bricht.

Von anderweitigen Fundörtern des Hyaliths wollen wir blos noch die Insel Ischia und die Umgegend von Neapel nennen. Auf ersterer traf *Scacchi* den Hyalith in Begleitung von Fiorit in grösster Menge an in den Bädern von San Lorenzo le Folanghe, Monticeto und am Monte Buceto, stets in der Nähe alter, jetzt nicht mehr thätiger Fumarolen. An der dem Meere zugekehrten Seite des Monte nuovo, am sogenannten Trave di fuoco, so wie an dem kleinen Hügel, welcher den Namen Punta della Solfatara führt, finden sich Hyalith und Fiorit als Ausfüllung der Gesteinsspalten in Menge und zwar stets ohne Begleitung von Schwefel. *Scacchi* ist geneigt, die Entstehung dieser Mineralien von gasförmig aufsteigendem Fluorsilicium-Gas abzuleiten, und diese Ansicht scheint keineswegs ungereimt zu seyn; denn auch in Deutschland hat man Beobachtungen gemacht, denen zufolge der Hyalith mit zu den neuesten mineralischen Erzeugnissen zu gehören, ja vielleicht noch jetzt entstehen zu können scheint. Bei der Versammlung der deutschen Aerzte und Naturforscher in Breslau hielt *Glocker* einen Vortrag über einen derartigen Fall, wo Hyalith als rindenartiger Ueberzug sich auf kryptogamischen Gewächsen, so viel erinnerlich, auf Flechten abgelagert, hatte, welche vordem auf einem basaltischen Gestein vegetirt hatten.

Bekanntlich wurde der Hyalith zuerst von dem praktischen Arzte Dr. Müller in den Garten-Anlagen bei Frankfurt a/M. entdeckt. Die von ihm aufgefundenen Stufen sind noch jetzt eine Zierde des Senkenbergischen Museums.

Hyalomelan.

Kommt nur amorph vor, in undurchsichtigen Stücken mit einem muscheligen oder unebenen Bruch und einem in das Fettartige übergehenden Glasglanz, so wie einer sammet-, braun- oder rabenschwarzen Farbe. Sie geben ein dunkelaschgraues Pulver und haben ein spec. Gew. = $2,_{71}$, die Härte = $6,_{5}$. Von dem Löthrohr schmelzen sie leicht zu einer undurchsichtigen Perle und sind durch Salzsäure vollständig zersetzbar. Nach einer Untersuchung von *C. G. Gmelin* (in *Poggendorff's* Ann. der Physik, Bd. 49. S. 234) bestehen sie aus $50,_{220}$ Kieselsäure, $17,_{839}$ Thonerde, $8,_{247}$ Kalk, $3,_{374}$ Tálkerde, $10,_{266}$ Eisenoxydul, $0,_{397}$ Manganoxydul, $5,_{185}$ Natron, $3,_{866}$ Kali, $1,_{415}$ Titansäure, $0,_{497}$ ammoniacalischem Wasser.

In derben, ellipsoidischen oder kugelfömigen Massen findet sich der Hyalomelan nesterweise in einem porösen, basaltartigen Gestein zu Babenhausen auf dem Vogelsgebirge und wurde schon öfters mit dem Tachylyt verwechselt.

Hyalosiderit.

Steht hinsichtlich seiner Mischung in der Mitte zwischen Chrysolith und Fayalit (Eisenperidot); denn der Chrysolith ist, wie wir gesehen, als ein Talkerde-Silicat mit wenig Eisenoxydul zu betrachten, im Hyalosiderit nimmt der Gehalt des letztern mehr zu, und im Fayalit verdrängt es die Talkerde gänzlich. Demnach ist die chemische Formel für den Hyalosiderit:

$$\left.\begin{matrix}\dot{M}g^3\\ \dot{F}e^3\end{matrix}\right\} \dddot{S}i.$$

Dies Mineral wurde zuerst von *Walchner* (s. dessen *Diss. de hyalosiderite. Frib. Brisg.* 1822) in einem Basalt-Mandelstein am Kaiserstuhl aufgefunden. Es ist ein schönes, in die Augen leuchtendes Fossil von muscheligem Bruch und einem lebhaften Glasglanz, der zum Fettartigen sich hinneigt. Bei durchfallendem Lichte ist seine Farbe röthlich-, gelblich-braun, auch wohl hyazinthroth oder weingelb. Auf der Oberfläche erscheint es messing- oder goldgelb, bisweilen ist es mit bunten Stahlfarben angelaufen und lebhaft metallisch glänzend. Sein spec. Gew. = $2{,}_{875}$, die Härte = 5. Es ist dem Magnete folgsam und schmilzt vor dem Löthrohr zu einer eisenschwarzen Schlacke. Es kommt auch krystallisirt vor, in der Gestalt von rechtwinklig vierseitigen, an den Seiten zugeschärften Tafeln, doch in der Regel erscheint es nur in krystallinisch-körnigen Massen.

Auf diese Weise findet es sich eingewachsen in einem augitreichen basaltischen Mandelstein bei Sasbach und Ihringen am Kaiserstuhl, so wie auf einem Doleritgange im Gneise am Bromberge bei Freiburg. Späterhin hat man es auch angetroffen im Basalte des Mühlberges bei Holzappel und neuerdings am Hamberg bei Bühne in Verbindung mit Olivin, an welchem man deutlich den Uebergang in Hyalosiderit beobachten kann. Zu Steinbergen bei Lich auf dem Vogelsgebirge ist eine solche Umänderung des Olivin's in Hyalosiderit ebenfalls wiederholt bemerkt worden.

Hyacinth.

S. Zirkon.

Hydrodolomit.

Syn. Dolomit-Sinter *von Kobell.*

Man findet ihn nur sparsam unter den Erzeugnissen des Monte di Somma, und die Umstände, unter denen dies geschieht, machen es in hohem Grade wahrscheinlich, dass das Mineral früher Dolomit gewesen sey, welcher zum Heerde des Feuerberges gelangt, daselbst calcinirt, dann dei den Ausbrüchen desselben emporgeschleudert und während seines Verweilens in der Luft Kohlensäure und zugleich Wasser aufgenommen habe.

Hydrolith.

S. Chabasie.

Hypersthen.

Syn. Labradorische Hornblende, Paulit.

Gehört in die Familie des Augits, mit welchem er auch dieselbe Grundgestalt und fast dieselbe Mischung besitzt, nur mit dem Unterschiede, dass er reicher an Bittererde ist und die Bittererde des Augits beim Hypersthen fast gänzlich durch Kalkerde ersetzt wird. Die nachstehende Formel wird jetzt ziemlich allgemein für den Hypersthen angenommen:

$$\left.\begin{array}{l}\dot{Fe}^3\\ \dot{Mg}^3\\ \dot{Mn}^3\\ \dot{Ca}^3\end{array}\right\} \begin{array}{l}\dddot{Si}^2\\ \ddot{\bar{Al}}^2\end{array}.$$

Das Fossil besitzt einen unebenen Bruch, auf den Hauptspaltungsflächen einen schillernden, lebhaften Glanz, der in einen metallähnlichen Perlmutterglanz verläuft, auf den andern Flächen blos Glasglanz, der auf dem Bruche zum Fettglanz sich hinneigt. Nur an den Kanten ist der Hypersthen bisweilen durchscheinend, sonst aber undurchsichtig. Meist ist er tombakbraun gefärbt, mit einem Stich in's Kupferrothe, doch kommen auch grau- und grünschwarze, pechschwarze und schwärzlich-grüne Farben vor. Er giebt einen grünlichgrauen Strich. Das spec. Gew. = $3,_{39}$, die Härte = 6.

Krystalle sind selten bei ihm, meist findet er sich in krystallinischen, körnig abgesonderten oder derben Stücken.

In geognostischer Beziehung ist er ein wichtiges Fossil; denn er giebt einen wesentlichen Bestandtheil mehrerer weit verbreiteter krystallinischer Felsarten ab. In Verbindung mit Labrador-Feldspath bildet er den Hypersthenfels, in Gemeinschaft mit Labrador und Chlorit den Diabas. Auch tritt er bisweilen in Gebirgsmassen auf, zu deren integrirenden Bestandtheilen er nicht gehört,. z. B. im Gabbro. Ueberhaupt scheint er nur in den ältern sogen. plutonischen Gebirgsarten aufzutreten. Bisweilen ist er auf eine eigenthümliche Art mit Hornblende verwachsen, welche der im sogen. Uralit analog ist. Auf diese Weise tritt er am Hypersthenfels zu Penig in Sachsen auf.

In mächtiger Entwickelung begegnet man ihm an der Küste von Labrador, auf der nahe gelegenen Paulsinsel, in Grönland, Norwegen und Schweden (bei Elfdalen). Bei Scavig auf der schottischen Insel Sky ist er auf kleinen Gängen in einem basaltischen Mandelstein wahrgenommen, welches bis jetzt die einzige Stelle ist, wo man ihn in einer vulcanischen Felsart gefunden hat. Im südlichen Europa ist sein Hauptvorkommen wohl im Veltlin unfern des Dorfes la Presa, zwischen Bormio und Tirano.

Hypostilbit.

S. Stilbit.

Jaspis.

Dies zur Quarz-Familie gehörige Fossil besteht grösstentheils aus Kieselsäure, welche durch etwas Eisenoxyd oder Eisenoxyd-Hydrat gefärbt ist, ausserdem kommen darin auch noch vor geringe Antheile an Thonerde, Kalk und Manganoxyd.

Der Jaspis findet sich nur amorph, hat einen im Grossen muscheligen, im Kleinen ebenen oder erdigen Bruch und erscheint innen entweder matt oder wachsartig schimmernd. Er ist entweder undurchsichtig oder an den Kanten durchscheinend und verschiedenartig gefärbt, bald einfarbig, bald gefleckt, geadert, gebändert (Bandjaspis), concentrisch gestreift (ägyptischer Jaspis) oder dendritisch verziert. Schwarze, braune, rothe, gelbe, grüne, graue und weisse Farben kommen dabei vor. Das spec. Gew. = $2{,}_4$—$2{,}_6$, die Härte = 7.

In knollenförmigen, kugeligen oder sphäroidischen Massen findet er sich in sehr verschiedenen Massen und Felsarten, in letztern z. B. in Rauhkalk, Muschelkalk, ausserdem auch auf Bohnerz-Lagerstätten, in Kiesel-Conglomeraten, als Grundmasse im Jaspis-Porphyr. Ausserdem kommt er aber auch häufig in den Blasenräumen verschiedener mandelsteinartiger plutonischer und vulcanischer Gebirgsarten vor und setzt alsdann, besonders wenn er darin mit Chalcedon und andern Kieselfossilien vergesellschaftet ist, die sogen. Achate zusammen. Auf diese Weise findet er sich ausgezeichnet schön in den Melaphyr-Gebilden des Nahe-Thales und sehr vielen andern Orten, die wir ihrer Vielzahl wegen nicht alle namhaft machen können.

Jaspopal.

Syn. Opaljaspis, Eisenopal.

Besitzt fast dieselbe Mischung wie der vorige; da er aber zu den Kiesel-Hydraten gehört, so enthält er auch noch einen Antheil Wasser, der meist zwischen 10—12% beträgt. Dieser Wassergehalt scheint auch eine Verschiedenartigkeit hinsichtlich der physikalischen Eigenschaften des Jaspopals im Vergleich mit dem Jaspis zu bedingen; denn der erstere hat einen vollkommen muscheligen Bruch und ist firnissartig oder stark glänzend. Hinsichtlich der Farben und des spec. Gew. herrscht mehr Uebereinstimmung. Auch die geognostischen Verhältnisse, unter denen der Jaspopal sich findet, sind ziemlich dieselben, doch kommt er vorzugsweise, eben so wie der Opal, mehr in trachytischen Gesteinen und besonders in trachytischen Conglomeraten und Tuffen vor, in welcher Beziehung die ungarischen vor allen andern genannt zu werden verdienen.

Idokras.

Syn. Vesuvian, Egeran, Wiluit, Frugardit, Gökumit, Xanthit, Loboit, Cyprin.

Hat ein Quadrat-Octaëder von 129° 29′, 74° 14′ zur Grundform und eine Mischung, welche durch folgende Formel ausgedrückt wird:

$$\left.\begin{matrix} Ca^3 \\ \dot{F}e^3 \\ \dot{M}g^3 \\ \dot{C}u^3 \end{matrix}\right\} \dddot{Si} + \left.\begin{matrix} \dddot{\overline{Al}} \\ \dddot{\overline{F}} \end{matrix}\right\} \dddot{Si}.$$

Der Bruch ist unvollkommen muschelig oder uneben und splittrig, der Glasglanz nähert sich auf dem Bruche mehr oder weniger dem Fettartigen. Die Krystalle sind durchsichtig oder auch nur an den Kanten durchscheinend. Grüne Farben sind vorherrschend und gehen aus dem Lauch-, Pistazien-, Oliven- und Oelgrünen in's Gelbe, Braune und Schwarze über. Die Härte des Idokras = $6,_5$, das spec. Gew. = $3,_2$—$3,_4$. Hinsichtlich des letztern hat bekanntlich *Magnus* (s. *Poggendorff's* Ann. der Physik, Bd. 20. S. 477) die interessante Beobachtung gemacht, dass das spec. Gewicht des Vesuvian's durch das Schmelzen sich bis auf $2,_{95}$ vermindert, was späterhin andere Chemiker bestätigt haben. Uebrigens schmilzt der Vesuvian vor dem Löthrohr ziemlich leicht zu einem verschiedentlich gefärbten Glase. Mitunter zeigen die Vesuvian-Krystalle die eigenthümliche Erscheinung — worin sie von keinem andern Mineral übertroffen werden —, dass sie von einer sich ablösenden krystallinischen Schaale umgeben sind, deren äussere Flächen-Begrenzung bald der Form des eingeschlossenen Krystalls entspricht, bald aber auch davon verschieden ist.

Obgleich der Idokras ein ziemlich weit verbreitetes Fossil

ist, so findet er sich im vulcanischen Gebirge doch nur selten und in Deutschland dürfte sein Auftreten im Phonolith des Kaiserstuhls (bei Oberschaffhausen) das einzige Vorkommen dieser Art seyn. Häufig wird er unter den vesuvischen Mineral-Producten erwähnt, allein nach *Scacchi* dürfte er an diesem Berge nie vorgekommen seyn, oft aber trifft man ihn an in verschiedenartigen Massen von krystallinisch körnigem Gefüge unter den Auswürflingen des Monte di Somma. Die hier vorkommenden Krystalle zeichnen sich durch ihren tetraëdrischen Habitus aus und finden sich in den Weitungen und hohlen Räumen eines körnigen, wahrscheinlich metamorphischen Kalkes, begleitet von Augit, Granat, Hornblende, Chlorit, Nephelin, Leuzit, Hauyn, Glimmer, Mejonit und Magneteisen. *Tenore* und *Gussone* wollen ihn (s. *Bibliotheca italiana*, T. 17. pag. 108) auch in den am Monte Vulture vorkommenden krystallinischen Blöcken gesehen haben, allein spätern Beobachtern ist dies nicht gelungen.

Ittnerit.

Ein in der Nähe des Hauyn's und des Nosean's stehendes, von *C. G. Gmelin* zu Ehren *Ittner's* genanntes Mineral, welches bis jetzt noch nicht in deutlichen Krystallen sich gefunden hat und nach *Whitney* (in *Poggendorff's* Ann. der Physik, Bd. 70. S. 443) folgendermassen zusammengesetzt ist; Kieselsäure $35,_{69}$, Thonerde und wenig Wasser $29,_{14}$, Kalk $5,_{64}$, Natron $12,_{57}$, Kali $1,_{20}$, Chlor $1,_{25}$, Schwefelsäure $4,_{62}$, Verlust (Wasser) $9,_{83}$. Der Ittnerit hat einen unvollkommen muscheligen, in's Unebene gehenden Bruch und besitzt Fettglanz, der zum Glasglanz sich hinneigt. Er ist durchscheinend und von blauer, rauch- und aschgrauer Farbe. Sein spec. Gewicht $= 2,_{373}$ bis $2,_{377}$, die Härte $= 5,_{5}$. Er schmilzt vor dem Löthrohr leicht, unter Entwickelung eines Geruches nach schwefeliger Säure, zu einer undurchsichtigen Perle.

Er kommt meist derb vor und hat sich bis jetzt nur gefunden am Kaiserstuhl bei Oberbergen und Ihringen, faustgrosse Nester in einem phorphyrartigen Dolerit bildend. Zu Sasbach trifft man ihn an in einem basaltischen und zu Endingen in einem phonolithischen Dolerit. In seiner Begleitung treten stets auf Hornblende, Schwefelkies, Apatit und Titaneisen.

In früherer Zeit wurde er mit dem Sodalith verwechselt, bis *C. G. Gmelin* nachwies, dass er eine besondere Mineral-Species bilde.

Kalkoligoklas.

Syn. Havnefïordit, Hyposklerit.

Eine von *Forchhammer* in der schon früher erwähnten Klyftlava aufgefundene Feldspath-Art von einem spec. Gew. = $2,_{729}$, welche in glimmerartigen, nicht näher bestimmten Tafeln krystallisiren und aus folgenden Bestandtheilen zusammengesetzt seyn soll: Kieselsäure $61,_{22}$, Thonerde $23,_{32}$, Eisenoxyd $2,_{40}$, Kalkerde $8,_{82}$, Talkerde $0,_{36}$, Natron $2,_{56}$, Kali eine Spur. Hieraus berechnet *Berzelius* (s. dessen Jahresbericht u. s. w. Jahrgang 23, S. 263) folgende mineralogische Formel:

$$\left.\begin{matrix} C \\ N \end{matrix}\right\} S^3 + 3\ A\ S^2.$$

Vorkommen am Havnefjord auf Island, in Gesellschaft von Augit und Titaneisen

Kalkspath.

Diese über den ganzen Erdball verbreitete und bisweilen sehr ansehnliche Gebirge bildende Mineral-Species hat ein stumpfes Rhomboëder von 105° 5′, 74° 55′ zur Grundform und besteht in reiner Gestalt aus $43,_{87}$ Kohlensäure und $56,_{13}$ Kalkerde, wonach ihr die Formel $\dot{C}a\ \ddot{C}$ zukommt. Enthält sie keine fremdartigen Bestandtheile und tritt sie als reiner Kalkspath auf, so besitzt sie eine späthige Textur und ihre Spaltungsflächen sind meist gerade, bisweilen aber auch gebogen und gekrümmt. Der Bruch ist muschelig, aber nur selten deutlich. Das Fossil besitzt Glasglanz, doch sind manche Krystall- und Spaltungsflächen mitunter blos perlmutterglänzend, schimmernd oder auch matt. Bisweilen ist der Kalkspath ganz durchsichtig; in diesem Falle bemerkt man eine auffallend deutliche doppelte Strahlenbrechung an ihm; meist ist er jedoch nur durchscheinend. Weisse Farben sind bei ihm vorwaltend, doch kommen auch graue, blaue, grüne, gelbe, rothe (sogar rosenrothe und carmoisinrothe, verbunden mit Durchsichtigkeit), so wie auch braune und schwarze Farben vor. Das spec. Gew. des reinen Kalkspaths = $2,_{714}$, die Härte = 3.

Bei der überaus grossen Verbreitung des Kalkspaths über

alle Theile der Welt, selbst in den vulcanischen Gebirgsmassen, begnügen wir uns, nur hinsichtlich derjenigen Localität das Nöthigste beizufügen, woselbst er im vulcanischen Gebirge in seiner reinsten und edelsten Gestalt auftritt; wir meinen die Fundstätte des Doppelspaths auf Island, über welche wir erst neuerdings die seit langer Zeit und fast stets vergebens gewünschte Aufklärung durch deutsche und französische Geologen erhalten haben, welche, grösstentheils durch die im J. 1845 erfolgten Ausbrüche des Hekla veranlasst, jene Insel besuchten und solche hinsichtlich ihrer geognostischen Beschaffenheit einer nähern Prüfung unterwarfen.

Unter diesen ist es vorzüglich *Descloizeaux*, welchem wir die nähere Auskunft über das Vorkommen des Doppelspathes auf Island verdanken; s. *Bullet. géol.* b. T. IV. pag. 768.

Die einzige Oertlichkeit, woselbst er sich in so reichlichem Maasse vorfindet, dass er nachhaltig gewonnen werden kann, ist der Eingang der kleinen Eskifiordur-Bucht, der nördlichste Theil beider Zweige, in welchen die grosse, ungefähr in der Hälfte der Ostküste von Island befindliche Rödefiord-Bucht endigt. Auf dem linken Ufer von Eskifiordur fliesst ein Bach, von den Eingeborenen Silfurlakir (Silber-Bach) genannt, in einer mässig tiefen Spalte dem Meere zu, und auf der rechten Seite dieser Schlucht gewahrt man an einer Wand, etwa 109 Meter über dem Spiegel des Meeres, die Lagerstätte des Doppelspathes. Die Strecke, auf welcher er sich findet, ist ungefähr 17^{m} 80 lang und 4^{m} 20 hoch. Nach oben hin wird sie durch die geneigte Oberfläche des Bodens begrenzt und ist überall von einem schwarzen basaltischen Gestein, welches dem Anamesit zuzuzählen seyn dürfte, eingeschlossen. Es ist dies die nämliche Felsart, aus welcher an der östlichen und westlichen Küste der Insel zwei ziemlich breite und parallel neben einander her laufende Gebirgszüge bestehen. In ihnen bemerkt man viele und zum Theil sehr tief in das Land eindringende Fjords. Die Gebirgsart ist reich an sehr kleinen Labrador-Krystallen, enthält ausserdem zahlreiche Lager von Wacken und mehr oder weniger zersetzten Mandelsteinen, deren Blasenräume mit verschiedenen zeolitischen Substanzen geziert sind. Auch der Doppelspath erscheint in einem sehr grossen derartigen Raume inmitten dieses Gesteins, jedoch unter zwei wesentlich verschiedenen Formen. Stellt man sich nämlich dem Raume gegenüber, so sieht man, dass der obere Theil desselben, zur Rechten des Beschauers, so wie der mittlere Theil durch einen ungeheuren Doppelspath-Krystall eingenommen wird, der mit zweien seiner Flächen an den Wänden haftet; die Breite beträgt sechs Meter, die mittlere Höhe drei Meter. Dieser krystallisirte Block, wenn man ihn so nennen darf, dessen Gestalt im Allgemeinen jener des primitiven Kalkspath-Rhomboëders gleich kommt, erscheint getheilt in mehrere andere, aber weniger grosse Krystalle, und zwar — was ausserordentlich interessant — durch rindenförmige Ueberzüge der schönsten Stilbit-Krystalle, welche, in allen Richtungen durcheinander gewachsen, aber sehr regelrecht ausgebildet, in blendendem Perlmutterglanze strahlen, auch in die zartesten Spalten des Doppelspathes eindringen, meist aber auf seinen Klüften so häufig sich finden, dass sie eine Zierde vieler Kabinette abgegeben haben. Unterhalb jenes colossalen Krystalls gewahrt man eine Masse braun gefärbten Thones, welcher sehr regelmässige und wohl erhaltene Kalkspath-Krystalle mit Flächen des primitiven Rhomboëders, des Skalenoëders und eines sehr stumpfen Dodekaëders, so wie Bruchstücke von Krystallen in nicht geringer Menge einschliesst. Uebrigens hat man auch in andern Gegenden, also nicht blos auf Island, Kalkspath-Gänge aufgefunden, bei denen Alles darauf hinweist, dass sie eruptiven Ursprungs sind und eine solche Entstehung ist *Descloizeaux* auch geneigt, dem isländischen Doppelspathe zuzuschreiben, während die Bildung der von dem Thone umschlossenen losen Krystalle mehr auf neptunischem Wege erfolgt seyn dürfte.

Schliesslich können wir die Bemerkung nicht unterlassen, dass *Leonhard* schon vor einem Viertel-Jahrhundert diese Entstehungsweise des isländischen Doppelspathes nicht allein vermuthete, sondern sie auch wahrscheinlich machte, und zwar in Folge einer genauern Untersuchung von Handstücken, an denen das Muttergestein theilweise noch sass, und welche er der Güte des damaligen Kronprinzen, nachherigen Königs Christian VIII. von Dänemark verdankte. Diese Vermuthung hat also, wie wir gesehen, späterhin durch die Beobachtungen von *Krug von Nidda, Descloizeaux, Robert* u. A. ihre Bestätigung erhalten.

Kerolith.

Eine aus der Zersetzung anderer, namentlich talkerdehaltiger Mineralien entstandene Substanz, welche vorzugsweise im Serpentin-Gebirge angetroffen wird, fast stets nur amorph vorkommt und nach *Rammelsberg* folgende Zusammensetzung haben soll: $2\,(\dot{M}g^3\,\ddot{S}i^2 + 2\,\dot{H}) + \dot{M}g\,\dot{H}$.

Der Kerolith hat einen flachmuscheligen Bruch und einen fettartigen Glanz, der häufig matt erscheint. Er ist entweder ganz durchscheinend, oder es findet dies nur an den Kanten statt. Seine weisse Farbe geht in's Graue, Gelbe (Isabell- und Wachsgelbe), so wie in das Graugrüne über. Er giebt einen weissen, wachsartig glänzenden Strich. Das spec. Gew. = $2,_{333}$—$2,_{406}$, die Härte = $2,_5$. Das Fossil fühlt sich fettig an und hängt nicht an der Zunge.

Obwohl es vorzugsweise im Serpentin zu Hause ist, so soll es doch auch zu Oberhohndorf in Sachsen im Mandelstein und zu Hauenstein in Böhmen im Basalte gefunden seyn.

Kibdelophan.

S. Titaneisen.

Kieselkupfer.

Syn. Kieselmalachit, Malachitkiesel, Chrysocolla, Kupfersinter, Chrysocale.

Findet sich nur amorph und bisweilen in warzenförmigen Gestalten, aber ohne alle Spur und Anlage zu einer krystallinischen Bildung, und besteht nach *v. Kobell* aus $34,_{82}$ Kieselsäure, $44,_{83}$ Kupferoxyd und $20,_{35}$ Wasser, zufolge der Formel: $Cu^3\,\ddot{S}i + 6\,\dot{H}$. Hat einen muscheligen, ebenen oder kleinsplittrigen Bruch und einen mehr oder weniger wachsartigen, bisweilen auch matten Glanz, ist bald halbdurchsichtig, bald nur an den Kanten durchscheinend, und mit spangrünen, smaragdgrünen, himmelblauen, grünlichweissen, bisweilen aber auch mit braunen Farben versehen. Das Fossil giebt einen grünlichweissen Strich, ist sehr spröde, hat ein spec. Gew. = 2 bis $2,_2$ und eine Härte = 2—3.

Es findet sich in der Regel derb, eingesprengt, als Ueberzug, bisweilen auch in getropften, nierenförmigen oder traubigen Gestalten, öfters auch in Afterkrystallen, welche *Hauy* anfänglich für echte Krystalle des Kieselkupfers hielt.

Man scheint es nur an einer Stelle im vulcanischen Gebirge aufgefunden zu haben, und zwar auf der Insel Lipari, woselbst es in derben, spangrünen und himmelblauen Massen in einem doleritischen Gesteine auftritt.

Kieselsalzkupfer.

Dies quantitativ noch nicht untersuchte Erz, welches aber nach einer vorläufigen Prüfung von *J. John* (in *Leonhard's* Jahrb. für Min. 1845. S. 67) aus Kieselsäure, Kupferoxyd und Salzsäure besteht, ist spangrün, smaragdgrün oder grünlichblau gefärbt, halbdurchsichtig, durchscheinend oder fast undurchsichtig, zeigt auf den durchscheinenden Parthien Fettglanz, auf den undurchsichtigen dagegen blos einen fettigen Schimmer, ist weich, ritzt Gypsspath, nicht aber Kalkspath, und kommt bald in zerfressenen Körnern, bald in kleinen, nierenförmigen Gestalten von $\frac{1}{4}$—$\frac{1}{2}$ Linie im Durchmesser vor.

Hinsichtlich seiner Mischung steht das Kieselsalzkupfer zwischen salzsaurem Kupfer und Kieselkupfer. Vorkommen: auf einer porösen, augitischen, verschlackten Masse des Vesuv's.

Kieseltuff.

Syn. Kieselsinter, Fiorit, Bergmehl.

Besteht im Wesentlichen aus Kieselsäure mit einem geringen Gehalte an Thonerde, Talkerde, Kalk, Kali, Natron, Eisenoxyd und Wasser, hat, wenn er in grössern Massen vorkommt, einen muscheligen oder unebenen Bruch, ist durchscheinend oder undurchsichtig, nur wenig glänzend oder matt, bisweilen gestreift, gebändert, gefleckt und sehr verschiedenartig gefärbt; denn bald erscheint er milch-, gelblich-, röthlich-weiss, bald asch- oder perlgrau, bald braun, roth und grün. Sein spec. Gew. $= 1{,}_8 - 1{,}_{82}$. Oefters tritt er zartfaserig auf; alsdann ist er an den Kanten durchscheinend und inwendig seidenartig schimmernd; bisweilen hat er ein traubiges, getropftes, rindenförmiges Ansehen und erscheint so häufig als Ueberzug selbst der zartesten vegetabilischen Theile, wie namentlich auf Island. Hier sowohl als auf der Halbinsel Kamtschatka setzt er sich in mehreren der dortigen heissen Quellen ab, worüber wir bei einer frühern Gelegenheit schon das Nöthige gesagt haben. Auf ähnliche Weise findet er sich in Frankreich im Dép.

Puy de Dôme, besonders am Mont-Dore les Bains. Bei St. Nectaire bildet er sich noch jetzt als rindenförmiger Ueberzug auf den Röhren, durch welche die heissen Wasser den Bädern zugeführt werden. In Toscana trifft man ihn an zu Santa Fiora als Fiorit. Auf Ischia kommt er fast stets in Gesellschaft mit Hyalith vor, worüber wir ebenfalls schon früher Nachricht gegeben haben. Zuweilen findet er sich auch in Solfataren oder in den Krateren der Vulcane, wie namentlich am Pic von Teneriffa. Sein Vorkommen zu Parsborough in Neuschottland ist dadurch ausgezeichnet, dass er daselbst eine graue oder schöne blaue Farbe besitzt, bisweilen Chabasie-Krystalle umschliesst und im Mandelstein - Gebirge seinen Sitz hat.

Kirwanit.

Diese von *Thomson* zum Andenken an *Kirwan* aufgestellte Mineral-Species, welche in die Nähe des Prehnits einzuordnen, vielleicht auch mit letzterm zu vereinigen seyn dürfte, besitzt eine olivengrüne Farbe und eine undeutlich faserige Textur, indem die einzelnen Fasern so innig miteinander verwachsen sind, dass hierdurch ein fast muscheliger Bruch zum Vorschein kommt. Sie sind matt und undurchsichtig, haben eine Härte = 2 und ein spec. Gew. = $2,_{941}$. Da, wo sie mit dem sie einschliessenden Basalt in Berührung kommen, sieht man sie durch eine helle Zone von demselben geschieden.

Der Kirwanit besteht nach *Thomson* in 100 Th. aus Kieselsäure $40,_5$, Thonerde $11,_{41}$, Eisenoxydul $23,_{91}$, Kalk $19,_{78}$, Wasser $4,_{35}$, woraus man folgende Formel berechnet hat:

$$3 \left\{ \begin{matrix} \dot{F}e^2 \\ \dot{C}a^2 \end{matrix} \right\} \dddot{S}i + \underline{\dddot{A}l}\ \dddot{S}i + 2\ \dot{H}.$$

Vorkommen: in den Höhlungen eines basaltischen Gesteins an der Nordost-Küste von Ireland.

Koupholithe.

S. Prehnit.

Krablit.

Eine von *Forchhammer* aufgefundene, aber noch nicht näher bekannt gewordene Feldspath-Art, welche in Verbindung mit Anorthit in mehreren Dolerit-Abänderungen auf Island, namentlich am Vulcan Viti im Krabla-Gebirge entdeckt worden ist und folgende Zusammensetzung haben soll: $\dot{K}$, $\dot{N}a$ ($\ddot{\overline{A}}l$, $\ddot{\overline{F}}e$) $\dddot{S}i$. Es scheint, als wenn der Krablit mehr bei der Geognosie, als bei der Mineralogie der Vulcane seine Stelle erhalten müsste.

Krablit.

Ein ebenfalls von *Forchhammer* auf Island entdecktes Mineral, welches in die Nähe des Perlsteines einzureihen seyn wird. Es kommt in kugeligen, roth gefärbten Massen vor, die einen concentrischen, strahligen Bruch und ein spec. Gew. = $2,_{389}$ besitzen. Sie bestehen in 100 Th. aus Kieselsäure $71,_{83}$, Thonerde $13,_{40}$, Eisenoxyd $4,_{40}$, Kalkerde $1,_{98}$, Talkerde $0,_{17}$, Natron $5,_{56}$, Kali eine Spur. Hiernach hat man folgende Formel berechnet: $N\ S^6 + \left.\begin{matrix} A \\ F \end{matrix}\right\} S^4$.

Fundstätte: in dem bekannten und ausgezeichneten Obsidian von Hrafntinnabruggr auf Island.

Krisuvigit.

Ein dem Brochantit nahe stehendes, vielleicht mit demselben identisches, von *Forchhammer* auf Island entdecktes Mineral, welches meist in Gesellschaft mit dem schon früher erwähnten Hversalz, so wie mit Kupferindig auftritt. Es hat eine smaragdgrüne Farbe und bildet auf der sogen. Klyftlava, welche durch schwefelsaure Dämpfe eine Zersetzung erlitten hat, mehr oder weniger starke, rindenförmige Ueberzüge. Diese sind zusammengesetzt aus $18,_{88}$ Schwefelsäure, $67,_{75}$ Kupferoxyd, $0,_{56}$ Thonerde und Eisenoxyd, so wie aus $12,_{81}$ Wasser. Es ist demnach basisch-schwefelsaures Kupferoxyd-Hydrat und steht in demselben Verhältniss zum Brochantit ($Cu^4\ \dddot{S}i^3 + 3\ \dot{\text{H}}$) wie Kupferlasur zum Malachit.

Vorkommen: zu Krisuvig auf Island.

Kuboit.

S. Analzim.

Kupfer.

Das gediegene Kupfer gehört hinsichtlich seiner Krystallformen, gleich den meisten Metallen, dem regulären System an. Oefters als in regelrechten Gestalten findet es sich in gestrickten, dendritischen, zähnigen, drahtartigen Formen, auch in Platten und Blechen, überall durch seine kupferrothe Farbe charakterisirt, die jedoch oft gelblich oder bräunlich angelaufen ist. Es hat bekanntlich einen hakigen Bruch, sein spec. Gew. $= 8,_5—8,_9$, seine Härte = 3. Es ist in hohem Grade ductil, aber zugleich strengflüssig.

Es findet sich auf Gängen und Lagern, auch eingewachsen und eingesprengt in sehr verschiedenen Gebirgsarten, plutonischen und neptunischen, ältern und jüngern, auch in vulcanischen Gesteinen, mitunter in höchst ansehnlichen Massen und auch gerade nicht selten. In Deutschland kennt man freilich nur wenige Localitäten, wo das Kupfer auf diese Art sich findet; die eine zu Reichenbach unfern Oberstein, wo es mit Prehnit und Rothkupfererz in Mandelstein vorkommt, die andere auf dem Virneberge bei Rheinbreitbach. In diesem setzt ein Gang auf, der aus einem Gemeng von Kupferglaserz und Buntkupfererz besteht. Der Erzgang kommt mehrfach mit einem Basaltgang in Berührung, der an solchen Stellen eine bolartige Beschaffenheit angenommen hat. Auf den Klüften dieses zersetzten Gesteines findet sich gediegenes Kupfer vom schönsten Metallglanz in dendritischen, dünnen Blättchen. Auch in Tirol auf dem Gebirge von Ciaplaja kommt gediegen Kupfer mit Prehnit in Mandelstein vor. Desto häufiger aber und in mitunter staunenswerthen Quantitäten ist es neuerdings in Nordamerica, in der Nähe der sogenannten canadischen Seen, aufgefunden worden. Hier scheint es in einer Gebirgsart vorzukommen, welche viel Aehnlichkeit mit mehreren unserer deut- Melaphyr-Varietäten besitzt. In dieser ist es eingewachsen, oder auch auf derselben in Blöcken liegend, von der Gegend am Lake superior an bis in die Nähe der Hudsons-Bai entdeckt worden und findet sich daselbst in gewaltigen Stücken, die mitunter ein Gewicht von mehr als 2000 Pfd. besitzen. Kleinere Stücke, welche 100—200 Pfd. wiegen, sind gerade keine Seltenheit. Höchst denkwürdig ist der Umstand, dass es hier öfters in Gesellschaft von gediegenem Silber auftritt, und dass beide Metalle, ungeachtet ihrer grossen gegenseitigen Neigung, miteinander sich zu legiren, solches doch nur selten gethan haben, und man das Kupfer meist nur mit Plättchen und ähnlichen Formen von gediegenem Silber bedeckt findet. So war eine gediegene Kupfer-Masse beschaffen, welche im J. 1845 am südlichen Ufer des Lake superior unweit des Elm-

Flusses aufgefunden wurde und bei einer Länge von $3\frac{1}{2}$ Fuss 652 Pfd. wog. Es kommen aber auch Fälle vor, dass solches gediegenes Kupfer sehr silberhaltig und demnach mit Körnern, kantigen Stücken und ährenförmigen Gestalten von reinem Silber an der Oberfläche bekleidet ist. Bisweilen setzen Trümmer reinen Silbers in einem $0,_{001}$—$0,_{003}$ silberhaltigen Kupfer auf und scheinen in diesem Falle durch Ausscheidung entstanden zu seyn. Nach *C. T. Jackson (Proceedings of the sixt annual meeting of the association of american geologistes and naturalistes held in New-Haven, Conn.*, April 1845) sind beide Metalle auf ihrer Oberfläche von krystallinischer Beschaffenheit, dabei meist drahtförmig, zackig und zähnig gestaltet. Die Stückchen Silber erscheinen mit dem Kupfer wie zusammengelöthet. Auf welche Art und Weise beide Metalle sich hier gebildet haben, möchte schwer zu entscheiden seyn.

Das vorhin erwähnte melaphyrartige Gestein durchbricht am südlichen Ufer des Lake superior eine sedimentäre Felsart, welche old red Sandstone zu seyn scheint. Es bildet mächtige Gänge darin und hat sich hierauf weithin über denselben ausgebreitet. Das gediegene Kupfer füllt alle Blasenräume und Geoden des Melaphyr's aus, und merkwürdiger Weise soll dieser Metall-Reichthum erst dann beginnen, wenn die Gänge über das Niveau des old red gelangt sind.

Noch müssen wir des eigenthümlichen Vorkommens des gediegenen Kupfers oder vielmehr des Verwachsenseyns desselben mit mehreren zeolithischen Substanzen Erwähnung thun. Während es auf den Färöar meist Chabasie ist, in dessen Innern oder auf dessen Oberfläche sich das Kupfer in dendritischer Gestalt abgesezt hat, so findet solches in Neu-Schottland mehr mit dem Analzim statt, und das Metall durchzieht den letztern oft in den schönsten, draht- und haarförmigen Gestalten, ertheilt demselben bisweilen auch, indem es Wasser und Kohlensäure aus der Luft aufnimmt, eine intensive kupfergrüne Farbe.

Kupferindig.

S. Covellin.

Kupferkies.

Man will ihn in vulcanischen Gebirgsmassen aufgefunden haben, jedenfalls aber ist er darin eine äusserst seltene Erscheinung. Wie *Haidinger* zuerst nachgewiesen, ist seine Grundform ein Quadrat-Octaëder von 101° 49′, 126° 11′. In 100 Th. besteht er aus $34,_{81}$ Kupfer, $29,_{82}$ Eisen und $35,_{37}$ Schwefel. Hiernach kommt ihm die Formel $\dot{\mathrm{G}}\ \dddot{\mathrm{Fe}}$ zu. Er hat einen nicht immer deutlich muscheligen, in's Unebene sich neigenden Bruch. Bezeichnend für ihn ist die messinggelbe Farbe, die aber an der Luft gern anläuft und alsdann bunt gefleckt oder goldgelb erscheint. Er ist undurchsichtig, lebhaft metallisch glänzend und giebt einen grünschwarzen Strich. Sein spec. Gew. = $4,_{1}$ — $4,_{3}$, die Härte = $3,_{5}$.

Der Kupferkies gehört zu den sehr verbreiteten Erzen und findet sich auf Gängen und Lagern, auch eingesprengt in ältern krystallinischen Gebirgsarten, namentlich in denen der Diabas- und Diorit-Familie. Auch im Flötzgebirge kommt er vor und ist namentlich im Kupferschiefer als ein wesentlicher Gemengtheil des letztern anzusehen.

Ungeachtet seines häufigen Vorkommens tritt er doch in den pyrogenen Felsarten so selten auf, dass man mit einiger Zuverlässigkeit nur wenige Stellen kennt, wo dieses statt findet. Die eine ist Fischbach in der Nähe von Oberstein, wo der Kupferkies in Begleitung von Kupfergrün und Fahlerz auf kleinen Gängen in Melaphyr-Mandelstein sich findet; die andere ist die schon öfters erwähnte Wolfsinsel im Onega-See, woselbst in den Blasenräumen von Mandelstein Kupferkies in Krystallen auf Amethyst vorkommen soll.

Kupferoxyd.

Syn. Tenorit.

Sein Vorkommen im vulcanischen Gebirge ist noch keineswegs genügend nachgewiesen, doch giebt *Covelli (Ann. de chim. et de phys.* T. 26. p. 419) an, dass er schwarzes Kupferoxyd in Gestalt dünner, geschmeidiger und lebhaft metallisch glänzender Blättchen am Vesuv beobachtet habe, welche seiner Ansicht nach durch Einwirkung von Wasserdämpfen auf Chlorkupfer entstanden seyn sollen.

Kupfervitriol.

Syn. Blauer Vitriol, Cyperscher Vitriol, Cyanose.

Hat ein schiefes rhomboidisches Prisma zur Grundform und besteht in 100 Th. aus $32,_{14}$ Schwefelsäure, $31,_{72}$ Kupferoxyd und $36{,}_{14}$ Wasser, gemäss der Formel: $\dot{C}u\,\ddot{S} + 5\,\dot{\bar{H}}$, besitzt einen muscheligen Bruch, Glasglanz und ist bald halbdurchsichtig, bald auch nur durchscheinend. Die dunkel-himmelblauen, in das Berlinerblau und in das Spangrün übergehenden Farben des Kupfervitriols sind allgemein bekannt. Spec. Gew. $= 2{,}_{19}$, Härte $= 2{,}_{5}$. Ausser in Krystallen, die aber im Allgemeinen selten und dabei auch stets von unbedeutender Grösse sind, erscheint der Kupfervitriol auch in getropften, nierenförmigen, zelligen und derben Gestalten, bisweilen in körniger Absonderung als neueres Erzeugniss, hervorgegangen aus der Zersetzung verschiedener Kupfererze, namentlich des Kupferkieses, und zwar auf der Lagerstätte dieses Erzes, so wie auf Gesteinklüften, in auflässigen Gruben u. dgl.

Man kennt bis jetzt blos einige Stellen, wo man ihn im vulcanischen Gebirge aufgefunden hat, und zwar am Vesuv in der Nähe von Portici, in den Zellen einer blasigen Lava ausgeschieden und begleitet von salzsaurem Kupfer, Eisenvitriol, Eisenglanz und andern Sublimations-Producten. Auch in den Trapp-Gebilden auf den Färöar kommt er vor und hier wurde er schon gegen das Ende des vorigen Jahrhunderts, obwohl als Seltenheit, entdeckt in Begleitung von gediegnem Kupfer und Kupfergrün.

Labradorit.

Syn. Edler Feldspath.

Er bildet diejenige Feldspath-Art, welche in der basaltischen Abtheilung der vulcanischen Gesteine besonders häufig auftritt und für sie sehr bezeichnend ist. Wohl ausgeprägte und wohl erhaltene Krystalle, die man mit der nöthigen Schärfe hätte messen können, scheinen eine grosse Seltenheit zu seyn. Mit zu den deutlichsten gehören diejenigen, welche *Abich* (s. *Poggendorff's* Ann. der Phys. Bd. 50. S. 347) auf einer Wanderung durch das Val del Bove am Aetna, in der Nähe des Monte Calanna, zugleich mit schönen Augit-Krystallen einem grobkörnigen Sande eingelagert fand, welcher, wahrscheinlich das Product mechanischer Zerstörung, von einem der ältern Lavaströme herrühren dürfte, die den Boden des Thales während der historischen Zeit ausgefüllt haben. Sämmtliche Krystalle erscheinen in Zwillingsform, tragen jedoch alle die Spuren einer Zersetzung an sich. Die grössten derselben sind einen Millimeter dick und 6—8 Millimeter lang. Sie besitzen eine braune Farbe und sind auf's innigste mit kleinen, glänzenden und scharfen Augit-Krystallen durchwachsen. Eben so deutlich scheinen diejenigen Labrador-Krystalle zu seyn, welche *Descloizeaux* auf den Färöar entdeckt hat, die sich jedoch ebenfalls nicht mit der erforderlichen Schärfe messen liessen. So viel stellte sich aber heraus, dass ihre Grundform von einem schiefen, unsymmetrischen Prisma gebildet wird. Die Zwillinge sind denen des Albits sehr ähnlich, unterscheiden sich aber von ihnen durch das Kennzeichen, dass sie sich in Salzsäure auflösen, während dies beim Albit nicht statt findet.

Dem Labradorit kommt folgende chemische Formel zu: $\left.\begin{matrix}\dot{Ca}\\ \dot{Na}\end{matrix}\right\}\dddot{Si} + \dddot{\underline{Al}}\,\dddot{Si}$. Er besitzt einen unvollkommen muscheligen, in's Unebene und Splitterige übergehenden Bruch, auf den vollkommenern Spaltungsflächen perlmutterartigen Glasglanz, welcher auf dem Bruche fettartig erscheint. Im reinen Zustand ist der Labrador durchscheinend, im weniger reinen findet dies nur an den Kanten statt. Er erglänzt oft in lebhaftem, theils einfarbigem, theils buntem, bisweilen metallischem Farbenspiel, wobei blaue, grüne, gelbe, rothe, braune Farben in verschiedenartigem Wechsel, mitunter in regelmässigen Streifen, zum Vorschein kommen. Das spec. Gew. = $2{,}_{67}$—$2{,}_{76}$, die Härte = 2. Der Strich ist weiss.

In geognostischer Beziehung ist der Labrador von grosser Wichtigkeit, denn er bildet einen wesentlichen Bestandtheil verschiedener plutonischer sowohl als vulcanischer Felsarten, in denen er mit Augit, Diallag, Hypersthen vergesellschaftet ist. Auf diese Weise erscheint er im Dolerit, Euphotid, Hypersthenfels, Diabas, so wie in mehreren Porphyren. Auch in einigen Meteorsteinen hat er sich gefunden. Er bildet auch den feldspathigen Gemengtheil fast aller Syenite. Im Kugelporphyr auf Corsica hat man ihn ebenfalls entdeckt.

Der farbenspielende Labrador findet sich besonders häufig und schön an der Küste von Labrador und auf der St. Pauls-Insel, theils in anstehenden krystallinischen Massen, theils in Geschieben, welche hinsichtlich ihrer Structur manchen Graniten ähnlich sehen, sich aber von diesen durch den Mangel an Quarz unterscheiden. In losen Blöcken begegnet man ihm an den Küsten des finnischen Meerbusens bei Peterhof, Ojamo und Miolö bei Sweaborg. Das Strassenpflaster von St. Petersburg besteht zum Theil daraus. Im Dolerit des Meisners hat er in seltnen Fällen noch sein Farbenspiel beibehalten, meist aber erscheint er zersetzt und gebräunt. Kommt er mit Hypersthen verbunden vor, so ist seine Farbenpracht gross; auf diese Weise trifft man ihn besonders auf der Insel Sky an.

Laumontit.

Er wurde zuerst, in Begleitung von Kalkspath, auf Quarzgängen in Thonschiefer zu Huelgoët in der Bretagne von *Gillet Laumont* aufgefunden und das Fossil ihm zu Ehren von *Hauy* „Laumontit" genannt.

Ueber die Grundform desselben herrscht noch Meinungsverschiedenheit; *Dufrénoy* (a. a. O. III, 453) sieht das schiefe rhombische Prisma für dieselbe an. Die Krystalle erscheinen öfters in der Form vier- oder sechsseitiger Säulen, kommen jedoch meist in strahlenförmigen Bündeln oder auch blätterigen Massen von milchweisser, gelblich- oder röthlich-weisser Farbe vor. Ist der Laumontit von blätteriger Textur, so hat er einen unebenen Bruch und besitzt in frischem Zustande auf den Spaltungsflächen einen perlmutterartigen, auf den andern Flächen blos einen glasartigen Glanz. In diesem Falle ist sein spec. Gew. $= 2{,}_2 - 2{,}_3$, die Härte $= 3{,}_5$; dabei ist er äusserst zerbrechlich. Vor den meisten Mineralien zeichnet sich der Laumontit besonders dadurch sehr aus, dass er an der Luft äusserst leicht verwittert, seinen Glanz, so wie sein durchscheinendes Ansehen verliert, dabei aber doch bisweilen noch Spuren seiner blätterigen Textur wahrnehmen lässt, endlich aber zu einer lockern, leicht zerreiblichen und sandig anzufühlenden Masse zerfällt. Worauf dies eigenthümliche Verhalten basirt ist, weiss man noch nicht mit Zuverlässigkeit; ob in seiner chemischen Constitution, ist ungewiss. So viel ist sicher, dass der Laumontit von verschiedenen Fundstätten in dieser Beziehung sich auch verschieden verhält. Seine Mischung wird durch folgende Formel ausgedrückt: $\dot{C}a\,\dddot{S}i^2 + 3\,\dddot{\bar{A}}l\,Si^2 + 12\,\dot{\bar{H}}$. Vor dem Löthrohr schmilzt er zu einer weissen, durchscheinenden Perle, wird von Salzsäure leicht zersetzt und gelatinirt mit derselben.

Er findet sich in sehr verschiedenen Gebirgsarten, besonders in Blasenräumen von Mandelstein, Basalt, auch auf Klüften und Weitungen von Granit, Syenit, Diorit und Diabas und ist daselbst öfters begleitet von Kalkspath, Prehnit, Apophyllit, Pistazit, Chlorit, Apatit, Quarz u. dgl. Am liebsten scheint er in der Gesellschaft von Kalkspath aufzutreten, und man hat dann öfters Gelegenheit, die Beobachtung zu machen, dass die Krystalle des Laumontit's in die des Kalkspathes eingewachsen sind.

Unter den auswärtigen Fundorten ist wohl Peters-Point im britischen Nordamerica der interessanteste, woselbst der Laumontit in Höhlungen eines Mandelsteins vorkommt, welche sechs Fuss im Durchmesser besitzen, und wo schöne Krystalle von Apophyllit und Kalkspath sich auf Krystallen von Laumontit abgesetzt haben.

Ausser im vulcanischen Gebirge findet sich der letztere auch auf Lagern und Gängen, bisweilen auch auf Erzgängen im Gneis, Glimmerschiefer, Hornblendeschiefer, so wie im Thonschiefer.

Lazurstein.

Syn. Lazulith, Lapis Lazuli, Outremer.

Dieses schon im frühesten Alterthume wegen seiner herrlichen lasurblauen Farbe sehr geschätzte und besonders in der Malerei häufig angewandte Fossil kommt nur äusserst selten krystallisirt vor, doch besitzt die Ecole des mines in Paris eine Stufe mit sehr deutlichen regulären Dodekaëdern, deren Flächen einen spiegelnden Glanz besitzen und sich mit dem Reflexions-Goniometer messen lassen. Hinsichtlich seiner chemischen Mischung ist der Lazulith erst in neuester Zeit bekannt geworden. Man giebt ihm jetzt die Formel: $\dot{\text{N}}\text{a}$, Ca, $\dddot{\text{Al}}$, $\dddot{\text{Si}}$, S. Nach *Clément* und *Désormes* (s. *Ann. de chim. et de phys.* T. 7. p. 317) besteht das aus dem Lazurstein dargestellte Ultramarin in 100 Th. aus $35_{,8}$ Kieselsäure, $34_{,8}$ Thonerde, $23_{,2}$ Natron, $3_{,1}$ kohlensaurem Kalk, $3_{,1}$ Schwefel. Die blaue Farbe scheint von einer Schwefelverbindung, vermuthlich von einer Verbindung des Schwefels mit Eisen, herzurühren.

Der Lazurstein besitzt einen unebenen, in's Muschelige übergehenden Bruch. Sein Glanz ähnelt dem Glasglanz, oft ist er nur schimmernd und an den Kanten durchscheinend. Sein spec. Gew. = $2_{,5}$ — 3, seine Härte = $5_{,5}$. Die prachtvolle ultramarinblaue Farbe, welche in's Smalte- und Berlinerblaue übergeht, zeichnet ihn ausserordentlich aus. Diese wird durch beigemengte Glimmerschüppchen, Körner weissen Kalkes und Schwefelkies (von den Alten für Gold gehalten) bisweilen noch sehr erhöht.

Der Lazurstein findet sich im Orient, z. B. in Persien. Unweit der Einmündung der Sljudänka in den Baïkal-See scheint er nach *Laxmann* (s. *Pallas,* Neue nordische Beiträge, Bd. 5. S. 306) an der Grenze von Granit und Marmor auf einem Gange in letztgenannter Felsart vorzukommen. Auch in Tibet und an mehreren Orten in China ist er vorgekommen, besonders aber in der Tatarei und namentlich bei Badakschan und Usbekistan.

Schon *Monticelli* und *Covelli* führten den Lazurstein unter den Erzeugnissen des Vesuv's an; dies ist durch *Scacchi* neuerdings insofern bestätigt, als auch er dies Mineral in kalkigen Gebilden am Monte di Somma aufgefunden hat. Auch *Wiser* gedenkt (in *Leonhard's* Jahrb. 1842. S. 225) eines Lazursteines vom Vesuv, der mit silberweissem Glimmer daselbst in einem körnigen Kalkstein (sogen. salinischem Marmor) vorkam.

Ledererit.

Syn. Chabasie.

Eine nach dem österreichischen Minister *von Lederer* benannte Zeolith-Gattung, welcher eine Stelle in der Nähe des Chabasit's anzuweisen seyn wird, wenn sie nicht mit demselben identisch seyn sollte. Sie wurde zuerst von *Jackson* (s. *Lond. and Edinb. philos. journ.* 1834. T. 4. p. 393) am Cap Blomidon in Neu-Schottland entdeckt und darauf beschrieben. Das Fossil macht sich sehr kenntlich durch seine stark glänzenden, durchsichtigen, farblosen, sechsseitigen, prismatischen Krystalle, welche an der Endfläche eine sechsflächige Zuspitzung wahrnehmen lassen. Manche Krystalle sind jedoch nur durchscheinend und besitzen eine blassrothe Farbe. Dies Mineral wurde bald für Apatit, bald für Nephelin, bald für Davyn gehalten. Zufolge einer Analyse von *Hayes* (in *Silliman's American journ.* T. 25. p. 78) besteht es in 100 Th. aus $49_{,47}$ Kieselsäure, $21_{,48}$ Thonerde, $11_{,48}$ Kalkerde, $3_{,94}$ Natron, $3_{,48}$ Phosphorsäure, $0_{,14}$ Eisenoxyd, $8_{,58}$ Wasser ($0_{,03}$ Bergart, $1_{,4}$ Verlust). *Berzelius* (Jahresber. 14. Jahrg. S. 175) berechnet daraus folgende Formel: $\left.\begin{matrix}\dot{C}a^3\\ \dot{N}a^3\end{matrix}\right\} \dddot{S}i^2 + 3\,\ddot{A}l\,\dddot{S}i^2 + 6\,\dot{H}$. Er meint, man könne den Ledererit als einen Kalk-Analzim betrachten, allein die Krystallform spricht doch zu sehr dagegen.

An der angegebenen Stelle kommt dies Fossil in einer basaltischen Gebirgsart vor, begleitet von Mesotyp, Stilbit und Analzim. In beide letztern sind die Krystalle des Ledererits gewöhnlich eingewachsen.

Lehuntit.

Eine von *Thomson (Outl.* I, 338) aufgestellte Mineral-Species, welche wohl weiter nichts, als ein dichter Mesotyp seyn dürfte. Sie besteht aus $47_{,33}$ Kieselsäure, $24_{,00}$ Thonerde, $13_{,20}$ Natron, $1_{,52}$ Kalk, $13_{,60}$ Wasser. Das Fossil besitzt eine fleischrothe Farbe, einen schuppig-körnigen Bruch, Perlmutterglanz, eine Härte $= 3_{,75}$ und ein spec. Gew. $= 1_{,953} - 2_{,153}$. Es findet sich in Blasenräumen eines Mandelsteines bei Glenarm in der Grafschaft Antrim in Ireland.

Leonhardit.

Ein früher mit dem Laumontit verwechselter Zeolith, der jedoch von *R. Blum* (s. *Poggendorff's* Ann. der Phys. Bd. 59. S. 336) davon getrennt, hernach getauft und näher beschrieben wurde. Die Selbstständigkeit dieser Gattung ist jedoch noch nicht bewiesen; vielleicht ist sie nur ein unreiner Laumontit oder ein Gemenge, auch wird ihr Wassergehalt verschieden angegeben und schwankt von $11_{,641} - 13_{,80}$.

Die Grundform soll eine schiefe rhombische Säule seyn, doch sind die Krystalle meist säulenförmig auf-, durcheinander- und zusammengewachsen und in der Richtung der Hauptaxe verlängert. Ihre Seitenflächen sind parallel der letztern gestreift. Der Blätterdurchgang ist sehr deutlich nach den Seitenflächen, weniger deutlich nach den Endflächen der Prismen. Der Bruch ist uneben, die Härte $= 3 - 3_{,5}$, das spec. Gew. $= 2_{,25}$. Die Krystalle sind spröde und leicht zerbrechlich, an den Kanten durchscheinend und auf den Spaltungsflächen perlmutterglänzend. Der Bruch ist glasglänzend. Ihre Farbe geht aus dem Weissen in's Gelbliche und Bräunliche über. Sie geben einen weissen Strich und verwittern an der Luft sehr leicht. Vor dem Löthrohr schmelzen sie leicht unter Aufblättern und Schäumen zu einem weissen Email. Ihre Zusammensetzung ergiebt sich aus folgender Formel: $3\,\dot{C}a\,\dddot{S}i + 4\,\ddot{\bar{A}}l\,\dddot{S}i^2 + 12\,\dot{\bar{H}}$.

Auf den Drusenräumen eines zersetzten, braun gefärbten, lockern trachytischen Gesteins findet sich der Leonhardit in reinen Krystallen bei Schemnitz in Ungarn; am sogen. Sattel bei Niederkirchen unfern Wolfstein in Rheinbayern ist er in Prehnit umgewandelt und kommt daselbst auf den Klüften eines etwas zersetzten Diorites vor.

Leuzit.

Syn. Amphigène, Leucolite.

Ein sehr leicht zu erkennendes Mineral, welches stets in Trapezoëdern krystallisirt und dem folgende chemische Formel zukommt: $\dot{K}^3\,\dddot{S}i^2 + 3\,\ddot{\bar{A}}l\,\dddot{S}i^2$. Wegen der milchweissen Farbe der Krystalle hat ihm *Werner* den Namen „Leuzit" gegeben, doch kommen auch graue vor und in der Nähe von Albano bei Rom fleischrothe, welche indess etwas zersetzt zu seyn scheinen. Nach *Hauy* soll der Leuzit Spuren von Blätterdurchgängen nach den Flächen des Würfels besitzen, was andere Mineralogen jedoch nicht gefunden haben. Deutlicher ist jedenfalls der Blätterdurchgang nach den Flächen des Rhomben-Dodekaëders. Der Bruch ist muschelig, zuweilen in's Unebene übergehend. Die Krystalle besitzen Glasglanz, der zum Fettartigen neigt; sie sind bald durchsichtig, bald nur an den Kanten durchscheinend. Ihr spec. Gew. $= 2{,}4 - 2{,}5$, die Härte $= 5{,}5 - 6$. Vor dem Löthrohr sind sie unschmelzbar. Sie finden sich fast stets in ursprünglich eingewachsenen, regelrechten Gestalten oder Körnern, selten in kleinen, derben Massen von körniger Zusammensetzung als Gemengtheile vieler Laven und Lavaströme, Krystalle der verschiedensten Grösse untereinander in dem nämlichen Strome, die kleinern in der Regel mehr rund, die grössern oft in die Länge gezogen, vollständig erhalten oder zerbrochen. Durch Einwirkung saurer Dämpfe, so wie durch meteorische Einflüsse erleiden sie bisweilen eine Zersetzung, verlieren ihren Glanz und ihre Durchsichtigkeit, werden aufgelockert und zerfallen zuletzt zu einer weissen, mehlartigen Substanz. Die Leuzite, welche besonders die Somma-Laven charakterisiren, kommen bisweilen so häufig darin vor, dass die Krystalle einander berühren und die Lavensubstanz nur als bindender Teig zwischen denselben erscheint. Am Vesuv scheinen besonders die ältern Laven reich an Leuziten zu seyn. Der Lavastrom, worauf die Trümmer von Pompeji ruhen, umschliesst besonders schöne und deutliche Krystalle.

Der Leuzit kommt besonders gern in Verbindung mit Augit vor und bildet damit bald in krystallinisch-körnigem, bald in porphyrartigem, bald in undeutlichem oder innigem Gemenge eine besondere Gebirgsart, den Leuzitophyr, den wir später werden näher kennen lernen. Ausserdem findet er sich in denjenigen vulcanischen Conglomeraten und Tuffen, welche hinsichtlich ihres Ursprungs dem Leuzitophyr nahe stehen, z. B. im Peperin von Albano und im römischen Tuff. In diesen Gegenden kommt er auch in vulcanischen Auswürflingen, so wie in losen Krystallen in der sogen. vulcanischen Asche vor. In den Rhein-Gegenden kennt man ihn aus der Nähe des Laacher Sees bei Rieden; eben so findet er sich in den doleritischen Gesteinen des Kaiserstuhles; nach *Selb* (in *Leonhard's* Taschenb. für Min. Bd. 9. S. 395) soll er auch am Hohentwyl vorkommen, angeblich auch als Begleiter von gediegnem Gold, Eisen- und Kupfer-Oxyd in Mexico nach *Dolomieu* (im *Journ. des mines,* Nr. 27. p. 177), und nach *Lelièvre* (ebend. S. 184) auch im Glimmerschiefer und Gneis, welche in der Nähe von Gavarnie in den Pyrenäen auftreten; doch haben spätere Geognosten ihn hier nicht auffinden können.

Levyn.

S. Chabasie.

Limbilit.

S. Chrysolith.

Lincolnit.

S. Stilbit.

Magnesit.

S. Bitterspath.

Magneteisen.

Syn. Magnetit.

Das Magneteisenerz, welches in chemischer Beziehung als Eisenoxyd-Oxydul zu betrachten ist und dem die Formel $\dot{F}\,\dddot{\text{F}\!\!\!-}e$ zukommt, gehört dem regulären Krystallsystem an und findet sich meist in Octaëdern, nächstdem auch in Rhomben-Dodekaëdern, theils rein, theils in Combination mit den Octaëdern. Nicht selten kommen auch Zwillings-Bildungen vor. Die Krystalle sind meist eisenschwarz, diese Farbe geht jedoch auch in's Bräunlichschwarze und Stahlgraue über. Selten sind sie bunt angelaufen. Sie geben ein schwarzes Pulver und haben ein spec. Gew. = $4{,}_8$—$5{,}_2$. Sie sind mehr oder weniger stark magnetisch und zwar öfters auch polarisch. Die blätterige Varietät hat einen muscheligen, in's Unebene übergehenden Bruch und auf den Spaltungsflächen einen lebhaften Metallglanz. Bei dieser ist die Härte = 6—$6{,}_5$. Es giebt ausserdem auch noch eine körnige, dichte und ochrige Abänderung. Kommt die erstere in lockern Körnern vor, so nennt man sie Magneteisensand. Die letztere heisst auch Eisenmulm. Sie besitzt eine kohlenschwarze Farbe, färbt stark ab und ist aus staubartigen, bisweilen auch zusammengebackenen Theilen zusammengesetzt.

Hinsichtlich des Vorkommens verdient bemerkt zu werden, dass das Magneteisenerz vorzüglich denjenigen Gebirgsarten eigen ist, welche feurigen Ursprungs sind, oder bei deren Bildung das unterirdische Feuer theilweise mitgewirkt hat. In diesen findet man die Krystalle meist einzeln eingewachsen, seltner in Drusen angehäuft. Bisweilen ist es durch die Gebirgsmassen in so fein zertheiltem Zustande verbreitet, dass man es mit dem unbewaffneten Auge nicht zu erkennen vermag; so namentlich im Basalte. Eine eigenthümliche Erscheinung ist es, dass das Magneteisen fast gar nicht auf Gängen angetroffen wird. Auf Lagern dagegen findet es sich im Gneise, im Glimmer-, Chlorit-, Hornblende- und Thonschiefer, so wie im Grünstein, Diabas und Marmor.

Das ausgezeichnetste Vorkommen des Magneteisens im deutschen Basalte dürfte wohl das in der Pflasterkaute bei Marksuhl, unfern Eisenach, gewesen seyn; hier soll es in octaëdrischen Krystallen die Kluftflächen dieses Gesteins in weiter Erstreckung mit einer spiegelnden Rinde überzogen haben. In derselben Krystallform findet es sich noch jetzt bisweilen auf klaffenden Spalten in den doleritischen Varietäten des Basaltes der blauen Kuppe bei Eschwege. In ähnlicher Weise tritt es am Hamberg bei Bühne auf. In entkanteten Octaëdern findet es sich am Laacher See mit Sanidin, Titanit und Hornblende in dunkelgrauen, krystallinischen Auswürflingen, so wie in einem körnigen Feldspath-Gestein mit Zirkon, Nephelin und Sodalith, ausserdem auch in muscheligen Stücken in der Mühlstein-Lava von Nieder-Mendig. *Frid. Sandberger* macht hierbei (in *Leonhard's* Jahrb. für Min. 1845. S. 141) die Bemerkung, dass man in vulcanischen Gesteinen nur die abgeleiteten Formen des Minerals, dagegen in plutonischen oder halbplutonischen Gebirgsarten (z. B. Talkschiefer) Krystalle der Grundform antreffe.

Andere Fundstätten des Magneteisens in Deutschland sind die Gerswiese im Siebengebirge, sodann Pfalberg bei Sessenbach im Nassauischen, wo es auf Kluftflächen und Drusenräumen eines Dolerites sich findet. Bei Naurod unfern Wiesbaden kommt es derb im Basalt vor. In Körnern will man es in einem phonolithischen Tuffe am Hohentwyl gefunden haben. Am Vesuv kommt es in mannigfaltigen Krystallformen vor, in Massen, welche aus glasigem Feldspath und Nephelin bestehen, in Blasenräumen ausgeschleuderter Lavastücke, begleitet von Harmotom, Glimmer u. dgl. *Scacchi* fand es in krystallinisch-körnigen Gebilden, verbunden mit Augit, Olivin und Glimmer.

Uebrigens wird es auch bisweilen in Gesteinen angetroffen, bei deren Bildung das Wasser mit eingewirkt hat. Auf diese Weise findet es sich nach *Fromherz* (in *Leonhard's* Jahrb. für Min. 1852. S. 447) bisweilen in grosser Menge in einem körnigen Kalk, der offenbar auf wässerigem Wege entstanden ist, bei Schelingen auf dem Kaiserstuhl. Es ist auch der Fall vorgekommen, dass man es auf Harmotom (also einem wasserhaltigen Mineral) aufsitzend beobachtet hat. Häufig wird es auch in Begleitung von Quarz angetroffen.

Magnetkies.

Syn. Gyrrhotin *Breith.*, Leberkies.

Besteht aus einer Verbindung von Eisensulphuret mit Eisenbisulphuret, in verschiedenen Verhältnissen, z. B. $\overset{\prime}{Fe} + \overset{\prime\prime}{Fe}$, und zwar in 100 Th. aus $62_{,77}$ Eisen und $37_{,23}$ Schwefel bestehend. Seine Krystallformen sind zuerst von *Hausmann* (in *Leonhard's* Taschenb. Bd. 8. S. 438—444) näher beleuchtet worden. Hiernach ist die Grundform ein Bipyramidal-Dodekaëder. Gut ausgebildete Krystalle kommen jedoch nur selten vor. Die Farbe des Magnetkieses ist tombackbraun, steht also in der Mitte zwischen Speisgelb und Kupferroth, bisweilen ist er mit Stahlfarben angelaufen. Er giebt ein grauschwarzes Pulver, ist undurchsichtig, metallglänzend und spröde. Das spec. Gew. = $4_{,4}$—$4_{,7}$, die Härte = $3_{,5}$—$4_{,5}$. Er ist mehr oder weniger magnetisch, was vielleicht von dem ihm beigemengten Schwefelkiese oder von einer oberflächlichen Oxydation herrührt.

Er kommt weit seltner als der Schwefelkies in der Natur vor, findet sich jedoch hin und wieder eingesprengt in Granit, Gabbro, Serpentin, Diabas, Thon- und Kieselschiefer. Im Basalt hat man ihn wahrgenommen zu Unkel am Rhein, auf der Gerswiese im Siebengebirge, am Rauchloch bei Ober-Cassel, in sphäroidischen Stücken von krystallinisch-körnigem Gefüge am Schöneberg bei Hof-Geismar in Nieder-Hessen, am Kaiserstuhl in der Gegend von Endingen und Eichstetten, eingesprengt und als Anflug auf Dolerit. Auf den Cyclopen findet er sich in den Blasenräumen basaltischer Gesteine. *Scacchi* hat ihn auch an der Monte di Somma, obwohl nicht häufig, in Gesellschaft von glasigem Feldspath wahrgenommen. Höchst interessant ist sein Auftreten in manchen Meteorsteinen, z. B. denen von Juvenas und Stannern. In diesen findet er sich zum Theil in regelrechten und noch dazu in complicirten Gestalten.

Malakolith.

Syn. Sahlit.

Eine Augit-Varietät von meist dunkel-lauchgrüner Farbe, die nur selten in's Gelbe, Braune und Grünlichweisse übergeht und muscheligen Bruch, so wie Glasglanz besitzt, welcher letztere auf den Spaltungsflächen perlmutterartig wird. Das spec. Gew. beträgt $3_{,2}$—$3_{,3}$, die Härte = 5—6. Die Mischung wird durch folgende Formel ausgedrückt: $\left.\begin{matrix}\dot{Ca}^3\\ \dot{Mg}^3\\ \dot{Fe}^3\end{matrix}\right\}\dddot{Si}^2$.

Die Hauptfundstätte des Malakoliths ist das krystallinische Schiefergebirge, in welchem er weniger auf Gängen, als auf Lagern vorkommt. Im vulcanischen Gebirge ist er eine Seltenheit, doch hat man ihn in den Auswürflingen des Vesuv's wahrgenommen. Die Krystalle und krystallinischen Massen sind von ausgezeichnet deutlicher lamellarer Zusammensetzung.

Malthacit.

Eine von *Breithaupt* (Journ. für prakt. Chemie, Bd. 10. S. 501) aufgestellte Mineral-Species, welche den Namen von ihrem fettartigen Ansehen erhalten hat. Das Fossil scheint in die Quarz-Familie zu gehören und, wenn es sich als eine selbstständige Art erweisen sollte, bei den Opalen einzureihen zu seyn. Nach *Berzelius* (s. dess. Jahresber. Jahrg. 1 . S. 216) ergiebt sich seine Zusammensetzung annäherungsweise aus der Formel: $\ddot{\text{F}}\text{e}\,\dddot{\text{S}}\text{i}^4 + \dddot{\text{A}}\text{l}\,\dddot{\text{S}}\text{i}^4 + 5\,\dot{\text{H}}$.

Der Malthacit kommt nur amorph vor, besitzt einen unebenen, in's Muschelige übergehenden Bruch, ist schwach wachsartig glänzend, wird aber durch den Strich glänzender. Er ist durchscheinend, meist weiss oder gelblich gefärbt. Sein spec. Gew. = $1{,}_{996}$—$2{,}_{010}$. Er fühlt sich sehr fettig an, hängt nicht an der Zunge, erweicht langsam in Wasser und zerfällt etwas darin. Er ist so milde wie Wachs, in frischem Zustande sogar etwas geschmeidig.

Der Malthacit wurde von *Törmer* in dünnen Platten unter Blöcken verwitterter Basaltes bei Steindörfel zwischen Löbau und Bautzen in der Ober-Lausitz aufgefunden.

Manganit.

Syn. Acerdèse *Beud.*

Ist Manganoxyd-Hydrat mit der Formel $\dddot{\text{M}}\text{n}\,\dot{\text{H}}$ und hat zur Grundform ein Rhomben-Octaëder. Ausser in Krystallen kommt das Mineral auch in stänglig abgesonderten Massen vor, die bisweilen ein körniges Gefüge annehmen und aus diesem in's Dichte übergehen. Der Manganit ist von unvollkommenem Metallglanz, nur in sehr dünnen Blättchen mit brauner Farbe durchscheinend. Der Bruch ist uneben, die Farbe in der Regel stahlgrau, bisweilen auch braun- und eisenschwarz. Selten ist das Mineral mit Stahlfarben angelaufen. Es giebt einen braunen Strich und ist etwas spröde. Die Härte = 4, das spec. Gew. = $4{,}_3 - 4{,}_4$.

Dieses Erz wird vorzugsweise angetroffen auf unregelmässigen Gängen in mehreren Porphyr-Arten, namentlich in Melaphyr, so wie in quarzführendem Porphyr, auf denen es von andern Braunstein-Fossilien, auch von Baryt, Kalkspath und Aragonit begleitet wird. Nur selten findet man es in den Blasenräumen eruptiver Gebirgsmassen, doch kommt es auf diese Art auf der Wolfsinsel im Onega-See vor, und zwar in den Höhlungen eines Mandelsteines, vergesellschaftet mit den schönsten Amethyst-Krystallen.

Marmolith.

Syn. Marmalith.

Dies bisher nur im Serpentin von Hoboken in Baltimore vorgekommene Mineral soll nach *R. Blum* (in *Leonhard's* Jahrb. 1835. S. 158) auch im Dolerit der Kupfergrube bei Horschlitt, unfern Eisenach, sich gefunden haben, und zwar in Rectangulär-Octaëdern, die jedoch wegen ihrer rauhen Oberfläche schwierig zu messen waren. Die Krystalle sind auf- und durcheinander gewachsen, finden sich auch in strahlig-blätterigen Massen, so dass von einem Mittelpuncte aus die Blättchen nach den Seiten hin strahlenförmig sich vertheilen. Die Krystalle sind parallel den Kernflächen deutlich spaltbar, spröde, von unebenem Bruche und besitzen eine Härte = $3 - 3{,}_5$. Auf den Spaltungsflächen bemerkt man einen starken Perlmutterglanz, auf den andern Flächen blos Fettglanz. Dünne Blättchen des Fossils sind durchscheinend, dickere sind dies nur an den Kanten. Ihre Farbe ist lichtgrün; sie geben einen weissen Strich. Vor dem Löthrohr schmelzen sie, eben so wie der Marmolith von Hoboken, zu einem weissen Email, indem sie sich aufblättern und eine gelbbraune Farbe annehmen. Sie finden sich an der angegebenen Stelle in einem feinkörnigen Dolerit mit Augit, Hornblende und Magneteisen auf Blasenräumen des Gesteins, stets von Kalkspath begleitet, von welchem die Krystalle oft ganz umschlossen sind. Nach *Breithaupt* (in *Leonhard's* Jahrb. 1835. S. 525) ist indess nur der Marmolith von Horschlitt optisch-einaxiger Glimmer.

Mascagnin.

Dieses zuerst von Dr. *Mascagni*-als Mineral aufgefundene Salz besteht bekanntlich aus wasserhaltigem, schwefelsaurem Ammoniac, gemäss der Formel: $\text{\sout{N}}\,\text{\sout{H}}^3\,\ddot{S} + 2\,\dot{\text{\sout{H}}}$, hat ein Rhomben-Octaëder zur Grundform, mehr oder weniger deutliche Blätterdurchgänge, einen unvollkommen muscheligen oder unebenen Bruch, Glasglanz und ist bald durchsichtig, bald blos durchscheinend. Seine Farben gehen aus Weiss in's Graue und Gelbe über. Das spec. Gew. = $1{,}_{72}$—$1{,}_{73}$, die Härte = 2—$2{,}_{5}$. Der Geschmack dieses Salzes ist scharf bitter. Es ist ein vulcanisches Product und findet sich als solches als stalaktitischer, krustenförmiger oder mehliger, matter Beschlag an der Solfatara von Pozzuoli, so wie in der Grotta dello zolfo in der Nähe des Hafens von Miseno, in Verbindung mit Salmiac und Rauschgelb. Hier, in etwa 4 Meter Tiefe, überzieht der Salmiac krustenförmig den krystallinisch-körnigen Mascagnin, welcher mit etwas Alotrochin gemengt ist. Auch am Aetna und auf den Liparischen Inseln kommt der Mascagnin vor. In den schon früher beschriebenen Lagunen in Toscana ist er im Wasser derselben gelöst, bildet jedoch auch auf den angrenzenden Felsen gelbliche stalaktitische Massen und kommt an denselben auf Kluftflächen vor, aus denen sich Borsäure entbindet.

Uebrigens soll der natürliche Mascagnin eine vom künstlichen abweichende Mischung besitzen.

Mejonit.

S. Wernerit.

Melanit.

S. Granat.

Melilith.

S. Humboldtilith.

Menilith.

Gehört zur Quarz-Familie, und zwar in die Abtheilung der Opale, und kommt in knolligen, selten in nierenförmigen Stücken vor. Diese haben einen flachmuscheligen Bruch, sind an den Kanten durchscheinend bis undurchsichtig, wenig glänzend bis matt und meist von gelbgrauer oder kastanienbrauner Farbe.

Der Menilith findet sich ausgezeichnet im Klebschiefer von Menil-Montant und Argenteuil bei Paris, ist jedoch auch zu Luschitz in der Nähe von Bilin auf Nestern in einem basaltischen Tuffe vorgekommen.

Mennig.

Ist in krystallisirtem Zustande nicht bekannt und besteht in 100 Th. aus $90_{,66}$ Blei und $9_{,34}$ Sauerstoff, gemäss der Formel: $\dot{Pb}\ \dddot{\bar{P}b}$.

Der Mennig hat einen flachmuscheligen Bruch, der in's Ebene übergeht und dann erdig erscheint. Er ist von schön morgenrother Farbe und giebt einen orangerothen Strich. Sein Glanz schwankt zwischen Fett- und Perlmutterglanz. Die Härte = 2, das spec. Gew. = $4_{,6}$. Im natürlichen Zustande ist er eine grosse Seltenheit, findet sich jedoch derb, eingesprengt, auch als Anflug und soll zu Bolanos in Mexico, begleitet von gediegnem Silber, Bleiglanz und Bleispath, auf Gängen in Dolerit vorgekommen seyn.

Auch die natürliche Bleiglätte, welche der künstlichen ganz ähnlich sieht und in 100 Th. aus $92_{,83}$ Blei und $7_{,17}$ Sauerstoff besteht, zufolge der Formel Pb, soll nach *v. Gerolt* (in *Leonhard's* Jahrb. für Min. 1832. S. 202) unter den Producten der beiden mexicanischen Vulcane Popocatepetl und Iztaccihuatl, wie es scheint, in ziemlich reichlichem Maasse vorgekommen seyn, jedoch gelang es nicht, dieses Mineral anstehend zu beobachten.

Mesole.

S. Mesotyp.

Mesoline.

S. Mesotyp.

Mesolith.

S. Mesotyp.

Mesotyp.

Syn. Zeolith, Natrolith, Bergmannit, Radiolith, Skolezit, Lehuntit, Mesole, Mesoline, Mesolith, Nadelzeolith, Brevicit.

Der Mesotyp hat eine gerade rhombische Säule zur Grundform, welche in den meisten Fällen eine vierflächige, durch Abstumpfung der Seitenkanten hervorgebrachte Zuschärfung erhalten hat. In dieser Gestalt treten die bekannten und wahrhaft ausgezeichneten Mesotype vom Puy de Marmant in Auvergne und die nicht minder schönen Mesotype vom Alpstein bei Sontra in Niederhessen auf. An andern Fundstätten, woselbst die Krystalle weniger deutlich ausgeprägt sind, ist ihr Habitus meist langstänglig oder nadelförmig, und wenn sie zusammengewachsen vorkommen, was sehr häufig der Fall ist, gebogen stänglig. Die Krystalle sind spröde, zeigen Spaltbarkeit nach den Seitenflächen des Prisma's, einen unebenen Bruch, doppelte Strahlenbrechung nach zwei Axen, deutlichen Glasglanz, besonders auf den Zuschärfungsflächen der Säule, sind durchsichtig bis an den Kanten durchscheinend und in reinem Zustande wasserhell; doch kommen auch grau- und röthlich-weisse, graue, gelbliche, gelbbraune, fleisch- und ziegelrothe Abänderungen vor.

Nach den Abweichungen in der chemischen Zusammensetzung hat man den Mesotyp in mehrere Arten gespalten und nachfolgende Formeln für sie aufgestellt:

Für den Mesotyp (Natrolith) $3\,Al\,Si + Na\,Si^3 + 2\,H$.
Für den Skolezit . . . . $3\,Al\,Si + Ca\,Si^3 + 3\,H$.
Für den Mesolin . . . . $9\,Al\,Si + 2\,Ca\,Si^3 + 12\,H$.
Für den Mesolith . . . . $9\,Al\,Si + 2\,Ca\,Si^3 + Na\,Si^3 + 6\,H$.
Für den Mesole . . . . $9\,Al\,Si + 2\,Ca\,Si^2 + Na\,Si^2 + 8\,H$.

Ob solche werden beizubehalten seyn, wird die Zukunft lehren.

Der Mesotyp findet sich an so vielen Stellen im vulcanischen Gebirge, dass hier nur diejenigen genannt werden können, welche sich durch besondere Eigenthümlichkeiten auszeichnen. Dahin gehören besonders die vorhin schon erwähnten Mesotyp-Krystalle vom Puy de Marmant, welche als der Typus dieser Gattung anzusehen sind, sich durch ihre Grösse und die scharfen Umrisse ihrer Gestalt sehr auszeichnen und in dieser Beziehung mit zu den schönsten gehören, die man überhaupt kennt. In nicht beträchtlicher Ferne von dieser Stelle kommt der Mesotyp in sehr interessanter Beziehung zu Süsswasserkalk-Gebilden und zu fossilem Holze vor. Am Puy de Piquette findet er sich in äusserst netten Krystallen, in einem von Basalt-Conglomerat umschlossenen und durch dasselbe theilweise metamorphosirten Süsswasserkalk, begleitet von Apophyllit und Kalkspath, auf analoge Weise, wie der

Stilbit im isländischen Doppelspath, indem Mesotyp-Nadeln von ansehnlicher Länge auf den Blätterdurchgängen des Kalkspaths sich abgelagert haben. Ganz eigenthümlich ist auch das Auftreten des Mesotyps in den innern hohlen Räumen der Gehäuse von Phryganeen, indem man die Wände jener Röhren von den Mesotyp-Krystallen rindenartig überzogen findet. Die in dem Basalt-Conglomerat vorkommenden, bald mehr, bald weniger verkohlten Holzstücke sind ebenfalls dann und wann mit einem krystallinischen Mesotyp-Ueberzuge versehen. Bisweilen ist der Mesotyp tief in das Innere dieser vegetabilischen Reste eingedrungen, oder es wechseln dünne Mesotyp-Lagen mit Schichten der Holzbündel ab. Diese Bildungen besitzen die grösste Aehnlichkeit mit den aragonitischen Massen, welche am Papenberge bei Grebenstein in Niederhessen sich im Innern eines Braunkohlenholzes erzeugt haben, welches letztere ehedem ebenfalls in einem basaltischen Conglomerate aufgefunden wurde. Auch die schottischen Inseln sind sehr reich an den schönsten Mesotyp-Drusen, und unter ihnen besonders das schon oft erwähnte Eiland Sky. Bei Talisker und Dunvegan sieht man die Höhlungen eines dichten Basaltes mit den zartesten Mesotyp-Krystallen erfüllt, während sie an einigen Stellen in ihrer Mitte krystallinische Massen von Kalk- und Braunspath umschliessen, an andern dagegen in wechselnder Lage mit Kalkspath und Hornblende angetroffen werden. Auf der Insel Ulva findet sich der Mesotyp auf Kluftflächen und in Blasenräumen eines Basaltes in Verbindung mit Kalkspath, Analzim und Stilbit.

Auf den Färöar kommt er nicht so sehr in deutlichen Krystallen, als vielmehr in grössern strahligen Parthieen in den Höhlungen der dortigen feinkörnigen Dolerite und Mandelsteine vor, in Gesellschaft von Analzim, Grünerde und Chalcedon. Analog ist sein Auftreten auf Island in concentrisch-strahligen, halbkugeligen Ueberzügen auf den Wänden der Drusenräume derselben Gesteine. Hier wird er häufig von Chabasie begleitet und letzterer sitzt dann fast stets auf der Mesotyp-Rinde auf. Nach *Krug von Nidda* findet sich Mesotyp von ausgezeichneter Schönheit vorzugsweise in einer weichen Wacke, aus welcher man nadelförmige Krystalle, bisweilen von mehreren Zollen Länge, herausschälen kann, indem sie sich strahlenförmig von einem Puncte aus verbreiten. Diese Wacke ist meist durch Grünerde gefärbt, sie umschliesst zugleich die schönsten Stilbite und Epistilbite von ansehnlicher Grösse. Diese kommen aber weniger als Ausfüllungen der Blasenräume, als vielmehr in kopfgrossen Nieren als Concretionen in dieser Felsart vor.

Unter den Fundstätten des Mesotyp's in Deutschland dürfte der Alpstein bei Sontra in Niederhessen wohl eine der ersten Stellen einnehmen. Der Basalt, in welchem er daselbst vorkommt und der an manchen Stellen aus concentrisch-schaligen Stücken besteht und durch und durch, besonders aber auf den Ablösungsflächen der Schalen mit dichter Mesotyp-Masse erfüllt ist, hat daselbst den bunten Sandstein durchbrochen, theilweise denselben, ohne dessen horizontale Schichten aus ihrer Lage gerückt zu haben, in eine schwarze, jaspisartige Masse umgeändert, welche Umwandlung an einigen Stellen sogar klafterweit beobachtet werden kann. In den Drusenräumen dieses Basaltes, die mitunter fusslang und halb so hoch sind, bedeckt der Mesotyp in rindenartigen Ueberzügen die Wände des Gesteins, theils in haarförmigen Nadeln, theils in grössern Krystallen, deren Querdurchmesser mehr als eine Linie beträgt. Andere deutsche Mesotyp-Fundstätten liefern wohl keine so schöne Handstücke; in Böhmen kommt er meist nur in haar- oder nadelförmiger Gestalt vor, doch wurden neuerdings im Trachyt bei Schreckenstein auch deutlich ausgebildete Krystalle aufgefunden, welche meist auf Analzim aufgewachsen sind. Sehr schöne, schneeweisse, zu Büscheln und Halbkugeln gruppirte, nadelförmige, krystallinische Massen kommen in Blasenräumen des Basaltes am Kautnerberge bei Böhmisch-Leippa, am Kalkofen bei Daubiz, so wie bei Wernstadtel vor. Der sogenannte Natrolith hat seinen hauptsächlichsten Sitz im Phonolith am Marienberge bei Aussig und am Kunietizer Berge bei Pardubiz. Diese Mesotyp-Varietät findet sich auch bekanntlich von besonderer Schönheit, so dass sie zu Schmuck-Gegenständen verwendet wird, auf Adern und kleinen Gängen im Phonolith am Hohentwyl. Den Mesolith hat man in ausgezeichneten trauben- oder nierenförmigen Gestalten bei Hauenstein im Ellbogner Kreise, so wie in kleinen, halbkugeligen Massen am Kautnerberge bei Daubiz angetroffen.

Michaelit.

Ein von *Webster* näher untersuchtes und auf der Azorischen Insel St. Michael vorkommendes Mineral, welches von opalartiger Natur zu seyn scheint und in 100 Th. aus $83,_{65}$ Kieselsäure und $16,_{35}$ Wasser besteht. Es ist von theils zart-, theils grobfaseriger Beschaffenheit mit netzförmig sich durchkreuzenden Fasern und besitzt eine grauweisse, auch in's Braune und Rothe übergehende Farbe und ausserdem einen ziemlich lebhaften Perlmutterglanz. Das spec. Gew. soll $1,_{88}$ betragen. Das Mineral findet sich unter den vulcanischen Producten der genannten Insel.

Misenit.

Eine neue, von *Scacchi* aufgefundene Mineral-Species, welcher er die chemische Formel $\dot{K}a\ \dddot{S}^2 + \dot{H}$. zuschreibt. Dieses Salz fand er in der an der Nordseite des Hafens von Miseno gelegenen und nur vom Meere aus zugänglichen Grotta dello zolfo, in welcher sich, obwohl nur in kleinem Maassstabe, die gewöhnlichen Phänomene einer Fumarolen-Thätigkeit kund geben. Durch ihre Einwirkung auf das in der Grotte anstehende Gestein scheint sich noch jetzt der Misenit zu erzeugen. Er erscheint in der Gestalt zarter, 3—5 Millimeter dicker, feinfaseriger Rinden. Als ausserwesentliche Bestandtheile enthält er eine schwache Beimengung von etwas neutralem schwefelsauren Kali, so wie eine Spur von Eisenoxyd und Thonerde.

Mispickel.

Syn. Arsenikkies.

Dieses aus $33,_{57}$ Th. Eisen, $46,_{53}$ Th. Arsenik und $19,_{90}$ Th. Schwefel bestehende Erz, welchem die Formel $Fe\ As^2 + Fe\ S^2$ zukommt, hat ein Rhomben-Octaëder zur Grundform und eine silberweisse, in's Zinnweisse und Stahlgraue übergehende Farbe. Es ist spröde, besitzt einen unebenen Bruch, ein spec. Gew. = $5,_{7}$—$6,_{5}$ und eine Härte = $5,_{5}$.

Obwohl es vorzugsweise in den ältern krystallinischen Gebirgsmassen zu Hause ist und besonders auf Lagern und Gängen derselben vorkommt, so hat es sich doch auch, obwohl selten, im vulcanischen Gebirge gefunden. *Breislak* (s. dessen *Essai mineralogique sur la Solfatare de Pouzzole. Naples* 1792. pag. 74—76) versichert nämlich, einst an der östlichen Wand der Solfatara nahe bei der grossen Fumarole ein Stück Mispickel von etwa 3 Cubikfuss Inhalt gesammelt zu haben. Im Innern war die Masse hohl, ihre Wände mit Auripigment überzogen und mit der sogen. Terra bianca ausgefüllt, welche durch die Einwirkung der Dämpfe auf das trachytische Gestein entsteht. Der auf diese Art erzeugte Mispickel hatte eine faserige Structur angenommen und sich wahrscheinlich auf die Weise gebildet, dass schwefelsaure Dämpfe auf die in dem Gestein enthaltenen Realgar- und Dimorphin-Verbindung ihren Einfluss ausgeübt hatten.

Mizzonit.

Eine von *Scacchi* aufgestellte, dem Mejonit sehr nahe stehende, wenn nicht damit identische Mineral-Species, welche sich vom letztern dadurch unterscheidet, dass gewisse Flächen von grösserer Ausdehnung sind und eine Längsstreifung wahrnehmen lassen. Einzelne Flächen kommen auch bei einer oder der andern beider Substanzen mehr ausschliesslich vor. Beim Schmelzen bläht sich der Mizzonit nicht so sehr auf, als der Mejonit, wird auch nicht so leicht von Säuren aufgelöst, als dieser. Das Krystallsystem hat man noch nicht bestimmen können; denn in den meisten Fällen erscheinen die Mizzonit-Krystalle nur als Nadeln, welche einen deutlichen Perlmutterglanz besitzen.

Bis jetzt ist der Mizzonit ein seltenes Mineral, welches in einem feldspathigen Gestein an der Monte di Somma sich gefunden hat.

Moldawit.

S. Bouteillenstein.

Molybdänglanz.

Syn. Wasserblei.

Dies nur selten in deutlichen (hexagonalen) Krystallen vorkommende Mineral besteht in 100 Th. aus $59,_{80}$ Molybdän und $40,_{20}$ Schwefel, gemäss der Formel: $\overset{''}{Mo}$. Es hat einen nicht wahrnehmbaren Bruch, eine röthlich-bleigraue Farbe, giebt auf Papier einen röthlich-bleigrauen, auf Porzellan einen grünlichgrauen Strich, ist in hohem Grade milde und in dünnen Blättchen biegsam, fettig anzufühlen, undurchsichtig, metallisch glänzend und hat ein spec. Gew. = $4,_5 - 4,_6$, so wie eine Härte = $1,_5$.

Die Krystalle erscheinen meist tafelartig, zum Theil fächerförmig gruppirt; meist ist das Erz derb und eingesprengt in körnig-schaliger Zusammensetzung. Auch als Anflug kommt es vor. Es ist ziemlich verbreitet in der Natur, kommt jedoch nirgends in bedeutender Menge vor. Es findet sich vorzüglich in Granit, Gneis, Syenit, Chloritschiefer, öfters auch in Gang-Ausfüllungen auf Zinngängen, meist in Gesellschaft von Quarz, Zinnerz und Wolfram.

In vulcanischen Gebirgsarten hat man es bis jetzt noch nicht wahrgenommen, wohl aber ist es durch das Hervorbrechen derselben zu Tage gefördert. Einen solchen Fall erzählt *Bertrand de Lom (Comptes rendus.* 1845. T. 20. pag. 455) aus dem Dép. Haute-Loire. Hier fand er und zwar an der Durande zwischen Brissac und Limaigne Molybdänglanz im Peperin eines unter dem Namen St. Michel bekannten Hügels. Dieser Peperin umschloss Bruchstücke eines Schriftgranites, der zahlreiche Einsprenglinge von Molybdänglanz enthielt.

Monophan.

Ein mangelhaft gekanntes zeolithisches Fossil, welches *Breithaupt* benannt hat und von *Rammelsberg* für Epistilbit gehalten wird. Es kommt in kleinen, weissen Krystallen vor, welche einem schiefen rhombischen Prisma anzugehören scheinen. Sie sollen eine ansehnliche Härte haben und sogar den Apatit ritzen, was für einen Zeolith sehr viel seyn würde. Ihr spec. Gew. = $2,_{05}$, vor dem Löthrohr sind sie schmelzbar. Sie sitzen auf Quarz auf, aber ihre Fundstätte ist nicht näher bekannt.

Monticellit.

Dieses Mineral ist von *Brooke* in die Mineralogie eingeführt; s. *Philis. magaz.* T. 10. p. 265. 1831. Es ist wahrscheinlich identisch mit demjenigen, welches *Scacchi* „weissen Peridot" genannt hat. Die Zusammensetzung soll sich aus folgender Formel ergeben: $\dot{C}a^3 \ddot{S}i + \dot{M}g^3 \ddot{S}i$. Die Krystallformen scheinen mit denen des Chrysolithes übereinzustimmen. Diese sind von sammetartigem Glanz, durchsichtig, meist farblos, bisweilen mit einem Stich in's Gelbliche. Blätterdurchgang ist an ihnen nicht wahrnehmbar, ihre Härte = $5,_5$, zwischen Apatit und Feldspath stehend, der Bruch muschelig. Sie finden sich in Blöcken körnigen Kalkes, welche als Auswürflinge des Somma-Berges anzusehen sind.

Morvenit.

Thomson (Outl. I, 351) hat diesen Namen einer zeolithischen Substanz gegeben, welche am Cap Strontian in Schottland vorkommt, nach neuern Untersuchungen aber wohl nur ein barythaltiger Harmotom ist, sich jedoch von dem gewöhnlichen Harmotom, zumal dem bei Andreasberg vorkommenden, dadurch unterscheidet, dass sie in einfachen Krystallen auftritt und demnach keine einspringende Winkel zeigt. Die Krystalle, in denen die Substanz auftritt, sind klein, wasserhell und durchsichtig; nach *Phillips* stimmt ihre Form mit jener des Baryt-Harmotom's überein. Nach *Thomson* sollten sie bestehen aus $64,_{755}$ Kieselsäure, $13,_{425}$ Thonerde, $4,_{160}$ Kalk, $2,_{595}$ Eisenoxydul und $14,_{470}$ Wasser. *Damour* und *Descloizeaux* haben jedoch gezeigt (*Ann. des mines. d.* T. 9. pag. 339), dass ihre Zusammensetzung folgende ist: Kieselsäure $47,_{59}$, Thonerde $16,_{71}$, Baryt $20,_{45}$, Eisenoxyd $00,_{56}$, Wasser $14,_{16}$.

Der Morvenit wird demnach wohl wieder aus dem Mineralschatz verschwinden müssen.

Natrolith.

S. Mesotyp.

Nephelin.

Syn. Sommit, Eläolith, Fettstein, Pseudosommit, Beudantin, Cavolinit, Pseudonephelin.

Dieses Mineral ist von *Hauy* deshalb so genannt worden, weil, wenn man ein Stückchen von ihm in kalte Salpetersäure taucht, es sich im Innern trübt und undurchsichtig wird. Es hat ein reguläres sechsseitiges Prisma zur Grundform und ist nach folgender Formel zusammengesetzt:

$$\left.\begin{matrix}\dot{K}^2\\ \dot{N}^2\end{matrix}\right\} \dddot{Si} + 2\,\dddot{\underline{Al}}\,\dddot{Si}.$$

Nach kleinen Abweichungen, die man in der Mischung wahrnahm, hat man den Nephelin unnöthigerweise in mehrere Subspecies getheilt, als Beudantin, Covellinit und Davyn. Nach *Lévy* bemerkt man Spuren von Blätterdurchgängen an diesem

Fossil parallel der Basis und den Seitenflächen des sechsseitigen regulären Prisma's. Der Bruch ist flach und unvollkommen muschelig, der Glanz glasartig, beim Eläolith fettartig. Das spec. Gew. = $2,_5$—$2,_7$, die Härte $5,_5$—6. Bei der glasigen Varietät sind die Krystalle durchsichtig oder durchscheinend und meist farblos, der Eläolith dagegen ist nur an den Kanten durchscheinend, von verschiedenen grauen Farben, schmutzig fleischroth, braun, entenblau, seladon-, meer- und olivengrün. Der Nephelin zeigt Neigung zu Licht- und Farbenwandlung und namentlich bemerkt man beim Eläolith auf den Bruchflächen öfters einen eigenthümlichen Lichtschein. Der Nephelin ist eins von denjenigen Mineralien, welche vorzugsweise in vulcanischen Gebirgsmassen vorkommen. In grossen, schönen, glasglänzenden, sechsseitigen Prismen mit gerad angesetzter Endfläche findet er sich besonders in vesuvischen Auswürflingen, begleitet von Mejonit, Hornblende, Spinell, Idokras, Glimmer und Granat. Am Capo di Bove bei Rom kommt er als sogen. Pseudonephelin mit Humboldtilith auf Klüften einer Leuzitophyr-Lava vor. Aehnlich ist sein Vorkommen am Hamberg bei Bühne im Paderbornschen. Auch hier überzieht er die Wände der Höhlungen eines dichten, höchst feinkörnigen Basaltes in isolirten, sechsseitigen, kaum eine Linie grossen Krystallen und ist daselbst fast stets begleitet von schilfartig zusammengedrückten Augit-Krystallen, durchscheinenden, weissgrauen Apatit-Nadeln und bisweilen auch von Magneteisen-Körnern. Mitunter bildet der Nephelin einen Gemengtheil doleritartiger Gesteine und erhält alsdann den Namen „Nephelinfels", in welchem er meist in Krystallen porphyrartig ausgeschieden vorkommt. Als solcher wurde er in Deutschland wahrscheinlich zuerst am Katzenbuckel bei Eberbach im Odenwalde entdeckt, findet sich unter ähnlichen Verhältnissen zu Maiches bei Ulrichstein auf dem Vogelsgebirge, nicht minder schön zu Löbau in Sachsen, so wie zu Schreckenstein bei Aussig und Klein-Priesen oberhalb Tetschen. Auch der Eläolith erscheint bisweilen als integrirender Gemengtheil einer krystallinisch-körnigen, aus schwarzem Glimmer und weissem Feldspath bestehenden, von *G. Rose* (Reise nach dem Ural, Bd. 2. S. 51) „Miascit" genannten Felsart, welche im Ilmen-Gebirge, besonders bei Miask, deutlich entwickelt auftritt. Nicht minder ausgezeichnet erscheint der Eläolith im Zirkon-Syenit des südlichen Norwegens, namentlich bei Frederiksvärn, Laurvig, Stavern und Brevig. Hier wird er meist von Titanit und Molybdänglanz begleitet.

Neurolith.

Ein dem Nephelin nahe stehendes, vielleicht damit identisches Mineral, welches von *Thomson (Outl.* I, 354) benannt ist. Krystalle sind bislang an ihm noch nicht wahrgenommen worden, man kennt es nur in versteckt breitfaserigen Massen, welche eine grüngelbe Farbe und unebenen Bruch besitzen, ausserdem aber an den Kanten durchscheinend oder undurchsichtig sind. Ihr spec. Gew. $2,_{476}$, die Härte $= 4,_{25}$. Vor dem Löthrohr geben sie Wasser und werden darauf weiss und zerreiblich. *Berzelius* hat folgende Formel für sie aufgestellt:

$$\left.\begin{matrix}Ca^3\\ \dot{M}g^3\end{matrix}\right\}\ddot{S}i^4 + 5\ \ddot{\bar{A}}l\ \ddot{S}i^4 + 6\ \dot{\bar{H}}.$$

Sie kommen in einem nicht näher bezeichneten vulcanischen Gestein zu Stamstead in Unter-Canada vor.

Nickelglanz - Eisenkies.

Auf dieses Mineral ist man erst in neuerer Zeit aufmerksam geworden. Es soll eine graue Farbe besitzen und eingesprengt in einem Erze vorkommen, welches als ein Gemenge von Eisenkies und Antimonnickelkies zu betrachten seyn dürfte und eine fahle Farbe besitzt.

Nach *Fridol. Sandberger* (Jahrb. des Vereins für Naturk. in Nassau, Bd. 8. S. 119 u. s. w.) findet sich der Nickelglanz-Eisenkies in deutlichen Krystallen auf Kupferkies-Gängen bei Nanzenbach unweit Dillenburg, so wie in mikroskopischen Octaëdern im Basalt bei Weilburg.

Nosean.

Syn. Nosian, Nosin, Spinellan.

Dieses Mineral wurde zuerst von *Nose* in den Umgebungen des Laacher Sees aufgefunden und unter dem Namen „Spinellan" beschrieben (in *Nöggerath's* miner. Studien, S. 109. 162). *Bergemann* hat es späterhin dem Entdecker zu Ehren „Nosean" genannt. Neuerdings wird der Nosean von mehreren Mineralogen mit dem Hauyn vereinigt; nur das spec. Gewicht und die Mischung weicht etwas ab, doch lässt sich füglich der

Hauyn als Kali-Hauyn und der Nosean als Natron-Hauyn betrachten. Das spec. Gew. ist blos $2,_{25}$—$2,_{28}$, während es beim Hauyn bisweilen mehr als $3,_{33}$ beträgt. Der Nosean krystallisirt meist in regulären Dodekaëdern, an denen man Flächen des Würfels und Octaëders bemerkt. Der Bruch ist klein- muschelig bis uneben, der Glasglanz neigt sich in's Fettartige. Der Nosean ist halbdurchsichtig oder undurchsichtig und meist von schwarzen, braunen, grauen und blauen Farben. Die Härte = 6.

Das Mineral findet sich seltener als der Hauyn in regelrechten Gestalten, mehr in krystallinischen Körnern, bisweilen auch derb.

Ueber sein Vorkommen gilt das vom Hauyn Gesagte.

Obsidian.

Syn. Marekanit.

Er verdient eigentlich mehr in der Geognosie, als in der Mineralogie der Vulcane erörtert zu werden, auch ist seiner schon häufig bei der Beschreibung der einzelnen Vulcane Erwähnung geschehen. Nur hinsichtlich seiner mineralogischen Charaktere mag hier noch bemerkt werden, dass er zur Feldspath-Familie gehört, einen vollkommen muscheligen, bisweilen dem Unebenen sich nähernden Bruch und einen starken Glasglanz besitzt, der mitunter zum Fettartigen sich neigt. Er ist halbdurchsichtig, meist nur aber an den Kanten durchscheinend. Farblose Varietäten sind eine grosse Seltenheit, die Farbe meist sammetschwarz, in's Graue, Grüne und Braune übergehend, auch kommen gefleckte und gestreifte Spielarten vor. Bisweilen bemerkt man auch einen grünlichgelben, metallartigen Schimmer. Das spec. Gew. = $2,_{2}$—$2,_{4}$, die Härte = 6—7. Schon den Alten war die Eigenschaft des Obsidian's bekannt, bei heftiger Hitze unter Aufschäumen zu einem Email zu schmelzen. Ueber sein Auftreten an verschiedenen Stellen des vulcanischen Gebietes können wir uns auf das früher Bemerkte beziehen.

Okenit.

Syn. Dysklasit, Danburit (?).

Dies zuerst, wie es scheint, von *Arthur Connel* (im *Edinb. philos. journ.* T. 16. pag. 198) beschriebene Mineral hat den

Namen von der Eigenschaft erhalten, dass es äusserst zähe ist und sich nur höchst schwierig zerkleinern lässt. Nach *Breithaupt* (in *Poggendorff's* Ann. der Physik, Bd. 54. S. 170) ist seine gewöhnliche Krystallform ein gerades rhombisches Prisma mit Seitenkanten von 122° 19′, 57° 41′, doch findet es sich meist in faserigen, schimmernden oder schwach perlmutterartig glänzenden Massen, welche durchscheinend, gewöhnlich farblos sind, doch auch bisweilen schwach gelb oder blau gefärbt erscheinen. Ihr spec. Gew. = $2,_{28}$—$2,_{36}$, die Härte = $4,_{5}$—5. Die Krystalle kommen öfters auf secundärer Lagerstätte vor, scheinen leicht aus dem Mandelsteine, worin sie vorkommen, ausgewaschen werden zu können und haben dann ihre scharfen Umrisse verloren, so dass es schwer hält, ihre ursprüngliche Form wieder zu erkennen. Nach *v. Kobell* (in *Kastner's* Arch. T. 14. S. 333) kommt ihnen folgende Formel zu: $\dot{C}a^3\,\ddot{S}i^4 + 6\,\dot{H}$. Von Salzsäure werden sie leicht angegriffen und geben damit eine gallertartige Masse.

Der Okenit findet sich in Grönland zu Kudlisaet am Waygat auf Disko-Eiland, so wie auf Island. Späterhin hat *Vargas Bedemar* ihn auch im Mandelstein der Färöar entdeckt.

Oligoklas.

Syn. Natron-Spodumen.

Eine uns schon aus den beim Feldspath gegebenen übersichtlichen Mittheilungen bekannte Feldspath-Species, auf welche man erst in neuerer Zeit mehr aufmerksam geworden ist und die von grosser Bedeutung in mehreren plutonischen und vulcanischen Gebirgsarten zu werden scheint. Ihre Krystalle stimmen hinsichtlich ihrer Form mit denen des Albits fast ganz überein, haben also ein unsymmetrisches schiefes Prisma zur Grundgestalt. Sie erscheinen gewöhnlich in Gesellschaft von Orthoklas-Krystallen und sind von diesen dem ersten Anscheine nach schwer zu unterscheiden. Ihr Bruch ist muschelig, in's Unebene und Splittrige übergehend. Sie haben Glasglanz, der auf den vollkommenern Spaltungsflächen zum Perlmutterartigen, auf den andern Flächen zum Wachsartigen sich neigt. Sie sind mehr oder weniger durchscheinend. Weiss ist die gewöhnliche Farbe, doch kommen auch grünlichweisse, lauchgrüne, graugrüne, röthlichgraue und fleischrothe Varietäten vor. Ihr spec. Gew. = $2,_{64}$—$2,_{74}$, die Härte = 6. Vor dem Löthrohr schmelzen sie zu einem weissen Email, von Säuren werden sie nicht angegriffen.

Ist der Oligoklas mit fleischrothem Orthoklas vergesellschaftet, so erscheint er gewöhnlich mit grauer Farbe, welche alsdann nur selten in's Fleisch- oder Rosenrothe übergeht.

Der Oligoklas findet sich in manchen schwedischen und norwegischen Graniten. Daselbst hat man ihn auch zuerst bemerkt. *G. Rose* beobachtete ihn auch in dem Granite des Riesengebirges, *Durocher* in dem von Finnland und Spitzbergen. Er scheint besonders gern in den grobkörnigen Granit-Varietäten aufzutreten, welche neuerer Entstehung als die feinkörnigen seyn dürften. In Skandinavien kommt er auch im Gneis und Glimmerschiefer, nach *Durocher* sogar in Kalksteinen vor, aber dies scheint nur an solchen Stellen der Fall zu seyn, woselbst Oligloklas führender Granit mit den genannten Felsarten in Berührung gekommen ist. Ueber sein Auftreten in vulcanischen Gebirgsmassen hat uns neuerdings *Deville* (in den *Comptes rendus de l'acad.* T. 19. pag. 47) nähern Aufschluss gegeben. Der genannte Naturforscher fand den Oligoklas namentlich an dem Pic auf Teneriffa, und zwar an drei verschiedenen Stellen. An der ersten kommt er in deutlichen Krystallen in einem ältern Trachyt vor, welcher die Aussenseite des grossen Erhebungs-Circus von Fuente Agria bildet. Obgleich die Krystalle einen grossen Glanz besitzen, so lassen sie sich doch nicht mit Genauigkeit messen. An der zweiten Stelle sind sie zwar von sehr deutlichen Umrissen, die Flächen reflectiren das Licht jedoch nur schwach. Die Krystalle sind 2—3 Millimeter gross und finden sich in einer krystallinischen Felsart, welche von dem Vulcan ausgeschleudert worden ist. An der dritten Stelle kommt der Oligoklas in einer neuern Lava vor. Obgleich die Krystalle einen starken Glanz besitzen, so sind sie doch nicht messbar. All die genannten Krystall-Individuen haben mit dem gewöhnlichen Oligoklas gleiches spec. Gewicht, aber hinsichtlich ihrer Spaltungsflächen stimmen sie nicht mit demselben überein.

Auch der sogenannte Avanturin-Feldspath oder Sonnenstein scheint nach *Scheerer's* Untersuchungen zum Oligoklas zu gehören.

Olivin.

S. Chrysolith.

Opal.

S. die einzelnen Arten desselben.

Osmelith.

S. Pectolith.

Oxhaverit.

Diese Zeolith-Art ist von *Brewster* aufgestellt. Nach *Turner's* Untersuchungen ist sie Apophyllit mit zufälligen Beimengungen von etwas Eisenoxydhydrat und Thonerde; s. *Berzelius'* Jahresbericht. 8. Jahrg. S. 200. Die Krystalle, welche meist nur unvollkommen ausgebildet sind, haben eine röthlichgelbe Farbe und sitzen merkwürdigerweise auf Holzfragmenten auf, welche durch die Quellen von Oxhaver auf Island verkieselt worden sind. Der Oxhaverit scheint sich noch jetzt erzeugen zu können, gleich einigen andern Zeolith-Arten.

Palagonit.

Bei der Beschreibung der vulcanischen Phänomene auf Island ist seiner schon mehrfach Erwähnung geschehen; er ist mehr als Felsart, denn als einfaches Mineral zu betrachten. Hier braucht blos hinsichtlich seiner mineralogischen Kennzeichen bemerkt zu werden, dass der Palagonit, welcher zuerst von *Sartorius von Waltershausen* als Gemengtheil eines vulcanischen Tuffes bei Palagonia im Val di Noto entdeckt und nach diesem Fundorte benannt wurde, nur amorph vorkommt, einen muscheligen, in's Unebene und Splittrige übergehenden Bruch und einen firnissartigen Glanz besitzt. Er ist entweder durchsichtig oder durchscheinend, meist kolophoniumbraun oder weingelb gefärbt und giebt einen ockergelben Strich. Nach *Bunsen* ist sein spec. Gew. $= 2{,}_{429}$, die Härte $= 5$, nach *S. von Waltershausen* ist der Palagonit jedoch kaum etwas härter als Kalkspath. In verdünnter Salzsäure löst er sich, unter Hinterlassung eines Kieselskelets leicht auf. Seine Zusammensetzung haben wir schon früher angegeben.

Paranthin.

S. Wernerit.

Pechstein.

Syn. Feldspath résinite *Hauy*. Retinite *Beud.*

Ist ebenfalls mehr Gebirgsart, doch kann man ihn auch anhangsweise bei der Feldspath-Familie einer besondern Betrachtung unterziehen.

Er findet sich nur amorph und ist in chemischer Beziehung als eine Verschmelzung von Feldspath mit Opal anzusehen. Sein Bruch ist muschelig, grob-splitterig oder uneben. Der Fettglanz geht öfters in's Fettartige über. An den Kanten ist der Pechstein durchscheinend oder undurchsichtig, er kommt in grauen, grünen, gelben, rothen, braunen und schwarzen Farben vor. Das spec. Gew. = $2,_2$—$2,_3$, die Härte = 5—$5,_6$. Vor dem Löthrohr schmilzt er zu einem schaumigen Glase oder zu einem grauen Email.

Er findet sich entweder rein oder mit ausgeschiedenem Feldspath als Pechstein-Porphyr an sehr verschiedenen Stellen der Erde, in Deutschland besonders entwickelt in der Umgegend von Meissen, sodann auch in Ungarn, am Cantal im südlichen Frankreich, in Ireland und Schottland, auf Island, in Sibirien, Mexico, Columbien und Peru. Als vulcanisches Product tritt er öfters auf gangartigen Räumen in basaltischen, mandelsteinartigen und trachytischen Felsmassen auf. So namentlich in Auvergne, im Vicentinischen, in Ungarn, hier namentlich in Gesellschaft von Perlstein.

Pectolith.

Syn. Photolith, Picolite.

Eine von *v. Kobell* aufgestellte Zeolith-Species, welche am Monte Baldo und am Monzoni mit Mesotyp vorkommt und eine grosse Aehnlichkeit mit Mesolith besitzt. Ihr Krystallsystem kennt man noch nicht näher; *v. Kobell* hat folgende Formel für sie aufgestellt:

$$3 \left\{ \begin{matrix} \dot{N}a \\ \dot{K} \end{matrix} \right\} \dddot{S}i + 4\ \dot{C}a\ \dddot{S}i^2 + 3\ \dot{H};$$

s. *Kastner's* Arch. Bd. 13. 385. 14, 341.

Der Pectolith hat sich bis jetzt nur in hemisphärischen, faserigen und schmalstrahligen Massen mit verwitterter Oberfläche gefunden, welche im Innern schwachen Perlmutterglanz besitzen, an den Kanten durchscheinend und von weisser, grauer oder gelblicher Farbe sind. Ihr spec. Gew. = 2,69, die Härte = 5. Ihr Verhalten vor dem Löthrohr ist nicht abweichend von dem der übrigen Zeolithe.

Am Monte Baldo kommt der Pectolith im Mandelstein vor und sitzt auf Mesotyp-Krystallen auf, am Monzoni ist er in krystallinischen Feldspath eingewachsen. Auch am Lake superior ist er neuerdings aufgefunden worden.

Peridot.

S. Chrysolith.

Periklas.

Dieses in neuerer Zeit von *Scacchi* am Monte di Somma entdeckte Mineral hat seinen Namen erhalten in Beziehung auf die Leichtigkeit, womit es sich nach den Theilungsflächen seiner Grundgestalt spalten lässt. In chemischer Beziehung besteht es im Wesentlichen aus wasserfreier Talkerde mit einem geringen Antheil an Eisenoxydul. Es krystallisirt in regulären Octaëdern und zeigt vollkommenen Blätterdurchgang nach den Würfelflächen. Es hat eine dunkelgrüne Farbe, fast ganz wie Bouteillenglas, ist durchsichtig, besitzt Glasglanz, ein Gewicht von 3,75, so wie eine Härte = 6. Vor dem Löthrohr ist es unschmelzbar und unveränderlich. In kleinern Stücken ist es in Säuren unlösbar; wenn man es jedoch zu Pulver zerreibt, so wird es darin ohne Brausen vollkommen gelöst. Die grüne Farbe rührt von Eisenoxydul her und scheint eine Folge davon zu seyn, dass nach *Berzelius* (s. dessen Jahresbericht. 24. Jahrg. S. 280) dieses Oxydul isomorph mit der Talkerde ist. Nach *Scacchi* (*Memorie mineralogiche e geologiche*, T. 1) besteht der Periklas aus 89 Talkerde und 8,56 Eisenoxydul, nach *Damour* (*Ann. des mines.* 3 Ser. 1844. pag. 381) aus 92 Talkerde, 6,22 Eisenoxydul und 0,86 unlöslichem Rückstand.

Vorkommen: in ältern Eruptionen an der Somma in emporgeschleuderten Kalk-Blöcken, begleitet von erdigem Magnesit und zierlichen, weissen Chrysolith-Krystallen.

Periklin.

Diese Feldspath-Species wurde früher mit dem Albit zusammengefasst. *Breithaupt* (s. dessen vollst. Charakteristik des Mineralsystems, S. 157) glaubte aber, an manchen Albit-Individuen gewisse Winkel-Verschiedenheiten, Abweichungen hinsichtlich des spec. Gewichts und einiger anderer physikalischen Eigenschaften wahrgenommen zu haben, welche ihn veranlassten, eine besondere Feldspath-Art aufzustellen und ihr den Namen „Periklin" zu geben. *G. Rose* (in *Poggendorff's* Ann. der Physik, Bd. 42. S. 575) hat jedoch gezeigt, dass die Zusammensetzung des Periklin's mit der des Albits übereinstimmt, dass die geringere Durchsichtigkeit desselben sich auch bei mehreren Albiten, z. B. denen von Alabaschka im Ural, so wie bei denen von Arendal findet, dass die eigenthümliche Zwillings-Verwachsung, welche beim Periklin vorkommen sollte, keine specifische Verschiedenheit, sondern nur eine Eigenthümlichkeit gewisser Localitäten ist und dass die Angabe eines geringern spec. Gewichts beim Periklin auf einem Irrthum beruhet.

Perlstein.

Gehört eigentlich auch mehr in die Geognosie als in die Mineralogie der Vulcane, gleich dem Pechstein. Er führt auch den Namen „Sphärulit" oder „Perlite". Er hat einen kleinmuscheligen Bruch, wachsartigen Glanz, der sich dem Perlmutterglanz nähert, ist an den Kanten durchscheinend oder undurchsichtig und kommt meist in perl-, asch- und rauchgrauen Farben vor, die in's Gelbe, Rothe und Braune übergehen. Bisweilen kommen auch gestreifte und gefleckte Abänderungen vor. Das spec. Gew. = $2,_{25}$—$2,_{38}$, die Härte = 6. Vor dem Löthrohr bläht sich der Perlstein zu einer weissen, schwammigen Masse auf.

Was ihn besonders charakterisirt, ist der Umstand, dass er in derber Masse grössere oder kleinere Körner oder Kugeln umschliesst, deren mehrere öfters miteinander verbunden sind und eine concentrisch schaalige Absonderung wahrnehmen lassen, seltner jedoch auch in strahligen, auseinander laufenden Parthien wahrgenommen werden. Hinsichtlich seiner Mischung nähert er sich sehr dem Pechstein; in einer Varietät von *Tokay* fand *Klaproth* (Beiträge u. s. w. Bd. 3. S. 331) $72,_{25}$ Kieselsäure, $12,_{00}$ Thonerde, $4,_{50}$ Kali, $0,_{50}$ Kalk, $1,_{60}$ Eisenoxyd und $4,_{50}$ Wasser.

Er tritt entweder in reiner Gestalt, oder als Perlstein-Porphyr auf, indem einzelne Feldspath-Krystalle sich aus seiner

Masse ausgeschieden haben. Bisweilen umschliesst er auch mehr oder weniger grosse, abgerundete Stücke von Obsidian. Auf Gängen, Lagern, auch in grössern Massen kommt er meist in Verbindung mit trachytischen Gebilden vor und in Europa wohl nirgends ausgezeichneter, als in Ungarn, oft in Verbindung mit Pechstein, Obsidian, Bimsstein und Halbopal. Auch im Vicentinischen und auf den Liparischen Inseln begegnet man ihm, eben so in Spanien am Cabo de Gata. Ochotzk in Sibirien und Villa Seca bei Zimapan in Mexico sind weitere Fundorte. An letztgenannter Stelle findet sich der Perlstein bruchstücksweise in einem trachytischen Trümmergestein.

Phakolith.

S. Chabasie.

Phillipsit.

Syn. Gismondin.

Schon früher haben wir bemerkt, dass wir den Harmotom, der auch hier als Typus zu Grunde liegt, in zwei Species oder Subspecies zerfällen, von denen die eine den Baryt-Harmotom, die andere den Kalk-Harmotom begreift. Dieser letztern hat *Haidinger* den Namen „Phillipsit" gegeben. Auch sie hat ein Rhomben-Octaëder zur Grundform, welches sich nur wenig von dem des Baryt-Harmotoms unterscheidet und folgende Winkel hat: 123° 30′, 117° 30′, 89° 13′. Nach *Köhler* (s. *Poggendorff's* Ann. der Physik, Bd. 37. S. 571) kommt dem Phillipsit folgende chemische Formel zu:

$$\left.\begin{matrix}\dot{C}a^3\\ \dot{K}^3\end{matrix}\right\} \dddot{S}i^2 + \ddot{\bar{A}}l\ \dddot{S}i^2 + 18\ \dot{\text{H}}.$$

Hinsichtlich ihrer physikalischen Eigenschaften weichen beide Harmotom-Arten nicht voneinander ab, aber in Betreff ihres Vorkommens zeigen sie eine interessante Verschiedenheit; denn der Kalk-Harmotom kommt nach den bisherigen Beobachtungen nie auf Erzgängen, sondern nur in Basalt, Wacke und Lava vor. In dichtem Basalte findet er sich an mehreren Stellen in Hessen, z. B. auf dem Habichtswald, auf dem Meisner, ferner zu Annerode in der Nähe von Giessen, zu Gedern und Laubach auf dem Vogelsgebirge, am Hamberg bei Bühne in sehr deutlichen einfachen Krystallen, bei Weilburg im Nassauischen, auf der Gerswiese im Siebengebirge, zu Dembin bei Oppeln in Schlesien. In basaltischer Wacke, welche von Säulen-Basalt umschlossen wird, kommt der Kalk-Harmotom am Stempel bei Marburg vor und auf analoge Weise auch am Kaiserstuhl und bei Sirkwitz in Schlesien. Am Capo di Bove hat man ihn in einem augitführenden basaltischen Gesteine angetroffen, in durchsichtigen oder blos durchscheinenden, einfachen sowohl als Zwillings-, Vierlings- und Sechslings-Krystallen. Auch aus der Lava des Vesuv's, des Monte Vulture und der von Aci reale ist er bekannt. Eine Verschiedenheit zwischen Phillipsit und Gismondin soll darin bestehen, dass ersterer mehr Kali und weniger Wasser als der letztere enthält; allein es fragt sich noch sehr, ob solches hinreicht, um hier eine neue Trennung vorzunehmen.

Phosphorit.

Syn. Apatit, Pseudo-Apatit.

Er ist ein mehr oder weniger reiner, erdiger Apatit und findet sich als solcher hin und wieder in vulcanischen Gebirgsmassen, z. B. im Basalte von Redwitz und Pilgramsreuth in Bayern. Nach *Fuchs* (Naturgeschichte des Mineralreichs. Kempten 1842. S. 169) und *Nauck* (Zeitschr. d. deutsch. geol. Gesellsch. Bd. 2. S. 39) erscheint der Phosphorit von Redwitz in unregelmässig abgerundeten Knollen von weisser Farbe, mit feinerdigem Bruch, von mässiger Härte, indem sie von Kalkspath geritzt werden, und zeigen dem blossen Auge keine Spur von Krystallisation, welche aber zum Vorschein kommt, wenn man die Loupe zu Hülfe nimmt. Bruchstückchen davon sind vor dem Löthrohr unveränderlich, sie lösen sich aber in heisser Salpetersäure und bestehen aus 93 % phosphorsaurem Kalk mit einer Beimengung von Chlorcalcium, Kieselerde und kohlensaurem Kalk.

Bei Pilgramsreuth kommt der Phosphorit im Liegenden eines Braunkohlen-Flötzes aus der Nähe eines Basalt-Durchbruches vor. Er ist weit unreiner als der vorhin erwähnte, von braunweisser Farbe, im Bruche erdig, leicht mit der blossen Hand zu zerbrechen und durch den Strich glänzend werdend. Auch unter dem Mikroskop erscheint er unkrystallinisch. In Salpetersäure löst er sich mit einem viel bedeutenderen Rückstand; die beigemengten Verunreinigungen bestehen aus organischen Substanzen, Thon, Kieselerde, kohlensaurer Kalkerde, Magnesia, Eisen- und Manganoxydul.

In den Basalten von Pilgramsreuth ist zwar selbst noch kein Phosphorit aufgefunden worden, wohl aber in denen aus der unmittelbaren Nähe.

Pinguit.

Ein von *Breithaupt* (in *Schweigger's* Journ. Bd. 55. S. 303) zuerst beschriebenes Mineral, welches nur in dichtem Zustande vorkommt und nach *Rammelsberg* folgende Formel besitzt: $\dot{Fe}\,\ddot{Si} + \overline{Fe}^2\,\ddot{Si}^3 + 15\,\dot{\overline{H}}$. Es hat einen muscheligen, in's Unebene übergehenden Bruch, ist undurchsichtig oder an den Kanten schwach durchscheinend, schwach fettartig glänzend und meist zeisiggrün gefärbt. Das spec. Gew. = $2,_{315}$, die Härte = 1. Es fühlt sich fettig an und ist dabei so milde, dass es sich wie Seife schneiden lässt. In Wasser weicht es nicht auf, hängt auch nicht an der Zunge. Von Salzsäure wird es leicht zersetzt, wobei sich die Kieselerde pulverförmig ausscheidet.

Nachdem man den Pinguit zuerst auf Baryt-Gängen im Gneise bei Wolkenstein in Sachsen entdeckt, hat er sich späterhin auch auf Klüften im Basalt der Pflasterkaute bei Marksuhl, auf der Steinsburg unweit Suhl am Thüringer Walde, so wie im Säulen-Basalt des Drusel-Thales auf dem Habichtswalde gefunden.

Platin.

Das Platin, welches, wie die meisten Metalle, dem regulären Krystallsystem angehört, eine stahlgraue, in's Silberweisse übergehende Farbe, ein spec. Gew. = 16—20, eine Härte = 4—$4,_5$ besitzt, dabei dehnbar, höchst strengflüssig ist, beinahe allen Säuren widersteht und nur in Königswasser sich auflöst, soll, obwohl sehr selten, auch in vulcanischen Massen vorgekommen und von *Boussingault* in einem Trapp-Gange bei Choco aufgefunden worden seyn. Das Auftreten desselben im Serpentin des Urals, so wie das des gediegenen Kupfers in derselben Gebirgsart, wie auch im Melaphyr am Lake superior, gehört in dieselbe Kategorie.

Pleonast.

S. Spinell, Candit, Ceylanit.

Polybasit.

Syn. Sprödglanzerz, Sprödglaserz, Schwarzgültigerz.

Diese von *H.* und *G. Rose* (in *Poggendorff's* Ann. d. Phys. Bd. 15. S. 573) aufgestellte Mineral-Gattung scheint ein Bipyramidal-Dodekaëder zur Grundform zu haben, die Krystalle erscheinen aber meist in der Gestalt sechsseitiger, tafelförmiger Prismen. Sie besitzen einen unebenen Bruch, eine eisenschwarze Farbe, geben einen eben solchen Strich und zeigen Metallglanz, der auf der Basis matt, auf den Seitenflächen der Prismen aber besonders lebhaft ist. Das Mineral ist undurchsichtig, milde, etwa so hart als Kalkspath, sein spec. Gew. = $6{,}_{082}$—$6{,}_{218}$. Die chemische Formel ist: $\left.\begin{matrix}Ag^9\\ Cu^9\end{matrix}\right\}\left\{\begin{matrix}\dddot{Sb}\\ \dddot{As}\end{matrix}\right.$

Es findet sich besonders auf Erzgängen in Sachsen, Böhmen, Ungarn, Mexico, Chili und ist, obwohl ausnahmsweise, auch in trachytischen Felsmassen vorgekommen.

Porricin.

Ist ein in haarförmigen, parallel-faserigen Krystallen angeschossener Augit von meist dunkelgrüner Farbe, der zuerst in den niederrheinischen verschlackten Basalten wahrgenommen worden zu seyn scheint, auf ähnliche Weise aber auch in Böhmen vorkommt. An erstgenannter Stelle erfüllt er oft kleine Weitungen in basaltischer Lava und ist von Leuzit und Hauyn begleitet, seltner findet er sich mit Sodalith in vulcanischen Auswürflingen.

Fundorte: die Umgebungen des Laacher Sees, besonders Mayen, Niedermendig, so wie der Kammerbühl bei Eger.

Prehnit.

Syn. Kupholit, Chiltonit.

Dieses Mineral wurde zuerst im J. 1774 von *Rochon* im Caplande, der Heimath der Namaquas, aufgefunden, darauf von dem holländischen Obersten *von Prehn* nach Europa gebracht und ihm zu Ehren von *Werner* „Prehnit" genannt.

Der Prehnit hat ein gerades rhombisches Prisma zur Grundform, welches aber in der Regel sehr niedrig erscheint und namentlich an den Krystallen von Bourg d'Oisans wahrgenommen wird. Die Krystalle werden durch Erwärmung in hohem Grade polarisch-elektrisch. Häufiger als in regelrechten Gestalten tritt der Prehnit in blätterigen und faserigen Massen auf. Findet er sich in erstern, so erlangen sie oft ein hahnenkammförmiges Ansehen. An andern Orten, besonders zu Dumbarton in Schottland, so wie zu Barèges in den Pyrenäen, erscheint der Prehnit in der Form sehr dünner, sechsseitiger Tafeln oder vielmehr eckiger Schuppen; diese sind es besonders, denen man den Namen „Kupholit" gegeben.

Die blätterigen Massen haben einen unebenen Bruch, auf den Hauptspaltungsflächen Perlmutterglanz, auf den andern Flächen blos Glasglanz; sie sind entweder halbdurchsichtig oder blos durchscheinend und von meist lauch-, apfel-, zeisig-, öl- und spargelgrünen Farben, die aber auch in das Chamoisgelbe und in das Weisse übergehen. Sie besitzen ein spec. Gew. = $2_{,8}$—3, so wie eine Härte = 6—7. Die strahligen Parthien sind auseinanderlaufend faserig. Auch dichter und derber Prehnit kommt vor. Seine Mischung wird durch folgende Formel ausgedrückt: $\dot{C}a^2 \ddot{S}i + \ddot{\bar{A}}l \ddot{S}i + \dot{\bar{H}}$.

Obgleich der Prehnit vorzugsweise auf Gängen und Drusenräumen im ältern Gebirge zu Hause ist, so findet er sich doch auch, besonders der strahlige, in kugeligen und nierenförmigen, concentrisch-strahligen Massen in den Blasenräumen des Basaltes, Mandelsteins und ähnlicher Massen, auch auf schmalen Gangtrümmern derselben. Zu Reichenbach bei Oberstein kommt er mit Chabasie und gediegenem Kupfer im dortigen Melaphyr vor, in der Wacke des Stempels bei Marburg mit Kalk-Harmotom, auf der Seisser Alp mit Chabasie in Mandelstein, zu Theis in Tirol in Chalcedon-Kugeln, am Vesuv in Auswürflingen körnigen Kalkes, begleitet von Augit, Idokras, Granat und Glimmer.

Psilomelan.

Syn. Schwarzbraunstein *Hausm.*, Schwarzeisenstein *Wern.*, schwarzer Glaskopf, Leptonemerz *Breith.*

Dieses Erz, welches in Krystallen bis jetzt noch nicht vorgekommen ist, hat man in chemischer Hinsicht erst in neuerer Zeit näher kennen gelernt. *Turner* sieht es im Wesentlichen als aus Manganoxyd-Baryt bestehend an und meint, dass der aus dem Sauerstoff-Verhältniss sich ergebende Gehalt von Mangan-Hyperoxyd dem beigemengten Pyrolusit zuzuschreiben sey. *Rammelsberg* (Handwörterb. 1. Suppl. S. 120) sieht den Psilomelan als eine Verbindung von Manganoxydul, Baryt, Kali u. s. w. mit Mangan-Hyperoxyd an, worin das Verhältniss des Sauerstoff-Gehaltes wie 4 : 1 sey. Das Wasser soll mit zur chemischen Zusammensetzung gehören und dem Mineral folgende Formel zukommen: $\dot{R}\,\ddot{M}n^2 + \dot{H}$.

Es besitzt eine bein- oder blauschwarze Farbe, giebt ein braunschwarzes Pulver, vor dem Löthrohr etwas Wasser, ist aber ausserdem für sich unschmelzbar. Man kennt es in faserigem, dichtem und ockerigem Zustande, doch kommt es meist in nierenförmigen, schaaligen oder stängligen Absonderungen vor, welche einen flachmuscheligen Bruch, ein spec. Gew. = $3,_7$—$4,_4$, eine Härte = 5—6 besitzen und inwendig mehr oder weniger schimmernd sind.

Der Psilomelan findet sich in den verschiedensten Gebirgsformationen, doch in den vulcanischen Massen hat man ihn erst kürzlich kennen gelernt. Von einem solchen Vorkommen erzählt *Huene* in der Zeitschr. der deutsch. geolog. Gesellsch. Bd. 4. S. 576. Im Trachyte des Drachenfelses am Rheine bemerkte man ein nach SW. einfallendes Trum, welches an den Saalbändern aus Eisenocker, in der Mitte aber aus Manganerz besteht, das sich hier sowohl, als auch noch an einer andern Stelle durch seine Sprödigkeit, seine Härte, den flachmuscheligen Bruch, die blauschwarze Farbe und den braunschwarzen Strich als Psilomelan zu erkennen gab. Das Gestein, worin es einbricht, besteht aus Trachyt-Conglomerat, und dieses ist an allen Puncten, wo das Manganerz ansteht, bis auf drei Zoll im Hangenden und Liegenden grünlich-gelb gefärbt. Das Vorkommen ist als ein gangartiges anzusehen.

Bemerkenswerth ist ausserdem noch, dass man hier auch kleine Bruchstücke des Trachyts in dem Psilomelan und umgekehrt kleine Parthien des letztern in dem Nebengestein des Erztrümchens antrifft. Ausser an den erwähnten Puncten finden sich im Trachyte auch noch an dem sogen. Steinchen, in dem zwischen Königswinter und Röndorf liegenden Steinbruche, Spuren von Manganerz, welches in sehr dünnen Blättchen mit Ehrenbergit vorkommt und die Saalbänder des letztern bildet.

Aehnlich ist das Auftreten des Schwarzbraunsteins in dem

Trachytporphyr des Rhöngebirges nach *Gutberlet* (a. a. O. Bd. 5. S. 603). Es findet sich hier in der Nähe von Kleinsassen, bald einen beerblauen Ueberzug von 1—2 Linien Stärke auf dem genannten Gestein bildend, bald in kleinen Drusen desselben in trauben- oder nierenförmiger Gestalt. Bisweilen theilt es auch den von der Felsart eingeschlossenen Sanidin-Krystallen eine dunkle Farbe mit. Im Allgemeinen bildet das Mineral kleine gangartige Trümmer auf den Absonderungsflächen des Trachytporphyrs, von welchen aus es sich mitunter auch transversal in die Umgebung verbreitet.

Punalith.

Syn. Poonalith.

Eine von *Brooke (Philos. magaz. and ann. N. S. Aug.* 1831. p. 110) aufgestellte Zeolith-Species, welche dem Mesotyp nahe steht, vielleicht mit ihm in der Zukunft zusammenfallen wird. Sie besitzt ein rhombisches Prisma von 92° zur Grundform, während solches beim Mesotyp zwischen 91° und 91° 38' schwankt. *C. G. Gmelin* (s. *Poggendorff's* Ann. der Phys. Bd. 49. S. 538) hat den Punalith analysirt und folgende Formel für denselben aufgestellt: $3\,\dot{C}a\,\ddot{S}i + 5\,\ddot{\bar{A}}l\,\ddot{S}i + 12\,\dot{\bar{H}}$. Er kommt meist in faserigen, strahligen Bündeln vor, welche eine weisse Farbe, so wie Perlmutterglanz besitzen und auf grünlichweissen Apophyllit-Krystallen, die in den Blasenräumen eines Mandelsteines vorkommen, sich abgelagert haben.

Den neuesten Untersuchungen von *Kenngott* zufolge (in *Haidinger's* Berichten, Thl. 7. Bd. 189) hat der Punalith ein rhombisches Prisma von 91° 49' und 88° 11' zur Grundform, findet sich theils in einzelnen nadelförmigen Krystallen eingewachsen, theils zu mehreren gruppirt in Gesellschaft von Apophyllit, Stilbit, Herschelit und einem der Grünerde ähnlichen Mineral. Die Krystalle sollen durchsichtig oder durchscheinend, gelblichweiss gefärbt, härter als Flussspath seyn und auf den Spaltungsflächen Perlmutterglanz, auf den übrigen Flächen aber Glasglanz besitzen.

Vorkommen: bei Poonah im Lande Deccan in Ostindien auf hohlen Räumen in Mandelstein.

Pyrop.

S. Granat.

Quarz.

Syn. Bergkrystall.

Bei der Beschreibung der einzelnen Feuerberge wird man schon haben die Bemerkung machen können, dass unter den vulcanischen Producten Quárz-Krystalle nur höchst selten erwähnt wurden; überhaupt sind es, wie wir später sehen werden, unter den pyrogenen Felsarten eigentlich auch nur die Melaphyre, in welchen der Quarz in krystallisirtem Zustande sich findet, und mehr nur ausnahmsweise tritt er auch in andern vulcanischen Gebirgsmassen auf. Zu derartigen Localitäten gehören besonders Schottland und die an den dortigen Küsten liegenden Inseln. Auf diese Weise sind Quarz-Krystalle in der Nähe von Edinburg in sehr verschiedenen Färbungen am sogen. Kinnoul-Hügel in den Höhlungen eines basaltischen Mandelsteins vorgekommen. Auf gleiche Weise fanden sie sich auf den Inseln Sky, Egg und Mum, auf vorletzter in Mandelstein-Höhlungen, begleitet von Analzim, Chabasie und andern Zeolith-Fossilien. In Deutschland ist ihr Auftreten in den genannten Felsarten bei weitem nicht so ausgezeichnet und nur in dem Basalte von Stolpen, dem von Donnstetten in Würtemberg, so wie in dem phonolithischen Tuffe des Hohentwyls hat man ihn in einzelnen, wenig ausgezeichneten Krystallen gefunden. Nur in einem einzigen Falle wurden kleine Quarz-Pyramiden im Basalt-Conglomerate in der Nähe von Cassel bemerkt. In Tirol tritt er schon ungleich schöner in Eruptiv-Gebilden auf, besonders am Monzoni, wo er, mit fleischrother Farbe geziert, in Begleitung von Analzim ziemlich häufig im Mandelstein gefunden wird. In Böhmen kommt er an mehreren Orten in einem Mandelstein vor, der wahrscheinlich auch von melaphyrartiger Beschaffenheit seyn wird, gleich dem in den Nahe-Gegenden. Im Kosakower Gebirge hat man Quarz-Krystalle bei Raschen und Jaberlich am Jeschken, so wie am Morzinower Berge auf den Wänden von Blasenräumen oder im Innern von Achat-Kugeln in Mandelstein wahrgenommen. In den vulcanischen Massen um Neapel herum ist Quarz eine seltene Erscheinung, doch hat man mehr oder weniger grosse Bruchstücke von ihm in der Lava am Monte Cimini (dem Fusse des Monte Angelo) beobachtet, welche auf ihrer Oberfläche schwach verglast waren. Auch *Brocchi* hat Quarz-Trümmer in der vesuvischen Lava an mehreren Stellen gesehen. Zu den aussereuropäischen Fundorten schöner Quarz-Krystalle gehört der Ural und besonders der Taratarskische Berg unfern Slatoust, woselbst sie auf Chalcedon-Massen aufsitzen, welche von Mandelstein umschlossen sind. Das vorhin schon erwähnte ostindische Ländergebiet von Deccan ist ebenfalls die Heimath grosser Quarz-Krystalle. Südlich von Ahmednuggur entdeckte man sie in den Geoden eines Mandelsteins, begleitet von Achat und Chalcedon. In Neuholland und auf Disko-Eiland will man sie in ähnlicher Weise gefunden haben.

Radiolith.

S. Mesotyp.

Realgar.

Syn. Rothes Rauschgelb, Rubinschwefel, Sandarach, Risigallo.

Dieser hat eine schiefe rhombische Säule zur Grundform und besteht aus Schwefel-Arsenik, gemäss der Formel: $\ddot{A}s$. Er findet sich häufig in krystallinischen Massen, kommt jedoch auch unvollkommen körnig abgesondert, eingesprengt und derb vor, hat eine morgenrothe Farbe, giebt ein oraniengelbes Pulver, ist halbdurchsichtig oder undurchsichtig, fettglänzend, milde und hat ein spec. Gew. $= 3{,}_{556}$, eine Härte $= 1{,}_5$. Er findet sich vorzüglich auf Gängen im krystallinischen Gebirge, ist jedoch auch in vulcanischen Massen keine Seltenheit, wo er als Sublimations-Product erscheint. Auf diese Weise tritt er an der Solfatara bei Neapel auf, namentlich an der grossen, Bocca della Solfatara genannten Fumarole. Auch in einer gewissen Tiefe unter der Oberfläche kommt er bisweilen in grösserer Menge vor, fast immer mit Salmiac, bisweilen mit Mascagnin, Ammoniac-Alaun und nur selten mit Borsäure gemengt. An diesen Orten ist er fast stets krystallisirt, die Krystalle überziehen anfänglich die Wände der Gesteinsklüfte und erfüllen sie zuletzt mit einer körnigen Masse. Nicht selten bestehen die Ausfüllungen halb aus Realgar, halb aus faserigem Salmiac. Die grössern Krystalle besitzen stets eine schöne dunkelrothe Farbe, und obgleich, wie bereits bemerkt, das Realgar ein oraniengelbes Pulver giebt, so kommt doch nach *Scacchi* (Zeitschr. der deutsch. geolog. Gesellsch. Bd. 4.

S. 141) an der Solfatara eine Varietät vor, deren Strich mennigfarben ist. Diese hat ein schwärzlichgraues Ansehen und besitzt einen lebhaften Metallglanz.

Gleich dem Schwefel scheint das Realgar im vulcanischen Gebirge als Dampf sich aus dem Erdinnern zu entwickeln. Auffallend ist es, dass *Scacchi* nie arsenige Säure oder eine andere Arsen Verbindung in Gesellschaft von Realgar fand. Selbst der Schwefel, der doch so häufig an der Solfatara auftritt, kommt nie in derselben Ader mit dem Realgar vor. Auch auf Lava und in vesuvischen Lavaströmen, namentlich dem im J. 1794 dem Berge entquollenen, hat man Realgar entdeckt. Aehnlich ist sein Vorkommen am Aetna, an der Soufrière auf Guadeloupe, so wie auf der japanischen Insel Kiusiu.

Rotheisenstein.

Findet sich nicht so sehr in dichter, als vielmehr in schuppiger Gestalt an mehreren Orten als Ueberzug auf vulcanischen Gesteinen, z. B. zu Oberstein an der Nahe als Rotheisenrahm auf Amethyst-Krystallen in Achat-Kugeln, welche im dortigen Melaphyr angetroffen werden. Auf ähnliche Weise kommt er vor als Anflug auf den Kluftflächen eines dichten Basaltes am Häuschenberge bei Rothwesten in östlicher Richtung von Cassel. Auf der Wolfsinsel im Onega-See überzieht er Amethyst-Krystalle in den Höhlungen eines Mandelsteins. In derselben Gebirgsart hat man ihn wahrgenommen auf Gran Canaria in der Gegend von Mogan, eingebettet zwischen kugeligen Parthien eines Faser-Mesotyps.

Rothgültigerz.

Syn. Pyrargyrit, Argyrythrose.

Dieses eben so schöne als wichtige Silbererz ist bis jetzt nur an einer einzigen Stelle im vulcanischen Gebirge vorgekommen. Es hat ein stumpfes Rhomboëder von 108° 18′, 71° 42′ zur Grundform und zeigt einen mehr oder weniger deutlichen Blätterdurchgang nach den Flächen dieser Primär-Gestalt. Der Bruch ist muschelig, die Krystalle sind im reinsten Zustande halbdurchsichtig, gewöhnlich aber meist undurchsichtig, ihr Glanz ist bald demantartig, bald metallähnlich; sie geben einen hochrothen Strich. Ihr spec. Gew. = $5,_{4}$, ihre

Härte = 2—$2,_5$. Sie bestehen aus geschwefeltem Silber, Antimon und Arsenik, zufolge der Formel: $Ag^3 \left\{ \begin{matrix} \overset{'''}{\bar{Sb}} \\ \overset{''}{As} \end{matrix} \right.$.

Auf Gängen im Dolerit soll das Rothgültigerz mit Fahlerz, Bleiglanz und Flussspath zu Bolanos in Mexico vorgekommen seyn.

Rothkupfererz.

Syn. Kupferroth.

Das Rothkupfererz, welches aus Kupferoxydul besteht und meist in regulären octaëdrischen Krystallen vorkommt, Blätterdurchgang nach den Octaëder-Flächen zeigt, ist in reinem Zustande durch seine prächtige koschenillrothe Farbe ausgezeichnet, welche indess oft in's Ziegelrothe und Bleigraue übergeht. Das Erz giebt einen braunrothen Strich und kommt in blätterigem, dichtem und erdigem Zustande vor. Im erstern zeigt es einen muscheligen oder unebenen Bruch, metallähnlichen Demantglanz oder unvollkommenen Metallglanz. Es ist spröde, sein spec. Gew. = $5,_7$—6, die Härte = $3,_5$.

Es findet sich vorzugsweise auf Lagern und Gängen im Granit und ähnlichen Massen, doch auch im sogen. Uebergangs und Flötzgebirge. Im vulcanischen Gebilde hat man es bis jetzt nur an wenigen Stellen angetroffen. Gleich dem gediegenen Kupfer und in Begleitung desselben hat man es auf Naalsöe im Mandelstein mit Zeolithen beobachtet, welchen durch Kupferoxyd-Hydrat eine grüne Färbung mitgetheilt war. Am Vesuv hat man es mehrmals als Ueberzug auf vulcanischen Auswürflingen wahrgenommen, die namentlich bei der Eruption am 1. April im J. 1835 keine Seltenheit waren. In Nordamerica ist es im Staate Newyork zu Ladenton in Verbindung mit Malachit in einer nicht näher bezeichneten trappischen Felsart vorgekommen.

Rubellan.

Syn. Glimmer.

Er gehört wahrscheinlich zum einaxigen Glimmer, wie schon früher bemerkt wurde. Seine Farbe ist gewöhnlich rothbraun. Er findet sich meist in einer eben so gefärbten bol- oder wackeartigen Masse, in Verbindung mit Augit und erdigem Basalte und mit diesen ein eigenthümliches, blasiges Gestein bildend, dessen hohle Räume mit kleinen Phillipsit-Krystallen besetzt sind.

Hauptvorkommen: Schima in Böhmen und Planitz in Sachsen, auch die Umgegend des Laacher Sees.

Rutil.

Dieses schöne, aus mehr oder weniger reiner Titansäure ($\ddot{T}i$) bestehende Mineral hat ein stumpfes Quadrat-Octaëder von 123° 6′, 84° 40′ zur Grundform, doch besitzen die Krystalle durch das Vorherrschen der Prismen meist eine säulenartige, langgestreckte, öfters nadelförmige Gestalt. Ihre Farbe ist blut-, hyazinth- und koschenillroth, die einerseits durch das Rothbraune in's Schwarze, andrerseits durch das Gelbbraune in's Ocker- und Strohgelbe übergeht. Sie geben ein gelbgraues oder lichtbraunes Pulver, sind durchscheinend oder undurchsichtig, haben ein spec. Gew. = $4,_{2}$—$4,_{3}$ und eine Härte = $6,_{5}$. Sie besitzen in der Regel einen metallähnlichen Diamantglanz.

Der Rutil findet sich öfters in nadel- oder haarförmigen Krystallen, meist aber in körniger Zusammensetzung in das Gebirgsgestein eingesprengt, oder auch als Anflug auf demselben. Auch auf Gängen im sogen. Urgebirge kommt er vor und tritt daselbst gern in Gesellschaft von Kieselsäure auf. Bergkrystalle, welche in ihrem Innern spiessige Krystalle von Rutil umschliessen, sind in den Schweizer Alpen keine Seltenheit; auch finden sie sich daselbst auf eigenthümliche Weise eingewachsen in Krystalle von Eisenglanz, welche unter dem Namen der Eisenrosen bekannt sind. Dagegen ist der Rutil in vulcanischen Gebirgsmassen eine Seltenheit; doch hat man ihn in der Gegend von Oberstein in der Gestalt dünner Lamellen, im Kaiserstuhl-Gebirge bei Vogtsburg in Kalk mit Titaneisen, bei Schehlingen in körnigem Kalk mit Titaneisen, am Sattelberg bei Wurth in Böhmen im Basalt, von Augit, Hornblende, Chabasie und Glimmer begleitet, wahrgenommen. Dies letztere Vorkommen ist jedoch noch nicht genügend constatirt.

Ryakolith.

Syn. Glasiger Feldspath, Eisspath, Sanidin.

Diese zuerst von *G. Rose* (s. *Poggendorff's* Ann. der Phys. Bd. 15. S. 193. Bd. 28. S. 143) unterschiedene Feldspath-Art hat ein schiefes rhombisches Prisma zur Grundform und eine Zusammensetzung, welche folgender Formel entspricht: $\left.\begin{matrix}\dot{Na}\\ \dot{K}\end{matrix}\right\}\ddot{Si}$ + $\dddot{Al}\ \ddot{Si}$. Diese würde mit der des Labrador-Feldspathes ganz übereinstimmen, wenn die Kalkerde des letztern beim Ryakolith nicht durch Kali vertreten wäre. Das Mineral besitzt Glasglanz, einen muscheligen Bruch, ist durchsichtig oder durchscheinend und meist farblos, doch kommen auch graue und gelbliche Farben vor. Das spec. Gew. = $2{,}_{618}$, die Härte = 6. Vor dem Löthrohr soll sich der Ryakolith von dem gewöhnlichen Feldspath (Orthoklas) dadurch unterscheiden, dass er leichter schmilzt und von Säuren angegriffen wird, wobei sich die Kieselsäure in Pulverform abscheidet.

Den Namen Ryakolith hat *G. Rose* ursprünglich Feldspath-Krystallen gegeben, welche in Auswürflingen am Monte di Somma vorkamen; es dürfte aber schwer fallen, sie immer herauszufinden, denn nach *Dufrénoy (Traité de min.* T. III. p. 388) begegnet man an dieser Stelle bisweilen Krystallen, welche, obgleich sie das Ansehen des Ryakoliths besitzen, sich dennoch von ihm unterscheiden. Die einen kommen mit Hornblende, die andern mit dunkelgrünem Augit, schwarzem Glimmer und Nephelin vor. Ihre Farbe ist schneeweiss; sie sind in der Felsart entweder porphyrartig zerstreut oder sie kommen auf Drusenräumen in derselben vor. Aber nur die, welche in Gesellschaft von Augit auftreten, sind wirklicher Ryakolith, während die andern bei näherer Prüfung sich als Orthoklas erweisen.

Ausser an der Somma findet sich der Ryakolith auch noch in der Eifel, am Laacher See, woselbst er auch wieder von Augit, so wie von Hauyn und Sphen begleitet wird.

Uebrigens müssen wir hier noch bemerken, dass neuere Mineralogen den Ryakolith vom glasigen Feldspath unterscheiden. *Naumann* (in seinem Lehrbuche der Geognosie) scheint beide unter dem Namen „Sanidin" zusammenzufassen. Jedenfalls bildet die Feldspath-Familie das wichtigste, zugleich aber auch das schwierigste Feld in der gesammten Mineralogie.

Salmiac.

Der Salmiac, welcher zufolge der Formel $\not{N}\,\not{H}^4\,\not{Cl}$ aus Chlor-Ammonium besteht, gehört dem regulären Krystallsystem an und wird meist in Octaëdern, Rhomben-Dodekaëdern und Trapezoëdern angetroffen. Die letztere Form ist die seltnere, sie kommt aber vor in den brennenden Steinkohlenfeldern im Becken von St. Etienne bei Lyon. Die Krystalle sind farblos, durchscheinend, stark glänzend und sehen auf den ersten Blick manchen Analzim-Trapezoëdern von den Cyclopischen Inseln sehr ähnlich. Der Salmiac zeigt einen unvollkommenen Blätterdurchgang nach den Flächen des Octaëders. Er ist sehr milde, hat einen urinösen, scharfen, stechenden Geschmack, ein spec. Gew. = $1{,}5$—$1{,}6$, so wie eine Härte = $1{,}5$—2. Er löst sich leicht in kaltem, noch leichter in warmem Wasser auf und verbreitet, mit Kalilauge übergossen, einen deutlichen ammoniacalischen Geruch. Der Bruch ist muschelig, der Glanz glasartig. Reine Krystalle sind durchsichtig oder durchscheinend, meist farblos, doch kommen auch graue, gelbe, grüne, braune und schwarze Spielarten vor. Ausser in Krystallen findet sich der Salmiac auch in stalaktitischen, traubigen, kugeligen, warzenförmigen Massen von faseriger oder derber Beschaffenheit. Er kommt auch als Ueberzug und Beschlag oder Anflug vor. Er erscheint vorzugsweise als vulcanisches Sublimat und kommt als solches an mehreren Feuerbergen, z. B. am Aetna in der Nähe von Bronte, besonders nach der Eruption im J. 1832, auch auf den Inseln Lipari, Volcano, Island, Lancerote, Bourbon, in der Tatarei, besonders in der Nähe von Ho-Tcheou, bisweilen in ansehnlichen Massen vor. In der Nähe von Neapel findet er sich besonders an der Solfatara. Hier ist er schon seit langer Zeit bemerkt worden. Bereits *Hamilton* gedenkt seiner und führt an, dass man zu seiner Zeit daselbst jährlich zwei Centner Salmiac gewonnen habe. Er findet sich auch in den Windungen der Fumarolen, sogar unter der Oberfläche, und reichlicher daselbst als an freier Luft. Auf den Klüften des Gesteins bildet er eine faserigkörnige Masse. Nach *Scacchi* (a. a. O. S. 178) ist er das einzige chlorhaltige Product an der Solfatara.

Als pseudovulcanisches Product trifft man ihn auf brennenden Steinkohlenflötzen und Braunkohlenlagern an, z. B. zu St. Etienne unfern Lyon, bei New-Castle in England, in Deutschland aber besonders am „brennenden Berg" bei Duttweiler im Saarbrück'schen, so wie bei Glan in der überrheinischen Pfalz an.

Salzsaures Kali.

S. Sylvin und Chlorkalium.

Salzsaures Kupfer.

S. Atacamit und Smaragdochalcit.

Sanidin.

S. glasiger Feldspath und Ryakolith.

Sapphir.

S. Corund.

Sarkolith.

S. Chabasie und Gmelinit.

Sassolin.

S. Borsäure.

Schwefel.

Aus den frühern Mittheilungen wird man haben entnehmen können, dass der Schwefel an Vulcanen eine ausserordentlich häufige Erscheinung ist und daselbst auf verschiedene Art und Weise entstanden zu seyn scheint, auch sich noch heutigen Tages an solchen Stellen erzeugt. Er hat ein Rhomben-Octaëder von 106° 38′, 84° 58′, 143° 17′ zur Grundform und zeichnet sich besonders durch die ihm eigenthümliche Farbe aus, welche ein mit etwas Grün untermischtes Gelb ist. Oft geht sie in das Röthliche, Braune, Graue und Weisse über. Des Schwefels spec. Gewicht ist = 2, seine Härte = $1,_5 - 2._5$. Ausser in krystallisirtem Zustande kommt er auch in faseriger, dichter und lockerer Gestalt vor. Er findet sich in sehr verschiedenen Gebirgsformationen, weniger jedoch auf Gängen und Lagern in den ältern, als vielmehr in Verbindung mit Gyps, Steinsalz, Bitumen in dem Flötzgebirge und in den tertiären Massen, besonders den Kreidegebilden. Häufig trifft man ihn auch an in vulcanischen Felsarten, so wie in vielen Thermalquellen, welche Schwefelwasserstoffgas enthalten, bei dessen Zersetzung er sich in lockerer Gestalt auf dem Boden dieser Gewässer niederschlägt. Aus dem Heerde der Vulcane scheint er in vielen Fällen als Schwefeldampf emporzutreten; er setzt sich hier auf den Klüften und Spalten des Gesteins in Krystallen oder in krustenförmigen Rinden ab. Vorzüglich findet dies in den Mündungen der Solfataren statt, die wir schon in vielen Gegenden kennen gelernt haben. Fast alle noch jetzt thätige Vulcane erzeugen gediegenen Schwefel, bisweilen in sehr beträchtlicher Quantität und meist von sehr reiner Beschaffenheit. Nach *Breislak's* Ansicht soll der Schwefel an den meisten Solfataren, namentlich auch an der von Puzzuoli, aus der Zersetzung des in reichlichem Maasse sich daselbst entwickelnden Schwefelwasserstoffgases entstanden seyn, indem der Sauerstoff der Luft sich mit dem Wasserstoffgase verbindet und der Schwefel sich niederschlägt. Er meint, dies geschehe nicht tief unter der Oberfläche dès Bodens und könne nur da statt finden, wo die atmosphärische Luft Zutritt habe. Allein *Scacchi* ist anderer Meinung; denn da nach ihm Schwefeldampf aus grosser Tiefe sich entbinden kann, so ist er auch an solchen Stellen fähig, sich zu sublimiren, wohin die Luft nicht einzudringen vermag. Auch kommen, wie er glaubt, Wasserdampf und Schwefeldampf nicht aus demselben Heerde; denn in dem Krater und an den Wänden der Solfatara von Puzzuoli finden sich neben schwefelabsetzenden Fumarolen andere, welche keine Spur von Schwefel erzeugen. Die Wasserdämpfe leitet *Scacchi* von den durch das erhitzte Gestein in Dampf verwandelten eingedrungenen Tagewassern ab, die dann mit den Schwefeldämpfen aus derselben Gebirgsspalte hervortreten können. Auch auf der Insel Ischia finden sich schwefelabsetzende Fumarolen, z. B. in der Gegend der Acqua dei pisciarelli, so wie bei den Bädern von San Germano. Der Schwefel setzt sich daselbst fortwährend in den Windungen der Fumarolen oder wenig unter der Oberfläche des Bodens ab und erfüllt dann die Klüfte des Gesteins in höchstens neun Centimeter dicken Massen, welche an den Wänden faserig, in der Mitte aber in Krystallen angeschossen sind.

Die übrigen Fundstätten des Schwefels im vulcanischen Gebirge glauben wir hier um so mehr übergehen zu können, als davon in dem früher Mitgetheilten wiederholt die Rede war.

Schwefelkies.

Syn. Eisenkies, Markasit.

Der Schwefelkies, welcher gemäss der Formel $\overset{\prime\prime}{Fe}$ aus Eisenbisulphuret bestehet und das am allgemeinsten verbreitete unter allen Schwefelmetallen ist, gehört dem regulären Krystallsystem an und kommt in einer Menge von Krystallformen vor wie wenige andere Mineralien. Den gerade nicht besonders deutlichen Blätterdurchgang nimmt man zuweilen nach den Flächen des Würfels und des Octaëders wahr, während der Bruch muschelig oder uneben ist. Die in der Regel speisgelbe Farbe geht mitunter in das Goldgelbe und Braune über, auch ist das Erz bisweilen bunt angelaufen. Es ist undurchsichtig, spröde, metallglänzend und giebt ein grüngraues Pulver. Das spec. Gew. $= 4,_9 - 5,_1$, die Härte $= 6,_5$.

Der Schwefelkies kommt auch sehr oft in krystallinisch-körnigen, so wie derben Massen vor, findet sich auch eingesprengt und als Anflug auf andern Mineralien.

Bei seiner ausserordentlich weiten Verbreitung findet er sich in den verschiedensten Felsarten und unter den mannigfaltigsten Verhältnissen, sowohl im Gestein eingewachsen, als auch auf Lagern und Gängen, aber gerade die vulcanischen Gebirgsmassen sind diejenigen, in denen man ihm in Vergleich mit andern nicht häufig begegnet. Im Basalte scheint er verhältnissmässig noch am öftersten aufzutreten, und so trifft man ihn z. B. in Schottland zu Kinnoul bei Perth, so wie auch auf Staffa an. Auf der Gerswiese bei Honnef im Siebengebirge kommt er ebenfalls in kleinen Krystallen in derselben Felsart vor. In den hessischen Basalten ward er gefunden am Stempel bei Marburg, sodann auch auf dem Habichtswalde, in besonders deutlichen, aber kleinen Octaëdern am Spitzküppel bei Niedervellmar unweit Cassel. In sehr seltenen und erst seit Kurzem beobachteten Fällen findet man den Schwefelkies auf dem Habichtswalde, namentlich in dem Ahnathale in glänzenden Ueberzügen auf den Spaltungsflächen von Augit, der von dichtem Basalt umschlossen wird. In den böhmischen Basalten kommt er zu Oberhals in Gesellschaft von Hornblende vor. Auf der Wolfsinsel im Onega-See wird er als Ueberzug auf Amethyst-Krystallen bemerkt, welche in dem dortigen, schon öfters erwähnten Mandelstein vorkommen. Am Vesuv und in der Umgegend gehört er zu den seltnern Erscheinungen; an der Solfatara von Pozzuoli findet er sich nie in den frischen, sondern nur in den zersetzten Gesteinen, jedoch nie in deutlichen Krystallen, die sich überdies leicht zersetzen.

Ueber das Vorkommen des Schwefelkieses in fremdländischen vulcanischen Massen weiss man bis jetzt nur wenig.

Schwefelkupfer.

S. Covellin, Kupferindig.

Schwefelsaures Kali.

S. Glaserit.

Schwefelselen.

S. Volcanit.

Schwerspath.

S. Baryt.

Sedativsalz.

S. Borsäure.

Semelin.

S. Sphen.

Silber.

Es gehört, wie so viele Metalle, dem regulären Krystallsysteme an, findet sich jedoch selten deutlich krystallisirt, sondern meist in zähnigen, draht-, haar- und baumförmigen, auch in moosartigen und gestrickten Massen, auch in Platten, Blechen und dünnen Lamellen, so wie als Beschlag, auch derb und eingesprengt, in stumpfeckigen Stücken und Körnern. Von Blätterdurchgängen hat man beim Silber noch nichts bemerkt. Mit grosser Geschmeidigkeit verbindet es einen hakigen Bruch und einen glänzenden Strich. Seine Farbe ist die weisse, die bald einen Stich in das Gelbe, bald in das Röthliche zeigt. Auf der Oberfläche ist es oft gelb, braun und schwarz angelaufen. Sein spec. Gew. = 10—12, die Härte = $2,_5$—3.

Obgleich es vorzugsweise auf Gängen im ältern Gebirge zu Hause ist, so wird man sich doch aus den frühern und namentlich beim gediegenen Kupfer gemachten Mittheilungen erinnern, dass es mit letzterm auch in vulcanischen Massen in Nord-America in der Nähe der sogen. Canadischen Seen vorkommt. Das Auftreten dieser beiden gediegenen Metalle in Mandeln und auf Gängen des dortigen Melaphyrs ist äusserst merkwürdig. Das Silber ist in der Regel ganz rein, das Kupfer aber meist etwas silberhaltig. Auf welche Art und Weise sich die Metalle in der genannten Felsart gebildet haben, dürfte schwer zu ermitteln seyn. Wahrscheinlich haben

Gase und Dämpfe, besonders Wasserdämpfe und beide in hohem Grade erhitzt, dabei eine nicht unwichtige Rolle gespielt. Dass in Gesellschaft von Kupfer und Silber, und zum Theil auf ihnen aufsitzend, wasserhaltige Mineralien, besonders aus der Zeolith-Familie, angetroffen werden, ist ebenfalls schon früher erwähnt worden.

Silberglanz.

Syn. Glanzerz, Glaserz, Silberschwärze, Argyrose.

Es besteht in 100 Th. aus $87,_{04}$ Silber und $12,_{96}$ Schwefel gemäss der Formel: Ag. Gleich dem Silber gehört es dem regulären Krystallsystem an. Es kommt übrigens auch in dichtem und erdigem Zustande vor und führt in letzterm den Namen „Silberschwärze". Die Krystalle zeigen Spuren von Blätterdurchgängen nach den Flächen des Wurfels und Rhomben-Dodekaëders. Der dichte Silberglanz ist im Bruche kleinmuschelig oder uneben, inwendig mehr oder weniger metallisch glänzend. Die Farbe ist schwärzlich-bleigrau, bisweilen schwarz oder braun, öfters bunt angelaufen. Das Mineral ist undurchsichtig, sehr geschmeidig und wird durch den Strich glänzender. Das spec. Gew. $= 7,_{196}$, die Härte $= 2,_{5}$.

Gleich dem Silber findet sich der Silberglanz öfters in ästigen, gestreckten, draht- und haarförmigen Gestalten, auch in Platten, als Anflug und eingesprengt in das Gebirgsgestein. Auf letztere Weise kommt es nach *Beudant* in Ungarn vor und zwar bei Königsberg unfern Schemnitz, woselbst das Trachyt-Conglomerat so reichlich mit goldhaltigem Silberglanz erfüllt ist, dass es die ganze Masse durchdringt. Der Trachyt und die aus ihm entstandenen Gebilde sind die einzigen vulcanischen Gebirgsmassen, in denen man bis jetzt den Silberglanz angetroffen hat. Ausserdem kommt er mehr auf Gängen im ältern krystallinischen Gebirge vor.

Skolezit.

S. Mesotyp.

Skorza.

S. Epidot.

Smaragdochalcit.

S. Atacamit.

Soda.

Syn. Kohlensaures Natron, Natron *Haid.*

Obgleich mehrere Verbindungen von Kohlensäure, Natron und Wasser in der Natur vorkommen, so scheint unter ihnen doch nur die Soda, welche eine Zusammensetzung gemäss der Formel: $Na\,\ddot{C} + 10\,\bar{H}$ besitzt, im vulcanischen Gebiete bisher beobachtet worden zu seyn. Sie besitzt ein schiefes rhombisches Prisma zur Grundform und einen ziemlich deutlichen, orthodiagonalen Blätterdurchgang. Die Krystalle haben einen muscheligen Bruch, sind glasglänzend, durchsichtig oder halbdurchsichtig, meist weiss und nur bisweilen grau oder gelb gefärbt. Sie sind milde, verwittern leicht an der Luft und schmecken stark laugenhaft. Ihr spec. Gew. $= 1{,}_{423}$, die Härte $= 1—1{,}_5$. Schon bei gelinder Hitze verlieren sie ihr Krystallisationswasser. Sie sind an der Luft sehr unbeständig, deshalb kommt die Soda meist nur in krystallinisch-derben, rindenartigen Ueberzügen, so wie als Efflorescenz vor. Meist ist sie neuerer Entstehung. Oft findet sie sich in Verbindung mit schwefelsaurem Natron und Chlornatrium gelöst im Wasser mehrerer Seen, namentlich in Aegypten und Ungarn, aus denen sie sich nach der Verdunstung des Wassers während der heissen Sommermonate in krustenförmigen Rinden absetzt. Sie findet sich auch als Ausblühung auf Felswänden, z. B. denen der niederrheinischen Trassbrüche, und kommt auch unter den vulcanischen Producten vor. Als Sublimation auf den Klüften vesuvischer Laven hat man sie in Verbindung mit schwefelsaurem Natron und Kali, unter ähnlichen Verhältnissen am Aetna, am Pic auf Teneriffa, so wie an der Soufrière auf Guadeloupe angetroffen.

Sodalith.

Der Sodalith wurde zuerst von *Giesecke* auf Grönland in einem Glimmerschiefer und späterhin vom Grafen *v. Borkowsky* auch unter den rhyakolithischen Auswürflingen am Monte di Somma entdeckt. Er zeichnet sich durch eine eigenthümliche Mischung aus, ist als Verbindung eines Silicats mit einem Chlorid anzusehen und besitzt nach *v. Kobell* folgende chemische Formel: $Na\,\bar{C}l + \dot{N}a^3\,\ddot{S}i + 3\,\ddot{A}l\,\ddot{S}i$. Er gehört dem regulären Krystallsystem an und tritt meist in Rauten-Dodecaëdern auf. Der

Blätterdurchgang ist ziemlich deutlich nach den Flächen dieses Körpers. Der Bruch ist muschelig oder uneben, der Glanz ein in's Fettartige übergehender Glasglanz. Die Krystalle sind entweder halbdurchsichtig oder durchscheinend, farblos, meist aber graulich-, grünlich-, gelblich-weiss; grau-, berg-, seladongrün; bisweilen himmel- oder smalteblau gefärbt. Sie geben einen ungefärbten Strich; ihr spec. Gew. = $2{,}_{28}$—$2{,}_{37}$, ihre Härte = 6. Sie erscheinen oft mit unebenen, gekrümmten Flächen und abgerundeten Kanten, auch bemerkt man bisweilen an ihnen, wie beim rothen Granat, einzelne unsymmetrisch in die Länge gezogene Rhomben-Flächen. Endlich findet sich der Sodalith in rundlichen Körnern, so wie derb in körniger Zusammensetzung.

In den Umgebungen des Laacher See's ist der Sodalith keine seltene Erscheinung; er findet sich daselbst in wasserblauen oder milchweissen Stücken oder Krystallen, die erstern in krystallinischen Sanidin-Gesteinen mit Titanit und Hornblende, die andern mit Zirkon und Nephelin in Stücken körnig abgesonderten Sanidin's. Am Vesuv kommt er besonders an der Fossa grande vor, in den Drusenräumen älterer kalkiger Auswürflinge, in Begleitung von Nephelin, Mejonit, Rhyakolith, Glimmer, Hornblende und Granat. Auch in den Blasenräumen vesuvischer, Leuzit führender Laven hat man ihn angetroffen, eben so im Valle di Noto bei Palagonia in den Höhlungen dortiger vulcanischer Gesteine mit Nephelin und Analzim.

Die blauen Abänderungen begriff man früher unter dem Namen „Cancrinit"; diese traf *G. Rose* im Miascit des Ilmen-Gebirges, mit Eläolith und Feldspath verwachsen, an. Nach *Scacchi* kommt schön blau gefärbter Sodalith in kalkigen Gesteinen, so wie in den blasigen Weitungen eines Leuzitophyrs, welcher vom Vesuv ausgeworfen ist, bisweilen vor und ist alsdann, seinem Aeussern nach, schwierig vom Hauyn zu unterscheiden.

Solfatarit.

S. Alunogen.

Sommervillit.

S. Humboldtilith und Melilith.

Sommit.

S. Nephelin.

Spadait.

Dieses Mineral, welches *v. Kobell* (s. Journ. für prakt. Chemie. T. 30. S. 467) dem Mineralogen *Medicis de Spada* in Rom zu Ehren „Spadait" genannt hat, scheint bis jetzt noch nicht in Krystallen vorgekommen zu seyn, man kennt es nur in kleinen, derben, dichten Massen, welche innig mit Wollastonit durchwachsen sind. Hinsichtlich ihrer Mischung gehören sie zu den wasserhaltigen Talkerde-Silicaten, zufolge der Formel: 4 Mg Si + Mg $\dot{H}$.

Der Bruch ist unvollkommen muschelig oder splittrig, der Glanz fettartig, schimmernd, die Farbe röthlich bis fleischroth, der Strich weiss, die Härte = $2,_5$. Der Spadait ist milde, durchscheinend, schmilzt vor dem Löthrohr zu einem emailartigen Glas und wird gepulvert von Salzsäure leicht zersetzt.

Er findet sich in den vulcanischen Massen am Capo di Bove in der Nähe von Rom.

Sphärosiderit.

Syn. Kohlensaures Eisen, Spatheisenstein, Eisenspath, Siderit, Siderose.

Er besteht in seiner reinsten Gestalt aus kohlensaurem Eisenoxydul und hat ein stumpfes Rhomboëder von 107° 0 zur Grundform. Nicht sowohl in krystallisirtem Zustande als Eisenspath, als vielmehr in krystallinisch-faserigen Massen kommt der Sphärosiderit ziemlich häufig in vulcanischen Felsarten vor. Im letztgenannten Zustande laufen die Fasern entweder parallel oder divergirend. Sie sind in zarten Strahlen halbdurchsichtig oder durchscheinend und inwendig mit einem Glanze versehen, der zwischen Perlmutterglanz und Fettglanz das Mittel hält. Der Bruch ist uneben oder undeutlich muschelig, die Härte = $3,_5$—$4,_5$, das spec. Gew. = $3,_{77}$—$3,_{92}$. Die Fasern bilden häufig sphäroidische, nierenförmige, kleintraubige Gebilde, entweder auf schmalen Gängen oder im Innern der Blasenräume pyrogener Gesteine. In dieser Form aufzutreten, liebt das kohlensaure Eisenoxydul sehr und theilt diese Eigenschaft mit dem kohlensauren Manganoxydul, wobei es sehr bemerkenswerth ist, dass, wenn dem Sphärosiderit nur einige Procente von Thon beigemengt sind, seine Neigung zu krystallinischer Bildung dadurch fast gänzlich zerstört wird, worauf alsdann der dichte, thonige Sphärosiderit entsteht. Anders verhält es sich mit beigemengter Kieselsäure; diese scheint der eben genannten Tendenz nicht hindernd in den Weg zu treten. Bisweilen giebt der Sphärosiderit einen Gemengtheil mancher Felsarten ab; ist dieses der Fall, so scheidet er sich gern in den hohlen Räumen derselben in den vorhin erwähnten kugelförmigen Massen aus. Nirgends in Deutschland kommen solche wohl schöner vor, als in dem bekannten feinkörnigen Dolerit von Steinheim unfern Hanau. Die Oberfläche der Kugeln ist bisweilen mit einem irisirenden Schimmer versehen, und wenn solche eine weite Ausdehnung erhalten, so spricht sich auf derselben auch eine Anlage zu Krystall-Bildung aus. Nicht viel weniger schön findet sich der Sphärosiderit in den Blasenräumen eines doleritischen Basaltes beim Mittelhof bei Felsberg in Niederhessen, so wie in derselben Gebirgsart am Hirschberg bei Gross-Almerode. An den beiden letztgenannten Stellen ist er jedoch fast stets zersetzt und in Brauneisenstein umgewandelt, was bei diesem Mineral sehr oft vorkommt und auf der höhern Oxydation des Eisen- und Manganoxyduls beruhet, während die Kohlensäure entweicht. Unter ähnlichen Verhältnissen hat man den Sphärosiderit bei Dransfeld unweit Münden, am Rückersberge bei Oberkassel im Siebengebirge, bei Horzowitz in Böhmen, zu Bodenmais am Fichtelgebirge, Habelschwerdt in der Grafschaft Glatz, so wie am Mont-Dore im Dép. du Puy-de-Dôme aufgefunden. Der in der Nähe von Rio de Janeiro in einem doleritischen Basalte vorkommende Sphärosiderit sieht dem Steinheimer so täuschend ähnlich, dass er in Handstücken davon nicht zu unterscheiden ist.

Sphärostilbit.

Diese von *Beudant (Traité de min.* T. II, 120) aufgestellte Zeolith-Species ist vom Stilbit wohl nicht wesentlich verschieden. Es wird ihr folgende Formel zugeschrieben: $\dot{C}a^3 Si^2 + 3 \ddot{A}l \ddot{S}i^3 + 18 \dot{\bar{H}}$. Sie tritt in kugelförmigen Massen auf, welche aus sehr stark perlmutterartig glänzenden, weissen, auseinanderlaufenden Fasern zusammengesetzt sind. Ihr spec. Gew. = $2,_{31}$, ihre Härte etwas über der des Kalkspathes. Vor dem Löthrohr blättern sie sich leicht auf, mit Säuren geben sie eine gallertartige Masse.

Vorkommen: in den Mandelsteinen auf den Färöar.

Sphen.

Syn. Titanit, Séméline, Braun- und Gelb-Menakerz, Ligurit, Spinther, Pictit.

Der Sphen hat ein schiefes rhombisches Prisma zur Grundform und ist in chemischer Beziehung als eine Verbindung eines Silicates mit einem Titanate anzusehen. Nach *Berzelius* kommt ihm folgende Formel zu: $2\ \dot{C}a\ \ddot{S}i + \dot{C}a\ \ddot{T}i^3$. Der Blätterdurchgang ist besonders deutlich nach den verticalen Seitenflächen des Prisma's; wohl ausgebildete Individuen zeigen einen muscheligen Bruch und einen Glanz, der aus dem Glasartigen in's Diamantartige übergehet. Reine Krystalle sind durchsichtig, unreine blos durchscheinend. Farblose kommen kaum vor, meist erscheinen sie gelb, braun, grün, namentlich zeisig-, spargel-, pistazien- und grasgrün, auch röthlich-, nelken-, schwärzlich-braun und hyazinthroth, mitunter auch grau und weiss. Bisweilen bemerkt man an einem und demselben Krystall, besonders bei Zwillingen, in denen der Sphen sehr häufig auftritt, eine verschiedene Färbung je an der einen oder andern Hälfte des Krystalls. Das spec. Gew. des Sphen's $= 3,_4$ bis $3,_6$, die Härte $= 5,_5$. In den meisten Fällen ist er pyroeletkrisch. Er findet sich fast stets krystallisirt, eingesprengt und, wenn auch derb, doch immer deutlich individualisirt.

Sphen-Krystalle von besonderer Schönheit bemerkt man fast nur auf Drusenräumen älterer krystallinischer Gebirge, namentlich in der Alpenkette. Weniger schöne kommen als Einsprenglinge im Granit, Gneis, Glimmer- und Hornblende-Schiefer und ähnlichen plutonischen Massen vor. Besonders sind es gewisse Syenite, in denen man ihm begegnet und zu denen namentlich der Zirkon-Syenit aus der Umgegend von Laurvig und Frederiksvärn gehört. Häufig tritt er auch als Begleiter mancher Magneteisen-Lagerstätten auf, in Verbindung mit Kupferkies und anderen Erzen. Auch in Eruptiv-Gesteinen hat man ihn an vielen Orten aufgefunden, weniger in basaltischen, als in phonolithischen und trachytischen. In Frankreich kommt er in basaltischer Lava bei Volvic und am Puy de la Chopine in Trachyt vor. In letzterer Felsart ist er neuerdings in sehr deutlichen weingelben Krystallen auf der Rhön am Calvarienberge bei Poppenhausen beobachtet worden; auch findet er sich daselbst nach *Gutberlet* (s. *Leonhard's* Jahrb.

der Min. 1853. S. 681) in Hornblende eingewachsen. Die Sanidin-Gesteine aus der Gegend des Laacher See's umschliessen ihn ebenfalls bisweilen, eben so wie die daselbst vorkommenden Syenit-Auswürflinge. Derbe Stücke in Gesellschaft von Augit und Rhyakolith sind am Gänsehals bei Bell gefunden worden. In Böhmen kommt er bei Wesseln in Basalt, zu Schallau bei Teplitz, so wie am Mischlowitzer Berg unfern Bilin in Phonolith vor. In Italien findet er sich an mehreren Stellen, an der Somma in verschiedenen krystallinischen Massen, weniger häufig in Drusenräumen von Felsarten, welche der Einwirkung von Fumarolen ausgesetzt gewesen sind. Auch am Monte Vulture traf ihn *Scacchi* in kleinen, gelben Krystallen in einem Stücke glasigen Feldspaths an, welches aus dem Trachyt-Tuffe von le Braidi abstammte Auf der Insel Procida kommt er in Trachyt und bei Taganana auf Teneriffa in derselben Gebirgsart vor.

Spinell.

Syn. Pleonast, Candit, Ceylanit (?).

Der Spinell, welchen man in neuerer Zeit je nach seiner verschiedenen Färbung, zum Theil auch nach einigen (wie es scheint, nicht wesentlichen) Abweichungen in der Mischung in mehrere Species oder Subspecies zerfällt hat, gehört dem regulären Krystallsysteme an, tritt meist in Octaëdern auf und ist in chemischer Hinsicht als ein Talkerde-Aluminat, gemäss der Formel: $\dot{Mg}\,\dddot{\bar{Al}}$, anzusehen. Der Blätterdurchgang ist deutlich nach den Flächen des regulären Octaëders. Dieses letztere tritt aber selten in ganz reiner Gestalt auf, vielmehr ist es manchen Verzerrungen unterworfen, wie solche durch Verlängerungen und Verkürzungen nach gewissen Richtungen hervorgerufen werden.

Unter den verschiedenen Subspecies des Spinells interessirt uns besonders der Pleonast, welcher besonders durch seine schwarze Farbe, so wie durch seinen ansehnlichen Gehalt an Eisenoxydul, der bisweilen 20% beträgt, charakterisirt wird. Nur er allein scheint auch in vulcanischen Gebirgsmassen aufzutreten, findet sich jedoch nicht minder auch in andern Gebilden, so wie lose auf secundärer Lagerstätte. Er besitzt einen muscheligen, fast unebenen Bruch, deutlichen Glasglanz, ist meist undurchsichtig, selten durchscheinend. Bei auffallendem Lichte erscheint er sammetschwarz, bräunlich- oder grünlichschwarz, bei durchfallendem Lichte geht er aus dem Schwarzen in s Grüne oder Braune über, welche Nüancen einen Stich in's Blaue haben. Das spec. Gew. = $3,_7$—$3,_8$, die Härte = $7,_5$—8.

Die unter dem Namen „Candit" bekannte Varietät steht hinsichtlich ihrer Mischung dem Pleonast nahe; sie kommt in der Gegend von Candy auf Ceylon in aufgeschwemmten Massen und angeblich auch in Dolomit eingewachsen vor. Hauptsächlich aber findet sich der Pleonast in kleinen, glänzenden, schwarzen Octaëdern in Auswürflingen, welche bald aus augitischer, bald aus kalkiger Masse bestehen, am Fusse des Vesuv's. In letztgenannter Substanz ist er in der Regel grün gefärbt, während er in ersterer stets schwarz gefärbt erscheint. In ausgezeichneten Gestalten kommt er in der Gegend von Montpellier am Fusse des basaltischen Hügels Montferrier in einem Trümmergestein in Begleitung von Hornblende vor. In Deutschland scheint er in vulcanischen Massen sehr selten zu seyn, doch soll er nach *Fridol. Sandberger* (s. *Leonhard's* Jahrb. für Min. 1845. S. 143) nahe am Laacher See in kleinen, blassrothen Körnern in einem Rhyakolith-Gestein vorgekommen seyn.

Spinellan.

S. Nosean.

Sprödglaserz.

S. Polybasit.

Staurolith.

Syn. Staurotide *H.*

Er hat ein gerades rhombisches Prisma zur Grundform, tritt in dieser jedoch nur äusserst selten auf. Der Blätterdurchgang ist brachydiagonal, der Bruch muschelig, in's Unebene übergehend. Der Glanz steht in der Mitte zwischen Glas- und Fettglanz. Die Krystalle sind bald durchscheinend, bald undurchsichtig, ihre Farbe bräunlichroth, röthlichbraun oder schwärzlichbraun; sie geben einen isabellgelben oder gelbgrauen Strich. Vor dem Löthrohr sind sie für sich unschmelzbar. Ihr spec. Gewicht = $3,_4$—$3,_8$, die Härte = 7. Die Zusammensetzung ergiebt sich aus folgender Formel: $\left.\begin{matrix}\ddot{Al}^2\\ \ddot{Fe}^2\end{matrix}\right\}\dddot{Si}$.

Sie kommen häufig in rechtwinkligen und schiefwinkligen Kreuzkrystallen vor.

Der Staurolith findet sich fast stets eingewachsen in krystallinischen Schiefergesteinen, besonders in Glimmer-, Talk- und Thonschiefer, seltner im Gneise, häufig in Begleitung von Disthen, Granat und Turmalin, mit welchen Mineralien er öfters auf eigenthümliche Weise verwachsen ist. Im vulcanischen Gebirge scheint er äusserst selten und nur einmal in den Umgebungen des Laacher See's gefunden worden zu seyn; s. *Fridol. Sandberger* in *Leonhard's* Jahrb. für Min. 1845. S. 143.

Steinsalz.

Syn. Kochsalz, Seesalz, Spak.

Kaum braucht wohl daran erinnert zu werden, dass es dem regulären Krystallsystem angehört, meist in Würfeln krystallisirt und in reinster Gestalt aus Chlornatrium besteht. Der Blätterdurchgang ist besonders deutlich nach den Flächen des Würfels. Der Bruch ist muschelig, der Glanz aus dem Glasartigen in's Fettartige übergehend. Reine Krystalle sind durchsichtig, unreine blos durchscheinend, meist farblos, doch kommen auch graue, gelbliche, rothe, seltener grüne und blaue Abänderungen vor. Mitunter sind sie gefleckt oder geflammt. Der Strich ist weiss, das spec. Gew. $= 2,_2 - 2,_3$, die Härte $= 2$.

Es ist ein sehr weit verbreitetes Mineral und findet sich in fast allen Ländern der Erde, jedoch unter verschiedenen Verhältnissen. Im Schoosse der Erde ist es enthalten in bisweilen sehr ausgedehnten und mächtigen Schichten im Uebergangs-, besonders aber im Flötzgebirge, namentlich in der zwischen dem Steinkohlen- und Muschelkalk-Gebirge befindlichen, vorherrschend aus Thon und Gyps bestehenden Formation des Steinsalzgebirges, welche das Salz theils in Schichten, theils in mächtigen Stöcken, theils in Lagern, theils auch eingesprengt umschliesst. Auf diese Weise kommt es in staunenswerther Entwickelung vor am Nordabhange der Karpaten bei Wieliczka, so wie bei Cardona in Spanien, hier bis an die Oberfläche der Erde hervortretend.

Viele Quellen und Binnenseen enthalten es in reichlichem Maasse gelöst, aus denen es sich beim allmähligen Verdunsten des Wassers als Ausblühung abscheidet und weite, unübersehbare Flächen wie mit einer Schneedecke überziehet. Auf diese Weise mag auch wohl das sogen. Steppen-, Wüsten- oder Erdsalz entstanden seyn. Dergleichen Efflorescenzen bemerkt man häufig während der heissen Jahreszeit in den öden Steppen am Caspischen Meere, an dem Aral- und dem Elton-See im südlichen Russland, in mehr grossartiger Weise aber in den Wüsten längs des nördlichen Abfalls des africanischen Hochlandes, und so soll z. B. die Ebene von Dankali in Abyssinien in einer Strecke von vier Tagereisen mit einer dichten Salzrinde überzogen seyn, auf ihrer Oberfläche wie mit einer staudenförmigen Vegetation geziert. Nach *Wrangel* wird in den hohen nördlichen Breiten das Seesalz auch durch das Gefrieren des Meerwassers auf dem Polareise ausgeschieden, und zwar hin und wieder so reichlich, dass es zu technischen Zwecken gesammelt werden kann. Umgekehrt gelangt aber das Kochsalz auch durch die Gluth der Vulcane bisweilen an die Oberfläche der Erde, worüber man schon seit langer Zeit Nachrichten besitzt, die aber späterhin wieder in Vergessenheit gerathen zu seyn scheinen. Schon *Olafsen* bemerkt (in seiner Reise nach Island. Upsala und Leipzig 1779. S. 225) an der Stelle, wo er von den siedend-heissen Quellen dieser Insel spricht, es werde eine Menge Bimsstein mit dem siedenden Wasser ausgeworfen, und man glaube um so mehr, dass er aus der See herstamme, weil, wenn das vulcanische Feuer aufhöre, man auf den erkalteten Laven so viel Kochsalz aufgefunden habe, dass man viele Pferde damit habe beladen können. Auch am Vesuv ist es öfters auf diese Weise vorgekommen. So nach der Eruption im J. 1794, wo man auf der Lava schöne Kochsalz-Krystalle bemerkte; ferner in der vom J. 1805, nach welcher das Salz als dicke Rinde von 2 Zoll Stärke, von Eisenglimmer und Eisenrahm begleitet, auf den Klüften der Lava sich abgesetzt hatte. Bei dem im October des J. 1822 erfolgten Ausbruch wurden so ansehnliche Blöcke von Steinsalz ausgeschleudert, dass die Armen in Neapel solche sich holten und in ihrem Haushalte verbrauchten. Sie bestanden aus $^2/_3$ reinem und $^1/_3$ unreinem Salze. Auch auf aussereuropäischen Vulcanen findet es sich und ist auf der Insel Bourbon in dieser Beziehung schon lange bekannt und namentlich in den Spalten der im J. 1791 ergossenen Lavaströme bemerkt worden. Oefters kommt es an diesen Stellen auch in einem geschmolzenen Zustande oder als mehliger Anflug vor.

Stilbit.

Syn. Heulandit, Blätter-Zeolith, Desmin, Strahl-Zeolith, Hypostilbit, Sphärostilbit.

Eine schwierige Zeolith-Gattung, welche noch weiterer Aufklärung bedarf sowohl hinsichtlich ihrer krystallographischen Verhältnisse, als auch in Betreff ihrer chemischen Zusammensetzung. Beim dermaligen Stande unserer Kenntnisse scheint es am gerathensten zu seyn, den Desmin mit dem Stilbit zu vereinigen, weil beide eine nahezu übereinstimmende Mischung besitzen sollen, den Heulandit dagegen vom Stilbit zu trennen, weil er einem andern Krystallsystem anzugehören und auch eine etwas abweichende Zusammensetzung zu haben scheint.

Der Stilbit, wie ihn *Hauy* zuerst beschrieb, hat ein gerades rhombisches Prisma zur Grundform, doch findet er sich nur äusserst selten in dieser Gestalt, sondern gewöhnlich in sechsflächigen, stark seitlich zusammengedrückten Prismen, welche mit einer vierflächigen, auf die Seitenkanten aufgesetzten Zuspitzung versehen sind. Der Blätterdurchgang ist ausgezeichnet deutlich parallel den abgestumpften scharfen Seitenkanten; auf diesen bemerkt man auch einen lebhaften Perlmutterglanz, auf den übrigen Flächen mehr Glasglanz. Die Farbe ist meist milchweiss, bisweilen grau, gelb, braun, sogar roth, wie bei dem zu Kilpatrik in Schottland vorkommenden Stilbit. Das spec. Gew. $= 2{,}_{16}$, die Härte $= 3{,}_5$, d. h. der Stilbit ritzt den Kalkspath, er wird vom Apatit geritzt. Vor dem Löthrohr schmilzt er und giebt eine weisse Perle; Säuren wandeln ihn schwierig in eine gallertartige Masse um. Die Zusammensetzung ergiebt sich aus folgender Formel: $\dot{C}a\,\dddot{S}i + \dddot{A}l\,\dddot{S}i^3 + 6\,\dot{H}$. Der Stilbit findet sich nur selten auf Lagern oder Gängen im ältern Gebirge, desto häufiger aber und zugleich um so schöner kommt er in den Blasenräumen des Mandelsteins und des Basaltes vor. Hier wird er oft von andern zeolithischen Mineralien begleitet, besonders von Mesotyp, wie auf Island. Schon früher haben wir bemerkt, dass er auf den

Kluftflächen des isländischen Doppelspaths in den schönsten schneeweissen oder schwach röthlich gefärbten Krystallen erscheint. Ausgezeichnet sind auch die auf den Färöar, am Cap Blomidon in Neuschottland, so wie die im Vendayah-Gebirge in Hindostan auftretenden Stilbite. Sie gehören überhaupt zu den im vulcanischen Gebirge am weitesten verbreiteten Fossilien, so dass nur die ausgezeichnetern Fundstätten genannt werden können. Zu Andreasberg kommt der Stilbit auf Gängen im Thonschiefer, zu Arendal woselbst er braun gefärbt erscheint, auf Magneteisen-Lagerstätten, in den Bergen von Oisans auf kleinen Gängen im Gneise vor. Am St. Gotthardt hat er sich bisweilen auf Adular-Krystallen abgesetzt.

Den von *Beudant* aufgestellten „Sphärostilbit" haben wir schon früher charakterisirt; der „Hypostilbit" unterscheidet sich von diesem letztern dadurch, dass die kugelförmigen Massen, welche er bildet, matt und wenig glänzend sind, dass die die Kugeln zusammensetzenden Fasern äusserst fein und zart sind, so dass sie fast dicht erscheinen und auf dem Bruche keinen Glanz zeigen. Hinsichtlich des spec. Gewichts, so wie der Mischung stimmt der Hypostilbit mit dem Stilbit überein, nur ist sein Kieselerde-Gehalt etwas geringer; allein diese kleine Differenz scheint doch keinen Grund abzugeben, um eine neue Mineral-Species aufzustellen.

Dem Hypostilbit theilt *Beudant (Traite de min.* T. 2. p. 119) folgende Formel zu: $\dot{C}a^3\,\ddot{S}i + 3\,\ddot{A}l\,\ddot{S}i^3 + 18\,\dot{\bar{H}}$. Gleich dem Sphärostilbit wurde er in den Trappgebilden auf den Färöar aufgefunden. Was nun den von *Brooke* aufgestellten „Heulandit" betrifft, so umfasst er diejenigen Krystallformen des Stilbits, welche bei *Hauy* unter dem Namen „Stilbite anamorphique und octoduodécimale" vorkommen.

Neuern Untersuchungen zufolge hat der Heulandit ein schiefes rhombisches Prisma zur Grundform; überhaupt scheint er es sehr zu lieben, in deutlichen und netten Krystallen aufzutreten. Diese sind auf den Flächen des Blätterdurchganges mit einem lebhaften Perlmutterglanz versehen, ihre Farbe ist meist rein weiss, doch kommen zu Kilpatrik in Schottland auch fleischroth gefärbte vor. Sie sind bisweilen ganz durchsichtig, bisweilen blos durchscheinend. Ihr spec. Gew. = $2,_{19}$—$2,_{20}$, die Härte = $3,_{5}$, wie beim Stilbit. Vor dem Löthrohr schmilzt der Heulandit unter Aufblähen, während er zugleich phosphorescirt, zu einer weissen, matten Perle. Durch Calcination giebt er Wasser ab, aber mit Säuren behandelt, bildet er keine Gallerte. Den Untersuchungen von *Damour* zufolge enthält er auch geringe Quantitäten von Natron und Kali, welche Basen frühern Analytikern entgangen zu seyn scheinen. Auch kommt neben seinem Krystallisations-Wasser noch 1 % hygroskopisches Wasser in ihm vor, welches er im luftleeren Raume verliert und an feuchter Luft wieder aufnimmt. Diesem nach stellt *Damour* (bei *Dufrénoy, Traité de min.* III, 439) folgende mineralogische Formel für den Heulandit auf: 3 Al Si^3 + (Ca, Na, K) Si^3 + 5 Aq. Hinsichtlich seines Vorkommens gilt das beim Stilbit Gesagte. Auf Island und den Färöar findet er sich in den Blasenräumen der Basalte und der die letztern begleitenden Conglomerate. Im Fassa-Thale, so wie zu Kilpatrik kommt er in Mandelsteinen vor. Auch am St. Gotthardt hat man ihn entdeckt und seine Krystalle sollen daselbst nach *Lévy* auf denen von Kalkspath aufsitzen.

Strontian.

S. Cölestin.

Strontianit.

Syn. Sulzerit, Emmonsit, kohlensaurer Strontian.

Seine Grundgestalt ist, wie beim Strontian, die gerade rhombische Säule, sein Blätterdurchgang prismatisch, der Bruch als Querbruch uneben, als Längenbruch kleinmuschelig, der Glanz Glasglanz, im Bruche fettartig. Reine Krystalle sind durchsichtig oder blos durchscheinend, selten farblos, meist gelblich, grau, besonders aber spargelgrün oder apfelgrün gefärbt. Sie geben einen weissen Strich, ihr spec. Gew. = $3{,}_6 - 3{,}_8$, die Härte = $3{,}_5$. Durch Erwärmung phosphoresciren sie, vor dem Löthrohr schmelzen sie bei starker Hitze an den Kanten, färben die Flamme purpurroth und treiben knospenartige Ausläufer. Die Krystalle erscheinen oft nadelförmig und zu Garben, Büscheln, auch wohl zu sphäroidischen Gebilden verbunden; auch kommen derbe Massen von divergirend feinstängliger Zusammensetzung und strahligem Bruche vor. Die chemische Mischung ergiebt sich aus der Formel: $\dot{Sr}\ \ddot{C}$.

Der Strontianit ist ein seltnes Mineral, er findet sich meist auf Gängen im ältern Gebirge und ist, jedoch nur ausnahmsweise, auch im Basalte des Riesendammes in Ireland, so wie auf Sicilien an der Solfatara von Asaro wahrgenommen worden.

Sylvin.

S. Chlorkalium.

Tachylyt.

Syn. Tachylit, muscheliger Augit.

Diese von *Breithaupt* (in *Kastner's* Archiv, Bd. 7. S. 112) aufgestellte Mineral-Species sieht dem schon früher erwähnten Hyalomelan sehr ähnlich und ist bis jetzt nur amorph vorgekommen. Das Mineral hat einen klein- und flachmuscheligen, in's Ebene oder Unebene übergehenden Bruch und auf demselben einen Glanz, welcher das Mittel hält zwischen Glas- und Fettglanz. Es ist undurchsichtig, blauschwarz, mit einem Stich in's Sammet- und Rabenschwarze. Das Pulver ist dunkelgrau, das spec. Gew. = $2{,}_{56}$—$2{,}_{59}$, die Härte = $6{,}_{5}$. Es ist sehr leicht zersprengbar und folgt sowohl in kleinen Stücken als in Pulverform dem Magnet. Seinen Namen hat das Fossil von der Eigenschaft erhalten, vor dem Löthrohr sehr leicht unter bedeutendem Aufblähen zu einer dunkeln Glasperle zu schmelzen, die von dem Magnet angezogen wird.

Der Tachylyt ist bis jetzt nur in derben, schalen- und plattenförmigen, in unbestimmten Richtungen zersprungenen Stücken vorgekommen, welche nicht an allen Fundstätten eine gleiche Zusammensetzung zu haben scheinen. In dem Tachylyt vom Säsebühl bei Dransfeld fand *Schnedermann* (s. Studien des Götting. Vereins bergm. Freunde, Bd. 5. S. 100) $55{,}_{74}$ Kieselsäure, $12{,}_{40}$ Thonerde, $13{,}_{06}$ Eisenoxyd-Oxydul, $7{,}_{28}$ Kalk, $5{,}_{92}$ Talkerde, $3{,}_{88}$ Natron, $0{,}_{60}$ Kali, $0{,}_{19}$ Manganoxydul, $2{,}_{73}$ Wasser, *C. G. Gmelin* (s. *Poggendorff's* Ann. der Phys. Bd. 49. S. 233) dagegen in dem Tachylyt vom Vogelsgebirge $50{,}_{220}$ Kieselsäure, $1{,}_{415}$ Titansäure, $17{,}_{839}$ Thonerde, $8{,}_{247}$ Kalk, $5{,}_{185}$ Natron, $3{,}_{866}$ Kali, $3{,}_{374}$ Bittererde, $10{,}_{266}$ Eisenoxydul, $0{,}_{397}$ Manganoxydul, $0{,}_{497}$ ammoniacalisches Wasser, woraus er folgende Formel ableitet: $(\dot{K}a, \dot{N}, \dot{C}a, \dot{M}g, \dot{M}n, \dot{F}e)^3 \ddot{S}i^2 + \ddot{\overline{A}}l \ddot{S}i$.

Der Tachylyt scheint zuerst am Säsebühl, einer in der Nähe von Dransfeld gelegenen Basaltkuppe, so wie im Höllengrunde bei Münden gefunden worden zu seyn. Auf erstgenannter Stelle traf man ihn auf Absonderungsflächen des Basaltes an, mit welchem er wie verschmolzen erschien. Späterhin hat man ihn auch auf dem Vogelsgebirge, in der Grafschaft Hanau und im Nassauischen angetroffen. Nach *A. von Klipstein* (s. *Oken's* Isis. 1840. S. 900) findet er sich auf dem Vogelsgebirge bei Laubach und bei Bobenhausen, und zwar nesterartig von einem sehr porösen vulcanischen Gestein umschlossen. Die Nester wechseln hinsichtlich ihrer Grösse von der einer Wallnuss bis zu jener eines Kindskopfes; sie sind auf die Weise gruppirt, dass daraus das gangförmige Auftreten des Minerals in gewisser Tiefe wahrscheinlich wird. Im Hanauischen traf man ihn bei Klein-Ostheim an, woselbst er kugelige Parthien im Basalte bildet. Im Nassauischen findet er sich in Blasenräumen des Basaltes der Grube Alexandria bei Höhe auf dem Westerwalde.

Tafelspath.

S. Wollastonit.

Tautolith.

Ein von *Breithaupt* (in *Schweigger's* Jahrb. der Chemie und Physik. 1827. II, 314) aufgestelltes und beschriebenes Mineral, welches mit dem Chrysolith oder Hyalosiderit verwandt zu seyn scheint. Nach andern Nachrichten soll es von obsidianartiger Beschaffenheit seyn und in nordamericanischen Dioriten vorkommen. Nach *Breithaupt* sollen die Winkel der Tautolith-Krystalle von denen des Chrysoliths nicht bedeutend abweichen. Das Mineral besitzt einen unvollkommen muscheligen, in's Unebene übergehenden Bruch, matten Glasglanz, ist undurchsichtig, sammetschwarz, giebt einen grauen Strich, ist spröde und hat ein spec. Gew. = $3{,}_{865}$. Nach *Harkort's* vorläufigen Untersuchungen soll es ein vom Chrysolith bestimmt verschiedenes Eisenoxydul-Silicat mit Talkerde-Silicat seyn, in welchem die Kieselerde und die Basen gleich viel Sauerstoff enthalten.

Vorkommen: in einem Feldspath-Gestein am Laacher See.

Tenorit.

Syn. Kupferoxyd.

Eine von *Semmola (Opere minori di Giovanni Semmola. Napoli 1841. p. 45)* aufgestellte und nach *Tenore*, dem Präsidenten der Akademie der Wissenschaften zu Neapel, genannte Mineral-Species, welche bis jetzt in Krystallen noch nicht aufgefunden ist und aus reinem Kupferoxyd zu bestehen scheint. Sie kommt in der Regel in dünnen, drei- oder sechsseitigen Blättchen von 1—10 Millimeter Länge vor. Bisweilen sind sie ziemlich dick, gezahnt, gefranzt, leicht wie Schlaggold; elastisch und regellos gruppirt. Sie besitzen Metallglanz, eine stahlgraue, in's Schwarze übergehende Farbe und sind an den Kanten bräunlich durchscheinend. Beim Zerreiben wird das Pulver gern schuppig, zuletzt aber fein und schwarz. Vor dem Löthrohr verhält es sich wie reines Kupferoxyd und löst sich in Säuren ohne Brausen auf.

Der Tenorit findet sich auf schlackiger Lava am Vesuv, sowohl im Hauptkrater, als in andern erloschenen und brennenden Schlünden, so namentlich am Fusse des östlichen Bergabhanges in den Eruptions-Oeffnungen vom J. 1760. Er ist wahrscheinlich das jüngste Erzeugniss und hat sich auf allen andern Sublimations-Producten abgesetzt.

Tesselit.

S. Apophyllit.

Tetartin.

S. Albit.

Tetradymit.

Syn. Tellur-Wismuth, Bornine.

Dieses Mineral hat *von Born* zuerst beschrieben; es gehört dem rhomboëdrischen Krystallsystem an, tritt jedoch meist in sehr dünnen, hexaëdrischen Tafeln auf. Der Blätterdurchgang ist sehr deutlich parallel den Flächen der Grundgestalt. Es ist in dünnen Blättern etwas elastisch-biegsam, hat eine bleigraue, in das Zinnweisse übergehende Farbe, ein spec. Gew. $= 7{,}_4—7{,}_5$ und eine Härte $= 1{,}_5—2$. Der Glanz ist lebhaft metallisch. Es besteht in 100 Th. aus $59{,}_{50}$ Wismuth, $35{,}_{91}$ Tellur und $4{,}_{50}$ Schwefel, zufolge der Formel: $Bi^2 S^3 + 2 Bi^2 Te^3$. Den neuesten Untersuchungen von *Damour* zufolge ist dem Schwefel des aus Brasilien herstammenden Tetradymits auch Selen beigemischt, dessen Menge bisweilen 1½ % beträgt. Vor dem Löthrohr schmilzt das Mineral auf der Kohle, unter Entwickelung von Schwefel- und Selen-Geruch, leicht zu einem silberweissen, spröden Metallkorn, wobei sich die Kohle in der Nähe des Korns gelb, in weiterer Entfernung aber weiss beschlägt.

Man kennt nur eine Stelle, woselbst sich der Tetradymit in einer vulcanischen Gebirgsart gefunden hat. Diese ist das Dorf Schoubkau bei Czernowiz in Ungarn. Hier traf man ihn auf einer Lettenkluft in einem trachytischen Conglomerate an.

Thomsonit.

S. Comptonit.

Titaneisen.

Syn. Mänakeisenstein, Menakan, Iserin, Crichtonit, Ilmenit, Kibdelophan, Hystatit, Mohsit (?).

Das Titaneisen gehört, gleich dem Eisenglanz, mit welchem es isomorph ist, dem rhomboëdrischen Krystallsystem an, findet sich jedoch selten in deutlichen Krystallen. Seine chemische Zusammensetzung bedarf noch einer weitern Aufklärung. Im Allgemeinen ist man wohl darin einverstanden, dass das Titaneisen aus zwei isomorph zusammenkrystallisirenden Körpern, nämlich titansaurem Eisenoxydul und freiem Eisenoxyd, besteht. Nach *Mosander (K. Vet. Acad. Handl.* 1829. S. 220) variirt jedoch diese Verbindung hinsichtlich des Verhältnisses zwischen den beiden isomorphen Körpern in derselben Stufe oder demselben Krystall, von denen Theile von dieser Stelle vom Magnet sehr stark, von der andern gar nicht angezogen werden, weshalb die Analysen von Titaneisen auch stets, wie *Mosander* meint, abweichende Resultate geben werden. *von Kobell* (s. *Schweigger's* N. Jahrb. der Chemie und Physik, IV, 59 u. 425) glaubt jedoch, dass in diesen ungleich zusammengesetzten Titaneisen-Arten das Eisenoxyd mit dem titansauren Eisenoxydul in bestimmten Proportionen chemisch verbunden sey, und stellt die Formel: $\dot{Fe}\,\ddot{Ti}$, gemengt mit $\dddot{\overline{Fe}}$, für das Titaneisen auf. *H. Rose* (s. *Poggendorff's* Ann. der Physik, Bd. 62. S. 128) hat fünf verschiedene Titaneisen-Sorten analysirt und für jede derselben eine andere Formel aufgestellt; es fragt sich aber sehr, ob man deshalb berechtigt ist, sie als besondere Arten anzusehen. Ausser den beiden genannten Hauptbestandtheilen des Titaneisens hat *Mosander* in einigen auch Zinnoxyd, in den meisten Kalkerde, Bittererde, Manganoxydul, Chromoxydul und Kieselerde, in dem Titaneisen von Egersund auch etwas Ceroxydul und Yttererde aufgefunden. Der Gehalt an freiem Eisenoxyd schwankte von 11—58 %.

Das Titaneisen findet sich bisweilen in Krystallen, in verschiedenen Gebirgsmassen eingewachsen, oder in Drusenräumen derselben. Fast stets aber sind die Krystalle abgerieben und erscheinen meist als runde oder eckige Körner, die bei noch weiterer Zerkleinerung einen förmlichen Sand bilden, der bisweilen an der Mündung solcher Flüsse, welche in vulcanischen Felsmassen entsprungen sind oder ihren Lauf durch solche genommen haben, in ansehnlichen Massen an den Meeresgestaden sich angehäuft hat. Für diese Ansicht spricht sowohl das häufige Vorkommen der Titaneisen-Körner in der Nähe vulcanischer Formationen, als auch die Natur der sie begleitenden Mineralien, z. B. Augit, Hornblende, Olivin, Leuzit u. a., welche, wie wir wissen, vorzugsweise im vulcanischen Gebirge zu Hause sind.

In Frankreich findet sich das Titaneisen an verschiedenen Orten in Basalt, z. B. zu Pontgibaud im Dép. Puy de Dôme, ferner am Puy de Poulet und Puy de Poujet, in der Gegend von Rochefort, so wie bei Croustet im Dép. de la haute Loire; in Deutschland am Laacher See, so wie in der Mühlstein-Lava bei Niedermendig, auch bei Unkel in Basalt, in Sachsen bei Schandau, in Baden am Kaiserstuhl bei Oberbergen in Verbindung mit Ittnerit in Dolerit, in Böhmen als sogen. Iserin auf der Iserwiese am Riesengebirge in abgerundeten Körnern, die aber wahrscheinlich aus verwittertem Granit abstammen. Dagegen kommt das Titaneisen bei Kostenblatt, Lichtenwald u. a. O. wieder in Basalt vor. Im Kirchenstaate ist es häufig bei Frascati und Albano; bei Neapel trifft man es am Meeresufer als Sand, namentlich bei Pausilippo an. Am Aetna, auf Ischia, in Spanien am Capo de Gates, auf den Liparischen und Canarischen Inseln ist es eine häufige Erscheinung.

Titanit.

S. Sphen.

Tremolith.

S. Hornblende.

Turmalin.

Syn. Schörl, Siberit, Daourit, Rubellit, Indicolit, Apyrit, Aphricit, Achroit.

Eins der interessantesten unter allen Mineralien, welches aber für den Vulcanisten von mehr untergeordneter Bedeutung ist, weil es in den vulcanischen Massen so ausserordentlich selten auftritt, dass manche Mineralogen noch der Ansicht sind, es käme in denselben gar nicht vor. Doch ist es in neuester Zeit allerdings, obwohl äusserst sparsam, darin aufgefunden worden.

Der Turmalin gehört dem rhomboëdrischen Krystallsystem an und hat ein stumpfes Rhomboëder von 133° 26 , 46° 34 zur Grundform. Er findet sich fast stets krystallisirt, die Krystalle nehmen aber oft eine prismatische Gestalt an, kommen entweder einzeln, in das Gebirgsgestein eingewachsen, oder miteinander verbunden, gruppirt, oder mit ihren verticalen Flächen aneinander gewachsen vor. Bisweilen sind sie gekrümmt, zerbrochen und dann wieder durch ein Cement von verschiedener Natur zusammengekittet. Lose, mehr oder weniger abgeriebene Krystall-Individuen finden sich ebenfalls nicht selten.

Die chemische Zusammensetzung ist noch nicht genügend ermittelt; bis jetzt ist es noch nicht gelungen, eine Formel aufzustellen, welche für alle Turmalin-Varietäten passt. Es finden sich viele Elemente darin, deren Natur aus folgender Zusammenstellung sich ergiebt: $\dddot{\mathrm{Si}}$, $\dddot{\mathrm{B}}$, $\ddot{\mathrm{C}}$, $\dddot{\bar{\mathrm{Al}}}$, $\dddot{\bar{\mathrm{Fe}}}$, $\dot{\mathrm{Fe}}$, $\dot{\mathrm{Mn}}$, $\dot{\mathrm{Mg}}$, $\dot{\mathrm{Ca}}$, $\dot{\mathrm{Na}}$, $\dot{\mathrm{L}}$, $\dot{\mathrm{K}}$.

Der Blätterdurchgang ist unvollkommen rhomboëdrisch oder prismatisch, der Bruch mehr oder weniger vollkommen muschelig oder uneben. Mit Sprödigkeit und Glasglanz ist ein spec. Gew. = $3{,}_0$—$3{,}_3$, so wie eine Härte = 7—$7{,}_5$ verbunden. Die Farbe ist äusserst verschieden. Farblose Individuen sind selten, andere erscheinen bei auffallendem Lichte bisweilen sogar schwarz. Die Farben verhalten sich auch different, je nachdem man einen Krystall in der Richtung der Axe oder senkrecht darauf betrachtet. Zuweilen nimmt man auch an einem und demselben Krystall verschiedene Farben an den entgegengesetzten Enden wahr, meist ineinander verlaufend und in verschiedenen Graden der Durchsichtigkeit, oder in Zonen abgetheilt, welche die Axe rechtwinkelig schneiden, oder parallel denselben, indem verschieden gefärbte Krystalle sich gegenseitig umschliessen. Die am häufigsten vorkommenden Farben sind roth, braun, grün, blau, darunter sind die rosen-, pfirsichblüth-, carmin- und colombinrothen, so wie die pistäzien- und lauchgrünen Abänderungen wohl die schönsten, aber zugleich auch die seltensten.

Dass der Turmalin durch Reiben positiv elektrisch wird und durch Erwärmen in verschiedenen Graden terminal-polarische Elektricität erlangt, ist eine Eigenschaft dieses Minerals, wodurch es schon seit einem und einem halben Jahrhundert die Aufmerksamkeit der Mineralogen und Physiker in hohem und zugleich in verdientem Maasse erregt hat. Die belehrendsten Untersuchungen hierüber sind jedoch erst in neuerer Zeit von *G. Rose* angestellt worden; s. *Poggendorff's* Ann. der Physik, Bd. 59. S. 357.

Der Turmalin findet sich in dem Gebirgsgestein entweder in eingewachsenen Krystallen, oder in Drusenräumen oder auf Klüften desselben; bisweilen kommt er auch auf untergeordneten Lagern und Gängen vor, besonders denen des Granites, in welchem er bisweilen den Glimmer vertritt. Ueberhaupt tritt er fast nur in den ältern plutonischen und metamorphischen und gar nicht in den jüngern geschichteten Gebirgsmassen auf In vulcanischen Gebilden scheint er bis jetzt sich nur an zwei Stellen gefunden zu haben. *Brocchi* erzählt, dass man auf einem Lavastrome, welcher im J. 1779 sich aus dem Vesuv ergoss, ausgezeichnet schöne Turmalin-Krystalle gesehen habe, und *Pilla (Compt. rend.* 1845. T. 20. p. 811) bemerkt, dass von *Coquand* in einigen Trachyten, welche in der Nähe von Campiglia anstehen, schwarz gefärbte, nadelförmige Turmaline aufgefunden worden seyen.

Uranglimmer.

Syn. Uranit.

Dieses Mineral, welches von *Beudant* und andern neuern Mineralogen wegen einer Verschiedenheit im specifischen Gewicht in Chalkolith und Uranit geschieden worden ist, hat ein quadratisches Prisma zur Grundform und einen sehr deutlichen Blätterdurchgang parallel der Basis dieses Körpers. Es ist ihm folgende chemische Formel zuertheilt:

$$\left.\begin{matrix}\dot{Cu}^3 \\ \dot{Ca}^3\end{matrix}\right\} \dddot{P} + 2\ \ddot{U}^3\ \dddot{P} + 24\ \dot{H}.$$

Da es fast nur in sehr dünnen Lamellen vorkommt, so ist von Bruch an ihm nichts wahrnehmbar. Auf den Spaltungsflächen nimmt man Perlmutterglanz, auf den andern Flächen blos Glasglanz wahr, mit einer Neigung zum Diamantartigen. Das Fossil ist milde, meist schwefel- oder citronengelb oder zeisiggrün gefärbt; es giebt einen gelben Strich. Sein spec. Gew. ist = 3—3,2, die Härte = 2—2,5. Es ist durchsichtig oder blos durchscheinend. In der Regel findet es sich krystallisirt, die Krystalle sind einzeln aufgewachsen oder in Drusen zusammengehäuft. Zuweilen kommt es auch als Ueberzug oder als fächerförmiger Anflug vor, selten derb in körnig-blätteriger Zusammensetzung.

Es findet sich fast stets auf Gängen im ältern Gebirge, namentlich im Granit und Thonschiefer. Nach *G. Rose* (Reise nach dem Ural, Bd. 1. S. 48) hat man es auch auf Amethyst-Kugeln in Drusen des Mandelsteines auf der Wolfsinsel im Onega See bemerkt.

Vesuvian.

S. Idokras.

Volcanit.

Syn. Selenschwefel, Schwefelselen.

Schon im J. 1825 machte *Stromeyer* (s. Götting. gel. Anzeigen. 1825. S. 336—339) bekannt, dass der auf der Insel Volcano vorkommende Salmiac mit einem Schwefel gemengt sey, der sich durch seine bräunlich-orangegelbe Farbe auszeichnete und schichtweise im Salmiac sich abgelagert hatte. Bei näherer Untersuchung fand sich, dass die eigenthümliche Farbe des Schwefels durch einen Selengehalt hervorgerufen werde. *Haidinger* (Handb. der bestimmend. Min. S. 573) hat sich dadurch veranlasst gesehen, daraus eine besondere Mineral-Species zu bilden und ihr den Namen „Volcanit" zu geben. Beibrechende Mineralien sind Schwefel und Schwefelarsenik.

Voltait.

Syn. Eisenalaun.

Dieses seltene, nur an wenigen Stellen vorkommende, neuerdings jedoch auf dem Harze aufgefundene Mineral wurde bereits im J. 1792 von *Breislak (Essay mineralogique sur la Solfatare de Pouzzole.* Naples 1792. p. 155) beschrieben, blieb jedoch unbeachtet, bis *Scacchi* im J. 1841 es unter seinem jetzigen Namen bekannt machte; s. *Antologia di scienze naturali.* Napoli 1841. p. 67. Es gehört dem regulären Krystallsystem an und kommt in Würfeln, Octaëdern und Rhomben-Dodekaëdern vor. Seine Zusammensetzung wird nach *Abich* (bei *Rammelsberg,* Handwörterb. u. s. w. 1. Suppl. S. 4) durch folgende Formel ausgedrückt:

$$3\left\{\begin{matrix}\dot{Fe}\\ \dot{K}\\ \dot{Na}\end{matrix}\right\}\dddot{S} + 2\left\{\begin{matrix}\dddot{Fe}\\ \dddot{Al}\end{matrix}\right\}\dddot{S}^3 + 12\,\dot{H}.$$

Die Krystalle sind schwarz, undurchsichtig, fettglänzend, von unebenem Bruche; gepulvert haben sie eine graugrüne Farbe. Vor dem Löthrohr geben sie Wasser und Schwefelsäure ab und hinterlassen einen erdigen, rothen Rückstand. Sie erlangen nur eine geringe Grösse, haben höchstens $2\frac{1}{2}$ Millimeter im Durchmesser, sind stets mit Alotrichin gemengt und umschliessen häufig einen graugrünen Kern. An der Luft zersetzen sie sich bald, verlieren ihren Glanz und werden graugrün oder roth.

Nach *Scacchi* bildet sich der Voltait nicht aus zersetzten Eisenkiesen, er sieht ihn vielmehr als ein neueres Erzeugniss aus Schwefelsäure und den Eisenoxyden an, welche aus den umgewandelten Gesteinen der Solfatara abstammen.

Wasserchrysolith.

S. Bouteillenstein.

Wavellit.

Syn. Hydrargillite, Devonite, Lasionit, Striegisan.

Dieses Mineral wurde zuerst von Dr. *Wavell* zu Barnstaple in Devonshire aufgefunden, woselbst es noch jetzt in ausgezeichneten Exemplaren vorkommt. Es hat ein gerades rhombisches Prisma zur Grundform und einen Blätterdurchgang parallel den Seitenflächen des Prisma's und den abgestumpften, scharfen Seitenkanten desselben. Der Bruch ist nur selten wahrnehmbar und unvollkommen muschelig. Auf den Spaltungsflächen bemerkt man Perlmutterglanz, auf den übrigen Flächen Glasglanz. Das Fossil ist bald durchsichtig, bald blos durchscheinend, in reinster Gestalt farblos, aber meist grau, gelb, braun und grün gefärbt. Bisweilen wechseln verschiedene Farben in concentrischen Streifen miteinander ab. Der Wavellit ist spröde, giebt einen weissen Strich, besitzt ein spec. Gew. = 2,$_3$—2,$_4$, so wie eine Härte = 3,$_5$—4. In frühern Zeiten hielt man ihn für ein Thonerde-Hydrat, bis *Fuchs* im J. 1816 zeigte, dass er auch Phosphorsäure enthalte. Nach *Rammelsberg* hat er folgende chemische Formel: $(\bar{A}l\ \bar{F}l^3 + 2\,\ddot{\bar{A}}l) + 6\,(\ddot{\bar{A}}l^4\ \overset{\cdot\cdot}{\dddot{\bar{P}}}{}^3 + 18\,\dot{\bar{H}})$. Deutliche Wavellit-Krystalle finden sich nur in den wenigsten Sammlungen; die Krystalle erscheinen meist nur in Gestalt zarter, concentrisch gruppirter Fasern, welche bei concentrisch-strahliger Textur hemisphärische, nierenförmige und traubige Gestalten bilden und meist eine rauhe Oberfläche besitzen. Auf diese Weise kommen sie vor auf Klüften im Thonschiefer zu Barnstaple, auf Gängen im Granit zu St. Austle in Cornwallis, auf Klüften im Sandstein zu Zbirow bei Beraun in Böhmen, zu Amberg in Bayern auf einem der Oolith-Formation angehörigen Brauneisenstein und in ausgezeichneten, nierenförmigen Stücken zu Villa Ricca in Brasilien im sogen. Tapanhoacanga, dem bekannten Conglomerat von Eisenglanz, Magneteisenstein und Itacolumit, welche Substanzen durch Eisenoxyd und Eisenoxyd-Hydrat miteinander verbunden sind. Im vulcanischen Gebirge hat sich der Wavellit bis jetzt nur an einer Stelle gefunden, und zwar am Vesuv in Blöcken körnigen Kalkes, welche bei der Eruption im J. 1822 ausgeschleudert worden seyn sollen.

Weissbleierz.

Syn. Cerussit, Schwarzbleierz, Bleierde, Bleispath, kohlensaures Blei.

Der Bleispath, welcher, gemäss der Formel $\dot{P}b\ \ddot{C}$, aus Kohlensäure und Bleioxyd besteht, hat ebenfalls ein gerades rhombisches Prisma zur Grundform und einen ziemlich deutlichen Blätterdurchgang parallel den breitern Seitenflächen des Prisma's. Der muschelige Bruch neigt sich dem Unebenen zu. Der Glanz ist diamantartig mit einem Stich in's Wachsartige. Die mit starker doppelter Strahlenbrechung versehenen Krystalle sind bald durchsichtig, bald blos durchscheinend, nur selten ganz farblos, häufig grauweiss, asch- und rauchgrau, gelblich-weiss, gelb, nelkenbraun, mitunter durch Kohle grauschwarz oder durch Kupferoxyd lebhaft grün oder blau gefärbt. Sie sind etwas spröde, geben einen weissen Strich und besitzen ein spec. Gew. $= 6-6{,}_6$, so wie eine Härte $= 3{,}_5$.

Den durchsichtigen und reinen Bleispath pflegt man Weissbleierz, den unreinern und dunkeln Schwarzbleierz, die dichten, erdigen, durch Kieselerde, Thon und Eisenoxyd verunreinigten Varietäten dagegen Bleierde zu nennen. Der Bleispath tritt in zahlreichen einfachen Krystall-Gestalten, in Zwillingen und Drillingen, so wie in stängligen, körnigen und dichten Abänderungen auf, besonders auf Gängen im Ur- und Uebergangsgebirge, auch auf Lagern im Flötzkalk, fast stets in Begleitung von Bleiglanz, und viele mit diesem Vorkommen verbundene Erscheinungen machen es in hohem Grade wahrscheinlich, dass er als ein neueres Erzeugniss, hervorgegangen aus der Zersetzung des Bleiglanzes, zu betrachten sey. Der Fundstätten des Bleispathes giebt es viele, aber in den vulcanischen Gebirgsmassen kennt man deren nur eine, und zwar das schon öfters erwähnte Bolanos in Mexico, woselbst er in Gesellschaft von Fahlerz, Bleiglanz und Flussspath auf Gängen in Dolerit sich gefunden haben soll.

Wernerit

Syn. Skapolith, Mejonit, Dipyr, Arktizit, Rapidolith, Paranthin, Ekebergit, Tetraklasit, Schmelzstein.

Derselbe hat ein Quadrat-Octaëder von 136° 7, 63° 48 zur Grundform und eine Zusammensetzung, welche sich aus folgender Formel ergiebt: $\left.\begin{matrix}\dot{Ca}^3\\ \dot{Na}^3\end{matrix}\right\} \dddot{Si}^2 + 2\, \ddot{Al}\, \dddot{Si}$. Durch das Vorherrschen der Prismen erhalten die Krystalle eine langgestreckte, säulenförmige Gestalt mit einer vertical gestreiften, oft rauhen und corrodirten Oberfläche. Ihr Blätterdurchgang ist deutlich prismatisch, der Bruch unvollkommen muschelig bis uneben und splitterig. Aeusserlich und auf dem Bruche bemerkt man Glasglanz, auf den Spaltungsflächen Perlmutterglanz. Reine Krystalle sind durchsichtig, unreine blos durchscheinend. Das spec. Gew. $= 2{,}_6-2{,}_8$, die Härte $= 5-5{,}_5$. Farbloser Wernerit kommt zwar hin und wieder vor, aber fast stets ist er gefärbt, die Farben sind meist trübe, unbestimmt und graue, gelbe, grüne und blaue vorherrschend. Dunkele, beinahe schwarze, so wie ziegel- und blutrothe Abänderungen finden sich nur ausnahmsweise.

Der Wernerit findet sich theils krystallisirt, theils in stänglig-körnigen, theils in derben Massen. Die farblosen, durchsichtigen, an den Enden deutlich ausgebildeten Individuen hat man gewöhnlich Mejonit, die grünen, grauen und rothen, stängligen, nadelförmigen, gekrümmten oder in niedrigen Säulen auftretenden Varietäten Skapolith genannt. *Abilgaard's* „Micarellit" und *Schumacher's* „talkartiger Skapolith" ist ein mit Glimmer gemengter Wernerit, *Brooke's* „Nuttalith" wohl nur eine schillernde Abänderung dieses Minerals.

Die schönsten Wernerite dürften diejenigen seyn, welche man bisweilen in den alten, aus körnigem Kalke bestehenden Auswürflingen in der Nähe des Vesuv's in Gesellschaft von Nephelin, Sanidin, Hornblende, Augit und Glimmer antrifft. Aeusserst selten kommt er in dem Basalte oder der basaltischen Wacke des Stempels bei Marburg, und zwar in zollgrossen Krystallen vor, deren Oberfläche jedoch rauh und zerfressen ist. Auf andere Weise findet er sich in Schweden, Norwegen und Finnland; hier trifft man ihn meist auf Lagern von Magneteisenstein, auch von körnigem Kalk, so wie gangförmig im ältern krystallinischen Schiefergebirge an. Zu New-Jersey und Bolton in Nordamerica begegnet man ihm in Feldspath-Gesteinen.

Withamit.

S. Epidot.

Wolfram.

Der Wolfram kommt zwar nicht innerhalb vulcanischer Massen vor, er ist jedoch durch solche dem Schoosse der Erde entrissen, emporgehoben und an die Erdoberfläche gelangt.

Sowohl seine krystallonomischen, als auch seine chemischen Verhältnisse verdienen es, noch in näheres Licht gesetzt zu werden. Nach *Hauy* hat er ein gerades rectanguläres, nach *Beudant* ein schiefes rectanguläres, nach *Lévy* ein schiefes rhombisches Prisma zur Grundform. Die deutschen Mineralogen folgen wohl meist der ersten Ansicht. *Hausmann* sieht

(a. a. O. Bd. 2. S. 969) ein Rhomben-Octaëder von 118° 47′, 103° 34′, 106° 30′ als die primitive Form des Wolframs an. Ungeachtet der gegentheiligen Ansichten vom Grafen *Schaffgotsch* (in *Poggendorff's* Ann. der Physik, Bd. 52. S. 475) und *Marguerite (l'Institut*, Nr. 511. p. 347) nimmt man wohl am füglichsten an, dass er, gemäss der Formel: $\left.\begin{matrix}\dot{Fe}\\ \dot{Mn}\end{matrix}\right\}\dddot{W}$, aus wolframsaurem Eisen- und Manganoxydul bestehe, wobei jedoch die beiden isomorphen Basen in schwankenden Verhältnissen aufzutreten scheinen. Die Krystalle sind oft in der Richtung der Hauptaxe verlängert, vertical gestreift und von schilfartigem Ansehen. Nach *Dufrénoy* (a. a. O. Bd. 3. S. 528) ist der Blätterdurchgang parallel der Basis der primitiven Form. Der Bruch ist uneben, der Glanz metall- und diamantähnlich, die Farbe grau-, braun- und eisenschwarz, der Strich röthlich- oder schwärzlich-braun, das spec. Gew. $= 7{,}_1 - 7{,}_5$, die Härte $= 5{,}_5$.

Der Wolfram findet sich vorzugsweise auf Zinnerz-Lagerstätten im Erzgebirge, in Cornwallis, so wie auf dem Harze auf Gängen, welche in Grauwacke aufsetzen. *Bertrand de Lom* erzählt (*Compt. rend.* 1845. T. 20. p. 455), dass vulcanische Gebilde im Dép. Haute-Loire, in der Gegend um Polignac, Granit-Trümmer zur Erdoberfläche gebracht hätten, in denen Wolfram enthalten gewesen sey.

Wollastonit.

Syn. Tafelspath, Stellit, Schalstein, Grammit.

Der Wollastonit, welchen man erst seit dem J. 1793 kennt und der in chemischer Beziehung als doppelt-kieselsaurer Kalk anzusehen ist, hat, gleich dem Augit, zu dessen Familie er gehört, ein schiefes rhombisches Prisma zur Grundform und einen Blätterdurchgang, welcher besonders deutlich ist nach zwei Flächen verschiedenen Werthes, die sich unter 95° 20 schneiden; die Spaltungsfläche erscheint abgerissen, blätterig. Auf ihr bemerkt man einen in das Perlmutterartige geneigten Glasglanz. Der Bruch ist uneben, die Krystalle sind entweder halbdurchsichtig oder nur an den Kanten durchscheinend. Die Farbe ist meist weiss, oft in das Graue, Gelbe, Rothe und Braune fallend, selten fleischroth. Das spec. Gew. ist =

$2{,}_8 - 2{,}_9$, die Härte $= 4{,}_5 - 5$. Durch Reibung und Erwärmung wird der Wollastonit phosphorescirend. Er findet sich gewöhnlich in schaligen oder stängligen Massen von grobkörnigem Gefüge, vorzugsweise auf Lagern körnigen Kalkes, hin und wieder auch in andern Gesteinen. Dem vulcanischen Gebirge ist er keineswegs fremd; am Castle Hill in der Nähe von Edinburg bildet er knollenförmige Massen im Mandelstein, eben so zu Salisbury-Craigs, so wie am Kilpatrik-Hügel bei Dumbarton. Am Capo di Bove, unfern Rom, ist er in Höhlungen eines Dolerites zu Hause; die blätterige Varietät nimmt Theil an der Zusammensetzung verschiedener krystallinischer Gesteine am Monte di Somma, begleitet von Granat, Leuzit oder Kalk, Idokras, Augit und Glimmer. In Auswürflingen körnigen Kalkes am Fusse des Vesuv's kommt er bisweilen in deutlichen Krystallen vor.

Zeagonit.

S. Gismondin, Abrazit, Harmotom.

Zeasit.

S. Feueropal.

Zinnstein.

Syn. Zinnerz.

Gleich dem Wolfram findet sich das Zinnerz nicht in eigentlichen vulcanischen Gebilden, sondern es wurde durch letztere, eingeschlossen in andere Felsarten, nur zu Tage gefördert. Es ist bekanntlich Zinnoxyd ($\dot{\dot{S}}n$) und hat ein Quadrat Octaëder zur Grundform Seine Krystalle erscheinen nur selten in einfacher Gestalt, meist treten sie als Zwillinge auf. Der Blätterdurchgang ist bei ihnen nicht deutlich, am deutlichsten noch parallel den Zuschärfungsflächen des Prisma's Der Bruch ist unvollkommen muschelig bis uneben, der Glanz ein dem Fettartigen mehr oder weniger genäherter Diamantglanz. Die Krystalle sind bald halbdurchsichtig, bald nur durchscheinend. Fast nie erscheinen sie farblos, sondern meist verschieden gefärbt und trübe. Gelbbraun, Röthlichbraun, Nelkenbraun, Schwarzbraun, ja sogar Pechschwarz kommt am häufigsten vor. Das spec. Gew. $= 6{,}_8 - 7$, die Härte $= 6 - 7$.

Das Zinnerz findet sich nicht häufig in der Natur und ist nur wenigen Gegenden eigen; wo es aber vorkommt, da tritt es gewöhnlich in reichlichem Maasse auf. Bald ist es in einzelnen Krystallen in das Gestein eingesprengt, bald in Drusen, bald auf Lagern, Stockwerken und Gängen in ältern plutonischen Massen, so wie auch im Uebergangsgebirge angehäuft. In weit ansehnlicherer Menge aber kommt es auf secundärer Lagerstätte, den sogen. Zinnseifen, in mehr oder weniger zerkleinertem Zustande, als Zinnsand in Begleitung zahlreicher Kieselfossilien vor. In diesen Seifenwerken findet sich auch das splitterige Zinnerz, so wie das faserige als sogen. Holzzinn oder Cornisches Zinnerz. Nur an einer Stelle hat man es im vulcanischen Terrain angetroffen, und zwar am Aetna, in Granitstücken, welche von diesem Feuerberge ausgeschleudert worden waren.

Zirkon.

Syn. Hyacinth.

Dieses Mineral, dessen dunkelrothe Abänderungen früherhin Zirkon, die hell- oder fleischrothen aber Hyacinth genannt, auch wohl, obgleich fälschlich, als besondere Ar en unterschieden wurden, besteht aus kieselsaurer Zirkonerde, gemäss der Formel: $\dddot{\bar{Z}r}\,\dddot{Si}$, hat einen nicht deutlichen Blätterdurchgang parallel den Seitenflächen und einen noch undeutlichern parallel den Zuschärfungsflächen des Prisma's. Der Bruch ist muschelig bis uneben, der Glanz ein oft diamantartiger Glasglanz, die Härte = $7{,}5$, das spec. Gew. = $4{,}4 - 4{,}6$, die Färbung sehr mannigfaltig und aus dem Grauen übergehend in s Braune, Rothe, Gelbe, Grüne und Blaue. Der Zirkon ist nur selten ganz durchsichtig, meist halbdurchsichtig oder undurchsichtig. Ursprünglich mag er wohl stets in das Gebirgsgestein eingewachsen gewesen, hernach aber öfters aus demselben herausgefallen oder ausgespült worden seyn. So kommt es, dass man ihn bald noch in eingewachsenen, bald in losen, bald in stumpfeckigen Körnern von unebener Oberfläche an vielen Stellen antrifft. Im südlichen Norwegen bildet er einen Gemengtheil des sogen. Zirkon-Syenits. Im Granit und Gneis findet er sich an verschiedenen Stellen in Nordamerica in mitunter 2 Zoll grossen Krystallen. Zu Hammond in New-York will man Zirkon-Krystalle in einem körnigen Kalke, ein Lager im Gneise bildend, aufgefunden haben, welche einen Kern von kohlensaurem Kalk enthalten sollen. Ausserdem kommt er auf secundären Lagerstätten, im Seifengebirge, im Sande der Flüsse und Bäche, mit andern Edelsteinen, z. B. Sapphir, Spinell, Topas, Chrysolith, Turmalin, Magneteisen, Schwefelkies und Goldplättchen, vor. In basaltischen Gesteinen und vulcanischen Auswürflingen ist er keine seltene Erscheinung. Ein Hauptvorkommen dieser Art ist Expailly im Dép. Haute-Loire; hier findet er sich aber nicht so sehr eingewachsen im dortigen Basalt, als vielmehr aus demselben ausgewaschen und im Sande an den Ufern des Rioupezzuoliou so häufig, dass man ihn gesammelt, um daraus die Zirkonerde darzustellen. In hessischen Basalten traf man ihn an im Ahna-Thale des Habichtswaldes, am Wartberge bei Gudensberg eingewachsen in ein Feldspath-Gestein, welches durch Basalt zu Tage gekommen war; bei Augustenruhe unfern Cassel im Basalt-Conglomerat in Verbindung mit Fischzähnen, z. B. Sphärodus-Arten. Die schönsten und grössten Zirkone in Deutschland finden sich aber wohl in den vulcanischen Gebilden aus der Nähe des Laacher Sees, namentlich in den dortigen, aus Sanidin bestehenden Auswürflingen, begleitet von Nephelin und Dolerit. In den Drusenräumen der letztern hat man Zirkon-Krystalle bemerkt, welche $1/2$ Zoll gross waren. Ihre Farbe ist lichtrosenroth und sie besitzen die ganz merkwürdige Eigenschaft, dass, wenn man eine solche Druse zerschlägt und die Krystalle der Einwirkung des Sonnenlichtes aussetzt, sie ihre Färbung verlieren und innerhalb weniger Stunden vollständig gebleicht werden. Nur der gänzliche Ausschluss des Lichtes kann sie dagegen schützen. Uebrigens kommen in der Nähe des Laacher Sees auch weisse, so wie fast feuerrothe Zirkone vor; selten sind sie in Hauyn eingewachsen. Ausserdem hat man ausgezeichnete Hyacinthe am Rheine auch wahrgenommen in dem dichten Basalte des Poppels- und Jungfernberges im Siebengebirge, auf der Gerswiese bei Honnef, im Unkeler Steinbruch bei Oberwinter, so wie in der Mühlstein Lava bei Niedermendig und Mayen in Begleitung von Sapphir, mitunter in stark durchscheinenden, 2 Linien grossen Krystallen. In den Mandelsteinen des Vicentinischen tritt er in Begleitung von Sapphir auf. Am Vesuv haben die Zirkone bisweilen eine violblaue Farbe, an der Somma kommen sie in Sanidin-Auswürflingen vor in Gesellschaft von Idokras, Granat und Sodalith.

Zoisit.

S. Epidot, besonders Kalk-Epidot.

Zurlit.

S. Humboldtilith.

B. Geognosie der Vulcane.

Die Felsarten, welche in der Geognosie der Vulcane vorkommen, fassen wir in folgenden Familien zusammen:

A. Familie des Basaltes.
B. Familie der Lava.
C. Familie des Trachytes.
D. Familie des Melaphyrs.

A. Familie des Basaltes.

Syn. Trapp der ältern Geognosten.

Die Gesteine dieser Familie findet man im Wesentlichen zusammengesetzt aus Labrador-Feldspath und Augit, denen sich auch öfters Nephelin, Leuzit, Olivin und Magneteisen beigesellen. Durch die fast stete Anwesenheit von Augit und (titanhaltigem) Magneteisenerz wird die dunkle Farbe und das hohe specifische Gewicht der hierher gehörigen Gebirgsmassen bedingt.

Zu dieser Familie rechnen wir folgende Felsarten:

1. Die des Dolerites.
2. Die des Basaltes.
3. Die der Wacke.
4. Die des Nephelin-Dolerites.
5. Die des Leuzitophyrs.

1. Dolerit.

Syn. Mimesit, basaltischer Grünstein z. Th.

Den Namen „Dolerit" hat *Hauy* in die Wissenschaft eingeführt, weil diese Felsart eine trügerische Aehnlichkeit mit Diorit (Grünstein) besitzt, der aber von anderer Zusammensetzung ist.

Der Dolerit erscheint in der Regel als ein krystallinischkörniges Gemenge von Labrador, Augit, etwas Magneteisen und zufolge der Untersuchungen von *Bergemann* (in *Karsten's* Archiv für Min. u. s. w. Bd. 21. S. 33) mit einem bisweilen nicht unbeträchtlichen Antheil an kohlensaurem Eisenoxydul und kohlensaurem Kalk, der in manchen Fällen 10—25% betragen kann.

Der Labrador erscheint meist in der Gestalt weisser oder grauer, bisweilen irisirender, tafelförmiger, mehr aber säulenartiger Krystalle, während der Augit in schwarzen, lang ausgezogenen Prismen auftritt. Beide Mineral-Substanzen lassen sich, sofern die krystallinische Bildung nur einigermassen deutlich ist, mit unbewaffnetem Auge leicht erkennen. Schwieriger ist dies mit dem Magneteisen; denn obgleich dasselbe sehr oft in Krystallen, krystallinischen Blättchen und Körnern, gleichmässig vertheilt, unter Labrador und Augit angetroffen wird, so findet es sich doch auch häufig so fein zertheilt, dass sich seine Gegenwart nur durch den Einfluss auf die Magnetnadel bemerklich macht.

Nach dem Vorgange von *Cordier* hat man die meisten der vulcanischen Gebirgsarten auf mechanische Weise, durch Pulverisiren, Schlemmen u. dgl., zu zertheilen, die einzelnen Bestandtheile zu sondern und solche dann weiter chemisch zu untersuchen versucht, und zwar auf die Weise, dass man die gesonderten Theile der Einwirkung von Säuren, namentlich Salz- und Salpetersäure, unterwarf und dabei prüfte, welche Theile sich in denselben auflösten, und welche dies nicht thaten. Obgleich hierdurch keine scharfe Trennung erzielt werden kann, indem einige Bestandtheile dieser Felsarten in einer Säure nicht absolut unlöslich, andere darin mehr oder weniger löslich sind, also neben den auflösbaren die unlöslichen auch theilweise angegriffen und zersetzt werden, so kann diese Methode nur eine annähernde Kenntniss über die Zusammensetzung dieser Massen gewähren, hat jedoch ungeachtet ihrer Mangelhaftigkeit sehr viel zur nähern Kenntniss der letztern beigetragen.

Auf diese Weise untersuchte auch *Bergemann* (a. a. O.) zwei Dolerit-Varietäten, die eine vom Meisner, die andere von Siegburg. Mittelst Salzsäure schied er eine jede derselben in einen durch diese Säure zersetzbaren Theil, so dass in dem erstern das Magneteisenerz, die beiden vorhin erwähnten Carbonate von Kalk und Eisenoxydul, so wie ein hinsichtlich seines Ursprungs nicht näher gekanntes Silicat von Thonerde und Natron, in dem in der Säure unauflöslichen Rückstande aber der Labrador und der Augit enthalten waren. Dem Gewichte nach stellte sich folgende procentische Zusammensetzung heraus:

	vom Meisner,	von Siegburg.
Labrador	$47,_{91}$	$30,_{06}$.
Augit	$9,_{27}$	$35,_{43}$.
Titanhaltiges Magneteisen . .	$8,_{97}$	$3,_{61}$.
Lösliches Silicat	$22,_{21}$	$2,_{71}$.
Carbonate von Eisen und Kalk	$11,_{29}$	$27,_{75}$.

Ausserdem fand sich darin ein kaum zwei Procent betragender Wassergehalt, der für zufällig erachtet wurde.

Hinsichtlich des Augites in dem Dolerite vom Meisner muss aber bemerkt werden, dass dessen Gewicht im Verhältniss zum Labrador auffallend niedrig erscheint; denn bei allen normal ausgeprägten Doleriten des Meisners kann man sich schon beim ersten Blick davon überzeugen, dass Labrador und Augit zu gleichen Theilen darin enthalten sind und deshalb auch kaum noch daran erinnert zu werden braucht, dass letzterer ein ungleich grösseres spec. Gew. als der Labrador besitzt und sein Gewichtstheil auch wohl mehr, als angegeben, betragen dürfte.

Dass der Labrador diejenige Feldspath-Art ist, welche den Dolerit besonders charakterisirt, darüber waltet wohl kein Zweifel ob, nicht aber so verhält es sich in allen Fällen mit dem augitischen Bestandtheil; denn dieser wird bisweilen nach *Durocher* (s. *Ann. des mines.* 3. Ser. T. 19. pag. 549) durch Diallag oder Hypersthen, nach *Krug von Nidda* (in *Karsten's* Arch. Bd. 7. S. 565) durch Bronzit repräsentirt. Einstweilen aber, und bis fernere Untersuchungen weitere Aufklärung geben, dürften Labrador, Augit, titanhaltiges Magneteisenerz, Kalk- und Eisen-Carbonate als die wesentlichen Bestandtheile des Dolerites zu betrachten seyn.

Bekanntlich hat *Leonhard* schon vor geraumer Zeit in seinem Werke über die Basaltgebilde für gewisse Dolerite, welche ältere Mineralogen und Geologen unter dem schwankenden Namen „Trapp" begriffen, und die im nördlichen Europa, namentlich auf den Färöar und auf Island in grosser Verbreitung auftreten, das Wort „Anamesit" vorgeschlagen. Es sind dies Dolerite von einer so feinkörnigen Zusammensetzung, dass sie dem unbewaffneten Auge zwar noch als eine krystallinisch-körnige Masse erscheinen, deren einzelne Bestandtheile man jedoch nicht mehr zu unterscheiden vermag. Sie bilden eine feinkörnige Felsart von dunkler, meist grau-, grün- und braunschwarzer Farbe, haben einen schimmernden Bruch und sollen im Allgemeinen etwas leichter als die Basalte seyn; doch giebt *Durocher* an, dass die auf den Färöar vorkommenden wasserhaltigen Anamesite ein spec. Gew. von $3,_{02}$—$3,_{07}$ besitzen. Es sollen daselbst auch wasserfreie und wasserhaltige vorkommen und letztere durch ihren Gehalt an kohlensaurem Kalk und zeolithischen Substanzen sich von den erstern unterscheiden. Was sie ausserdem auch noch besonders charakterisirt, ist der Umstand, dass Olivin in ihnen nur äusserst selten wahrgenommen wird, wodurch sie sich den eigentlichen Doleriten wieder mehr nähern; im Allgemeinen stehen sie in der Mitte zwischen Dolerit und Basalt. Gleich diesem letztern treten sie oft in den schönsten säulenartigen Formen auf, und zwar nicht blos an den beiden genannten Localitäten, sondern auch in Schottland und Ireland und die berühmten Colonnaden des Riesendammes bestehen, z. B. aus Anamesit und nicht aus Basalt, wie so oft erzählt wird. Doch auch kugelige und plattenförmige Absonderung kommt bei diesem Gesteine vor. Auf den Färöar, so wie auf Island haben sie sich meist in sehr regelmässigen, mächtigen und weit verbreiteten Schichten abgelagert, die öfters miteinander wechseln und die, obgleich sie als Gebilde zu betrachten sind, die im feurigflüssigen Zustande dem vulcanischen Heerde entstiegen, hinsichtlich der regulären Gestalt ihrer Schichten mit manchen sedimentären Gebirgsarten in die Schranken treten dürfen.

2. Basalt.

Syn. Basanit *Brongn.* z. Th.

Ein von *Agricola* für dasjenige Gestein angewendeter Name, von welchem er glaubte, dass es dasselbe sey, was ältere Schriftsteller „Basaltes" nannten.

Diese so ausserordentlich wichtige und interessante Felsart

ist hinsichtlich ihrer Zusammensetzung erst vor ein paar Decennien durch *C. G. Gmelin* genauer erforscht worden. Die Untersuchungen *Cordier's* zum Vorbild sich nehmend, fand er, dass der Basalt, eben so wie der Phonolith, durch Säuren in einen zersetzbaren und in einen nicht zersetzbaren Theil geschieden werden könne, und dass der erstere theils zeolithischer und labradorähnlicher, der andere dagegen hauptsächlich von augitischer Natur sey. Zugleich ergaben sich auch einige Procente Wasser. Indem spätere Chemiker denselben Weg einschlugen, gelangte man zu stets näherer Kenntniss der Felsart, und so fand sich denn, besonders durch die einschlägigen Arbeiten von *G. Bischof* und *Bergemann*, dass der Basalt, eben so wie manche Dolerit-Varietäten, bisweilen eine ansehnliche und sehr zu berücksichtigende Quantität von kohlensaurem Kalk und kohlensaurem Eisenoxydul enthält, welche hin und wieder mehr als 22 % beträgt. Das relative Verhältniss zwischen dem durch Säure zersetzbaren und dem nicht zersetzbaren Theile im Basalte ist jedoch ein schwankendes und die Menge des erstern beträgt bis manchen Varietäten 36, bei andern 88%. Als Resultat aus sämmtlichen Untersuchungen darf man wohl annehmen, dass der Basalt als ein inniges Gemenge von Labrador, Augit, Magneteisen, einer zeolithischen Substanz und öfters auch von Kalk- und Eisenspath zu betrachten ist. Der Wassergehalt variirt nach *Girard* von $2,_5 - 4,_2$ Procent. Als ein fast nie fehlender Gemengtheil tritt endlich im Basalt auch noch Olivin auf, der in diesem Gesteine von grosser Bedeutung erscheint. Dass der Basalt eine dunkele Färbung besitzt, ist allgemein bekannt; die blauschwarze Farbe ist vorherrschend bei ihm, zeigt jedoch mannigfache Nüancen. Der Bruch ist uneben, flachmuschelig oder eben im Grossen, feinkörnig bis splittrig im Kleinen, nur selten etwas glänzend oder schimmernd, meist aber matt. Das spec. Gew. schwankt zwischen $2,_9$—$3,_1$. Im Normal-Zustande ist der Basalt hart und bisweilen schwer zersprengbar.

Eine ganz eigenthümliche und hinsichtlich ihrer ursächlichen Verhältnisse noch keineswegs genügend gekannte Erscheinung ist das Geflecktseyn des Basaltes, wobei rundliche oder unregelmässig begrenzte Flecke desselben, z. B. hellere auf dunkelm und dunklere auf hellem Grunde, zum Vorschein kommen. *Naumann* (s. dessen Lehrbuch der Geognosie, Th. 1. S. 651) ist geneigt, dies Phänomen in einer Concentration gewisser Bestandtheile um viele einzelne Mittelpuncte begründet zu finden. Sehr oft ist diese gefleckte Beschaffenheit mit einer eckigkörnigen Absonderung des Gesteins verbunden und die auf diese Art entstandenen Körner erreichen bald nur die Grösse einer Erbse, bald die einer Bohne, und finden sich besonders bei solchen Massen, welche der Verwitterung stark ausgesetzt gewesen sind. Der Zusammenhang solcher Massen ist stets nur locker und oft reicht ein leichter Hammerschlag hin, um sie in sehr viele Fragmente zu zertheilen. Dergleichen Basaltstücke, oft nur einen Fuss im Durchmesser habend, finden sich oft von solchen Basaltmassen umschlossen, die noch ihre ursprüngliche Beschaffenheit besitzen. Erstere scheinen der Einwirkung von Kräften ausgesetzt gewesen zu seyn, die wir bis jetzt noch nicht näher kennen.

Unter allen accessorischen Bestandtheilen des Basaltes ist wohl keiner merkwürdiger und häufiger als der Olivin, den wir in mineralogischer Beziehung schon näher kennen gelernt haben. Er findet sich in demselben theils eingesprengt, seltener in Krystallen, theils auch in abgerundeten oder eckigen Stücken von körniger Zusammensetzung, die bisweilen nur die Grösse einer Nuss, bald die einer Faust erreichen, mitunter aber auch mehr als einen Fuss im Durchmesser haben. Die Art und Weise seiner Entstehung in den basaltischen Massen ist noch in manches Dunkel gehüllt. Da, wo er in deutlichen, ringsum ausgebildeten Krystallen in denselben auftritt, scheint er sich während des Hervortretens derselben im erweichten Zustande aus dem Schoosse der Erde gebildet zu haben; wenn er aber in grössern Massen in ihnen angetroffen wird und von körniger Zusammensetzung erscheint, dann dürfte er auf andere Weise entstanden seyn. Schon vielfältig und zu verschiedener Zeit hat man die Ansicht geäussert, dass er in solchen Fällen als ein dem Basalte ursprünglich nicht Angehöriges, vielmehr als ein Fremdartiges anzusehen sey, und dass er aus Stücken von sogen. Urgebirgsarten, welche dem vulcanischen Heerde durch den Basalt entrissen wären, sich gebildet haben könne, und obgleich die Weise; wie dies geschehen, nicht näher angegeben wird, so scheint doch Manches für diese Ansicht zu sprechen, und noch vor Kurzem hat der Verf. in mehreren hessischen Basalten Fragmente plutonischer Gebirgsarten, namentlich Gneis-Stücke aufgefunden, die ihre ursprüngliche flaserige Textur noch beibehalten hatten, aber einen deutlichen und unverkennbaren Uebergang in Olivin wahrnehmen liessen.

Uebrigens kommt der Olivin so häufig in dem Basalte vor, wie kein anderes Mineral, und mit Recht sieht man ihn deshalb als einen sehr charakteristischen Gemengtheil dieser Felsart an. Hierbei darf jedoch nicht unbemerkt bleiben, dass es auch Basalte giebt, welche sehr arm an Olivin sind, und andere, welche denselben gänzlich entbehren.

Ein anderer wichtiger, aber keineswegs so häufiger Gemengtheil des Basaltes ist der Augit, welcher es liebt, stets in gewissen Krystallformen darin aufzutreten, in denen er in Gebirgsmassen anderer Art und Entstehung nicht vorzukommen pflegt. Er findet sich darin nicht nur in deutlichen und regelrecht ausgebildeten Gestalten, sondern auch in krystallinischen Parthien, häufig in Bruchstücken, in Körnern, meist in schwarzer und dunkelgrüner Farbe und bisweilen in einem metallähnlichen Glanze erscheinend.

Auch Hornblende kommt im Basalte vor, ist aber im Allgemeinen eine seltnere Erscheinung. Findet sie sich wirklich darin, so ist es meist diejenige Varietät, welcher man den Namen „basaltische Hornblende" gegeben hat, die sich durch den hohen Glanz ihrer Spaltungsflächen, so wie durch ihre braun- oder rabenschwarze Farbe leicht vom Augit unterscheiden lässt. Nur ausnahmsweise kommen Augit und Hornblende in einem und demselben Basalte vor und derartige Fälle sind eigentlich nur erst in neuerer Zeit beobachtet worden, was besonders davon herzurühren scheint, dass man durch *G. Rose's* hierher gehörige Untersuchungen auf solche Erscheinungen aufmerksamer als früher geworden war. Ausser dem Zusammenvorkommen von Augit und Hornblende an mehreren Stellen in Böhmen, z. B. denen von Kostenblatt und Schima, so wie auf dem Westerwalde, zwischen Härtlingen und Schöneberg, worüber *Sandberger* und *Grandjean* berichtet haben, ist ein solches neuerlichst auch am Hamberge bei Bühne im Paderbornschen beobachtet worden. Hier aber finden sich Augit und Hornblende in dem daselbst anstehenden Basalte nicht auf demselben Raume, sondern in weit voneinander entfernten Klüften und Geoden des Gesteines.

Was die Feldspath-Arten des Basaltes betrifft, so findet sich der Labrador mehr in kleinkörnigen Absonderungen, als in grössern Krystallen, doch kennt man von letztern einige, welche die Grösse eines Zolles erreichen. Aehnlich scheint es sich mit dem seltner auftretenden Oligoklas und Orthoklas zu verhalten; doch ist letzteres in dem Basalte des Stempels bei Marburg mehrmals in sehr deutlichen Krystallen bemerkt worden, welche mehrere Linien gross waren.

Auch Glimmer findet sich öfters, weniger in Krystallen, als in Lamellen und Blättchen von messinggelber oder meist schwarzbrauner Farbe. In den böhmischen Basalten und Wacken, so wie denen der Eifel erscheint er mehr als sogen. Rubellan von braun- oder ziegelrother Farbe.

Magneteisen kommt häufig im Basalte vor und trägt wesentlich zu dessen blauschwarzer Farbe bei. Es ist meist so fein zertheilt in demselben, dass man es mit blossem Auge nicht zu unterscheiden vermag. Hin und wieder findet es sich in abgerundeten Körnern und noch seltner in deutlichen Krystallen; doch waren letztere einst in der Pflasterkaute bei Marksuhl so häufig, dass sie die Klüfte und Wände des Basaltes wie mit einer Rinde überzogen und im Sonnenschein das lebhafteste Licht reflectirten. Noch jetzt trifft man es auf der blauen Kuppe bei Eschwege nicht selten auf den Klüften des Basaltes in octaëdrischen Krystallen an, welche 2—3‴ gross sind.

Fast eben so häufig als das Magneteisen tritt das Titaneisen auf, und das, was man früher verschlacktes Magneteisen nannte, dürfte nach *Rammelsberg* wohl meist Titaneisen gewesen seyn. Als solches findet es sich ausgezeichnet in den Basaltbrüchen zu Unkel am Rhein und fast eben so schön an mehreren Stellen in Hessen, z. B. am Wartberg bei Gudensberg, auf dem Habichtswalde. Zu den seltnern accessorischen Bestandtheilen des Basaltes gehören Zirkon, Sapphir, Granat, Bronzit, Eisenglimmer, Schwefelkies u. s. w., doch haben alle diese Substanzen bei der Mineralogie der Vulcane schon ihre Erörterung gefunden.

Ausserdem kommen noch auf den Klüften und Spalten,

besonders aber in den rundlichen Höhlungen und Blasenräumen des Basaltes noch mehrere andere accessorische Mineralien vor, die namentlich der Familie der Zeolithe und des Kalkspaths angehören, jedoch auch Substanzen aus andern Familien und Ordnungen enthalten. Die erstern treten vorzüglich in Mandeln und ähnlich gestalteten Weitungen des Gesteins auf und haben sich daselbst, ohne ihren chemischen Bestand zu ändern, entweder unmittelbar vermittelst Infiltration aus der Gesteinsmasse ausgeschieden, oder sie sind mittelbar durch Exsudation entstanden, d. h. das in das Gestein eingedrungene Wasser hat nach und nach gewisse Bestandtheile desselben zersetzt, aufgelöst und hernach in den Höhlungen der Mandeln in der Gestalt neuer Gebilde abgesetzt. Von den zur Zeolith-Familie gehörigen Mineralien finden sich in den Mandeln des Basaltes besonders Stilbit, Mesotyp, Harmotom, Chabasie, Analzim, Apophyllit, Laumontit, Faujasit, Prehnit; aus der Kalkspath-Familie Kalkspath in den mannigfaltigsten Formen, Braunspath, Aragonit. Auch die Quarz-Familie findet man häufig vertreten, dies aber mehr in solchen Gesteins-Varietäten, welche einen Uebergang zum Melaphyr zeigen.

Einschlüssen fremdartiger Gebilde, namentlich fremdartiger Gebirgsarten, sie mögen nun vulcanischen, plutonischen oder neptunischen Ursprungs seyn, begegnet man häufig in den basaltischen Massen. Sie sind entweder gar nicht, oder wenig oder so stark verändert, ja bisweilen so gänzlich umgewandelt, dass es schwer fällt, ihre ursprüngliche Beschaffenheit zu ergründen. Man hat ihnen den Namen „metamorphische Gebirgsarten" gegeben; sie bilden ein neues und höchst interessantes Feld der Geognosie, können aber für uns nicht Gegenstand einer nähern Betrachtung seyn, da hier nur die Geognosie der Vulcane in ihren allgemeinsten Umrissen erörtert werden soll.

Was nun die Structur des Basaltes betrifft, so kommt derselbe so häufig in Säulenform vor, dass dies beinahe sprichwörtlich geworden ist. Die einzelnen Säulen variiren sehr hinsichtlich ihrer Umrisse, ihrer Länge, ihrer Dicke und lassen in dieser Beziehung keine bestimmte Regeln wahrnehmen. Oft bemerkt man an ihnen eine Neigung zu kugelförmiger Absonderung, besonders bei denen, die sich hinsichtlich ihrer

Zusammensetzung den Doleriten nähern, und die Säulen erscheinen alsdann in der Gestalt vieler aufeinander gesetzter sphäroidischer Massen. Aber auch bei dem nicht säulenförmig abgesonderten Basalt beobachtet man diese Tendenz zu kugeliger Absonderung und sie ist besonders an denjenigen Massen wahrzunehmen, die sich nicht mehr auf ursprünglicher Lagerstätte befinden, aus ihrem Zusammenhang herausgerissen und lange Zeit hindurch den zersetzenden Einflüssen der Witterung ausgesetzt gewesen sind.

Es kommt indess auch beim Basalte eine Absonderung im entgegengesetzten Sinne vor, die plattenförmige nämlich, welcher man aber bei weitem nicht so häufig begegnet, als der säulenförmigen. Es giebt übrigens Fälle, wo beide Absonderungsarten an einer und derselben Stelle erkannt werden können, und dies findet alsdann statt, wenn die Säulen rechtwinklig auf ihre Längenaxe von Querklüften durchsetzt werden; doch scheint diese plattenförmige Absonderung in den meisten Fällen nicht die Oberhand über die säulenförmige zu gewinnen.

3. Wacke.

Ein nach *Werner's* Vorgang der deutschen Bergmanns-Sprache entnommenes Wort von ziemlich schwankendem Begriff, worunter man eine Felsart versteht von scheinbar gleichartiger, dichter, feinkörniger oder erdiger Beschaffenheit, meist erfüllt mit Zellen, Blasen und Poren, von flachmuscheligem bis ebenem Bruche und sehr geringer Härte, die in der Regel milde anzufühlen, matt von Ansehen ist und durch Reiben einen glänzenden Strich annimmt. Die Farben sind mannigfaltig, grün- oder blau- und aschgrau und daraus in verschiedene grüne, braune und schwarzbraune Nüancen übergehend. Das spec. Gewicht = $2,_3$—$2,_6$.

Im Allgemeinen darf man wohl annehmen, dass die Wacke aus zersetztem Basalte entstanden sey, doch können auch andere vulcanische Massen ihren Beitrag dazu geliefert haben Die Einwirkung der atmosphärischen Luft, so wie von meteorischem Wasser, mag hauptsächlich zur Zersetzung dieser Gesteine beigetragen haben. In den meisten Fällen sind die ursprünglichen Bestandtheile nur höchst schwierig zu erkennen; auch bemerkt man viele Mittelstufen und Uebergänge bei dieser Umwandlung, indem die Masse bald einem mehr oder weniger harten, eisenschüssigen Thonstein ähnlich sieht, bald auch wieder ein mehr basaltartiges Ansehen gewinnt. Und dabei kommen diese Uebergänge oft an einer und derselben Stelle, auf einem mässigen räumlichen Umfange vor. Diejenigen Mineral-Substanzen, welche das meiste Material zur Entstehung der Wacke geliefert haben dürften, sind nach *Cordier* Feldspath, Augit, Magneteisen, Olivin, bisweilen auch Glimmer, Hornblende und mehrere Zeolithe. In der Regel lassen sie sich aber nicht mehr erkennen und sind in eine erdige Masse übergegangen.

Sehr bezeichnend für die Wacke ist das häufige Vorkommen von Blasenräumen und Mandeln in ihr, die bald leer, bald mit andern Mineralien erfüllt sind. Hierdurch unterscheidet sie sich wesentlich von den feinkörnigen Conglomeraten und Tuffen, mit denen sie sonst manche Aehnlichkeit besitzt. Die Höhlungen und Blasen sind im Allgemeinen von rundlicher Gestalt, öfters in die Länge gezogen, stehen bisweilen miteinander in Verbindung und erhalten hierdurch ein irreguläres Ansehen. Sind sie leer oder höchstens mit einer eisenschüssigen Rinde versehen, so erhält das Gestein ein schlackiges Aeussere; sind sie dagegen mit andern Fossilien ganz oder theilweise erfüllt, so erhalten sie dadurch ein mandelsteinartiges Gefüge, und die meisten der Zeolith-Arten, so wie Kalkspath, Aragon, Quarz, Amethyst, Chalcedon, Achat, Strontspath, Pistazit, Grünerde u. dgl. m. werden alsdann in diesen Räumen angetroffen. Auf diese Weise kommt die Wacke vorzugsweise auf Island, auf den Färöarn, so wie in Schottland vor und wird alsdann von manchen Geognosten „Wackenmandelstein" genannt.

Hinsichtlich ihrer Lagerungs-Verhältnisse möge bemerkt seyn, dass sie bald in stockförmigen Massen, bald auf Lagern vorkommt, bald gangartige Räume ausfüllt, bald auch eine Art Schichtung zeigt, meist aber in regellos übereinander gehäuften Massen auftritt.

4. Nephelin-Dolerit.

Dieses früher mit dem gewöhnlichen Dolerit verwechselte, von *C. C. v. Leonhard* und *Gmelin* (in ihrer Schrift: Nephelin im Dolerit, 1822) als besondere Felsart aufgestellte Gestein hat eine nur geringe Verbreitung und ist als ein krystallinisch-körniges Gemenge von Nephelin, Augit und Magneteisen anzusehen. Der erstere besitzt mehr eine grünlich-weisse, gelbgraue und gelblich-braune Farbe, kommt entweder in krystallinischen Körnern, oft aber auch in sechsseitigen, säulenförmigen Krystallen in der Masse vor und macht sich ausserdem leicht kenntlich durch seinen muscheligen Bruch und seinen auffallenden Fettglanz, während der Augit in seiner gewöhnlichen schwarzen Farbe und denjenigen Krystallformen auftritt, denen man vorzugsweise in den Basalten begegnet. Das Magneteisen erscheint weniger in Krystallen, als in fein zertheilten Körnern. Bald waltet der Nephelin, bald der Augit in der Felsart vor, öfters treten sie darin zu gleichen Theilen auf. Ein fast nie fehlender accessorischer Gemengtheil des Nephelin-Dolerites ist Apatit, der in weissgrauen, zarten, nadelförmigen, mitunter hexagonalen Krystallen vorkommt und hin und wieder auch von Sanidin, Titanit und Olivin begleitet wird. Der am frühesten gekannte Nephelin-Dolerit ist wohl der vom Katzenbuckel im Odenwalde; es machen sich darin viele einzelne grössere, sechsseitige Nephelin-Krystalle bemerklich, wodurch das Gestein ein porphyrartiges Ansehen gewinnt.

Diesem sehr nahe stehen der Nephelin-Dolerit von Maiches bei Ulrichstein auf dem Vogelsgebirge, so wie der von Löbau in Sachsen, welcher erst neuerdings aufgefunden wurde. Dieser besitzt ein ausgezeichnet frisches Ansehen und lebhaften Glanz. Der Nephelin-Dolerit vom Wickenstein in Schlesien soll dagegen sehr dicht seyn und sich äusserlich nur durch seinen grössern Glanz von manchem Basalte unterscheiden. Vielleicht gehört auch das unter dem Namen „Selce romano" bekannte Gestein hierher, welches sich namentlich am Capo di Bove unfern Rom findet, von schwarzgrauer Farbe und feinkörniger bis dichter Zusammensetzung seyn soll. Nach *Fleuriau du Bellevue* besteht es aus einem krystallinischen Aggregat von Augit, Nephelin, Magneteisen, Leuzit und Melilith.

Der Nephelin vom Hamberg bei Bühne, dessen Auffindung man *Fr. Hoffmann* zu verdanken hat, trägt daselbst nicht dazu bei, einen Nephelin-Dolerit zu bilden, sondern er findet sich hier nur auf den Klüften und in den Weitungen eines dichten Basaltes und wird begleitet von Augit, Apatit und Magneteisen.

5. Leuzitophyr.

Syn. Leuzitlava, Leuzilit, Sperone.

Diese im Ganzen nur selten auftretende Felsart besteht aus einem krystallinisch-körnigen Aggregate von Leuzit, Augit und etwas Magneteisen; bisweilen finden sich darin als accessorische Gemengtheile Labrador, Nephelin, Olivin und Glimmer. In diesen Fällen bildet der Leuzitophyr Uebergänge in Dolerit und Nephelin-Dolerit. Seine Grundmasse hat eine asch- oder röthlich-graue Farbe; in ihr liegen die mattweissen Leuzit-Krystalle, deren Grösse verschieden ist, meist aber von der einer Erbse oder Haselnuss variirt. Zu diesen gesellen sich die in der Regel dunkel gefärbten Augit-Krystalle, so dass das Gestein ein porphyrartiges Ansehen gewinnt.

Es findet sich auch in Deutschland an mehreren Stellen, z. B. zu Rieden in der Nähe des Laacher Sees, und die Leuzit-Krystalle sind daselbst in so überwiegender Zahl darin enthalten, dass der bindende Teig dadurch zurückgedrängt erscheint. Man bemerkt ausserdem darin auch noch Glimmerblättchen und einzelne Sanidin-Krystalle. Auf ähnliche Weise tritt der Leuzitophyr auch am Kaiserstuhl auf, besonders am Eichelberg unterhalb Rothweil, nach Burgheim hin. Wie bei Rieden, so sind auch hier die Leuzite meist abgerundet, doch auch bisweilen in Trapezoëdern krystallisirt, von gelblich-weisser Farbe und hier oft mit sehr vielen Krystallen von Sanidin und Melanit vergesellschaftet, so dass eine deutliche porphyrartige Structur sich herausstellt. In der vollkommensten Ausbildung, so wie in mächtiger Entwickelung tritt der Leuzitophyr jedoch in Italien auf, und zwar nicht allein im Kirchenstaate, sondern auch mehr südwärts an der Rocca Monfina, so wie am Monte di Somma.

In der Gegend von Rom findet er sich ausgezeichnet, besonders zu Borghetto, nicht nur in Krystallen von sehr verschiedener Grösse, sondern auch in Krystall-Fragmenten, die bisweilen eine erdige Beschaffenheit angenommen haben. In den alten Lavaströmen der Monti Cimini bei Viterbo wird der Leuzit von grossen Feldspath-Krystallen begleitet. Frascati,

Tivoli, Caprarola, die Rocca di Papa bei Albano sind andere Orte, wo man den Leuzitophyr zu beobachten Gelegenheit hat. Die grössten Leuzit-Krystalle mögen jedoch in dieser Felsart wohl an der Rocca Monfina vorgekommen seyn; *Pilla* (s. *Compt. rend.* T. 21. p. 324) hat deren daselbst beobachtet, welche, obgleich etwas verwittert, vollkommen ausgebildet waren, die Grösse einer Orange erreichten und 9½ Centimeter im Durchmesser hatten. *Pilla* ist geneigt, diesen ausgezeichneten Leuzitophyr eher den plutonischen als den vulcanischen Gesteinen beizugesellen, ja ihm sogar einen untermeerischen Ursprung zuzuschreiben; denn es glückte ihm, einen Leuzit-Krystall aufzufinden, welcher bedeckt war mit den Gehäusen einer Serpula-Art, so wie mit Sandkörnchen, ähnlich jenen, welche man so häufig an Muscheln bemerkt, die man aus Sandbänken entnimmt.

Was die Leuzite des Vesuv's und der Somma betrifft, so kommen sie in den Leuzitophyren daselbst bisweilen so häufig vor, dass die Krystalle einander berühren und die Laven-Substanz nur als bindender Teig zwischen ihnen erscheint. Besonders die ältern Laven scheinen reich an Leuziten zu seyn. Zuweilen schliessen die Leuzite Augit-Krystalle und Bruchstücke davon ein, auch wohl Fragmente von Feldspath und Glimmer-Blättchen, seltner Laven-Körner. Mitunter erlangen die Leuzite in den Laven eine so geringe Grösse, dass man sie kaum mit dem blossen Auge unterscheiden kann. Solchen Laven haben manche Mineralogen den Namen „Punct- oder Krypto-Leuzit-Lava" gegeben, eine Erscheinung, die besonders an demjenigen Lavastrome recht deutlich auftritt, welcher im J. 1631 dem Vesuv entquoll.

Ausser mit Augit kommt der Leuzit auch noch vor mit Hornblende, Melilith, Granat, Glimmer, Eisenglanz, so wie mit Hauyn, letztern bisweilen als Einschluss enthaltend.

B. Familie der Lava.

Der Begriff des Wortes „Lava" ist schwer zu definiren, denn man versteht darunter nicht eine bestimmte Gesteinsart, eine Mineral-Species, wie man wohl früher annahm, vielmehr kann die Lava aus verschiedenartigem Gestein entstanden seyn, die Bedingungen dieser Entstehung müssen aber stets gleichartig gewesen seyn, und das Wesentliche besteht darin, dass alle Laven Erzeugnisse wirklicher Vulcane und also aus Krateren und analogen Oeffnungen der Vulcane unter ähnlichen Verhältnissen hervorgebrochen sind, wie solches an noch jetzt thätigen Vulcanen vorkommt. Demnach ist das Unterscheidende der Lava nicht in ihrer Substanz begründet, vielmehr ist, wie dies *L. von Buch* (s. dessen geognost. Beobachtungen auf Reisen durch Deutschland und Italien, Bd. 2. S. 175) schon längst bemerkte, alles Dasjenige Lava, was von Vulcanen in einem geschmolzenen oder doch noch nicht völlig erstarrten Zustande ausgestossen wird.

Wenn dies nun geschehen und die Lava erkaltet ist, so bildet sie eine harte, dunkel gefärbte, Masse, welche von der Oberfläche nach dem Innern zu mit Blasen erfüllt ist und dadurch ein schwammiges, poröses Ansehen erhält. Diese Poren und hohlen Räume werden jedoch, je weiter sie sich von der Oberfläche entfernen, nicht nur stets kleiner, sondern sie nehmen auch an Zahl ab und verschwinden endlich ganz im Innern der Lava. Hier bildet sie eine dicht geschlossene Masse von verschiedenartiger Beschaffenheit, und das verschlackte Ansehen ihrer Oberfläche ist gänzlich verschwunden, kommt jedoch an ihrer untern Grenzfläche wieder zum Vorschein, obwohl in weniger deutlicher Ausbildung. Diese Eigenschaft ist fast allen Laven gemeinsam. Uebrigens fällt es nicht schwer, sich solche zu erklären; denn man erwäge nur, dass in der geschmolzenen und fliessenden Lava fortwährend gasförmige Stoffe sich entbinden, und dass dies um so mehr statt finden muss, wenn durch die ihr beiwohnende Hitze die Feuchtigkeit des Erdbodens, über welchen die Lava sich fortbewegt, in Wasserdampf verwandelt wird. Dieser kann sich daher keinen andern Ausweg als durch die flüssige Lava verschaffen, und der Hergang ist analog dem, als wenn sich Luftblasen aus Wasser entbinden. Während dies geschieht, nimmt jedoch die Temperatur der Lava allmählig ab, sie wird dadurch zähflüssiger, ein grosser Theil der Dämpfe bleibt im Innern gefesselt, kann nicht entweichen, und so nehmen die Wände der erstarrenden Lava die Gestalt von Gasblasen an. Die hierdurch zum Vorschein kommenden leeren Räume mögen ursprünglich wohl alle eine birnförmige Gestalt besitzen, mit dem dickern Theile nach Oben gewendet; da jedoch die Lava sich stets fortbewegt, während die Blasen in ihr aufsteigen, so muss sich diese normale Gestalt in eine unregelmässig langgezogene verwandeln. Schenkt man diesem Umstande diejenige Aufmerksamkeit, die er in so hohem Grade verdient, so ist man im Stande, aus der Lage der Blasenräume in einem Lavastrome auch die ursprüngliche Richtung ihres Fliessens zu ermitteln, und man wird zu beurtheilen vermögen, ob ein Lavastrom einst wirklich auf einer abhängigen Fläche sich bewegt hat, wenn er auch späterhin, bei gewaltsamen Katastrophen durch Veränderungen im Niveau der Erdoberfläche, in eine der wagerechten nahe Lage sollte gebracht worden seyn.

Ein besonderes Interesse gewähren derartige Beobachtungen, wenn man ähnlich gestaltete Gesteine. die in frühern Perioden der Erdbildung entstanden sind, mit in den Bereich der Untersuchung zieht. Wir meinen die Mandelsteine, welche dieselbe Structur besitzen, mit zahllosen Mandeln und kleinern Geoden erfüllt sind und hinsichtlich deren es mehr als wahrscheinlich ist, dass die Vorgänge bei ihrer Bildung dieselben waren, unter denen sich noch heut zu Tage die verschlackten und mit Poren und Blasenräumen erfüllten Laven bilden.

Aus der vorhin gegebenen Definition des Wortes „Lava" kann man leicht entnehmen, dass die Zusammensetzung und der chemische Bestand dieser Felsart ein sehr verschiedenartiger seyn kann, je nach der Natur der Gesteine, welche in den vulcanischen Heerd gelangt und darin mehr oder weniger umgewandelt sind. Deshalb ist es auch leicht möglich, dass ein und derselbe Vulcan in verschiedenen Zeiten seiner Thätigkeit auch sehr abweichende Producte liefern kann, je nachdem er sich in seinem Innern neue Bahnen bricht und mit andern Felsmassen in Berührung kommt.

Obgleich es äusserst schwer fällt, eine allen Anforderungen genügende Classification der Lava-Arten zu geben, so kann man doch einigermassen zum Ziele gelangen, wenn man dabei ihren Aggregat-Zustand zu Grunde legt, wobei man denn leicht findet, dass eine grosse Abtheilung oder Classe von Laven fast ganz die äussern Charaktere unserer gewöhnlichen Steinarten besitzt; denn sie erscheinen hart, auf dem

Bruche fast stets matt, dabei dicht, oder erdig, oder auch körnig abgesondert. Diese nennt man nach dem Vorgange von *Fr. Hoffmann* (a. a. O. II, 557) „steinartige Laven".

Die andere Classe von Laven sieht dagegen ganz denjenigen Gläsern ähnlich, welche wir mit Leichtigkeit in unsern Laboratorien hervorbringen können; diese kann man „glasartige Lava" oder vulcanisches Glas nennen. Solche macht sich besonders kenntlich durch ihren lebhaftern Glanz, durch ihre ausnehmende Sprödigkeit, durch die Scharfkantigkeit ihrer Bruchstücke und durch das gleichförmig dichte Gefüge, welches auch dem künstlichen Glase zukommt.

Die unter der ersten Classe begriffenen Laven kommen ungleich häufiger vor, als die in der zweiten. Den bisherigen Beobachtungen zufolge scheint die steinartige Lava stets aus verschiedenen Mineral-Gattungen zu bestehen, welche sich zu einer krystallinischen Masse ausgebildet haben. Waltet keiner der Bestandtheile vor dem andern vor, so erhält das Ganze ein körniges Gefüge, wie bei manchen Granit-Varietäten; doch finden sich auch Abweichungen bezüglich dieser Textur.

Bisweilen aber erlangen die Körner eines Minerals in der steinartigen Lava eine so geringe Grösse, dass man sie kaum noch mit unbewaffnetem Auge zu unterscheiden im Stande ist, während die Körner eines andern Minerals, welches ebenfalls Theil an der Zusammensetzung der Lava nimmt, entweder ihre gewöhnliche Grösse beibehalten, oder über dieselbe so weit hinausgehen, dass sie in der mehr dichten oder feinkörnigen Masse gleichsam zu schwimmen scheinen. In diesem Falle erhält das Ganze ein porphyrartiges Ansehen und eine solche Lava nennt man eine porphyrartige.

Wenn dagegen alle die Mineral-Substanzen, welche die Lava zusammensetzen, eine so geringe Grösse erlangen, dass man die einzelnen krystallinischen Körner kaum noch mit blossem Auge unterscheiden kann, so gewinnt die Lavamasse ein scheinbar dichtes Gefüge.

Der letzte Fall ist der, dass die Krystall-Theilchen in der Lava sich so unvollkommen ausbildeten, dass sie sich nicht mehr selbstständig aus der Mischung des Ganzen ausschieden; alsdann entsteht dasjenige lockere Gefüge, welches man erdige Textur nennt, und die Lava nimmt eine erdige Beschaffenheit an.

Was nun die Zusammensetzung der Laven betrifft, so unterscheidet man sie nach denjenigen Bestandtheilen, welche in ihnen vorherrschen, und obgleich, wie wir gesehen haben, im vulcanischen Gebirge sehr viele, ja fast ⅔ aller bekannten Minèral-Gattungen vorkommen, so hat es sich doch, besonders durch *Cordier's* Untersuchungen, herausgestellt, dass es vorzugsweise nur wenige sind, welche so häufig wiederkehren und die andern zurückdrängen, dass durch sie der vorwaltende Charakter der Laven bestimmt wird. Sie bilden zwei grosse Abtheilungen der Laven, nämlich die der Trachyt-Familie und die der Basalt-Familie. In der erstern walten mehrere Feldspath-Arten, besonders Sanidin, in der andern Augit und Titaneisen vor.

I. Laven der Trachyt-Familie.

Die Bestandtheile derselben lassen sich in der Regel schon mit blossen Augen leicht erkennen; sie zeichnen sich durch ihre helle, weisse, weiss- oder gelbgraue, selten röthliche oder eisenschüssige Farbe aus, besitzen, im Vergleich zu den Laven der Basalt-Familie, ein geringes specifisches Gewicht, welches von $2{,}4$—$2{,}5$ variirt, und üben meist keine Einwirkung auf die Magnetnadel aus. Alle vorhin erwähnten Arten der Laven-Textur kommen an ihnen vor. Man kann sie in folgende Rubriken bringen.

a. Trachyt-Lava.

Es kommen ihr die wesentlichen Eigenschaften des gewöhnlichen Trachytes zu, in ihrer porösen oder auch dichten Grundmasse sind zahllose, mehr oder weniger grosse Krystalle oder Körner von glasigem Feldspath (Sanidin) zerstreut. Wenn diese Feldspath-Masse so dicht wird, dass die krystallinisch-körnige Textur verschwindet, so wurden die hieraus resultirenden Laven von ältern Geognosten mit dem Namen der Hornstein- oder Petrosilex-Laven belegt. Sie treten in bedeutender Entwickelung besonders an der Solfatara bei Neapel, am Capo del Arso auf Ischia, in der Auvergne bei Cuzeau und an mehreren andern Orten auf.

b. Phonolith-Lava.

Sie hat dieselbe Zusammensetzung wie der Phonolith, ist jedoch von einem andern äussern Ansehen, indem in ihrer hellgrauen und porösen Grundmasse dichtere, dunkelgraue, fast schwarze, langgezogene oder auch unregelmässig gestaltete, bisweilen mehrere Zoll grosse Gesteinslagen zum Vorschein kommen, welche dem Ganzen im Querbruche ein gestreiftes oder geflecktes Ansehen verleihen. Die Ansicht von *Dufrénoy* und *Rozet*, welche diese Felsart für eine Breccie halten, scheint nicht wahrscheinlich zu seyn; denn die dunklern Zeichnungen sind so innig mit der Grundmasse verschmolzen, dass man keine Spur von den Umrissen ihrer frühern Gestalt mehr zu erkennen vermag, was doch der Fall seyn müsste, wenn man es hier mit einem Trümmergestein zu thun hätte. Wegen dieser eigenthümlichen Zeichnung hat die Felsart von den italienischen Geognosten den Namen „Piperno" erhalten. Sie findet sich in ausgezeichneter Gestalt oberhalb Astroni, ganz in der Nähe der Pianura, so wie unfern des Monte nuovo. Durch *Abich* wissen wir, dass sie hinsichtlich ihres chemischen Bestandes im Wesentlichen mit dem Phonolith übereinstimmt, und dass sie aus einem in Säure auflöslichen zeolithischen (meist mesotypartigen) Fossil und aus einem in Säure unauflöslichen Silicate, welches mit dem Sanidin übereinstimmt, zusammengesetzt ist.

c. Obsidian-Lava.

Wenn die Obsidian-Masse eine poröse, cavernöse oder schlackenartige Beschaffenheit annimmt, so gestaltet sie sich zu Obsidian-Lava. Sie scheint aber nicht so häufig aufzutreten, als die dichten Obsidian-Ströme, wird jedoch sowohl auf Ischia, als auch auf Island und Teneriffa in oft mächtiger Entwickelung angetroffen.

d. Bimsstein Lava.

Diese findet sich nicht so sehr in der Gestalt wirklicher Ströme, als mehr in der Form loser Auswürflinge; doch sind einzelne Fälle bekannt, dass sie auch in Strömen auftritt. Hierher gehört der Bimsstein-Strom vom Capo Castagno auf der Insel Lipari, so wie ein anderer auf der Insel Volcano.

e. Trachydolerit-Lava.

Ebenfalls eine der seltnern Laven-Varietäten, die jedoch sowohl am Pic von Teneriffa, als auch im Val di Bove bemerkt worden ist.

f. Andesit-Lava.

Ist die seltenste aller Lava-Arten und bis jetzt nur in wenigen Strömen aufgefunden.

2. Laven der Basalt-Familie.

In ihrer Mischung waltet, wie schon früher erwähnt, Augit in Verbindung mit Titaneisen vor. Von den Laven der Trachyt-Familie unterscheiden sie sich durch ihre dunkle, in's Schwarze übergehende Färbung, durch ihr grösseres specifisches Gewicht, welches von $3{,}_0$—$3{,}_{25}$ schwankt, und durch ihre Einwirkung auf die Magnetnadel, was durch ihren Metallgehalt bedingt wird. Sie haben oft ein sehr verschlacktes Ansehen und sind dann braunroth gefärbt; indess umschliessen sie in ihren Blasenräumen weder zeolithische noch analoge Substanzen, auch enthalten sie kein Wasser, wie die in der Basalt-Familie aufgezählten Gesteine.

Man kann folgende Lava-Arten in dieser Familie unterscheiden.

a. Dolerit-Lava.

Diese hat ein meist grobkörniges Gefüge und ihre Bestandtheile, Labrador-Feldspath, Augit und Magneteisen, lassen sich gut unterscheiden. An der Luft zersetzt sie sich leicht, wobei das Eisen den Anfang macht. Diesem folgt der Feldspath, während der Augit sich am längsten erhält. Laven dieser Art finden sich besonders an den höhern Theilen des Aetna's, so wie auf der Insel Stromboli.

b. Basalt-Lava.

Obgleich diese Art bisweilen in deutlichen Strömen an noch jetzt thätigen Vulcanen angetroffen wird, so sieht sie doch den ältern Basalten mitunter so auffallend ähnlich, dass sie sich kaum von denselben unterscheiden lässt. Dies gilt vorzüglich von der in der Auvergne, im Velay und Vivarais auftretenden Basalt-Lava. Sie umschliesst zahlreiche Olivin-Körner, auch Augit-Krystalle, besitzt die gewöhnliche blauschwarze Farbe und tritt in denselben prächtigen Säulenreihen auf, wie so viele ältere Basalte an unzähligen Stellen in Deutschland.

c. Leuzit-Lava.

Diese wird durch den schon früher erwähnten Leuzitophyr vorzugsweise gebildet. Ueber das Vorkommen desselben am Vesuv ist bereits früher das Nöthige gesagt; hier braucht blos noch hinzugefügt zu werden, dass man den Leuzitophyr vor nicht langer Zeit auch in vesuvischen Laven aufgefunden hat, welche zu den neuern gerechnet werden und ein von dem ältern Leuzitophyr abweichendes Ansehen haben; denn sie besitzen eine dunkelgraue, ja fast schwarze Farbe und scheinen dem ersten Anblicke nach eher basaltischen Laven anzugehören. Hinsichtlich ihres Vorkommens in den vulcanischen Gegenden des Kirchenstaates ist noch zu bemerken, dass ihr hauptsächlichster Fundort das Albaner-Gebirge und namentlich der Monte Cavo ist, welcher zu den jüngsten Theilen des Gebirgszuges gehört und dem manche Geologen noch eine vulcanische Thätigkeit während der historischen Zeit zuschreiben. Hier sowohl, als auch bei Frascati, so wie am Capo di Bove sind die Leuzit-Krystalle aus der leicht verwitternden Lava in so unendlich grosser Zahl hervorgetreten, dass es den Anschein hat, als wären sie über den Boden ausgesäet.

C. Familie des Trachytes.

Syn. Laves granitoides et porphyroides *Dolomieu*, Trapp-Porphyr und Domit *L. v. Buch*, Trachyt *Hauy*.

Eine schwierige Familie, in welcher Gesteine sehr verschiedenartiger Zusammensetzung vorkommen, in welcher man deshalb in unsern Tagen viele Unter-Abtheilungen angebracht hat, und welche besonders dadurch charakterisirt wird, dass diejenige Feldspath-Art, die wir schon oft genannt haben und die unter dem Namen des „glasigen Feldspaths" bekannt ist, in ihr eine Hauptrolle spielt und wesentlich zur Zusammensetzung derselben beiträgt. Diesen beschrieb schon vor mehr als drei Decennien *L. von Buch* (in den Abhandl. der Akad. der Wissensch. zu Berlin aus d. J. 1812 u. 1813, S. 133) als ein Mineral voller Risse, oft in einzelnen Krystallen grob porphyrartig ausgeschieden, nächstdem aus einzeln darin zerstreuten, schwarzen Glimmer-Blättchen und aus Hornblende-Nadeln zusammengesetzt, auf dessen feinen Klüften sich Eisenglanz ausgeschieden hat und das nächstdem eine Menge minder wesentlicher Bestandtheile, wie Titanit, Augit, Quarz und kohlensauren Kalk, enthält. Feldspath von diesen Kennzeichen, welchen

Naumann in seiner Geognosie unter dem Namen „Sanidin" aufführt, komme nur in dem Trapp-Porphyr vor; nach diesem sollte die ganze Gebirgsart benannt seyn.

Wirklich ist derselbe nach *Abich's* umfassenden Untersuchungen (in *Poggendorff's* Ann. der Phys. Bd. 50. S. 144) ein so bezeichnender Bestandtheil der eigentlichen Trachyte, dass er als eine nothwendige Bedingung für die Anerkennung dieser Gesteine angesehen werden muss, obgleich die neuesten Analysen ergeben haben, dass er kaum als eine selbstständige Feldspath-Species, sondern nur als eine Varietäten-Gruppe des Orthoklases zu betrachten ist. Ausser den von *L. von Buch* angegebenen Kennzeichen zeichnet er sich auch noch aus durch seinen lebhaften Glasglanz, seine grauweisse oder lichtgraue Farbe, seine starke Pellucidät, die grosse Spaltbarkeit seiner Krystalle, so wie durch die beständige Anwesenheit von 3—4 Procent Natron neben dem Kali.

Ausserdem aber findet sich nach *Abich* in der Grundmasse der eigentlichen Trachyte noch eine andere, uns schon bekannte Feldspath-Species, nämlich der Albit, der sich in den körnig zusammengesetzten Varietäten durch den perlmutterartigen Glanz auf seinen Spaltungsflächen zu erkennen giebt und sich überdies durch seinen ansehnlichen Gehalt an Kali neben dem Natron auszeichnet. Dieser letztere Umstand hat *Abich* veranlasst, ihn „Kali-Albit" zu nennen. Wie bei den schon erörterten Familien der vulcanischen Gesteine, so besteht auch die Grundmasse der in der Trachyt-Familie vorkommenden Gesteine aus zwei Theilen, nämlich aus einem kleinern, in Salzsäure auflöslichen, und aus einem grössern, in Säure unauflöslichen Theile. Diesen letztern bildet hauptsächlich der Kali-Albit.

In dieser Familie kommen folgende Felsarten vor: 1. Perlstein, 2. Obsidian und Bimsstein, 3. Trachytporphyr, 4. Trachyt, 5. Phonolith oder Klingstein, 6. Andesit, 7. Trachydolerit.

1. Perlstein.

Syn. Perlit, Perlsteinporphyr.

Er besitzt ein glas- oder emailartiges Ansehen und zeigt, wenn er recht charakteristisch auftritt, eine rundkörnige und zugleich krummschalige Textur. Es kommen jedoch auch andere Varietäten bei ihm vor, bei welchen der emailartige Habitus und das körnige Gefüge verschwinden und das Gestein eine pech- oder thonsteinartige Beschaffenheit annimmt. *Beudant*, welcher die in dieser Familie vorkommenden Felsarten trefflich geschildert, unterscheidet sechs Spielarten von Perlstein, die jedoch alle ineinander übergehen und bisweilen in einer und derselben Ablagerung vorkommen. Bei einigen derselben bemerkt man eine eigenthümliche Art von Schichtung, welche durch eine lagenweise Vertheilung der Sphärolith-Kugeln hervorgebracht wird und sich auch durch eine besondere Farbenstreifung bemerklich macht.

Wohl nirgends in Europa mögen die Perlsteine in grösserer Schönheit und Verbreitung auftreten, als in Ungarn; denn in der Gegend von Tokay z. B. bedecken sie allein eine Fläche von mehr als 12 □M. In kleinern Massen finden sie sich oft da, wo Obsidian vorkommt, so namentlich auf der Insel Lipari.

2. Obsidian und Bimsstein.

Syn. Isländischer Achat, Glasachat, Glaszeolith, Tokayer Luchssapphir, Marekanit.

Die Alten haben dieses Gestein schon gekannt und wahrscheinlich Lapis opsidianus genannt. In deutlich ausgeprägtem Zustande sieht es einer gut geflossenen Schlacke ausserordentlich ähnlich und ist dem äussern Ansehen nach kaum davon zu unterscheiden; es steht in der Mitte zwischen Schmelz und Glas, nähert sich jedoch mehr dem letztern. Gleich diesem besitzt es einen ausgezeichnet deutlichen, muscheligen Bruch, ist sehr spröde, zerspringt in sehr scharfkantige Bruchstücke, ist stark glasglänzend, halbdurchsichtig bis an den Kanten durchscheinend, selten mit einem eigenthümlichen grüngelben metallischen Schimmer versehen, meist schwarz, doch kommen auch braune, graue, grüne, selten gelbe, blaue und rothe Farben vor. Bisweilen bemerkt man eine gefleckte, geflammte oder eine gestreifte Zeichnung, wie beim Bandachat; dies Letztere namentlich an denjenigen Gesteinen, welche auf der Insel Ascension sich finden. Das spec. Gew. des Obsidians = $2{,}_{37}$ bis $2{,}_{53}$, die Härte = 6—7. Er enthält 70—80 % Kieselerde und schmilzt vor dem Löthrohr bald leichter, bald schwerer, entweder ruhig oder unter Aufschäumen zu schäumiger Masse, zu Glas oder Email. Aeusserst merkwürdig ist der von mehreren Mineralogen, namentlich von *Knox* und *Escolar* nachgewiesene Bitumen- oder Bergöl-Gehalt, welcher sich bei den Obsidianen von Teneriffa schon beim Zerstufen durch den Geruch bemerklich macht. Man kennt mehrere Varietäten von ihm; der reine Obsidian ist gewöhnlich compact oder mit in die Länge gezogenen Blasenräumen versehen, die häufig parallel geordnet sind und dadurch im Gestein eine plattenförmige Absonderung hervorrufen. Bisweilen erhält er eine porphyrartige Beschaffenheit, indem unvollkommen ausgebildete Krystalle oder Körner von Sanidin und Glimmerblättchen in der Grundmasse bemerkt werden; auch finden sich bisweilen darin Sphärolith-Kugeln, entweder regellos eingesprengt oder in parallelen Lagen angeordnet, wodurch das Gestein ebenfalls wieder eine Neigung zu einer mehr oder weniger deutlichen plattenförmigen Theilung erhält. Am seltensten ist aber wohl der haarförmige Obsidian, welcher in der Gestalt dünner Nadeln oder feiner Fäden von manchen Vulcanen, z. B. dem Kirauea auf Hawai, von dem Vulcan auf Bourbon, so wie auch vom Vesuv bisweilen ausgeworfen wird, worüber früher das Nähere mitgetheilt worden ist.

Der Bimsstein (Pumit) ist nicht streng vom Obsidian zu scheiden; seine Grundmasse mag in den meisten Fällen dieselbe seyn, doch hat sie, wahrscheinlich in Folge unterirdischer Gas- und Dampf-Entwickelung, eine poröse, blasige und schaumartige Beschaffenheit angenommen. Bisweilen hat sich auch die Masse in Fäden gezogen, und letztere laufen entweder parallel oder sie sind verworren. Auf erstern bemerkt man öfters einen seidenartigen, auf letztern nur einen glasartigen Glanz, der dem Fettglanze sich nähert Der Bimsstein ist entweder ganz durchscheinend, oder er ist dies nur an den Kanten, von meist hellen, grauen, gelblichen, bräunlichen oder schwärzlichen Farben, hat (als Pulver) ein spec. Gew. = $2,_{19}$ bis $3,_{2}$, eine Härte = 5, ist sehr spröde, rauh anzufühlen und vor dem Löthrohr bald schwerer, bald leichter zu einem weissen Email schmelzbar.

Schon längst ist man von der Ansicht abgekommen, den Bimsstein als eine besondere Mineral-Species zu betrachten, wie ältere Mineralogen thaten; er ist vielmehr aus einer Umschmelzung mehrerer Gesteine aus der Trachyt-Familie und namentlich des Obsidians entstanden, denn dieser hat die ausgezeichnetsten Bimssteine geliefert. *Abich* vermuthet, die fadigen oder faserigen Varietäten desselben möchten mehr von geschmolzenen quarzhaltigen Gesteinen, also von Trachytporphyren, dagegen die schaumigen Varietäten mehr von quarzfreien, also von Trachyt, Phonolith und Andesit abzuleiten seyn. Gleich den Obsidianen enthalten die meisten Bimssteine Spuren von Wasser und Chlor, von denen das erstere chemisch gebunden seyn dürfte.

Beudant (Voyage min. et géol. en Hongrie, T. 3. p. 389) unterscheidet drei Bimsstein-Varietäten:

a. Obsidian-Bimsstein.

Dieser ist von vollkommen glasiger Beschaffenheit und durch eine unendlich grosse Anzahl runder Blasen schaumartig aufgetrieben, doch kommt er auch von faseriger Textur vor. Er besitzt eine weissgraue Farbe und enthält selten accessorische Einschlüsse. Sein Hauptvorkommen ist unstreitig die Insel Pantellaria.

b. Perlit-Bimsstein.

Er besitzt eine zarte, faserige Textur, ist voll langgestreckter Poren und Blasenräume und schliesst Glimmer-Blättchen, Feldspath-Körner, bisweilen auch Quarz-Krystalle ein. Seine weissgrauen, seidenartig glänzenden Fasern wechseln bisweilen in einzelnen Lagen mit gewöhnlichem Perlstein ab, in welchen er öfters übergeht.

c. Trachyt-Bimsstein.

Auch dieser ist von faseriger Beschaffenheit, die Fasern sind jedoch mehr unregelmässig miteinander verflochten und von gröberm Bau. Sie sind weiss, grau oder schwarz von Farbe, im Bruche matt, und enthalten als Einschlüsse Augit, Glimmer, glasigen Feldspath, nach *Beudant* (a. a. O. S. 390) zuweilen auch Quarz.

3. Trachytporphyr.

Dieser ist schwer zu charakterisiren, steht manchen Felsit-Porphyren sehr nahe und ist öfters von ihnen nur durch sein räumliches Vorkommen, so wie durch seinen innigen Verband mit wirklichen Trachyten und Perlsteinen zu erkennen. Bezeichnend für ihn ist jedoch, dass er weder Hornblende, noch Augit umschliesst, dass schlackenartige Bildungen bei ihm nicht vorkommen und dass häufig, aber nicht immer Fossilien aus der Quarz-Familie in ihm angetroffen werden, so dass er sich in zwei Gruppen zerfällen lässt und quarzführende und quarzfreie Trachytporphyre unterschieden werden können. Indess sind nach *Beudant* (a. a. O. S. 345) beide in der Natur nicht scharf voneinander geschieden, es kommen vielmehr zahlreiche Uebergänge vor und die künstliche Trennung dient mehr nur dazu, die Uebersicht zu erleichtern.

Die quarzführenden Trachytporphyre haben eine glänzende Grundmasse, in welcher man zahlreiche, kleine, sphäroidische Concretionen bemerkt; ausserdem enthält sie Krystalle von Quarz, glasigem Feldspath (Sanidin) und schwarzem Glimmer.

Beudant unterscheidet folgende Varietäten: a. perlitähnliche, b. poröse, c. rundblasige, d. cavernöse. Diese ist wohl die interessanteste und wegen ihrer technischen Anwendung auch die wichtigste. Sie dient nämlich zur Anfertigung von Mühlsteinen, welche weithin ausgeführt werden, weshalb *Beudant* diese Varietät auch Porphyre meulière nennt. Ihre Grundmasse ist sehr zellig, Krystalle von Quarz, Orthoklas, Sanidin, so wie Glimmerschüppchen sind darin eingewachsen. Die Farbe ist meist ziegelroth und geht aus dieser in's Grüngelbe und Rothgraue über. Von accessorischen Bestandtheilen kommt in dieser Varietät noch vor Hornstein und Jaspis in Nestern, so wie Quarz und Amethyst auf Drusenräumen. Ausserdem finden sich auch Sphärulith-Kugeln, indess sind diese meist so klein, dass man sie kaum mit dem blossen Auge erkennen kann. Die Zellen und Poren sind entweder regellos gestaltet, oder in die Länge gezogen, so dass eine Art von plattenförmiger Absonderung dadurch hervorgerufen wird.

Dieser Mühlstein-Porphyr ist nicht nur in Ungarn weit verbreitet, er scheint auch im griechischen Archipelagus auf den Inseln Milo, Argentiera und Polino vorzukommen.

Als fünfte Varietät unterscheidet *Beudant* die thonsteinähnliche. Diese zeigt eine vielfach zerklüftete, bald weiche und erdige, bald harte und dichte Grundmasse von schneeweisser, gelblicher, röthlicher oder grauer Farbe. Sie sieht manchem porösen Süsswasserkalk oder Kreide dem ersten Anschein nach täuschend ähnlich, doch bemerkt man bei genauerer Betrachtung darin viele kleine und glänzende Sanidin-, seltner Glimmer-Krystalle. Auf den Klüften des Gesteins hat sich oft krystallisirter Quarz abgesetzt. Ausgezeichnet findet sich diese Varietät auf den Inseln Ponza und Zannone.

Was nun die andere Gruppe der Trachytporphyre, nämlich die quarzfreien, betrifft, so ist ihre Grundmasse eben so beschaffen wie bei der vorigen, nämlich glänzend oder matt, doch finden sich darin nur äusserst selten Sphärulith-Kugeln, niemals aber Quarz-Körner, und lediglich Einsprenglinge von Feldspath und Glimmer.

Bei dieser Gruppe hat man vier Varietäten unterschieden: a. eine perlitähnliche, b. eine thonsteinähnliche, c. eine bimssteinähnliche, d. eine schiefrige.

Diese letztere ist jedenfalls die bemerkenswertheste. Ihre Grundmasse erscheint äusserst feinkörnig und besitzt eine ausgezeichnet schiefrige Structur, hervorgebracht durch vielfach miteinander alternirende Lagen des Gesteines, welche bald nur einige Zoll dick, bisweilen aber so dünn wie Packpapier sind. Hellere Lagen wechseln mit dunklern ab; erstere sind locker, bisweilen porös oder sphärulithisch, die dunklern sehr dicht, kieselig, oft hornsteinähnlich, beide zwar parallel zu einander, jedoch keineswegs immer ebenflächig ausgedehnt, sondern bisweilen gekräuselt im Kleinen und gewunden im Grossen, gerade so, wie man eine ähnliche Structur an manchem Gneise und Glimmerschiefer bemerkt. In dieser Grundmasse liegen eingebettet hier und da einzelne Krystalle von Sanidin und Glimmer, welche in ihrer Lage der Structur des Gesteins sich fügen. Und bei diesem eigenthümlichen Bau besitzt die Masse häufig eine ausgezeichnet säulenförmige Absonderung, bei welcher die schiefrige Structur ganz ungestört aus einer Säule in die andere fortsetzt, indem sie die Axen derselben rechtwinkelig oder schräg durchschneidet.

Hauptfundstätten dieses merkwürdigen Gesteins sind die Inseln Ponza und Palmarola, der Berg Pagus in der Nähe von Smyrna, so wie der Oyamel in Mexico.

4. Trachyt.

Seine Grundmasse besteht, ausser einem in Salzsäure auflöslichen, wasserhaltigen Silicate und etwas Magneteisen, vorzugsweise aus Albit und Sanidin und ist theils krystallinisch-körnig, theils dicht, bisweilen auch porös, meist matt, selten glänzend. Weisse und hellgraue Farben walten vor, doch finden sich auch grüne, gelbe, rothe, braune und schwarze. Als sehr bezeichnende Einschlüsse enthält sie Krystalle von Sanidin, Hornblende und Glimmer. Die des erstern sind bald von mikroskopischer Kleinheit, bald mehrere Zoll gross, bald tafel-, bald säulenförmig und oft in Zwillings-Bildungen, bald vereinzelt, bald zahlreich auftretend. Sie werden von vielen Rissen durchsetzt und lassen sich daher nur sehr schwer unverletzt aus der Matrix herausschlagen. Sie sind durchscheinend, stark glänzend und nur selten matt. Die Hornblende ist ebenfalls ein häufiger und sehr charakteristischer Gemengtheil der meisten Trachyte. Sie tritt darin in schwarzen, selten in grünen, lebhaft glänzenden und leicht spaltbaren, nadel- oder säulenförmigen Krystallen auf. Eine geringere Verbreitung besitzt dagegen der Glimmer; er erscheint im Trachyt in sechsseitigen Tafeln und Blättchen von braunrother, dunkelbrauner oder schwarzer Färbung.

Zu den seltnern Einschlüssen gehören Augit, Titanit, Titaneisen, Eisenglanz, Kalkspath, Chabasie, Mesotyp, Nephelin, Olivin, Granat und Quarz. Der letztere bildet jedoch nie einen wesentlichen Gemengtheil des Trachyts, findet sich aber ausnahmsweise am Cantal, im Siebengebirge, in Ungarn, Ireland, Toscana und auf der Insel Milo. Noch seltner kommt Olivin in ihm vor, und wenn er sich darin findet, so ist dies nur bei derjenigen Varietät der Fall, welche augithaltig ist.

Von dieser wichtigen und weit verbreiteten Gebirgsart hat man viele Abänderungen unterschieden, die jedoch nicht alle von gleicher Bedeutung sind. *Naumann* (Lehrbuch der Geognosie, Bd. 1. S. 634) führt folgende an:

a. Granitähnlicher Trachyt.

Mit zurückgedrängter Grundmasse und vorwaltenden Sanidin-Krystallen. Kommt in der Gegend von Schemnitz in Ungarn, so wie am Laacher See und auf der Insel Milo vor.

b. Flaseriger oder gneisähnlicher Trachyt.

Schon bei der Beschreibung der Insel Pantellaria haben wir bemerkt, dass diese Varietät, den Beobachtungen *Fr. Hoffmann's* zufolge, den äussern Ring des Erhebungscircus dieses Eilandes bildet. Auch auf Basiluzzo findet sich ein ähnliches Gestein.

c. Schiefriger Trachyt.

Eine seltnere Abänderung, welche dadurch entsteht, dass die die Grundmasse zurückdrängenden Sanidin-Krystalle, gleich Glimmer-Blättchen, parallel aufeinander liegen, oder dass die Grundmasse vorwaltet und ein schiefriges Gefüge annimmt. Trachyte der ersten Art fand *L. von Buch* auf Teneriffa und Gran Canaria, und solche der andern Art *Burat* im Velay, Cantal, den Monts d'or.

Ungleich häufiger sind die nachfolgenden Varietäten mit Porphyr-Structur.

d. Feldspathreicher Trachyt.

In der körnigen oder dichten, meist weissgrauen Grundmasse liegen zahlreiche, mehr oder weniger grosse Sanidin-Krystalle und wenige andere Gemengtheile. Am Drachenfels im Siebengebirge findet sich diese Abänderung höchst ausgezeichnet.

e. Hornblendereicher Trachyt.

Auch dieser kommt im Siebengebirge vor, namentlich an der Wolkenburg, meist in nadelförmigen Krystallen, oft aber auch in grössern, lebhaft glänzenden, krystallinischen Massen. Das Gestein besitzt eine lichtgraue, rothe, gelbe, bisweilen auch grüne Farbe, bei welcher letztern das färbende Princip noch nicht näher bekannt ist. Ausser Hornblende findet sich in der Grundmasse auch noch Sanidin und Glimmer.

f. Domit.

Dieser sieht mehr einem mürben Thonstein ähnlich und wurde zuerst von *L. von Buch* in der Auvergne am Puy de Dôme entdeckt, von welcher Fundstätte er auch den Namen erhielt. Er tritt daselbst in mächtigen, schichtenähnlich abgesonderten Bänken auf. Die Grundmasse ist grauweiss, weich, beinahe zerreiblich, dabei aber doch spröde und fast klingend. Es finden sich darin Sanidin-

Krystalle von meist mittlerer Grösse, auch Glimmer-Blättchen, seltner Hornblende-Nadeln. Auf den Klüften des Gesteins haben sich bisweilen Rinden von schönem Eisenglanz abgesetzt. In Ungarn hat man es bei Nograd angetroffen.

g. Porphyrähnlicher Trachyt.

Diese Varietät ist dadurch ausgezeichnet, dass in der mannigfach gefärbten, dichten oder rauhen und zellichten Grundmasse sich kleine und meist nur sparsam eingesprengte Feldspath-Krystalle finden, welche nicht so sehr Sanidin zu seyn scheinen und eine Annäherung an andere Feldspath-Arten zeigen. Seltnere Gemengtheile sind Hornblende, Augit und Olivin. Die beiden letztern sind in der Trachyt-Familie überhaupt nur sparsam verbreitet. Der sonst so häufig auftretende Glimmer scheint in dieser Varietät gar nicht vorzukommen. In Ungarn findet sie sich besonders bei Schemnitz, Kremnitz und Vihorlet (hier mit Olivin-Körnern), in Frankreich im Cantal, am Mont d'or und im Velay.

h. Einfacher Trachyt.

Ist durch *Burat (Description des terrains volcan. de la France centrale,* 1833. p. 64 etc.) erst neuerdings mehr bekannt geworden, besitzt eine bald zellichte, bald dichte und dachschieferartig abgesonderte Grundmasse, in welcher entweder gar keine oder nur sehr wenige Feldspath-Krystalle, bisweilen aber Eisenglanz, Olivin-Körner und opalartige Massen enthalten sind.

Diese Felsart sieht manchen Phonolithen täuschend ähnlich und ist im Velay, am Cantal, so wie im Gebiete der Monts d'or weit verbreitet.

i. Halbglasiger Trachyt.

Nach *Beudant* besitzt die sehr dichte, glänzende, beinahe glasartige Grundmasse einen muscheligen Bruch, so wie eine meist braunschwarze Farbe, die leicht zu einem weissen Email schmilzt. Auch in ihr kommen Sanidin-Krystalle nur sparsam vor und sind überdies nur undeutlich ausgebildet. Die schwarzen Varietäten sind oft in schönen Säulen abgesondert, die braunen erscheinen mehr plattenförmig.

Dies Gestein tritt auf in Ungarn, auf den griechischen Inseln, auf Island, so wie bei Popayan in Columbien.

5. Phonolith.

Syn. Klingstein, Porphyrschiefer.

Klaproth gab dieser Felsart deshalb den Namen Phonolith, weil grössere, plattenförmige Stücke derselben einen besonders hellen Klang von sich geben, so dass solche, gleich Glocken, in frühern Zeiten in mexicanischen Bergwerken angewendet worden seyn sollen, um die Bergleute zur Arbeit herbeizurufen.

Dieses Gestein steht in der Mitte zwischen Trachyt und Basalt; mit ersterm wurde es vordem öfters verwechselt, doch unterscheidet es sich von demselben durch seine sehr dichte Grundmasse, so wie durch seine grosse Neigung zu schiefriger Absonderung. Deutlicher aber tritt seine scharfe Trennung vom Basalte hervor durch die stets hellern Farben, durch seine schiefrige oder plattenförmige Structur, durch das geringere specifische Gewicht, durch das fast stete Auftreten von Sanidin in ihm, so wie durch den gänzlichen Mangel an Augit und Olivin, die, wie wir sahen, in der Basalt-Familie so häufig vorkommen und von so grosser Bedeutung sind. Was die chemische Zusammensetzung der Grundmasse des Phonoliths betrifft, so besteht sie aus einem höchst innigen Gemenge eines in Salzsäure unauflöslichen, feldspathigen Minerals und einer durch Salzsäure zersetzbaren zeolithischen Substanz. Zufolge der Untersuchungen von *Chr. G. Gmelin* und *Abich* hat man bisher den Feldspath für einen solchen gehalten, welcher hinsichtlich seiner Mischung dem Sanidin nahe stehe, doch dürfte dies nicht auf alle Fälle anwendbar seyn; denn *E. E. Schmid* (s. Zeitschr. d. deutsch. geol. Gesellsch. Bd. 5. S. 237) fand den feldspathigen Theil eines Phonoliths vom Ebersberg auf der Rhön unzweifelhaft aus Oligoklas bestehend, eine Beobachtung, die übrigens auch schon *Abich* an mehreren Phonolithen gemacht hat. Der durch Salzsäure zersetzbare zeolithische Antheil wurde dagegen ziemlich allgemein für Mesotyp angesprochen, jedoch dabei zugegeben, dass er bei Phonolithen aus verschiedenen Gegenden anders ausfallen könne. Und dies hat sich denn auch bei der Analyse des Phonoliths vom Ebersberge insofern bestätigt, als *Schmid* darin einen natronhaltigen Kalk-Harmotom auffand. Eben so besteht nach ihm der zeolithische Theil eines Phonoliths von der Pferdekuppe auf der Rhön, desselben, welchen auch *Gmelin* analysirte, nicht aus Mesotyp, sondern aus einem Zeolith, welcher hinsichtlich seiner chemischen Formel in der Mitte steht zwischen Glottalith und Brevicit. Desgleichen zeigt der zeolithische Antheil des Phonoliths von Abtsrode, welchen *Gmelin* ebenfalls einer Untersuchung unterwarf, eine grosse Annäherung an Thomsonit, von welchem er sich nur durch einen um vier Aequivalente geringern Wassergehalt unterscheidet.

Uebrigens schwankt der zeolithische Bestandtheil bei Phonolithen von verschiedenen Fundstätten auch sehr und kann in manchen Fällen blos 15, in andern sogar 55% betragen.

Die Grundmasse des Phonoliths ist, wie schon früher bemerkt, meist sehr dicht, doch auch bisweilen feinkörnig, feinschuppig, zuweilen ohne erkennbare schiefrige Structur, mitunter aber auch so dünnschiefrig, dass er sich in dünne Platten spalten lässt, welche zum Dachdecken verwendet werden können; doch ist an manchen Phonolithen auch eine pfeiler- oder säulenförmige Absonderung wahrgenommen worden. Bei den nicht schiefrigen Varietäten bemerkt man öfters eine polyedrische Theilung. Nur selten nimmt der Phonolith eine poröse oder blasige Beschaffenheit an. Von accessorischen Bestandtheilen kommen in ihm vor am häufigsten wohl Hornblende in schwarzen, glänzenden, nadelförmigen Krystallen, seltner schon Glimmer, nächstdem Titanit, zwar sparsam, aber mitunter in sehr deutlichen, weingelben, mehrere Linien grossen Krystallen, wie auf der Rhön; sodann auch Magneteisen und zuletzt Hauyn in kleinen Körnern oder Puncten. Die Farben der phonolithischen Grundmasse sind meist grünlichgrau, grauweiss, aschgrau, schwärzlich-grau, bisweilen auch olivengrün, gelbgrau und röthlich-grau bis leberbraun. Das spec. Gew. schwankt meistens zwischen $2{,}_{435}$ — $2{,}_{662}$. In den Blasenräumen und auf den Klüften des Gesteins bemerkt man öfters mehrere zeolithische Substanzen, bisweilen in bestimmter Aufeinanderfolge, die jedoch nur für gewisse Localitäten passt. Solche sind Apophyllit, Chabasie, Thomsonit, Desmin,

Natrolith und Analzim. Auch Kalkspath und Hyalith kommen auf solchen Räumen vor.

Naumann (a. a. O. I, 640) führt folgende Varietäten an:

a. Plattenförmiger Phonolith.

Tritt unter allen am häufigsten auf, ist dickschiefrig und spaltet sich leicht in tafelförmige, hell klingende Platten.

b. Porphyrähnlicher Phonolith.

Von meist dunkeln Farben, flachmuscheligem Bruche, ohne plattenförmige Absonderung, ohne schiefrige Textur, meist regellos zerklüftet, mit sparsamen Einsprenglingen, wodurch das Gestein ein porphyrartiges Ansehen erhält.

c. Trachytähnlicher Phonolith.

Mit rauher, oft poröser, hellfarbiger, oft gar nicht schiefriger Grundmasse, in welcher man den zeolithischen Bestandtheil bisweilen deutlich unterscheiden kann. Diese Varietät findet sich besonders in Böhmen (bei Aussig, Joachimsthal) und auf der Rhön.

d. Gefleckter Phonolith.

Auf der Grundmasse viele dunkele, runde oder unregelmässig begrenzte Flecke, wodurch sie ein getigertes Ansehen erhält.

6. Andesit.

Eine bezüglich ihres äussern Ansehens in grosser Mannigfaltigkeit auftretende Gebirgsart, die wir erst in neuerer Zeit durch die Untersuchungen von *G. Rose, L. v. Buch* und *Abich* näher kennen gelernt haben. Diesen zufolge wird sie charakterisirt durch ihre dunkelgraue, bisweilen rothbraune Grundmasse, in welcher man zahlreiche Krystalle von Albit oder Oligoklas, Hornblende-Nadeln und Magneteisen-Körner bemerkt. Das Gefüge ist bald feinkörnig, bald dicht, bald glasartig. Bisweilen ist das Gestein so weich, dass es sich leicht zerreiben lässt. Es wurde früher mit dem Trachyt verwechselt, hat aber auch in manchen Fällen eine grosse Aehnlichkeit mit Dolerit, so wie mit kieselreichem Trachytporphyr. Das spec. Gew. ist meist unter $2{,}7$, besonders bei solchen Varietäten, deren Kieselsäure-Gehalt ein beträchtlicher ist. Die Albit- oder Oligoklas-Krystalle scheinen nie eine ansehnliche Grösse zu erreichen, eben so die Hornblende-Nadeln.

Diese Felsart spielt eine sehr wichtige Rolle bei den himmelanstrebenden Vulcanen, welche auf dem Rücken der südamericanischen Andes thronen. Wegen dieses Vorkommens hat sie auch ihren Namen erhalten. So findet sie sich am Chimborazo, Antisana, Cotopaxi und Pichincha. An diesem letztern Berge ist sie schwarz von Farbe und von glasartiger Beschaffenheit. In mächtiger Entwickelung tritt sie aber auch auf den Gebirgskämmen des Caucasus, so wie an den Berg-Colossen des armenischen Hochlandes auf. So trifft man sie nach *Abich* in den höchsten Regionen des grossen Ararat's an. Hier bildet sie eine krystallinisch-körnige, graue, leicht zerreibliche Masse mit Albit, Hornblende und Magneteisen, während sie an dem Gipfel des Elbruz, des höchsten Berges der Caucasischen Kette, mehr obsidianartig erscheint, auch Glimmerblättchen enthält und dem Andesite des Pichincha mehr ähnlich sieht.

7. Trachydolerit.

Diejenigen Andesite, welche reich an Oligoklas sind, bilden den Uebergang von Trachyt zu Dolerit, weshalb ihnen *Abich* den Namen „Trachydolerit" gegeben hat. Ausser Oligoklas, Hornblende und Magneteisen enthalten sie, was bezeichnend für sie ist, Augit, bisweilen auch Glimmer. Ihre Grundmasse besitzt eine graue, röthliche oder rothbraune Farbe und ein spec. Gew. $= 2{,}_{73}—2{,}_{80}$. Der Kieselerde-Gehalt beträgt 50—60 %. *Abich* unterscheidet hornblendehaltige und augithaltige Trachydolerite. Die erstern sollen sich finden am Pic von Teneriffa, am Schiwélutsch auf der kamtschatischen Halbinsel (woselbst aber auch Andesit vorkommen soll, wie wir durch *Ad. Erman* wissen), ferner am Aetna, so wie auf der Insel Lisca nera (Liparen); zu den augithaltigen Trachydoleriten werden gerechnet diejenigen Gesteine, welchen man an den Erhebungskrateren von Stromboli, Rocca monfina, so wie am Tunguragua begegnet.

D. Familie des Melaphyrs.

Syn. Trapp älterer Autoren, Trapp-Porphyr, Trapp-Mandelstein, Porphyrit, Pseudoporphyr, Basaltit, schwarzer Porphyr.

Eine schwer abzugrenzende Familie, welche sich auf der

einen Seite dem Diabas, auf der andern dem Basalt nähert und nach den Untersuchungen von *Bergemann* (in *Karsten's* und *Dechen's* Archiv, Bd. 21. S. 1) vorwaltend aus Labrador und etwas titanhaltigem Magneteisen besteht, wozu sich in den meisten Varietäten auch noch Eisen- und Kalkspath, ein nicht näher bestimmtes Silicat und etwas Augit gesellt, welcher letztere jedoch nur als ein untergeordneter Bestandtheil anzusehen ist, nicht von der Bedeutung erscheint, welche man ihm in diesen Gesteinen früher beilegte, und überhaupt in deutlichen Krystallen in denselben nur äusserst selten aufzutreten scheint. Ausserdem stellen sich auch noch bisweilen Rubellan und Glimmer ein. Eine besondere Eigenthümlichkeit dieser Familie bilden die zahlreichen amygdaloidischen Blasenräume, welche bisweilen eine ansehnliche Grösse erreichen und meist mit Braun- und Kalkspath, so wie mit vielen Fossilien aus dem Quarz-Geschlechte angefüllt sind. Diese Mandeln werden meist, gleich einer Rinde, von einem grünen, bis jetzt nicht näher gekannten Minerale umschlossen, welches an Chlorit oder Grünerde erinnert. *Delesse* nennt es „Chlorite ferrugineuse", *Naumann* (a. a. O. S. 605) „Delessit". Dieses Fossil ist von grosser Wichtigkeit für den Melaphyr, weil es in äusserst fein zertheiltem Zustande ihm nicht nur die Färbung ertheilt, sondern sich auch bisweilen in demselben an gewissen Stellen concentrirt und in der Gestalt kleiner, sphäroidischer Massen auftritt. Auffallend ist es ausserdem noch, dass in diesen Mandeln oder Geoden zeolithische Einschlüsse im Allgemeinen zu den seltnern Erscheinungen gehören, wodurch sich demnach die Melaphyr-Mandelsteine leicht von den Basalt-Mandelsteinen unterscheiden lassen.

Als letztes Merkmal ist auch noch der gänzliche Mangel an Quarz in der Form eines wirklichen Gemengtheils im Melaphyr anzuführen.

Die Farbe desselben ist meist röthlich-braun oder röthlichgrau, mitunter grünlich-grau, dunkelgrün, öfters auch schwarz. Das spec. Gew. schwankt zwischen $2{,}_{67}$—$2{,}_{75}$.

Von accessorischen Bestandtheilen finden sich in ihm, ausser den schon genannten, auch noch Pistazit, Granat, Diallag und Eisenglimmer. Nach *Cordier* hat dasjenige Gestein am Lake superior, in welchem die früher erwähnten ansehnlichen

Massen gediegenen Kupfers vorkommen, die grösste Aehnlichkeit mit mehreren deutschen Melaphyren, namentlich mit denen von Oberstein, so dass es hierdurch wahrscheinlich wird, dass jene Formation dem Melaphyr beizuzählen seyn möchte. Ueberdies ist uns auch schon bekannt, dass gediegenes Kupfer, obwohl in spärlicher Quantität, auch im Obersteiner Melaphyr bereits aufgefunden worden ist.

Was seine Structur anlangt, so herrscht die polyedrische bei ihm vor, doch findet sich auch eine platten- und säulenförmige, so wie eine concentrisch-schalige. Er tritt besonders in folgenden Varietäten auf:

a. Einfacher Melaphyr.

Ist meist dicht oder höchst feinkörnig, ohne deutliche Labrador-Krystalle, ohne mandelsteinartige Bildung, von grauen, braunen, dunkelgrünen und schwarzen Farben. Dabei ist er schimmernd und schwer zersprengbar, wie mancher Diorit.

b. Porphyrartiger Melaphyr.

Hierher scheinen gewisse Varietäten des Glimmer-Porphyrs zu gehören, so wie der Rhomben- und Nadel-Porphyr *L. von Buch's*, welcher deshalb so genannt wurde, weil er Labrador-Krystalle theils von rhomboidischem, theils von linearem Querbruche umschliesst. Die Grundmasse ist wie bei der vorigen Varietät beschaffen, doch sind die eingesprengten Krystalle von Labrador und Glimmer hier bei weitem deutlicher.

c. Mandelsteinartiger Melaphyr.

Die Grundmasse ist hier bald locker und weich, bald compact und hart, von verschiedenen grauen, grünen, braunen, röthlich-braunen und schwarzbraunen Farben. Die weichen und braunrothen Varietäten nannte *Werner* Eisenthon. In diesem bemerkt man sehr oft zahlreiche Blasenräume, erfüllt mit den vorhin schon genannten Mineral-Substanzen. In den grössern derselben finden sich mehr Kiesel-Fossilien, in den kleinern dagegen Kalkspath oder Delessit. Die Mandeln sind zwar meist sphäroidisch gestaltet, doch kommen sie auch plattgedrückt und langgestreckt vor und sind dann einander mehr oder weniger parallel geordnet.

Trümmergesteine der vulcanischen Felsarten.

Diese zeigen eine grosse Mannigfaltigkeit, sowohl nach den Umständen, unter denen sie sich gebildet haben, als auch nach den verschiedenen Substanzen, denen sie ihren Ursprung verdanken. Ihrer Entstehung nach sind die meisten dieser Gesteine, da sie durch vulcanische Kräfte aus dem Erdinnern an die Oberfläche gelangten und die über ihnen abgelagerten Gebirgsmassen durchbrachen, als Reibungs-Gebilde zu betrachten, und da bei den meisten derselben dieser Durchbruch unter Wasserbedeckung erfolgt zu seyn scheint, so haben solche das Ansehen zusammengeschwemmter Massen erhalten und sich oft in sehr deutlichen Schichten abgelagert, gleich den regelmässigsten Sedimentär-Gesteinen. Ein anderer Theil derselben ist dagegen als ein Aggregat lockerer Auswürflinge zu betrachten, die bisweilen durch ein Bindemittel von verschiedener Zusammensetzung mehr oder weniger fest miteinander verbunden sind.

Von besonderer Wichtigkeit und grosser Verbreitung erscheinen die Trümmergesteine aus der Basalt- und Trachyt-Familie.

A. Trümmergesteine der Basalt-Familie.

Früher wurden sie mehr unter dem Namen „Trapp-Breccien" und „Trapp-Tuffe" begriffen, je nachdem ihre Bestandtheile aus gröbern, deutlich unterscheidbaren Stücken bestehen, oder mehr oder weniger fein zermalmt sind und ein dichtes Gefüge angenommen haben. Man kann folgende Arten unterscheiden.

1. Basalt-Conglomerat.

Die in demselben vorkommenden Basalt-Stücke haben meist eine abgerundete, bisweilen aber auch eine eckige Gestalt, sind von verschiedener, in der Regel mittlerer Grösse, erscheinen aber auch bisweilen als ansehnliche Blöcke. Ihr Bindemittel ist wohl meist eine fein zermalmte basaltische Masse, oder ein Bol, oder es besteht aus Kalkspath und Aragonit.

Seltner, als man glauben sollte, finden sich organische Reste im Basalt-Conglomerate; doch sind an einzelnen Orten, z. B. in hessischen derartigen Breccien, Säugethier-Knochen und Fischzähne aufgefunden worden. Ungleich häufiger kommt darin fossiles Holz, meist aus der Braunkohlen-Formation, vor, bisweilen noch mit seiner ursprünglichen Farbe, oder es ist gebleicht, mürbe, hat jedoch noch seine Structur beibehalten, oder es ist völlig zersetzt und hat sich in weissen Bol umgewandelt, welcher nun als Cement des Gesteins erscheint. Oft lassen sich an einem und demselben Handstücke diese Uebergänge auf's deutlichste wahrnehmen.

Solchen Mineralien, welche die Basalt-Familie besonders charakterisiren, begegnet man häufig in diesem Conglomerat, sowohl in deutlich erhaltenen Krystallen, als auch in Bruchstücken; deshalb sind auch Hornblende, Augit, Sanidin, Titaneisen, Glimmer, Olivin u. dgl. m. hier eine so häufige Erscheinung. An manchen Stellen treten auch Fragmente der von dem Basalt durchbrochenen Felsarten so zahlreich in dem Conglomerate auf, dass sie die basaltischen Theile beinahe verdrängen. Nur selten haben sie ihre ursprüngliche Beschaffenheit beibehalten, meist sind sie mehr oder weniger alterirt. Sie stammen aus den verschiedensten Zeiten der Gebirgsbildung her, fangen von den ältesten an und reichen bis an's Ende der Tertiär-Zeit.

2. Basalt-Tuff.

Oft nimmt die Grösse der das Basalt-Conglomerat bildenden Gesteins-Trümmer so sehr ab, dass sie kleinen Körnern ähnlich sehen; in diesem Falle geht das Conglomerat in Basalt-Tuff über. Auch hier hat das Wasser, in der Regel wohl süsses, einen wesentlichen Antheil an der Bildung des Gesteins genommen; denn es ist oft deutlich geschichtet und an manchen Orten bemerkt man auf den Flächen der Schichten horizontal abgelagerte organische Gebilde, namentlich leichtere Holztheile, besonders aber flach ausgebreitete Blätter von Bäumen und Sträuchern, deren Umrisse sich mitunter auf's schönste erhalten haben. Bisweilen wechseln Schichten oder Flötze von Basalt-Conglomerat mit solchen von Basalt-Tuff ab, woraus sich ergiebt, dass beide in nicht sehr weit voneinander entfernten Zeiträumen sich gebildet haben mögen. Hin und wieder sind die den Basalt-Tuff zusammensetzenden Mineral-Substanzen so klein, dass man sie kaum noch voneinander unterscheiden kann, eine dichte Masse bilden und dann nicht selten auch unter dem Namen „Wacke" vorkommen.

Was die in dem Basalt-Tuff enthaltenen accessorischen Gemengtheile, so wie die von ihm umschlossenen Felsarten betrifft, so gilt hier dasselbe, was vom Basalt-Conglomerat gesagt ist.

3. Peperin.

Dieses den Geognosten wie den Archäologen gleich sehr interessante Gestein, welches in besonderer Entwickelung im Albaner-Gebirge auftritt und aus welchem mehrere colossale Bauwerke aus der alten Römer-Zeit sowohl innerhalb als ausserhalb der Stadt Rom aufgeführt worden sind, hat zuerst *L. von Buch* (in seinen geognost. Beobachtungen auf Reisen u. s. w. Bd. 2. S. 70) genauer beschrieben. Die Grundmasse desselben ist wackeähnlich, feinerdig, weich, asch- oder gründgrau von Farbe, enthält zahlreiche Glimmer-Blättchen, so wie Körner von Augit, Leuzit und Magneteisen. Als sehr bezeichnende Einschlüsse bemerkt man ausserdem noch Fragmente eines weissen Kalksteins, so wie stellenweise abgerundete oder eckige Stücke, bisweilen auch sehr ansehnliche Blöcke von Basalt oder Leuzitophyr. Nach *L. von Buch* ist diese Felsart wahrscheinlich in Folge wiederholter Ausbrüche aus den in der Nähe von Rom vorkommenden alten, dermalen ruhenden Vulcanen entstanden, welche in früherer Zeit die genannten Stoffe so weit hin ausschleuderten, dass sie in das Meer fielen und auf dem Boden desselben zu einer eigenthümlichen Felsart sich gestalteten. Sie scheint übrigens auch anderwärts aufzutreten und nicht auf das römische Gebiet beschränkt zu seyn.

4. Palagonit-Tuff.

Von diesem ist bei der Erörterung der geognostischen Beschaffenheit von Island so oft schon Erwähnung geschehen, dass hier nichts Wesentliches mehr hinzugesetzt zu werden braucht. Zu bemerken ist nur noch, dass der Palagonit, nach welchem die Felsart benannt ist, in grössern Massen äusserst selten ganz rein und gewöhnlich in der Gestalt eckiger oder sphäroidischer Körner in braun gefärbten Tuff-Lagen auftritt, welche manchen Sandstein-Schichten ähnlich sehen und Einschlüsse von Basalt, Dolerit und Mandelstein enthalten.

B. Trümmergesteine der Trachyt-Familie.

Im Allgemeinen lässt sich von ihnen dasselbe sagen, was von den basaltischen Trümmergesteinen gilt; da jedoch der Trachyt sich leichter zersetzt als der Basalt, so haben manche trachytische Tuffe ein auffallend dichtes Gefüge erlangt. Einige scheinen auch in der Gestalt von Schlamm-Strömen aus dem Innern der Erde hervorgebrochen zu seyn, wohin namentlich der niederrheinische Trass gehört.

In dieser Familie kann man folgende Felsarten unterscheiden.

1. Trachyt-Conglomerat.

Eine häufig vorkommende Breccie, welche aus trachytischen Bruchstücken und Geröllen besteht, die theils von feinerm Trachyt-Tuff, theils von verschlacktem oder krystallinischem Trachyt umhüllt und zu einem Conglomerat verbunden sind. Interessant ist die hierbei gemachte Wahrnehmung, dass, wenn verschlackter Trachyt das Bindemittel abgiebt, dieser dann öfters von derselben Beschaffenheit ist, wie die von ihm umhüllten Fragmente.

Ausgezeichnete Fundorte dieser Felsart sind nach *Beudant* (a. a. O. III, 416) die Gegend von Vissegrad in Ungarn, so wie der Cantal in Frankreich.

2. Trachyt-Tuff.

Dieser besitzt bald einen breccienartigen, bald einen sandsteinartigen, bald einen dichten oder porösen Habitus und umschliesst an Mineralien Krystalle oder Krystallfragmente von Sanidin, Hornblende, Magneteisen, von Felsarten bisweilen Basalt, Thonschiefer, Grauwacke, hat auch mitunter Ueberreste organischer Gebilde, namentlich von Holz umhüllt, und enthält nicht selten, wie z. B. in Ungarn, Nester opalartiger Gesteine, wie wir dies schon früher bemerkt haben. Im Nassauischen, woselbst die Felsart in der Nähe von Wallmerod in bedeutender Entwickelung auftritt und hier den Namen „Backofenstein" führt, erscheint sie in horizontale Bänke abgetheilt und ist wahrscheinlich in zähflüssigem Zustande unter dem Drucke auf ihr ruhender Wassermassen an die Erdoberfläche gelangt. Sie besitzt meist eine weisse, hellgraue, gelbe, hell-, rosen- und ziegelrothe, mitunter auch eine lichtgrüne Farbe. Unter ähnlichen Verhältnissen kommt sie auch auf dem Rhöngebirge vor. In deutlicher Schichtung tritt sie auch auf am Cantal und Mont d'or, so wie in den Euganeen.

3. Phonolith-Conglomerat und -Tuff.

Dieses Gestein ist nur von wenigen Orten bekannt, *Walchner* (s. dessen Handbuch der Geognosie, 2. Aufl. S. 81) hat jedoch ein solches aus dem Högau beschrieben. Es besteht aus theils scharfkantigen, theils abgerundeten Bruchstücken von Phonolith, welche durch ein graues, gelbes oder röthliches Cement miteinander verbunden sind. Dieses letztere enthält öfters einen so ansehnlichen Gehalt an kohlensaurem Kalk, dass es, mit Säure übergossen, lebhaft effervescirt. Ausser Phonolith finden sich in dem Conglomerate auch Fragmente anderer Gebirgsarten, so wie Krystalle von Sanidin, Augit, Hornblende und Glimmer. Alle diese Substanzen sind bisweilen so sehr zertrümmert und so fein zertheilt, dass das Conglomerat allmählig in einen förmlichen Tuff übergeht. Auch *B. Cotta* gedenkt (in *Leonhard's* Jahrb. für Min. 1853. S. 684) eines Phonolith-Conglomerats aus der Nähe des Hohentwyls, welches Fragmente von daselbst anstehendem Jurakalk, vielleicht von Lias, so wie von Gneis und Granit enthält. Diese Gesteine haben nicht die Form von Geschieben, die Granite sind keine alpinischen, auch liegt die Geschiebedecke ungestört auf dem Tuff und dem Phonolith. Man bemerkt in diesem Tuff Glimmer-Krystalle, so wie zahllose kleine Lava-Kugeln von Erbsen- bis Nuss-Grösse, welche bisweilen einen Kern von Gneis oder Granit umschliessen.

4. Bimsstein-Conglomerat, -Tuff und -Sand.

Das erstere besteht meist aus abgerundeten Bimsstein-Stücken, welche durch fein zerriebenen Bimsstein miteinander verbunden sind. Werden die Stücke kleiner und feiner, so entsteht daraus der Bimsstein-Tuff und -Sand. Bei letzterm kann man die einzelnen Körnchen noch deutlich unterscheiden.

Alle diese Gebilde besitzen meist eine weisse, lichtgraue oder gelbe Farbe, sind bisweilen dicht, öfters aber erdig und zerreiblich, umschliessen hin und wieder organische Reste, z. B. Kieselpanzer von Infusorien, wie in der Gegend von Neapel, auch Gehäuse von Meeres-Muscheln, deren wir schon öfters gedacht, in Ungarn auch die berühmten Holzopale, so wie grössere Stücke verkieselter Baumstämme. In manchen hierher gehörigen Tuffen finden sich auch kleine, concentrischschalige Kugeln, sogen. Pisolithen, welche sich noch jetzt erzeugen, wenn ein in Eruption begriffener Vulcan Asche auswirft und es beim Niederfallen derselben zugleich regnet.

Von accessorischen Bestandtheilen kommen in diesen Gesteinen, namentlich in den Tuffen, auch einige Mineralien, besonders Glimmer, Feldspath- und Magneteisen-Körner, hin und wieder auch wohl ausgebildete Krystalle von Quarz und Granat vor.

Der schon oft erwähnte niederrheinische Trass oder Duckstein scheint ein hierher gehöriges Gestein und bei vulcanischen Katastrophen in schlammartigem Zustande aus Spalten der Tiefe der-Erde entstiegen zu seyn. Er ist demnach als eine Schlamm-Lava zu betrachten, wie eine solche noch jetzt auf Java bei vulcanischen Eruptionen bisweilen sich erzeugen soll. Das hauptsächlichste Vorkommen desselben in Deutschland ist unstreitig das romantische und tief eingeschnittene Brohl-Thal bei Andernach. Der Trass erscheint hier als eine weiche, meist hellgraue, erdige, dichte oder poröse Masse, welche weissgraue Bimsstein-Brocken und von Felsarten besonders Thonschiefer-Fragmente, ausserdem aber auch ganz oder halb verkohlte Aeste von Bäumen und Sträuchern und Blatt-Abdrücke derselben in den schärfsten Umrissen umschliesst.

5. Alaunfels.

Syn. Alaunstein.

Aus frühern Mittheilungen ist bekannt, dass derselbe in Europa in mehreren Ländern angetroffen wird, in Frankreich am Mont d'or, im Kirchenstaate bei Tolfa, in Griechenland auf der Insel Milo, in Ungarn bei Bereghsacz und Musaj. Dieser letztere, welchen *Beudant* zum Gegenstande einer sorgfältigen Untersuchung gemacht, ist wohl nur als eine feine, erdige Varietät von Trachyt- oder Bimsstein-Tuff anzusehen, welche eine ansehnliche Quantität von Alunit enthält. Seine Farbe ist weiss, grau, gelblich, röthlich, sein Gefüge bald feinkörnig, dicht und hart, bald erdig und weich, bald porös und stark zerklüftet, und enthält den Alunit entweder in inniger Beimengung, oder als Einsprengling, oder auf den zahlreich vorhandenen Spalten krystallinisch ausgeschieden. Bisweilen ist die Felsart so stark mit Kieselsäure imprägnirt, dass letztere in Gestalt von Hornstein- oder Chalcedon-Adern die Grundmasse durchschwärmt.

Printed in the United States
By Bookmasters